U0895867

中国国家标准汇编

444

GB 24632～24667

（2009年制定）

中国标准出版社　编

中国标准出版社

北京

图书在版编目（CIP）数据

中国国家标准汇编：2009 年制定．444：GB 24632～24667/中国标准出版社编．—北京：中国标准出版社，2010

ISBN 978-7-5066-6058-7

Ⅰ．①中…　Ⅱ．①中…　Ⅲ．①国家标准-汇编-中国-2009　Ⅳ．①T-652.1

中国版本图书馆 CIP 数据核字（2010）第 170980 号

中国标准出版社出版发行
北京复兴门外三里河北街 16 号
邮政编码：100045
网址 www.spc.net.cn
电话：68523946　68517548
中国标准出版社秦皇岛印刷厂印刷
各地新华书店经销
*
开本 880×1230　1/16　印张 38　字数 1 117 千字
2010 年 11 月第一版　2010 年 11 月第一次印刷
*
定价 220.00 元

出 版 说 明

1.《中国国家标准汇编》是一部大型综合性国家标准全集。自 1983 年起，按国家标准顺序号以精装本、平装本两种装帧形式陆续分册汇编出版。它在一定程度上反映了我国建国以来标准化事业发展的基本情况和主要成就，是各级标准化管理机构，工矿企事业单位，农林牧副渔系统，科研、设计、教学等部门必不可少的工具书。

2.《中国国家标准汇编》收入我国每年正式发布的全部国家标准，分为"制定"卷和"修订"卷两种编辑版本。

"制定"卷收入上一年度我国发布的、新制定的国家标准，顺延前年度标准编号分成若干分册，封面和书脊上注明"20××年制定"字样及分册号，分册号一直连续。各分册中的标准是按照标准编号顺序连续排列的，如有标准顺序号缺号的，除特殊情况注明外，暂为空号。

"修订"卷收入上一年度我国发布的、修订的国家标准，视篇幅分设若干分册，但与"制定"卷分册号无关联，仅在封面和书脊上注明"20××年修订-1，-2，-3，……"字样。"修订"卷各分册中的标准，仍按标准编号顺序排列(但不连续)；如有遗漏的，均在当年最后一分册中补齐。需提请读者注意的是，个别非顺延前年度标准编号的新制定的国家标准没有收入在"制定"卷中，而是收入在"修订"卷中。

读者配套购买《中国国家标准汇编》"制定"卷和"修订"卷则可收齐上一年度我国制定和修订的全部国家标准。

3. 由于读者需求的变化，自 1996 年起，《中国国家标准汇编》仅出版精装本。

4. 2009 年我国制修订国家标准共 3 158 项。本分册为"2009 年制定"卷第 444 分册，收入国家标准 GB 24632～24667 的最新版本。

中国标准出版社

2010 年 8 月

目　录

GB/T 24632.1—2009　产品几何技术规范(GPS)　圆度　第1部分:词汇和参数 …… 1
GB/T 24632.2—2009　产品几何技术规范(GPS)　圆度　第2部分:规范操作集 …… 13
GB/T 24633.1—2009　产品几何技术规范(GPS)　圆柱度　第1部分:词汇和参数 …… 23
GB/T 24633.2—2009　产品几何技术规范(GPS)　圆柱度　第2部分:规范操作集 …… 41
GB/T 24634—2009　产品几何技术规范(GPS)　GPS测量设备通用概念和要求 …… 53
GB/T 24635.3—2009　产品几何技术规范(GPS)　坐标测量机(CMM)　确定测量不确定度的技术　第3部分:应用已校准工件或标准件 …… 83
GB/Z 24636.1—2009　产品几何技术规范(GPS)　统计公差　第1部分:术语、定义和基本概念 …… 99
GB/Z 24636.2—2009　产品几何技术规范(GPS)　统计公差　第2部分:统计公差值及其图样标注 …… 111
GB/Z 24636.3—2009　产品几何技术规范(GPS)　统计公差　第3部分:零件批(过程)的统计质量指标 …… 119
GB/Z 24636.4—2009　产品几何技术规范(GPS)　统计公差　第4部分:基于给定置信水平的统计公差设计 …… 149
GB/Z 24637.1—2009　产品几何技术规范(GPS)　通用概念　第1部分:几何规范和验证的模式 …… 167
GB/Z 24637.2—2009　产品几何技术规范(GPS)　通用概念　第2部分:基本原则、规范、操作集和不确定度 …… 205
GB/Z 24638—2009　产品几何技术规范(GPS)　线性和角度尺寸与公差标注:+/-极限规范　台阶尺寸、距离、角度尺寸和半径 …… 221
GB/T 24639—2009　元数据的XML Schema置标规则 …… 233
GB/T 24640—2009　水旱两用拖拉机　通用技术条件 …… 243
GB/T 24641—2009　带作业机具的拖拉机机组　通用技术条件 …… 253
GB/T 24642—2009　皮带传动轮式拖拉机　磨合规程 …… 263
GB/T 24643—2009　拖拉机机组田间作业耗油量　试验方法 …… 267
GB/T 24644—2009　农林拖拉机落物防护装置　试验方法和性能要求 …… 273
GB/T 24645—2009　拖拉机防泥水密封性　试验方法 …… 283
GB/T 24646—2009　拖拉机标定功率　测试方法 …… 287
GB/T 24647—2009　拖拉机适应性评价方法 …… 295
GB/T 24648.1—2009　拖拉机可靠性考核 …… 301
GB/T 24648.2—2009　工程农机产品可靠性考核　评定指标体系及故障分类通则 …… 321
GB/T 24649.1—2009　拖拉机挂车气制动系统储气筒　技术条件 …… 329
GB/T 24649.2—2009　拖拉机挂车气制动系统分配阀　技术条件 …… 335
GB/T 24649.3—2009　拖拉机挂车气制动系统空气压缩机　技术条件 …… 347
GB/T 24649.4—2009　拖拉机挂车气制动系统气制动阀　技术条件 …… 355
GB/T 24649.5—2009　拖拉机挂车气制动系统制动气室　技术条件 …… 365
GB/T 24650—2009　拖拉机花键轴　技术条件 …… 373

GB/T 24651—2009 拖拉机变速拨叉 技术条件 …… 381
GB/T 24652—2009 轮式拖拉机转向摇臂 技术条件 …… 391
GB/T 24653—2009 农业轮式拖拉机半轴 技术条件 …… 399
GB/T 24654—2009 农业轮式拖拉机及附加装置 前装载装置 连接支架 …… 407
GB/T 24655—2009 农业拖拉机 牵引农具用分置式液压油缸 …… 415
GB/T 24656—2009 拖拉机用柴油滤清器 技术条件 …… 423
GB/T 24657—2009 拖拉机铸铁轮辋 技术条件 …… 431
GB/T 24658—2009 拖拉机排气消声器 技术条件 …… 439
GB/T 24659.1—2009 农业履带拖拉机 导向轮 技术条件 …… 445
GB/T 24659.2—2009 农业履带拖拉机 驱动轮 技术条件 …… 451
GB/T 24659.3—2009 农业履带拖拉机 支重轮 技术条件 …… 457
GB/T 24659.4—2009 农业履带拖拉机 金属履带板 技术条件 …… 463
GB/T 24660.1—2009 农林拖拉机 驾驶员座椅 技术条件 …… 469
GB/T 24660.2—2009 农业拖拉机 乘员座椅 …… 476
GB/T 24661.2—2009 第三方电子商务服务平台服务及服务等级划分规范 第2部分:企业间(B2B)、企业与消费者间(B2C)电子商务服务平台 …… 481
GB/T 24661.3—2009 第三方电子商务服务平台服务及服务等级划分规范 第3部分:现代物流服务平台 …… 494
GB/T 24662—2009 电子商务 产品核心元数据 …… 507
GB/T 24663—2009 电子商务 企业核心元数据 …… 529
GB/T 24664—2009 工业用大功率激光器光束质量测试评定方法 …… 551
GB/T 24665—2009 偏光显微镜 …… 559
GB/T 24666—2009 农用花键轴 技术条件 …… 579
GB/T 24667.1—2009 农业机械 不使用工具打开的动力传动运动件防护装置 …… 587
GB/T 24667.2—2009 农业机械 使用工具打开的动力传动运动件防护装置 …… 594

ICS 17.040.20
J 04

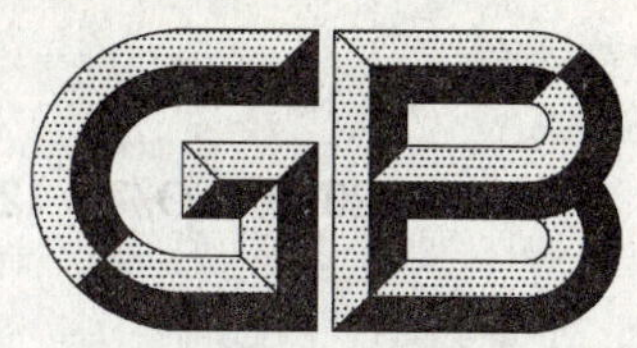

中华人民共和国国家标准

GB/T 24632.1—2009/ISO/TS 12181-1:2003

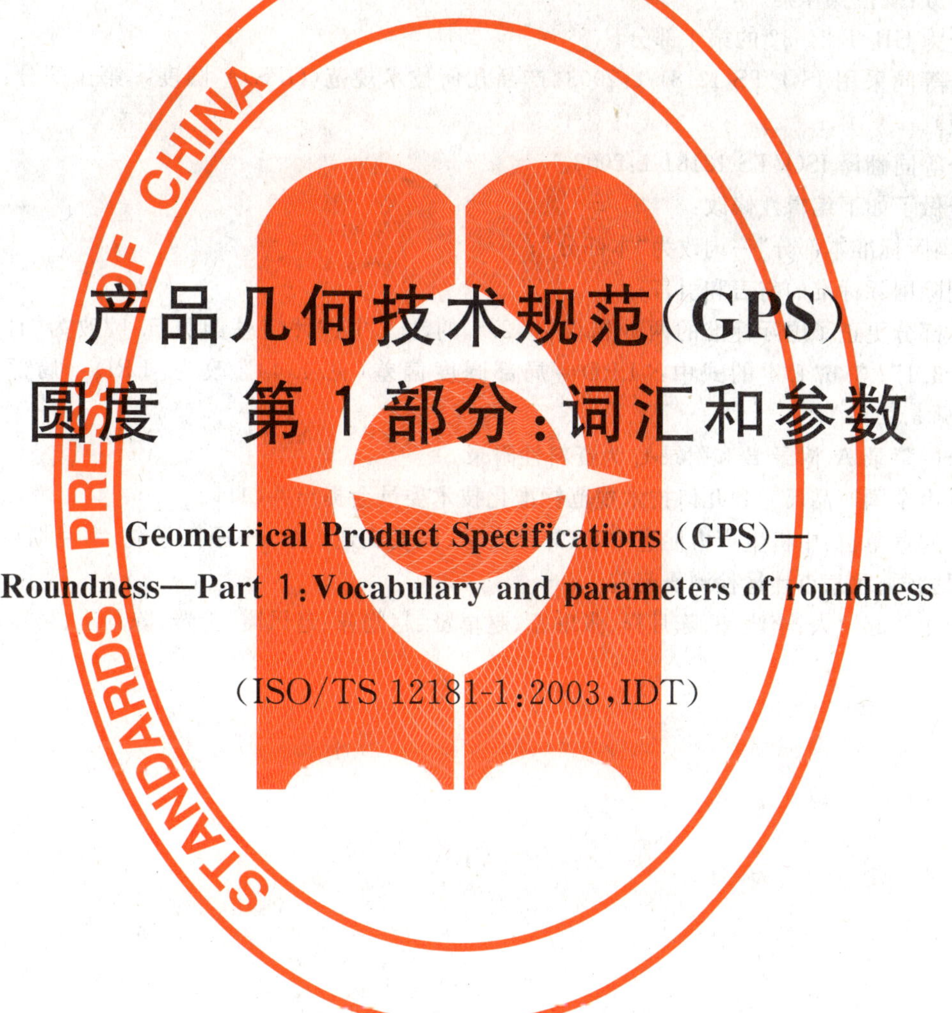

产品几何技术规范(GPS) 圆度 第1部分:词汇和参数

Geometrical Product Specifications (GPS)—Roundness—Part 1: Vocabulary and parameters of roundness

(ISO/TS 12181-1:2003, IDT)

2009-11-15 发布　　　　2010-04-01 实施

中华人民共和国国家质量监督检验检疫总局
中国国家标准化管理委员会　发布

前　言

GB/T 24632《产品几何技术规范(GPS)　圆度》分为两部分：

第1部分：词汇和参数；

第2部分：规范操作集。

本部分为GB/T 24632的第1部分。

本部分等同采用ISO/TS 12181-1:2003《产品几何技术规范(GPS)　圆度　第1部分：词汇和参数》(英文版)。

本部分等同翻译ISO/TS 12181-1:2003。

本部分做了如下编辑性修改：

——“国际标准本部分”一词改为“本部分”；

——删除国际标准的前言和引言；

——本部分更正了国际标准的两处错误：3.2.4的注1中：“评定基圆见5.1”改为“评定基圆见3.3.1”；3.6.1.4的式中：“LRD＝局部圆度偏差(见4.4)”改为“LRD＝局部圆度偏差(见3.2.4)”。

本部分的附录A、附录B和附录C为资料性附录。

本部分由全国产品尺寸和几何技术规范标准化技术委员会提出并归口。

本部分起草单位：中机生产力促进中心、郑州大学、西安交通大学、中原工学院、海克斯康(青岛)测量技术有限公司、北京市计量检测研究院。

本部分主要起草人：李晓沛、陈月祥、张琳娜、赵卓贤、赵则祥、赵凤霞、王晋、陈景玉、吴迅、邓高见。

产品几何技术规范(GPS) 圆度 第1部分:词汇和参数

1 范围

GB/T 24632的本部分规定了有关单一组成要素圆度的术语和概念。

本部分适用于所有组成要素的圆度轮廓。

2 规范性引用文件

下列文件中的条款通过GB/T 24632的本部分的引用而成为本部分的条款。凡是注日期的引用文件,其随后所有的修改单(不包括勘误的内容)或修订版均不适用于本部分,然而,鼓励根据本部分达成协议的各方研究是否可使用这些文件的最新版本。凡是不注日期的引用文件,其最新版本适用于本部分。

GB/T 18780.1—2002 产品几何技术规范(GPS) 几何要素 第1部分:基本术语和定义(ISO 14660-1:1999,IDT)

GB/T 18780.2 产品几何技术规范(GPS) 几何要素 第2部分:圆柱面和圆锥面的提取中心线、平行平面的提取中心面、提取要素的局部尺寸(GB/T 18780.2—2003,ISO 14660-2:1999,IDT)

GB/T 24632.2 产品几何技术规范(GPS) 圆度 第2部分:规范操作集(GB/T 24632.2—2009,ISO/TS 12181-2:2003,IDT)

GB/Z 24637.1 产品几何技术规范(GPS) 通用概念 第1部分:几何规范和验证的模式(GB/Z 24637.1—2009,ISO/TS 17450-1:2005,IDT)

3 术语和定义

GB/T 18780.1—2002、GB/T 18780.2、GB/Z 24637.1确立的以及下列术语和定义适用于本部分。

3.1 基本术语

3.1.1

圆度 roundness

圆的特性。

3.1.2

圆度轴线 roundness axis

拟合组成要素的轴线。

注:组成要素可以是圆柱面,也可以是其他回转表面。

3.1.3

圆度平面 roundness plane

在整个要素范围内与圆度轴线相垂直的平面。

3.2 与轮廓有关的术语

3.2.1

工件实际表面 real surface of a workpiece

实际存在并将整个工件与周围介质分隔的一组要素。

[GB/T 18780.1—2002 定义 2.4]

3.2.2

提取圆周线　extracted circumferential line

〈圆度〉以数字表示的实际表面和圆度平面的交线。

注：圆度的提取规则由 GB/T 24632.2(ISO/TS 12181-2)规定，提取圆周线即为 GB/T 18780.1—2002 中定义的提取组成要素。

3.2.3

圆度轮廓　roundness profile

由滤波器特意修正过的提取圆周线。

注：本标准中定义的概念和参数都可用于这个轮廓。

3.2.4

局部圆度偏差　local roundness deviation

LRD

圆度轮廓上的某一点到评定基圆的最小距离。见图 1 和图 2。

注 1：评定基圆见 3.3.1。

注 2：如果点的位置相对评定基圆偏向实体内，则该偏差为负局部圆度偏差。

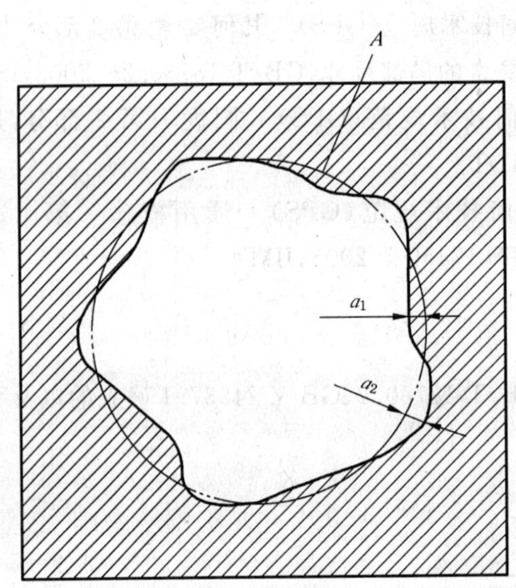

A——评定基圆；

a_1——正局部圆度偏差；

a_2——负局部圆度偏差。

图 1　内要素的局部圆度偏差

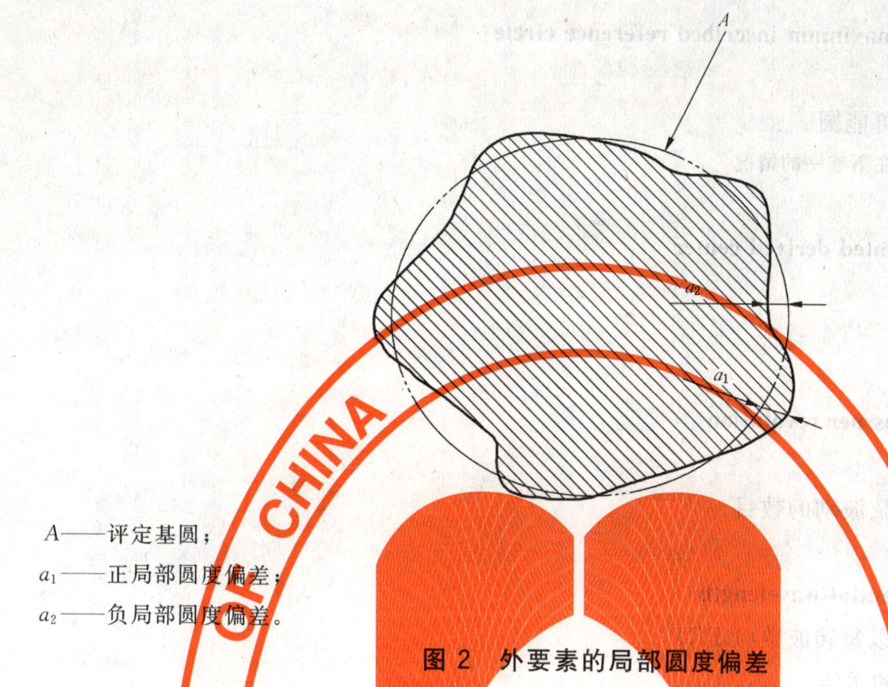

A——评定基圆；

a_1——正局部圆度偏差；

a_2——负局部圆度偏差。

图 2 外要素的局部圆度偏差

3.3 与评定基圆有关的术语

3.3.1

评定基圆 reference circle

按规定的方法得到的圆度轮廓的拟合圆。它是圆度偏差和圆度参数的评定基准。

3.3.1.1

最小区域评定基圆 minimum zone reference circles

MZCI

包容圆度轮廓，且半径差为最小的两同心圆。

3.3.1.1.1

外最小区域评定基圆 outer minimum zone reference circle

实体之外的最小区域的评定基圆。

3.3.1.1.2

内最小区域评定基圆 inner minimum zone reference circle

实体之内的最小区域评定基圆。

3.3.1.1.3

平均最小区域评定基圆 mean minimum zone reference circle

最小区域评定基圆的算术平均圆。

3.3.1.2

最小二乘评定基圆 least squares reference circle

LSCI

使各局部圆度偏差平方和为最小的圆。

3.3.1.3

最小外接评定基圆 minimum circumscribed reference circle

MCCI

外接圆度轮廓的最小可能圆。

3.3.1.4

最大内切评定基圆　maximum inscribed reference circle

MICI

内切圆度轮廓的最大可能圆。

注：最大内切评定基圆存在不唯一的情况。

3.3.2

拟合导出中心　associated derived center

评定基圆的圆心。

3.4　与圆周有关的术语

3.4.1

每转波数　undulations per revolution

UPR

圆度轮廓所包含的正弦波动的数目。

3.4.2

圆周波长　circumferential wavelength

评定基圆的圆周长除以每转波数(UPR)。

3.5　与滤波器功能有关的术语

3.5.1　概述

除非另有规定，滤波器特性详见 GB/T 24632.2(ISO/TS 12181-2)。

注：仅定义了相位修正滤波器(见 GB/T 18777—2009)，因此，3.5 中各术语仅对该滤波器而言。目前正在研究其他类型的滤波器，以后的版本将引入其他滤波器类型。

3.5.2

滤波器　wave filter

滤波器用于闭合轮廓时，传输一定范围的正弦波，对于传输范围内的波形，其输出输入幅值比是确定的。而传输范围之外的任一端或两端的波形，其输出和输入幅值之比是衰减(或降低)的。

3.5.3

滤波器传输特性　transmission characteristic of a filter

表明正弦轮廓的幅值随其波长的变化而衰减的特性。

[GB/T 18777—2009 定义 2.3]

3.5.4

截止波长　undulation cut-off

用于提取圆周线的相位修正滤波器的截止波长。

注：通常以每转中的波动数目来定义，即 UPR。

3.5.5

圆度轮廓传输带　transmission band for roundness profiles

滤波器传输率大于规定百分率的正弦轮廓的波带，它由上下两端截止波长值定义。

注：规定的百分率通常为 50%。

3.6　参数

3.6.1　基本参数

3.6.1.1

峰-谷圆度误差　peak-to-valley roundness deviation (MZCI、LSCI、MCCI、MICI)

RON_t

局部圆度最大正偏差与绝对值最大的负偏差的绝对值之和。

注：峰-谷圆度误差的评定基圆有(MZCI)、(LSCI)、(MCCI)和(MICI)。

3.6.1.2

峰-基圆度偏差　peak-to-reference roundness deviation (LSCI)

RON_p

偏离最小二乘评定基圆的最大正局部圆度偏差值。

注：峰-基圆度偏差仅由最小二乘评定基圆定义。

3.6.1.3

基-谷圆度偏差　reference-to-valley roundness deviation (LSCI)

RON_v

偏离最小二乘评定基圆的负局部圆度偏差的绝对值的最大值。

注：基-谷圆度偏差仅由最小二乘评定基圆定义。

3.6.1.4

均方根圆度误差　root mean square roundness deviation (LSCI)

RON_q

偏离最小二乘评定基圆的局部圆度偏差的平方和的平方根。

注：均方根圆度偏差仅由最小二乘评定基圆定义。

$$RON_q = \sqrt{\frac{1}{2\pi}\int_0^{2\pi} \mathrm{LRD}^2 \,\mathrm{d}\theta}$$

式中：

LRD——局部圆度偏差(见 3.2.4)；

θ——圆度轮廓瞬时角。

3.6.2　提取圆周线的其他参数

3.6.2.1

波动成分　dynamic content (MZCI、LSCI、MCCI、MICI)

提取圆周线的谐波成分(正弦波)。

注1：它通过每个 UPR 成分的幅值和相位来表述。

注2：可以指定一个或多个 UPR 成分的幅值或一组 UPR 成分幅值的总和。

注3：上面定义的参数可以指定为仅包括指定的 UPR 范围。

注4：对于评定基圆(MZCI、LSCI、MCCI、MICI)，可使用波动成分。

附 录 A

（资料性附录）

公称组成要素圆度公差的数学定义

公称组成要素的一个给定横截面的圆度公差带（见图 A.1）由满足下列条件的一组点组成：

$\vec{A}_j=\vec{L}+c_j\hat{N}$	在任意原点和方位的坐标系中，点 $\vec{A}_j$ 位于由点 $\vec{L}$、向量 $\hat{N}$ 和标量距离 c_j 定义的直线（圆度轴线）上。
$(\vec{A}'_j-\vec{A}_j)\times\hat{N}=0$	点 $\vec{A}'_j$ 位于包含点 $\vec{A}_j$ 且以 $\hat{N}$ 为法线的一个截面（圆度平面）上。
$(\vec{P}_i-\vec{A}'_j)\times\hat{N}=0$	诸点 $\vec{P}_i$ 位于包含点 $\vec{A}'_j$ 且以 $\hat{N}$ 为法线的一个截面（圆度平面）上。
$r_{j1}\leqslant\lvert\vec{P}_i-\vec{A}'_j\rvert\leqslant r_{j2}$	诸点 $\vec{P}_i$ 进一步被限制在以 $\vec{A}'_j$ 为圆心，r_{j1} 和 r_{j2} 为半径的两个同心圆间（一个环形区域）。
$t=r_{j2}-r_{j1},r_{j2}>r_{j1}$	对于各个截面（圆度平面），同心圆间的半径差等于环形公差 t。

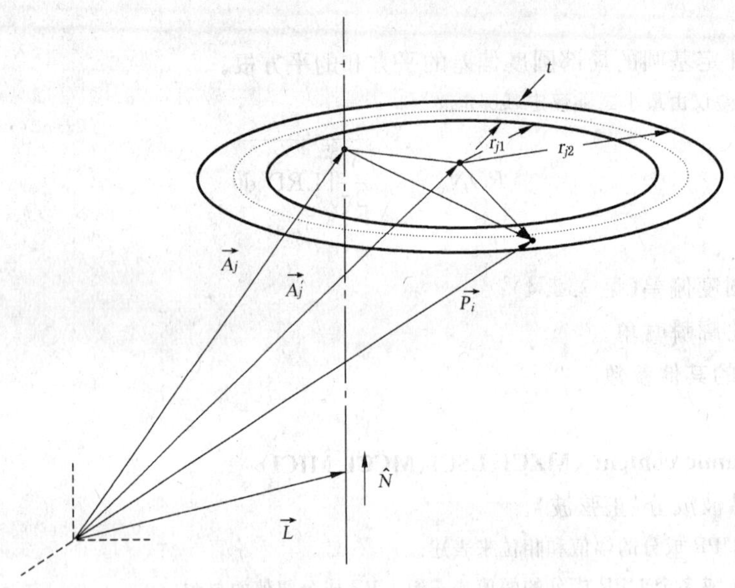

图 A.1 公称组成要素的圆度公差带

附 录 B
（资料性附录）
术语、缩略语和参数对照表

表 B.1 术语和缩略语

缩略语	术语	依据
LSCI	最小二乘评定基圆	GB/T 24632.1—2009,3.3.1.2 ISO/TS 12181-1:2003,3.3.1.2
LSCY	最小二乘评定基圆柱	GB/T 24633.1—2009,3.3.1.2 ISO/TS 12180-1:2003,3.3.1.2
LSLI	最小二乘评定基线	GB/T 24631.1—2009,3.3.1.2 ISO/TS 12780-1:2003,3.3.1.2
LSPL	最小二乘评定基面	GB/T 24630.1—2009,3.3.1.2 ISO/TS 12781-1:2003,3.3.1.2
LCD	局部圆柱度偏差	GB/T 24633.1—2009,3.2.4 ISO/TS 12180-1:2003,3.2.4
LFD	局部平面度偏差	GB/T 24630.1—2009,3.2.4 ISO/TS 12781-1:2003,3.2.4
LRD	局部圆度偏差	GB/T 24632.1—2009,3.2.4 ISO/TS 12181-1:2003,3.2.4
LSD	局部直线度偏差	GB/T 24631.1—2009,3.2.4 ISO/TS 12780-1:2003,3.2.4
MICI	最大内切评定基圆	GB/T 24632.1—2009,3.3.1.4 ISO/TS 12181-1:2003,3.3.1.4
MICY	最大内切评定基圆柱	GB/T 24633.1—2009,3.3.1.4 ISO/TS 12180-1:2003,3.3.1.4
MCCI	最小外接评定基圆	GB/T 24632.1—2009,3.3.1.3 ISO/TS 12181-1:2003,3.3.1.3
MCCY	最小外接评定基圆柱	GB/T 24633.1—2009,3.3.1.3 ISO/TS 12180-1:2003,3.3.1.3
MZCI	最小区域评定基圆	GB/T 24632.1—2009,3.3.1.1 ISO/TS 12181-1:2003,3.3.1.1
MZCY	最小区域评定基圆柱	GB/T 24633.1—2009,3.3.1.1 ISO/TS 12180-1:2003,3.3.1.1
MZLI	最小区域评定基线	GB/T 24631.1—2009,3.3.1.1 ISO/TS 12780-1:2003,3.3.1.1
MZPL	最小区域评定基面	GB/T 24630.1—2009,3.3.1.1 ISO/TS 12781-1:2003,3.3.1.1
UPR	每转波数	GB/T 24632.1—2009,3.4.1 ISO/TS 12181-1:2003,3.4.1

表 B.2 术语和参数

参数	术语	定义所在条款
CYL_{rr}	圆柱半径峰-谷值	GB/T 24633.1—2009,3.6.2.7 ISO/TS 12180-1:2003,3.6.2.7
CYL_{tt}	圆柱锥度(LSCY)	GB/T 24633.1—2009,3.6.2.5 ISO/TS 12180-1:2003,3.6.2.5
CYL_{at}	圆柱锥角	GB/T 24633.1—2009,3.6.2.8 ISO/TS 12180-1:2003,3.6.2.8
STR_{sg}	素线直线度偏差	GB/T 24633.1—2009,3.6.2.3 ISO/TS 12180-1:2003,3.6.2.3
$STRL_{c}$	局部素线的直线度偏差	GB/T 24633.1—2009,3.6.2.2 ISO/TS 12180-1:2003,3.6.2.2
CYL_{p}	峰-基圆柱度偏差(LSCY)	GB/T 24633.1—2009,3.6.1.2 ISO/TS 12180-1:2003,3.6.1.2
FLT_{p}	峰-基平面度偏差(LSPL)	GB/T 24630.1—2009,3.5.2 ISO/TS 12781-1:2003,3.5.2
RON_{p}	峰-基圆度偏差(LSCI)	GB/T 24632.1—2009,3.6.1.2 ISO/TS 12181-1:2003,3.6.1.2
STR_{p}	峰-基直线度偏差(LSLI)	GB/T 24631.1—2009,3.5.2 ISO/TS 12780-1:2003,3.5.2
CYL_{t}	峰-谷圆柱度误差 (MZCY、LSCY、MICY、MCCY)	GB/T 24633.1—2009,3.6.1.1 ISO/TS 12180-1:2003,3.6.1.1
FLT_{t}	峰-谷平面度误差(MZPL、LSPL)	GB/T 24630.1—2009,3.5.1 ISO/TS 12781-1:2003,3.5.1
RON_{t}	峰-谷圆度误差 (MZCI、LSCI、MCCI、MICI)	GB/T 24632.1—2009,3.6.1.1 ISO/TS 12181-1:2003,3.6.1.1
STR_{t}	峰-谷直线度误差 (MZLI、LSLI)	GB/T 24631.1—2009,3.5.1 ISO/TS 12780-1:2003,3.5.1
CYL_{v}	基-谷圆柱度偏差 (LSCY)	GB/T 24633.1—2009,3.6.1.3 ISO/TS 12180-1:2003,3.6.1.3
FLT_{v}	基-谷平面度偏差 (LSPL)	GB/T 24630.1—2009,3.5.3 ISO/TS 12781-1:2003,3.5.3
RON_{v}	基-谷圆度偏差(LSCI)	GB/T 24632.1—2009,3.6.1.3 ISO/TS 12181-1:2003,3.6.1.3
STR_{v}	基-谷直线度偏差(LSLI)	GB/T 24631.1—2009,3.5.3 ISO/TS 12780-1:2003,3.5.3
CYL_{q}	均方根圆柱度误差(LSCY)	GB/T 24633.1—2009,3.6.1.4 ISO/TS 12180-1:2003,3.6.1.4
FLT_{q}	均方根平面度误差(LSPL)	GB/T 24630.1—2009,3.5.4 ISO/TS 12781-1:2003,3.5.4
RON_{q}	均方根圆度误差(LSCI)	GB/T 24632.1—2009,3.6.1.4 ISO/TS 12181-1:2003,3.6.1.4
STR_{q}	均方根直线度误差(LSLI)	GB/T 24631.1—2009,3.5.4 ISO/TS 12780-1:2003,3.5.4
STR_{sa}	提取中线的直线度误差	GB/T 24633.1—2009,3.6.2.1 ISO/TS 12180-1:2003,3.6.2.1

附 录 C
（资料性附录）
在 GPS 矩阵模型中的位置

GPS 矩阵模型参见 GB/Z 20308—2006。

C.1 本部分的信息及其应用

本部分根据 ISO/TS 17450-2 定义组成要素圆度的规范操作所需要的术语和概念。

C.2 本部分在 GPS 矩阵模型中的位置

本部分是 GPS 通用标准，它影响 GPS 通用标准矩阵中与基准无关的线形状标准链的链环 2，如图 C.1 所述。

GPS 基础标准

GPS 综合标准

GPS 通用标准

链环号	1	2	3	4	5	6
尺寸						
距离						
半径						
角度						
与基准无关的线形状						
与基准相关的线形状						
与基准无关的面形状						
与基准相关的面形状						
方向						
位置						
圆跳动						
全跳动						
基准						
粗糙度轮廓						
波纹度轮廓						
原始轮廓						
表面缺陷						
棱边						

图 C.1

C.3 相关的标准

相关的标准为图 C.1 所示标准链涉及的标准。

参 考 文 献

［1］ GB/T 1182—2008 产品几何技术规范(GPS) 几何公差 形状、方向、位置和跳动公差标注.

［2］ GB/T 18777—2009 产品几何技术规范(GPS) 表面结构 轮廓法 相位修正滤波器的计量特性.

［3］ GB/Z 20308—2006 产品几何技术规范(GPS) 总体规划.

［4］ GB/T 24630.1—2009(ISO/TS 12781-1:2003) 产品几何技术规范(GPS) 平面度 第1部分:词汇和参数.

［5］ GB/T 24631.1—2009(ISO/TS 12780-1:2003) 产品几何技术规范(GPS) 直线度 第1部分:词汇和参数.

［6］ GB/T 24633.1—2009(ISO/TS 12180-1:2003) 产品几何技术规范(GPS) 圆柱度 第1部分:词汇和参数.

［7］ GB/Z 24637.2—2009(ISO/TS 17450-2:2002) 产品几何技术规范(GPS) 通用概念 第2部分:基本原则、规范、操作集和不确定度.

ICS 17.040.20
J 04

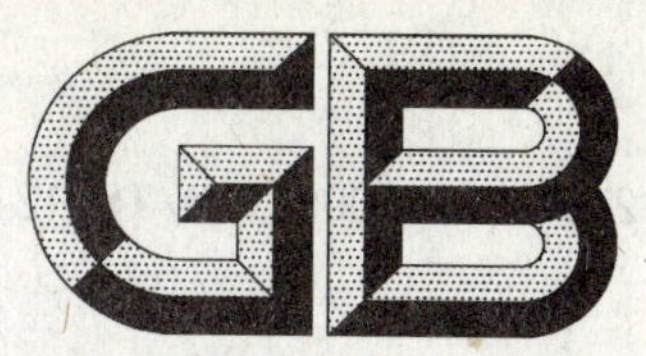

中华人民共和国国家标准

GB/T 24632.2—2009/ISO/TS 12181-2:2003

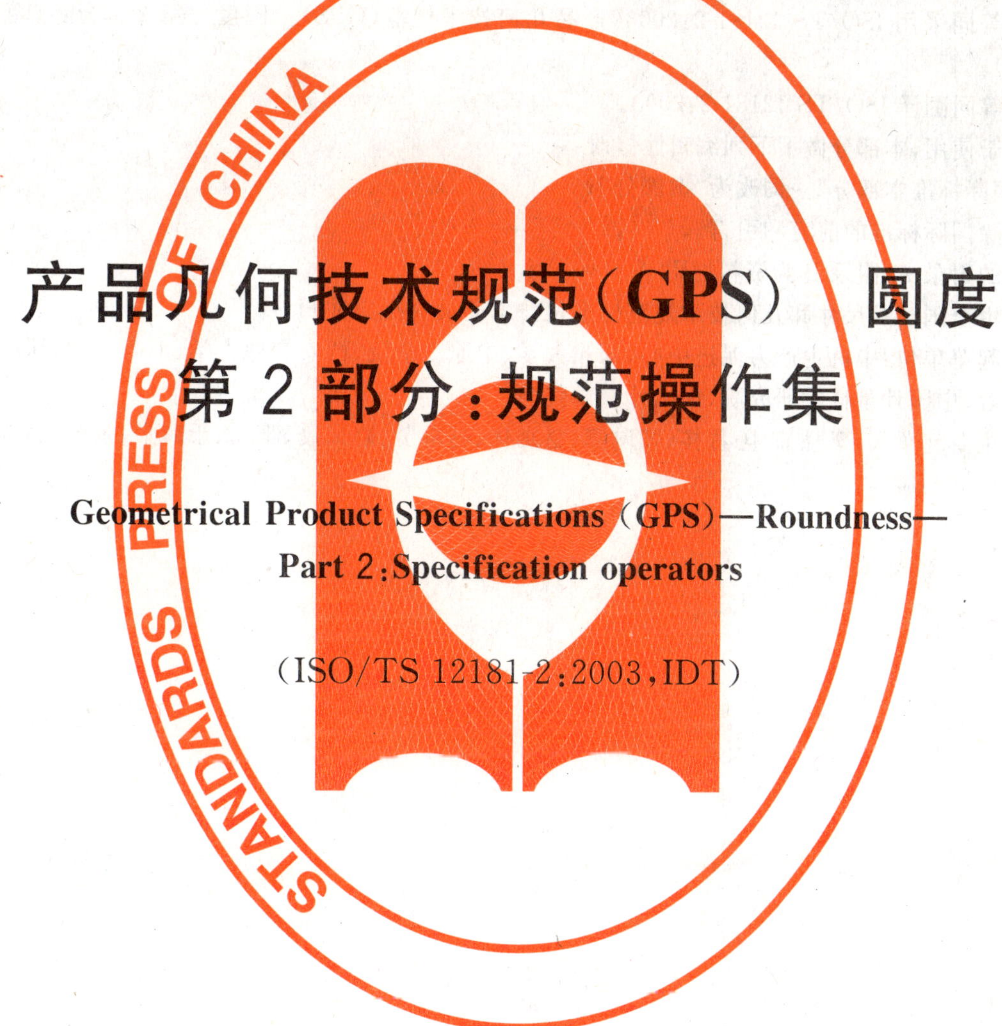

产品几何技术规范(GPS) 圆度 第2部分:规范操作集

Geometrical Product Specifications (GPS)—Roundness—Part 2:Specification operators

(ISO/TS 12181-2:2003,IDT)

2009-11-15 发布　　　　2010-04-01 实施

中华人民共和国国家质量监督检验检疫总局
中国国家标准化管理委员会　发布

前　言

GB/T 24632《产品几何技术规范(GPS)　圆度》分为如下两部分:

第1部分:词汇和参数;

第2部分:规范操作集。

本部分为GB/T 24632的第2部分。

本部分等同采用ISO/TS 12181-2:2003《产品几何技术规范(GPS)　圆度　第2部分:规范操作集》(英文版)。

本部分等同翻译ISO/TS 12181-2:2003。

为了便于使用,本部分做了下列编辑性修改:

——“国际标准本部分”一词改为“本部分”;

——删除国际标准的前言和引言。

本部分的附录A、附录B为资料性附录。

本部分由全国产品尺寸和几何技术规范标准化技术委员会提出并归口。

本部分起草单位:中机生产力促进中心、郑州大学、中原工学院、西安交通大学、上海大学、深圳市计量质量研究院、中国计量科学研究院、中国计量学院。

本部分主要起草人:李晓沛、陈月祥、张琳娜、赵则祥、赵卓贤、赵凤霞、李明、于冀平、张恒、赵军。

产品几何技术规范(GPS) 圆度 第2部分:规范操作集

1 范围

GB/T 24632的本部分规定了组成要素圆度的完整的规范操作集。

本部分适用于整个圆度轮廓,即圆度要素的几何特性。

2 规范性引用文件

下列文件中的条款通过GB/T 24632的本部分的引用而成为本部分的条款。凡是注日期的引用文件,其随后所有的修改单(不包括勘误的内容)或修订版均不适用于本部分,然而,鼓励根据本部分达成协议的各方研究是否可使用这些文件的最新版本。凡是不注日期的引用文件,其最新版本适用于本部分。

GB/T 18777 产品几何量术规范(GPS) 表面结构 轮廓法 相位修正滤波器的计量特性(GB/T 18777—2009,ISO 11562:1996,IDT)

GB/T 18779.1 产品几何量技术规范(GPS) 工件与测量设备的测量检验 第1部分:按规范检验合格或不合格的判定规则(GB/T 18779.1—2002,eqv ISO 14253-1:1998)

GB/T 24632.1 产品几何技术规范(GPS) 圆度 第1部分:词汇和参数(GB/T 24632.1—2009,ISO/TS 12181-1:2003,IDT)

GB/Z 24637.2 产品几何技术规范(GPS) 通用概念 第2部分:基本原则、规范、操作集和不确定度(GB/Z 24637.2—2009,ISO/TS 17450-2:2002,IDT)

3 术语和定义

GB/T 24632.1和GB/Z 24637.2确立的术语和定义适用于本部分。

4 完整的规范操作集

4.1 概述

完整的规范操作集(见GB/Z 24637.2)是有序的和完整的一组具有明确定义的规范操作。本部分规定了圆度轮廓的传输带以及相应触针针尖的几何形状等。

4.2 传输带

4.2.1 低通滤波器

低通滤波器是一个相位修正滤波器(见GB/T 18777),其传输从1 UPR开始的波形,对处于截止频率(以UPR为单位)附近的波形逐渐衰减,见图1。

衰减函数为:

$$\frac{a_1}{a_0} = e^{-\pi\left(\frac{\alpha \times f}{f_c}\right)^2}$$

式中:

$\alpha=\sqrt{\frac{\ln(2)}{\pi}}=0.469\ 7$;

a_0——滤波前的正弦波的振幅;

a_1——滤波后的正弦波的振幅;

f_c——低通滤波器截止频率(以 UPR 为单位);

f——正弦波的频率(以 UPR 为单位)。

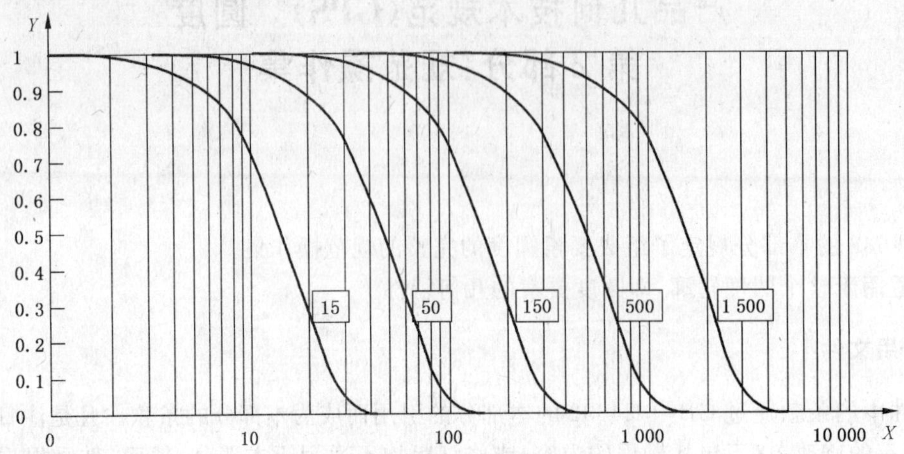

X——每转波数(UPR);

Y——UPR 传输率。

注:如需要也可采用本图示外的其他滤波参数。

图 1 截止频率 f_c=15 UPR,50 UPR,150 UPR,500 UPR,1 500 UPR 的低通滤波器的传输特性

4.2.2 高通滤波器

高通滤波器也是相位修正滤波器(见 GB/T 18777),对从 1 UPR 开始到截止频率(以 UPR 为单位)的波形进行衰减。它传输波长比截止频率相应的波长短的波形(以 UPR 为单位)(见图 2)。

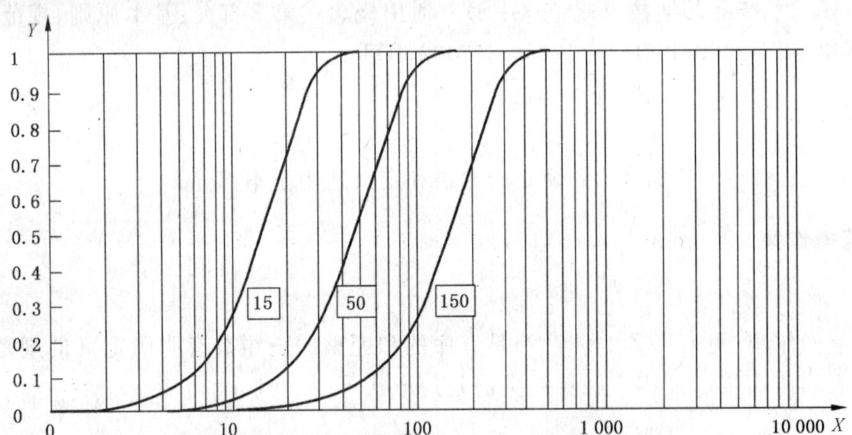

X——每转波数(UPR);

Y——UPR 传输率。

注:如需要也可采用本图示外的其他滤波参数。

图 2 截止频率 f_c=15 UPR,50 UPR,150 UPR 的高通滤波器的传输特性

衰减函数如下:

$$\frac{a_2}{a_0} = 1 - e^{-\pi\left(\frac{\alpha \times f}{f_c}\right)^2}$$

式中:

$\alpha=\sqrt{\frac{\ln(2)}{\pi}}=0.469\ 7$;

a_0——滤波前的正弦波的振幅；

a_2——滤波后的正弦波的振幅；

f_c——低通滤波器截止频率(以 UPR 为单位)；

f——正弦波的频率(以 UPR 为单位)。

4.2.3 极限 UPR 值

滤波器决定了在圆度评定中，圆度轮廓所包含的正弦波动数(UPR)的范围。该范围的截止值可从表 1 中选定。表 1 还给出了提取圆周线的最少采样点数以及为避免由探头的形状影响而导致圆度轮廓失真所需要的要素直径与测头半径的最小比值($d:r$)。

表 1 UPR 极限值

低通滤波器		
滤波器传输从 1UPR 至	最小采样点数	最小 $d:r$ 值[a]
15	105	5
50	350	15
150	1 050	50
500	3 500	150
1 500	10 500	500

[a] $d:r$ 是评定基圆直径与触针针尖半径之比。如果 $d:r$ 值小于表中规定值，则会由于触针针尖的形状而影响滤波要素的高 UPR 波动的失真。

如果给定一个高通滤波器，相应的也应给定一个低通滤波器，以获得一个完整的 UPR 传输带宽。

注 1：模拟滤波器和数字滤波器的特性是传输率只与波长有关，与幅值无关；而机械滤波方法(如探针)不但受波长的影响而且受幅值的影响。

注 2：如果没有规定低通滤波器，评定出的圆度误差是没有可比性的。触针针尖半径的作用通常象一个未定义的低通滤波器。在许多测量设备中，这就是一个内在的最大的低通滤波器，当没有其他设置的时候它将会起作用。

低通滤波器对应的采样点数目和最小 $d:r$ 比值应用举例：

例如：如果滤波器传输频带为 50 UPR～500 UPR，则采样点应为 3 500 个，$d:r$ 值至少应为 150。如果没有指定低通滤波器，则应使用 1 500 UPR 的滤波器。

注：当 $d:r$ 的条件满足时，触针针尖半径与滤波器传输的最短波长相近，这与表面结构特征测量设备的触针针尖半径要求是一致的(见 GB/T 6062)。

4.3 探测系统

4.3.1 探测方法

在 4.3.2 中规定的触针针尖的接触式探测系统，是规范操作操作集的一部分。

4.3.2 触针针尖几何形状 stylus tip geometry

触针针尖的理论几何形状为球形。

4.3.3 测量力

测量力为 0 N。

5 与规范的一致性

按 GB/T 18779.1 规范进行合格或不合格的判定。

附　录　A
（资料性附录）
公称圆形工件的谐波成分

A.1　谐波成分

一个有限长度的信号可以分解为一系列正弦分量，称为傅立叶级数。傅立叶级数由波长为信号长度的基波和一些波长为基波的整数分之一的谐波分量组成。基波称为信号的一次谐波。波长为基本波长的二分之一的正弦波称为二次谐波。波长为基本波长三分之一的正弦波称为三次谐波，以此类推（见图 A.1），n 次谐波就是波长为基本波长的 n 分之一的正弦波。

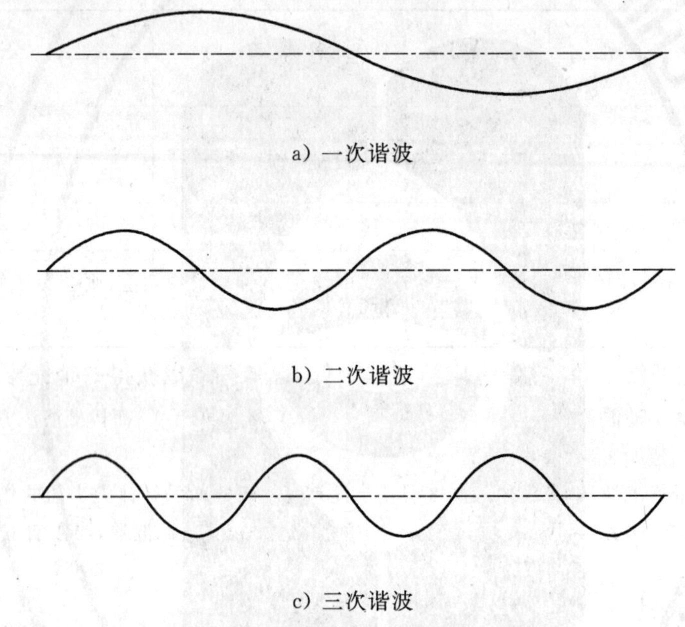

a）一次谐波

b）二次谐波

c）三次谐波

图 A.1　信号前三个谐波分量

圆度轮廓稍有不同，信号的开始和结束连在一起。圆度轮廓傅立叶级数的基波波长就是圆周的波长，或者是每转一个波动(UPR)，每转中包含的波动数较多的谐波分量即为高次分量（如二次谐波就是 2 UPR，三次谐波就是 3 UPR，等等）。

A.2　波形混淆和奈奎斯特(Nyquist)定理

从离散数字记录信号，需要进行采样，必须恰当选取采样点（采样间距），以便使离散数字信号能够代表原始信号。

如果原始信号为有限带宽，则信号中存在一最短波长（最高次谐波），那么奈奎斯特定理对可能的最大采样间距给以限制。奈奎斯特定理表述为：

如果已知一个无限长信号不包含比指定波长短的波长，那么这个信号可由等间距离散采样值重构，其前提是采用间距小于二分之一的指定波长。

严格地讲，奈奎斯特定理只适用于无限长的信号。实际上，即使信号长度有限，采样间隔小于二分之一的最短波长时，奈奎斯特采样定理仍然是有用的。

如果采样间距比奈奎斯特定理规定的更大，数字信号将会出现混淆失真。混淆现象是当一个短波长的正弦波由于采样间距太大而无法定义信号的真实形状而呈现为一个较长波长的正弦波（见图 A.2）。因此，如果采样间距选得太大，较高次的谐波分量会呈现为较低次的谐波分量从而使分析失真。

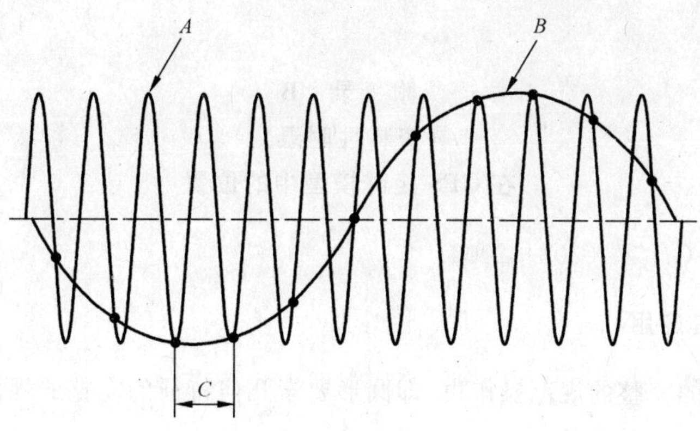

A——真实信号；

B——混淆信号；

C——采样间距。

注：描述真实形状的信号的采样间距太大。

图 A.2 波形混淆

实际上，许多测量仪器将一人为频带限施加给信号以克服混淆的问题。有许多方法可以实现这种人为频带限。三种常用的方法是：探头的“自然”频带限、模拟滤波器和数字滤波器，或上述方法的任意组合。通常采用上述三种方法的组合。一旦信号具有一频带限，就可用奈奎斯特定理确定一个如下的理论最大采样间距。

假设所有小于高斯滤波器传输曲线的 0.02％点的波长可以忽略，通过使用奈奎斯特定理，这就意味着每个截止波长要求至少 7 个采样点，它代表了每个截止波长的理论最少采样点数。

附　录　B
（资料性附录）
在 GPS 矩阵模型中的位置

GPS 矩阵模型参见 GB/Z 20308—2006。

B.1　本部分的信息及其应用

本部分规定了圆度的完整的规范操作集，即圆形要素几何特征的完整的规范操作集。

B.2　本部分在 GPS 矩阵模型中的位置

本部分是 GPS 通用标准，它影响 GPS 矩阵中与基准无关的线的形状标准链的链环 3，如图 B.1 所述。

	GPS 综合标准						
	GPS 通用标准						
	链环号	1	2	3	4	5	6
GPS 基础标准	尺寸						
	距离						
	半径						
	角度						
	与基准无关的线形状			■			
	与基准相关的线形状						
	与基准无关的面形状						
	与基准相关的面形状						
	方向						
	位置						
	圆跳动						
	全跳动						
	基准						
	粗糙度轮廓						
	波纹度轮廓						
	原始轮廓						
	表面缺陷						
	棱边						

图 B.1

B.3　相关的标准

相关的标准为图 B.1 所示标准链涉及的标准。

参考文献

[1] GB/T 3505—2009 产品几何技术规范(GPS) 表面结构 轮廓法 术语、定义及表面结构参数.

[2] GB/T 4380—2004 确定圆度误差的方法 两点、三点法.

[3] GB/T 6062—2009 产品几何技术规范(GPS) 表面结构 轮廓法 接触(触针)式仪器的标称特性.

[4] GB/T 10610—2009 产品几何技术规范(GPS) 表面结构 轮廓法 评定表面结构的规则和方法.

[5] GB/T 16857.1—2003 产品几何技术规范(GPS) 坐标测量机的验收检测和复检检测 第1部分:词汇.

[6] GB/T 18780.1—2002 产品几何技术规范(GPS) 几何要素 第1部分:基本术语和定义.

[7] GB/Z 20308—2006 产品几何技术规范(GPS) 总体规划.

ICS 17.040.20
J 04

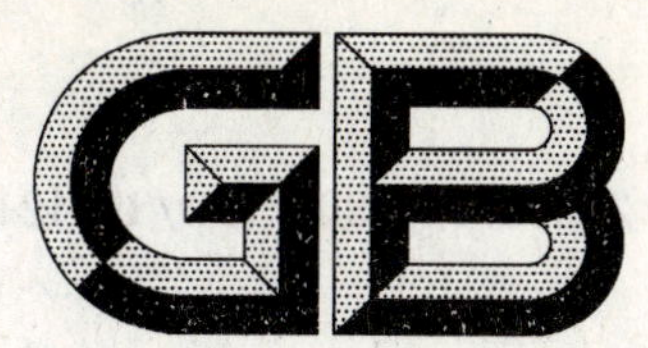

中华人民共和国国家标准

GB/T 24633.1—2009/ISO/TS 12180-1:2003

产品几何技术规范(GPS) 圆柱度 第1部分:词汇和参数

Geometrical product specifications (GPS)—
Cylindricity—
Part 1: Vocabulary and parameters of cylindrical form

(ISO/TS 12180-1:2003,IDT)

2009-11-15 发布　　　　2010-04-01 实施

中华人民共和国国家质量监督检验检疫总局
中国国家标准化管理委员会　发布

前　　言

GB/T 24633《产品几何技术规范(GPS)　圆柱度》分为两部分：

第1部分：词汇和参数；

第2部分：规范操作集。

本部分为GB/T 24633的第1部分。

本部分等同采用ISO/TS 12180-1:2003《产品几何技术规范(GPS)　圆柱度　第1部分：词汇和参数》(英文版)。

本部分等同翻译ISO/TS 12180-1:2003。

为了便于使用，本部分做了下列编辑性修改：

——“国际标准本部分”一词改为“本部分”；

——删除国际标准的前言和引言。

本部分的附录A、附录B、附录C和附录D为资料性附录。

本部分由全国产品尺寸和几何技术规范标准化技术委员会提出并归口。

本部分起草单位：中机生产力促进中心、郑州大学、西安交通大学、中原工学院、海克斯康(青岛)测量技术有限公司、上海上机精密量仪有限公司、中国计量科学研究院。

本部分主要起草人：李晓沛、陈月祥、张琳娜、赵卓贤、赵凤霞、赵则祥、王晋、陈景玉、唐禹民、张恒。

产品几何技术规范(GPS) 圆柱度 第1部分:词汇和参数

1 范围

GB/T 24633 的本部分规定了有关单一组成要素的圆柱度的术语和概念。

本部分适用于整个圆柱体轮廓。

2 规范性引用文件

下列文件中的条款通过 GB/T 24633 的本部分的引用而成为本部分的条款。凡是注日期的引用文件,其随后所有的修改单(不包括勘误的内容)或修订版均不适用于本部分,然而,鼓励根据本部分达成协议的各方研究是否可使用这些文件的最新版本。凡是不注日期的引用文件,其最新版本适用于本部分。

GB/T 18780.1—2002 产品几何量技术规范(GPS) 几何要素 第1部分:基本术语和定义(ISO 14660-1:1999,IDT)

GB/T 18780.2—2003 产品几何量技术规范(GPS) 几何要素 第2部分:圆柱面和圆锥面的提取中心线、平行平面的提取中心面、提取要素的局部尺寸(ISO 14660-2:1999,IDT)

GB/T 24633.2 产品几何技术规范(GPS) 圆柱度 第2部分:规范操作集(GB/T 24633.2—2009,ISO/TS 12180-2:2003,IDT)

GB/Z 24637.1 产品几何技术规范(GPS) 通用概念 第1部分:几何规范和验证的模式(GB/Z 24637.1—2009,ISO/TS 17450-1:2005,IDT)

3 术语和定义

GB/T 18780.1—2002、GB/T 18780.2—2003、GB/Z 24637.1 确立的以及下列术语和定义适用于本部分。

3.1 基本术语

3.1.1

圆柱度 cylindricity

圆柱的特性。

3.1.2

公称圆柱 nominal cylinder

设计规定的、由数学定义的圆柱。

注:本部分所指的公称圆柱为正圆柱形(即圆柱轴线和各横截面的夹角为直角)。

3.1.3

评定基圆 reference circle

按规定的方法得到的圆度轮廓的拟合圆。它是圆度偏差和圆度参数的评定基准。

[GB/T 24632.1—2009(ISO/TS 12181-1:2003)定义 3.3.1]

3.1.4

圆度平面 roundness plane

在整个要素范围内与圆度轴线相垂直的平面。

[GB/T 24632.1—2009(ISO/TS 12181-1:2003)定义 3.1.3]

3.1.5

素线平面　generatrix plane

通过拟合圆柱轴线的半平面。

3.2　与表面有关的术语

3.2.1

工件实际表面　real surface of a workpiece

实际存在并将整个工件与周围介质分隔的一组要素。

[GB/T 18780.1—2002 定义 2.4]

3.2.2

提取表面　extracted surface

〈圆柱度〉以数字表示的工件实际表面。

注：圆柱度提取规则由 GB/T 24633.2—2009(ISO/TS 12180-2:2003)规定。提取表面即 GB/T 18780.1—2002 定义的提取组成要素。

3.2.3

圆柱度表面　cylindricity surface

由滤波器特意修正过的提取表面(圆柱类)。

注：本部分的概念和参数适用于该表面。

3.2.4

局部圆柱度偏差　local cylindricity deviation

LCD

圆柱度表面上某一点到评定基圆柱的最小距离，见图 1 和图 2。

注 1：如果点的位置相对评定基圆柱偏向实体内，则该偏差为负局部圆柱度偏差。

注 2：评定基圆柱见 3.3.1。

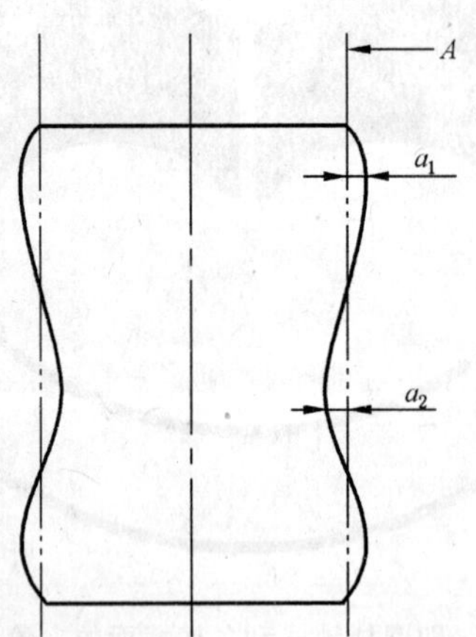

A——评定基圆柱；

a_1——正局部圆柱度偏差；

a_2——负局部圆柱度偏差。

图 1　外要素的局部圆柱度偏差

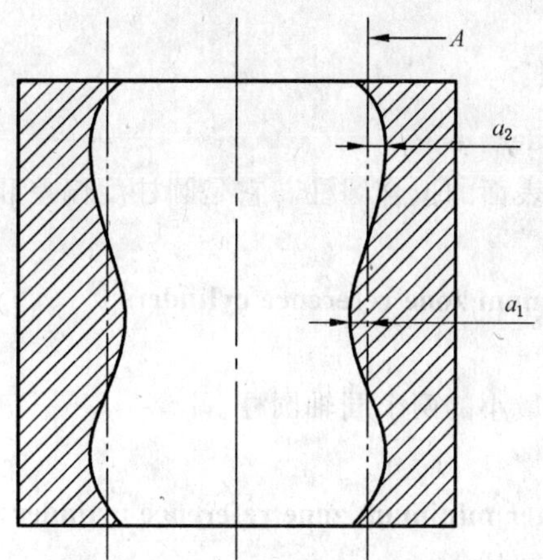

A——评定基圆柱；

a_1——正局部圆柱度偏差；

a_2——负局部圆柱度偏差。

图 2　内要素的局部圆柱度偏差

3.2.5

圆度轮廓　roundness profile

由滤波器特意修正过的提取圆周线。

[GB/T 24632.1—2009(ISO/TS 12181-1:2003)定义 3.2.3]

3.2.6

提取素线　extracted generatrix line

以数字表示的实际表面与素线平面的交线。

注：圆柱度提取规则在 GB/T 24633.2—2009(ISO/TS 12180-2:2003)中给出。该提取表面即 GB/T 18780.1—2002 定义的提取组成要素。

3.2.7

素线轮廓　generatrix profile

由滤波器特意修正过的提取素线。

3.2.8

圆柱面的提取中心线　extracted median line of a cylinder

圆柱面的各横截面中心的轨迹，其中

——横截面的中心是拟合圆的圆心；

——横截面垂直于由提取表面得到的拟合圆柱(其半径可能与公称半径不同)的轴线，见图 3。

[GB/T 18780.2—2003 定义 3.2]

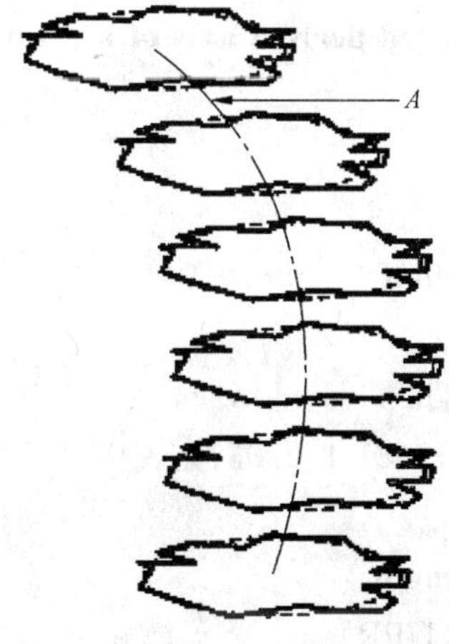

A——提取中心线。

图 3　圆柱的提取中心线

3.3 与评定基圆柱有关的术语

3.3.1

评定基圆柱 reference cylinder

按规定的方法得到的圆柱度表面的拟合圆柱。它是圆柱度偏差和圆柱度参数的评定基准。

3.3.1.1

最小区域评定基圆柱 minimum zone reference cylinders

MZCY

包容圆柱度表面且半径差为最小的两个同轴圆柱。

3.3.1.1.1

外最小区域评定基圆柱 outer minimum zone reference cylinder

实体之外的最小区域评定基圆柱。

3.3.1.1.2

内最小区域评定基圆柱 inner minimum zone reference cylinder

实体之内的最小区域评定基圆柱。

3.3.1.1.3

平均最小区域评定基圆柱 mean minimum zone reference cylinder

最小区域评定基圆柱的算术平均圆柱。

3.3.1.2

最小二乘评定基圆柱 least squares reference cylinder

LSCY

使各局部圆柱度偏差平方和最小的圆柱。

3.3.1.3

最小外接评定基圆柱 minimum circumscribed reference cylinder

MCCY

外接圆柱度表面的最小可能圆柱。

3.3.1.4

最大内切评定基圆柱 maximum inscribed reference cylinder

MICY

内切圆柱度表面的最大可能圆柱。

注：最大内切评定基圆柱存在不唯一的情况。

3.3.2

圆柱要素的拟合导出轴线 associated derived axis of a cylindrical feature

评定基圆柱的轴线。

3.4 与圆周和素线有关的术语

3.4.1

每转波数 undulations per revolution

UPR

圆度轮廓所包含的正弦波动的数目。

[GB/T 24632.1—2009(ISO/TS 12181-1:2003)定义 3.4.1]

3.4.2

圆周波长 circumferential wavelength

评定基圆的圆周长除以每转波数(UPR)

[GB/T 24632.1—2009(ISO/TS 12181-1:2003)定义 3.4.2]

3.4.3

素线波长　generatrix wavelength

素线的长度除以沿素线方向的正弦波动数。

注：正弦波动数不一定是整数。

3.5　与滤波器功能有关的术语

3.5.1　概述

除非另有规定，滤波器特性详见 GB/T 24633.2(ISO/TS 12180-2)。

注：目前仅定义了相位修正滤波器中线(见 GB/T 18777—2009 定义 2.2)，因此，本条中各术语仅对该滤波器而言。目前，ISO 已研究制定了其他类型的滤波器。本部分以后的版本将引入其他滤波器类型。

3.5.2

滤波器　wave filter

在封闭轮廓上工作的滤波器传输一定范围的正弦波，对于传输范围内的波形，其输出输入幅值比是确定的。而传输范围之外的任一端或两端的波形，其输出和输入幅值之比是衰减(或降低)的。

[GB/T 24632.1—2009(ISO/TS 12181-1:2003)定义 3.5.2]

3.5.3

轮廓滤波器　profile filter

在开放轮廓上工作的滤波器传输一定范围的正弦波，对于传输范围内的波形，其输出输入幅值比是确定的。而传输范围之外的任一端或两端的波形，其输出和输入幅值之比是衰减(或降低)的。

3.5.4

滤波器的传输特性　transmission characteristic of a filter

表明正弦轮廓的幅值随其波长的变化而衰减的特性。

[GB/T 18777—2009 定义 2.3]

3.5.5

截止波长　undulation cut-off

用于提取圆周线的相位校正滤波器的截止波长。

注：通常以每转中的波动数目来定义，即 UPR。

[GB/T 24632.1—2009(ISO/TS 12181-1:2003)定义 3.5.4]

3.5.6

相位修正滤波器的截止波长　cut-off wavelength of the phase correct filter

正弦轮廓通过轮廓滤波器对其幅值衰减 50%所对应的波长。

注：轮廓滤波器由其截止波长值来标识。

[GB/T 18777—2009 定义 2.5]

3.5.7

素线截止波长　generatrix cut-off

用于提取素线的相位修正滤波器的截止波长。

3.5.8

圆度轮廓传输带　transmission band for roundness profiles

滤波器传输率大于规定百分率的正弦轮廓波带，它由上下两端截止波长值定义。

注：规定的百分率通常为 50%。

[GB/T 24632.1—2009(ISO/TS 12181-1:2003)定义 3.5.5]

3.5.9

素线轮廓传输带　transmission band for generatrix profiles

滤波器传输率大于规定百分率的正弦轮廓波的波带，它由上下两端素线截止波长值定义。

注：规定的百分率通常为 50%。

3.6 参数

3.6.1 基本参数

3.6.1.1

峰-谷圆柱度误差 peak-to-valley cylindricity deviation（MZCY、LSCY、MICY、MCCY）

CYL_t

局部圆柱度最大正偏差与绝对值最大的负偏差的绝对值之和。

注：峰-谷圆柱度误差的评定基圆柱有(MZCY)、(LSCY)、(MCCY)和(MICY)。

3.6.1.2

峰-基圆柱度偏差 peak-to-reference cylindricity deviation（LSCY）

CYL_p

偏离最小二乘评定基圆柱的最大正局部圆柱度偏差值。

注：峰-基圆柱度偏差仅由最小二乘评定基圆柱定义。

3.6.1.3

基-谷圆柱度偏差 reference-to-valley cylindricity deviation（LSCY）

CYL_v

偏离最小二乘评定基圆柱的负局部圆柱度偏差的绝对值的最大值。

注：基-谷圆柱度偏差仅由最小二乘评定基圆柱定义。

3.6.1.4

均方根圆柱度误差 root mean square cylindricity deviation（LSCY）

CYL_q

偏离最小二乘评定基圆柱的局部圆柱度偏差的平方和的平方根。

注：均方根圆柱度误差仅由最小二乘评定基圆柱定义。

$$CYL_q = \sqrt{\frac{1}{A}\int_A \mathrm{LCD}^2 \mathrm{d}A}$$

式中：

LCD——局部圆柱度偏差；

A——圆柱要素的表面积。

3.6.2 圆柱要素的其他参数

3.6.2.1

提取中线的直线度误差 straightness devation of the extracted median line

STR_{sa}

包容提取中线的最小外接圆柱体的直径。

3.6.2.2

局部素线的直线度偏差 local generatrix straightness deviation

STR_{lc}

直线度误差值从一个素线轮廓计算出，这个素线轮廓由通过最小二乘圆柱轴线的平面与整个要素长度范围内的圆柱要素相交获得。见图4。

3.6.2.3

素线直线度偏差 generatrix straightness deviation

STR_{sg}

最大局部素线直线度偏差值。

3.6.2.4

局部圆柱锥度 local cylinder taper

局部圆柱锥度值是圆柱要素两条相应的拟合线的顶端局部直径与底端局部直径之差绝对值的一

半,该两条拟合线由拟合通过最小二乘圆柱轴线的平面与整个要素长度范围内的圆柱要素相交获得的两个素线轮廓得到。见图4。

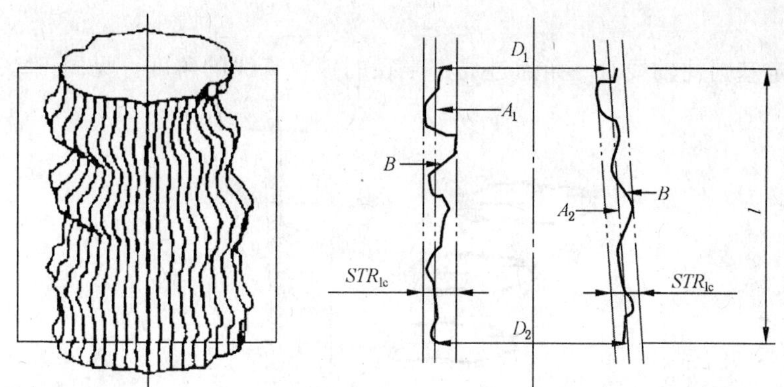

A_1——左边素线轮廓的拟合线;

A_2——右边素线轮廓的拟合线;

B——素线轮廓;

D_1——局部圆柱的顶端直径;

D_2——局部圆柱的底端直径;

l——评定长度。

注:绝对值$|D_1-D_2|/2$是局部圆柱锥度值,通常用长度为100 mm来评定。

图4 局部圆柱锥度

3.6.2.5

圆柱锥度 cylinder taper(LSCY)

CYL_{tt}

最大局部圆柱锥度值。

3.6.2.6

局部半径 local radii

局部半径是由拟合提取圆度轮廓所得到的评定基圆的半径,提取圆度轮廓所在的截面与最小二乘圆柱轴线相垂直。

3.6.2.7

圆柱半径峰-谷值 cylinder radii peak-to-valley

CYL_{rr}

圆柱半径峰-谷值是最大局部半径减去最小局部半径。见图5。

注:评定基圆依照GB/T 24632.1(ISO/TS 12181-1)由拟合提取圆度轮廓获得。

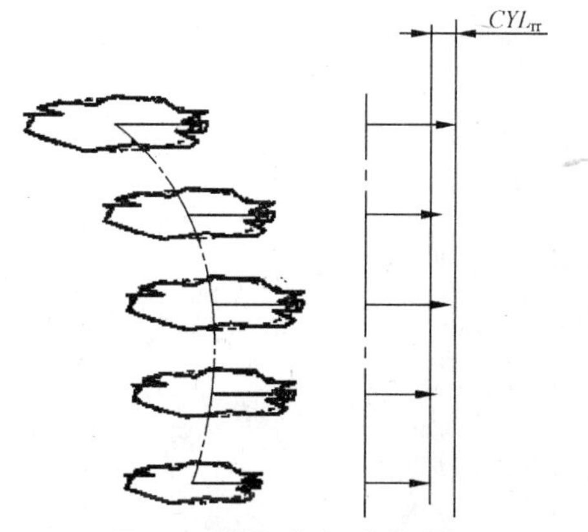

图5 圆柱半径峰谷值

3.6.2.8

圆柱锥角 cylinder taper angle

CYL_{at}

圆柱锥角是评定基圆柱轴线对一条通过局部半径的拟合直线的角度。见图 6。

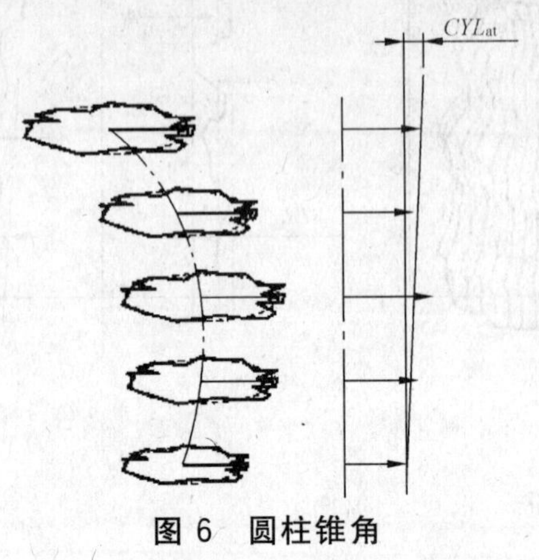

图 6 圆柱锥角

4 径向横截面偏差

圆柱要素径向横截面轮廓就是圆度轮廓，其形状偏差定义见 GB/T 24632(ISO/TS 12181)。

5 直线度偏差

圆柱要素的局部素线轮廓直线度偏差由 GB/T 24631(ISO/TS 12780)规定。

附 录 A
（资料性附录）
公称组成要素圆柱度公差的数学定义

公称组成要素的圆柱度公差带（见图 A.1）是由符合下列条件的一组点 $\vec{P}_i$ 组成：

$\vec{L},\hat{N}$	在任意原点和方向的坐标系中，轴线是由一个点 $\vec{L}$ 和一个单位向量 $\hat{N}$ 定义的。
$d_i=\lvert\hat{N}\times(\vec{P}_i-\vec{L})\rvert$	点 $\vec{P}_i$ 是到轴线径向距离为 d_i 的点。
$r_1\leqslant d_i\leqslant r_2$	点 $\vec{P}_i$ 在半径为 r_1 和 r_2 的两个以轴线为轴的同轴圆柱之间。
$t=r_2-r_1,r_2>r_1$	两个同轴圆柱的半径差等于圆柱度公差 t。

图 A.1 公称组成要素圆柱度的公差带

附 录 B
(资料性附录)
圆柱形状误差的评估

实际圆柱形状误差是多个单一分量的组合,每个分量与相应的缺陷或加工误差相关。其中,误差有如下几种:

——中心线误差[见图 B.1a)],图中所示的圆柱体工件的误差特征表现为(平面的或空间的)轴线弯曲,但其径向截面是恒定半径的圆;

——径向误差[见图 B.1b)],图中所示的圆柱体工件的误差特征表现为径向截面尺寸发生变化;所有径向截面均为同轴圆,但其直径沿轴线按简单规律或复杂规律或随机变化。典型的误差形式包括:圆锥形、桶状或其他复杂形状;

——径向截面形状误差[见图 B.1c)],图中所示圆柱体工件的误差特征表现为所有径向截面的尺寸和形状相同,但径向截面形状不是圆,包括由沿轴纵向延伸的或旋转的或综合运动产生的径向截面圆度误差。

这些误差不论是单个的或是组合的,其典型来源为:

——机床运动传动误差;

——热,压或应力引起的扭曲;

——机床磨损;

——振动。

根据 GB/T 1182:

——中心线误差可用中线的直线度描述;

——径向误差可用素线轮廓与圆柱轴线的平行度来描述;

——径向截面形状误差可用径向截面的圆度来描述。

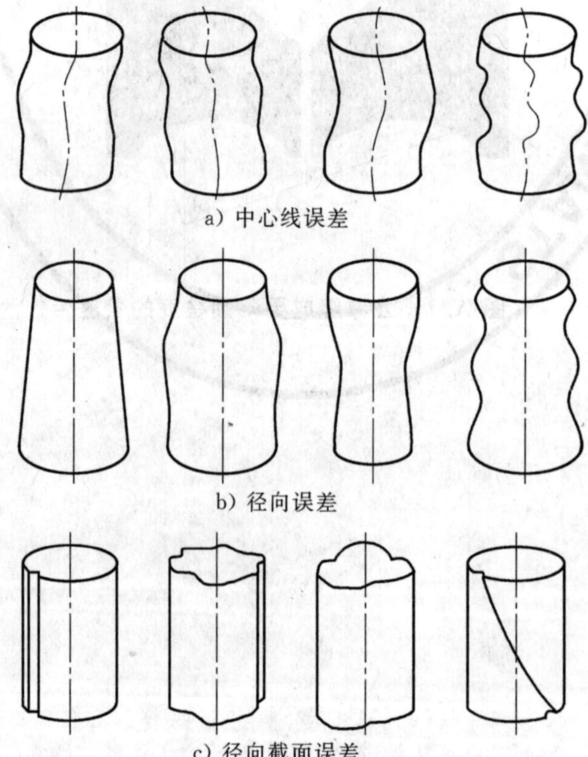

图 B.1 圆柱形状误差

附 录 C
（资料性附录）
术语、参数和缩略语对照表

表 C.1 术语和缩略语

缩略语	术 语	依 据
LSCI	最小二乘评定基圆	GB/T 24632.1—2009,3.3.1.2 ISO/TS 12181-1:2003,3.3.1.2
LSCY	最小二乘评定基圆柱	GB/T 24633.1—2009,3.3.1.2 ISO/TS 12180-1:2003,3.3.1.2
LSLI	最小二乘评定基线	GB/T 24631.1—2009,3.3.1.2 ISO/TS 12780-1:2003,3.3.1.2
LSPL	最小二乘评定基面	GB/T 24630.1—2009,3.3.1.2 ISO/TS 12781-1:2003,3.3.1.2
LCD	局部圆柱度偏差	GB/T 24633.1—2009,3.2.4 ISO/TS 12180-1:2003,3.2.4
LFD	局部平面度偏差	GB/T 24630.1—2009,3.2.4 ISO/TS 12781-1:2003,3.2.4
LRD	局部圆度偏差	GB/T 24632.1—2009,3.2.4 ISO/TS 12181-1:2003,3.2.4
LSD	局部直线度偏差	GB/T 24631.1—2009,3.2.4 ISO/TS 12780-1:2003,3.2.4
MICI	最大内切评定基圆	GB/T 24632.1—2009,3.3.1.4 ISO/TS 12181-1:2003,3.3.1.4
MICY	最大内切评定基圆柱	GB/T 24633.1—2009,3.3.1.4 ISO/TS 12180-1:2003,3.3.1.4
MCCI	最小外接评定基圆	GB/T 24632.1—2009,3.3.1.3 ISO/TS 12181-1:2003,3.3.1.3
MCCY	最小外接评定基圆柱	GB/T 24633.1—2009,3.3.1.3 ISO/TS 12180-1:2003,3.3.1.3
MZCI	最小区域评定基圆	GB/T 24632.1—2009,3.3.1.1 ISO/TS 12181-1:2003,3.3.1.1
MZCY	最小区域评定基圆柱	GB/T 24633.1—2009,3.3.1.1 ISO/TS 12180-1:2003,3.3.1.1
MZLI	最小区域评定基线	GB/T 24631.1—2009,3.3.1.1 ISO/TS 12780-1:2003,3.3.1.1
MZPL	最小区域评定基面	GB/T 24630.1—2009,3.3.1.1 ISO/TS 12781-1:2003,3.3.1.1
UPR	每转波数	GB/T 24632.1—2009,3.4.1 ISO/TS 12181-1:2003,3.4.1

表 C.2 术语和参数

参数	术语	定义所在条款
CYL_{rr}	圆柱半径峰-谷值	GB/T 24633.1—2009,3.6.2.7 ISO/TS 12180-1:2003,3.6.2.7
CYL_{tt}	圆柱锥度(LSCY)	GB/T 24633.1—2009,3.6.2.5 ISO/TS 12180-1:2003,3.6.2.5
CYL_{at}	圆柱锥角	GB/T 24633.1—2009,3.6.2.8 ISO/TS 12180-1:2003,3.6.2.8
STR_{sg}	素线直线度偏差	GB/T 24633.1—2009,3.6.2.3 ISO/TS 12180-1:2003,3.6.2.3
STR_{lc}	局部素线的直线度偏差	GB/T 24633.1—2009,3.6.2.2 ISO/TS 12180-1:2003,3.6.2.2
CYL_{p}	峰-基圆柱度偏差(LSCY)	GB/T 24633.1—2009,3.6.1.2 ISO/TS 12180-1:2003,3.6.1.2
FLT_{p}	峰-基平面度偏差(LSPL)	GB/T 24630.1—2009,3.5.2 ISO/TS 12781-1:2003,3.5.2
RON_{p}	峰-基圆度偏差(LSCI)	GB/T 24632.1—2009,3.6.1.2 ISO/TS 12181-1:2003,3.6.1.2
STR_{p}	峰-基直线度偏差(LSLI)	GB/T 24631.1—2009,3.5.2 ISO/TS 12780-1:2003,3.5.2
CYL_{t}	峰-谷圆柱度误差 (MZCY、LSCY、MICY、MCCY)	GB/T 24633.1—2009,3.6.1.1 ISO/TS 12180-1:2003,3.6.1.1
FLT_{t}	峰-谷平面度误差(MZPL、LSPL)	GB/T 24630.1—2009,3.5.1 ISO/TS 12781-1:2003,3.5.1
RON_{t}	峰-谷圆度误差 (MZCI、LSCI、MCCI、MICI)	GB/T 24632.1—2009,3.6.1.1 ISO/TS 12181-1:2003,3.6.1.1
STR_{t}	峰-谷直线度误差(MZLI、LSLI)	GB/T 24631.1—2009,3.5.1 ISO/TS 12780-1:2003,3.5.1
CYL_{v}	基-谷圆柱度偏差(LSCY)	GB/T 24633.1—2009,3.6.1.3 ISO/TS 12180-1:2003,3.6.1.3
FLT_{v}	基-谷平面度偏差(LSPL)	GB/T 24630.1—2009,3.5.3 ISO/TS 12781-1:2003,3.5.3
RON_{v}	基-谷圆度偏差(LSCI)	GB/T 24632.1—2009,3.6.1.3 ISO/TS 12181-1:2003,3.6.1.3
STR_{v}	基-谷直线度偏差(LSLI)	GB/T 24631.1—2009,3.5.3 ISO/TS 12780-1:2003,3.5.3
CYL_{q}	均方根圆柱度误差(LSCY)	GB/T 24633.1—2009,3.6.1.4 ISO/TS 12180-1:2003,3.6.1.4
FLT_{q}	均方根平面度误差(LSPL)	GB/T 24630.1—2009,3.5.4 ISO/TS 12781-1:2003,3.5.4
RON_{q}	均方根圆度误差(LSCI)	GB/T 24632.1—2009,3.6.1.4 ISO/TS 12181-1:2003,3.6.1.4

表 C.2（续）

参数	术 语	定义所在条款
STR_q	均方根直线度误差(LSLI)	GB/T 24631.1—2009,3.5.4 ISO/TS 12780-1:2003,3.5.4
STR_{sa}	提取中线的直线度误差	GB/T 24633.1—2009,3.6.2.1 ISO/TS 12180-1:2003,3.6.2.1

附 录 D
（资料性附录）
在 GPS 矩阵模型中的位置

GPS 矩阵模型参见 GB/Z 20308—2006。

D.1 本部分的信息及其应用

本部分根据 ISO/TS 17450-2 定义组成要素圆柱度的规范操作所需要的术语和概念。

D.2 本部分在 GPS 矩阵模型中的位置

本部分是 GPS 通用标准，它影响 GPS 通用标准矩阵中与基准无关的面形状标准链的链环 2，如图 D.1 所述。

GPS 综合标准

GPS 基础标准

GPS 通用标准						
链环号	1	2	3	4	5	6
尺寸						
距离						
半径						
角度						
与基准无关的线形状						
与基准相关的线形状						
与基准无关的面形状		■				
与基准相关的面形状						
方向						
位置						
圆跳动						
全跳动						
基准						
粗糙度轮廓						
波纹度轮廓						
原始轮廓						
表面缺陷						
棱边						

图 D.1

D.3 相关的标准

相关的标准为图 D.1 所示标准链涉及的标准。

参 考 文 献

[1] GB/T 1182—2008 产品几何技术规范(GPS) 几何公差 形状、方向、位置和跳动公差标注.

[2] GB/T 18777—2009 产品几何技术规范(GPS) 表面结构 轮廓法 相位修正滤波器的计量特性.

[3] GB/Z 20308—2006 产品几何技术规范(GPS) 总体规划.

[4] GB/T 24630.1—2009(ISO/TS 12781-1:2003) 产品几何技术规范(GPS) 平面度 第1部分:词汇和参数.

[5] GB/T 24631.1—2009(ISO/TS 12780-1:2003) 产品几何技术规范(GPS) 直线度 第1部分:词汇和参数.

[6] GB/T 24631.2—2009(ISO/TS 12780-2:2003) 产品几何技术规范(GPS) 直线度 第2部分:规范操作集.

[7] GB/T 24632.1—2009(ISO/TS 12181-1:2003) 产品几何技术规范(GPS) 圆度 第1部分:词汇和参数.

[8] GB/T 24632.2—2009(ISO/TS 12181-2:2003) 产品几何技术规范(GPS) 圆度 第2部分:规范操作集.

[9] GB/Z 24637—2009(ISO/TS 17450-2:2002) 产品几何技术规范(GPS) 通用概念 第2部分:基本原则、规范、操作集和不确定度.

ICS 17.040.20
J 04

中华人民共和国国家标准

GB/T 24633.2—2009/ISO/TS 12180-2:2003

产品几何技术规范(GPS) 圆柱度 第2部分:规范操作集

Geometrical product specifications (GPS)—Cylindricity—Part 2:Specification operators

(ISO/TS 12180-2:2003,IDT)

2009-11-15 发布　　　　2010-04-01 实施

中华人民共和国国家质量监督检验检疫总局
中国国家标准化管理委员会　发布

前 言

GB/T 24633《产品几何技术规范(GPS) 圆柱度》分为两部分:

第1部分:词汇和参数;

第2部分:规范操作集。

本部分为GB/T 24633的第2部分。

本部分等同采用ISO/TS 12180-2:2003《产品几何技术规范(GPS) 圆柱度 第2部分:规范操作集》(英文版)。

本部分等同翻译ISO/TS 12180-2:2003。

为了便于使用,本部分做了下列编辑性修改:

——“国际标准本部分”一词改为“本部分”;

——删除国际标准的前言和引言。

本部分的附录A、附录B和附录C为资料性附录。

本部分由全国产品尺寸和几何技术规范标准化技术委员会提出并归口。

本部分起草单位:中机生产力促进中心、郑州大学、西安交通大学、青云仪器厂、中原工学院、上海大学、深圳市计量质量研究院。

本部分主要起草人:李晓沛、陈月祥、张琳娜、赵卓贤、赵凤霞、崔瑞志、乔雪涛、李明、于冀平、陈秀娟。

产品几何技术规范(GPS) 圆柱度
第2部分:规范操作集

1 范围

GB/T 24633 的本部分仅规定了完整组成要素圆柱度的完整的规范操作集。

本部分适用于整个圆柱度轮廓,即圆柱形要素的几何特性。

2 规范性引用文件

下列文件中的条款通过 GB/T 24633 的本部分的引用而成为本部分的条款。凡是注日期的引用文件,其随后所有的修改单(不包括勘误的内容)或修订版均不适用于本部分,然而,鼓励根据本部分达成协议的各方研究是否可使用这些文件的最新版本。凡是不注日期的引用文件,其最新版本适用于本部分。

GB/T 18779.1 产品几何量技术规范(GPS) 工件测量与测量设备的检验 第1部分:按规范检验合格或不合格的判定规则(GB/T 18779.1—2002,eqv ISO 14253-1:1998)

GB/T 24633.1 产品几何技术规范(GPS) 圆柱度 第1部分:词汇和参数(GB/T 24633.1—2009,ISO/TS 12180-1:2003,IDT)

GB/Z 24637.2 产品几何技术规范(GPS) 通用概念 第2部分:基本原则、规范、操作集和不确定度(GB/Z 24637.2—2009,ISO/TS 17450-2:2002,IDT)

3 术语和定义

GB/T 24633.1 和 GB/Z 24637.2 确立的术语和定义适用于本部分。

4 完整的规范操作集

4.1 概述

完整的规范操作集(见 GB/Z 24637.2)是有序的和完整的一组具有明确定义的规范操作。本部分规定了圆柱表面的传输带、测量方法和相应触针针尖的几何形状等。

注:事实上,在有限的时间范围内,利用目前的技术期望以理论最小测点密度(见附录B)获得圆柱要素全方位信息的描述是不现实的。因此,应采用有限测量点提取方案给出与圆柱形状误差有关的特定信息,而非一般性信息。

4.2 探测系统

4.2.1 探测方法

在 4.2.2 中规定的触针针尖接触式探测系统是规范操作集的一部分。

4.2.2 触针针尖几何形状 stylus tip geometry

触针针尖的理论几何形状为球形。

4.2.3 测量力

测量力为 0 N。

5 与规范的一致性

按 GB/T 18779.1 规范进行合格或不合格的判定。

附　录　A
（资料性附录）
公称平直工件的谐波成分

A.1　谐波成分

一个有限长度的信号可以分解为一系列正弦分量，称为傅立叶级数。傅立叶级数由波长为信号长度的基波和一些波长为基波的整数分之一的谐波分量组成。基波称为信号的一次谐波。波长为基本波长的二分之一的正弦波称为二次谐波。波长为基本波长三分之一的正弦波称为三次谐波，以此类推（见图 A.1），n 次谐波就是波长为基本波长的 n 分之一的正弦波。

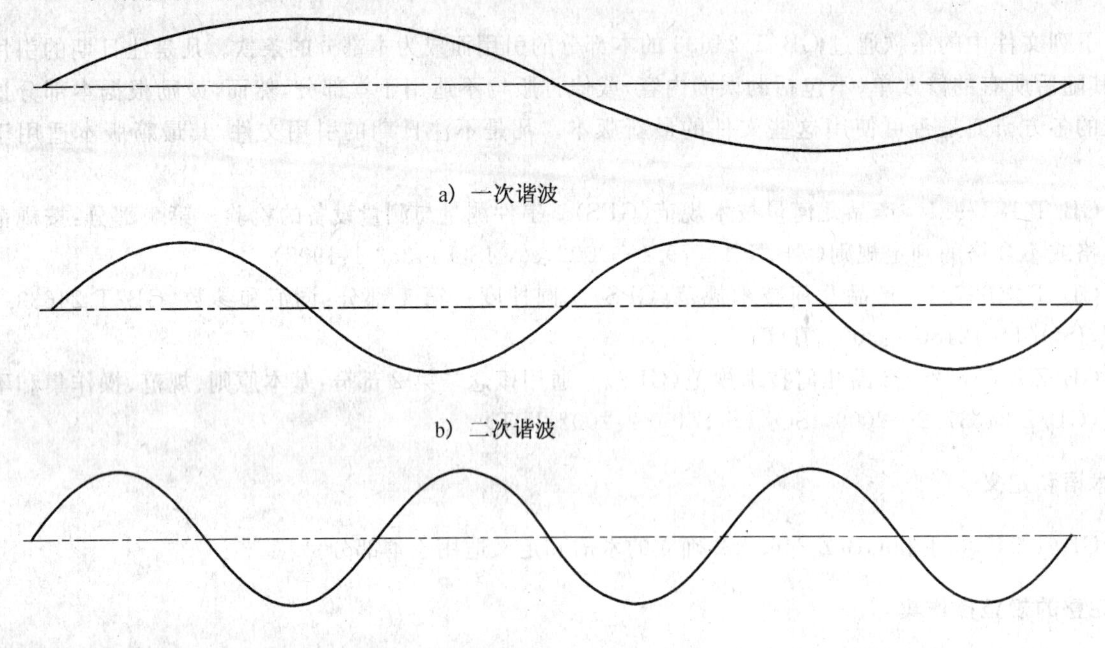

图 A.1　信号前三个谐波分量

素线轮廓可以通过以上方式分解为它的谐波分量。圆度轮廓稍有不同，信号的开始和结束连在一起。圆度轮廓傅立叶级数的基波波长就是圆周的周长，或者是每转一个波动（UPR）。每转中包含的波动数较多的谐波分量即高阶分量（如二次谐波就是 2UPR，三次谐波就是 3UPR，等等）。

上面所有分解为傅立叶级数的信号都是轮廓信号，而圆柱的表面是一个区域。一个区域可以认为是两个轮廓的组合，这两个轮廓的方向可用来建立这个区域的坐标系。圆柱的两个轮廓分别为圆度和素线轮廓，圆柱上的任意一个位置都可以通过从原点分别沿素线的距离坐标和沿圆周的距离坐标来确定。

类似地，一个区域可以分解为两个傅立叶级数的组合。每一个单元对应有两个谐波编码，第一个编码对应着第一个轮廓方向的谐波阶数，第二个编码对应着第二个轮廓方向的谐波阶数。每一个单元都是由两个方向的特定谐波分量组合而成。

对于一个圆柱，如果坐标系通过圆度轮廓和素线轮廓定义，那么（6,4）单元的含义是指由圆度轮廓的 6 次谐波（也就是 6UPR）和素线轮廓上的 4 次谐波（也就是沿素线 4 个波）的组合构成。考虑这些谐波分量在圆柱要素上的表征对于选定合适的评定采样方案很重要。

A.2 波形混淆和奈奎斯特(Nyquist)定理

从离散数字记录信号,需要进行采样,必须恰当选取采样点(采样间距),以便使离散数字信号能够代表原始信号。

如果原始信号为有限带宽,则信号中存在一最短波长(最高次谐波),那么奈奎斯特定理对可能的最大采样间距给以限制。奈奎斯特定理表述为:

如果已知一个无限长信号不包含比指定波长短的波长,那么这个信号可由等间距离散采样值重构,其前提是采用间距小于二分之一的指定波长。

严格地讲,奈奎斯特定理只适用于无限长的信号。实际上,即使信号长度有限,采样间隔小于二分之一最短波长时,奈奎斯特采样定理仍然是有用的。

如果采样间距比奈奎斯特定理规定的更大,数字信号将会出现混淆失真。混淆现象是当一个短波长的正弦波由于采样间距太大而无法定义信号的真实形状而呈现为一个较长波长的正弦波(见图 A.2)。因此,如果采样间距选得太大,较高次的谐波分量会呈现为较低次的谐波分量从而使分析失真。

圆柱度表面是一个区域,所以沿素线和绕圆周的采样间隔都需给出。此外,通过考虑每个方向出现的最高谐波,奈奎斯特定理可以用来给出采样间距。

A——真实信号;

B——虚假信号;

C——采样间距。

注:定义信号真实形状的采样间距太大。

图 A.2 波形混淆

实际情况中,许多测量仪器会给信号强加一个人为的带宽限制来克服混淆的问题。有许多方法可以达到这个人为的带宽限制。三种常用的方法是:用测头的“自然”带宽限制,模拟滤波器和数字滤波器,或这些方法的任意结合。通常是这三种方法的组合。一旦信号有一个带宽限制,就可用奈奎斯特定理确定一个理论最大采样间隔:

假设所有小于高斯滤波器传输曲线 0.02%的波长可以忽略,通过使用奈奎斯特定理,即每个截止波长要求至少 7 个采样点。这便是每个截止波长理论最少采样点的数目。

A.3 圆柱要素的谐波成分

每种提取方案的谐波评定能力综述如下:

a) 鸟笼提取方案

鸟笼法的主要特征是沿两正交轮廓[圆周(横截面轮廓)和素线方向]的提取点密度较高。该提取方案尽管不是对圆柱要素完整的高密度覆盖,却可评定与形状相关的圆周(横截面轮廓)和素线两个方向的谐波成分。因此被推荐作为评定整个圆柱要素的方案。

b） 圆周线提取方案

该方案的主要特征是沿圆周方向的提取点密度高于沿素线的点密度。与素线谐波信息相比，更适于较多的圆周谐波信息的评定。因此被推荐作为评定圆度信息的方案。

c） 素线提取方案

该方案的主要特征是沿素线方向的提取点密度高于沿圆周方向的。与圆度谐波信息相比，更适合于较多的素线谐波信息的评定。因此被推荐作为评定素线信息的方案。

d） 布点提取方案

这种方案提取点的密度比上面列出的三种方案明显要少，这限制了对圆柱要素轮廓谐波成分的评定能力，提取点过少，对于后续操作滤波也会有相应的影响，因此，除非只是对圆柱度参数近似估计，一般不推荐使用这种方案。

附 录 B
（资料性附录）
提取方案

B.1 概述

为了获得对圆柱形状的可靠评价，需要确定能够在工件上获得一组有代表性的采样点的测量方案。工件在圆周线和素线轮廓两个方向的谐波成分是确定合适测量方案的重要因素。它将决定覆盖工件的理论最少采样点密度。

实际测量中，通常很难用理论最小采样点密度获得圆柱轮廓的完全覆盖。因此，应使用更多特定限制的提取方案，以便给出被评定圆柱形状的特定信息，而非一般性信息。这些方案包括：

——鸟笼提取方案；

——圆周线提取方案；

——素线提取方案；

——布点提取方案。

当采用上述任何一种方案对工件进行提取时，仅仅考虑了圆柱体的较小采样点数。出于这个原因和由于不同的仪器设计，以及不同方案的具体实施，使得测量结果可能会产生差异，除非精心选择一组足以代表圆柱要素的，满足所要求的评定目的采样点。A.3 描述了每一采样方案的谐波成分以及考虑到有关可能获得谐波成分的一些建议。

B.2 鸟笼提取方案

指定提取窗口的起始和终止圆度平面后，在提取窗口内，沿轴线的多个平行横截面与素线的相交处对工件进行提取（见图 B.1）。

B.3 圆周线提取方案

指定提取窗口的起始和终止圆度平面后，在一组平行圆度平面（圆周轮廓）内对工件进行提取（见图 B.2）。

B.4 素线提取方案

在提取窗口内，在沿圆周等距分布的素线上对工件进行提取（见图 B.3）。

B.5 布点提取方案

在提取窗口内，由在表面上以随机方式或布点方式得到的一组点对工件进行提取（见图 B.4）。

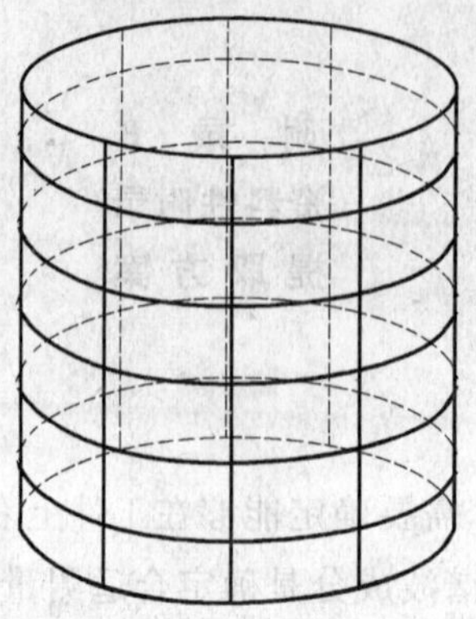

图 B.1　鸟笼提取方案

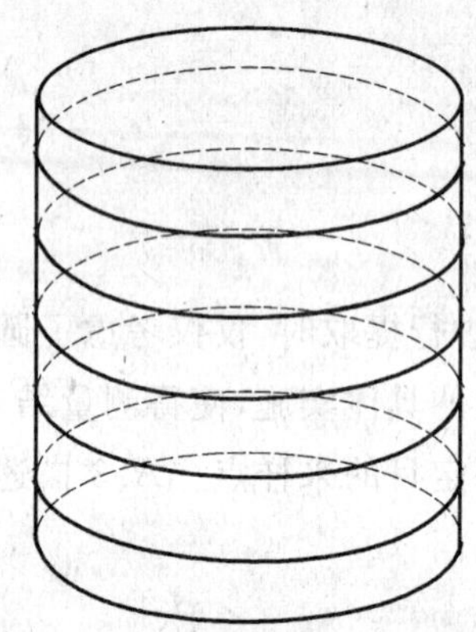

图 B.2　圆周线提取方案

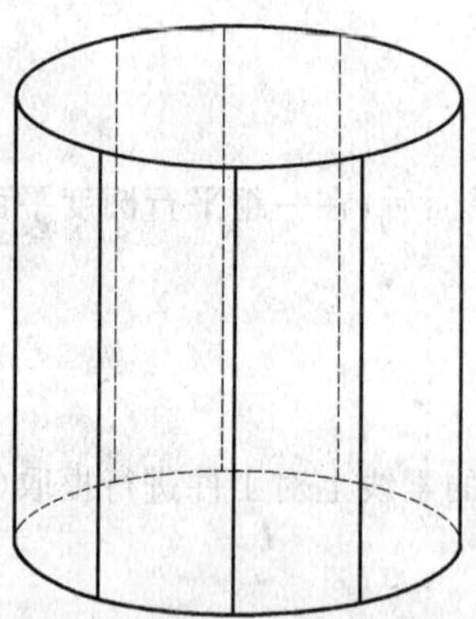

图 B.3　素线提取方案

图 B.4 布点提取方案

附 录 C
(资料性附录)
在 GPS 矩阵模型中的位置

GPS 矩阵模型参见 GB/Z 20308—2006。

C.1 本部分的信息及其应用

本部分规定了圆柱度的完整规范操作集,即圆柱形要素的几何特征的完整规范操作集。

C.2 本部分在 GPS 矩阵模型中的位置

本部分是 GPS 通用标准,它影响 GPS 通用标准矩阵中与基准无关的面的形状标准链的链环 3,如图 C.1 所述。

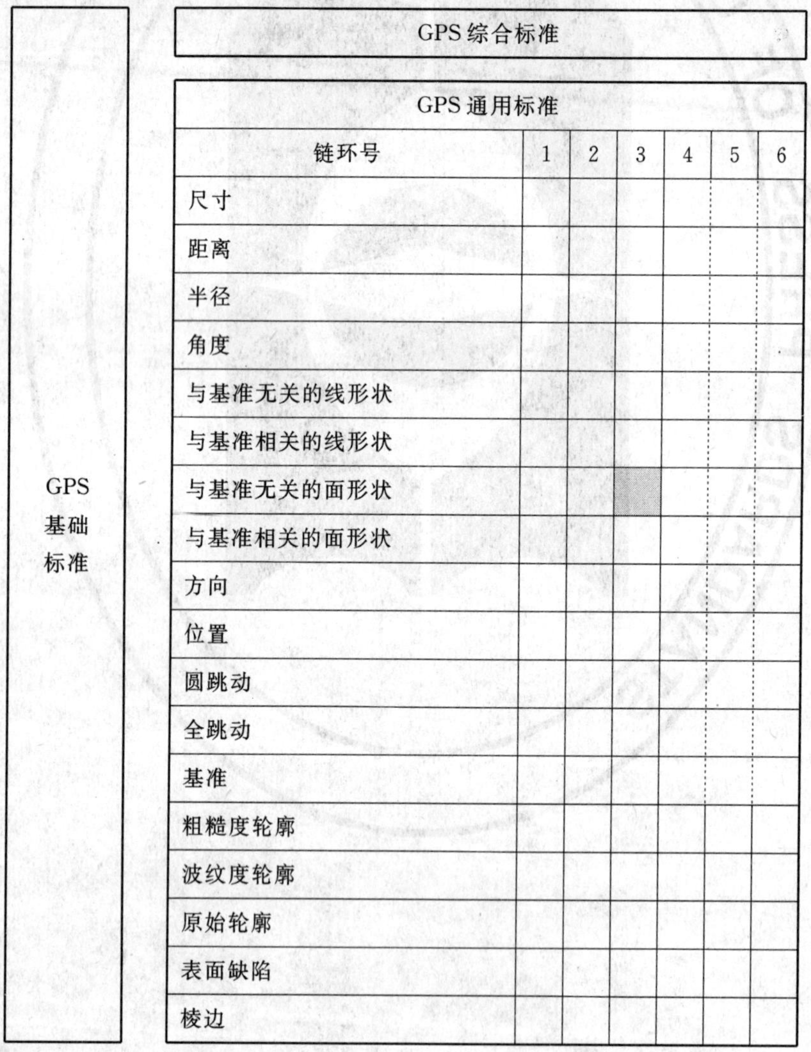

GPS综合标准

GPS 基础标准	GPS通用标准						
	链环号	1	2	3	4	5	6
	尺寸						
	距离						
	半径						
	角度						
	与基准无关的线形状						
	与基准相关的线形状						
	与基准无关的面形状			■			
	与基准相关的面形状						
	方向						
	位置						
	圆跳动						
	全跳动						
	基准						
	粗糙度轮廓						
	波纹度轮廓						
	原始轮廓						
	表面缺陷						
	棱边						

图 C.1

C.3 相关的标准

相关的标准为图 C.1 所示标准链涉及的标准。

参 考 文 献

[1] GB/T 18777—2009 产品几何技术规范(GPS)表面结构 轮廓法 相位修正滤波器的计量特性.

[2] GB/Z 20308—2006 产品几何技术规范(GPS) 总体规划.

[3] GB/T 24631.1—2009(ISO/TS 12780-1:2003) 产品几何技术规范(GPS) 直线度 第1部分:词汇和参数.

[4] GB/T 24632.2—2009(ISO/TS 12181-2:2003) 产品几何技术规范(GPS) 圆度 第2部分:规范操作集.

ICS 17.040.30
J 04

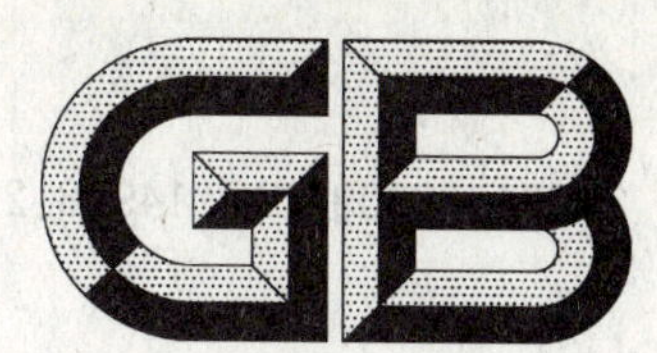

中华人民共和国国家标准

GB/T 24634—2009/ISO 14978:2006

产品几何技术规范(GPS) GPS测量设备通用概念和要求

Geometrical Product Specifications (GPS)—
General concepts and requirements for GPS measuring equipment

(ISO 14978:2006,IDT)

2009-11-15 发布　　　　2010-09-01 实施

中华人民共和国国家质量监督检验检疫总局
中国国家标准化管理委员会　发布

前言

本标准等同采用 ISO 14978:2006《产品几何技术规范(GPS) GPS 测量设备通用概念和要求》(英文版)。

本标准等同翻译 ISO 14978:2006。

为了便于使用,本标准做了下列编辑性修改:

——“本国际标准”一词改为“本标准”;

——删除国际标准的前言和引言;

——“JJF 1001—1998 通用计量术语及定义”与“VIM 1993 国际计量学通用基础术语”内容一致。

本标准的附录 A 为规范性附录,附录 B 为资料性附录,附录 C 为规范性附录。

本标准由全国产品尺寸和几何技术规范标准化技术委员会提出并归口。

本标准起草单位:中机生产力促进中心、北京市计量检测科学研究院、深圳市计量质量检测研究院、上海大学、中国计量科学研究院、海克斯康测量技术(青岛)有限公司、上机精密量仪有限公司。

本标准主要起草人:李晓沛、吴迅、于冀平、李明、张恒、王晋、唐禹民。

产品几何技术规范(GPS)
GPS 测量设备通用概念和要求

1 范围

本标准规定了简单的 GPS 测量设备(如千分尺、指示表、卡尺、平板、高度规、量块)特性的通用要求、术语和定义,这些规定也可用于较复杂的 GPS 测量设备。本标准是编制测量设备标准和描述测量设备设计特性、计量特性的基础,也同样是制定 GPS 测量设备标准发展和内容的指南。

本标准的目的在于使制造商/供应商与顾客/使用者之间的沟通更容易,对 GPS 测量设备提出更加适宜的技术要求。本标准意图是在测量过程(如测量设备校准和工件测量)的质量保证中,成为企业规定测量过程并选择测量设备相关特性时使用的工具。

本标准还包括与特定测量设备特性有关的常用术语。

2 规范性引用文件

下列文件中的条款通过本标准的引用而成为本标准的条款。凡是注日期的引用文件,其随后所有的修改单(不包括勘误的内容)或修订版均不适用于本标准,然而,鼓励根据本标准达成协议的各方研究是否可使用这些文件的最新版本。凡是不注日期的引用文件,其最新版本适用于本标准。

GB/T 1182 产品几何技术规范(GPS) 几何公差 形状、方向、位置和跳动公差标注(GB/T 1182—2008,ISO 1101:2004,IDT)

GB/T 17851 产品几何技术规范(GPS) 几何公差 基准和基准体系(ISO 5459:1981,MOD)

GB/T 18779.1 产品几何量技术规范(GPS) 工件与测量设备的测量检验 第1部分:按规范检验合格或不合格的判定规则(GB/T 18779.1—2002,eqv ISO 14253-1:1998)

GB/T 18779.2 产品几何量技术规范(GPS) 工件与测量设备的测量检验 第2部分:测量设备校准和产品检验中 GPS 测量不确定度评定指南(GB/T 18779.2—2004,ISO/TS 14253-2:1999,IDT)

GB/T 19765 产品几何量技术规范(GPS) 产品几何量技术规范和检验的标准参考温度(GB/T 19765—2005,ISO 1:2002,IDT)

GB/Z 24637.2 几何产品技术规范(GPS) 通用概念 第2部分:基本原则、规范、操作集和不确定度(GB/Z 24637.2—2009,ISO/TS 17450-2:2002,IDT)

JJF 1001—1998 通用计量术语及定义

测量不确定度表示指南(GUM),BIPM,IEC,IFCC,ISO,IUPAC,IUPAP,OIML 联合制定,1995

3 术语和定义

GB/T 18779.1、GB/T 18779.2、JJF 1001—1998、GUM、GB/Z 24637.2(ISO/TS 17450-2)以及下列术语和定义适用于本标准。

3.1

测量设备 measuring equipment

ME

为完成指定并已定义的测量所需要的全部测量仪器、测量标准、参考物质和辅助设备或上述的任意组合。

注1:本定义要比测量仪器的定义[JJF 1001—1998 中 6.1]范围更广,因为它包括得到测量结果所必需的所有手段。

注2:本概念的测量设备包括指示式测量仪器(3.2)和实物量具(3.3)。

3.2

指示式测量仪器　indicating measuring instrument

显示示值的测量设备。

注1：显示可以是模拟的(连续的或不连续的)或数字的。

注2：可以同时显示多个量值。

注3：指示式测量仪器还可以提供记录。

[JJF 1001—1998 中 6.7]

例如：a)　模拟机械式指示表；

b)　数显卡尺；

c)　千分尺。

注4：JJF 1001 中给出的例子在本标准中被改写成长度专业的例子。

3.3

实物量具　material measure

使用时以固定形态复现，或提供给定量的一个或多个已知值的器具。

注1：所提到的量可称为提供量。

[JJF 1001—1998 中 6.2]

例如：a)　量块；

b)　球板；

c)　角度块；

d)　极限量规(如：间隙规)；

e)　功能量规；

f)　表面结构测量标准；

g)　标准环规；

h)　卷尺。

注2：实物量具包含于测量设备的概念中。

注3：JJF 1001 中给出的例子在本标准中被改写成长度专业的例子。

3.4

单一特性测量设备　mono-characteristic measuring equipment

可用单一计量特性表征的测量设备。

注1：单一特性测量设备是本标准为与实际的多特性测量设备对比而提出的一个简化的理论概念。

注2：为了简化，特别是在评估不确定度贡献因素时，可以将多特性测量设备(3.5)视为一个"黑箱"，假设成单一特性测量设备。

3.5

多特性测量设备　multi characteristic measuring equipment

用两个或两个以上计量特性表征的测量设备。

注：所有 GPS 测量设备都是多特性测量设备(见 3.4 的注 2)。

3.6

测量过程　measurement process

构成测量的一组相互关联的资源、活动和影响。

注1：这个术语通常用于测量设备的校准和工件的测量。

注2：资源可以是人或物。

3.7

预期使用　intended use

〈测量设备〉使用特定测量设备的测量过程。

注1：了解预期使用，通常可以减少需校准的计量要求数量。

注2：了解需要校准的计量要求的最大允许误差(MPE 见 3.21)的预期使用，通常可以将其调整到更经济且更少限制的值。

3.8

校准 calibration

〈测量设备〉在规定的条件下,为确定测量仪器或测量系统所指示的量值,或是实物量具或参考物质所代表的量值,与对应的由标准所复现的量值之间关系的一组操作。

注1:校准结果既可给出被测量的示值,还可确定示值的修正值。

注2:校准还可以确定其他计量特性,如影响量的作用。

注3:校准结果可以记录在校准证书或是校准报告中。

[JJF 1001—1998 中 8.11]

注4:校准的 JJF 1001 版定义只适用于单一特性测量设备,因此一般不用于 GPS 测量设备(见 3.4 和 3.5)。

3.9

计量特性校准 calibration of a metrological characteristic

在规定的条件下,确定计量特性量值与对应由标准所复现的量值之间关系的一组操作。

注:计量特性可以作为量来定义和校准,这个量也许需要经过数学或几何转换才能与测量设备的测量结果相符。例如:外径千分尺测量面的平面度和平行度。

3.10

整体校准 global calibration

〈测量设备〉对测量设备全部计量特性的校准。

注1:整体校准一般应用在不知道测量设备预期使用的校准场合,或新测量设备交货期间,为验证约定技术要求进行的验收检测。

注2:在企业内部计量系统的日常操作中,通常不需要做整体校准(见 3.11)。

3.11

与任务相关的校准 task-related calibration

〈测量设备〉只对在预期使用中影响测量不确定度的那些计量特性的校准。

注1:通常与任务相关的校准只包括对预期使用中主要影响测量不确定度的计量特性的校准。

注2:执行与任务相关的校准时,可选用比整体校准更经济的校准程序;与任务相关的校准还可用于特定不确定度概算中已提供信息(量值和条件)的优化。

注3:这个与任务相关的校准的定义有意阐述得与 GB/T 19600—2004 不同,但它们的含义相同。文字表述上的差异反映了 GPS 领域的发展。

3.12

计量特性 metrological characteristic

MC

〈测量设备〉可能影响测量结果的测量设备特性。

注1:计量特性作为一个直接(短期)的不确定度贡献因素对测量结果产生影响(见第6章)。

注2:计量特性以数值表示,其单位有可能与实际测量设备的测量结果单位不同。

注3:测量设备通常具有多个计量特性。

注4:计量特性一定是校准项目(见 3.10 和 3.11)。

3.13

设计特性 design characteristic

DC

〈测量设备〉不直接影响测量的测量设备特性,但有可能因其他原因对测量设备的使用产生影响。

注1:设计特性可能会影响互换性、线性刻度和数字输出的可读性以及耐磨损性等(见第5章)。

注2:有的设计特性可能会影响测量设备的长期测量能力(有影响的设计特性),如,耐磨损性和抗环境干扰能力等。有的设计特性对测量没影响(无影响的设计特性)。

3.14

计量要求　metrological requirement

MR

〈测量设备〉对计量特性的要求。

注1：计量要求既可以根据被测产品/被测特性的规定要求确定，也可以根据通用原则确定。

注2：计量要求既可以最大允许误差(MPE见3.22)的形式提出，也可以计量特性允许限(MPL见3.21)的形式提出。

注3：测量设备通常有多个与其各计量特性相对应的计量要求。

3.15

设计要求　design requirement

DR

〈测量设备〉对设计特性的要求。

注1：设计要求既可以根据测量设备的预期使用或者通用原则确定，也可以根据标准确定。

注2：设计要求还可以以尺寸、材料要求和接口协议等形式提出(见第5章)。

3.16

(示值)误差　error (of indication)

〈测量设备〉测量设备示值与相应输入量的真值之差。

注1：因为真值是不可能确定的，实际中使用的是约定真值(见VIM:1993,1.19和1.20)。

注2：本概念主要应用于与参考标准相比较的测量仪器。

注3：就实物量具而言，示值就是赋予它的值。

[JJF 1001—1998中7.20]

注4：JJF 1001版的该术语定义通常不适用于制定GPS测量设备的技术规范，当然也不适用于多特性测量设备计量特性的概念，这时应使用术语3.18替代。

3.17

实际计量特性值　value of the actual metrological characteristic

通过校准或检定计量特性所获得的值。

3.18

计量特性误差(偏差值)　error (deviation value) of a metrological characteristic

表征实际计量特性的误差值(计量特性的实际值与其理想值之差)。

注1：计量特性误差的单位有可能与实际测量设备的测量结果单位不同。

注2：本术语适用于多特性测量设备(见3.16注4)。

3.19

最大允许误差　maximum permissible errors

〈测量设备〉对给定的测量设备，规范、规程等所允许的误差极限值。见7.5和图9～图12。

注1：对于测量仪器本定义与VIM:1993 5.21相同。

注2：本术语仅适用于单一计量特性的测量设备。

注3：本术语定义一般不用于GPS测量设备的技术规范，当然也不适用于多特性测量设备计量特性的概念，这时应使用术语3.20或3.21代替。

3.20

计量特性允许限　permissible limits of a metrological characteristic

MPL

对给定的测量设备，规范、规程等所允许的计量特性极限值。见7.5.5和图12。

注：MPL可以是一个值、一组值或是一个函数(MPL函数)。

3.21

计量特性最大允许误差 maximum permissible errors for a metrological characteristic

MPE

对给定的测量设备,规范、规程等所允许的计量特性误差的极限值。见7.5和图9~图12。

注1:对于测量仪器本定义与VIM:1993,5.21相同(见3.19)。

注2:MPE可以是一个值、一组值或是一个函数(MPE函数)。

3.22

重复性 repeatability

〈测量仪器〉在相同测量条件下,重复测量同一个被测量,测量仪器提供相近示值的能力。

注1:这些条件包括:

——观测者引起的变化减少到最小;

——相同的测量程序;

——在相同条件下使用相同的测量设备;

——相同的位置;

——在短时间内重复。

注2:重复性可用示值的分散性定量地表示。

[JJF 1001—1998中7.27]

注3:本术语定义一般不用于GPS测量设备的技术规范,当然也不用于多特性测量设备计量特性的概念,这时应使用术语3.23代替。

3.23

计量特性的重复性 repeatability of a metrological characteristic

在相同测量条件下,重复测量某一特定计量特性,测量设备提供相近值的能力。

注1:本定义对于所有测量设备与3.22相同。

注2:重复性可用示值分散性定量地表示。

3.24

滞后 hysteresis

测量设备的特性,即测量设备的示值或其特性值取决于前一个激励方向的值的特性。

注:滞后还可能取决于激励方向改变后的移动距离。

3.25

鉴别力(阈) discrimination (threshold)

使测量仪器产生未察觉响应变化的最大激励变化,这种激励变化应缓慢而单调地进行。

注:鉴别力阈可能取决于噪声(内部的或外部的)或摩擦,也可能与激励值有关。

[JJF 1001—1998中7.11]

3.26

(显示装置的)分辨力 resolution (of a displaying device)

显示装置能被有效辨别的最小示值差。

注1:本概念亦适用于记录式装置。

[JJF 1001—1998中7.12]

注2:见6.3.2.2。

注3:对于数字式显示装置,分辨力就等于其量化步距。

3.27

量化步距 digital step

在数字式显示装置中,末位有效数字的最小可能变化。

3.28

模拟标尺　analogue scale

见图 1 和图 2。

注：从 3.28.1～3.28.10 的逐条定义参见 JJF 1001—1998 的 6.17、6.19、6.20、6.21、6.22、6.23、6.29、6.18。

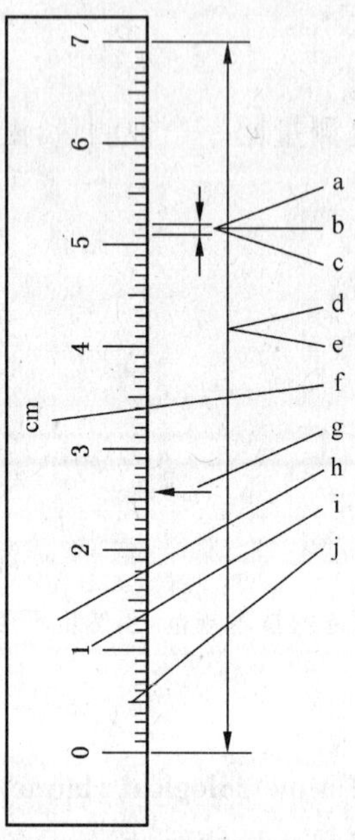

a　标尺分度(3.28.1)。

b　标尺间隔(3.28.2)：本例中，短标尺标记代表 0.1 cm，长标尺标记代表 1 cm。

c　标尺间距：本例中，短标尺标记代表 0.1 cm，长标尺标记代表 1 cm。

d　标尺长度：本例中，标尺长度是 7 cm。

e　标尺范围：本例中，标尺范围是(0～7)cm。

　标尺量程：本例中，标尺量程是 7 cm。

f　标尺上标记的单位(本例中，是厘米(cm))。

g　指示器。

h　度盘面。

i　标尺数字标识：本例中，标尺数字标识是 0、1、…、7。

j　标尺标记。

图 1　与模拟直标尺有关的术语

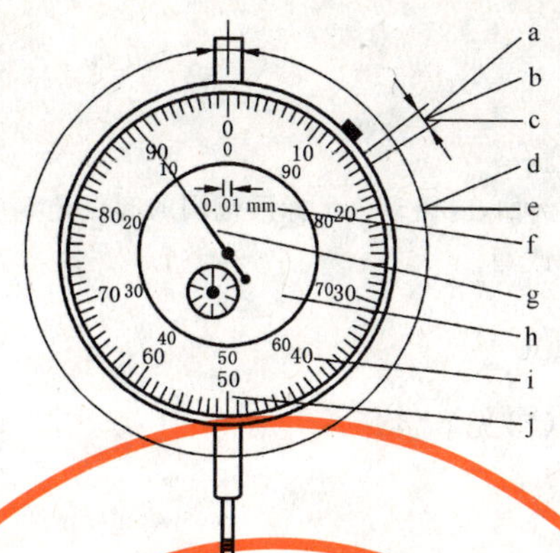

a 标尺分度(3.28.1)。

b 标尺间隔(3.28.2):本例中,短标尺标记代表 0.01 mm,
长标尺标记代表 0.1 mm。

c 标尺间距:本例中,短标尺标记代表 1 mm,
长标尺标记代表 10 mm。

d 标尺长度:本例中,标尺长度大约是 100 mm。

e 标尺范围:本例中,标尺范围是(0.00~1.00)mm。
标尺量程:本例中,标尺量程是 1 mm。

f 标尺上标记的单位(本例中,是 0.01 mm)。

g 指示器。

h 度盘面。

i 标尺数字标识:本例中,有两组标尺数字标识。

j 标尺标记。

图 2 与模拟圆标尺有关的术语

3.28.1

标尺分度 scale division

标尺上任何两相邻标尺标记之间的部分。

[JJF 1001—1998 中 6.21]

注:例如两相邻标尺标记之间的间隔。

3.28.2

标尺间隔 scale interval

对应两相邻标尺标记的两个值之差,以标记在标尺上的单位表示。

注:根据 JJF 1001—1998 的 6.23 改写。

3.28.3

标尺间距 scale spacing

两相邻标尺标记之间的距离。

注 1:根据 JJF 1001—1998 的 6.22、VIM:1993 的 4.21 改写。

注 2:即,两相邻标尺标记之间的物理距离。

3.28.4

标尺长度 scale length

〈模拟直标尺〉始末标尺标记之间的物理长度。

注:根据 JJF 1001—1998 的 6.19 改写。

3.28.5

标尺长度 scale length

〈模拟圆标尺〉通过所有最短标尺标记中心的圆周的物理长度。

注:根据 JJF 1001—1998 的 6.19 改写。

3.28.6

标尺范围 scale range

由极限示值限制的一组值。

注 1:标尺范围的下限不一定是零,例如,内径千分尺标尺范围的起点是 5 mm。

注 2:根据 JJF 1001—1998 的 6.20 改写。

3.28.7

标尺量程 scale span

标尺范围的两极限值之差的模(参见 3.38)。

3.28.8

指示器 index

指针。

注:根据 JJF 1001—1998 的 6.17 改写。

3.28.9

度盘面 face dial

带有标尺的实体部件(表面)。

注:根据 JJF 1001—1998 的 6.28 改写。

3.28.10

标尺数字标识 scale numbering

与标尺标记联系的一组有序数字。

[JJF 1001—1998 中 6.29]

3.28.11

标尺标记 scale mark

度盘面上的线。

注:根据 JJF 1001—1998 的 6.18 改写。

3.29

固定零点 fixed zero

示值的固定参考点或(测量设备计量特性)值,该点的计量特性误差为零。

3.30

浮动零点 floating zero

示值的浮动参考点或(测量设备计量特性)值,该点的计量特性误差为零。

3.31

固定零点误差或值 fixed zero error or value

以(测量设备计量特性的)固定零点为参考点的示值或误差值。

3.32

浮动零点误差或值 floating zero error or value

以(测量设备计量特性的)浮动零点为参考点的示值或误差值。

3.33

参考点 reference point

为评定示值误差在测量设备的测量范围内设定的点。

3.34

标称范围 nominal range

测量仪器的操纵器件调到特定位置时可得到的示值范围。见图 3。

[JJF 1001—1998 中 7.1]

注 1:标称范围一般规定用它的上限值和下限值表示,如,“24.5 mm～50.6 mm”,若下限为零,则标称范围一般规定只用上限值表示。

注 2:VIM:1993 中给出的例子在图 3 中被改写成长度专业的例子。

3.35

标称量程　nominal span

标称范围两极限值之差的模。见图3。

注1：在某些知识领域，最大值与最小值之差称为范围。

注2：根据JJF 1001—1998的5.2改写。这里增加“标称”一词以区别“标称量程”与其他三种量程。(见3.37，3.439和3.41)。

注3：VIM:1993中给出的例子在图3中被改写成长度专业的例子。

例：若标称范围为24.5 mm～50.6 mm，则标称量程是26.1 mm。

3.36

测量范围　measuring range

测量仪器误差处在规定极限内的一组被测量的值。见图3。

注1：误差是相对于约定真值确定的。

[JJF 1001—1998中7.4]

注2：图3中给出长度专业的例子。

注3：规定的极限值可以由一组MPEs或MPLs给出。

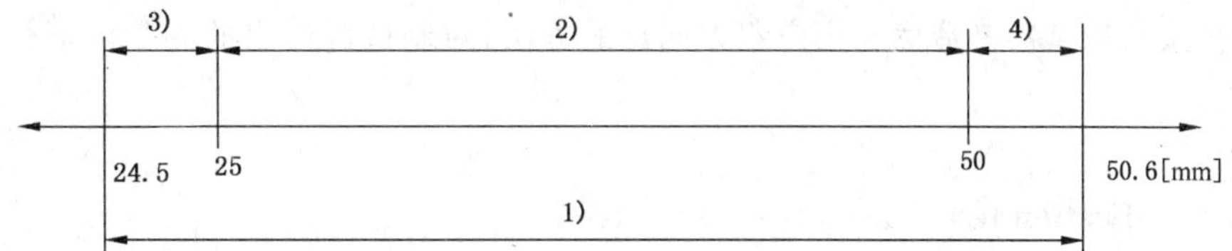

1)	标称范围(3.34)：	24.5 mm～50.6 mm
	标称量程(3.35)：	26.1 mm(50.6 mm−24.5 mm=26.1 mm)
2)	测量范围(3.36)：	25 mm～50 mm
	测量量程(3.37)：	25 mm(50 mm−25 mm=25 mm)
3)	预范围(3.38)：	24.5 mm～25 mm
	预量程(3.39)：	0.5 mm(25 mm−24.5 mm=0.5 mm)
4)	过范围(3.40)：	50 mm～50.6 mm
	过量程(3.41)：	0.6 mm(50.6 mm−50 mm=0.6 mm)

注：以一把25 mm～50 mm外径千分尺为例。

图3　范围和量程术语

3.37

测量量程　measuring span

测量范围两极限值之差的模。见图3。

[JJF 1001—1998中7.2]

注：VIM:1993中给出的例子在本标准中被改写成长度专业的例子。

3.38

预范围　pre-range

由测量仪器最低端可能存在的示值到测量范围的下限值所对应的示值范围。见图3。

注：图3中给出长度专业例子。

3.39

预量程　pre-span

预范围两极限值之差的模。见图3。

注：图3中给出长度专业例子。

3.40

过范围 post-range

由测量仪器最高端可能存在的示值到测量范围的上限值所对应的示值范围。见图3。

注:图3中给出长度专业例子。

3.41

过量程 post-span

过范围两极限值之差的模。见图3。

注:图3中给出长度专业例子。

3.42

序列标识 serialised identification

用于确定单个测量设备或测量设备部件的唯一字符标识。

注1:制造商的序列号就是序列标识的一个例子。

注2:测量设备序列标识是一个质量保证要求。

3.43

验收检测 acceptance test

〈测量仪器〉按测量仪器制造商与用户双方同意的方法,对制造商给出的测量仪器性能指标进行检测的一组操作。

3.44

验证检测 verification test

〈测量仪器〉采用与验收检测同样的程序,对由用户提出的测量仪器性能要求进行检测的一组操作。

4 缩略语

本标准采用表1中的缩略语。

表1 缩略语

缩略语	术语	参见
DC	设计特性 design characteristic	3.13
DR	设计要求 design requirement	3.15
MPL	计量特性允许限 permissible limits of a metrological characteristic	3.20
LSL	规范下限 lower specification limit	GB/T 18779.1
ME	测量设备 measuring equipment	3.1
MC	计量特性 metrological characteristic	3.12
MR	计量要求 metrological requirement	3.14
MPE	最大允许误差 maximum permissible error	3.19,3.21
USL	规范上限 upper specification limit	GB/T 18779.1

5 设计特性

5.1 概述

5.1.1 特性

测量设备的设计特性,即使其对测量结果(即:测量误差和测量不确定度)没有短期影响,也应予以关注。重要的设计特性应服从于测量设备的制造者/供应商和/或用户/顾客提出的技术要求。很多重要的设计特性是根据测量设备的类型、设计和预期使用确定的。

有的设计特性可能会对测量设备的长期测量能力产生影响，例如，磨损可能会影响某些计量特性。

5.1.2 标准

相对重要的设计特性应按各类测量设备的 GPS 特定标准进行标准化。

为保证互换性，标准化只应局限于最重要的设计特性，以免限制了测量技术和测量设备的发展。

各类测量设备的 GPS 特定标准均可选用设计特性下述的两个层次/选项：

——列出制造商/供应商有明确规定的设计特性，如果需要并且可能的话，标注出标称值；

——列出设计特性及其相关值和/或将标准化的公差极限值。

注：在未来标准中，这是仅有的针对具体测量设备按 GPS 标准对设计特性值和/或公差极限值进行标准化的情况。

如果设计特性是最重要设计特性的话，就应按两个层次/选项之一进行标准化，并应在各自的具体情况（测量设备）中被评价和确定。5.2 和 5.3 中的条款应作为针对特定测量设备标准的指导性条款使用。

就一般情况而言，根据规定和/或选定的极限值判断设计特性合格与否时，应采用 GB 18779.1 中的规则。

5.1.3 测量设备——商业

在提供给用户的产品文件、数据表等有关产品信息中，GPS 测量设备的制造商和供应商至少应给出在相应具体标准中提及的设计特性。

提供与设计特性有关的附加信息（参见附录 B）对制造商/供应商有利。

顾客可能对附加的设计特性有特殊要求。本标准可作为确定这些技术要求的工具使用。

5.1.4 测量设备——公司内部使用

应用于贸易中的设计特性和可能以 MPE 值或 MPL 值形式表示的要求，在公司日常工作中不一定使用或检验。

对 GPS 具体测量设备的设计特性和可能在 GB(ISO)标准中规定的设计特性要求，在计量体系的日常工作中也无需强制验证，除非单位/公司做出强制验证的具体决定。

一般的说，单位或公司可以根据本机构的需要和条件为各类测量设备确定设计特性，做出这些技术决定时，应考虑成本和数据表的交换（参见附录 B）。

5.2 指示式测量设备

指示式测量设备的典型设计特性与测量设备使用中设计特性的重要性有关，下面以例子的形式列出了部分设计特性和应考虑的理由。在许多情况下，特殊的用途和测量设备的特殊类型使其具有非常特殊的设计特性。

——互换性；

例如：整体测量和局部测量、测量范围、定位和/或安装系统等，以及相关的几何量/公差。

——抗磨损性；

例如：测量设备相关零件的材料、硬度等。

——环境防护；

例如：防水、防尘、电气防护、防腐蚀。

——电气要求；

例如：接口协议、电源等。

——专用的执行机构；

例如：起重/提升机构、连接装置。

——工作条件限制；

例如：最大传输速度、温度范围、动力和气源的稳定性。

——专用辅助设备。

例如：平板、V 形块，定位装置。

5.3 实物量具

对实物量具而言,典型的设计特性与实物量具使用中设计特性的重要性有关,下面以例子的形式列出了部分设计特性和应考虑的理由。在许多情况下,特殊类型的测量设备使其具有非常特殊的设计特性。

——互换性;

例如:整体测量和局部测量、测量范围、测量空间、定位和/或安装系统等,以及相关的几何量/公差。

——抗磨损性;

例如:实物量具相关零件的材料、硬度等。

——环境防护;

例如:防腐蚀。

——工作条件限制;

例如:湿度、化学环境。

——专用辅助设备。

例如:平板、V形块,定位机构。

6 计量特性

6.1 概述

6.1.1 特性

测量设备计量特性的重要性体现在使用测量设备时,它对测量设备产生的误差和不确定度贡献因素的控制方面,以及对测量不确定度的评估方面。单个计量特性对测量不确定度的影响是由测量过程(检验操作算子)确定的。对实际计量特性及其值量级的了解可以作为设计测量过程(见 GB/T 18779.2)和选择测量设备的基础。

评估测量不确定度时,计量特性的重复性是个重要信息。

计量特性重复性(3.22)应以相关变量的标准偏差表示。

6.1.2 测量设备的标准

与 GPS 特定测量设备有关的通用计量特性,已在与各类测量设备有关的标准中予以确定、标明(借助于名称和符号)和定义,但均参考引自本标准。所有 MPE 或 MPL 涉及到的特定计量特性均应以指定符号作为其下角标表示,从而避免不必要的重复。部分通用计量特性的形式、定义及其 MPE 值或 MPL 值和 MPE 函数或 MPL 函数,见第 7 章。

每个选定计量特性的校准均应在足够数量的不同位置和标称长度(标尺位置)内以及由校准过程引入的测量不确定度足够小的情况下完成。确定足够数量的点(在测量设备和标尺上)和满足要求的测量不确定度应在实际设备(测量仪器和测量标准)、环境条件和要求等因素的基础上进行。

足够的点数和标尺上点的位置的选择取决于示值误差波长和幅度的变化。长波长、小幅度比短波长、大幅度需要的点少。因此,需要的点数取决于测量仪器的实际设计。

所有计量特性及其 MPE 或 MPL 都是在 GB/T 19765(20 ℃)的条件下评价,除非指定了其他温度。

所有计量特性及其 MPE 值或 MPL 值都适用于特定测量设备的规定工作条件,例如,测量力、运行速度等。工作条件是由特定测量设备标准给出的。

所有计量特性及其 MPE 值或 MPL 值均适用于空间所有可能的方向,除非在特定 GB(ISO)标准中对方向有特殊限制。

应根据测量设备的日常应用来选择特定测量设备标准中提到的计量特性(见 6.2)。为得到最佳测量结果和规范的使用,MPE 或 MPL 的定义和选择(见第 7 章),以及需要明确的测量条件还应尽量与日常使用情况相符。

除了少数例子之外(如ISO 1938和ISO 3650),具体的测量设备标准中应不包括MPEs和MPLs的任何数值,但作为对标准使用者的指导应包括MPE值或MPL值的空表格。MPEs(或MPLs)的数值在验收检测时,通常由制造商详细说明;在验证检测时,由用户详细说明。

一般说来,根据规定和/或选定的MPE值或MPL值判断合格与否时,应用GB/T 18779.1中的规则。

6.1.3 测量设备(商业)

验收检测时,应由制造商/供应商提供计量特性的MPE值或MPL值或其函数。

制造商也可能会增加附加的计量特性信息及其MPE值或MPL值,也可能会设定一些本标准或特定测量设备标准中没有规定的限制和使用条件。

有关MPE值或MPL值、附加计量特性、条件和限制的信息应由制造商以数据表格或其他文件形式给出。消费者应在数据表上记下这些要求(参见附录B)。

6.1.4 测量设备(公司内部使用)

消费者应借助于不确定度概算确定和理解主要计量特性(见GB/T 18779.2中的例子)。在不确定度评估过程中可以采用专家意见和以前的知识。还可在采用专家意见和以前知识评估的不确定度概算基础上确定校准程序。

不论是通过研究,还是依据以前的知识,计量特性校准都应考虑计量特性的重复性。出于经济原因的考虑,这应成为校准程序的第一步。

内部校准和验证检测时,计量特性的MPE值或MPL值或是其函数应由用户给出。

6.2 计量特性的确定、定义和选择

测量设备的计量特性可以用多种方法来选择和定义。就可能性而言,计量特性及其要求(MPE或MPL)的定义,包括必要的测量条件的选择和阐述,应考虑以下情况:

——测量设备常规的预期使用(例如,常用的GPS操作和GPS操作算子),以常规的不确定度概算为指导;

——计量特性之间的相关性;

——测量过程中设备的测量不确定度;

——与测量设备内在的物理原理相关性;

——在设备维护和误差确定中的使用;

——与测量设备特定零件和/或功能的相关性;

——测量原理或方法;

——与其他计量特性量级的比较。

在特定情况下,为更好地符合测量设备的安装需要和预期使用,由测量设备使用者规定计量特性的其他条件比标准中给出的更好。

6.3 指示式测量设备(通用计量特性的确定)

6.3.1 概述

多数情况下,下列计量特性与指示式测量设备有关。第7章中说明了规范类型、MPE类型或MPL类型的定义。

6.3.2 标尺间隔(读数分辨力)

6.3.2.1 概述

在模拟测量设备中,标尺间隔、读数分辨力、或标尺间隔和分辨力两者都是相关的计量特性,都应在特定测量设备的标准中予以规定。标尺间隔或模拟分辨力和数字读出器的量化步距越小,来自测量设备的不确定度贡献因素极限值就越小。

6.3.2.2 标尺间隔

“标尺间隔”(3.28.2)和“游标标尺间隔”可以按相似的意思理解,但是游标差是(主)标尺间隔被游标间隔(子分度)数(通常是10)分开。当某条主标尺线正好与某条游标标尺线重合时,该条标尺线就是

游标标尺的读数。

6.3.2.3 读数分辨力

分辨力(3.26)可能比标尺间隔小,它是由标尺的设计、标尺标记和指针的质量决定的。

6.3.3 量化步距

量化步距(3.27)是数字式读出器的分辨力,因此是强制性信息。

6.3.4 示值误差

示值误差(3.16)应参考第7章中给出的各种可能性,予以定义并规定MPE函数,最为重要的是规定测量条件。例如:

——固定零点还是浮动零点;

——单向移动还是双向移动(含滞后);

——其他条件,如,空间方向、最大移动速度,等等。

在特定测量设备的标准中,MPE函数可以以MPE函数上点的参数符号(没有值)组成的方程式和/或给出符号的表格(但参数值处为空格)的形式给出,要特别注意第7章中给出的强制测量点。

6.3.5 示值误差范围 *h*

示值误差范围(Error-of-indication span)*h*(见图5和7.5.2)是在指定范围(通常是测量范围)内,示值浮动零点误差规定为常数MPE函数的简化方法。

注:示值误差范围很容易令人误解,因为它只能在固定零点误差曲线上看到,但就其自身而言,它却是在浮动零点方式下,测量设备使用的一个设备参数。

6.3.6 滞后

示值的滞后(3.24)应理解为在规定范围内,从两个不同移动方向测量同一个真值得到的两个示值之间的平均差。如果没规定范围,那它就是测量范围。变量的标准偏差或单个滞后值中的最大值同样重要。

为了简化,滞后可以包含在涉及双向移动的示值误差的MPE函数中。滞后还可能影响相关的其他计量特性。

6.3.7 有关温度的特性

以"有效温度膨胀系数"形式表示的温度膨胀特性,反映了温度对被测量和/或零点的影响。如果必要的话,应给出规定值的不确定度。

对某些测量设备来说,表示测量设备温度变化的时间常数 T_c 是个重要信息,应作为附加信息给出。时间常数被定义为在稳定的温度条件和正常操作下,测量设备与周围环境空气等的温度差减少50%所需的时间。

6.3.8 测量力特性

如果相关的话,测量力的MPL值或MPL函数应是一个计量要求。考虑到互换性,特定测量设备的测量力值还可作为设计要求在标准中给出。

在许多情况下,测量力的重复性是一个重要的特性,不过它的影响一般已包含在示值重复性中了。仅在特别情况下,才需特别注意测量力的重复性。

重力如空间方位的影响是一个重要特性,如果需要的话,应予以规定。方位和重力可以影响零点误差和示值误差曲线的形状。GPS标准中的通用要求是,给出的计量特性和MPLs应适用于测量设备在空间中的任意方位。

侧向力对接触几何形状有效部位的影响可能会是一个问题,如有必要的话,应予以规定并详细说明。

6.3.9 触点几何形状

触点的几何形状(如,磨圆,截断面,表面结构等)可能会影响测量结果,如有必要的话,应作为要求予以规定。

6.3.10 其他可能存在的计量特性

若干附带的计量特性,例如:

——视差(指示器/标尺标记);

——临界值(粘滑运动);

——时间稳定性[如,三坐标机(形状等),发光二极管];

——响应特性(速度/时间);

——锁定机构。

6.3.11 辅助设备

在测量期间,测量设备被安装在辅助设备上时,辅助测量设备也会增加不确定度贡献因素。因此,辅助设备也要符合计量特性要求。

图4中给出辅助设备影响测量的常见例子。测量台架是测量环中的一个重要部分。测量受到测量台架刚度、温度及测量台架的温度梯度的影响。

图4 辅助设备中的测量环

6.4 实物量具(通用计量特性的确定)

6.4.1 概述

多数情况下,下列计量特性与实物量具有关。第7章中说明了规范类型、MPE类型或MPL类型的定义。

6.4.2 标尺间隔(读数分辨力)

6.4.2.1 概述

对于带刻度的实物量具,标尺间隔或读数分辨力,或者是标尺间隔和分辨力都应在规范中给出(见6.3.2)。

6.4.2.2 标尺间隔

见6.3.2.2。

6.4.2.3 读数的分辨力

见6.3.2.3。

6.4.3 要素的形状特性

给出的实物量具几何要素的形状规范应参考GB/T 1182和其他GPS标准。只要有可能的话,实物量具的形状特性和对应被测量本身的形状误差就应相互独立的定义。

在某些情况下,需要利用最大实体要求(见GB/T 16671—2009)将尺寸和几何规范结合起来。

6.4.4 要素的相对方位特性

给出的角度规范(实物量具要素间的相对方位)应引用GB/T 1182、GB/T 17851和其他GPS标准。只要有可能的话,实物量具的角度特性和对应被测量本身的误差就应相互独立的定义。

某些情况下,就需要利用最大实体要求(见GB/T 16671—2009)将尺寸和几何规范结合起来。

6.4.5 有效温度膨胀系数

以“有效温度膨胀系数”形式表示的温度膨胀特性,反映了温度对实物量具几何特性的影响。如有必要的话,应给出规定值的不确定度。

对某些实物量具而言,表示实物量具温度变化的时间常数 T_c 是个重要信息,应作为附加信息给出。时间常数应定义为在稳定的温度条件和正常操作下,实物量具与周围环境空气等的温度差减少50%所需的时间。

6.4.6 长期稳定性

对专用的实物量具，测量设备的稳定性是一个与时间相关的、重要的计量特性。在这种情况下，该特性应包含在专用实物量具的标准中。

例：标准量块、阶梯量规和高精度线纹尺。

6.4.7 其他可能存在的计量特性

若干附带的计量特性，例如：

——有效杨氏模量；

——位灵敏度和支撑灵敏度；

——测量力灵敏度和重力灵敏度；

——触点的几何形状效应。

7 特性的表示形式和规范类型

7.1 概述

测量设备的计量特性可描述为：

——单一特性值或误差；

——系列特性值或误差、系列特性值或误差的函数。

单一特性值可以建立在某个参考点上，也可以与其无关，这取决于特性的性质。系列特性值通常有相对应的值，如另一个参数的名义值或真值，在图表中（以名义值为例）组成坐标点（一对值）。连接图表中各点的线就形成代表某段范围内特性的特性曲线或误差曲线（见图 5），在该范围内选择的参考点不同，特性曲线或误差曲线的值也就不同。

工作条件应由与特性有关的规范或要求进行描述或规定。

7.2 特性曲线的表示（固定零点和浮动零点）

7.2.1 概述

最常用的特性曲线是指示式测量设备的各类示值误差曲线。曲线极少用于表示其他特性，指示表的测量力是极少特例中的一个。选择固定零点曲线还是浮动零点曲线取决于特性的性质和/或校准的方法。这就使从固定零点曲线得到浮动零点曲线成为可能。

7.2.2 固定零点或固定参考点

特性曲线最常用的画法是把零标志点作为固定零点（以固定零点为例见表 2 和图 5）。图 7 是把图 5中给出的固定零点误差曲线的数据转换成浮动零点误差曲线表示的一个示例。

当固定零点从零标志点移动到测量设备实际范围中的其他测量点时，误差曲线在图表中垂直移动，并且最大的（可能的）负的和正的示值误差 h_n、h_p 都分别发生变化（见图 6）。

示值误差范围 h 和误差曲线的形状没有变化。

固定零点的移动就相当于在测量范围内调整不同测量点的示值误差为零。

为避免歧义，在报告测量设备的示值误差时，应详细说明和报告固定零点。

表 2 同一个测量设备使用不同参考点时示值误差的实例

参考点/mm	长度标志/mm										
	0	1	2	3	4	5	6	7	8	9	10
	误差/μm										
0	0	7	11	8	16	16	24	21	7	2	−7
6	−24	−17	−13	−16	−8	−8	0	−3	−17	−22	−31
10	7	14	18	15	23	23	31	28	14	9	0

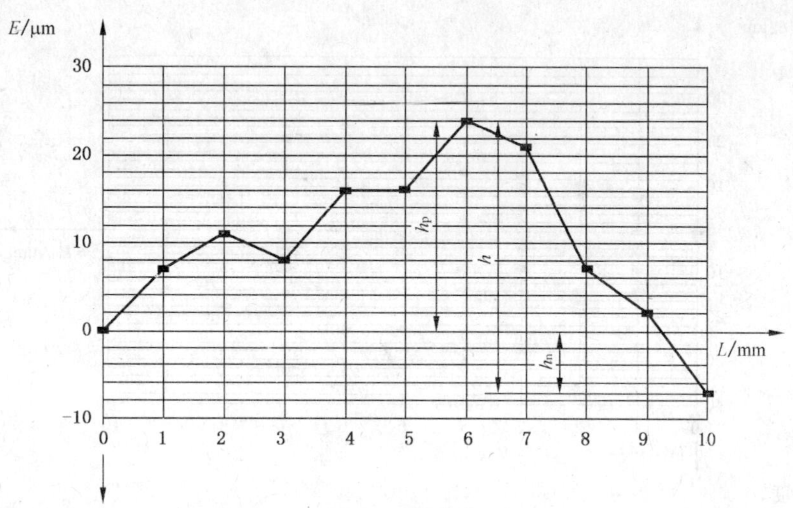

h——示值误差范围；

h_p——最大正误差；

（固定零点＝0）

h_n——最大负误差；

（固定零点＝0）

L——长度标志；

E——误差。

注 1：固定零点在零标志点（数据来自表 2）。

注 2：h 的意义还可见 7.5.2。

图 5　示值误差曲线的示例

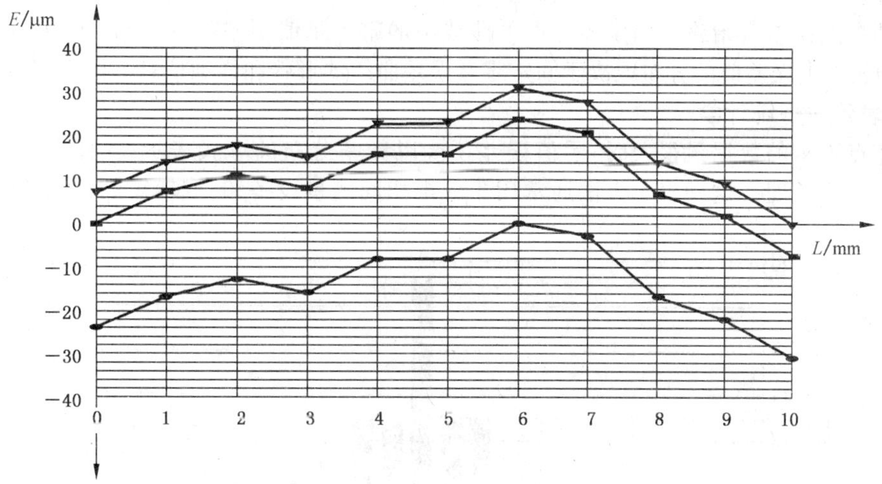

L——长度标志；

E——误差。

注 1：固定零点在标志点 0 mm、6 mm、10 mm 处（数据来自表 2）。

注 2：如果适用的话，示值误差曲线还可以极坐标图或对数坐标的形式给出。

图 6　示值误差曲线示例

7.2.3　浮动零点或浮动参考点

当零点是浮动的时候，从误差曲线（如图 5 所示）直接得到易理解的信息与实际测量过程不相符。不仅在使用数字指示式测量设备时，浮动零点是经常采用的程序步骤，就是在使用模拟式设备（如线纹尺和机械式指示表）时，也经常采用浮动零点。

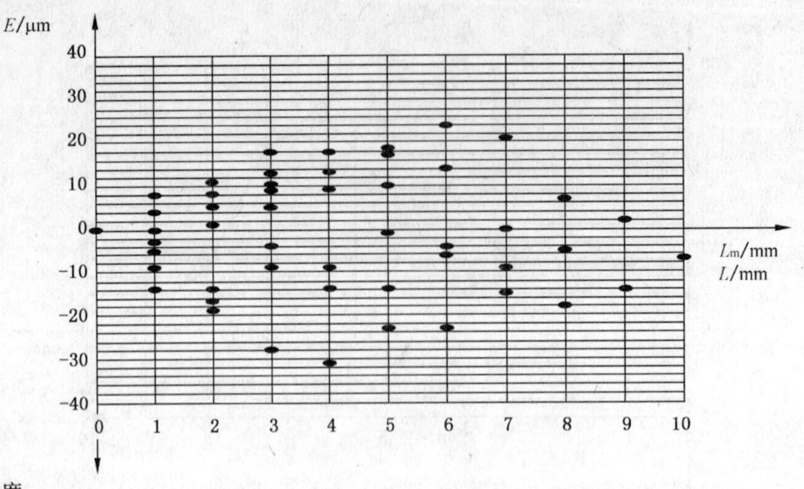

L_m——被测长度；

L——长度标志；

E——误差。

注：使用与表 2 和图 5、图 6 同样的数据和测量设备。

图 7　采用浮动零点的示值误差示例

图 7 给出了采用浮动零点时的示值误差。浮动零点误差是建立在某个尺寸的任意被测长度上的，不仅仅是在到参考点的长度上。浮动零点误差可以从固定零点误差曲线中获得。

以表 2 和图 5 的固定零点误差曲线为例：

——测量被测长度为 1 mm 的误差，在整个 10 mm 测量长度内可以得到 10 个不同的误差；

——2 mm 的误差，可以得到 9 个；

——测量被测长度为 10 mm 的误差，只能得到一个；

——等等。

最大浮动零点误差应始终是固定零点误差曲线中的整个示值误差范围 h（见图 5）。

不同被测长度上误差值的分布取决于固定零点误差曲线的形状和详细信息。图 7 仅给出一个示例。

7.3　特性的表示——统计学

当浮动零点表示的数据量很大时，示值误差还能以频率分布的形式表示（见图 8）。一个频率分布图只表示一个被测长度。这种表示方法通常用于一组相同测量设备和/或较短的被测长度。

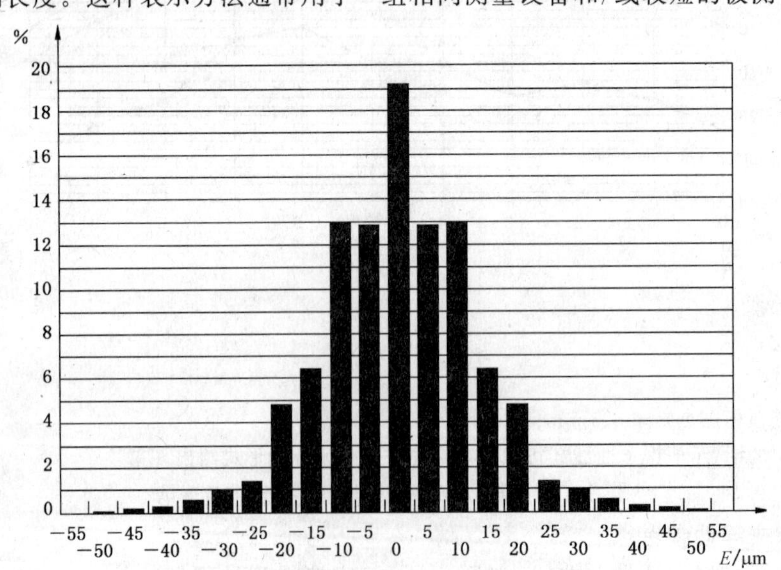

E——误差。

注：浮动零点，被测长度 1 mm。

图 8　示值误差频率分布示例

显而易见，频率分布也可以其标准偏差的形式表示。在图8的例子中，标准偏差大约为13.0 μm。根据GUM或GB/T 18779.2，标准偏差可以直接作为不确定度概算中的不确定度贡献因素。

对于与测量设备的测量范围有关的大量被测长度，频率分布可能会变成更难评估的分布类型。

7.4 单值计量特性规范

在GPS领域，测量设备的单值特性规范应以MPE值或MPL值的形式定义并给出。

注：在某些情况下，设计特性仅由标称值规定。

MPE值或MPL值既可以单边规范（特性的USL或LSL）的形式给出，也可以双边规范（特性的USL和LSL）的形式给出。

如果以MPE值或MPL值形式给出单值特性规范，则其适用于GB/T 18779.1。

7.5 定义在某一范围内的计量特性规范

7.5.1 概述

GPS领域中，在某一范围内定义的测量设备特性规范应以连续函数的MPE函数或MPL函数形式定义并给出：

$$\text{MPE}=f(\text{相关参数})$$

标注MPE值或MPL值时，对称情况应标注"±"号；单边情况应使用"+"号或"−"号。不对称情况应使用"+"号和"−"号。

最常用的相关参数是测量设备示值的真值。连续的MPE函数或MPL函数最好是直线。MPE函数或MPL函数是在测量范围内的指定范围中测量设备特性的限制性函数。MPE函数或MPL函数允许以单边规范（即USL或LSL）的形式给出，但更常见的是以双边规范（即USL和LSL）的形式给出。

示值误差、相关特性和MPE或MPL函数通常是以对称规范的形式给出，以限制误差的绝对值（见图9、图10和图11）。更通用的方式是用双边MPL规范限制其他特性，示例见图12。

MPE或MPL函数可以用于固定零点误差和浮动零点误差的测量设备特性的规范。

注：明白这点很重要，固定零点与浮动零点会导致同一个测量设备有两个不同MPE或MPL函数。

根据7.3，一组MPE标准偏差可以作为一种特殊方法用于制定技术要求。

一般地说，如果以MPE或MPL函数的形式给出定义在某一范围内的计量特性规范，则其适用于GB/T 18779.1。

7.5.2 MPE函数是一个常数值或一组常数值

常数值的MPE函数可以被规定为两条线。最简单的MPE函数是一个常数 $c(c>0)$。

上限 $\text{MPE}=c$

下限 $\text{MPE}=-c$

在测量范围内（见图9）。

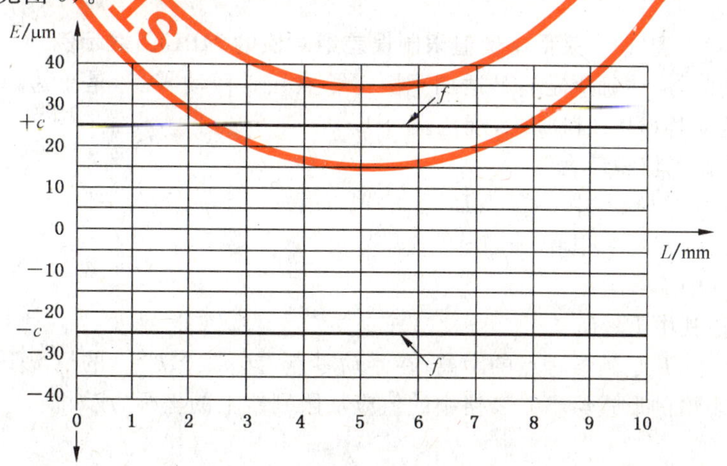

L——长度标志；

E——误差；

f——MPE函数。

图9 采用常数值 *c* 限制误差绝对值的MPE函数示例

与这个要求有关的条件是应明确规定它适用于固定零点还是浮动零点，是单边规范(USL或LSL)还是限制误差绝对值的对称规范(USL和LSL)。

定义常数MPE函数的另一种方式适用于仪器示值误差范围。这个情况下的函数是：

范围 MPE=c

注1：这个MPE适用于整个固定零点误差范围。

参考图5，通过示值误差范围h值与最大允许误差c比较达到评价的目的。

对浮动零点的技术要求而言，这种方法不适用，因为浮动零点误差的计算(如图7所示)已作为可能发生的浮动零点误差之一包含在全范围误差的计算中。对于浮动零点误差只能采用上述MPE函数的定义，因为零点既可能设置在最大正误差的位置，也可能设置在最大负误差的位置。

注2：单独采用这种方法为测量设备计量特性确定误差，一般是不经济的。

7.5.3 MPE函数是一个比例值

上限 MPE=$+(a+L\times b)$；

下限 MPE=$-(a+L\times b)$。

在固定零点情况下，L是到参考点的距离；在浮动零点，且$a>0$、$b>0$的情况下，L是被测长度。

MPE函数可以表格的形式给出。表格中的值应在限制线上的坐标(成对值)中选取，且一定要包含测量范围端点的值。

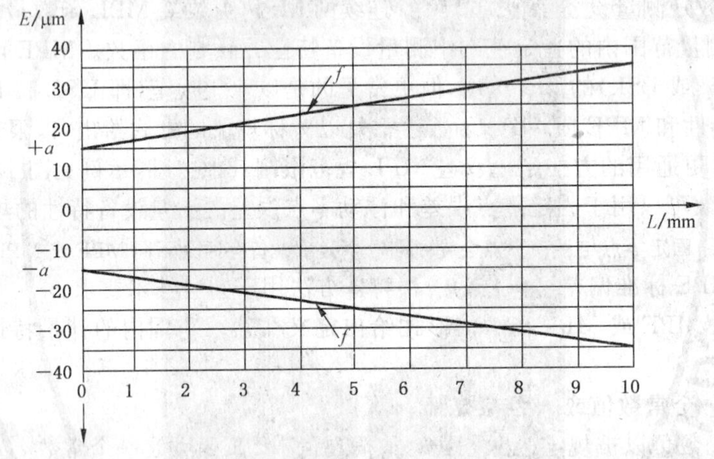

L——长度标志；

E——误差；

f——MPE函数。

图10 采用比例值限制误差绝对值的MPE函数示例

给出这些要求同时，应明确规定它是适用于固定零点还是浮动零点，是单边(USL或LSL)规范还是限制误差绝对值的对称(USL和LSL)规范。

7.5.4 MPE函数是比例值和最大值

上限 MPE=$(a+L\times b)$，其中$0<L\leqslant L_1$

下限 MPE=$-(a+L\times b)$，其中$0<L\leqslant L_1$

上限 MPE=c，其中$L\geqslant L_1$

下限 MPE=$-c$，其中$L\geqslant L_1$

在固定零点情况下，L是到参考点的距离；在浮动零点，且$a>0$、$b>0$的情况下，L是被测长度。

MPE函数可以表格的形式给出。表格中的值应从限制线上的坐标(成对值)中选取，且一定要包含测量范围端点的值。

与这个要求有关的条件是应明确规定它是适用于固定零点还是浮动零点，是单边(USL或LSL)规范还是限制误差绝对值的对称(USL和LSL)规范。

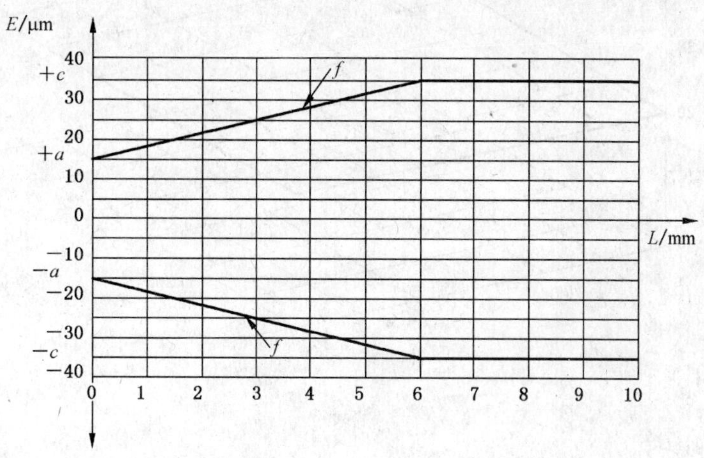

L——长度标志；

E——误差；

f——MPE 函数。

图 11 采用比例值和最大值 c 限制误差绝对值的 MPE 函数示例

7.5.5 计量特性的双边 MPL 函数

$$\mathrm{MPL(USL)} = a_1 + L \times b$$

$$\mathrm{MPL(LSL)} = a_2 + L \times b$$

图 12 举例说明了为不同于计量特性误差的特性范围下定义和给出双边规范(MPL 函数)的通用方法。采用固定零点并以零点作为参考点的情况下，应始终使用这种方法。

注：实例是机械指示表的测量力。

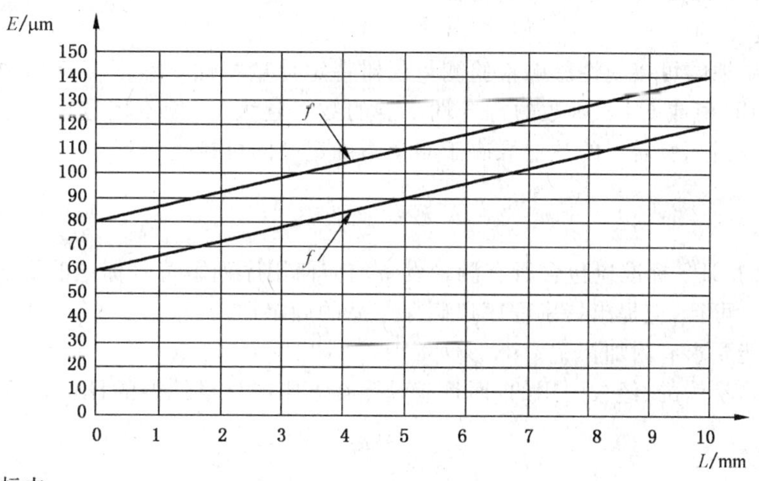

L——长度标志；

E——误差；

f——MPL 函数。

图 12 在测量范围内采用两个 MPL 函数限制特性值的双边 MPL 规范示例

7.6 定义在二维或三维空间范围中的计量特性规范

7.5 中给出的 MPE 函数或 MPL 函数也适用于二维和三维空间范围(面积和体积)见图 13。对二维空间仪器和三维空间仪器，只适用于浮动零点。

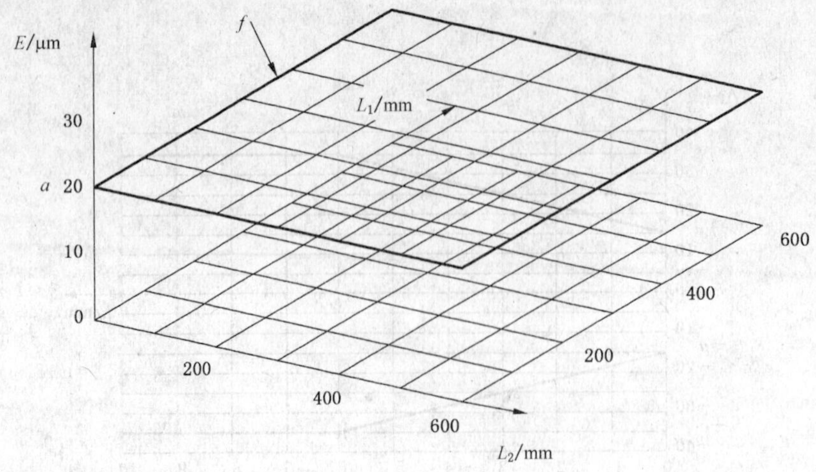

L_1——长度标志 1；
L_2——长度标志 2；
E——误差；
f——MPE 函数。

图 13　在整个区域内由常数 MPE＝a 形成的二维空间 MPE 要求的示例

8　计量特性校准

8.1　测量仪器的制造商和供应商

制造商和/或供应商应校准其提出的计量特性，并证明其符合规定的 MPE 值。

8.2　测量仪器的使用者

根据测量仪器的预期使用选择必要的计量特性，并通过校准(或验证检测)完成验证。计量特性的校准值应说明相关的测量不确定度，并且计量特性的校准值应根据有效的 MPE 值判断合格。

注：在测量仪器的正常使用中，为了根据设定要求(MPL_S 和 MPE_S)检验测量仪器的性能，经常可能适度地限制要求(不同的 MPE_S)的数量和所用设备的范围。

8.3　测量不确定度

测量不确定度结果的可接受性影响检验测量仪器特定计量特性函数所需点的数量，还影响检验该计量特性与特定 MPE 值或 MPE 函数的符合性。点的数量越大，测量不确定度越小。点的数量越小，测量不确定度越大。因此所需点的数量取决于测量不确定度的可接受程度。

9　标记

特定测量设备的 GPS 标准应包含所有测量设备均应使用序列字符号标记的要求。

如果标记产品不可行，应提出特别程序以确保产品的确定性。

个别的标准可能要求有附加标记。

任何标记都应是易读的、经久耐用的，而且应设置在不影响计量性能的设备表面。

附 录 A
（规范性附录）
特定测量设备 GPS 标准中对条款的通用最小要求和指导

标准应按以下清单的要点编写：

标准的名称

标准的名称应遵循以下格式：

产品几何技术规范(GPS)尺寸测量设备：〈仪器的名称〉设计特性和计量特性

目录

标准应包括一个目录清单。

前言

采用经适当修改后的类似 ISO/IEC 指导部分 2 形式的标准前言。

引言

引言的前两段应采用 ISO/TC 213 的标准引言和阅读本标准时，对要用到的 GB/T 24634 (ISO 14978)的最小指导。

范围

下面的标准句应作为范围中的第一段使用：

本标准详细说明了《仪器名称》最重要的计量特性和设计特性。

规范性引用文件

——至少应引用本标准、GB/T 18779.1、GB/T 18779.2、JJF 1059 和 JJF 1001—1998。

——在本标准中已引用的其他标准不必重复引用。

术语和定义

只给出与特定测量设备有关的专用术语和定义，通用术语和定义应引用本标准或 JJF 1001。

设计特性

就确定特定测量设备设计特性而言，应只给出与重要设计特性有关的那些设计特性(如互换性)的标准化值及其可能的公差，不包括多余的限制设计特性的标准化。

计量特性及其 MPE_S 和 MPL_S

就使用者需求的特定测量设备最重要计量特性的确定和定义而言，计量特性和实际选择的定义应建立在该设备最常用状态下的不确定度概算评估基础上，并应明确给出该特性定义所需的条件。

当遇到测量设备由于不同的使用情况导致不同组的计量特性和定义时，在标准的主体中应当选择和说明最常用的一种，其他的可能性可以放在规范性附录中。若计量特性已被本标准中包括和定义，则应引用本标准中的相应条款。

对每个计量特性应给出相应的 MPE 或 MPL 的合适定义。如有必要，应当给出从 MPE 或 MPL 到不确定度贡献因素之间可能的“转换”。

除了少数例外(如 ISO 1938 和 ISO 3650)，标准中应包括计量特性或相应的 MPE_S 和 MPL_S 的非标准化值。

用于计量特性校准的测量标准

对应于每一个已确定的计量特性，就应有相应的测量标准。(如果存在)应引用可能的 GB/T(或 ISO)标准，否则设备标准中可能已包括测量标准。

与规范一致性验证

在标准中应包括一个标题为“与规范的一致性”的独立条款。该条款的正文如下：

根据规范检验是否合格时，应采用 GB/T 18779.1。不确定度评估应按 GUM 进行，更具体的方法应按 GB/T 18779.2 进行。

计量特性校准

对每一个最重要的计量特性，在标准的资料性附录中至少以概要和指导的方式给出一个可能的校准方法，校准方法（检验操作算子）不影响计量特性（规范操作算子）的定义。

标准中给出的校准方法存在一定风险，即使是一个概要，也将对使用者为他们的应用选择"最佳"校准程序产生负面影响。校准方法不能限制或改变规定的要求。

规范性/资料性附录

如果可能和必要的话，可以对特定计量特性的校准给出不确定度概算的概要。问题是不确定度概算与特定的测量/校准程序密切相关，而校准程序不可能详细地给出。

资料性附录——与 GPS 矩阵模型的关系

应包括与 GB/T 相关的附录（参见附录 C）。

参考文献

应附加一个参考书目条款，至少应包括 GB/T 20308。

附　录　B
（资料性附录）
测量设备要求数据表

B.1　说明

既然测量设备 GPS 标准不包括对所有设计特性的要求，而且根本不包括计量特性的要求值，那么使用者仅查阅特定的标准条款来确定其测量设备的要求就是不可能的。使用者可参考特定标准、相应特性（设计特性和计量特性）的定义和本标准中的补充条件来选择要求值。借助一个可填数据的表格并参照特定标准，每一个使用者都可以对特定类型测量设备提出单独的要求。本数据表的目的是为潜在厂商的测量仪器规范与消费者需要的计量特性和设计特性间的沟通提供一种手段。某些情况下，数据表可以由使用者填写并传送到公司的购买代理。本附录中的数据表是对所有 GPS 测量设备标准中给出的特定数据表的模版。由于特定需要，具体的数据表可根据模板数据表扩展得到。

B.2　数据表的内容

数据表分为六个部分，每个部分处理不同的问题。特定标准中给出的数据表应包括表头及给使用者添加相关信息和要求的空格。

a)　测量设备的名称和标号

——设备的名称（通用名）；

——测量设备可能包括的零部件标号；

——附件；

——等等。

b)　购买要求

——可能的供应商；

——价格范围；

——特殊要求（文件、校准证书等）。

c)　引用的 ISO 标准

引用相关标准可采用下面的句子来叙述：“本数据表中设计特性和计量特性的定义见实际测量设备的特定标准和 GB/T 24634（ISO 14978）”。

注：在引用实际测量设备的特定标准时，一定要引用本标准。因为更多特性的通用定义仅在本标准中给出，而不在单独的特定标准中。

d)　设计特性要求

——所有相应设计特性均来自特定标准、（空格）要求值和单位。

注：使用者可以减少或增加设计特性和设计要求的条目。

e)　计量特性要求

——所有相应计量特性均来自特定标准、（空格）要求值和单位；

注：使用者可以减少、增加或改变计量特性和计量要求的条目。

——在标准条件下，对特定标准或 GB/T 24634（ISO 14978）中给出的测量设备功能和/或计量特性要求的可能改变或限制。

f)　公司相关信息和要求

——公司名称；

——部门或公司组织其他部分标识；

——根据 QA 要求的责任人；

——数据表版本，日期等；

——其他相关 QA 要求。

附 录 C
（规范性附录）
在 GPS 矩阵模型中的位置

GPS 矩阵模型参见 GB/Z 20308—2006。

C.1 本标准的信息及其应用

本标准的目的在于帮助使用者对 GPS 测量设备标准的使用有一个基本的了解。本标准提出并定义了用于 GPS 测量设备的通用概念，以避免在特定 GPS 测量设备标准中的大量重复。本标准还有意指导制造商对 GPS 测量设备特性进行评价并提出技术要求。

在阅读和使用一个特定 GPS 测量设备标准的时候，应随时参考本标准。

C.2 本标准在 GPS 矩阵模型中的位置

本标准是 GPS 综合标准，它影响 GPS 通用矩阵中的链环第 5 和第 6 的所有标准链，如图 C.1 所示。

GPS基础标准	GPS综合标准						
	GPS通用标准						
	链环号	1	2	3	4	5	6
	尺寸						
	距离						
	半径						
	角度						
	与基准无关的线形状						
	与基准相关的线形状						
	与基准无关的面形状						
	与基准相关的面形状						
	方向						
	位置						
	圆跳动						
	全跳动						
	基准						
	粗糙度轮廓						
	波纹度轮廓						
	原始轮廓						
	表面缺陷						
	棱边						

图 C.1

C.3 相关标准

相关的标准为图 C.1 所示涉及标准链的标准。

参 考 文 献

[1] GB/T 16671—2009 产品几何技术规范(GPS) 几何公差 最大实体要求 最小实体要求和可逆要求

[2] GB/T 19600—2004 产品几何量技术规范(GPS) 表面结构 轮廓法 接触(触针)式仪器的校准

[3] GB/Z 20308—2006 产品几何技术规范(GPS) 总体规划

[4] ISO 1938 产品几何技术规范(GPS) 尺寸公差 极限量规和量规的线性尺寸

[5] ISO 3650:1998 几何产品规范(GPS) 长度标准 量块

[6] ISO 8062-3:2007 产品几何技术规范(GPS) 铸件尺寸和几何公差 第3部分:通用尺寸和几何公差及铸件的机械加工余量

[7] ISO/TR 16015:2003 产品几何技术规范(GPS) 系统误差和因温度影响导致的长度测量的不确定度的因素

ICS 17.040.30
J 04

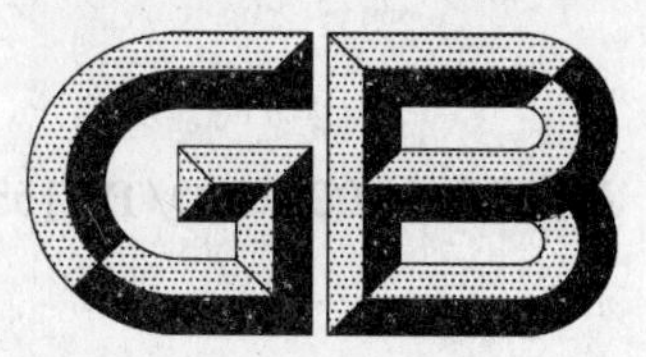

中华人民共和国国家标准

GB/T 24635.3—2009/ISO/TS 15530-3:2004

产品几何技术规范(GPS)
坐标测量机(CMM)
确定测量不确定度的技术
第3部分:应用已校准工件或标准件

**Geometrical Product Specifications (GPS)—
Coordinate measuring machines (CMM):
Technique for determining the uncertainty of measurement—
Part 3: Use of calibrated workpieces or standards**

(ISO/TS 15530-3:2004,IDT)

2009-11-15 发布 2010-09-01 实施

中华人民共和国国家质量监督检验检疫总局
中国国家标准化管理委员会 发布

前　言

GB/T 24635《产品几何技术规范(GPS)　坐标测量机(CMM)　确定测量不确定度的技术》分为五个部分:

——第1部分:概要及一般问题;

——第2部分:应用多次测量策略;

——第3部分:应用已校准工件或标准件;

——第4部分:应用计算机模拟;

——第5部分:应用专家判断。

本部分为GB/T 24635的第3部分。

本部分等同采用ISO/TS 15530-3:2004《产品几何技术规范(GPS)　坐标测量机(CMM)　确定测量不确定度的技术　第3部分:应用已校准工件或标准件》(英文版)。

本部分等同翻译ISO/TS 15530-3:2004。

为了便于使用,本部分做了下列编辑性修改:

——"国际标准本部分"一词改为"本部分";

——删除了国际标准技术规范的前言与引言;

——"JJF 1001—1998　通用计量术语及定义"与"VIM 1993 国际计量学通用基础术语"内容一致。

本部分的附录A和附录B均为资料性附录。

本部分由全国产品尺寸和几何技术规范标准化技术委员会提出并归口。

本部分起草单位:中机生产力促进中心、海克斯康测量技术(青岛)有限公司、上海大学、深圳市计量质量检测研究院、中国航空工业第一集团公司北京航空精密机械研究所、浙江大学宁波理工学院、上海上机精密量仪有限公司、福建莆田智舟高新技术公司。

本部分主要起草人:李晓沛、王晋、李明、于冀平、魏国强、马修水、唐禹民、何海峰。

产品几何技术规范(GPS)
坐标测量机(CMM)
确定测量不确定度的技术
第3部分:应用已校准工件或标准件

1 范围

GB/T 24635 的本部分规定了对使用坐标测量机和已校准工件得到的测量结果进行测量不确定度评估的方法。提供了针对坐标测量机测量的简化不确定度评估的实验方法,该方法(替代测量)采用与实际测量一样的方式,只是使用尺寸及形状与实际工件相似的已校准工件替代未知的被测工件。

同时还涉及到坐标测量机上的非替代测量方法,不确定度评估过程的必要条件、所需的测量设备以及测量不确定度的复验和中间检查等。

注:测量不确定度的评估总是与特定测量任务相关。

2 规范性引用文件

下列文件中的条款通过 GB/T 24635 的本部分的引用而成为本部分的条款。凡是注日期的引用文件,其随后所有的修改单(不包括勘误的内容)或修订版均不适用于本部分。然而,鼓励根据本部分达成协议的各方研究是否可使用这些文件的最新版本。凡是不注日期的引用文件,其最新版本适用于本部分。

GB/T 16857.1 产品几何量技术规范(GPS) 坐标测量机的验收检测和复检检测 第1部分:词汇(GB/T 16857.1—2002,eqv ISO 10360-1:2000)。

JJF 1001—1998 通用计量术语及定义

测量不确定度表示指南(GUM),BIPM,IEC,IFCC,ISO,IUPAC,IUPAP,OIML 联合制定,1995。

3 术语和定义

GB/T 16857.1、JJF 1001—1998 和 GUM 确立的以及下列术语和定义适用于本部分。

3.1

非替代测量 non-substitution measurement

将未经修正的坐标测量机示值作为结果的测量。

3.2

替代测量 substitution measurement

为提供对坐标测量机系统误差的附加修正而对工件和检查标准都进行测量的一种测量过程。

4 符号

本部分符号在表1中给出。

表 1 符号

符号	解释
b	测量不确定评估时观测到的系统误差
Δ_i	使用替代方法时，检查标准的测量值与校准值之差
k	包含因子
l	被测尺寸
n	重复测量次数
T	工件或标准件的平均温度
u_{cal}	已校准的工件或标准件参数的标准不确定度
u_p	测量过程的标准不确定度
u_w	由工件或标准件影响引入的标准不确定度
u_α	工件或标准件膨胀系数的标准不确定度
U	扩展测量不确定度
U_{cal}	已校准工件参数的扩展不确定度
x_{cal}	已校准工件或标准件参数的值
y	测量结果
y_i	在测量不确定度评估期间的测量结果
y_i^*	使用替代测量方法时，在不确定度评估期间坐标测量机的未修正示值
$\overline{y}$	测量结果的平均值

5 必要条件

5.1 操作条件

测量开始前坐标测量机初始化，而且测头配置及标定等应按制造商操作手册规定的条件进行，特别是已校准工件或标准件和坐标测量机必须处于充分的热平衡状态下。

如在 7.2 的测量中，就需要符合由坐标测量机制造商给出的环境和操作条件以及在用户质量手册中规定的条件。特别是如果在质量手册中已有相关描述时，应当启动拥有的误差补偿功能（如经过坐标测量机的计算机软件进行误差修正）。

坐标测量机要满足制造商的规范，或（若与之不同）参照测量任务过程说明中的规范（与任务相关的校准，见 GB/T 24634—2009/ISO 14978:2006）。没必要校准坐标测量机的所有计量特性（整体校准，见 GB/T 24634—2009/ISO 14978:2006）。

5.2 相似条件

该方法需要的相似条件有：

a) 不确定度评估中使用的已校准工件或标准件（见 7.2.2）与实际测量的工件或标准件在尺寸和形状方面（见 7.2.1）相似。

注：条件是对应的，例如位置和方向。

b) 测量不确定度评估的测量程序和实际测量程序相似。

注：条件是对应的，例如定位、夹持、测量的时间间隔、加载和卸载工件的程序、测量力和测量速度等。

c) 测量不确定度评估的环境条件（包括各种变化）和实际测量时相似。

注：条件是对应的，例如温度、温度稳定时间和温度修正（如果使用的话）。

表 2 给出了相似性的要求。

如果上述要求能满足，可认为能保证热平衡条件的相似性。在实际测量中，测量不确定度评估尤其要考虑实际测量过程中占主导地位的温度变化范围，如果被测工件或标准件的温度膨胀系数变化很大，必须考虑这个不确定度因素(见 7.3.2)。

对于某些坐标测量机，动态误差会随着缩短测头的逼近距离而变得明显。对于小的内部特征，例如一个孔，测头逼近距离受特征尺寸的限制。因此，必须保证测头逼近距离是相同的。

表 2　在测量不确定度评估期间所使用的被测工件或标准件和已校准工件或标准件的相似性要求

<table>
<tr><th>项　目</th><th colspan="2">要　求</th></tr>
<tr><td rowspan="2">尺寸特征</td><td>尺寸</td><td>相似性：
——10%(≥250 mm)
——25 mm(<250 mm)</td></tr>
<tr><td>角度</td><td>相似性：±5°</td></tr>
<tr><td>形状误差及表面结构</td><td colspan="2">功能特性相似</td></tr>
<tr><td>材料(如：热膨胀性、弹性、硬度)</td><td colspan="2">功能特性相似</td></tr>
<tr><td>测量策略</td><td colspan="2">完全相同</td></tr>
<tr><td>测头配置</td><td colspan="2">完全相同</td></tr>
</table>

6　应用已校准工件评估不确定度的原理

测量不确定度评估是在与实际测量相同的条件下用相同方法完成的一系列测量，唯一区别是用对一个或多个已校准工件的测量代替对被测工件的测量。测量所得结果与已校准工件校准值的差值用于测量不确定度评估。

测量不确定度包含的不确定度贡献因素：

a)　来自测量过程；

b)　来自已校准工件的校准；

c)　来自被测工件的变化(形状偏差、膨胀系数和表面结构的变化)。

为实现测量不确定度的全面评估，应充分考虑环境条件的各种变化所造成的影响。

7　程序

7.1　测量设备

使用已校准工件进行坐标测量机不确定度评估需要以下设备：

a)　与任务相关的探针组合；

b)　至少一个已校准工件。

已校准工件的计量特性应使用已知不确定度并且满足测量任务要求的方式校准。

注：针对已校准工件的校准所确定的不确定度，对实际测量与测量不确定度评估期间使用的测量策略应该均有效。

7.2　执行

7.2.1　概述

坐标测量机的使用者可以根据技术要求自主设计测量程序(即测量策略)，因为使实际测量和不确定度评估期间测量的程序和条件一致是可能的。

7.2.2　实际测量

实际测量的一个循环包括工件安装和对工件的一次或多次测量(见图 1)。被测工件的位置和方向可以在不确定度评估测量所覆盖的范围内自由选取。

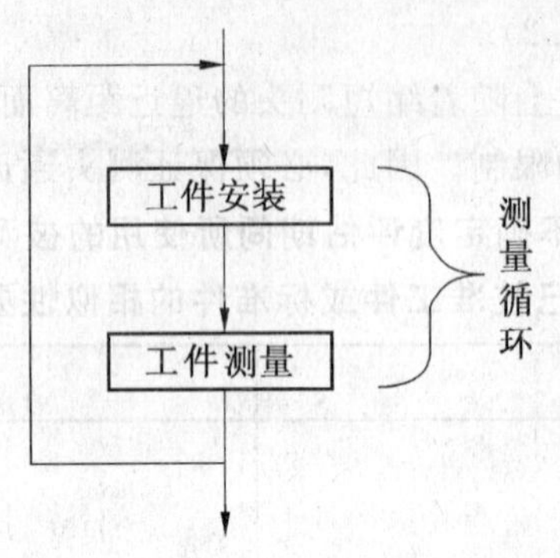

图 1　非替代测量的程序—测量循环

7.2.3　不确定度评估

不确定度评估过程如下：

测量替代被测工件的已校准工件，此时的已校准工件和被测工件应满足 5.2 中描述的相似条件。在不确定度评估期间要经历特定的加载和卸载过程。

为了不确定度评估，需要获得足够数量的样本，即至少完成 10 次测量循环和对已校准工件进行至少 20 次测量。这表明，如果每个循环只测量一次已校准工件，则至少需进行 20 次测量循环。

在不确定度评估期间，已校准工件的位置和方向在实际测量程序给定的极限范围内是一种系统性变化。

正如 7.2.1 中的规定，一个测量循环中应包含实际测量过程中的所有操作，以保证相似的热条件。这意味着即使在不确定度评估期间如没有任何工件，坐标测量机仍需像完整测量那样通过相同的位置点(虚拟测量)。

7.3　不确定度的计算

7.3.1　概述

在校准证书或测量报告中，测量结果 y 及其扩展不确定度 U 应表示为 $y \pm U$ 形式，这里 U 的包含因子 $k=2$，其置信概率约为 95%。

进行测量时，三个基本的不确定度贡献因素必须考虑。它们由下列标准不确定度描述：

u_{cal} 来自已校准工件校准不确定度的标准不确定度，它由校准证书给出。

u_{p} 来自按下面描述的方法，针对测量过程不确定评估结果的标准不确定度。

u_{w} 来自不同材料和制造过程变化(包括膨胀系数、形状误差、粗糙度、塑性及弹性等)的标准不确定度。

另外，系统误差 b 需要单独考虑。

任何测量参数的扩展测量不确定度 U 由这些标准不确定度计算得出：

$$U = k \times \sqrt{u_{\mathrm{cal}}{}^2 + u_{\mathrm{p}}{}^2 + u_{\mathrm{w}}{}^2} + |b|$$

推荐选择包含因子 $k=2$，这时的置信概率大约为 95%。

在表 3 中列出了对测量不确定度的贡献因素。

表 3 不确定度因素及在不确定度评估中的考虑

不确定度因素名称	评价方法(根据 GUM)	表示方法
坐标测量机的几何误差	A	用综合方式评估 u_p
坐标测量机的温度		
坐标测量机的零点漂移		
工件的温度		
探测系统的系统误差		
坐标测量机的重复性		
坐标测量机的光栅分辨率		
坐标测量机的温度梯度		
探测系统的随机误差		
测头更换不确定度		
由操作过程引起的误差(夹持,安装等)		
由污物引起的误差		
由测量策略引起误差		
已校准工件的校准	B	u_{cal}
工件和已校准工件间在下列方面的差异: ——粗糙度 ——形状 ——膨胀系数 ——弹性	A 或 B	u_w
注:表中的不确定度贡献因素可能没有全部包括。		

各项单独标准不确定度评估按以下方式进行。

7.3.2 已校准工件的标准不确定度 u_{cal}

标准不确定度 U_{cal} 来自扩展测量不确定度的评估,U_{cal} 和包含因子 k 由校准证书给出:

$$u_{cal}=\frac{U_{cal}}{k}$$

应充分考虑 GUM 中 3.3.2 的内容,以保证校准不确定度能表示测量中相同的被测对象。如果这一条件不符合,则需考虑附加的不确定度因素。

7.3.3 测量过程引入的不确定度

7.3.3.1 标准不确定度 u_p

标准不确定度 u_p 由公式得到:

$$u_p=\sqrt{\frac{1}{n-1}\sum_{i=1}^{n}(y_i-\bar{y})^2}$$

式中:

$\bar{y}=\frac{1}{n}\sum_{i=1}^{n}y_i$;

n——测量次数。

7.3.3.2 系统误差 b

在大多数情况下,系统误差 b 为坐标测量机的示值 y_i 和已校准工件校准值 x_{cal} 之差,表示为:

$$b=\overline{y}-x_{cal}$$

由于经济原因或实际条件所限,如果这个系统误差未修正,应在 7.3.1 中所述的扩展不确定度中考虑。

注:这种未修正系统误差的处理方式与 GUM 相符(特别在 GUM 的 6.3.1 和附录 F.2.4.5)。

如果系统误差很大,则需使用修正方法,或者运用替代测量方法(见 7.4)来减小系统误差,此时根据 7.2.2 规定进行的不确定度评估过程必须重做。

7.3.4 制造过程引入的标准不确定度 u_w

由于制造工艺变化引起的工件形状误差和粗糙度的变化,以及由于工件材料及表面特性变化引起的膨胀系数和弹性变化都会影响测量不确定度,标准不确定度 u_w 涵盖了这些影响。如果使用的已校准工件和所有被测工件在上述提到的不确定度因素均符合允许的不确定度限,可以认为该不确定度因素不显著,因此可以忽略。注意:使用已校准工件时只考虑了以上提到的部分不确定度贡献因素,如果制造工艺对不确定度的贡献不能忽略,就必须考虑附加项,即需评估形状误差和粗糙度的各自贡献。在实际测量中被测量工件膨胀系数的变化对于不确定度的贡献特别明显。在这种情况,u_w 按下式计算:

$$u_w=(T-20\ ℃)\times u_\alpha\times l$$

式中:

u_α——工件膨胀系数的标准不确定度;

T——测量过程中工件的平均温度;

l——被测量尺寸。

标准不确定度 u_α 可以从原材料供应商提供的膨胀系数变化范围中得出。

必须确保已校准工件的膨胀系数在被测量工件膨胀系数规定的范围之内。

7.4 替代方法的应用(特定考虑)

在某些情况下,例如在使用量块校准时,坐标测量机系统误差的影响可以被修正。为了达到这个目的,在测量循环中增加已校准工作标准的测量(见图 2)。通过对工作标准的规范测量,并将工作标准的校准值与坐标测量机的示值比较,就能得到用于工件测量的修正值 Δ_i。这个过程称为替代测量方法。

本部分中概括的评估测量不确定度推荐方法也可应用于替代方法,但需做一些特殊的考虑。

——不确定度评估(参见 7.3.3.1)测量结果 y_i 必须考虑用于坐标测量机示值 y^*_i 的修正值 Δ_i,其表示如下:

$$y_i=y_i^*+\Delta_i$$

——该不确定度必须涵盖整个测量过程。因此,对工作标准的测量和附加安装应包括在不确定度评估过程中。

——工作标准是测量过程的重要部分,因在实验过程中考虑了其修正不确定度,不需考虑其他的不确定度。

——在不确定度评估工作标准不能作为已校准工件,因此需要明确区分用于修正的工作标准和用于分析测量过程的已校准工件。

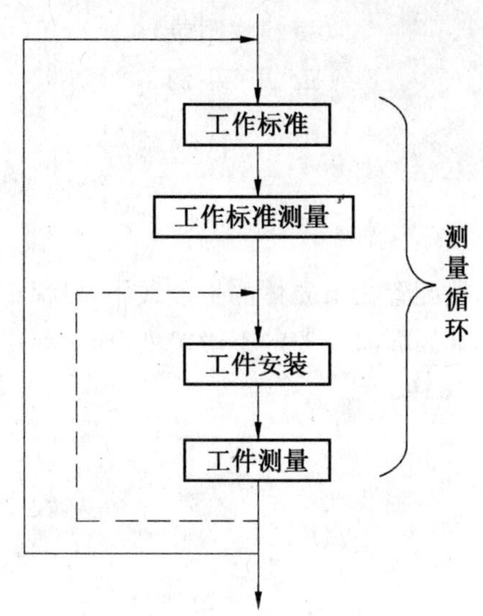

图2 替代测量过程—测量循环

8 测量不确定度的复验

7.2.2 中规定的不确定度评估应经常重复。

9 测量不确定度的中间检查

中间检查是不确定度评估方法的简化(见 7.2.2),它使用对已校准工件统计抽样的方法代替对被测工件的测量,用来检查一段长时期后在测量环境方面的所有假设是否仍有效,特别是温度方面。中间检查的时间间隔由坐标测量机使用者规定,它取决于对环境条件和所需的测量不确定度。

在中间检查时,已校准工件代替被测工件以抽样的方式进行测量。工件校准值与来自中间检查相应测量值之间的偏差值应该小于规定的扩展不确定度 U,如果不满足这个条件,并且不能找到不确定度恶化的原因并加以修正,就必须进行复验检测。

注:确定抽样方式并确保相关时段内检测被测工件的所有位置、方向、尺寸。

附 录 A
（资料性附录）
应用实例

A.1 例1:泵壳体测量

A.1.1 场景

为保证质量，一台坐标测量机被配置在泵壳体的生产线中，以保证工件的质量和满足质量系统的要求，在生产线上测量工作的关键是掌握面向任务的不确定度，而且要保证工件相关误差在可接受的比例范围内，图A.1为了泵壳体简化的图样。

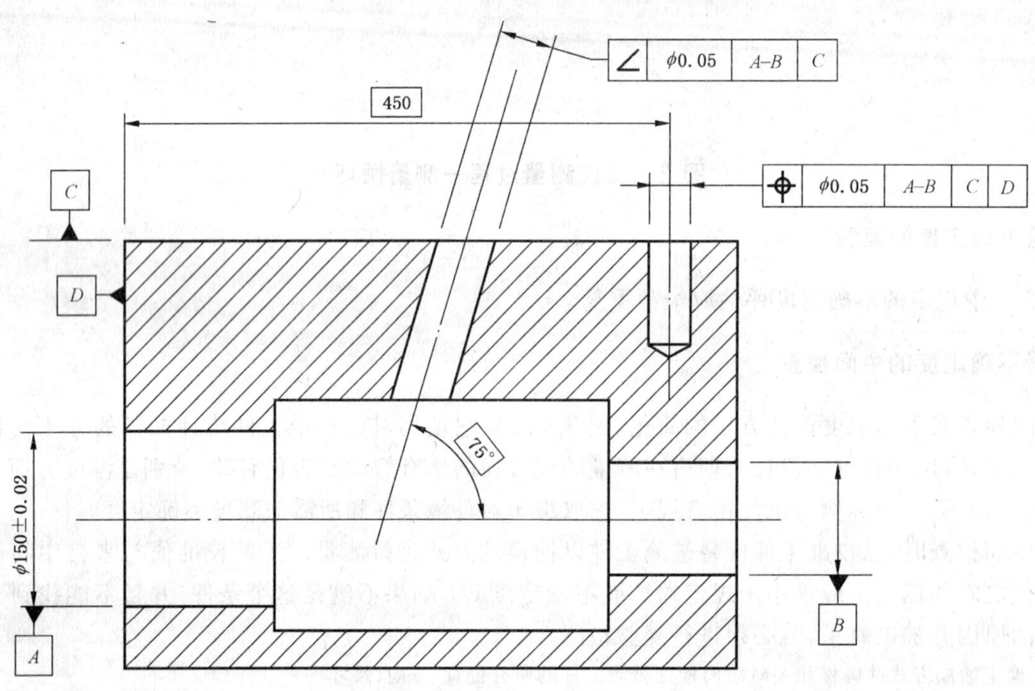

图A.1 泵壳体的(简化)技术图样

A.1.2 实验不确定度评估的程序

程序如下：

——步骤1

从生产系列中选出一个工件，并在计量室条件中用高精度坐标测量机进行校准，这可以由能提供每个被测量参数有效不确定度的服务机构来完成，该校准的过程应形成文件。

测量的策略应尽可能符合图样中特征的产品几何技术规范(GPS)定义，通常需采集大量的测点。结果是生成一个已校准工件，其所有参数 x_i 均标有不确定度 $U_{cal}(x_i)$。

工件校准证书见表A.1。

表 A.1

参数	直径/mm	倾斜度/mm	位置度/mm	…
x_i	150.001 5	0.019 6	0.013 8	…
$U_{cal}(x_i)$	0.002 0	0.004 0	0.003 0	…

——步骤 2

在生产线中的坐标测量机上,使用与生产过程中的测量相适应的测量策略来测量已校准工件。考虑经济方面的原因、通常会减少测点数量。

按 5.2 的规定,在不同条件下(不同班次、不同热条件等)至少重复测量 20 次,理想状况是这些测量能分布在较长的时间段内。

收集测量数据并按 7.3 中给出的公式进行评估,表 A.2 给出了实验不确定度评估的结果。

表 A.2 实验不确定度评估结果

序号	日期/时间	操作者	测量			
			直径/mm	倾斜度/mm	位置度/mm	…
1	2003-03-22,07:33 am	A	150.003 7	0.013 4	0.014 4	…
2	2003-03-22,08:23 am	A	150.004 3	0.016 4	0.013 4	…
3	2003-03-22,10:02 am	A	150.003 0	0.017 4	0.014 4	…
4	2003-03-22,01:55 pm	B	150.002 1	0.020 0	0.013 3	…
5	2003-03-22,02:13 pm	B	150.003 3	0.018 3	0.015 3	…
6	2003-03-27,06:08 am	B	150.003 9	0.017 2	0.014 2	…
7	2003-03-27,07:11 am	B	150.003 2	0.017 4	0.014 4	…
8	2003-03-27,02:13 pm	A	150.002 7	0.017 4	0.013 4	…
9	2003-03-27,02:44 pm	A	150.002 5	0.016 9	0.013 9	…
10	2003-03-27,05:14 pm	A	150.003 2	0.019 3	0.013 3	…
11	2003-03-28,07:13 am	C	150.002 1	0.016 6	0.014 6	…
12	2003-03-28,09:02 am	C	150.002 4	0.016 4	0.014 4	…
13	2003-03-28,09:12 am	C	150.002 4	0.016 3	0.014 3	…
14	2003-03-28,10:02 am	C	150.003 0	0.017 5	0.014 5	…
15	2003-03-28,11:32 am	B	150.003 1	0.019 8	0.013 8	…
16	2003-03-28,02:13 pm	B	150.003 4	0.019 6	0.013 6	…
17	2003-03-28,03:13 pm	B	150.002 2	0.019 3	0.013 3	…
18	2003-03-28,03:40 pm	B	150.002 0	0.019 0	0.012 9	…
19	2003-03-28,04:20 pm	B	150.001 8	0.018 8	0.012 8	…
20	2003-03-28,06:11 pm	A	150.003 0	0.018 3	0.012 9	…
校准不确定度 U_{cal}(见 7.3.2)			0.002 0	0.004 0	0.003 0	…
标准校准不确定度 u_{cal}(见 7.3.2)			0.001 0	0.002 0	0.001 5	…
测量程序的不确定度 u_p(见 7.3.3.1)			0.000 7	0.001 6	0.000 7	…
校准值 x_{cal}(见 7.3.3.2)			150.001 5	0.019 6	0.013 8	…
平均值 $\bar{y}$(见 7.3.3.2)			150.002 9	0.017 8	0.013 9	…
系统误差 $\|b\|$(见 7.3.3.2)			0.001 2	0.001 8	0.000 1	…

——步骤 3

最后必须评估不确定度贡献因素 U_w(见表 A.3),在本实例中,已校准工件被认为能代表整个产品批次相关的形状及表面特性,因此单独考虑的因素只有可能的热膨胀系数变化。

表 A.3

工件不确定度贡献因素	测量			
	直径/mm	倾斜度/mm	位置度/mm	…
产品变化	忽略	忽略	忽略	…
膨胀系数不确定度(见 7.3.4)	0.000 2	0.000 5	0	…
u_w	0.000 2	0.000 5	0	…

A.1.3 结果的不确定度

按 7.3.1 所给的公式计算得到扩展不确定度,各参数测量不确定度的结果如下表所示(见表 A.4)。

表 A.4

贡献因素	测量			
	直径/mm	倾斜度/mm	位置度/mm	…
u_{cal}	0.001 0	0.002 0	0.001 5	…
u_p	0.000 8	0.001 6	0.000 7	…
u_w	0.000 2	0.000 5	0	…
$\|b\|$	0.001 2	0.001 8	0.000 1	…
$U(k=2)$	0.004	0.007	0.003	…

这些扩展不确定度赋值给被测工件的每个相应参数,它们可以用于以 GB/T 18778.1 为依据的合格判定。

A.1.4 中间检查

每个星期用已校准工件替代被测工件检测一次,为了判断所标示的测量不确定度是否有效,将已校准工件的校准值与实测值比较,其差值不应大于扩展不确定度 U。

A.2 例 2:计量室坐标测量机上的环规校准

A.2.1 方案

某汽车公司的校准实验室为了内部需要,在坐标测量机上校准大量尺寸相似的环规,为了减少坐标测量机的系统误差,在替代测量中(见 7.4)应用了一个已校准的工作标准:工作标准稳定地装夹在坐标测量机上,而被校环规装夹在可交换的托盘上。在此过程中,坐标测量机在托盘上被校准环规测量之前和之后均测量工作标准,将工作标准校准值减去工作标准两次测量的平均值所得的数值作为托盘上每个环规示值的修正值。

A.2.2 实验不确定度的评估程序

程序如下:

——步骤 1

一个附加的环规在公司以外被认可的实验室独立校准,此环规被定义为“已校准工件”。

——步骤 2

在坐标测量机上的测量路径完全建立后,被校环规的一个循环将被已校准工件和整个测量过程(包括在工作标准上的替代测量)所替代,并在变化的条件下(见 5.2)进行 20 次测量,每一次测量时,在托盘上的不同的环规将被已校准工件所替代。

由工作标准测量所确定的修正值应用在已校准工件的结果上，并同样应用在所有其他的环规上。

按 7.3 所给出的公式采集与评估的结果如表 A.5 所示。

表 A.5 实验不确定度评估结果

序号	日期/时间	操作者	y_i^*	Δ_i	y_i
1	2003-04-22,07:33 am	A	50.000 3	0.001 1	50.001 4
2	2003-03-22,08:23 am	A	50.000 5	0.001 3	50.001 8
3	2003-03-22,10:02 am	A	49.999 8	0.001 5	50.001 3
4	2003-03-22,01:55 pm	A	49.999 8	0.001 9	50.001 7
5	2003-03-22,02:13 pm	A	49.999 9	0.001 4	50.001 3
6	2003-04-27,06:08 am	B	50.000 3	0.001 2	50.001 5
7	2003-04-27,07:11 am	B	50.001 3	0.000 4	50.001 7
8	2003-04-27,02:13 pm	A	50.001 1	0.000 6	50.001 7
9	2003-04-27,02:44 pm	A	50.000 3	0.000 9	50.001 2
10	2003-04-27,05:14 pm	A	50.000 3	0.001 2	50.001 5
11	2003-04-28,07:13 am	B	50.000 5	0.001 3	50.001 8
12	2003-04-28,09:02 am	B	50.000 3	0.001 4	50.001 7
13	2003-04-28,09:12 am	A	49.999 5	0.001 8	50.001 3
14	2003-04-28,10:02 am	A	50.000 3	0.001 4	50.001 7
15	2003-04-28,11:32 am	B	50.000 3	0.001 5	50.001 8
16	2003-04-28,02:13 pm	B	50.000 7	0.001 5	50.002 2
17	2003-04-28,03:13 pm	B	50.000 8	0.001 3	50.002 1
18	2003-04-28,03:40 pm	B	50.000 3	0.001 1	50.001 4
19	2003-04-28,04:20 pm	B	50.001 1	0.000 2	50.001 3
20	2003-04-28,06:11 pm	A	50.001 3	0.000 4	50.001 7
校准不确定度 U_{cal}(见 7.3.2)					0.000 4
标准校准不确定度 u_{cal}(见 7.3.2)					0.000 2
测量程序不确定度 u_p(见 7.3.3.1)					0.000 3
校准值 x_{cal}(见 7.3.3.2)					50.001 7
平均值 $\overline{y}$(见 7.3.3.2)					50.001 6
系统误差 $\|b\|$(见 7.3.3.2)					0.000 1

——步骤 3

已校准工件是一个还未用于生产的新环规，而许多在坐标测量机上被校准的环规在表面显现有磨损，测试表明已用过环规的重现性差于新的环规。根据测量数据可估算出一个附加的不确定度贡献因素为 $u_w=0.000\,2$ mm。实验室的温度控制在±0.5 K，因此可以忽略由于膨胀系数引起的不确定度贡献。

A.2.3 不确定度计算

按 7.3.1 给出的公式计算扩展不确定度，其结果表示为扩展不确定度 $U=0.000\,9$ mm($k=2$)，此不确定度赋值给每个在该坐标测量机上、理论直径从 25 mm 到 75 mm 间的被校环规(见 5.2 的相似条件)。

A.2.4 中间检查

当环规在测量机上校准时，定期将已校准工件替代被测工件，以验证所标示不确定度的有效性，已校准工件的校准值与测量值进行比较，其差值不应大于扩展不确定度。

附 录 B
（资料性附录）
在 GPS 矩阵模型中的位置

GPS 矩阵模型参见 GB/Z 20308—2006。

B.1 本部分的信息及其应用

本部分规定了使用坐标测量机和已校准工件进行测量结果测量不确定度评估的方法。

B.2 本部分在 GPS 矩阵模型中的位置

本部分是一项 GPS 通用标准，在 GPS 通用标准矩阵中，本部分影响标准链的链环 6 中尺寸、距离、半径、角度、形状、方向、位置、跳动和基准。如图 B.1 所示。

GPS 基础 标准

GPS综合标准

GPS通用标准						
链环号	1	2	3	4	5	6
尺寸						■
距离						■
半径						■
角度						■
与基准无关的线形状						■
与基准相关的线形状						■
与基准无关的面形状						■
与基准相关的面形状						■
方向						■
位置						■
圆跳动						■
全跳动						■
基准						■
粗糙度轮廓						
波纹度轮廓						
原始轮廓						
表面缺陷						
棱边						

图 B.1

B.3 相关的标准

相关的标准为图 B.1 所示标准链中涉及的标准。

参 考 文 献

[1] GB/Z 20308—2006 产品几何技术规范(GPS) 总体规划

[2] GB/T 24634—2009(ISO 14978:2006) 产品几何技术规范(GPS) GPS 测量设备通用概念和要求

ICS 17.040.10
J 04

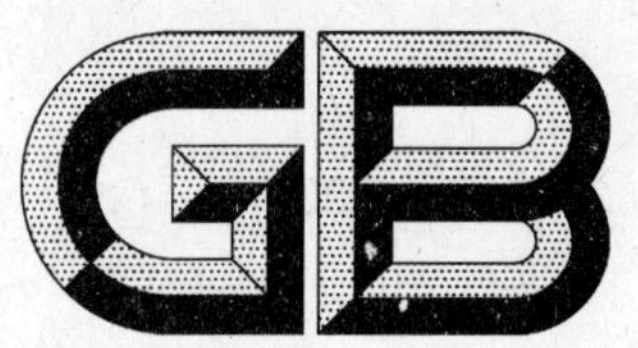

中华人民共和国国家标准化指导性技术文件

GB/Z 24636.1—2009

产品几何技术规范(GPS) 统计公差 第1部分:术语、定义和基本概念

Geometrical Product Specifications(GPS)—Statistical tolerance—
Part 1:Terms,definitions and basic concepts

2009-11-15 发布 2010-09-01 实施

中华人民共和国国家质量监督检验检疫总局
中国国家标准化管理委员会 发布

前　言

GB/Z 24636《产品几何技术规范(GPS)　统计公差》分为如下五部分：

——第1部分：术语、定义和基本概念；

——第2部分：统计公差值及其图样标注；

——第3部分：零件批(过程)的统计质量指标；

——第4部分：基于给定置信水平的统计公差设计；

——第5部分：装配批(孔、轴配合)的统计质量指标。

本部分为GB/Z 24636的第1部分。

本部分的附录A和附录B为资料性附录。

本部分由全国产品尺寸和几何技术规范标准化技术委员会提出并归口。

本部分起草单位：中机生产力促进中心、山东理工大学、郑州大学、中原工学院、浙江亚太机电股份有限公司、西安交通大学。

本部分主要起草人：熊焜、张宇、张琳娜、赵则祥、黄国兴、陈秀娟、景蔚萱、杨慕升。

产品几何技术规范(GPS)
统计公差
第1部分:术语、定义和基本概念

1 范围

GB/Z 24636 的本部分规定了统计公差的术语、定义和基本概念。

本部分适用于应用统计过程控制的线性尺寸,特别是具有较高公差等级的配合尺寸,也适用于具有双侧规范限且应用统计过程控制的计量型质量特性。

2 规范性引用文件

下列文件中的条款通过 GB/Z 24636 的本部分的引用而成为本部分的条款。凡是注日期的引用文件,其随后所有的修改单(不包括勘误的内容)或修订版均不适用于本部分,然而,鼓励根据本部分达成协议的各方研究是否可使用这些文件的最新版本。凡是不注日期的引用文件,其最新版本适用于本部分。

GB/T 3358.1—1993 统计学术语 第1部分:一般统计术语

GB/T 18779.1—2002 产品几何量技术规范(GPS) 工件与测量设备的测量检验 第1部分:按规范检验合格或不合格的判定规则(eqv ISO 14253-1:1998)

GB/Z 20308 产品几何技术规范(GPS) 总体规划(GB/Z 20308—2006,ISO/TR 14638:1995,MOD)

3 术语和定义

3.1 与规范限值有关的术语和定义

3.1.1

上规范限(USL) upper specification limit

[GB/T 18779.1—2002 定义 3.7]

3.1.2

下规范限(LSL) lower specification limit

[GB/T 18779.1—2002 定义 3.8]

3.1.3

规范中心值(M) middle of specification

$$M=\frac{\text{USL}+\text{LSL}}{2}$$

3.1.4

公差(T) tolerance

[GB/T 18779.1—2002 定义 3.2]

3.1.5

统计公差(ST) statistical tolerance

由特定符号和数值表示的相关质量指标、过程能力指数和统计参数的允许范围,它规定了与制造过程相关的质量特性的概率分布特性。

注：符合以下条件时，采用统计公差：

1） 配合尺寸仅按极值法不能满足配合精度和质量特定要求时；

2） 作为设计/制造/质量并行设计和综合改进的结合点；

3） 制造过程处于受控状态下的批量生产。

3.1.6

过程目标值(T_g)　target of process

给定的质量特性的特定值，一般取为规范中心值 M。

3.2　与制造过程相关的质量特性值的统计参数和定义

3.2.1

过程均值(μ)　mean of process

与制造过程相关的质量特性的数学期望。

3.2.2

过程标准差(σ)　standard deviation of process

与制造过程相关的质量特性的方差的正平方根。

3.2.3

样本标准差(S)　sample standard deviation

样本方差的正平方根。

[GB/T 3358.1—1993 定义 3.30]

3.2.4

过程偏移(Δ)　shift of process

均值对目标值的偏移。

$$\Delta = \mu - T_g$$

注：当过程目标值取为规范中心值 M 时，$\Delta = \mu - M$。

3.2.5

过程偏移参数(k)　shift parameter of process

过程均值对目标值的偏移参数。

$$k = \frac{\mu - T_g}{T/2} = \frac{2\Delta}{T}$$

注：当过程目标值取为规范中心值 M 时，$k = \frac{\mu - M}{T/2} = \frac{2\Delta}{T}$

3.2.6

过程标准化偏移(δ)　standardized shift of process

过程均值对目标值以标准偏差 σ 度量的偏移。

$$\delta = \frac{\mu - T_g}{\sigma} = \frac{\Delta}{\sigma}$$

注：当过程目标值取为规范中心值 M 时，$\delta = \frac{\mu - M}{\sigma} = \frac{\Delta}{\sigma}$

3.3　与制造过程相关的质量特性值的质量指标和定义

以下质量指标均指形成该项质量特性值的工序过程处于受控稳定状态时的相关统计量。

3.3.1

过程不合格率(P_d)　nonconforming percentage of process

质量特性值不符合规范的产品数量和投入该工序过程的产品数量之比，以百分率表示。

3.3.2

过程优等率(P_c)　superior degree percentage of process output

质量特性值在优等区内的数量和投入该工序过程的产品数量之比，以百分率表示。图 1 所示为一种各等级品区在公差带中的划分示例。

注：W_c 指优等区的宽度。

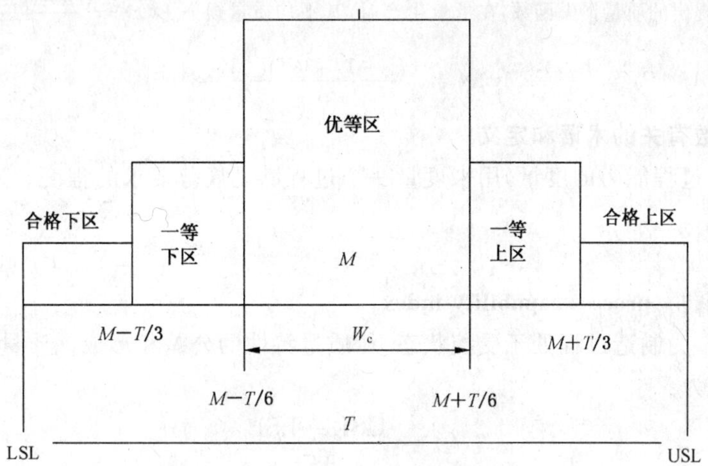

图 1 各等级区在公差带中的划分

3.3.3

过程中间区率(P_c) **percentage of process output in middle zone of specification**

质量特性值在规定的中间区内的数量和投入该工序过程的数量之比，以百分率表示。图 2 给出中间区宽度 W_c 为二分之一公差时的公差带分区。

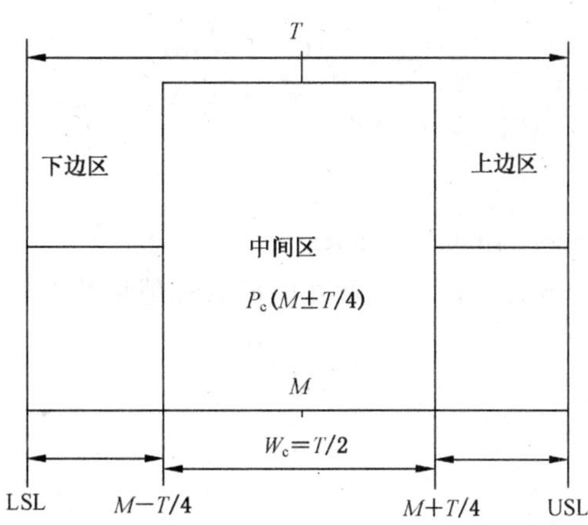

图 2 W_c 为 $T/2$ 时的公差带的分区

注：1. W_c 指中间区的宽度；

2. 对具有双侧规范限的质量特性优等区范围，推荐从 $M\pm T/6$ 和 $M\pm T/4$ 两种标准化范围选择。表示符号可与过程中间区率表示符号统一，分别为：$P_c(M\pm T/6)$ 和 $P_c(M\pm T/4)$。

3.3.4

过程平均质量损失率(P_{ql}) **fraction of average quality loss of process**

制造过程中质量特性偏离目标值而造成的平均质量损失 $L(\bar{x})$ 与该产品价值 A_0 之比，以百分率表示：

$$P_{ql}=\frac{L(\bar{x})}{A_0}\times 100\%$$

将 P_{ql} 以 C_p 和 k 的函数形式表示为：

$$P_{ql} = [k^2 + \frac{1}{(3C_p)^2}] \times 100\%$$

注：根据田口玄一提出的质量损失函数，在批量生产时，其平均质量损失 $L(\bar{x}) = \frac{(\mu - T)^2 + \sigma^2}{(T/2)^2} A_0$，转换为 $L(\bar{x}) = [k^2 + \frac{1}{(3C_p)^2}]A_0$，$P_{ql} = \frac{L(\bar{x})}{A_0} \times 100\% = \frac{[k^2 + 1/(3C_p)^2]A_0}{A_0} \times 100\%$。

3.4 与过程能力指数有关的术语和定义

过程能力指数是过程能力的度量，用来度量一个过程满足规范要求的程度。过程能力指数有多种，以符号及公式区别。

3.4.1

过程能力指数(C_p)　process capability index

过程能力指数 C_p 为制造过程处于受控状态下，质量特性的公差和形成该质量特性的工序过程能力(6σ)之比。其表达式为：

$$C_p = \frac{\text{USL} - \text{LSL}}{6\sigma}$$

3.4.2

过程能力指数(C_{pk})　process capability index

过程能力指数 C_{pk} 为制造过程处于受控状态下，过程质量特性值的均值与规范中心不重合时的过程能力指数。其表达式为：

$$C_{pk} = \min\left(\frac{\text{USL} - \mu}{3\sigma}, \frac{\mu - \text{LSL}}{3\sigma}\right)$$

等效公式为：

$$C_{pk} = C_p(1 - K)$$

式中：$K = \frac{|\mu - M|}{T/2} = \frac{2|\Delta|}{T} = |k|, 0 \leqslant K \leqslant 1$

3.4.3

过程能力指数(C_{pm})　process capability index

制造过程处于受控状态下，充分反映质量特性值对目标值偏移的过程能力指数，其表达式为：

$$C_{pm} = \frac{\text{USL} - \text{LSL}}{6\sqrt{\sigma^2 + (\mu - T_g)^2}} = \frac{C_p}{\sqrt{1 + \delta^2}}$$

4 基本概念

4.1 统计公差的三个层次

质量特性相关过程的统计公差可以分为上层、中层和下层三个层次，以保证多种形式的质量要求传递到统计过程控制。上层是由单一数值表示的质量指标或过程能力指数的极限值。下层为具有量纲的统计参数的允许变动范围。中层则是将上层质量要求传递到下层的基于二维平面的统计公差。

4.2 过程质量指标和过程能力指数的统计公差

4.2.1 单一数值表示的质量指标的统计公差

P_d^*——不合格率上限；

P_c^*——中间区或优等率下限；

P_{ql}^*——平均质量损失率上限。

注1：用“*”表示其相关的数值是设定值。

注2：P_d^* 不代表验收允许的产品不合格品率，而只是对质量特性相关制造过程的测评，用于质量控制和改进。

4.2.2 由单一数值表示的过程能力指数的统计公差

C_{pk}^*——指数下限；

C_{pm}^{*}——指数下限。

4.3 标准化的二维统计公差

标准化的二维统计公差是将上层统计公差转化为下层统计公差不可缺少的标准化界面。它为统计过程控制提供了定量指导。为适应不同计量型控制图的参数设计需求，本部分提供 C_p-k 和 C_p-δ 二个二维平面。

二维统计公差的数组表达形式

(C_p^*, k^*)和(C_p^*, δ^*)是以数组形式表现的标准化统计公差，体现了对过程离散程度和位置偏移的各自控制要求，其涵义为：

$$(C_p^*, k^*) \Leftrightarrow \begin{cases} C_p \geqslant C_p^* \\ |k| \leqslant k^* \end{cases};(C_p^*, \delta^*) \Leftrightarrow \begin{cases} C_p \geqslant C_p^* \\ |\delta| \leqslant \delta^* \end{cases}$$

4.4 过程统计参数的统计公差

下层统计公差为具有量纲的统计参数的允许变动范围。过程统计参数的统计公差应用于具有实际量纲的基于二维平面的统计参数，推荐采用过程标准差-均值偏移(σ-Δ)或过程标准差-均值(σ-μ)二维平面。

具有量纲的基于二维平面的统计公差数组表达形式：(σ^*, Δ^*)，其涵义为：

$$(\sigma^*, \Delta^*) \Leftrightarrow \begin{cases} \sigma \leqslant \sigma^* \\ |\Delta| \leqslant \Delta^* \end{cases}$$

4.5 多个质量指标的统计公差

多个质量指标的统计公差可用所涉及的各单个质量目标表达式联立形式表达。如：

$$\begin{cases} P_d \leqslant P_d^* \\ P_c\left(M \pm \dfrac{T}{6}\right) \geqslant P_c^* \end{cases}$$

4.6 统计公差带

在相关一维或二维统计参数平面上保证预期质量指标的区域。在过程的统计参数可以获取时，统计公差带为确立相关的二维统计公差值提供依据(见附录 A)。

附　录　A
（资料性附录）
统计公差带及表示形式

A.1　质量目标函数曲线形成的统计公差带表示方法

在相关二维统计参数平面上由质量目标函数曲线形成的区域称为动态统计公差带。

A.1.1　C_p-k 二维平面中面向质量目标的统计公差带

二维平面 C_p-k 的质量目标函数曲线形成的统计公差可按以下示例表示：$f_{P_d}(C_p, k) \leqslant 0.016\%$，其统计公差带如图 A.1 a)中 $f_{P_d}(C_p, k) = 0.016\%$ 曲线所包围的区域所示。

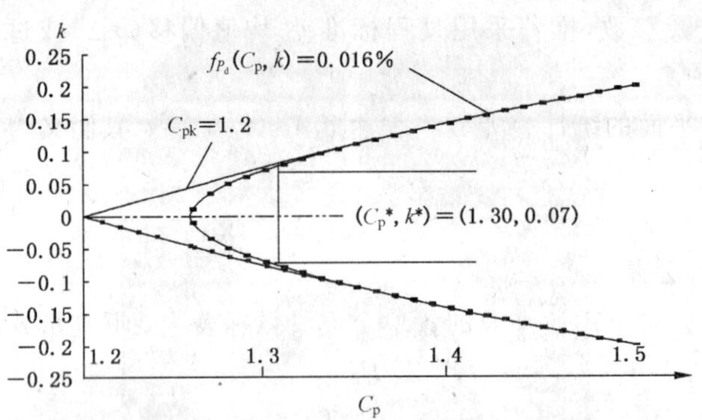

a) C_p-k 平面内基于质量目标的统计公差带

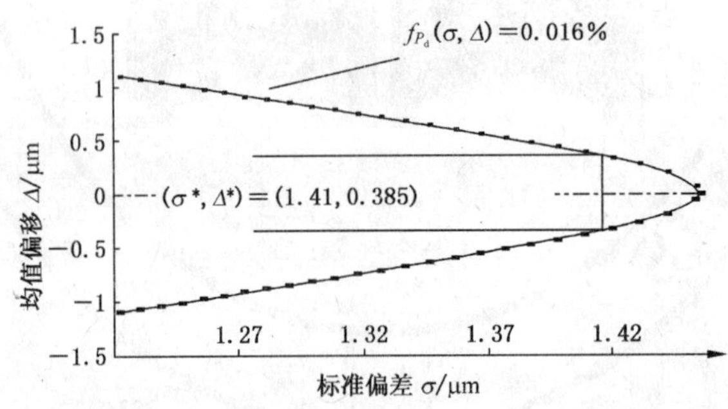

b) σ-Δ 平面内基于质量目标的统计公差带

图 A.1　C_p-k 和 σ-Δ 平面内基于质量目标的等效统计公差带对比

A.1.2　C_p-δ 二维平面中面向质量目标的统计公差带

二维界面 C_p-δ 的质量目标函数曲线形成的统计公差带可按以下示例表示：$f_{P_c}(C_p, \delta) \geqslant 90\%$。其统计公差带如图 A.2 中 $f_{P_c}(C_p, \delta) = 90\%$ 曲线以下区域所示。

A.1.3　σ-Δ 二维平面中的面向质量目标的统计公差带

σ-Δ 二维平面中的质量目标函数曲线形成的统计公差可按以下示例表示：$f_{P_d}(\sigma, \Delta) \leqslant 0.016\%$。其统计公差带如图 A.1 b)中 $f_{P_d}(\sigma, \Delta) = 0.016\%$ 曲线所包围的区域所示。

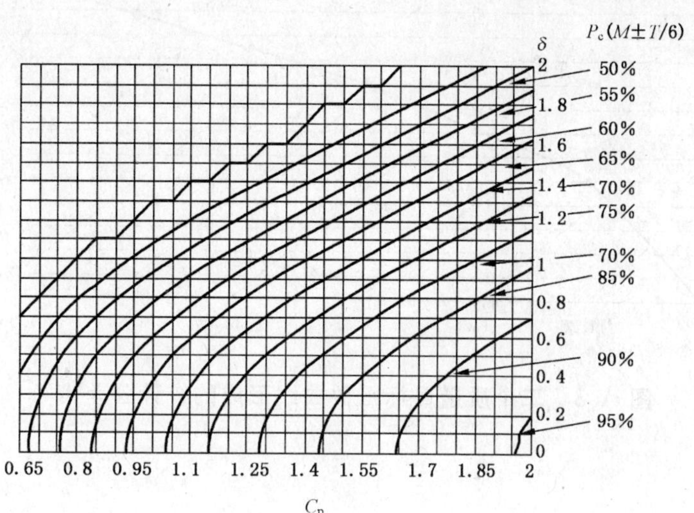

图 A.2 在 C_p-δ 平面代表不同中间区率 P_c 的统计公差带

A.2 过程统计参数已知时二维平面中的统计公差带及图形表达形式

A.2.1 在过程统计参数已知时，推荐采用基于二维平面的不封闭的矩形统计公差带表示方法。不封闭的矩形统计公差带(C_p^*,k^*)和(C_p^*,δ^*)适合于过程的 C_p 已知且稳定的情况。

示例：

C_p-k 二维平面中的保证质量目标 $P_d^*=0.016\%$ 的统计公差带如图 A.1 a)中不封闭的矩形区域所示。

A.2.2 σ-Δ 二维平面中的面向质量目标的统计公差带

σ-Δ 二维平面中的保证质量目标 $P_d\leqslant0.016\%$ 的统计公差可表示为(σ^*,Δ^*)=(1.41, 0.385)。其统计公差带如图 A.1 b) 中不封闭的矩形区域所示。

A.3 二个或多个质量目标函数曲线形成的统计公差带

保证多项质量目标的统计公差带应为代表各项质量目标的在 C_p-k 平面或 C_p-δ 平面内的统计公差带的交叠区域。

当优等区范围为 $M\pm T/6$ 时，优等率指标实质上就是中间区宽度为公差带宽度的三分之一中间区率；该指标兼顾了过程的对中性要求和等级品率要求，值得优先采用。过程不合格率是企业、车间质量考核和质量成本分析的重要指标，从图 A.3 看，$P_c(M\pm\frac{T}{6})\geqslant78\%$，$P_d\leqslant0.02\%$ 在 C_p-k 平面的统计公差带是不重合的，同时满足这两项质量指标的数学表达方式是以下联立公式：

$$\begin{cases}P_c\left(M\pm\dfrac{T}{6}\right)\geqslant 78\%\\P_d\leqslant 0.02\%\end{cases}$$

同时满足这两项质量指标的图形表示为图 A.3 中两个曲线下阴影区，该区域是一个动态统计公差带区，k^* 数值的确定取决于 C_p^*。

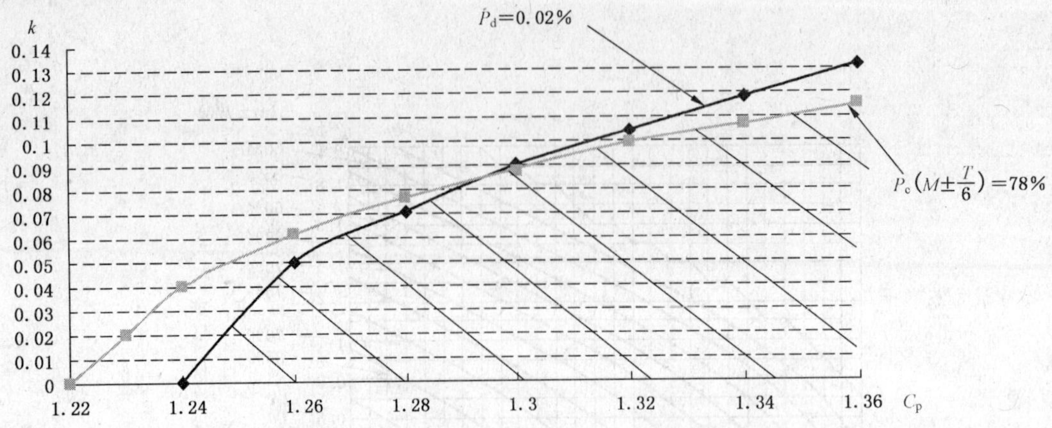

图 A.3　二个质量目标函数曲线形成的统计公差带

附 录 B
（资料性附录）
在 GPS 矩阵模型中的位置

GPS 矩阵模型参见 GB/Z 20308—2006。

B.1 本部分的信息及其应用

本部分标准规定了统计公差的术语、定义和基本概念。

B.2 本部分在 GPS 矩阵模型中的位置

本部分标准是 GPS 通用标准，它影响 GPS 矩阵中尺寸和距离标准链的链环 2 和链环 3，如图 B.1 所示。

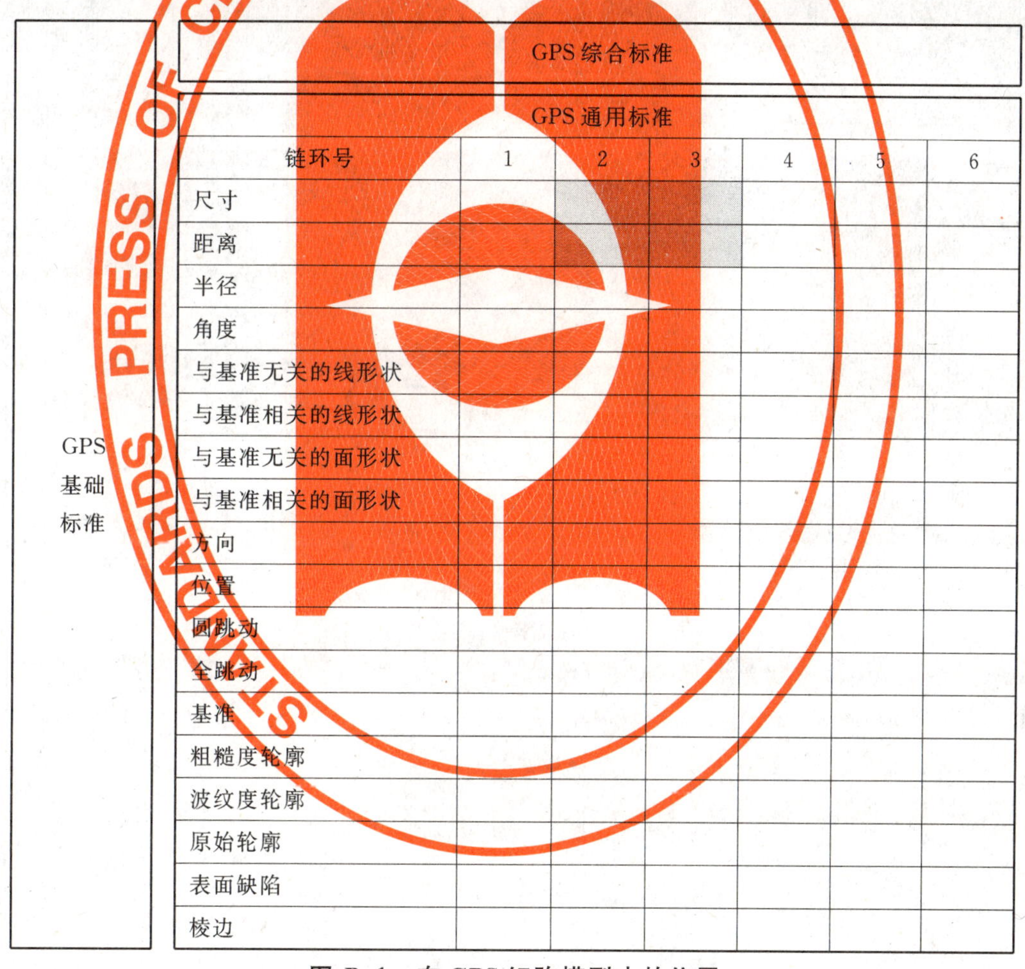

	GPS综合标准						
	GPS通用标准						
	链环号	1	2	3	4	5	6
GPS基础标准	尺寸						
	距离						
	半径						
	角度						
	与基准无关的线形状						
	与基准相关的线形状						
	与基准无关的面形状						
	与基准相关的面形状						
	方向						
	位置						
	圆跳动						
	全跳动						
	基准						
	粗糙度轮廓						
	波纹度轮廓						
	原始轮廓						
	表面缺陷						
	棱边						

图 B.1 在 GPS 矩阵模型中的位置

B.3 相关的标准

相关的标准为图 B.1 所示标准链涉及的标准。

ICS 17.040.10
J 04

中华人民共和国国家标准化指导性技术文件

GB/Z 24636.2—2009

产品几何技术规范(GPS) 统计公差 第2部分:统计公差值及其图样标注

Geometrical Product Specifications (GPS)—Statistical tolerance—Part 2:Statistical tolerance values and their indication on drawing

2009-11-15 发布 2010-09-01 实施

中华人民共和国国家质量监督检验检疫总局
中国国家标准化管理委员会 发布

前　言

GB/Z 24636《产品几何技术规范(GPS)　统计公差》分为如下五部分：

——第1部分：术语、定义和基本概念；

——第2部分：统计公差值及其图样标注；

——第3部分：零件批(过程)的统计质量指标；

——第4部分：基于给定置信水平的统计公差设计；

——第5部分：装配批(孔、轴配合)的统计质量指标。

本部分为GB/Z 24636的第2部分。

本部分的附录A、附录B和附录C均为资料性附录。

本部分由全国产品尺寸和几何技术规范标准化技术委员会提出并归口。

本部分起草单位：中机生产力促进中心、山东理工大学、中原工学院、郑州大学。

本部分主要起草人：熊焜、张宇、赵则祥、张琳娜。

产品几何技术规范(GPS) 统计公差 第2部分:统计公差值及其图样标注

1 范围

GB/Z 24636的本部分规定了统计公差值及在图样中的标注方法。

本部分适用于应用统计过程控制的线性尺寸,特别是具有较高公差等级的配合尺寸;也适用于具有双侧规范限且应用统计过程控制的计量型质量特性。

2 规范性引用文件

下列文件中的条款通过GB/Z 24636的本部分的引用而成为本部分的条款。凡是注日期的引用文件,其随后所有的修改单(不包括勘误的内容)或修订版均不适用于本部分,然而,鼓励根据本部分达成协议的各方研究是否可使用这些文件的最新版本。凡是不注日期的引用文件,其最新版本适用于本部分。

GB/Z 20308 产品几何技术规范(GPS) 总体规划(GB/Z 20308—2006,ISO/TR 14638:1995,MOD)

3 统计公差值的形式

过程质量指标的统计公差值由特定的统计公差应用层面决定。上层和中层均为无量纲的标准化数值,下层为具有量纲的数值。

3.1 过程质量指标的统计公差值

过程质量指标的统计公差值(P_d^*、P_c^*、P_{ql}^*)采用百分比表示,由推荐表格选用。一般取小数点后一位或二位。其中,要求特别高的P_d^*可用百万分之一(10^{-6})为单位表示。

3.2 标准化的二维统计公差值

二维统计公差值是用(C_p^*,k^*)和(C_p^*,δ^*)数组中的无量纲的数值表示,其大小由上层直接质量指标或间接质量指标决定。

3.3 具有量纲的二维统计公差值

具有实际量纲的基于二维统计参数界面的统计公差值是用(σ^*,Δ^*)数组中的数值表示,其大小由标准化的二维统计公差值转换。

3.4 通用要求的质量水平及各项统计公差数值

统计公差通用要求的质量水平可按3σ和4σ质量水平推荐,按照行业和产品特性选择其中一个作为默认的统计公差通用要求,其隐含的各项统计公差数值如表1所示。

表1 统计公差通用要求隐含的各项统计公差数值表

质量水平	C_p^*	δ^*	k^*	$P_d{}^*$	$P_c^*(M\pm T/6)$	$P_c^*(M\pm T/4)$	P_{ql}^*	C_{pk}^*	C_{pm}^*
3σ	1	0	0	0.27%	68.3%	86.6%	11.11%	1.00	1.00
4σ	1.33	0.5	0.125	0.024 4%	76.3%	92.6%	7.84%	1.16	1.19

特定要求的SIGMA质量水平及各项统计公差数值见附录A。

4 统计公差在图样上的标注

可以按照统计公差通用要求和特定要求在相关图样和技术文件中分别用符号和数值表示。

4.1 统计公差通用要求的标注

ST 是统计公差符号,也是英文 statistical tolerance 的缩写。当设计者对某个具有双侧规范的尺寸或质量特性要求制造过程应用统计过程控制而无特定质量目标要求时,采用统计公差符号 ST 并标注在该尺寸或质量特性公差带代号后面。

示例:

$$\phi 35h5(^{\ 0}_{-0.011})\quad \mathbf{ST}$$

注:统计公差符号 ST 采用和尺寸及公差带代号同等大小的大写英文字体并加粗,ST 前有一个字符的间距。

4.2 统计公差特定要求的标注

当设计者对某个具有双侧规范的尺寸或质量特性要求制造过程应用统计过程控制并有特定质量目标要求时,采用统计公差符号 ST、特定质量指标或过程能力指数的符号及统计公差值并标注在该尺寸或质量特性公差带代号后面。

由于中、下层统计公差和特定制造环境相关,统计公差在图样上的标注方式只涉及上层统计公差,即设计者对该质量特性的过程质量指标或兼顾过程位置与离散特性的指数 C_{pk}、C_{pm}。

4.2.1 由单一数值表示的质量指标的统计公差标注

示例 1:过程不合格率的统计公差标注

$$\phi 35h5(^{\ 0}_{-0.011})\quad \mathbf{ST}{:}P_d \leqslant 0.016\%$$

示例 2:过程中间区($T:W_c=3:1$)率的统计公差标注

$$\phi 35h5(^{\ 0}_{-0.011})\quad \mathbf{ST}{:}P_c(34.994\,5 \pm 0.001\,83) \geqslant 80\%$$

其中:35 为公称尺寸,34.994 5 为目标值,即 $M=34.994\,5$,35 为最大极限尺寸,(35−0.011)为最小极限尺寸;$T=0.011$,$\frac{T}{6}=0.001\,83$。

示例 3:过程中间区($T:W_c=2:1$)率的统计公差标注

$$\phi 35h5(^{\ 0}_{-0.011})\quad \mathbf{ST}{:}P_c(34.994\,5 \pm 0.002\,75) \geqslant 94\%$$

其中:35 为公称尺寸,34.994 5 为目标值,即 $M=34.994\,5$,35 为最大极限尺寸,(35−0.011)为最小极限尺寸;$T=0.011$,$\frac{T}{4}=0.002\,75$。

示例 4:过程平均质量损失率的统计公差标注

$$\phi 35h5(^{\ 0}_{-0.011})\quad \mathbf{ST}{:}P_{ql} \leqslant 6.3\%$$

4.2.2 由单一数值表示的过程能力指数的统计公差标注

示例 1:过程能力指数 C_{pk} 的统计公差标注

$$\phi 35h5(^{\ 0}_{-0.011})\quad \mathbf{ST}{:}C_{pk} \geqslant 1.20$$

示例 2:过程能力指数 C_{pm} 的统计公差标注

$$\phi 35h5(^{\ 0}_{-0.011})\quad \mathbf{ST}{:}C_{pm} \geqslant 1.20$$

4.3 多个质量目标的统计公差标注

多个质量目标的统计公差标注采用统计公差符号及相关质量目标表达式的联立形式。

示例:过程不合格率和中间区($T:W_c=3:1$)率二项要求的统计公差标注

$$\phi 35h5(^{\ 0}_{-0.011})\quad \mathrm{ST}{:}\begin{cases} P_d \leqslant 0.016\% \\ P_c(34.994\,5 \pm 0.001\,83) \geqslant 80\% \end{cases}$$

5 中、下层统计公差在质量控制文件中的表示

5.1 中层统计公差的表示

中层统计公差是以在 C_p-k 二维平面或 C_p-δ 二维平面中的二维统计公差表示。

5.1.1 采用数组形式表示的统计公差

统计参数均值和标准差已知时,采用数组形式表示统计公差并按如下形式标注:

示例 1:

C_p-k 二维平面中的保证质量目标 $P_d^* = 0.016\%$ 的统计公差标注:

$$\phi 35h5(^{0}_{-0.011})\quad \mathbf{ST}:(C_p^*,k^*)=(1.30,0.07)$$

或

$$\phi 35h5(^{0}_{-0.011})\quad \mathbf{ST}:\begin{cases}C_p \geqslant 1.3\\ |k| \leqslant 0.07\end{cases}$$

示例 2：

C_p-δ 二维平面中的保证质量目标 $P_d^*=0.016\%$ 的统计公差标注：

$$\phi 35h5(^{0}_{-0.011})\quad \mathbf{ST}:(C_p^*,\delta^*)=(1.30,0.273)$$

或

$$\phi 35h5(^{0}_{-0.011})\quad \mathbf{ST}:\begin{cases}C_p \geqslant 1.30\\ |\delta| \leqslant 0.273\end{cases}$$

注：两种标注等效。

5.2 下层统计公差表示

下层统计公差是以在 σ-Δ 二维平面中的二维统计公差表示。

统计参数均值和标准差已知时，采用数组形式表示统计公差并按如下形式标注。

示例：

统计参数均值和标准差已知时，σ-Δ 二维平面中的保证质量目标 $P_d^*=0.016\%$ 的统计公差表示：

$$\phi 35h5(^{0}_{-0.011})\quad \mathbf{ST}:(\sigma^*,\Delta^*)=(1.41,0.385)$$

或

$$\phi 35h5(^{0}_{-0.011})\quad \mathbf{ST}:\begin{cases}\sigma \leqslant 1.41\\ |\Delta| \leqslant 0.385\end{cases}$$

采用质量目标函数表示的统计公差见附录 B。

附　录　A
（资料性附录）
特定要求的 SIGMA 质量水平及各项统计公差数值

统计公差简化的特定要求可按质量水平推荐；其隐含的各项统计公差数值如表 A.1 所示。

表 A.1　SIGMA 质量水平隐含的各项统计公差数值表

质量水平	C_p^*	δ^*	k^*	P_d^*	P_c^* $(M\pm T/6)$	P_c^* $(M\pm T/4)$	P_{ql}^*	C_{pk}^*	C_{pm}^*
4σ	1.33	0.5	0.125	0.024 4%	76.3%	92.6%	7.84%	1.16	1.19
5σ	1.67	1.0	0.2	30.36×10^{-6}	74.4%	93.3%	7.98%	1.34	1.18
6σ	2	1.5	0.25	3.4×10^{-6}	69.1%	93.3%	9.03%	1.5	1.11

附 录 B
（资料性附录）
采用质量目标函数表示的统计公差

质量目标函数是指所关心的某项质量指标与相关变量(统计参数)的函数关系。用包含特定质量指标和相关变量(统计参数)的符号表示。统计参数均值和标准差未知时,采用质量目标函数表示统计公差并按如下形式标注。

示例 1:

过程不合格率要求为:$P_d \leqslant 0.016\%$

在 C_p-k 二维平面采用质量目标函数表示的统计公差标注:

$$\phi 35\mathrm{h}5\left({}^{\ 0}_{-0.011}\right) \quad \mathbf{ST}: f_{P_d}(C_p, k) \leqslant 0.01\%$$

示例 2:

过程平均质量损失率要求为:$P_{ql} \leqslant 6.3\%$

在 C_p-k 二维平面采用质量目标函数表示的统计公差标注:

$$\phi 35\mathrm{h}5\left({}^{\ 0}_{-0.011}\right) \quad \mathbf{ST}: f_{P_{ql}}(C_p, k) \leqslant 6.3\%$$

示例 3:

过程中间区($T : W_c = 2 : 1$)率要求为:$P_c(34.994\,5 \pm 0.002\,75) \geqslant 94\%$

在 C_p-δ 二维平面采用质量目标函数表示的统计公差标注:

$$\phi 35\mathrm{h}5\left({}^{\ 0}_{-0.011}\right) \quad \mathbf{ST}: f_{P_c(34.994\,5 \pm 0.002\,75)}(C_p, \delta) \geqslant 94\%$$

附 录 C
（资料性附录）
在 GPS 矩阵模型中的位置

GPS 矩阵模型参见 GB/Z 20308—2006。

C.1 本部分的信息及其应用

本部分标准规定了统计公差值及在图样中的标注方法。

C.2 本部分在 GPS 矩阵模型中的位置

本部分标准是 GPS 通用标准，它影响 GPS 矩阵中尺寸和距离标准链的链环 1 和链环 2，如图 C.1 所示。

GPS基础标准	GPS综合标准						
	GPS通用标准						
	链环号	1	2	3	4	5	6
	尺寸						
	距离						
	半径						
	角度						
	与基准无关的线形状						
	与基准相关的线形状						
	与基准无关的面形状						
	与基准相关的面形状						
	方向						
	位置						
	圆跳动						
	全跳动						
	基准						
	粗糙度轮廓						
	波纹度轮廓						
	原始轮廓						
	表面缺陷						
	棱边						

图 C.1 在 GPS 矩阵模型中的位置

C.3 相关的标准

相关的标准为图 C.1 所示标准链涉及的标准。

ICS 17.040.10
J 04

中华人民共和国国家标准化指导性技术文件

GB/Z 24636.3—2009

产品几何技术规范(GPS) 统计公差 第3部分:零件批(过程)的统计质量指标

Geometrical Product Specifications (GPS)—
Statistical tolerance—
Part 3:Statistical quality indices of a component lot (process)

2009-11-15 发布 2010-09-01 实施

中华人民共和国国家质量监督检验检疫总局
中国国家标准化管理委员会 发布

前　言

GB/Z 24636《产品几何技术规范(GPS)　统计公差》分为如下五部分：

——第1部分：术语、定义和基本概念；

——第2部分：统计公差值及其图样标注；

——第3部分：零件批(过程)的统计质量指标；

——第4部分：基于给定置信水平的统计公差设计；

——第5部分：装配批(孔、轴配合)的统计质量指标。

本部分为GB/Z 24636的第3部分。

本部分的附录A、附录B、附录C和附录D均为资料性附录。

本部分由全国产品尺寸和几何技术规范标准化技术委员会提出并归口。

本部分起草单位：山东理工大学、中机生产力促进中心、郑州大学、浙江亚太机电股份有限公司、中原工学院。

本部分主要起草人：张宇、熊焜、张琳娜、黄国兴、赵则祥。

产品几何技术规范(GPS) 统计公差 第3部分:零件批(过程)的统计质量指标

1 范围

GB/Z 24636的本部分规定了零件批制造过程相关质量特性的统计质量指标及其在公差设计和质量改进中的应用。

本部分适用于应用统计过程控制的线性尺寸,特别是具有较高公差等级的配合尺寸;也适用于具有双侧规范限且应用统计过程控制的计量型质量特性。

2 规范性引用文件

下列文件中的条款通过GB/Z 24636的本部分的引用而成为本部分的条款。凡是注日期的引用文件,其随后所有的修改单(不包括勘误的内容)或修订版均不适用于本部分,然而,鼓励根据本部分达成协议的各方研究是否可使用这些文件的最新版本。凡是不注日期的引用文件,其最新版本适用于本部分。

GB/T 321 优先数和优先数系(GB/T 321—2005,ISO 3:1973,IDT)

GB/Z 20308 产品几何技术规范(GPS) 总体规划(GB/Z 20308—2006,ISO/TR 14638:1995,MOD)

3 基本概念

3.1 零件批 component lot

具有特定图纸、特定生产批号(或订单)和特定质量要求的一批零件。零件批应具有相同的材料、工艺条件、时间特征和加工主体。

3.2 制造过程 manufacturing process

本部分的制造过程指形成相关质量特性的工序,简称过程。

3.3 过程的直接质量指标 direct process quality index

过程的直接质量指标包括过程不合格率 P_d、过程优等率(或过程中间区率)P_c 和过程平均质量损失率 P_{ql} 等。

3.4 过程的间接质量指标 indirect process quality index

过程的间接质量评价指标为过程能力指数 C_{pk} 和 C_{pm}。

4 质量指标的表达式

在过程应用统计过程控制并处于受控状态时,可按表1和表2中的公式计算过程质量指标。

4.1 直接质量指标表达式

4.1.1 过程质量指标作为 C_p 和 k 的函数的表达式

表1给出了过程质量指标作为 C_p 和 k 的函数的表达式。

表 1 过程质量指标作为 C_p 和 k 的函数的表达式

符 号	名 称	表 达 式
P_d	过程不合格率	$P_d=\{\Phi[-3C_p(1+k)]+1-\Phi[3C_p(1-k)]\}\times 100\%$
P_c	过程中间区率和优等率	$P_c(M\pm T/6)=\{\Phi[C_p(1-3k)]-\Phi[-C_p(1+3k)]\}\times 100\%$ $P_c(M\pm T/4)=\{\Phi[1.5C_p(1-2k)]-\Phi[-1.5C_p(1+2k)]\}\times 100\%$
P_{ql}	平均质量损失率	$P_{ql}=\left[\frac{1}{(3C_p)^2}+k^2\right]\times 100\%$
注：$\Phi(x)$为标准正态分布的概率分布函数。		

4.1.2 过程质量指标作为 C_p 和 δ 的函数的表达式

表 2 给出了过程质量指标作为 C_p 和 δ 的函数的表达式。

表 2 过程质量指标作为 C_p 和 δ 的函数的表达式

符 号	名 称	表 达 式
P_d	过程不合格率	$P_d=[1-\Phi(3C_p-\delta)+\Phi(-3C_p-\delta)]\times 100\%$
P_c	过程中间区率和优等率	$P_c(M\pm T/6)=[\Phi(C_p-\delta)-\Phi[-C_p-\delta]\times 100\%$ $P_c(M\pm T/4)=[\Phi(1.5C_p-\delta)-\Phi[-1.5C_p-\delta]\times 100\%$
P_{ql}	平均质量损失率	$P_{ql}=\left[\frac{1}{(3C_p)^2}+\frac{\delta^2}{(3C_p)^2}\right]\times 100\%$

4.2 过程能力指数的表达式

过程能力指数 C_{pk} 和 C_{pm} 作为间接的过程质量指标，可以分别作为 C_p、k 和 C_p、δ 的函数。

4.2.1 过程能力指数 C_{pk} 作为 C_p、k 的函数的表达式见式(1)

$$C_{pk}=C_p(1-|k|) \quad\quad (1)$$

4.2.2 过程能力指数 C_{pm} 作为 C_p、δ 的函数的表达式见式(2)

$$C_{pm}=\frac{C_p}{\sqrt{1+\delta^2}} \quad\quad (2)$$

5 过程质量指标分级

5.1 过程不合格率 P_d 的标准化数值分级

过程不合格率 P_d 的数值范围：在 0.000 1%～1%范围内。采用公比为 $10^{1/5}$ 的 R5 优先数系。过程不合格率 P_d 共有 20 个级别，如表 3 所示。

表 3 过程不合格率 P_d 的标准化分级数值 %

数值范围	选 用 数 值				
0.000 1～<0.001	0.000 1	0.000 16	0.000 25	0.000 40	0.000 63
0.001～<0.01	0.001	0.001 6	0.002 5	0.004 0	0.006 3
0.01～<0.1	0.01	0.016	0.025	0.040	0.063
0.1～<1	0.1	0.16	0.25	0.40	0.63

5.2 过程中间区(优等)率的标准化数值分级

公差和中间区(优等)宽度之比 $T:W_c=3:1$ 时,标准化数值分级的常用范围在95%～40%。

公差和中间区(优等)宽度之比 $T:W_c=2:1$ 时,标准化数值分级的常用范围在100%～60%。

本部分分别按5%和1%等差数列作为第1和第2系列。表4给出过程中间区(优等)率的标准化分级数值。

表4 过程中间区(优等)率的标准化分级数值

数值范围/%	第一系列	第二系列	数值范围/%	第一系列	第二系列
>90～100	100	100	>60～70	70	70
		99			69
		98			69
		97			67
		96			66
	95	95		65	65
		94			64
		93			63
		92			62
		91			61
>80～90	90	90	>50～60	60	60
		89			59
		88			58
		87			57
		86			56
	85	85		55	55
		84			54
		83			53
		82			52
		81			51
>70～80	80	80	>40～50	50	50
		79			49
		78			48
		77			47
		76			46
	75	75		45	45
		74			44
		73			43
		72			42
		71			41

5.3 过程平均质量损失率的标准化数值分级

平均质量损失率 P_{ql} 的标准化数值分级常用范围从 2.0%～28%，采用公比为 $10^{1/20}$ 的 R20 优先数系，共有 24 个级别，根据 GB/T 321 优先数系的基本系列(常用值)如表 5 所示。

表 5 过程平均质量损失率 P_{ql} 的标准化分级数值

数值范围/%	优先采用		优先采用		优先采用	
2.00～<4.00	**2.00**	2.24	**2.50**	2.80	**3.15**	3.55
4.00～<8.00	**4.00**	4.50	**5.00**	5.60	**6.30**	7.10
8.00～<14.00	**8.00**	9.00	**10.00**	11.20	**12.50**	14.0
14.00～<28.00	**16.00**	18.00	**20.00**	22.40	**25.00**	28.00
注：优先采用黑体字。						

5.4 特定质量指标的应用图表

零件批制造过程的质量指标和统计公差选用见附录 A。

5.4.1 特定质量指标在 C_p-k 二维平面的统计公差带及数值表

5.4.1.1 特定质量指标在 C_p-k 二维平面的统计公差带

本部分附录 B 中图 B.1～图 B.4 给出本标准定义的各过程质量指标在 C_p-k 二维平面的统计公差带图。

5.4.1.2 相对于 C_p 和 k 值的特定质量指标数值表

给出基于 C_p 和 k 值的各过程质量指标数值表。分列如下：

——表 B.1 基于 C_p 和 k 值的过程不合格率 P_d 的数值表；

——表 B.2 基于 C_p 和 k 值的过程中间区率 $P_c(M\pm T/6)$ 和优等率的数值表；

——表 B.3 基于 C_p 和 k 值的过程中间区率 $P_c(M\pm T/4)$ 和优等率的数值表；

——表 B.4 基于 C_p 和 k 值的过程平均质量损失率 P_{ql} 的数值表。

5.4.2 过程质量指标在 C_p-δ 二维平面的统计公差带及数值表

5.4.2.1 标准化的 C_p-δ 二维平面的统计公差带

本部分附录 C 中图 C.1～图 C.4 给出本标准定义的各过程质量指标在 C_p-δ 二维平面的统计公差带图。

5.4.2.2 基于 C_p 和 δ 值的过程质量指标数值表

本部分附录 C 中表 C.1～表 C.5 给出基于 C_p 和 δ 值的各过程质量指标数值表。分列如下：

——表 C.1 基于 C_p 和 δ 值的过程不合格率 P_d 的数值表；

——表 C.2 基于 C_p 和 δ 值的过程中间区率 $P_c(M\pm T/6)$ 和优等率的数值表；

——表 C.3 基于 C_p 和 δ 值的过程中间区率 $P_c(M\pm T/4)$ 和优等率的数值表；

——表 C.4 基于 C_p 和 δ 值的过程平均质量损失率 P_{ql} 的数值表。

5.5 过程能力指数 C_{pm} 的应用图表

本部分附录 C 中图 C.5 给出 C_{pm} 指数在 C_p-δ 二维平面的统计公差带图。表 C.5 给出基于 C_p 和 δ 值的过程能力指数 C_{pm} 的数值表。

附　录　A
（资料性附录）
零件批制造过程的质量指标和统计公差选用

A.1　零件批制造过程的质量指标选用

制造过程中批量产品质量特性的指标按不同的关注层面主要包括符合性评价指标、对中性评价指标和过程平均质量损失率。当过程处于受控状态时，这些指标与过程统计参数、过程能力指数之间存在一定的内在关系。因此，掌握这种内在关系，对于根据质量控制意图合理选择质量指标或过程能力指数及其目标值和统计公差很有帮助。当同时控制两项指标时，如何选择并协调两项指标的统计公差尤为重要。

A.1.1　过程对中性评价指标 P_c，P_{ql} 和 C_{pm} 的选用

在 C_p-k 和 C_p-δ 平面内的 P_c，P_{ql} 和 C_{pm} 曲线形状基本相同。它们的主要功能是度量和控制过程对中性。质量特性值的中间区率 P_c 和过程平均质量损失率 P_{ql} 均有十分清楚的定量涵义，前者是从设计和制造的角度提出的较直观的便于统计检验的项目，而后者则是侧重于对质量特性在使用过程的质量损失的一个标准化的度量项目。由于它们均对过程输出的位置特性十分敏感，所以均是过程对中性的度量指标，可以根据制造过程特点灵活选用。例如，对于加工过程的质量特性值，采用优等率或中间区率 P_c 更直观；而且对于尺寸检验，可以用直径为中间区边界的分布式量规直接检验统计 P_c。而对于装配过程形成的与产品应用状态相关的质量特性值，则采用平均质量损失率 P_{ql} 更合适。

A.1.2　过程平均质量损失率 P_{ql} 和 C_{pm} 指数的对应关系

过程能力指数 C_{pm} 也称为田口指数，如图 A.1 所示，P_{ql} 和 C_{pm} 曲线形状完全一致，过程能力指数 C_{pm} 从过程能力上给出数值，而平均质量损失率 P_{ql} 则是从质量损失的意义上给出数值。过程平均质量损失率 P_{ql} 和 C_{pm} 指数两者有明确的一一对应关系，参见图 A.2。

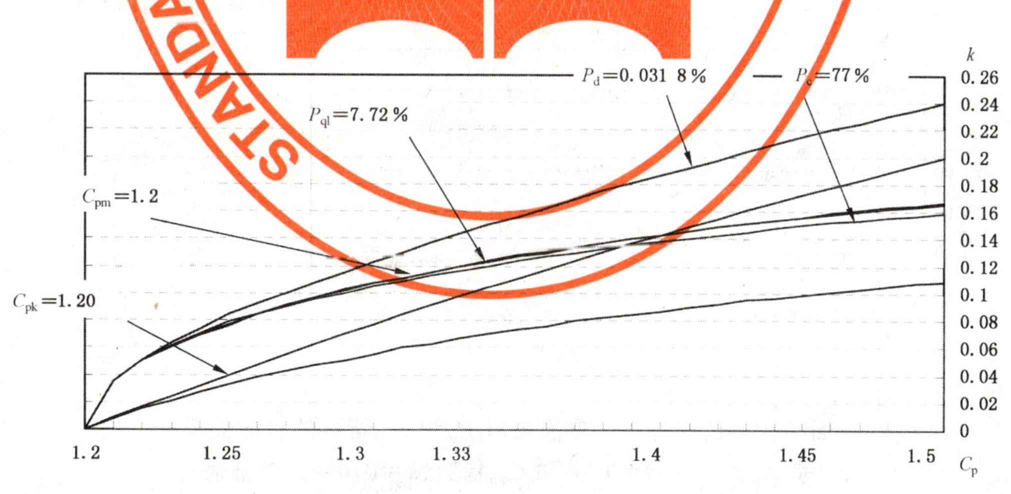

a) P_d、P_c、P_{ql}、C_{pk}、C_{pm} 在 C_p-k 平面的曲线对比

图 A.1　P_d、P_c、P_{ql}、C_{pk}、C_{pm} 在 C_p-k 和 C_p-δ 平面的曲线对比

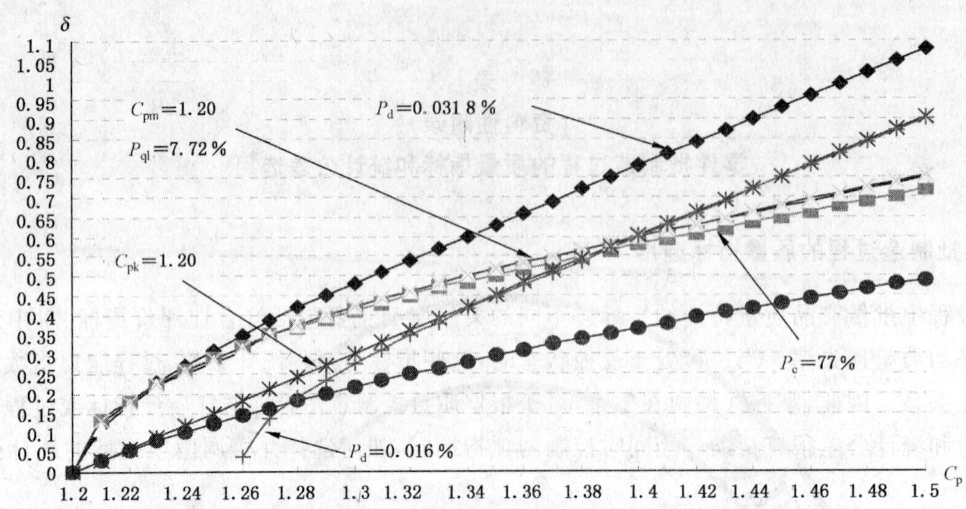

b) P_d、P_c、P_{ql}、C_{pk}、C_{pm} 在 C_p-δ 平面的曲线对比

图 A.1(续)

A.1.3 过程中间区率 P_c 和 C_{pm} 指数的对应关系

如图 A.1 所示,$P_c^*(M\pm T/6)=77\%$和 $C_{pm}=1.2$ 曲线形状比较接近。事实上,过程中间区率指标 $P_c(M\pm T/6)$和 C_{pm}指数在数值上有较接近的对应关系。如果对于过程中间区比率有明确的控制要求。除了直接采用该指标外,也可借助 C_{pm}指数间接控制过程对中性。可参考表 A.1 选择 C_{pm}指数。例如,欲控制 $P_c(M\pm T/6)$不小于 70%,则 C_{pm}指数应不小于 1.04。反之,如果 C_{pm}指数已知为 1.04,则过程中间区率 P_c 为 70%。

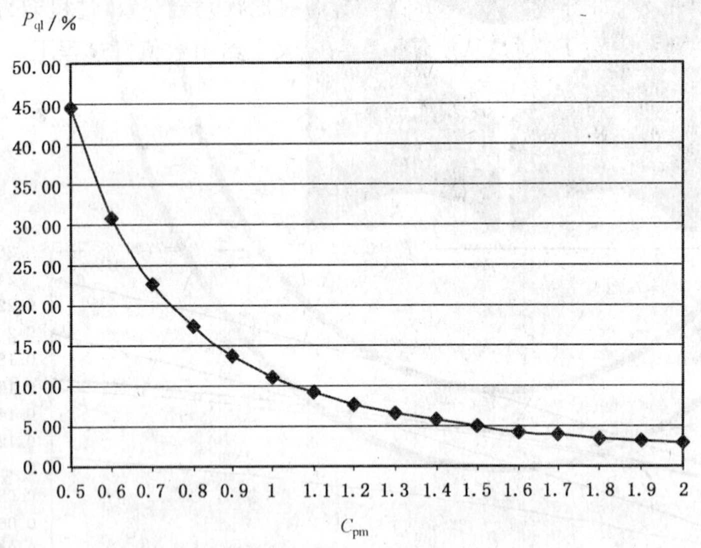

C_{pm}	P_{ql}/(%)
0.8	17.36
0.9	13.72
1	11.11
1.1	9.18
1.2	7.72
1.3	6.57
1.4	5.67
1.5	4.94
1.6	4.34
1.7	3.84
1.8	3.43
1.9	3.08
2	2.78

图 A.2 过程平均质量损失率 P_{ql}和 C_{pm}指数的对应关系

表 A.1 $P_c(M\pm T/6)$和 C_{pm}指数($k=0,\delta=0$)对照表

P_c/(%)	68	69	70	71	72	73	74	75	76	77	78	79	80
C_{pm}	0.995	1.015	1.04	1.06	1.08	1.1	1.13	1.15	1.175	1.2	1.23	1.25	1.28
P_c/(%)	81	82	83	84	85	86	87	88	89	90	91	92	93
C_{pm}	1.31	1.34	1.37	1.41	1.44	1.475	1.5	1.555	1.6	1.645	1.695	1.75	1.81

表 A.2　C_{pm}指数($k=0,\delta=0$)和 $P_c(M\pm T/6)$的对照表

C_{pm}	0.8	0.9	1.0	1.1	1.2	1.3	1.4	1.5	1.6	1.7	1.8
P_c/(%)	57.6	63.2	68.3	72.9	77	80.6	83.8	86.6	89	91.1	92.8

A.1.4　反映过程符合性特征的指标 P_d 和 C_{pk}

C_p 指数，即图 A.3 中的横坐标，和过程不合格率 P_d 有一一对应的关系。在图 A.3 中的 C_p-k 平面内，$C_{pk}=1.20$ 是两条斜率绝对值相等、符号相反的直线，两条直线内的区域即保证 C_{pk}值不小于 1.20 的统计公差带。对比过程不合格品率 $P_d=0.016\%$的曲线，曲线内的区域即保证 $P_d\leqslant0.016\%$的统计公差带。两个统计公差带不重合的部分恰恰是过程偏移系数 k 的绝对值小于 0.1 的区域，这说明了过程不合格品率 P_d 和 C_{pk}曲线虽然总体走势是一致的，但没有一一对应的关系。$C_{pk}\geqslant1.20$ 并不能保证 $P_d\leqslant0.016\%$的质量要求。如果用 C_{pk}控制过程不合格率 $P_d\leqslant0.016\%$，则需 $C_{pk}\geqslant1.26$。如果控制目标更注重过程不合格品率，可直接采用过程不合格率 $P_d\leqslant0.016\%$，用面向质量目标的统计公差保证该项质量指标。对比 $C_{pk}\geqslant1.26$ 对称三角形统计公差带和 $P_d\leqslant0.016\%$对称曲线围成的统计公差带，可以看出，直接采用过程不合格率统计公差充分利用了统计公差带，实际扩大了 50%以上的统计公差带，从而降低了控制难度和成本。P_d 指数本身对于过程没有预设要求，但如果依据过程能力指数及过程偏移的评价指标来推断过程不合格品率 P_d，其应用前提和过程能力指数一样，即过程处于受控状态，质量特性值呈正态分布。

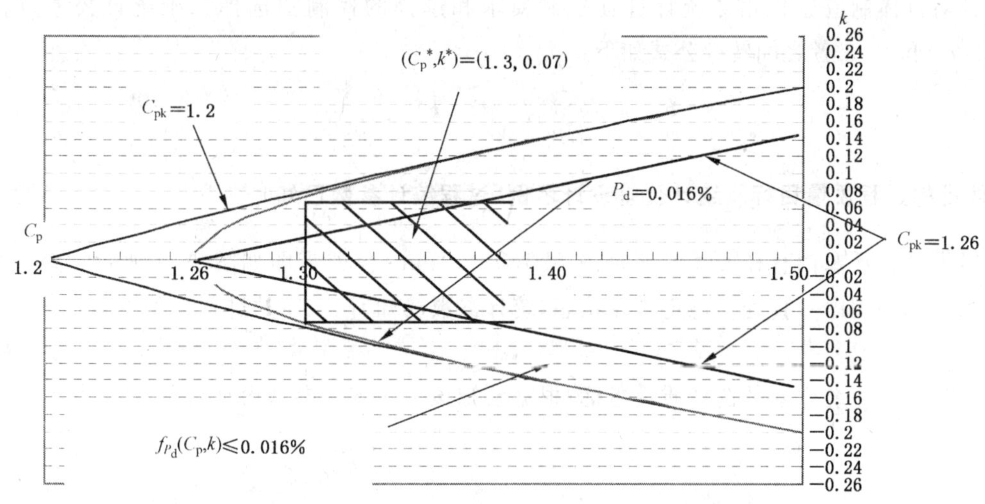

图 A.3　C_p-k 平面内的三种统计公差带的对比

A.2　统计公差带图表的选用

A.2.1　统计公差标准化二维平面 C_p-k 和 C_p-δ 的选择

鉴于 C_p 和 k 两个参数分别是过程标准差 σ 和过程偏移 Δ 的函数，而 σ 和 Δ 是相互独立的统计参数，故 C_p 和 k 也是相互独立的统计参数。而过程标准化偏移 δ 和 σ 相关，C_p 和 δ 不是相互独立的统计参数。因此，在中间层面统计公差标准化界面选择时，应当优先考虑 C_p-k 二维平面。只有在以下情况下，考虑 C_p-δ 二维平面：

1) 选择 C_{pm}指数的数值作为上层统计公差要求，因为 C_{pm}指数定义公式包括 C_p 和 δ 两个参数。
2) 当对于过程对中性要求较高，且希望采用 CUSUM 或 EWMA 控制图时，采用二维平面 C_p-δ 的统计公差对于 CUSUM 或 EWMA 控制图参数选择具有重要指导作用。

A.2.2　过程中间区(优等)率 $P_c(M\pm T/6)$和 $P_c(M\pm T/4)$的选择

鉴于 $P_c(M\pm T/6)$比 $P_c(M\pm T/4)$对 C_p 和 k 或 C_p 和 δ 的变化反应更灵敏，因而更明显反映减小

过程波动和偏移的质量改进效果。因此，应当优先考虑过程中间区(优等)率 $P_c(M\pm T/6)$。只有在以下情况下，考虑选择 $P_c(M\pm T/4)$：

1) 对于优等品的界定按照 $T:W_c=2:1$。

2) 特别希望显示较高的优等率。

A.3 二维统计公差的转换

A.3.1 标准化的二维统计公差向具有实际量纲的二维统计公差的转换

具有量纲的公差带界面可以针对具体制造过程指导统计过程控制。可以根据标准化的二维平面统计公差转换得到具有量纲的基于二维平面的统计公差(σ^*,Δ^*)，转换公式如下：

A.3.1.1 由(C_p^*,k^*)向(σ^*,Δ^*)转换

$$\sigma^*=\frac{T}{6C_p^*};\Delta^*=\frac{k^*T}{2}$$

A.3.1.2 由(C_p^*,δ^*)向(σ,Δ^*)转换

$$\sigma^*=\frac{T}{6C_p^*};\Delta^*=\frac{\delta^*T}{6C_p^*}=\delta^*\times\sigma^*$$

A.3.2 标准化的二维统计公差(C_p^*,k^*)向(C_p^*,δ^*)的转换

可以针对具体制造过程指导统计过程控制要求和选择的控制图选择二维统计公差(C_p^*,k^*)或(C_p^*,δ^*)。k^*和δ^*二者之间转换公式如下：

$$\delta^*=3k^*C_p^* \qquad k^*=\frac{\delta^*}{3C_p^*}$$

A.4 零件批的过程质量目标及统计公差设计示例(过程统计参数已知)

某型号发动机活塞销直径尺寸要求为：$\phi35h5(_{-0.011}^{\ 0})$mm，公差带图如图 A.4 所示。该尺寸由精磨工序实现。已知该工序一直处于稳定受控状态，统计参数已知，该工序的过程均值为 34.994 0 mm，标准差为 0.001 4 mm。

根据已知该工序统计参数选择质量指标；根据已知该工序统计参数设计合理的统计公差。

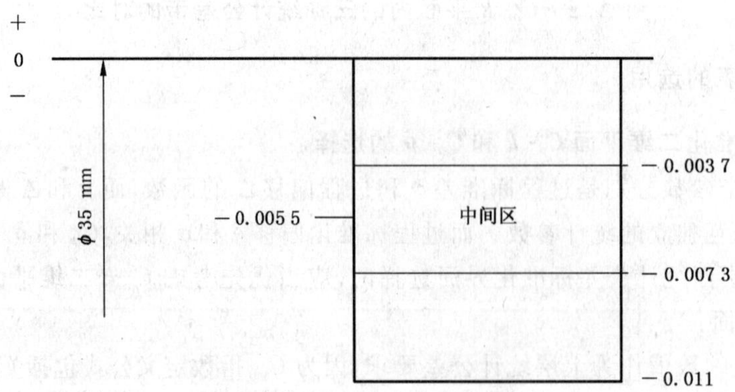

图 A.4 轴的公差带及中间区划分($T:W_c=3:1$)

A.4.1 根据已知该工序统计参数计算过程偏移参数和过程能力指数

A.4.1.1 计算过程偏移参数：$\boldsymbol{\Delta}$、$\boldsymbol{k}$、$\boldsymbol{\delta}$

过程均值对目标值的偏移 Δ：

$$\Delta = \mu - M = 34.9940 - 34.9945 = -0.0005\ \text{mm}$$

过程偏移参数 k：

$$k = \frac{\Delta}{T/2} = \frac{-0.0005}{0.0055} = -0.091$$

过程标准化偏移 δ：

$$\delta = \frac{\Delta}{\sigma} = \frac{-0.0005}{0.0014} = -0.357$$

A.4.1.2 计算过程能力指数 $\boldsymbol{C_p}$、$\boldsymbol{C_{pk}}$、$\boldsymbol{C_{pm}}$

$$C_p = \frac{T}{6\sigma} = \frac{0.011}{6 \times 0.0014} = 1.31$$

$$C_{pk} = \min\left\{\frac{\text{USL} - \mu}{3\sigma}, \frac{\mu - \text{LSL}}{3\sigma}\right\} = \min\left\{\frac{35 - 34.9940}{3 \times 0.0014}, \frac{34.9940 - 34.989}{3 \times 0.0014}\right\} = 1.19$$

$$C_{pm} = \frac{\text{USL} - \text{LSL}}{6 \cdot \sqrt{(\mu - M)^2 + \sigma^2}} = \frac{C_p}{\sqrt{1 + \delta^2}} = \frac{1.31}{\sqrt{1 + (-0.357)^2}} = \frac{1.31}{1.062} = 1.23$$

注：也可查附录 C 中表 C.5 得到 C_{pm} 值。

A.4.2 根据已知该过程的统计参数计算直接质量指标

A.4.2.1 计算过程不合格品率 $\boldsymbol{P_d}$

$$\begin{aligned} P_d &= \{\Phi[-3C_p(1+k)] + 1 - \Phi[3C_p(1-k)]\} \times 100\% \\ &= \{\Phi[-3 \times 1.31 \times (1 - 0.091)] + 1 - \Phi[3 \times 1.31 \times (1 + 0.091)]\} \times 100\% = 0.019\% \end{aligned}$$

注：也可查附录 B 中表 B.1 得到 P_d 值。

A.4.2.2 计算过程中间区（或优等）率 $\boldsymbol{P_c(M \pm T/6)}$

$$P_c(M \pm T/6) = \{\Phi[C_p(1-3k)] - \Phi[-C_p(1+3k)]\} \times 100\% = 78.2\%$$

注：也可查附录 B 中表 B.2 得到 $P_c(M \pm T/6)$ 值。

$$P_c(M \pm T/4) = \{\Phi[1.5C_p(1-2k)] - \Phi[-1.5C_p(1+2k)]\} \times 100\% = 93.6\%$$

注：也可查附录 B 中表 B.3 得到 $P_c(M \pm T/4)$ 值。

A.4.2.3 计算过程平均质量损失率 $\boldsymbol{P_{ql}}$

$$P_{ql} = \left[\frac{1}{(3C_p)^2} + k^2\right] \times 100\% = 7.30\%$$

注：也可查附录 B 中表 B.4 得到 P_{ql} 值。

A.4.3 根据该工序统计参数设计合理的统计公差

A.4.3.1 根据该工序条件合理选择质量指标及数值

已知该精磨工序一直处于稳定受控状态，过程能力指数 C_p 为 1.31，考虑到过程标准差也有一定波动，建议选择 $P_c(M \pm T/6)$（优等率）及过程不合格品率 P_d 两项质量指标，分别为：$P_c(34.9945 \pm 0.00183) \geqslant 78\%$，$P_d \leqslant 0.02\%$。

这两项质量指标的曲线表示见图 A.5。

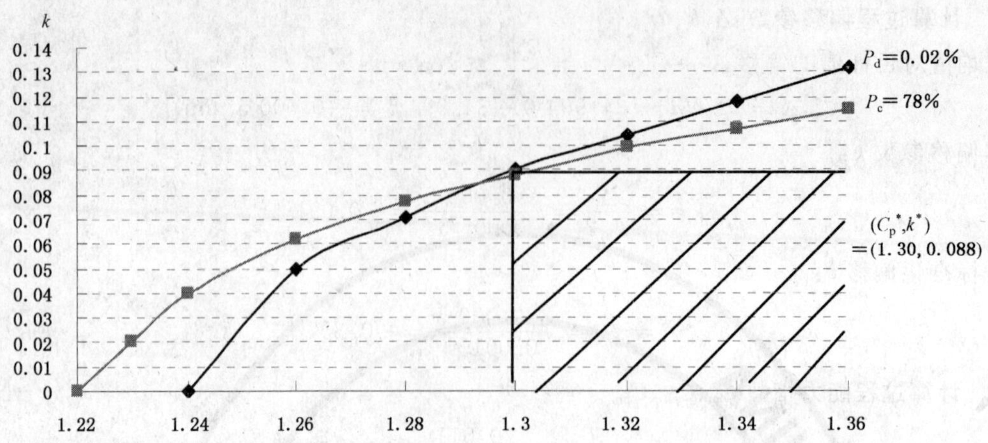

图 A.5 在 C_p-k 平面满足给定优等率和不合格率要求的统计公差带

优等率指标实质上就是中间区宽度为公差带宽度的三分之一中间区率；该指标兼顾了过程对中性要求和等级品率要求，值得优先采用。过程不合格率是企业、车间质量考核和质量成本分析的重要指标，如图 A.5 所示，P_c(34.994 5±0.001 83)≥78%，P_d≤0.02%在 C_p-k 平面的统计公差带是不重合的，同时满足这两项质量指标的统计公差标注为：

$$\phi 35\text{h}5(^{0}_{-0.011})\text{ST}:\begin{cases}P_c(34.994\ 5 \pm 0.001\ 83) \geqslant 78\% \\ P_d \leqslant 0.02\%\end{cases}$$

同时满足这两项质量指标的图形表示为图 A.5 中两个曲线下阴影区。该区域是一个动态统计公差带区，k^* 的大小取决于 C_p^*。根据表 A.3 给出，同时满足这两项质量指标的统计公差带可分别用以下数组表示：(C_p^*，k^*)=(1.24,0)，(1.26,0.05)，(1.28,0.07)，(1.30,0.088)…。

表 A.3 基于 C_p^* 满足两项质量指标的 k^* 值

C_p^*	满足 $P_c(M\pm T/6)\geqslant 78\%$的 k^*	满足 $P_d\leqslant 0.02\%$的 k^*	同时满足两项质量指标的 k^*
1.22	0		
1.24	0.04	0	0
1.26	0.062	0.05	0.05
1.28	0.077	0.07	0.07
1.30	0.088	0.09	0.088
1.32	0.099	0.104	0.099
1.34	0.107	0.118	0.107
1.36	0.115	0.132	0.115

A.4.3.2 确定在 C_p 和 k 二维界面的统计公差(C_p^*，k^*)

按照过程能力指数设定值 C_p^* 为 1.30，根据表 A.3，同时满足两项质量指标的 k^* 值为 0.088；确定 C_p 和 k 的固定统计公差(C_p^*，k^*)=(1.30,0.088)，统计公差带如图 A.3 中阴影区所示。

A.4.3.3 确定在 σ-Δ 平面内保证两项质量指标的统计公差(σ^*，Δ^*)

无量纲的标准化公差(C_p^*，k^*)=(1.30,0.088)在需要时可以转化为具有量纲的在 σ-Δ 平面内保证两项质量指标的统计公差带(σ^*，Δ^*)。计算如下：

$$\sigma^* = \frac{T}{6C_p^*} = \frac{0.011}{6\times 1.30} = 0.001\ 41\ \text{mm}$$

$$\Delta^* = \frac{k^* T}{2} = 0.088 \times 0.005\ 5 = 0.000\ 48\ \text{mm}$$

保证两项质量指标的统计公差(σ^*，Δ^*)=(0.001 41,0.000 48)。

A.4.3.4 **计算并绘出在 σ-μ 二维平面统计公差带**

根据公差标注 $\phi 35h5(^{0}_{-0.011})$，规范中心值 M 即为目标值。$M=34.9945$ mm。

在 σ-μ 二维平面统计公差计算：

根据$(\sigma^*,\Delta^*)=(0.00141,0.00048)$，过程均值上、下限分别为：

$$\mu_U = M+\Delta^* = 34.9945+0.00048 = 34.9950 \text{ mm}$$

$$\mu_L = M-\Delta^* = 34.9945-0.00048 = 34.9940 \text{ mm}$$

在 σ-μ 二维平面的统计公差带如图 A.6 所示。

单位为毫米

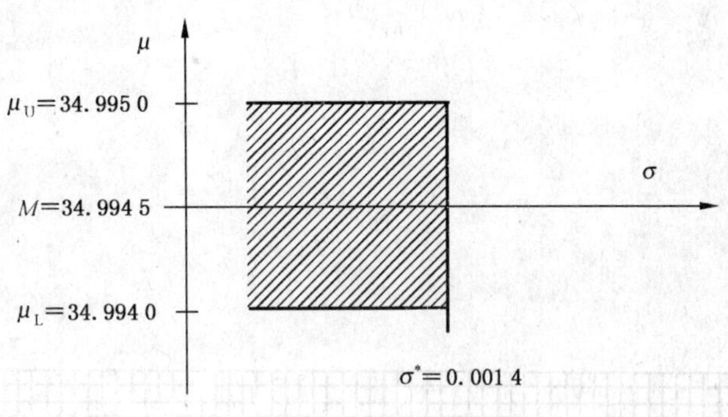

图 A.6 在 σ-μ 平面内保证两项质量指标的统计公差带

附 录 B
（资料性附录）
在 C_p-k 平面内保证质量指标的统计公差带图表

为方便使用者直观了解与预期质量水平对应的在 C_p-k 平面内的统计公差带，可查看图 B.1～图 B.4的统计公差带图。为方便设计，对应于 C_p 和 k 的各质量指标数值可由表 B.1～表 B.4 查得。

P_d/(%) 按 R10 优先数系列	C_p $k=0$
0.5	0.936
0.4	0.959
0.315	0.984
0.25	1.008
0.2	1.03
0.16	1.052
0.125	1.076
0.1	1.097
0.08	1.118
0.063	1.14
0.05	1.16
0.04	1.18
0.031 5	1.201
0.025	1.221
0.02	1.238
0.016	1.258
0.012 5	1.279
0.01	1.297
0.008	1.315
0.006 3	1.334
0.005	1.352
0.004	1.369
0.003 15	1.388
0.002 5	1.405
0.002	1.422
0.001 6	1.438
0.001 25	1.456
0.001	1.472
0.000 8	1.489
0.000 63	1.505
0.000 5	1.521
0.000 4	1.537
0.000 315	1.554
0.000 25	1.569
0.000 2	1.585
0.000 16	1.599
0.000 125	1.616
0.000 1	1.63

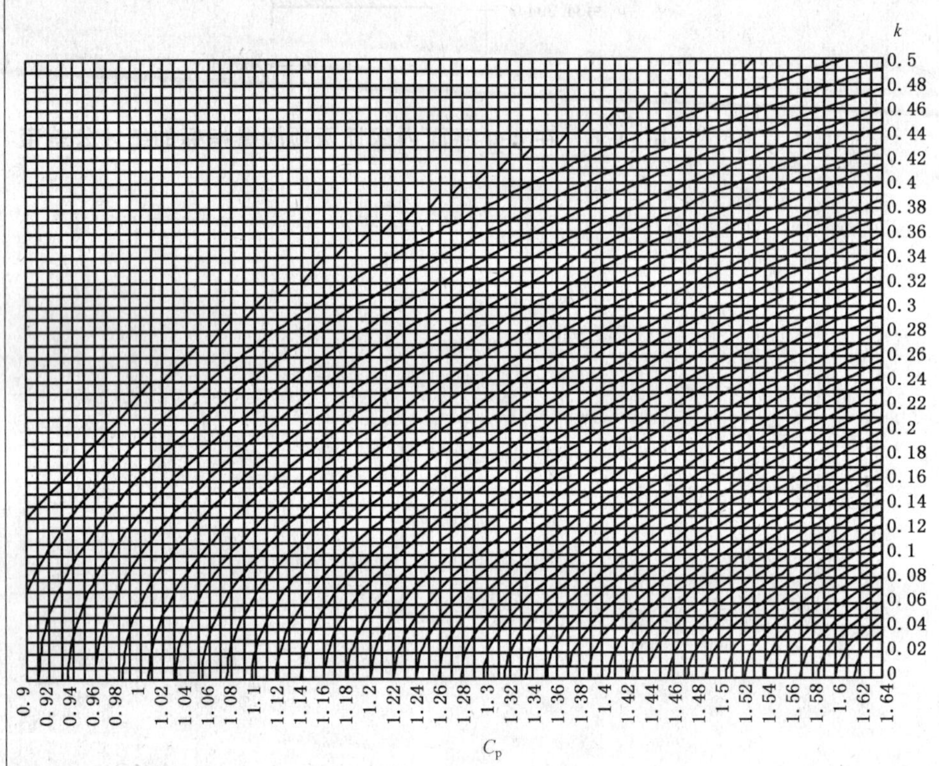

图中各曲线可依次在横坐标上由右向左与表中 P_d 由下向上对应。如：最右下角的曲线代表过程不合格率 P_d＝0.000 1%。

图 B.1 在 C_p-k 二维平面上过程不合格率 P_d 的统计公差带图表

等差系列的中间区率(T∶W_c=3∶1)和 C_p(k=0)数值对照表

P_c/(%)	64	65	66	67	68	69	70	71	72	73	74	75	76	77
C_p	0.915	0.935	0.955	0.975	0.995	1.015	1.04	1.06	1.08	1.1	1.13	1.15	1.175	1.2
P_c/(%)	78	79	80	81	82	83	84	85	86	87	88	89	90	
C_p	1.23	1.25	1.28	1.31	1.34	1.37	1.405	1.44	1.475	1.515	1.555	1.6	1.645	

图 B.2　在 C_p-k 二维平面上过程中间区(优等)率 $P_c(M \pm T/6)$ 的统计公差带图表

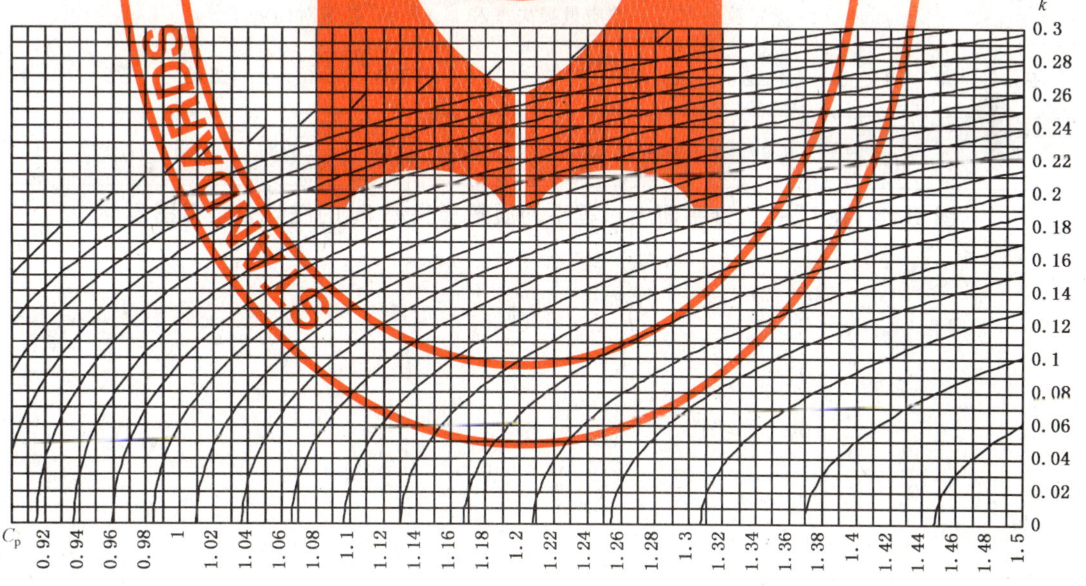

等差系列的中间区率(T∶W_c=2∶1)和 C_p(k=0)数值对照表

P_c/(%)	83	84	85	86	87	88	89	90	91	92	93	94	95	96	97
C_p	0.915	0.938	0.96	0.984	1.01	1.038	1.066	1.097	1.13	1.168	1.208	1.254	1.307	1.37	1.448

图 B.3　在 C_p-k 二维平面上过程中间区(优等)率 $P_c(M \pm T/4)$ 的统计公差带

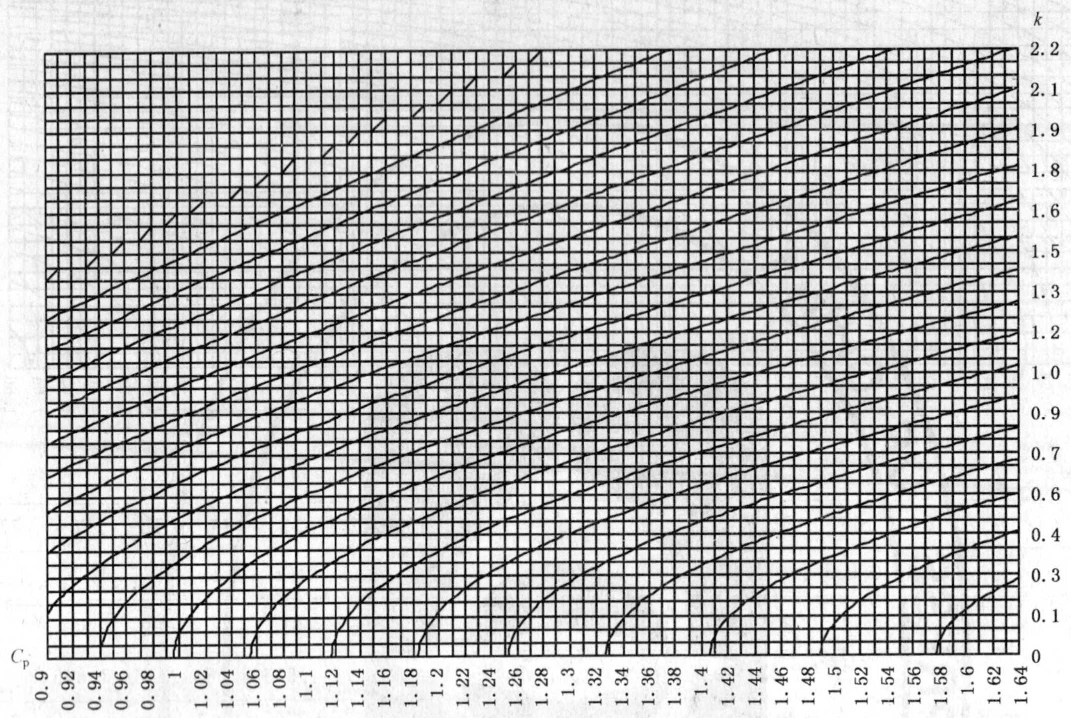

R20 优先数系列的平均质量损失率和 $C_p(k=0)$ 数值对照表

P_{ql}/%	12.5	11.2	10	9	8	7.1	6.3	5.6	5	4.5
C_p	0.943	0.995	1.054	1.111	1.178	1.251	1.328	1.408	1.491	1.571

图 B.4　在 C_p-k 二维平面上过程平均质量损失率 P_{ql} 的统计公差带图表

表 B.1 基于 C_p 和 k 值的过程不合格率 P_d 的数值表

P_d/(%) k / C_p	0	0.01	0.02	0.03	0.04	0.05	0.06	0.07	0.08	0.09	0.1	0.11	0.12	0.13	0.14	0.15	0.16
0.9	0.6934	0.6954	0.7016	0.7119	0.7263	0.745	0.7679	0.7952	0.8269	0.863	0.9038	0.9494	0.9998	1.0552	1.1158	1.1818	1.2533
0.91	0.6333	0.6353	0.6412	0.651	0.6648	0.6825	0.7044	0.7304	0.7606	0.7952	0.8342	0.8777	0.926	0.979	1.0371	1.1003	1.1689
0.92	0.578	0.5799	0.5855	0.5948	0.6079	0.6249	0.6457	0.6705	0.6993	0.7322	0.7694	0.811	0.8571	0.9079	0.9634	1.024	1.0897
0.93	0.5271	0.5288	0.5342	0.543	0.5555	0.5716	0.5914	0.615	0.6425	0.6739	0.7093	0.749	0.793	0.8415	0.8946	0.9525	1.0155
0.94	0.4802	0.4819	0.487	0.4954	0.5072	0.5225	0.5414	0.5638	0.5899	0.6198	0.6535	0.6913	0.7333	0.7795	0.8303	0.8856	0.9458
0.95	0.4372	0.4388	0.4436	0.4516	0.4628	0.4773	0.4952	0.5165	0.5413	0.5697	0.6018	0.6378	0.6777	0.7218	0.7702	0.8231	0.8806
0.96	0.3977	0.3992	0.4037	0.4113	0.4219	0.4357	0.4526	0.4728	0.4964	0.5233	0.5538	0.588	0.6261	0.668	0.7141	0.7646	0.8195
0.97	0.3614	0.3629	0.3671	0.3743	0.3844	0.3974	0.4134	0.4326	0.4549	0.4805	0.5094	0.5419	0.578	0.618	0.6619	0.7099	0.7623
0.98	0.3282	0.3296	0.3336	0.3404	0.3499	0.3622	0.3774	0.3955	0.4166	0.4408	0.4683	0.4991	0.5334	0.5713	0.6131	0.6588	0.7088
0.99	0.2978	0.2991	0.3029	0.3093	0.3183	0.3299	0.3442	0.3613	0.3813	0.4042	0.4302	0.4594	0.492	0.528	0.5676	0.6111	0.6587
1	0.27	0.2712	0.2748	0.2808	0.2893	0.3002	0.3138	0.3299	0.3488	0.3704	0.395	0.4227	0.4535	0.4877	0.5253	0.5666	0.6118
1.01	0.2446	0.2457	0.2491	0.2547	0.2627	0.273	0.2858	0.301	0.3188	0.3393	0.3625	0.3887	0.4178	0.4502	0.4859	0.5251	0.5681
1.02	0.2213	0.2224	0.2256	0.2309	0.2384	0.2481	0.2601	0.2745	0.2913	0.3106	0.3325	0.3572	0.3848	0.4154	0.4492	0.4864	0.5272
1.03	0.2002	0.2012	0.2041	0.2091	0.2162	0.2253	0.2366	0.2501	0.2659	0.2841	0.3048	0.3281	0.3541	0.3831	0.4151	0.4503	0.489
1.04	0.1809	0.1818	0.1846	0.1893	0.1959	0.2045	0.2151	0.2278	0.2426	0.2597	0.2792	0.3012	0.3258	0.3531	0.3834	0.4167	0.4534
1.05	0.1633	0.1641	0.1668	0.1712	0.1774	0.1854	0.1954	0.2073	0.2212	0.2373	0.2556	0.2763	0.2995	0.3253	0.3539	0.3855	0.4202
1.06	0.1473	0.1481	0.1506	0.1547	0.1605	0.168	0.1773	0.1885	0.2016	0.2167	0.2339	0.2534	0.2752	0.2995	0.3265	0.3563	0.3892
1.07	0.1327	0.1335	0.1358	0.1396	0.1451	0.1521	0.1609	0.1713	0.1836	0.1978	0.2139	0.2322	0.2528	0.2757	0.3011	0.3293	0.3603
1.08	0.1195	0.1202	0.1224	0.126	0.1311	0.1376	0.1458	0.1556	0.1671	0.1804	0.1955	0.2127	0.232	0.2536	0.2775	0.3041	0.3334
1.09	0.1075	0.1082	0.1102	0.1136	0.1183	0.1245	0.1321	0.1412	0.152	0.1644	0.1786	0.1947	0.2128	0.2331	0.2557	0.2807	0.3083
1.1	0.0967	0.0973	0.0992	0.1023	0.1067	0.1124	0.1195	0.1281	0.1381	0.1498	0.1631	0.1782	0.1952	0.2142	0.2354	0.259	0.285
1.11	0.0868	0.0874	0.0892	0.0921	0.0962	0.1015	0.1081	0.1161	0.1255	0.1363	0.1488	0.1629	0.1789	0.1967	0.2166	0.2388	0.2633
1.12	0.0779	0.0785	0.0801	0.0828	0.0866	0.0916	0.0977	0.1052	0.1139	0.1241	0.1357	0.1489	0.1638	0.1806	0.1993	0.2201	0.2432
1.13	0.0699	0.0704	0.0719	0.0744	0.0779	0.0826	0.0883	0.0952	0.1033	0.1128	0.1237	0.136	0.15	0.1656	0.1832	0.2027	0.2245
1.14	0.0626	0.0631	0.0645	0.0668	0.0701	0.0744	0.0797	0.0861	0.0937	0.1025	0.1126	0.1242	0.1372	0.1519	0.1683	0.1867	0.2071
1.15	0.0561	0.0565	0.0578	0.0599	0.063	0.067	0.0719	0.0779	0.0849	0.0931	0.1025	0.1133	0.1254	0.1392	0.1546	0.1718	0.1909
1.16	0.0501	0.0505	0.0517	0.0537	0.0565	0.0602	0.0648	0.0703	0.0769	0.0845	0.0933	0.1033	0.1146	0.1275	0.1419	0.158	0.1759
1.17	0.0448	0.0452	0.0463	0.0481	0.0507	0.0541	0.0584	0.0635	0.0696	0.0766	0.0848	0.0941	0.1047	0.1167	0.1301	0.1452	0.162
1.18	0.04	0.0403	0.0414	0.0431	0.0455	0.0486	0.0526	0.0573	0.0629	0.0695	0.0771	0.0857	0.0956	0.1067	0.1193	0.1334	0.1492
1.19	0.0357	0.036	0.0369	0.0385	0.0407	0.0437	0.0473	0.0517	0.0569	0.063	0.07	0.078	0.0872	0.0976	0.1093	0.1225	0.1373
1.2	0.0318	0.0321	0.033	0.0344	0.0365	0.0392	0.0425	0.0466	0.0514	0.057	0.0635	0.071	0.0795	0.0892	0.1001	0.1124	0.1262
1.21	0.0283	0.0286	0.0294	0.0307	0.0326	0.0351	0.0382	0.0419	0.0464	0.0516	0.0576	0.0645	0.0725	0.0814	0.0916	0.1031	0.116
1.22	0.0252	0.0255	0.0262	0.0274	0.0292	0.0314	0.0343	0.0377	0.0418	0.0466	0.0522	0.0586	0.066	0.0743	0.0838	0.0945	0.1066
1.23	0.0224	0.0226	0.0233	0.0244	0.026	0.0281	0.0307	0.0339	0.0377	0.0422	0.0473	0.0533	0.0601	0.0678	0.0766	0.0866	0.0978
1.24	0.0199	0.0201	0.0207	0.0218	0.0232	0.0252	0.0276	0.0305	0.034	0.0381	0.0428	0.0483	0.0546	0.0618	0.07	0.0793	0.0898
1.25	0.0177	0.0179	0.0184	0.0194	0.0207	0.0225	0.0247	0.0274	0.0306	0.0344	0.0388	0.0438	0.0497	0.0563	0.0639	0.0726	0.0823
1.26	0.0157	0.0159	0.0164	0.0172	0.0185	0.0201	0.0221	0.0246	0.0275	0.031	0.0351	0.0397	0.0451	0.0513	0.0584	0.0664	0.0754
1.27	0.0139	0.0141	0.0145	0.0153	0.0164	0.0179	0.0198	0.022	0.0248	0.0279	0.0317	0.036	0.041	0.0467	0.0532	0.0607	0.0691
1.28	0.0123	0.0124	0.0129	0.0136	0.0146	0.016	0.0177	0.0198	0.0222	0.0252	0.0286	0.0326	0.0372	0.0425	0.0485	0.0554	0.0633
1.29	0.0109	0.011	0.0114	0.0121	0.013	0.0142	0.0158	0.0177	0.02	0.0227	0.0258	0.0295	0.0337	0.0386	0.0442	0.0506	0.0579
1.3	0.0096	0.0097	0.0101	0.0107	0.0116	0.0127	0.0141	0.0158	0.0179	0.0204	0.0233	0.0267	0.0306	0.0351	0.0403	0.0462	0.0529
1.31	0.0085	0.0086	0.0089	0.0095	0.0103	0.0113	0.0126	0.0142	0.0161	0.0183	0.021	0.0241	0.0277	0.0319	0.0366	0.0421	0.0484
1.32	0.0075	0.0076	0.0079	0.0084	0.0091	0.01	0.0112	0.0127	0.0144	0.0165	0.0189	0.0218	0.0251	0.0289	0.0333	0.0384	0.0442
1.33	0.0066	0.0067	0.007	0.0074	0.0081	0.0089	0.01	0.0113	0.0129	0.0148	0.017	0.0197	0.0227	0.0262	0.0303	0.035	0.0404
1.35	0.0051	0.0052	0.0054	0.0058	0.0063	0.007	0.0079	0.009	0.0103	0.0119	0.0138	0.016	0.0185	0.0215	0.025	0.029	0.0336
1.37	0.004	0.004	0.0042	0.0045	0.0049	0.0055	0.0063	0.0072	0.0083	0.0096	0.0111	0.013	0.0151	0.0176	0.0206	0.024	0.0279
1.39	0.003	0.0031	0.0032	0.0035	0.0038	0.0043	0.0049	0.0057	0.0066	0.0077	0.009	0.0105	0.0123	0.0144	0.0169	0.0197	0.0231
1.41	0.0023	0.0024	0.0025	0.0027	0.003	0.0034	0.0039	0.0045	0.0052	0.0061	0.0072	0.0085	0.01	0.0117	0.0138	0.0162	0.0191
1.43	0.0018	0.0018	0.0019	0.0021	0.0023	0.0026	0.003	0.0035	0.0041	0.0049	0.0058	0.0068	0.0081	0.0095	0.0113	0.0133	0.0157
1.45	0.0014	0.0014	0.0015	0.0016	0.0018	0.002	0.0024	0.0028	0.0033	0.0039	0.0046	0.0055	0.0065	0.0077	0.0092	0.0109	0.0129
1.47	0.001	0.0011	0.0011	0.0012	0.0014	0.0016	0.0018	0.0022	0.0026	0.0031	0.0037	0.0044	0.0052	0.0063	0.0075	0.0089	0.0106
1.49	0.0008	0.0008	0.0008	0.0009	0.0011	0.0012	0.0014	0.0017	0.002	0.0024	0.0029	0.0035	0.0042	0.0051	0.0061	0.0073	0.0087
1.51	0.0006	0.0006	0.0006	0.0007	0.0008	0.0009	0.0011	0.0013	0.0016	0.0019	0.0023	0.0028	0.0034	0.0041	0.0049	0.0059	0.0071
1.53	0.0004	0.0005	0.0005	0.0005	0.0006	0.0007	0.0009	0.001	0.0012	0.0015	0.0018	0.0022	0.0027	0.0033	0.004	0.0048	0.0058
1.55	0.0003	0.0003	0.0004	0.0004	0.0005	0.0006	0.0007	0.0008	0.001	0.0012	0.0014	0.0018	0.0021	0.0026	0.0032	0.0039	0.0047
1.57	0.0002	0.0003	0.0003	0.0003	0.0004	0.0004	0.0005	0.0006	0.0008	0.0009	0.0011	0.0014	0.0017	0.0021	0.0026	0.0031	0.0038
1.59	0.0002	0.0002	0.0002	0.0002	0.0003	0.0003	0.0004	0.0005	0.0006	0.0007	0.0009	0.0011	0.0014	0.0017	0.002	0.0025	0.0031
1.61	0.0001	0.0001	0.0002	0.0002	0.0002	0.0002	0.0003	0.0004	0.0005	0.0006	0.0007	0.0009	0.0011	0.0013	0.0016	0.002	0.0025
1.63	0.0001	0.0001	0.0001	0.0001	0.0002	0.0002	0.0002	0.0003	0.0003	0.0004	0.0005	0.0007	0.0008	0.0011	0.0013	0.0016	0.002
1.65	7E-05	8E-05	8E-05	1E-04	0.0001	0.0001	0.0002	0.0002	0.0003	0.0003	0.0004	0.0005	0.0007	0.0008	0.001	0.0013	0.0016
1.67	5E-05	6E-05	6E-05	7E-05	9E-05	0.0001	0.0001	0.0002	0.0002	0.0003	0.0003	0.0004	0.0005	0.0007	0.0008	0.001	0.0013
1.69	4E-05	4E-05	5E-05	5E-05	6E-05	8E-05	1E-04	0.0001	0.0002	0.0002	0.0003	0.0003	0.0004	0.0005	0.0007	0.0008	0.001
1.71	3E-05	3E-05	3E-05	4E-05	5E-05	6E-05	7E-05	9E-05	0.0001	0.0002	0.0002	0.0002	0.0003	0.0004	0.0005	0.0006	0.0008
1.73	2E-05	2E-05	2E-05	3E-05	3E-05	4E-05	6E-05	7E-05	9E-05	0.0001	0.0002	0.0002	0.0002	0.0003	0.0004	0.0005	0.0007
1.75	2E-05	2E-05	2E-05	2E-05	3E-05	3E-05	4E-05	5E-05	7E-05	9E-05	0.0001	0.0001	0.0002	0.0002	0.0003	0.0004	0.0005
1.77	1E-05	1E-05	1E-05	2E-05	2E-05	2E-05	3E-05	4E-05	5E-05	7E-05	9E-05	0.0001	0.0001	0.0002	0.0002	0.0003	0.0004
1.79	8E-06	8E-06	9E-06	1E-05	1E-05	2E-05	2E-05	3E-05	4E-05	5E-05	7E-05	9E-05	0.0001	0.0001	0.0002	0.0003	0.0003
1.81	6E-06	6E-06	7E-06	8E-06	1E-05	1E-05	2E-05	2E-05	3E-05	4E-05	5E-05	7E-05	9E-05	0.0001	0.0002	0.0002	0.0003

表 B.2 基于 C_p 和 k 值的过程中间区率 $P_c(M \pm T/6)$ 和优等率的数值表

P_c/(%) \ k C_p	0	0.01	0.02	0.03	0.04	0.05	0.06	0.07	0.08	0.09	0.1	0.11	0.12	0.13	0.14	0.15	0.16	1.17	0.18	0.19
0.9	63.2	63.2	63.1	63.0	62.9	62.8	62.6	62.3	62.1	61.8	61.5	61.1	60.7	60.3	59.9	59.4	58.9	58.3	57.8	57.2
0.91	63.7	63.7	63.6	63.6	63.4	63.3	63.1	62.8	62.6	62.3	62.0	61.6	61.2	60.8	60.3	59.8	59.3	58.7	58.2	57.6
0.92	64.2	64.2	64.2	64.1	64.0	63.8	63.6	63.4	63.1	62.8	62.4	62.1	61.7	61.2	60.7	60.2	59.7	59.2	58.6	57.9
0.93	64.8	64.7	64.7	64.6	64.5	64.3	64.1	63.9	63.6	63.3	62.9	62.5	62.1	61.7	61.2	60.7	60.1	59.6	59.0	58.3
0.94	65.3	65.3	65.2	65.1	65.0	64.8	64.6	64.3	64.1	63.7	63.4	63.0	62.6	62.1	61.6	61.1	60.5	60.0	59.3	58.7
0.95	65.8	65.8	65.7	65.6	65.5	65.3	65.1	64.8	64.5	64.2	63.9	63.5	63.0	62.6	62.1	61.5	60.9	60.3	59.7	59.1
0.96	66.3	66.3	66.2	66.1	66.0	65.8	65.6	65.3	65.0	64.7	64.3	63.9	63.5	63.0	62.5	61.9	61.3	60.7	60.1	59.4
0.97	66.8	66.8	66.7	66.6	66.5	66.3	66.1	65.8	65.5	65.2	64.8	64.4	63.9	63.4	62.9	62.3	61.7	61.1	60.5	59.8
0.98	67.3	67.3	67.2	67.1	67.0	66.8	66.5	66.3	66.0	65.6	65.2	64.8	64.3	63.8	63.3	62.7	62.1	61.5	60.8	60.1
0.99	67.8	67.8	67.7	67.6	67.4	67.3	67.0	66.7	66.4	66.1	65.7	65.2	64.8	64.3	63.7	63.1	62.5	61.9	61.2	60.5
1	68.3	68.2	68.2	68.1	67.9	67.7	67.5	67.2	66.9	66.5	66.1	65.7	65.2	64.7	64.1	63.5	62.9	62.2	61.5	60.8
1.01	68.8	68.7	68.7	68.6	68.4	68.2	68.0	67.7	67.3	67.0	66.6	66.1	65.6	65.1	64.5	63.9	63.3	62.6	61.9	61.2
1.02	69.2	69.2	69.1	69.0	68.9	68.7	68.4	68.1	67.8	67.4	67.0	66.5	66.0	65.5	64.9	64.3	63.7	63.0	62.2	61.5
1.03	69.7	69.7	69.6	69.5	69.3	69.1	68.9	68.6	68.2	67.9	67.4	67.0	66.4	65.9	65.3	64.7	64.0	63.3	62.6	61.8
1.04	70.2	70.1	70.1	70.0	69.8	69.6	69.3	69.0	68.7	68.3	67.9	67.4	66.9	66.3	65.7	65.1	64.4	63.7	62.9	62.1
1.05	70.6	70.6	70.5	70.4	70.2	70.0	69.8	69.5	69.1	68.7	68.3	67.8	67.3	66.7	66.1	65.4	64.7	64.0	63.3	62.5
1.06	71.1	71.1	71.0	70.9	70.7	70.5	70.2	69.9	69.5	69.1	68.7	68.2	67.7	67.1	66.5	65.8	65.1	64.4	63.6	62.8
1.07	71.5	71.5	71.4	71.3	71.1	70.9	70.6	70.3	70.0	69.6	69.1	68.6	68.0	67.5	66.8	66.2	65.4	64.7	63.9	63.1
1.08	72.0	72.0	71.9	71.8	71.6	71.4	71.1	70.8	70.4	70.0	69.5	69.0	68.4	67.8	67.2	66.5	65.8	65.0	64.2	63.4
1.09	72.4	72.4	72.3	72.2	72.0	71.8	71.5	71.2	70.8	70.4	69.9	69.4	68.8	68.2	67.6	66.9	66.1	65.3	64.5	63.7
1.1	72.9	72.8	72.8	72.6	72.5	72.2	71.9	71.6	71.2	70.8	70.3	69.8	69.2	68.6	67.9	67.2	66.5	65.7	64.8	64.0
1.11	73.3	73.3	73.2	73.1	72.9	72.6	72.4	72.0	71.6	71.2	70.7	70.2	69.6	68.9	68.3	67.5	66.8	66.0	65.1	64.3
1.12	73.7	73.7	73.6	73.5	73.3	73.1	72.8	72.4	72.0	71.6	71.1	70.5	69.9	69.3	68.6	67.9	67.1	68.3	65.5	64.6
1.13	74.2	74.1	74.0	73.9	73.7	73.5	73.2	72.8	72.4	72.0	71.5	70.9	70.3	69.7	69.0	68.2	67.4	66.6	65.7	64.8
1.14	74.6	74.5	74.5	74.3	74.1	73.9	73.6	73.2	72.8	72.4	71.8	71.3	70.7	70.0	69.3	68.6	67.8	66.9	66.0	65.1
1.15	75.0	75.0	74.9	74.7	74.5	74.3	74.0	73.6	73.2	72.7	72.2	71.6	71.0	70.4	69.6	68.9	68.1	67.2	66.3	65.4
1.16	75.4	75.4	75.3	75.1	74.9	74.7	74.4	74.0	73.6	73.1	72.6	72.0	71.4	70.7	70.0	69.2	68.4	67.5	66.6	65.7
1.17	75.8	75.8	75.7	75.5	75.3	75.1	74.8	74.4	74.0	73.5	72.9	72.4	71.7	71.0	70.3	69.5	68.7	67.8	66.9	65.9
1.18	76.2	76.2	76.1	75.9	75.7	75.5	75.1	74.8	74.3	73.9	73.3	72.7	72.1	71.4	70.6	69.8	69.0	68.1	67.2	66.2
1.19	76.6	76.6	76.5	76.3	76.1	75.9	75.5	75.1	74.7	74.2	73.7	73.1	72.4	71.7	70.9	70.1	69.3	68.4	67.5	66.5
1.2	77.0	77.0	76.9	76.7	76.5	76.2	75.9	75.5	75.1	74.6	74.0	73.4	72.7	72.0	71.3	70.4	69.6	68.7	67.7	66.7
1.21	77.4	77.3	77.2	77.1	76.9	76.6	76.3	75.9	75.4	74.9	74.4	73.7	73.1	72.3	71.6	70.7	69.9	69.0	68.0	67.0
1.22	77.8	77.7	77.6	77.5	77.3	77.0	76.6	76.2	75.8	75.3	74.7	74.1	73.4	72.7	71.9	71.0	70.2	69.2	68.3	67.2
1.23	78.1	78.1	78.0	77.8	77.6	77.3	77.0	76.6	76.1	75.6	75.0	74.4	73.7	73.0	72.2	71.3	70.4	69.5	68.5	67.5
1.24	78.5	78.5	78.4	78.2	78.0	77.7	77.4	77.0	76.5	76.0	75.4	74.7	74.0	73.3	72.5	71.6	70.7	69.8	68.8	67.7
1.25	78.9	78.8	78.7	78.6	78.4	78.1	77.7	77.3	76.8	76.3	75.7	75.1	74.4	73.6	72.8	71.9	71.0	70.0	69.0	68.0
1.26	79.2	79.2	79.1	78.9	78.7	78.4	78.1	77.7	77.2	76.6	76.0	75.4	74.7	73.9	73.1	72.2	71.3	70.3	69.3	68.2
1.27	79.6	79.6	79.5	79.3	79.1	78.8	78.4	78.0	77.5	77.0	76.4	75.7	75.0	74.2	73.4	72.5	71.5	70.6	69.5	68.4
1.28	79.9	79.9	79.8	79.6	79.4	79.1	78.8	78.3	77.8	77.3	76.7	76.0	75.3	74.5	73.7	72.8	71.8	70.8	69.8	68.7
1.29	80.3	80.3	80.2	80.0	79.8	79.5	79.1	78.7	78.2	77.6	77.0	76.3	75.6	74.8	73.9	73.0	72.1	71.1	70.0	68.9
1.3	80.6	80.6	80.5	80.3	80.1	79.8	79.4	79.0	78.5	77.9	77.3	76.6	75.9	75.1	74.2	73.3	72.3	71.3	70.2	69.1
1.31	81.0	80.9	80.8	80.7	80.4	80.1	79.8	79.3	78.8	78.2	77.6	76.9	78.2	75.4	74.5	73.6	72.6	71.6	70.5	69.4
1.32	81.3	81.3	81.2	81.0	80.8	80.5	80.1	79.6	79.1	78.6	77.9	77.2	76.5	75.6	74.8	73.8	72.8	71.8	70.7	69.6
1.33	81.6	81.6	81.5	81.3	81.1	80.8	80.4	80.0	79.4	78.9	78.2	77.5	76.7	75.9	75.0	74.1	73.1	72.0	70.9	69.8
1.35	82.3	82.3	82.2	82.0	81.7	81.4	81.0	80.6	80.0	79.5	78.8	78.1	77.3	76.5	75.6	74.6	73.6	72.5	71.4	70.2
1.37	82.9	82.9	82.8	82.6	82.4	82.0	81.6	81.2	80.6	80.0	79.4	78.6	77.8	77.0	76.1	75.1	74.1	73.0	71.8	70.6
1.39	83.5	83.5	83.4	83.2	83.0	82.6	82.2	81.8	81.2	80.6	79.9	79.2	78.4	77.5	76.6	75.6	74.5	73.4	72.3	71.0
1.41	84.1	84.1	84.0	83.8	83.6	83.2	82.8	82.3	81.8	81.2	80.5	79.7	78.9	78.0	77.1	76.1	75.0	73.9	72.7	71.4
1.43	84.7	84.7	84.6	84.4	84.1	83.8	83.4	82.9	82.3	81.7	81.0	80.2	79.4	78.5	77.5	76.5	75.4	74.3	73.1	71.8
1.45	85.3	85.3	85.1	85.0	84.7	84.3	83.9	83.4	82.9	82.2	81.5	80.7	79.9	79.0	78.0	77.0	75.9	74.7	73.5	72.2
1.47	85.8	85.8	85.7	85.5	85.2	84.9	84.5	84.0	83.4	82.7	82.0	81.2	80.4	79.5	78.5	77.4	76.3	75.1	73.9	72.6
1.49	86.4	86.3	86.2	86.0	85.8	85.4	85.0	84.5	83.9	83.2	82.5	81.7	80.8	79.9	78.9	77.8	76.7	75.5	74.3	72.9
1.51	86.9	86.9	86.7	86.5	86.3	85.9	85.5	85.0	84.4	83.7	83.0	82.2	81.3	80.4	79.3	78.3	77.1	75.9	74.6	73.3
1.53	87.4	87.4	87.2	87.0	86.8	86.4	86.0	85.5	84.9	84.2	83.5	82.6	81.8	80.8	79.8	78.7	77.5	76.3	75.0	73.7
1.55	87.9	87.8	87.7	87.5	87.2	86.9	86.4	85.9	85.3	84.7	83.9	83.1	82.2	81.2	80.2	79.1	77.9	76.7	75.4	74.0
1.57	88.4	88.3	88.2	88.0	87.7	87.3	86.9	86.4	85.8	85.1	84.3	83.5	82.6	81.6	80.6	79.5	78.3	77.0	75.7	74.3
1.59	88.8	88.8	88.7	88.4	88.2	87.8	87.4	86.8	86.2	85.5	84.8	83.9	83.0	82.0	81.0	79.9	78.7	77.4	76.1	74.7
1.61	89.3	89.2	89.1	88.9	88.6	88.2	87.8	87.3	86.7	86.0	85.2	84.4	83.4	82.4	81.4	80.2	79.0	77.7	76.4	75.0
1.63	89.7	89.6	89.5	89.3	89.0	88.7	88.2	87.7	87.1	86.4	85.6	84.8	83.8	82.8	81.7	80.6	79.4	78.1	76.7	75.3
1.65	90.1	90.1	89.9	89.7	89.4	89.1	88.6	88.1	87.5	86.8	86.0	85.1	84.2	83.2	82.1	81.0	79.7	78.4	77.1	75.6
1.67	90.5	90.5	90.3	90.1	89.8	89.5	89.0	88.5	87.9	87.2	86.4	85.5	84.6	83.6	82.5	81.3	80.1	78.8	77.4	75.9
1.69	90.9	90.9	90.7	90.5	90.2	89.9	89.4	88.9	88.2	87.5	86.8	85.9	85.0	83.9	82.8	81.7	80.4	79.1	77.7	76.2
1.71	91.3	91.2	91.1	90.9	90.6	90.2	89.8	89.2	88.6	87.9	87.1	86.3	85.3	84.3	83.2	82.0	80.7	79.4	78.0	76.5
1.73	91.6	91.6	91.5	91.3	91.0	90.6	90.1	89.6	89.0	88.3	87.5	86.6	85.7	84.6	83.5	82.3	81.1	79.7	78.3	76.8
1.75	92.0	91.9	91.8	91.6	91.3	90.9	90.5	89.9	89.3	88.6	87.8	87.0	86.0	85.0	83.8	82.7	81.4	80.0	78.6	77.1
1.77	92.3	92.3	92.2	92.0	91.7	91.3	90.8	90.3	89.7	89.0	88.2	87.3	86.3	85.3	84.2	83.0	81.7	80.3	78.9	77.4
1.79	92.7	92.6	92.5	92.3	92.0	91.6	91.2	90.6	90.0	89.3	88.5	87.6	86.7	85.6	84.5	83.3	82.0	80.6	79.2	77.7
1.81	93.0	92.9	92.8	92.6	92.3	91.9	91.5	90.9	90.3	89.6	88.8	87.9	87.0	85.9	84.8	83.6	82.3	80.9	79.5	78.0

表 B.3 基于 C_p 和 k 值的过程中间区率 $P_c(M \pm T/4)$ 和优等率的数值表

P_c/(%) \ k / C_p	0	0.01	0.02	0.03	0.04	0.05	0.06	0.07	0.08	0.09	0.1	0.11	0.12	0.13	0.14	0.15	0.16	1.17	0.18	0.19
0.9	82.3	82.3	82.2	82.2	82.0	81.9	81.7	81.5	81.3	81.0	80.7	80.4	80.0	79.7	79.2	78.8	78.3	77.8	77.3	76.7
0.91	82.8	82.8	82.7	82.6	82.5	82.4	82.2	82.0	81.8	81.5	81.2	80.9	80.5	80.1	79.7	79.2	78.8	78.2	77.7	77.2
0.92	83.2	83.2	83.2	83.1	83.0	82.8	82.7	82.5	82.2	81.9	81.6	81.3	80.9	80.5	80.1	79.7	79.2	78.7	78.1	77.5
0.93	83.7	83.7	83.6	83.6	83.4	83.3	83.1	82.9	82.7	82.4	82.1	81.7	81.4	81.0	80.5	80.1	79.6	79.1	78.5	77.9
0.94	84.1	84.1	84.1	84.0	83.9	83.7	83.6	83.3	83.1	82.8	82.5	82.2	81.8	81.4	80.9	80.5	80.0	79.5	78.9	78.3
0.95	84.6	84.6	84.5	84.4	84.3	84.2	84.0	83.8	83.5	83.2	82.9	82.6	82.2	81.8	81.3	80.9	80.4	79.8	79.3	78.7
0.96	85.0	85.0	84.9	84.9	84.7	84.6	84.4	84.2	83.9	83.7	83.3	83.0	82.6	82.2	81.7	81.3	80.8	80.2	79.7	79.1
0.97	85.4	85.4	85.4	85.3	85.2	85.0	84.8	84.6	84.3	84.1	83.7	83.4	83.0	82.6	82.1	81.7	81.1	80.6	80.0	79.4
0.98	85.8	85.8	85.8	85.7	85.6	85.4	85.2	85.0	84.7	84.5	84.1	83.8	83.4	83.0	82.5	82.0	81.5	81.0	80.4	79.8
0.99	86.2	86.2	86.2	86.1	86.0	85.8	85.6	85.4	85.1	84.8	84.5	84.2	83.8	83.3	82.9	82.4	81.9	81.3	80.7	80.1
1	86.6	86.6	86.6	86.5	86.4	86.2	86.0	85.8	85.5	85.2	84.9	84.5	84.1	83.7	83.2	82.8	82.2	81.7	81.1	80.5
1.01	87.0	87.0	87.0	86.9	86.7	86.6	86.4	86.2	85.9	85.6	85.3	84.9	84.5	84.1	83.6	83.1	82.6	82.0	81.4	80.8
1.02	87.4	87.4	87.3	87.2	87.1	87.0	86.8	86.5	86.3	86.0	85.6	85.3	84.9	84.4	84.0	83.5	82.9	82.4	81.8	81.1
1.03	87.8	87.7	87.7	87.6	87.5	87.3	87.1	86.9	86.6	86.3	86.0	85.6	85.2	84.8	84.3	83.8	83.3	82.7	82.1	81.4
1.04	88.1	88.1	88.1	88.0	87.8	87.7	87.5	87.2	87.0	86.7	86.3	86.0	85.6	85.1	84.6	84.1	83.6	83.0	82.4	81.8
1.05	88.5	88.5	88.4	88.3	88.2	88.0	87.8	87.6	87.3	87.0	86.7	86.3	85.9	85.4	85.0	84.5	83.9	83.3	82.7	82.1
1.06	88.8	88.8	88.7	88.7	88.5	88.4	88.2	87.9	87.7	87.4	87.0	86.6	86.2	85.8	85.3	84.8	84.2	83.6	83.0	82.4
1.07	89.2	89.1	89.1	89.0	88.9	88.7	88.5	88.3	88.0	87.7	87.3	87.0	86.5	86.1	85.6	85.1	84.5	84.0	83.3	82.7
1.08	89.5	89.5	89.4	89.3	89.2	89.0	88.8	88.6	88.3	88.0	87.7	87.3	86.9	86.4	85.9	85.4	84.8	84.3	83.6	83.0
1.09	89.8	89.8	89.7	89.6	89.5	89.3	89.1	88.9	88.6	88.3	88.0	87.6	87.2	86.7	86.2	85.7	85.1	84.5	83.9	83.3
1.1	90.1	90.1	90.0	89.9	89.8	89.6	89.4	89.2	88.9	88.6	88.3	87.9	87.5	87.0	86.5	86.0	85.4	84.8	84.2	83.5
1.11	90.4	90.4	90.3	90.2	90.1	89.9	89.7	89.5	89.2	88.9	88.6	88.2	87.8	87.3	86.8	86.3	85.7	85.1	84.5	83.8
1.12	90.7	90.7	90.6	90.5	90.4	90.2	90.0	89.8	89.5	89.2	88.9	88.5	88.1	87.6	87.1	86.6	86.0	85.4	84.8	84.1
1.13	91.0	91.0	90.9	90.8	90.7	90.5	90.3	90.1	89.8	89.5	89.1	88.8	88.3	87.9	87.4	86.9	86.3	85.7	85.0	84.4
1.14	91.3	91.3	91.2	91.1	91.0	90.8	90.6	90.4	90.1	89.8	89.4	89.0	88.6	88.2	87.7	87.1	86.6	85.9	85.3	84.6
1.15	91.5	91.5	91.5	91.4	91.3	91.1	90.9	90.6	90.4	90.0	89.7	89.3	88.9	88.4	87.9	87.4	86.8	86.2	85.6	84.9
1.16	91.8	91.8	91.7	91.6	91.5	91.4	91.1	90.9	90.6	90.3	90.0	89.6	89.2	88.7	88.2	87.7	87.1	86.5	85.8	85.1
1.17	92.1	92.1	92.0	91.9	91.8	91.6	91.4	91.2	90.9	90.6	90.2	89.8	89.4	88.9	88.4	87.9	87.3	86.7	86.1	85.4
1.18	92.3	92.3	92.3	92.2	92.0	91.9	91.7	91.4	91.1	90.8	90.5	90.1	89.7	89.2	88.7	88.2	87.6	87.0	86.3	85.6
1.19	92.6	92.6	92.5	92.4	92.3	92.1	91.9	91.7	91.4	91.1	90.7	90.3	89.9	89.4	88.9	88.4	87.8	87.2	86.6	85.9
1.2	92.8	92.8	92.7	92.6	92.5	92.4	92.2	91.9	91.6	91.3	91.0	90.6	90.2	89.7	89.2	88.7	88.1	87.5	86.8	86.1
1.21	93.0	93.0	93.0	92.9	92.8	92.6	92.4	92.1	91.9	91.6	91.2	90.8	90.4	89.9	89.4	88.9	88.3	87.7	87.1	86.4
1.22	93.3	93.3	93.2	93.1	93.0	92.8	92.6	92.4	92.1	91.8	91.4	91.0	90.6	90.2	89.7	89.1	88.5	87.9	87.3	86.6
1.23	93.5	93.5	93.4	93.3	93.2	93.0	92.8	92.6	92.3	92.0	91.7	91.3	90.8	90.4	89.9	89.4	88.8	88.2	87.5	86.8
1.24	93.7	93.7	93.6	93.5	93.4	93.3	93.1	92.8	92.5	92.2	91.9	91.5	91.1	90.6	90.1	89.6	89.0	88.4	87.7	87.0
1.25	93.9	93.9	93.8	93.8	93.6	93.5	93.3	93.0	92.8	92.4	92.1	91.7	91.3	90.8	90.3	89.8	89.2	88.6	88.0	87.3
1.26	94.1	94.1	94.1	94.0	93.8	93.7	93.5	93.2	93.0	92.7	92.3	91.9	91.5	91.0	90.5	90.0	89.4	88.8	88.2	87.5
1.27	94.3	94.3	94.3	94.2	94.0	93.9	93.7	93.4	93.2	92.9	92.5	92.1	91.7	91.2	90.8	90.2	89.6	89.0	88.4	87.7
1.28	94.5	94.5	94.4	94.4	94.2	94.1	93.9	93.6	93.4	93.1	92.7	92.3	91.9	91.5	91.0	90.4	89.9	89.2	88.6	87.9
1.29	94.7	94.7	94.6	94.5	94.4	94.3	94.1	93.8	93.6	93.3	92.9	92.5	92.1	91.7	91.2	90.6	90.1	89.4	88.8	88.1
1.3	94.9	94.9	94.8	94.7	94.6	94.4	94.2	94.0	93.7	93.4	93.1	92.7	92.3	91.8	91.4	90.8	90.3	89.6	89.0	88.3
1.31	95.1	95.0	95.0	94.9	94.8	94.6	94.4	94.2	93.9	93.6	93.3	92.9	92.5	92.0	91.5	91.0	90.5	89.8	89.2	88.5
1.32	95.2	95.2	95.2	95.1	95.0	94.8	94.6	94.4	94.1	93.8	93.5	93.1	92.7	92.2	91.7	91.2	90.6	90.0	89.4	88.7
1.33	95.4	95.4	95.3	95.2	95.1	95.0	94.8	94.5	94.3	94.0	93.6	93.3	92.9	92.4	91.9	91.4	90.8	90.2	89.6	88.9
1.35	95.7	95.7	95.6	95.6	95.4	95.3	95.1	94.9	94.6	94.3	94.0	93.6	93.2	92.8	92.3	91.8	91.2	90.6	90.0	89.3
1.37	96.0	96.0	95.9	95.9	95.7	95.6	95.4	95.2	94.9	94.6	94.3	93.9	93.5	93.1	92.6	92.1	91.6	91.0	90.3	89.6
1.39	96.3	96.3	96.2	96.1	96.0	95.9	95.7	95.5	95.2	94.9	94.6	94.3	93.9	93.4	93.0	92.4	91.9	91.3	90.7	90.0
1.41	96.6	96.5	96.5	96.4	96.3	96.2	96.0	95.8	95.5	95.2	94.9	94.6	94.2	93.7	93.3	92.8	92.2	91.6	91.0	90.3
1.43	96.8	96.8	96.7	96.7	96.6	96.4	96.2	96.0	95.8	95.5	95.2	94.8	94.5	94.0	93.6	93.1	92.5	92.0	91.3	90.7
1.45	97.0	97.0	97.0	96.9	96.8	96.6	96.5	96.3	96.0	95.8	95.5	95.1	94.7	94.3	93.9	93.4	92.8	92.3	91.6	91.0
1.47	97.3	97.2	97.2	97.1	97.0	96.9	96.7	96.5	96.3	96.0	95.7	95.4	95.0	94.6	94.1	93.7	93.1	92.6	92.0	91.3
1.49	97.5	97.4	97.4	97.3	97.2	97.1	96.9	96.7	96.5	96.2	95.9	95.6	95.3	94.8	94.4	93.9	93.4	92.9	92.3	91.6
1.51	97.6	97.6	97.6	97.5	97.4	97.3	97.1	96.9	96.7	96.5	96.2	95.8	95.5	95.1	94.7	94.2	93.7	93.1	92.5	91.9
1.53	97.8	97.8	97.8	97.7	97.6	97.5	97.3	97.1	96.9	96.7	96.4	96.1	95.7	95.3	94.9	94.4	93.9	93.4	92.8	92.2
1.55	98.0	98.0	97.9	97.9	97.8	97.7	97.5	97.3	97.1	96.9	96.6	96.3	95.9	95.6	95.1	94.7	94.2	93.7	93.1	92.5
1.57	98.1	98.1	98.1	98.0	97.9	97.8	97.7	97.5	97.3	97.1	96.8	96.5	96.2	95.8	95.4	94.9	94.4	93.9	93.3	92.7
1.59	98.3	98.3	98.2	98.2	98.1	98.0	97.8	97.7	97.5	97.2	97.0	96.7	96.4	96.0	95.6	95.2	94.7	94.2	93.6	93.0
1.61	98.4	98.4	98.4	98.3	98.2	98.1	98.0	97.8	97.6	97.4	97.1	96.9	96.5	96.2	95.8	95.4	94.9	94.4	93.8	93.2
1.63	98.6	98.5	98.5	98.4	98.4	98.3	98.1	98.0	97.8	97.6	97.3	97.0	96.7	96.4	96.0	95.6	95.1	94.6	94.1	93.5
1.65	98.7	98.7	98.6	98.6	98.5	98.4	98.3	98.1	97.9	97.7	97.5	97.2	96.9	96.6	96.2	95.8	95.3	94.8	94.3	93.7
1.67	98.8	98.8	98.7	98.7	98.6	98.5	98.4	98.2	98.0	97.8	97.6	97.4	97.1	96.7	96.4	96.0	95.5	95.0	94.5	94.0
1.69	98.9	98.9	98.8	98.8	98.7	98.6	98.5	98.3	98.2	98.0	97.8	97.5	97.2	96.9	96.5	96.2	95.7	95.3	94.7	94.2
1.71	99.0	99.0	98.9	98.9	98.8	98.7	98.6	98.5	98.3	98.1	97.9	97.6	97.4	97.1	96.7	96.3	95.9	95.4	94.9	94.4
1.73	99.1	99.0	99.0	99.0	98.9	98.8	98.7	98.6	98.4	98.2	98.0	97.8	97.5	97.2	96.9	96.5	96.1	95.6	95.1	94.6
1.75	99.1	99.1	99.1	99.0	99.0	98.9	98.8	98.7	98.5	98.3	98.1	97.9	97.6	97.3	97.0	96.7	96.3	95.8	95.3	94.8
1.77	99.2	99.2	99.2	99.1	99.1	99.0	98.9	98.8	98.6	98.4	98.2	98.0	97.8	97.5	97.2	96.8	96.4	96.0	95.5	95.0
1.79	99.3	99.3	99.2	99.2	99.1	99.1	99.0	98.8	98.7	98.5	98.4	98.1	97.9	97.6	97.3	97.0	96.6	96.2	95.7	95.2
1.81	99.3	99.3	99.3	99.3	99.2	99.1	99.0	98.9	98.8	98.6	98.5	98.2	98.0	97.7	97.4	97.1	96.7	96.3	95.9	95.4

表 B.4 基于 C_p 和 k 值的过程平均质量损失率 P_{ql} 的数值表

P_{ql}/(%) \ k / C_p	0.00	0.01	0.02	0.03	0.04	0.05	0.06	0.07	0.08	0.09	0.10	0.11	0.12	0.13	0.14	0.15	0.16	1.17	0.18	0.19
0.9	13.7	13.7	13.8	13.8	13.9	14.0	14.1	14.2	14.4	14.5	14.7	14.9	15.2	15.4	15.7	16.0	16.3	16.6	17.0	17.3
0.91	13.4	13.4	13.5	13.5	13.6	13.7	13.8	13.9	14.1	14.2	14.4	14.6	14.9	15.1	15.4	15.7	16.0	16.3	16.7	17.0
0.92	13.1	13.1	13.2	13.2	13.3	13.4	13.5	13.6	13.8	13.9	14.1	14.3	14.6	14.8	15.1	15.4	15.7	16.0	16.4	16.7
0.93	12.8	12.9	12.9	12.9	13.0	13.1	13.2	13.3	13.5	13.7	13.8	14.1	14.3	14.5	14.8	15.1	15.4	15.7	16.1	16.5
0.94	12.6	12.6	12.6	12.7	12.7	12.8	12.9	13.1	13.2	13.4	13.6	13.8	14.0	14.3	14.5	14.8	15.1	15.5	15.8	16.2
0.95	12.3	12.3	12.4	12.4	12.5	12.6	12.7	12.8	13.0	13.1	13.3	13.5	13.8	14.0	14.3	14.6	14.9	15.2	15.6	15.9
0.96	12.1	12.1	12.1	12.1	12.2	12.3	12.4	12.5	12.7	12.9	13.1	13.3	13.5	13.7	14.0	14.3	14.6	14.9	15.3	15.7
0.97	11.8	11.8	11.8	11.9	12.0	12.1	12.2	12.3	12.4	12.6	12.8	13.0	13.2	13.5	13.8	14.1	14.4	14.7	15.0	15.4
0.98	11.6	11.6	11.6	11.7	11.7	11.8	11.9	12.1	12.2	12.4	12.6	12.8	13.0	13.3	13.5	13.8	14.1	14.5	14.8	15.2
0.99	11.3	11.3	11.4	11.4	11.5	11.6	11.7	11.8	12.0	12.1	12.3	12.5	12.8	13.0	13.3	13.6	13.9	14.2	14.6	14.9
1	11.1	11.1	11.2	11.2	11.3	11.4	11.5	11.6	11.8	11.9	12.1	12.3	12.6	12.8	13.1	13.4	13.7	14.0	14.4	14.7
1.01	10.9	10.9	10.9	11.0	11.1	11.1	11.3	11.4	11.5	11.7	11.9	12.1	12.3	12.6	12.9	13.1	13.5	13.8	14.1	14.5
1.02	10.7	10.7	10.7	10.8	10.8	10.9	11.0	11.2	11.3	11.5	11.7	11.9	12.1	12.4	12.6	12.9	13.2	13.6	13.9	14.3
1.03	10.5	10.5	10.5	10.6	10.6	10.7	10.8	11.0	11.1	11.3	11.5	11.7	11.9	12.2	12.4	12.7	13.0	13.4	13.7	14.1
1.04	10.3	10.3	10.3	10.4	10.4	10.5	10.6	10.8	10.9	11.1	11.3	11.5	11.7	12.0	12.2	12.5	12.8	13.2	13.5	13.9
1.05	10.1	10.1	10.1	10.2	10.2	10.3	10.4	10.6	10.7	10.9	11.1	11.3	11.5	11.8	12.0	12.3	12.6	13.0	13.3	13.7
1.06	9.9	9.9	9.9	10.0	10.0	10.1	10.2	10.4	10.5	10.7	10.9	11.1	11.3	11.6	11.8	12.1	12.4	12.8	13.1	13.5
1.07	9.7	9.7	9.7	9.8	9.9	10.0	10.1	10.2	10.3	10.5	10.7	10.9	11.1	11.4	11.7	12.0	12.3	12.6	12.9	13.3
1.08	9.5	9.5	9.6	9.6	9.7	9.8	9.9	10.0	10.2	10.3	10.5	10.7	11.0	11.2	11.5	11.8	12.1	12.4	12.8	13.1
1.09	9.4	9.4	9.4	9.4	9.5	9.6	9.7	9.8	10.0	10.2	10.4	10.6	10.8	11.0	11.3	11.6	11.9	12.2	12.6	13.0
1.1	9.2	9.2	9.2	9.3	9.3	9.4	9.5	9.7	9.8	10.0	10.2	10.4	10.6	10.9	11.1	11.4	11.7	12.1	12.4	12.8
1.11	9.0	9.0	9.1	9.1	9.2	9.3	9.4	9.5	9.7	9.8	10.0	10.2	10.5	10.7	11.0	11.3	11.6	11.9	12.3	12.6
1.12	8.9	8.9	8.9	8.9	9.0	9.1	9.2	9.3	9.5	9.7	9.9	10.1	10.3	10.5	10.8	11.1	11.4	11.7	12.1	12.5
1.13	8.7	8.7	8.7	8.8	8.9	9.0	9.1	9.2	9.3	9.5	9.7	9.9	10.1	10.4	10.7	11.0	11.3	11.6	11.9	12.3
1.14	8.5	8.6	8.6	8.6	8.7	8.8	8.9	9.0	9.2	9.4	9.5	9.8	10.0	10.2	10.5	10.8	11.1	11.4	11.8	12.2
1.15	8.4	8.4	8.4	8.5	8.6	8.7	8.8	8.9	9.0	9.2	9.4	9.6	9.8	10.1	10.4	10.7	11.0	11.3	11.6	12.0
1.16	8.3	8.3	8.3	8.3	8.4	8.5	8.6	8.7	8.9	9.1	9.3	9.5	9.7	9.9	10.2	10.5	10.8	11.1	11.5	11.9
1.17	8.1	8.1	8.2	8.2	8.3	8.4	8.5	8.6	8.8	8.9	9.1	9.3	9.6	9.8	10.1	10.4	10.7	11.0	11.4	11.7
1.18	8.0	8.0	8.0	8.1	8.1	8.2	8.3	8.5	8.6	8.8	9.0	9.2	9.4	9.7	9.9	10.2	10.5	10.9	11.2	11.6
1.19	7.8	7.9	7.9	7.9	8.0	8.1	8.2	8.3	8.5	8.7	8.8	9.1	9.3	9.5	9.8	10.1	10.4	10.7	11.1	11.5
1.2	7.7	7.7	7.8	7.8	7.9	8.0	8.1	8.2	8.4	8.5	8.7	8.9	9.2	9.4	9.7	10.0	10.3	10.6	11.0	11.3
1.21	7.6	7.6	7.6	7.7	7.7	7.8	7.9	8.1	8.2	8.4	8.6	8.8	9.0	9.3	9.5	9.8	10.1	10.5	10.8	11.2
1.22	7.5	7.5	7.5	7.6	7.6	7.7	7.8	8.0	8.1	8.3	8.5	8.7	8.9	9.2	9.4	9.7	10.0	10.4	10.7	11.1
1.23	7.3	7.4	7.4	7.4	7.5	7.6	7.7	7.8	8.0	8.2	8.3	8.6	8.8	9.0	9.3	9.6	9.9	10.2	10.6	11.0
1.24	7.2	7.2	7.3	7.3	7.4	7.5	7.6	7.7	7.9	8.0	8.2	8.4	8.7	8.9	9.2	9.5	9.8	10.1	10.5	10.8
1.25	7.1	7.1	7.2	7.2	7.3	7.4	7.5	7.6	7.8	7.9	8.1	8.3	8.6	8.8	9.1	9.4	9.7	10.0	10.4	10.7
1.26	7.0	7.0	7.0	7.1	7.2	7.2	7.4	7.5	7.6	7.8	8.0	8.2	8.4	8.7	9.0	9.2	9.6	9.9	10.2	10.6
1.27	6.9	6.9	6.9	7.0	7.0	7.1	7.2	7.4	7.5	7.7	7.9	8.1	8.3	8.6	8.8	9.1	9.4	9.8	10.1	10.5
1.28	6.8	6.8	6.8	6.9	6.9	7.0	7.1	7.3	7.4	7.6	7.8	8.0	8.2	8.5	8.7	9.0	9.3	9.7	10.0	10.4
1.29	6.7	6.7	6.7	6.8	6.8	6.9	7.0	7.2	7.3	7.5	7.7	7.9	8.1	8.4	8.6	8.9	9.2	9.6	9.9	10.3
1.3	6.6	6.6	6.6	6.7	6.7	6.8	6.9	7.1	7.2	7.4	7.6	7.8	8.0	8.3	8.5	8.8	9.1	9.5	9.8	10.2
1.31	6.5	6.5	6.5	6.6	6.6	6.7	6.8	7.0	7.1	7.3	7.5	7.7	7.9	8.2	8.4	8.7	9.0	9.4	9.7	10.1
1.32	6.4	6.4	6.4	6.5	6.5	6.6	6.7	6.9	7.0	7.2	7.4	7.6	7.8	8.1	8.3	8.6	8.9	9.3	9.6	10.0
1.33	6.3	6.3	6.3	6.4	6.4	6.5	6.6	6.8	6.9	7.1	7.3	7.5	7.7	8.0	8.2	8.5	8.8	9.2	9.5	9.9
1.35	6.1	6.1	6.1	6.2	6.3	6.3	6.5	6.6	6.7	6.9	7.1	7.3	7.5	7.8	8.1	8.3	8.7	9.0	9.3	9.7
1.37	5.9	5.9	6.0	6.0	6.1	6.2	6.3	6.4	6.6	6.7	6.9	7.1	7.4	7.6	7.9	8.2	8.5	8.8	9.2	9.5
1.39	5.8	5.8	5.8	5.8	5.9	6.0	6.1	6.2	6.4	6.6	6.8	7.0	7.2	7.4	7.7	8.0	8.3	8.6	9.0	9.4
1.41	5.6	5.6	5.6	5.7	5.7	5.8	5.9	6.1	6.2	6.4	6.6	6.8	7.0	7.3	7.5	7.8	8.1	8.5	8.8	9.2
1.43	5.4	5.4	5.5	5.5	5.6	5.7	5.8	5.9	6.1	6.2	6.4	6.6	6.9	7.1	7.4	7.7	8.0	8.3	8.7	9.0
1.45	5.3	5.3	5.3	5.4	5.4	5.5	5.6	5.8	5.9	6.1	6.3	6.5	6.7	7.0	7.2	7.5	7.8	8.2	8.5	8.9
1.47	5.1	5.2	5.2	5.2	5.3	5.4	5.5	5.6	5.8	6.0	6.1	6.4	6.6	6.8	7.1	7.4	7.7	8.0	8.4	8.8
1.49	5.0	5.0	5.0	5.1	5.2	5.3	5.4	5.5	5.6	5.8	6.0	6.2	6.4	6.7	7.0	7.3	7.6	7.9	8.2	8.6
1.51	4.9	4.9	4.9	5.0	5.0	5.1	5.2	5.4	5.5	5.7	5.9	6.1	6.3	6.6	6.8	7.1	7.4	7.8	8.1	8.5
1.53	4.7	4.8	4.8	4.8	4.9	5.0	5.1	5.2	5.4	5.6	5.7	6.0	6.2	6.4	6.7	7.0	7.3	7.6	8.0	8.4
1.55	4.6	4.6	4.7	4.7	4.8	4.9	5.0	5.1	5.3	5.4	5.6	5.8	6.1	6.3	6.6	6.9	7.2	7.5	7.9	8.2
1.57	4.5	4.5	4.5	4.6	4.7	4.8	4.9	5.0	5.1	5.3	5.5	5.7	5.9	6.2	6.5	6.8	7.1	7.4	7.7	8.1
1.59	4.4	4.4	4.4	4.5	4.6	4.6	4.8	4.9	5.0	5.2	5.4	5.6	5.8	6.1	6.4	6.6	7.0	7.3	7.6	8.0
1.61	4.3	4.3	4.3	4.4	4.4	4.5	4.6	4.8	4.9	5.1	5.3	5.5	5.7	6.0	6.2	6.5	6.8	7.2	7.5	7.9
1.63	4.2	4.2	4.2	4.3	4.3	4.4	4.5	4.7	4.8	5.0	5.2	5.4	5.6	5.9	6.1	6.4	6.7	7.1	7.4	7.8
1.65	4.1	4.1	4.1	4.2	4.2	4.3	4.4	4.6	4.7	4.9	5.1	5.3	5.5	5.8	6.0	6.3	6.6	7.0	7.3	7.7
1.67	4.0	4.0	4.0	4.1	4.1	4.2	4.3	4.5	4.6	4.8	5.0	5.2	5.4	5.7	5.9	6.2	6.5	6.9	7.2	7.6
1.69	3.9	3.9	3.9	4.0	4.1	4.1	4.3	4.4	4.5	4.7	4.9	5.1	5.3	5.6	5.9	6.1	6.5	6.8	7.1	7.5
1.71	3.8	3.8	3.8	3.9	4.0	4.0	4.2	4.3	4.4	4.6	4.8	5.0	5.2	5.5	5.8	6.0	6.4	6.7	7.0	7.4
1.73	3.7	3.7	3.8	3.8	3.9	4.0	4.1	4.2	4.4	4.5	4.7	4.9	5.2	5.4	5.7	6.0	6.3	6.6	7.0	7.3
1.75	3.6	3.6	3.7	3.7	3.8	3.9	4.0	4.1	4.3	4.4	4.6	4.8	5.1	5.3	5.6	5.9	6.2	6.5	6.9	7.2
1.77	3.5	3.6	3.6	3.6	3.7	3.8	3.9	4.0	4.2	4.4	4.5	4.8	5.0	5.2	5.5	5.8	6.1	6.4	6.8	7.2
1.79	3.5	3.5	3.5	3.6	3.6	3.7	3.8	4.0	4.1	4.3	4.5	4.7	4.9	5.2	5.4	5.7	6.0	6.4	6.7	7.1
1.81	3.4	3.4	3.4	3.5	3.6	3.6	3.8	3.9	4.0	4.2	4.4	4.6	4.8	5.1	5.4	5.6	6.0	6.3	6.6	7.0

附　录　C
（资料性附录）
在 C_p-δ 平面内保证质量指标的统计公差带图表

为方便使用者直观了解与预期质量水平对应的在 C_p-δ 平面内的统计公差带，可查看图 C.1～图 C.5的各统计公差带图。为方便设计，对应于 C_p 和 δ 的各质量指标数值可由表 C.1～表 C.5 查得。

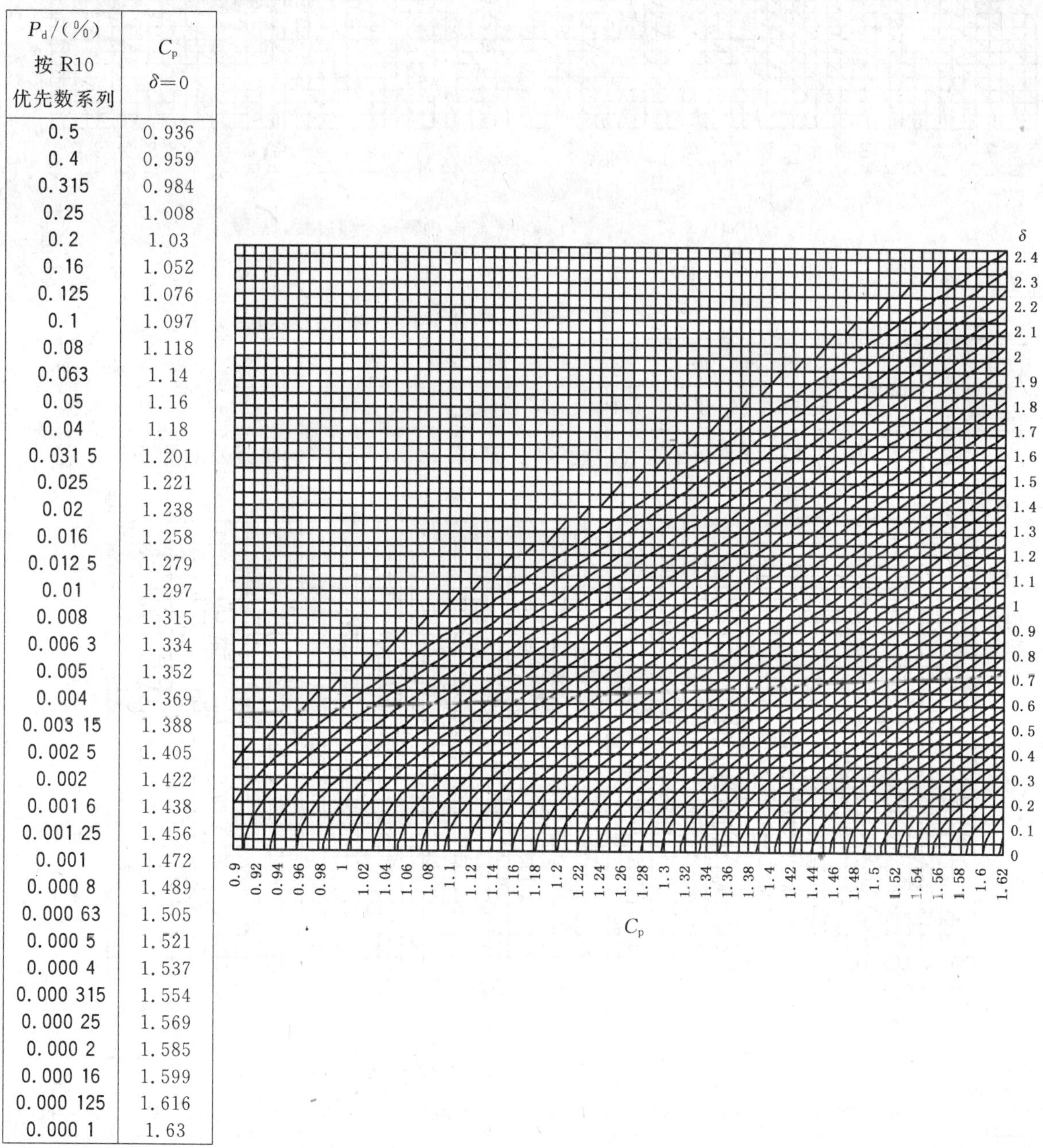

P_d/(%) 按 R10 优先数系列	C_p δ=0
0.5	0.936
0.4	0.959
0.315	0.984
0.25	1.008
0.2	1.03
0.16	1.052
0.125	1.076
0.1	1.097
0.08	1.118
0.063	1.14
0.05	1.16
0.04	1.18
0.031 5	1.201
0.025	1.221
0.02	1.238
0.016	1.258
0.012 5	1.279
0.01	1.297
0.008	1.315
0.006 3	1.334
0.005	1.352
0.004	1.369
0.003 15	1.388
0.002 5	1.405
0.002	1.422
0.001 6	1.438
0.001 25	1.456
0.001	1.472
0.000 8	1.489
0.000 63	1.505
0.000 5	1.521
0.000 4	1.537
0.000 315	1.554
0.000 25	1.569
0.000 2	1.585
0.000 16	1.599
0.000 125	1.616
0.000 1	1.63

图 C.1　在 C_p-δ 二维平面上过程不合格率 P_d 的统计公差带图表

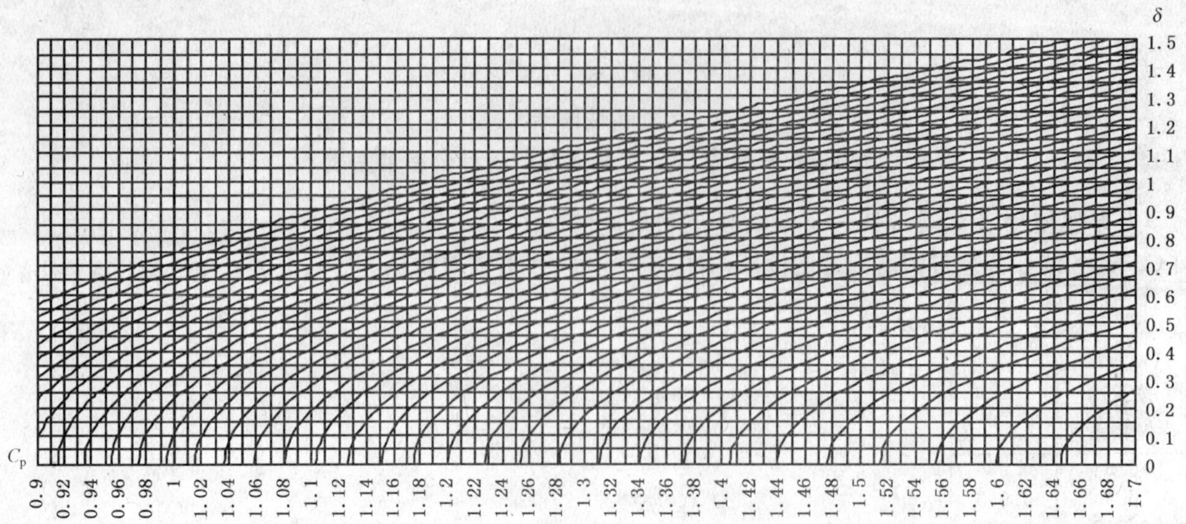

中间区率($T:W_c=3:1$)和 $C_p(\delta=0)$ 数值对照表

P_c/(%)	64	65	66	67	68	69	70	71	72	73	74	75	76	77
C_p	0.915	0.935	0.955	0.975	0.995	1.015	1.04	1.06	1.08	1.1	1.13	1.15	1.175	1.2
P_c/(%)	78	79	80	81	82	83	84	85	86	87	88	89	90	
C_p	1.23	1.25	1.28	1.31	1.34	1.37	1.405	1.44	1.475	1.515	1.555	1.6	1.645	

图 C.2　在 C_p-δ 二维平面上过程中间区(优等)率 $P_c(M\pm T/6)$ 的统计公差带图表

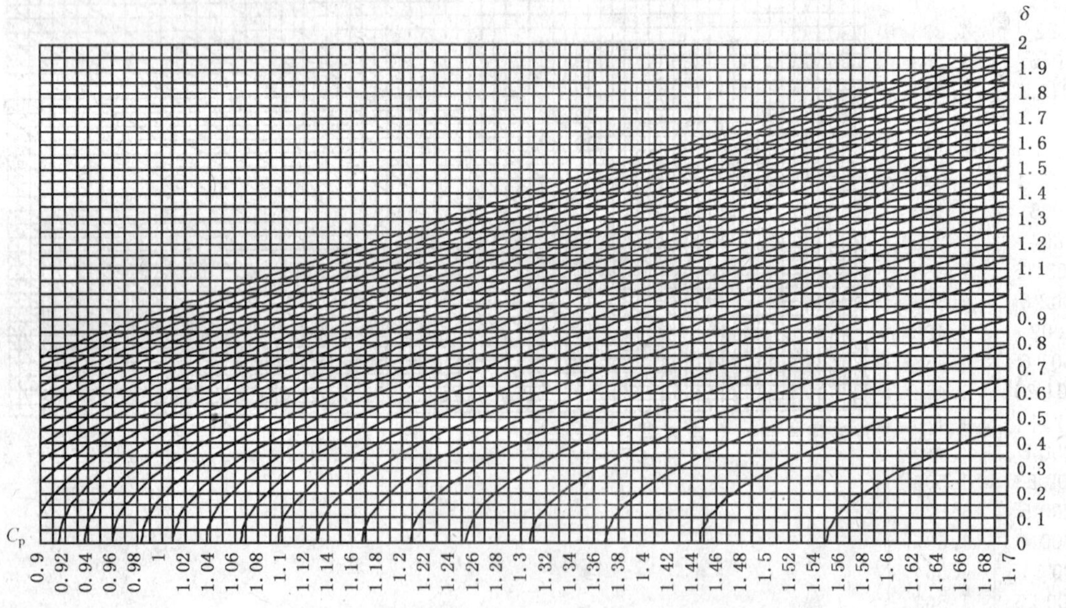

中间区率($T:W_c=2:1$)和 $C_p(\delta=0)$ 数值对照表

P_c/(%)	83	84	85	86	87	88	89	90	91	92	93	94	95	96	97	98	99
C_p	0.915	0.938	0.96	0.984	1.01	1.038	1.066	1.097	1.13	1.168	1.208	1.254	1.307	1.37	1.448	1.55	1.71

图 C.3　在 C_p-δ 二维平面上过程中间区(优等)率 $P_c(M\pm T/4)$ 的统计公差带图表

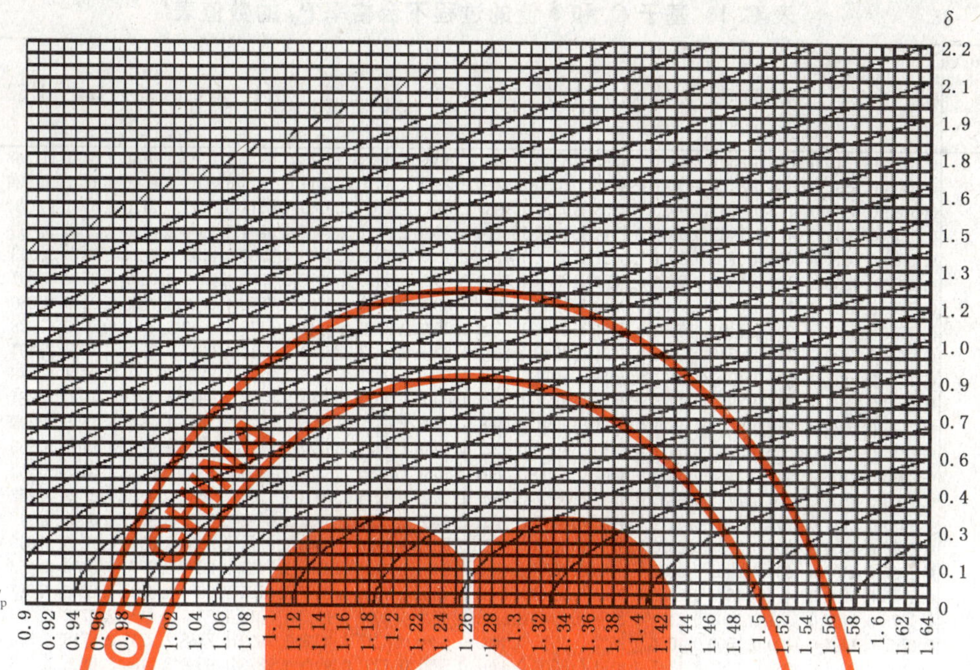

R20 优先数系列的平均质量损失率和 $C_p(\delta=0)$ 数值对照表

P_{ql}/(%)	12.5	11.2	10	9	8	7.1	6.3	5.6	5	4.5
C_p	0.943	0.995	1.054	1.111	1.178	1.251	1.328	1.408	1.491	1.571

图 C.4　在 C_p-δ 二维平面上基于过程平均质量损失率 P_{ql} 的统计公差带图表

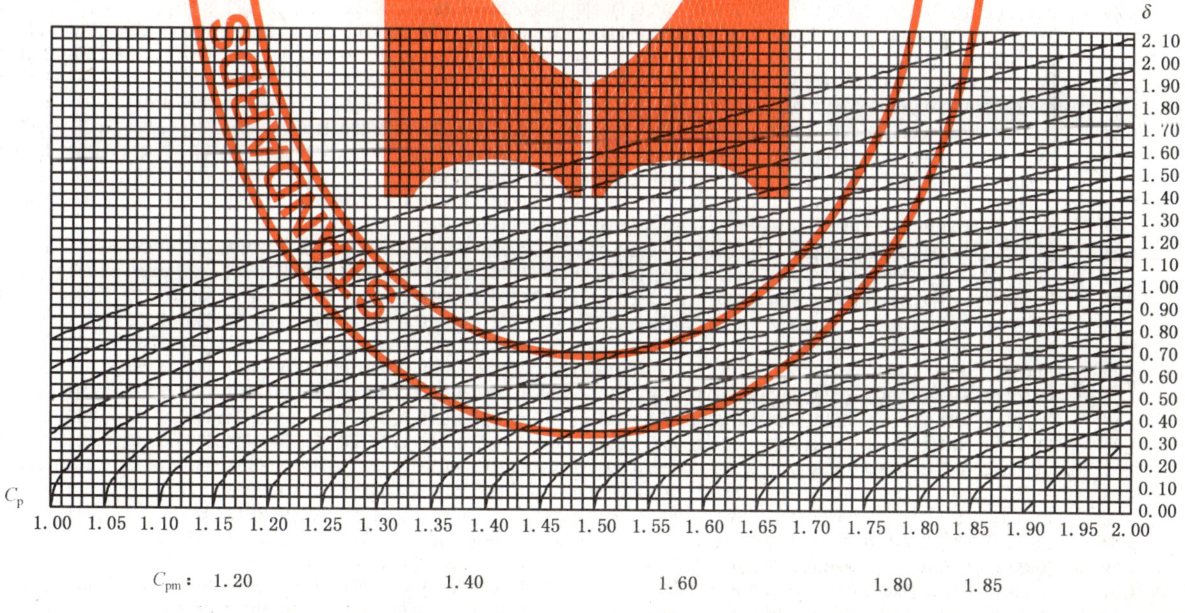

图 C.5　在 C_p-δ 平面内在 1～1.90 范围内以 0.05 递增的 C_{pm} 曲线

表 C.1 基于 C_p 和 δ 值的过程不合格率 P_d 的数值表

P_d/(%) δ / C_p	0	0.1	0.2	0.3	0.4	0.5	0.6	0.7	0.8	0.9	1	1.1	1.2	1.3	1.4	1.5	1.6	1.7
0.9	0.6934	0.7216	0.8075	0.9547	1.1692	1.4591	1.8348	2.3087	2.8949	3.6089	4.4673	5.4872	6.6855	8.0788	9.6821	11.508	13.567	15.866
0.91	0.6333	0.6597	0.7398	0.8772	1.0777	1.3493	1.7020	2.1480	2.7011	3.3767	4.1911	5.1615	6.3051	7.6386	9.1777	10.936	12.925	15.151
0.92	0.5780	0.6025	0.6772	0.8054	0.9926	1.2468	1.5776	1.9969	2.5183	3.1569	3.9289	4.8514	5.9417	7.2170	8.6931	10.384	12.303	14.458
0.93	0.5271	0.5499	0.6194	0.7388	0.9136	1.1512	1.4612	1.8550	2.3461	2.9491	3.6802	4.5564	5.5950	6.8134	8.2278	9.853	11.703	13.786
0.94	0.4802	0.5014	0.5660	0.6772	0.8401	1.0621	1.3522	1.7219	2.1839	2.7529	3.4446	4.2760	5.2645	6.4274	7.7816	9.343	11.124	13.136
0.95	0.4372	0.4569	0.5169	0.6202	0.7720	0.9791	1.2505	1.5970	2.0313	2.5676	3.2216	4.0098	4.9497	6.0587	7.3540	8.851	10.565	12.507
0.96	0.3977	0.4159	0.4716	0.5676	0.7088	0.9019	1.1555	1.4801	1.8879	2.3930	3.0106	3.7572	4.6501	5.7068	6.9446	8.380	10.028	11.900
0.97	0.3614	0.3783	0.4300	0.5191	0.6503	0.8301	1.0668	1.3706	1.7533	2.2285	2.8113	3.5178	4.3653	5.3712	6.5530	7.928	9.510	11.314
0.98	0.3282	0.3439	0.3917	0.4743	0.5962	0.7634	0.9842	1.2682	1.6269	2.0737	2.6231	3.2911	4.0947	5.0514	6.1787	7.494	9.013	10.749
0.99	0.2978	0.3123	0.3565	0.4330	0.5461	0.7016	0.9073	1.1725	1.5085	1.9281	2.4455	3.0765	3.8379	4.7469	5.8214	7.078	8.535	10.204
1	0.2700	0.2833	0.3242	0.3950	0.4998	0.6442	0.8357	1.0832	1.3976	1.7913	2.2782	2.8737	3.5944	4.4574	5.4805	6.681	8.076	9.680
1.01	0.2446	0.2569	0.2946	0.3601	0.4571	0.5911	0.7691	0.9999	1.2938	1.6628	2.1206	2.6822	3.3637	4.1823	5.1555	6.301	7.636	9.176
1.02	0.2213	0.2327	0.2675	0.3280	0.4177	0.5419	0.7073	0.9222	1.1967	1.5424	1.9724	2.5014	3.1453	3.9210	4.8461	5.938	7.215	8.692
1.03	0.2002	0.2106	0.2427	0.2985	0.3814	0.4964	0.6499	0.8500	1.1061	1.4295	1.8330	2.3309	2.9388	3.6733	4.5518	5.592	6.811	8.227
1.04	0.1809	0.1905	0.2200	0.2714	0.3480	0.4544	0.5967	0.7827	1.0215	1.3238	1.7022	2.1704	2.7437	3.4384	4.2719	5.262	6.426	7.780
1.05	0.1633	0.1721	0.1993	0.2466	0.3172	0.4156	0.5475	0.7202	0.9426	1.2250	1.5794	2.0193	2.5595	3.2161	4.0062	4.947	6.057	7.353
1.06	0.1473	0.1554	0.1804	0.2239	0.2890	0.3798	0.5018	0.6621	0.8691	1.1326	1.4643	1.8772	2.3858	3.0058	3.7540	4.648	5.705	6.944
1.07	0.1327	0.1402	0.1631	0.2031	0.2630	0.3468	0.4597	0.6083	0.8007	1.0464	1.3565	1.7437	2.2221	2.8070	3.5150	4.363	5.370	6.552
1.08	0.1195	0.1264	0.1474	0.1841	0.2392	0.3164	0.4207	0.5583	0.7370	0.9659	1.2557	1.6185	2.0680	2.6193	3.2886	4.093	5.050	6.178
1.09	0.1075	0.1138	0.1331	0.1667	0.2174	0.2884	0.3847	0.5121	0.6779	0.8909	1.1614	1.5010	1.9230	2.4422	3.0743	3.836	4.746	5.821
1.1	0.0967	0.1024	0.1200	0.1509	0.1974	0.2627	0.3515	0.4693	0.6230	0.8211	1.0733	1.3909	1.7868	2.2752	2.8718	3.593	4.457	5.480
1.11	0.0868	0.0921	0.1082	0.1364	0.1791	0.2391	0.3209	0.4297	0.5721	0.7561	0.9911	1.2878	1.6589	2.1180	2.6805	3.363	4.182	5.155
1.12	0.0779	0.0827	0.0974	0.1233	0.1623	0.2175	0.2928	0.3932	0.5250	0.6957	0.9144	1.1915	1.5389	1.9701	2.4999	3.144	3.920	4.846
1.13	0.0699	0.0742	0.0877	0.1113	0.1470	0.1976	0.2668	0.3594	0.4813	0.6396	0.8430	1.1014	1.4264	1.8310	2.3296	2.938	3.673	4.551
1.14	0.0626	0.0666	0.0788	0.1004	0.1331	0.1794	0.2430	0.3283	0.4409	0.5876	0.7765	1.0174	1.3211	1.7004	2.1692	2.743	3.438	4.272
1.15	0.0561	0.0597	0.0807	0.0905	0.1203	0.1628	0.2212	0.2996	0.4035	0.5393	0.7147	0.9389	1.2226	1.5779	2.0183	2.559	3.216	4.006
1.16	0.0501	0.0534	0.0636	0.0815	0.1087	0.1476	0.2011	0.2733	0.3690	0.4946	0.6573	0.8659	1.1305	1.4630	1.8763	2.385	3.005	3.754
1.17	0.0448	0.0478	0.0570	0.0733	0.0982	0.1337	0.1827	0.2490	0.3372	0.4532	0.6040	0.7978	1.0445	1.3553	1.7430	2.222	2.807	3.515
1.18	0.0400	0.0427	0.0511	0.0659	0.0885	0.1210	0.1658	0.2267	0.3079	0.4150	0.5545	0.7345	0.9643	1.2546	1.6108	2.068	2.619	3.288
1.19	0.0357	0.0382	0.0457	0.0592	0.0798	0.1094	0.1504	0.2062	0.2809	0.3796	0.5087	0.6757	0.8895	1.1604	1.5004	1.923	2.442	3.074
1.2	0.0318	0.0340	0.0409	0.0532	0.0719	0.0988	0.1363	0.1874	0.2561	0.3470	0.4663	0.6211	0.8198	1.0725	1.3904	1.786	2.275	2.872
1.21	0.0283	0.0304	0.0366	0.0477	0.0647	0.0892	0.1234	0.1702	0.2332	0.3170	0.4271	0.5704	0.7550	0.9903	1.2874	1.659	2.118	2.680
1.22	0.0252	0.0270	0.0327	0.0427	0.0582	0.0805	0.1117	0.1545	0.2122	0.2893	0.3909	0.5235	0.6947	0.9138	1.1911	1.539	1.970	2.500
1.23	0.0224	0.0241	0.0292	0.0382	0.0523	0.0725	0.1010	0.1401	0.1930	0.2638	0.3574	0.4800	0.6388	0.8424	1.1011	1.426	1.831	2.330
1.24	0.0199	0.0214	0.0260	0.0342	0.0469	0.0653	0.0912	0.1269	0.1753	0.2403	0.3265	0.4397	0.5868	0.7761	1.0171	1.321	1.700	2.169
1.25	0.0177	0.0190	0.0232	0.0306	0.0421	0.0588	0.0823	0.1149	0.1592	0.2188	0.2981	0.4025	0.5387	0.7143	0.9387	1.222	1.578	2.018
1.26	0.0157	0.0169	0.0206	0.0273	0.0377	0.0528	0.0742	0.1039	0.1444	0.1990	0.2719	0.3682	0.4940	0.6569	0.8656	1.130	1.463	1.876
1.27	0.0139	0.0150	0.0183	0.0244	0.0338	0.0475	0.0669	0.0939	0.1308	0.1808	0.2478	0.3365	0.4527	0.6037	0.7976	1.044	1.355	1.743
1.28	0.0123	0.0133	0.0163	0.0217	0.0302	0.0426	0.0602	0.0848	0.1185	0.1642	0.2256	0.3072	0.4146	0.5543	0.7344	0.964	1.255	1.618
1.29	0.0109	0.0118	0.0145	0.0194	0.0270	0.0382	0.0542	0.0765	0.1072	0.1490	0.2053	0.2803	0.3793	0.5085	0.6756	0.889	1.160	1.500
1.3	0.0096	0.0104	0.0128	0.0172	0.0241	0.0342	0.0487	0.0689	0.0969	0.1351	0.1866	0.2555	0.3467	0.4661	0.6210	0.820	1.072	1.390
1.31	0.0085	0.0092	0.0114	0.0153	0.0215	0.0307	0.0437	0.0621	0.0875	0.1223	0.1695	0.2328	0.3167	0.4269	0.5703	0.755	0.990	1.287
1.32	0.0075	0.0081	0.0101	0.0136	0.0192	0.0274	0.0392	0.0559	0.0790	0.1107	0.1539	0.2118	0.2890	0.3907	0.5234	0.695	0.914	1.191
1.33	0.0066	0.0072	0.0089	0.0121	0.0171	0.0245	0.0352	0.0502	0.0712	0.1001	0.1395	0.1926	0.2636	0.3573	0.4799	0.639	0.842	1.101
1.35	0.0051	0.0056	0.0070	0.0095	0.0135	0.0195	0.0282	0.0405	0.0578	0.0817	0.1144	0.1589	0.2186	0.2980	0.4025	0.539	0.714	0.939
1.37	0.0040	0.0043	0.0054	0.0075	0.0107	0.0155	0.0225	0.0326	0.0467	0.0664	0.0936	0.1306	0.1807	0.2477	0.3364	0.453	0.604	0.798
1.39	0.0030	0.0033	0.0042	0.0058	0.0084	0.0123	0.0179	0.0261	0.0376	0.0538	0.0762	0.1070	0.1489	0.2052	0.2803	0.379	0.508	0.676
1.41	0.0023	0.0026	0.0033	0.0045	0.0066	0.0097	0.0142	0.0208	0.0302	0.0434	0.0619	0.0874	0.1223	0.1695	0.2327	0.317	0.427	0.570
1.43	0.0018	0.0020	0.0025	0.0035	0.0051	0.0076	0.0113	0.0166	0.0242	0.0350	0.0501	0.0711	0.1001	0.1395	0.1926	0.264	0.357	0.480
1.45	0.0014	0.0015	0.0019	0.0027	0.0040	0.0060	0.0089	0.0131	0.0193	0.0280	0.0404	0.0577	0.0816	0.1144	0.1589	0.219	0.298	0.402
1.47	0.0010	0.0011	0.0015	0.0021	0.0031	0.0047	0.0070	0.0104	0.0153	0.0224	0.0325	0.0466	0.0664	0.0935	0.1306	0.181	0.248	0.336
1.49	0.0008	0.0009	0.0011	0.0016	0.0024	0.0036	0.0055	0.0082	0.0121	0.0179	0.0260	0.0376	0.0538	0.0762	0.1070	0.149	0.205	0.280
1.51	0.0006	0.0007	0.0009	0.0012	0.0019	0.0028	0.0043	0.0064	0.0096	0.0142	0.0208	0.0302	0.0434	0.0619	0.0874	0.122	0.169	0.233
1.53	0.0004	0.0005	0.0007	0.0009	0.0014	0.0022	0.0033	0.0050	0.0075	0.0112	0.0165	0.0242	0.0349	0.0501	0.0711	0.100	0.139	0.193
1.55	0.0003	0.0004	0.0005	0.0007	0.0011	0.0017	0.0026	0.0039	0.0059	0.0088	0.0131	0.0193	0.0280	0.0404	0.0577	0.082	0.114	0.159
1.57	0.0002	0.0003	0.0004	0.0005	0.0008	0.0013	0.0020	0.0030	0.0046	0.0069	0.0104	0.0153	0.0224	0.0325	0.0466	0.066	0.094	0.131
1.59	0.0002	0.0002	0.0003	0.0004	0.0006	0.0010	0.0015	0.0024	0.0036	0.0054	0.0082	0.0121	0.0178	0.0260	0.0376	0.054	0.076	0.107
1.61	0.0001	0.0002	0.0002	0.0003	0.0005	0.0008	0.0012	0.0018	0.0028	0.0042	0.0064	0.0096	0.0142	0.0208	0.0302	0.043	0.062	0.087
1.63	0.0001	0.0001	0.0002	0.0002	0.0004	0.0006	0.0009	0.0014	0.0022	0.0033	0.0050	0.0075	0.0112	0.0165	0.0242	0.035	0.050	0.071
1.65	0.0001	0.0001	0.0001	0.0002	0.0003	0.0004	0.0007	0.0011	0.0017	0.0026	0.0039	0.0059	0.0088	0.0131	0.0193	0.028	0.040	0.058
1.67	0.0001	0.0001	0.0001	0.0001	0.0002	0.0003	0.0005	0.0008	0.0013	0.0020	0.0030	0.0046	0.0069	0.0104	0.0153	0.022	0.032	0.047
1.69	0.0000	0.0000	0.0001	0.0001	0.0002	0.0002	0.0004	0.0006	0.0010	0.0015	0.0024	0.0036	0.0054	0.0082	0.0121	0.018	0.026	0.038
1.71	0.0000	0.0000	0.0000	0.0001	0.0001	0.0002	0.0003	0.0005	0.0007	0.0012	0.0018	0.0028	0.0042	0.0064	0.0096	0.014	0.021	0.030
1.73	0.0000	0.0000	0.0000	0.0001	0.0001	0.0001	0.0002	0.0004	0.0006	0.0009	0.0014	0.0022	0.0033	0.0050	0.0075	0.011	0.017	0.024
1.75	0.0000	0.0000	0.0000	0.0000	0.0001	0.0001	0.0002	0.0003	0.0004	0.0007	0.0011	0.0017	0.0026	0.0039	0.0059	0.009	0.013	0.019
1.77	0.0000	0.0000	0.0000	0.0000	0.0000	0.0001	0.0001	0.0002	0.0003	0.0005	0.0008	0.0013	0.0020	0.0030	0.0046	0.007	0.010	0.015
1.79	0.0000	0.0000	0.0000	0.0000	0.0000	0.0001	0.0001	0.0002	0.0002	0.0004	0.0006	0.0010	0.0015	0.0024	0.0036	0.005	0.008	0.012
1.81	0.0000	0.0000	0.0000	0.0000	0.0000	0.0000	0.0001	0.0001	0.0002	0.0003	0.0005	0.0007	0.0012	0.0018	0.0028	0.004	0.006	0.010

表 C.2 基于 C_p 和 δ 值的过程中间区率 $P_c(M\pm T/6)$ 和优等率的数值表

P_c/(%) \ δ C_p	0	0.1	0.2	0.3	0.4	0.5	0.6	0.7	0.8	0.9	1	1.1	1.2	1.3	1.4	1.5	1.6	1.7	1.8	1.9	2
0.9	63.2	62.9	62.2	61.1	59.5	57.5	55.1	52.4	49.5	46.4	43.1	39.8	36.4	33.1	29.8	26.6	23.6	20.7	18.1	15.6	13.4
0.91	63.7	63.5	62.8	61.6	60.0	58.0	55.6	52.9	50.0	46.9	43.6	40.2	36.8	33.5	30.2	27.0	23.9	21.0	18.3	15.9	13.6
0.92	64.2	64.0	63.3	62.1	60.5	58.5	56.1	53.4	50.5	47.4	44.1	40.7	37.3	33.9	30.5	27.3	24.2	21.3	18.6	16.1	13.8
0.93	64.8	64.5	63.8	62.6	61.0	59.0	56.6	53.9	51.0	47.8	44.5	41.1	37.7	34.3	30.9	27.7	24.6	21.6	18.9	16.4	14.1
0.94	65.3	65.0	64.3	63.1	61.5	59.5	57.1	54.4	51.5	48.3	45.0	41.6	38.1	34.7	31.3	28.0	24.9	21.9	19.2	16.6	14.3
0.95	65.8	65.5	64.8	63.7	62.0	60.0	57.6	54.9	52.0	48.8	45.4	42.0	38.6	35.1	31.7	28.4	25.2	22.3	19.5	16.9	14.5
0.96	66.3	66.1	65.3	64.2	62.5	60.5	58.1	55.4	52.4	49.2	45.9	42.5	39.0	35.5	32.1	28.8	25.6	22.6	19.8	17.1	14.8
0.97	66.8	66.6	65.8	64.7	63.0	61.0	58.6	55.9	52.9	49.7	46.4	42.9	39.4	35.9	32.5	29.1	25.9	22.9	20.0	17.4	15.0
0.98	67.3	67.0	66.3	65.1	63.5	61.5	59.1	56.4	53.4	50.2	46.8	43.3	39.8	36.3	32.9	29.5	26.3	23.2	20.3	17.7	15.2
0.99	67.8	67.5	66.8	65.6	64.0	62.0	59.6	56.9	53.9	50.6	47.3	43.8	40.3	36.7	33.2	29.9	26.6	23.5	20.6	17.9	15.5
1	68.3	68.0	67.3	66.1	64.5	62.5	60.1	57.3	54.3	51.1	47.7	44.2	40.7	37.1	33.6	30.2	27.0	23.8	20.9	18.2	15.7
1.01	68.8	68.5	67.8	66.6	65.0	62.9	60.5	57.8	54.8	51.6	48.2	44.7	41.1	37.5	34.0	30.6	27.3	24.2	21.2	18.5	16.0
1.02	69.2	69.0	68.3	67.1	65.5	63.4	61.0	58.3	55.3	52.0	48.6	45.1	41.5	38.0	34.4	31.0	27.7	24.5	21.5	18.8	16.2
1.03	69.7	69.5	68.7	67.6	65.9	63.9	61.5	58.7	55.7	52.5	49.1	45.6	42.0	38.4	34.8	31.3	28.0	24.8	21.8	19.0	16.5
1.04	70.2	69.9	69.2	68.0	66.4	64.4	62.0	59.2	56.2	52.9	49.5	46.0	42.4	38.8	35.2	31.7	28.4	25.2	22.1	19.3	16.7
1.05	70.6	70.4	69.7	68.5	66.9	64.8	62.4	59.7	56.7	53.4	50.0	46.4	42.8	39.2	35.6	32.1	28.7	25.5	22.4	19.6	17.0
1.06	71.1	70.8	70.1	68.9	67.3	65.3	62.9	60.1	57.1	53.9	50.4	46.9	43.2	39.6	36.0	32.5	29.1	25.8	22.8	19.9	17.3
1.07	71.5	71.3	70.6	69.4	67.8	65.7	63.3	60.6	57.6	54.3	50.9	47.3	43.7	40.0	36.4	32.9	29.4	26.2	23.1	20.2	17.5
1.08	72.0	71.7	71.0	69.9	68.2	66.2	63.8	61.0	58.0	54.8	51.3	47.7	44.1	40.4	36.8	33.2	29.8	26.5	23.4	20.5	17.8
1.09	72.4	72.2	71.5	70.3	68.7	66.6	64.2	61.5	58.5	55.2	51.8	48.2	44.5	40.8	37.2	33.6	30.1	26.8	23.7	20.8	18.0
1.1	72.9	72.6	71.9	70.7	69.1	67.1	64.7	61.9	58.9	55.7	52.2	48.6	44.9	41.3	37.6	34.0	30.5	27.2	24.0	21.1	18.3
1.11	73.3	73.1	72.3	71.2	69.6	67.5	65.1	62.4	59.4	56.1	52.6	49.0	45.4	41.7	38.0	34.4	30.9	27.5	24.3	21.3	18.6
1.12	73.7	73.5	72.8	71.6	70.0	68.0	65.6	62.8	59.8	56.5	53.1	49.5	45.8	42.1	38.4	34.8	31.2	27.9	24.7	21.6	18.9
1.13	74.2	73.9	73.2	72.0	70.4	68.4	66.0	63.3	60.2	57.0	53.5	49.9	46.2	42.5	38.8	35.1	31.6	28.2	25.0	21.9	19.1
1.14	74.6	74.3	73.6	72.5	70.9	68.8	66.4	63.7	60.7	57.4	53.9	50.3	46.6	42.9	39.2	35.5	32.0	28.5	25.3	22.2	19.4
1.15	75.0	74.7	74.0	72.9	71.3	69.3	66.9	64.1	61.1	57.9	54.4	50.8	47.1	43.3	39.6	35.9	32.3	28.9	25.6	22.5	19.7
1.16	75.4	75.2	74.5	73.3	71.7	69.7	67.3	64.6	61.6	58.3	54.8	51.2	47.5	43.7	40.0	36.3	32.7	29.2	26.0	22.9	20.0
1.17	75.8	75.6	74.9	73.7	72.1	70.1	67.7	65.0	62.0	58.7	55.2	51.6	47.9	44.2	40.4	36.7	33.1	29.6	26.3	23.2	20.3
1.18	76.2	76.0	75.3	74.1	72.5	70.5	68.2	65.4	62.4	59.1	55.7	52.1	48.3	44.6	40.8	37.1	33.5	30.0	26.6	23.5	20.5
1.19	76.6	76.4	75.7	74.5	72.9	70.9	68.6	65.9	62.8	59.6	56.1	52.5	48.8	45.0	41.2	37.5	33.8	30.3	27.0	23.8	20.8
1.2	77.0	76.8	76.1	74.9	73.3	71.3	69.0	66.3	63.3	60.0	56.5	52.9	49.2	45.4	41.6	37.9	34.2	30.7	27.3	24.1	21.1
1.21	77.4	77.1	76.4	75.3	73.7	71.8	69.4	66.7	63.7	60.4	57.0	53.3	49.6	45.8	42.0	38.3	34.6	31.0	27.6	24.4	21.4
1.22	77.8	77.5	76.8	75.7	74.1	72.2	69.8	67.1	64.1	60.9	57.4	53.8	50.0	46.2	42.4	38.6	35.0	31.4	28.0	24.7	21.7
1.23	78.1	77.9	77.2	76.1	74.5	72.5	70.2	67.5	64.5	61.3	57.8	54.2	50.4	46.6	42.8	39.0	35.3	31.7	28.3	25.1	22.0
1.24	78.5	78.3	77.6	76.5	74.9	72.9	70.6	67.9	64.9	61.7	58.2	54.6	50.9	47.1	43.2	39.4	35.7	32.1	28.7	25.4	22.3
1.25	78.9	78.6	78.0	76.8	75.3	73.3	71.0	68.3	65.3	62.1	58.6	55.0	51.3	47.5	43.6	39.8	36.1	32.5	29.0	25.7	22.6
1.26	79.2	79.0	78.3	77.2	75.7	73.7	71.4	68.7	65.8	62.5	59.1	55.4	51.7	47.9	44.0	40.2	36.5	32.8	29.3	26.0	22.9
1.27	79.6	79.4	78.7	77.6	76.0	74.1	71.8	69.1	66.2	62.9	59.5	55.9	52.1	48.3	44.4	40.6	36.9	33.2	29.7	26.4	23.2
1.28	79.9	79.7	79.0	77.9	76.4	74.5	72.2	69.5	66.6	63.3	59.9	56.3	52.5	48.7	44.9	41.0	37.2	33.6	30.0	26.7	23.5
1.29	80.3	80.1	79.4	78.3	76.8	74.9	72.6	69.9	67.0	63.7	60.3	56.7	52.9	49.1	45.3	41.4	37.6	34.0	30.4	27.0	23.8
1.3	80.6	80.4	79.8	78.7	77.1	75.2	72.9	70.3	67.4	64.2	60.7	57.1	53.4	49.5	45.7	41.8	38.0	34.3	30.8	27.4	24.1
1.31	81.0	80.8	80.1	79.0	77.5	75.6	73.3	70.7	67.8	64.6	61.1	57.5	53.8	49.9	46.1	42.2	38.4	34.7	31.1	27.7	24.5
1.32	81.3	81.1	80.4	79.4	77.8	76.0	73.7	71.1	68.1	65.0	61.5	57.9	54.2	50.4	46.5	42.6	38.8	35.1	31.5	28.0	24.8
1.33	81.6	81.4	80.8	79.7	78.2	76.3	74.1	71.4	68.5	65.4	61.9	58.3	54.6	50.8	46.9	43.0	39.2	35.4	31.8	28.4	25.1
1.35	82.3	82.1	81.4	80.4	78.9	77.0	74.8	72.2	69.3	66.1	62.7	59.2	55.4	51.6	47.7	43.8	40.0	36.2	32.6	29.1	25.7
1.37	82.9	82.7	82.1	81.0	79.6	77.7	75.5	72.9	70.1	66.9	63.5	60.0	56.2	52.4	48.5	44.6	40.8	37.0	33.3	29.8	26.4
1.39	83.5	83.3	82.7	81.7	80.2	78.4	76.2	73.7	70.8	67.7	64.3	60.8	57.1	53.2	49.3	45.4	41.5	37.7	34.0	30.5	27.1
1.41	84.1	83.9	83.3	82.3	80.9	79.1	76.9	74.4	71.6	68.5	65.1	61.6	57.9	54.0	50.2	46.2	42.3	38.5	34.8	31.2	27.7
1.43	84.7	84.5	83.9	82.9	81.5	79.7	77.6	75.1	72.3	69.2	65.9	62.4	58.7	54.9	51.0	47.0	43.1	39.3	35.5	31.9	28.4
1.45	85.3	85.1	84.5	83.5	82.1	80.3	78.2	75.8	73.0	69.9	66.7	63.1	59.5	55.7	51.8	47.8	43.9	40.0	36.3	32.6	29.1
1.47	85.8	85.6	85.0	84.1	82.7	81.0	78.9	76.4	73.7	70.7	67.4	63.9	60.3	56.5	52.6	48.7	44.7	40.8	37.0	33.3	29.8
1.49	86.4	86.2	85.6	84.6	83.3	81.6	79.5	77.1	74.4	71.4	68.2	64.7	61.1	57.3	53.4	49.5	45.5	41.6	37.8	34.1	30.5
1.51	86.9	86.7	86.1	85.5	83.8	82.2	80.1	77.7	75.1	72.1	68.9	65.5	61.8	58.1	54.2	50.3	46.3	42.4	38.5	34.8	31.2
1.53	87.4	87.2	86.6	85.7	84.4	82.7	80.7	78.4	75.7	72.8	69.6	66.2	62.6	58.9	55.0	51.1	47.1	43.2	39.3	35.5	31.9
1.55	87.9	87.7	87.1	86.2	84.9	83.3	81.3	79.0	76.4	73.5	70.3	67.0	63.4	59.7	55.8	51.9	47.9	44.0	40.1	36.3	32.6
1.57	88.4	88.2	87.6	86.7	85.5	83.8	81.9	79.6	77.0	74.2	71.1	67.7	64.2	60.4	56.6	52.7	48.7	44.8	40.9	37.0	33.3
1.59	88.8	88.6	88.1	87.2	86.0	84.4	82.5	80.2	77.7	74.9	71.8	68.4	64.9	61.2	57.4	53.5	49.5	45.6	41.6	37.8	34.1
1.61	89.3	89.1	88.6	87.7	86.5	84.9	83.0	80.8	78.3	75.5	72.5	69.2	65.7	62.0	58.2	54.3	50.3	46.4	42.4	38.6	34.8
1.63	89.7	89.5	89.0	88.1	86.9	85.4	83.6	81.4	78.9	76.2	73.1	69.9	66.4	62.8	59.0	55.1	51.1	47.2	43.2	39.3	35.6
1.65	90.1	89.9	89.4	88.6	87.4	85.9	84.1	82.0	79.5	76.8	73.8	70.6	67.1	63.5	59.8	55.9	51.9	48.0	44.0	40.1	36.3
1.67	90.5	90.3	89.8	89.0	87.9	86.4	84.6	82.5	80.1	77.4	74.5	71.3	67.9	64.3	60.5	56.7	52.7	48.8	44.8	40.9	37.1
1.69	90.9	90.7	90.3	89.4	88.3	86.9	85.1	83.0	80.7	78.0	75.1	72.0	68.6	65.0	61.3	57.5	53.5	49.6	45.6	41.7	37.8
1.71	91.3	91.1	90.6	89.9	88.7	87.3	85.6	83.6	81.3	78.7	75.8	72.7	69.3	65.8	62.1	58.3	54.3	50.4	46.4	42.5	38.6
1.73	91.6	91.5	91.0	90.2	89.2	87.8	86.1	84.1	81.8	79.2	76.4	73.3	70.0	66.5	62.8	59.0	55.1	51.2	47.2	43.2	39.3
1.75	92.0	91.8	91.4	90.6	89.6	88.2	86.6	84.6	82.4	79.8	77.0	74.0	70.7	67.3	63.6	59.8	55.9	52.0	48.0	44.0	40.1
1.77	92.3	92.2	91.7	91.0	90.0	88.6	87.0	85.1	82.9	80.4	77.7	74.7	71.4	68.0	64.4	60.6	56.7	52.8	48.8	44.8	40.9
1.79	92.7	92.5	92.1	91.4	90.3	89.0	87.5	85.6	83.4	81.0	78.3	75.3	72.1	68.7	65.1	61.4	57.5	53.6	49.6	45.6	41.7
1.81	93.0	92.8	92.4	91.7	90.7	89.4	87.9	86.0	83.9	81.5	78.9	75.9	72.8	69.4	65.8	62.1	58.3	54.4	50.4	46.4	42.5

表 C.3 基于 C_p 和 δ 值的过程中间区率 $P_c(M \pm T/4)$ 和优等率的数值表

P_c/(%) δ / C_p	0	0.1	0.2	0.3	0.4	0.5	0.6	0.7	0.8	0.9	1	1.1	1.2	1.3	1.4	1.5	1.6	1.7	1.8	1.9	2
0.9	82.3	82.1	81.4	80.4	78.9	77.0	74.8	72.2	69.3	66.1	62.7	59.2	55.4	51.6	47.7	43.8	40.0	36.2	32.6	29.1	25.7
0.91	82.8	82.6	81.9	80.9	79.4	77.5	75.3	72.8	69.9	66.7	63.3	59.8	56.0	52.2	48.3	44.4	40.6	36.8	33.1	29.6	26.2
0.92	83.2	83.0	82.4	81.3	79.9	78.1	75.8	73.3	70.4	67.3	63.9	60.4	56.6	52.8	48.9	45.0	41.1	37.3	33.7	30.1	26.7
0.93	83.7	83.5	82.9	81.8	80.4	78.6	76.4	73.8	71.0	67.9	64.5	61.0	57.3	53.4	49.5	45.6	41.7	37.9	34.2	30.6	27.2
0.94	84.1	83.9	83.3	82.3	80.9	79.1	76.9	74.4	71.6	68.5	65.1	61.6	57.9	54.0	50.2	46.2	42.3	38.5	34.8	31.2	27.7
0.95	84.6	84.4	83.8	82.7	81.3	79.5	77.4	74.9	72.1	69.0	65.7	62.2	58.5	54.7	50.8	46.8	42.9	39.1	35.3	31.7	28.2
0.96	85.0	84.8	84.2	83.2	81.8	80.0	77.9	75.4	72.6	69.6	66.3	62.8	59.1	55.3	51.4	47.4	43.5	39.7	35.9	32.2	28.7
0.97	85.4	85.2	84.6	83.6	82.2	80.5	78.4	75.9	73.2	70.1	66.8	63.3	59.7	55.9	52.0	48.0	44.1	40.2	36.4	32.8	29.3
0.98	85.8	85.6	85.0	84.1	82.7	81.0	78.9	76.4	73.7	70.7	67.4	63.9	60.3	56.5	52.6	48.7	44.7	40.8	37.0	33.3	29.8
0.99	86.2	86.0	85.5	84.5	83.1	81.4	79.3	76.9	74.2	71.2	68.0	64.5	60.9	57.1	53.2	49.3	45.3	41.4	37.6	33.9	30.3
1	86.6	86.4	85.9	84.9	83.6	81.9	79.8	77.4	74.7	71.8	68.5	65.1	61.4	57.7	53.8	49.9	45.9	42.0	38.2	34.4	30.8
1.01	87.0	86.8	86.3	85.3	84.0	82.3	80.3	77.9	75.2	72.3	69.1	65.6	62.0	58.3	54.4	50.5	46.5	42.6	38.7	35.0	31.4
1.02	87.4	87.2	86.6	85.7	84.4	82.7	80.7	78.4	75.7	72.8	69.6	66.2	62.6	58.9	55.0	51.1	47.1	43.2	39.3	35.5	31.9
1.03	87.8	87.6	87.0	86.1	84.8	83.2	81.2	78.9	76.2	73.3	70.2	66.8	63.2	59.5	55.6	51.7	47.7	43.8	39.9	36.1	32.4
1.04	88.1	87.9	87.4	86.5	85.2	83.6	81.6	79.3	76.7	73.8	70.7	67.3	63.8	60.0	56.2	52.3	48.3	44.4	40.5	36.7	33.0
1.05	88.5	88.3	87.7	86.8	85.6	84.0	82.0	79.8	77.2	74.4	71.2	67.9	64.3	60.6	56.8	52.9	48.9	45.0	41.1	37.2	33.5
1.06	88.8	88.6	88.1	87.2	86.0	84.4	82.5	80.2	77.7	74.9	71.8	68.4	64.9	61.2	57.4	53.5	49.5	45.6	41.6	37.8	34.1
1.07	89.2	89.0	88.4	87.6	86.3	84.8	82.9	80.7	78.2	75.3	72.3	69.0	65.5	61.8	58.0	54.1	50.1	46.2	42.2	38.4	34.6
1.08	89.5	89.3	88.8	87.9	86.7	85.2	83.3	81.1	78.6	75.8	72.8	69.5	66.0	62.4	58.6	54.7	50.7	46.8	42.8	39.0	35.2
1.09	89.8	89.6	89.1	88.3	87.1	85.5	83.7	81.5	79.1	76.3	73.3	70.1	66.6	63.0	59.2	55.3	51.3	47.4	43.4	39.5	35.7
1.1	90.1	89.9	89.4	88.6	87.4	85.9	84.1	82.0	79.5	76.8	73.8	70.6	67.1	63.5	59.8	55.9	51.9	48.0	44.0	40.1	36.3
1.11	90.4	90.2	89.7	88.9	87.8	86.3	84.5	82.4	80.0	77.3	74.3	71.1	67.7	64.1	60.3	56.5	52.5	48.6	44.6	40.7	36.9
1.12	90.7	90.5	90.1	89.2	88.1	86.6	84.9	82.8	80.4	77.7	74.8	71.6	68.2	64.7	60.9	57.1	53.1	49.2	45.2	41.3	37.4
1.13	91.0	90.8	90.3	89.5	88.4	87.0	85.2	83.2	80.8	78.2	75.3	72.1	68.8	65.2	61.5	57.7	53.7	49.8	45.8	41.9	38.0
1.14	91.3	91.1	90.6	89.9	88.7	87.3	85.6	83.6	81.3	78.7	75.8	72.7	69.3	65.8	62.1	58.3	54.3	50.4	46.4	42.5	38.6
1.15	91.5	91.4	90.9	90.1	89.1	87.7	86.0	84.0	81.7	79.1	76.3	73.2	69.8	66.3	62.7	58.8	54.9	51.0	47.0	43.0	39.2
1.16	91.8	91.7	91.2	90.4	89.4	88.0	86.3	84.3	82.1	79.5	76.7	73.7	70.4	66.9	63.2	59.4	55.5	51.6	47.6	43.6	39.7
1.17	92.1	91.9	91.5	90.7	89.7	88.3	86.7	84.7	82.5	80.0	77.2	74.2	70.9	67.4	63.8	60.0	56.1	52.2	48.2	44.2	40.3
1.18	92.3	92.2	91.7	91.0	90.0	88.6	87.0	85.1	82.9	80.4	77.7	74.7	71.4	68.0	64.4	60.6	56.7	52.8	48.8	44.8	40.9
1.19	92.6	92.4	92.0	91.3	90.3	88.9	87.3	85.5	83.3	80.8	78.1	75.1	71.9	68.5	64.9	61.2	57.3	53.4	49.4	45.4	41.5
1.2	92.8	92.7	92.2	91.5	90.5	89.2	87.7	85.8	83.7	81.2	78.6	75.6	72.4	69.0	65.5	61.7	57.9	54.0	50.0	46.0	42.1
1.21	93.0	92.9	92.5	91.8	90.8	89.5	88.0	86.2	84.0	81.7	79.0	76.1	72.9	69.6	66.0	62.3	58.5	54.6	50.6	46.6	42.7
1.22	93.3	93.1	92.7	92.0	91.1	89.8	88.3	86.5	84.4	82.1	79.4	76.6	73.4	70.1	66.6	62.9	59.1	55.2	51.2	47.2	43.2
1.23	93.5	93.4	93.0	92.3	91.3	90.1	88.6	86.8	84.8	82.5	79.9	77.0	73.9	70.6	67.1	63.5	59.6	55.7	51.8	47.8	43.8
1.24	93.7	93.6	93.2	92.5	91.6	90.4	88.9	87.2	85.2	82.9	80.3	77.5	74.4	71.1	67.7	64.0	60.2	56.3	52.4	48.4	44.4
1.25	93.9	93.8	93.4	92.8	91.8	90.7	89.2	87.5	85.5	83.2	80.7	77.9	74.9	71.7	68.2	64.6	60.8	56.9	53.0	49.0	45.0
1.26	94.1	94.0	93.6	93.0	92.1	90.9	89.5	87.8	85.9	83.6	81.1	78.4	75.4	72.2	68.7	65.1	61.4	57.5	53.6	49.6	45.6
1.27	94.3	94.2	93.8	93.2	92.3	91.2	89.8	88.1	86.2	84.0	81.5	78.8	75.9	72.7	69.3	65.7	62.0	58.1	54.2	50.2	46.2
1.28	94.5	94.4	94.0	93.4	92.6	91.4	90.1	88.4	86.5	84.4	81.9	79.3	76.3	73.2	69.8	66.2	62.5	58.7	54.8	50.8	46.8
1.29	94.7	94.6	94.2	93.6	92.8	91.7	90.3	88.7	86.9	84.7	82.3	79.7	76.8	73.7	70.3	66.8	63.1	59.3	55.4	51.4	47.4
1.3	94.9	94.8	94.4	93.8	93.0	91.9	90.6	89.0	87.2	85.1	82.7	80.1	77.3	74.2	70.8	67.3	63.7	59.9	56.0	52.0	48.0
1.31	95.1	94.9	94.6	94.0	93.2	92.2	90.9	89.3	87.5	85.4	83.1	80.5	77.7	74.6	71.4	67.9	64.2	60.4	56.5	52.6	48.6
1.32	95.2	95.1	94.8	94.2	93.4	92.4	91.1	89.6	87.8	85.8	83.5	81.0	78.2	75.1	71.9	68.4	64.8	61.0	57.1	53.2	49.2
1.33	95.4	95.3	95.0	94.4	93.6	92.6	91.4	89.9	88.1	86.1	83.9	81.4	78.6	75.6	72.4	68.9	65.3	61.6	57.7	53.8	49.8
1.35	95.7	95.6	95.3	94.8	94.0	93.1	91.9	90.4	88.7	86.8	84.6	82.2	79.5	76.5	73.4	70.0	66.4	62.7	58.9	55.0	51.0
1.37	96.0	95.9	95.6	95.1	94.4	93.5	92.3	90.9	89.3	87.4	85.3	82.9	80.3	77.4	74.3	71.0	67.5	63.9	60.1	56.2	52.2
1.39	96.3	96.2	95.9	95.4	94.8	93.9	92.8	91.4	89.9	88.1	86.0	83.7	81.1	78.3	75.3	72.1	68.6	65.0	61.2	57.3	53.4
1.41	96.6	96.5	96.2	95.7	95.1	94.2	93.2	91.9	90.4	88.7	86.7	84.4	81.9	79.2	76.2	73.1	69.7	66.1	62.4	58.5	54.6
1.43	96.8	96.7	96.5	96.0	95.4	94.6	93.6	92.4	90.9	89.2	87.3	85.1	82.7	80.1	77.2	74.0	70.7	67.2	63.5	59.7	55.8
1.45	97.0	97.0	96.7	96.3	95.7	94.9	94.0	92.8	91.4	89.8	87.9	85.8	83.5	80.9	78.1	75.0	71.7	68.3	64.6	60.8	56.9
1.47	97.3	97.2	96.9	96.5	96.0	95.2	94.3	93.2	91.9	90.3	88.5	86.5	84.2	81.7	78.9	75.9	72.7	69.3	65.7	62.0	58.1
1.49	97.5	97.4	97.2	96.8	96.3	95.6	94.7	93.6	92.3	90.8	89.1	87.1	84.9	82.5	79.8	76.9	73.7	70.4	66.8	63.1	59.3
1.51	97.6	97.6	97.4	97.0	96.5	95.8	95.0	94.0	92.7	91.3	89.7	87.8	85.6	83.3	80.6	77.8	74.7	71.4	67.9	64.2	60.4
1.53	97.8	97.8	97.6	97.2	96.7	96.1	95.3	94.3	93.2	91.8	90.2	88.4	86.3	84.0	81.4	78.7	75.6	72.4	69.0	65.4	61.6
1.55	98.0	97.9	97.7	97.4	97.0	96.4	95.6	94.7	93.5	92.2	90.7	88.9	86.9	84.7	82.2	79.5	76.6	73.4	70.0	66.5	62.7
1.57	98.1	98.1	97.9	97.6	97.2	96.6	95.9	95.0	93.9	92.7	91.2	89.5	87.6	85.4	83.0	80.4	77.5	74.4	71.1	67.5	63.9
1.59	98.3	98.2	98.1	97.8	97.4	96.8	96.1	95.3	94.3	93.1	91.7	90.0	88.2	86.1	83.8	81.2	78.4	75.3	72.1	68.6	65.0
1.61	98.4	98.4	98.2	97.9	97.6	97.0	96.4	95.6	94.6	93.5	92.1	90.6	88.8	86.7	84.5	82.0	79.2	76.3	73.1	69.7	66.1
1.63	98.6	98.5	98.4	98.1	97.7	97.2	96.6	95.9	94.9	93.8	92.5	91.0	89.3	87.4	85.2	82.8	80.1	77.2	74.1	70.7	67.2
1.65	98.7	98.6	98.5	98.2	97.9	97.4	96.9	96.1	95.3	94.2	93.0	91.5	89.9	88.0	85.9	83.5	80.9	78.1	75.0	71.7	68.3
1.67	98.8	98.7	98.6	98.4	98.1	97.6	97.1	96.4	95.5	94.5	93.4	92.0	90.4	88.6	86.5	84.3	81.7	79.0	76.0	72.7	69.3
1.69	98.9	98.8	98.7	98.5	98.2	97.8	97.3	96.6	95.8	94.9	93.7	92.4	90.9	89.2	87.2	85.0	82.5	79.8	76.9	73.7	70.4
1.71	99.0	98.9	98.8	98.6	98.3	97.9	97.5	96.8	96.1	95.2	94.1	92.8	91.4	89.7	87.8	85.7	83.3	80.6	77.8	74.7	71.4
1.73	99.1	99.0	98.9	98.7	98.5	98.1	97.6	97.0	96.3	95.5	94.4	93.2	91.8	90.2	88.4	86.3	84.0	81.5	78.7	75.6	72.4
1.75	99.1	99.1	99.0	98.8	98.6	98.2	97.8	97.2	96.6	95.8	94.8	93.6	92.3	90.7	89.0	87.0	84.7	82.3	79.5	76.6	73.4
1.77	99.2	99.2	99.1	98.9	98.7	98.4	97.9	97.4	96.8	96.0	95.1	94.0	92.7	91.2	89.5	87.6	85.4	83.0	80.4	77.5	74.4
1.79	99.3	99.2	99.2	99.0	98.8	98.5	98.1	97.6	97.0	96.3	95.4	94.3	93.1	91.7	90.1	88.2	86.1	83.8	81.2	78.4	75.3
1.81	99.3	99.3	99.2	99.1	98.9	98.6	98.2	97.8	97.2	96.5	95.7	94.7	93.5	92.1	90.6	88.8	86.8	84.5	82.0	79.2	76.3

表 C.4　基于 C_p 和 δ 值的过程平均质量损失率 P_{ql} 的数值表

P_{ql}/(%) \ δ / C_p	0.0	0.1	0.2	0.3	0.4	0.5	0.6	0.7	0.8	0.9	1.0	1.1	1.2	1.3	1.4	1.5	1.6	1.7	1.8	1.9	2.0
0.9	13.7	13.9	14.3	15.0	15.9	17.1	18.7	20.4	22.5	24.8	27.4	30.3	33.5	36.9	40.6	44.6	48.8	53.4	58.2	63.2	68.6
0.91	13.4	13.6	14.0	14.6	15.6	16.8	18.2	20.0	22.0	24.3	26.8	29.7	32.7	36.1	39.7	43.6	47.8	52.2	56.9	61.9	67.1
0.92	13.1	13.3	13.7	14.3	15.2	16.4	17.9	19.6	21.5	23.8	26.3	29.0	32.0	35.3	38.9	42.7	46.7	51.1	55.7	60.5	65.6
0.93	12.8	13.0	13.4	14.0	14.9	16.1	17.5	19.1	21.1	23.3	25.7	28.4	31.3	34.6	38.0	41.8	45.7	50.0	54.5	59.2	64.2
0.94	12.6	12.7	13.1	13.7	14.6	15.7	17.1	18.7	20.6	22.8	25.1	27.8	30.7	33.8	37.2	40.9	44.8	48.9	53.3	58.0	62.9
0.95	12.3	12.4	12.8	13.4	14.3	15.4	16.7	18.3	20.2	22.3	24.6	27.2	30.0	33.1	36.4	40.0	43.8	47.9	52.2	56.8	61.6
0.96	12.1	12.2	12.5	13.1	14.0	15.1	16.4	18.0	19.8	21.8	24.1	26.6	29.4	32.4	35.7	39.2	42.9	46.9	51.1	55.6	60.3
0.97	11.8	11.9	12.3	12.9	13.7	14.8	16.1	17.6	19.4	21.4	23.6	26.1	28.8	31.8	35.0	38.4	42.0	45.9	50.1	54.4	59.0
0.98	11.6	11.7	12.0	12.6	13.4	14.5	15.7	17.2	19.0	20.9	23.1	25.6	28.2	31.1	34.2	37.6	41.2	45.0	49.1	53.3	57.8
0.99	11.3	11.5	11.8	12.4	13.2	14.2	15.4	16.9	18.6	20.5	22.7	25.1	27.7	30.5	33.6	36.8	40.4	44.1	48.1	52.3	56.7
1	11.1	11.2	11.6	12.1	12.9	13.9	15.1	16.6	18.2	20.1	22.2	24.6	27.1	29.9	32.9	36.1	39.6	43.2	47.1	51.2	55.6
1.01	10.9	11.0	11.3	11.9	12.6	13.6	14.8	16.2	17.9	19.7	21.8	24.1	26.6	29.3	32.2	35.4	38.8	42.4	46.2	50.2	54.5
1.02	10.7	10.8	11.1	11.6	12.4	13.3	14.5	15.9	17.5	19.3	21.4	23.6	26.1	28.7	31.6	34.7	38.0	41.5	45.3	49.2	53.4
1.03	10.5	10.6	10.9	11.4	12.1	13.1	14.2	15.6	17.2	19.0	20.9	23.1	25.6	28.2	31.0	34.0	37.3	40.7	44.4	48.3	52.4
1.04	10.3	10.4	10.7	11.2	11.9	12.8	14.0	15.3	16.8	18.6	20.5	22.7	25.1	27.6	30.4	33.4	36.6	40.0	43.6	47.4	51.4
1.05	10.1	10.2	10.5	11.0	11.7	12.6	13.7	15.0	16.5	18.2	20.2	22.3	24.6	27.1	29.8	32.8	35.9	39.2	42.7	46.5	50.4
1.06	9.9	10.0	10.3	10.8	11.5	12.4	13.4	14.7	16.2	17.9	19.8	21.9	24.1	26.6	29.3	32.1	35.2	38.5	41.9	45.6	49.4
1.07	9.7	9.8	10.1	10.6	11.3	12.1	13.2	14.5	15.9	17.6	19.4	21.4	23.7	26.1	28.7	31.5	34.5	37.8	41.1	44.7	48.5
1.08	9.5	9.6	9.9	10.4	11.1	11.9	13.0	14.2	15.6	17.2	19.1	21.1	23.2	25.6	28.2	31.0	33.9	37.1	40.4	43.9	47.6
1.09	9.4	9.4	9.7	10.2	10.8	11.7	12.7	13.9	15.3	16.9	18.7	20.7	22.8	25.2	27.7	30.4	33.3	36.4	39.7	43.1	46.8
1.1	9.2	9.3	9.6	10.0	10.7	11.5	12.5	13.7	15.1	16.6	18.4	20.3	22.4	24.7	27.2	29.8	32.7	35.7	38.9	42.3	45.9
1.11	9.0	9.1	9.4	9.8	10.5	11.3	12.3	13.4	14.8	16.3	18.0	19.9	22.0	24.3	26.7	29.3	32.1	35.1	38.2	41.6	45.1
1.12	8.9	8.9	9.2	9.7	10.3	11.1	12.0	13.2	14.5	16.0	17.7	19.6	21.6	23.8	26.2	28.8	31.5	34.5	37.6	40.8	44.3
1.13	8.7	8.8	9.0	9.5	10.1	10.9	11.8	13.0	14.3	15.7	17.4	19.2	21.2	23.4	25.8	28.3	31.0	33.8	36.9	40.1	43.5
1.14	8.5	8.6	8.9	9.3	9.9	10.7	11.6	12.7	14.0	15.5	17.1	18.9	20.9	23.0	25.3	27.8	30.4	33.3	36.3	39.4	42.7
1.15	8.4	8.5	8.7	9.2	9.7	10.5	11.4	12.5	13.8	15.2	16.8	18.6	20.5	22.6	24.9	27.3	29.9	32.7	35.6	38.7	42.0
1.16	8.3	8.3	8.6	9.0	9.6	10.3	11.2	12.3	13.5	14.9	16.5	18.2	20.1	22.2	24.4	26.8	29.4	32.1	35.0	38.1	41.3
1.17	8.1	8.2	8.4	8.8	9.4	10.1	11.0	12.1	13.3	14.7	16.2	17.9	19.8	21.8	24.0	26.4	28.9	31.6	34.4	37.4	40.6
1.18	8.0	8.1	8.3	8.7	9.3	10.0	10.9	11.9	13.1	14.4	16.0	17.6	19.5	21.5	23.6	25.9	28.4	31.0	33.8	36.8	39.9
1.19	7.8	7.9	8.2	8.6	9.1	9.8	10.7	11.7	12.9	14.2	15.7	17.3	19.1	21.1	23.2	25.5	27.9	30.5	33.3	36.2	39.2
1.2	7.7	7.8	8.0	8.4	9.0	9.6	10.5	11.5	12.7	14.0	15.4	17.1	18.8	20.8	22.8	25.1	27.5	30.0	32.7	35.6	38.6
1.21	7.6	7.7	7.9	8.3	8.8	9.5	10.3	11.3	12.4	13.7	15.2	16.8	18.5	20.4	22.5	24.7	27.0	29.5	32.2	35.0	37.9
1.22	7.5	7.5	7.8	8.1	8.7	9.3	10.2	11.1	12.2	13.5	14.9	16.5	18.2	20.1	22.1	24.3	26.6	29.0	31.7	34.4	37.3
1.23	7.3	7.4	7.6	8.0	8.5	9.2	10.0	10.9	12.0	13.3	14.7	16.2	17.9	19.8	21.7	23.9	26.1	28.6	31.1	33.9	36.7
1.24	7.2	7.3	7.5	7.9	8.4	9.0	9.8	10.8	11.9	13.1	14.5	16.0	17.6	19.4	21.4	23.5	25.7	28.1	30.6	33.3	36.1
1.25	7.1	7.2	7.4	7.8	8.2	8.9	9.7	10.6	11.7	12.9	14.2	15.7	17.4	19.1	21.0	23.1	25.3	27.7	30.2	32.8	35.6
1.26	7.0	7.1	7.3	7.6	8.1	8.7	9.5	10.4	11.5	12.7	14.0	15.5	17.1	18.8	20.7	22.7	24.9	27.2	29.7	32.3	35.0
1.27	6.9	7.0	7.2	7.5	8.0	8.6	9.4	10.3	11.3	12.5	13.8	15.2	16.8	18.5	20.4	22.4	24.5	26.8	29.2	31.8	34.4
1.28	6.8	6.8	7.1	7.4	7.9	8.5	9.2	10.1	11.1	12.3	13.6	15.0	16.5	18.2	20.1	22.0	24.1	26.4	28.8	31.3	33.9
1.29	6.7	6.7	6.9	7.3	7.7	8.3	9.1	9.9	11.0	12.1	13.4	14.8	16.3	18.0	19.8	21.7	23.8	26.0	28.3	30.8	33.4
1.3	6.6	6.6	6.8	7.2	7.6	8.2	8.9	9.8	10.8	11.9	13.1	14.5	16.0	17.7	19.5	21.4	23.4	25.6	27.9	30.3	32.9
1.31	6.5	6.5	6.7	7.1	7.5	8.1	8.8	9.6	10.6	11.7	12.9	14.3	15.8	17.4	19.2	21.0	23.0	25.2	27.5	29.8	32.4
1.32	6.4	6.4	6.6	7.0	7.4	8.0	8.7	9.5	10.5	11.5	12.8	14.1	15.6	17.2	18.9	20.7	22.7	24.8	27.0	29.4	31.9
1.33	6.3	6.3	6.5	6.8	7.3	7.9	8.5	9.4	10.3	11.4	12.6	13.9	15.3	16.9	18.6	20.4	22.4	24.4	26.6	29.0	31.4
1.35	6.1	6.2	6.3	6.6	7.1	7.6	8.3	9.1	10.0	11.0	12.2	13.5	14.9	16.4	18.0	19.8	21.7	23.7	25.8	28.1	30.5
1.37	5.9	6.0	6.2	6.5	6.9	7.4	8.1	8.8	9.7	10.7	11.8	13.1	14.4	15.9	17.5	19.2	21.1	23.0	25.1	27.3	29.6
1.39	5.8	5.8	6.0	6.3	6.7	7.2	7.8	8.6	9.4	10.4	11.5	12.7	14.0	15.5	17.0	18.7	20.5	22.4	24.4	26.5	28.8
1.41	5.6	5.6	5.8	6.1	6.5	7.0	7.6	8.3	9.2	10.1	11.2	12.4	13.6	15.0	16.5	18.2	19.9	21.7	23.7	25.8	27.9
1.43	5.4	5.5	5.7	5.9	6.3	6.8	7.4	8.1	8.9	9.8	10.9	12.0	13.3	14.6	16.1	17.7	19.3	21.1	23.0	25.0	27.2
1.45	5.3	5.3	5.5	5.8	6.1	6.6	7.2	7.9	8.7	9.6	10.6	11.7	12.9	14.2	15.6	17.2	18.8	20.6	22.4	24.4	26.4
1.47	5.1	5.2	5.3	5.6	6.0	6.4	7.0	7.7	8.4	9.3	10.3	11.4	12.5	13.8	15.2	16.7	18.3	20.0	21.8	23.7	25.7
1.49	5.0	5.1	5.2	5.5	5.8	6.3	6.8	7.5	8.2	9.1	10.0	11.1	12.2	13.5	14.8	16.3	17.8	19.5	21.2	23.1	25.0
1.51	4.9	4.9	5.1	5.3	5.7	6.1	6.6	7.3	8.0	8.8	9.7	10.8	11.9	13.1	14.4	15.8	17.3	19.0	20.7	22.5	24.4
1.53	4.7	4.8	4.9	5.2	5.5	5.9	6.5	7.1	7.8	8.6	9.5	10.5	11.6	12.8	14.0	15.4	16.9	18.5	20.1	21.9	23.7
1.55	4.6	4.7	4.8	5.0	5.4	5.8	6.3	6.9	7.6	8.4	9.2	10.2	11.3	12.4	13.7	15.0	16.5	18.0	19.6	21.3	23.1
1.57	4.5	4.6	4.7	4.9	5.2	5.6	6.1	6.7	7.4	8.2	9.0	10.0	11.0	12.1	13.3	14.7	16.0	17.5	19.1	20.8	22.5
1.59	4.4	4.4	4.6	4.8	5.1	5.5	6.0	6.5	7.2	8.0	8.8	9.7	10.7	11.8	13.0	14.3	15.6	17.1	18.6	20.3	22.0
1.61	4.3	4.3	4.5	4.7	5.0	5.4	5.8	6.4	7.0	7.8	8.6	9.5	10.5	11.5	12.7	13.9	15.3	16.7	18.2	19.8	21.4
1.63	4.2	4.2	4.3	4.6	4.9	5.2	5.7	6.2	6.9	7.6	8.4	9.2	10.2	11.2	12.4	13.6	14.9	16.3	17.7	19.3	20.9
1.65	4.1	4.1	4.2	4.4	4.7	5.1	5.6	6.1	6.7	7.4	8.2	9.0	10.0	11.0	12.1	13.3	14.5	15.9	17.3	18.8	20.4
1.67	4.0	4.0	4.1	4.3	4.6	5.0	5.4	5.9	6.5	7.2	8.0	8.8	9.7	10.7	11.8	12.9	14.2	15.5	16.9	18.4	19.9
1.69	3.9	3.9	4.0	4.2	4.5	4.9	5.3	5.8	6.4	7.0	7.8	8.6	9.5	10.5	11.5	12.6	13.8	15.1	16.5	17.9	19.5
1.71	3.8	3.8	4.0	4.1	4.4	4.7	5.2	5.7	6.2	6.9	7.6	8.4	9.3	10.2	11.2	12.3	13.5	14.8	16.1	17.5	19.0
1.73	3.7	3.7	3.9	4.0	4.3	4.6	5.0	5.5	6.1	6.7	7.4	8.2	9.1	10.0	11.0	12.1	13.2	14.4	15.7	17.1	18.6
1.75	3.6	3.7	3.8	4.0	4.2	4.5	4.9	5.4	6.0	6.6	7.3	8.0	8.9	9.8	10.7	11.8	12.9	14.1	15.4	16.7	18.1
1.77	3.5	3.6	3.7	3.9	4.1	4.4	4.8	5.3	5.8	6.4	7.1	7.8	8.7	9.5	10.5	11.5	12.6	13.8	15.0	16.3	17.7
1.79	3.5	3.5	3.6	3.8	4.0	4.3	4.7	5.2	5.7	6.3	6.9	7.7	8.5	9.3	10.3	11.3	12.3	13.5	14.7	16.0	17.3
1.81	3.4	3.4	3.5	3.7	3.9	4.2	4.6	5.1	5.6	6.1	6.8	7.5	8.3	9.1	10.0	11.0	12.1	13.2	14.4	15.6	17.0

表 C.5　基于 C_p 和 δ 值的过程能力指数 C_{pm} 的数值表

C_{pm} \ δ / C_p	0.00	0.05	0.10	0.15	0.20	0.25	0.30	0.35	0.40	0.45	0.50	0.55	0.60	0.65	0.70	0.75	0.80	0.85	0.90	0.95
0.90	0.90	0.90	0.90	0.89	0.88	0.87	0.86	0.85	0.84	0.82	0.80	0.79	0.77	0.75	0.74	0.72	0.70	0.69	0.67	0.65
0.91	0.91	0.91	0.91	0.90	0.89	0.88	0.87	0.86	0.84	0.83	0.81	0.80	0.78	0.76	0.75	0.73	0.71	0.69	0.68	0.66
0.92	0.92	0.92	0.92	0.91	0.90	0.89	0.88	0.87	0.85	0.84	0.82	0.81	0.79	0.77	0.75	0.74	0.72	0.70	0.68	0.67
0.93	0.93	0.93	0.93	0.92	0.91	0.90	0.89	0.88	0.86	0.85	0.83	0.81	0.80	0.78	0.76	0.74	0.73	0.71	0.69	0.67
0.94	0.94	0.94	0.94	0.93	0.92	0.91	0.90	0.89	0.87	0.86	0.84	0.82	0.81	0.79	0.77	0.75	0.73	0.72	0.70	0.68
0.95	0.95	0.95	0.95	0.94	0.93	0.92	0.91	0.90	0.88	0.87	0.85	0.83	0.81	0.80	0.78	0.76	0.74	0.72	0.71	0.69
0.96	0.96	0.96	0.96	0.95	0.94	0.93	0.92	0.91	0.89	0.88	0.86	0.84	0.82	0.80	0.79	0.77	0.75	0.73	0.71	0.70
0.97	0.97	0.97	0.97	0.96	0.95	0.94	0.93	0.92	0.90	0.88	0.87	0.85	0.83	0.81	0.79	0.78	0.76	0.74	0.72	0.70
0.98	0.98	0.98	0.98	0.97	0.96	0.95	0.94	0.92	0.91	0.89	0.88	0.86	0.84	0.82	0.80	0.78	0.77	0.75	0.73	0.71
0.99	0.99	0.99	0.99	0.98	0.97	0.96	0.95	0.93	0.92	0.90	0.89	0.87	0.85	0.83	0.81	0.79	0.77	0.75	0.74	0.72
1.00	1.00	1.00	1.00	0.99	0.98	0.97	0.96	0.94	0.93	0.91	0.89	0.88	0.86	0.84	0.82	0.80	0.78	0.76	0.74	0.72
1.01	1.01	1.01	1.00	1.00	0.99	0.98	0.97	0.95	0.94	0.92	0.90	0.88	0.87	0.85	0.83	0.81	0.79	0.77	0.75	0.73
1.02	1.02	1.02	1.01	1.01	1.00	0.99	0.98	0.96	0.95	0.93	0.91	0.89	0.87	0.86	0.84	0.82	0.80	0.78	0.76	0.74
1.03	1.03	1.03	1.02	1.02	1.01	1.00	0.99	0.97	0.96	0.94	0.92	0.90	0.88	0.86	0.84	0.82	0.80	0.78	0.77	0.75
1.04	1.04	1.04	1.03	1.03	1.02	1.01	1.00	0.98	0.97	0.95	0.93	0.91	0.89	0.87	0.85	0.83	0.81	0.79	0.77	0.75
1.05	1.05	1.05	1.04	1.04	1.03	1.02	1.01	0.99	0.97	0.96	0.94	0.92	0.90	0.88	0.86	0.84	0.82	0.80	0.78	0.76
1.06	1.06	1.06	1.05	1.05	1.04	1.03	1.02	1.00	0.98	0.97	0.95	0.93	0.91	0.89	0.87	0.85	0.83	0.81	0.79	0.77
1.07	1.07	1.07	1.06	1.06	1.05	1.04	1.02	1.01	0.99	0.98	0.96	0.94	0.92	0.90	0.88	0.86	0.84	0.82	0.80	0.78
1.08	1.08	1.08	1.07	1.07	1.06	1.05	1.03	1.02	1.00	0.98	0.97	0.95	0.93	0.91	0.88	0.86	0.84	0.82	0.80	0.78
1.09	1.09	1.09	1.08	1.08	1.07	1.06	1.04	1.03	1.01	0.99	0.97	0.96	0.93	0.91	0.89	0.87	0.85	0.83	0.81	0.79
1.10	1.10	1.10	1.09	1.09	1.08	1.07	1.05	1.04	1.02	1.00	0.98	0.96	0.94	0.92	0.90	0.88	0.86	0.84	0.82	0.80
1.11	1.11	1.11	1.10	1.10	1.09	1.08	1.06	1.05	1.03	1.01	0.99	0.97	0.95	0.93	0.91	0.89	0.87	0.85	0.83	0.80
1.12	1.12	1.12	1.11	1.11	1.10	1.09	1.07	1.06	1.04	1.02	1.00	0.98	0.96	0.94	0.92	0.90	0.87	0.85	0.83	0.81
1.13	1.13	1.13	1.12	1.12	1.11	1.10	1.08	1.07	1.05	1.03	1.01	0.99	0.97	0.95	0.93	0.90	0.88	0.86	0.84	0.82
1.14	1.14	1.14	1.13	1.13	1.12	1.11	1.09	1.08	1.06	1.04	1.02	1.00	0.98	0.96	0.93	0.91	0.89	0.87	0.85	0.83
1.15	1.15	1.15	1.14	1.14	1.13	1.12	1.10	1.09	1.07	1.05	1.03	1.01	0.99	0.96	0.94	0.92	0.90	0.88	0.85	0.83
1.16	1.16	1.16	1.15	1.15	1.14	1.13	1.11	1.09	1.08	1.06	1.04	1.02	0.99	0.97	0.95	0.93	0.91	0.88	0.86	0.84
1.17	1.17	1.17	1.16	1.16	1.15	1.14	1.12	1.10	1.09	1.07	1.05	1.03	1.00	0.98	0.96	0.94	0.91	0.89	0.87	0.85
1.18	1.18	1.18	1.17	1.17	1.16	1.14	1.13	1.11	1.10	1.08	1.06	1.03	1.01	0.99	0.97	0.94	0.92	0.90	0.88	0.86
1.19	1.19	1.19	1.18	1.18	1.17	1.15	1.14	1.12	1.10	1.09	1.06	1.04	1.02	1.00	0.97	0.95	0.93	0.91	0.88	0.86
1.20	1.20	1.20	1.19	1.19	1.18	1.16	1.15	1.13	1.11	1.09	1.07	1.05	1.03	1.01	0.98	0.96	0.94	0.91	0.89	0.87
1.21	1.21	1.21	1.20	1.20	1.19	1.17	1.16	1.14	1.12	1.10	1.08	1.06	1.04	1.01	0.99	0.97	0.94	0.92	0.90	0.88
1.22	1.22	1.22	1.21	1.21	1.20	1.18	1.17	1.15	1.13	1.11	1.09	1.07	1.05	1.02	1.00	0.98	0.95	0.93	0.91	0.88
1.23	1.23	1.23	1.22	1.22	1.21	1.19	1.18	1.16	1.14	1.12	1.10	1.08	1.05	1.03	1.01	0.98	0.96	0.94	0.91	0.89
1.25	1.25	1.25	1.24	1.24	1.23	1.21	1.20	1.18	1.16	1.14	1.12	1.10	1.07	1.05	1.02	1.00	0.98	0.95	0.93	0.91
1.27	1.27	1.27	1.26	1.26	1.25	1.23	1.22	1.20	1.18	1.16	1.14	1.11	1.09	1.06	1.04	1.02	0.99	0.97	0.94	0.92
1.29	1.29	1.29	1.28	1.28	1.26	1.25	1.24	1.22	1.20	1.18	1.15	1.13	1.11	1.08	1.06	1.03	1.01	0.98	0.96	0.94
1.31	1.31	1.31	1.30	1.30	1.28	1.27	1.25	1.24	1.22	1.19	1.17	1.15	1.12	1.10	1.07	1.05	1.02	1.00	0.97	0.95
1.33	1.33	1.33	1.32	1.32	1.30	1.29	1.27	1.26	1.23	1.21	1.19	1.17	1.14	1.12	1.09	1.06	1.04	1.01	0.99	0.96
1.35	1.35	1.35	1.34	1.34	1.32	1.31	1.29	1.27	1.25	1.23	1.21	1.18	1.16	1.13	1.11	1.08	1.05	1.03	1.00	0.98
1.37	1.37	1.37	1.36	1.35	1.34	1.33	1.31	1.29	1.27	1.25	1.23	1.20	1.17	1.15	1.12	1.10	1.07	1.04	1.02	0.99
1.39	1.39	1.39	1.38	1.37	1.36	1.35	1.33	1.31	1.29	1.27	1.24	1.22	1.19	1.17	1.14	1.11	1.09	1.06	1.03	1.01
1.41	1.41	1.41	1.40	1.39	1.38	1.37	1.35	1.33	1.31	1.29	1.26	1.24	1.21	1.18	1.16	1.13	1.10	1.07	1.05	1.02
1.43	1.43	1.43	1.42	1.41	1.40	1.39	1.37	1.35	1.33	1.30	1.28	1.25	1.23	1.20	1.17	1.14	1.12	1.09	1.06	1.04
1.45	1.45	1.45	1.44	1.43	1.42	1.41	1.39	1.37	1.35	1.32	1.30	1.27	1.24	1.22	1.19	1.16	1.13	1.10	1.08	1.05
1.47	1.47	1.47	1.46	1.45	1.44	1.43	1.41	1.39	1.36	1.34	1.31	1.29	1.26	1.23	1.20	1.18	1.15	1.12	1.09	1.07
1.49	1.49	1.49	1.48	1.47	1.46	1.45	1.43	1.41	1.38	1.36	1.33	1.31	1.28	1.25	1.22	1.19	1.16	1.14	1.11	1.08
1.51	1.51	1.51	1.50	1.49	1.48	1.46	1.45	1.43	1.40	1.38	1.35	1.32	1.29	1.27	1.24	1.21	1.18	1.15	1.12	1.09
1.53	1.53	1.53	1.52	1.51	1.50	1.48	1.47	1.44	1.42	1.40	1.37	1.34	1.31	1.28	1.25	1.22	1.19	1.17	1.14	1.11
1.55	1.55	1.55	1.54	1.53	1.52	1.50	1.48	1.46	1.44	1.41	1.39	1.36	1.33	1.30	1.27	1.24	1.21	1.18	1.15	1.12
1.57	1.57	1.57	1.56	1.55	1.54	1.52	1.50	1.48	1.46	1.43	1.40	1.38	1.35	1.32	1.29	1.26	1.23	1.20	1.17	1.14
1.59	1.59	1.59	1.58	1.57	1.56	1.54	1.52	1.50	1.48	1.45	1.42	1.39	1.36	1.33	1.30	1.27	1.24	1.21	1.18	1.15
1.61	1.61	1.61	1.60	1.59	1.58	1.56	1.54	1.52	1.49	1.47	1.44	1.41	1.38	1.35	1.32	1.29	1.26	1.23	1.20	1.17
1.63	1.63	1.63	1.62	1.61	1.60	1.58	1.56	1.54	1.51	1.49	1.46	1.43	1.40	1.37	1.34	1.30	1.27	1.24	1.21	1.18
1.65	1.65	1.65	1.64	1.63	1.62	1.60	1.58	1.56	1.53	1.50	1.48	1.45	1.41	1.38	1.35	1.32	1.29	1.26	1.23	1.20
1.67	1.67	1.67	1.66	1.65	1.64	1.62	1.60	1.58	1.55	1.52	1.49	1.46	1.43	1.40	1.37	1.34	1.30	1.27	1.24	1.21
1.69	1.69	1.69	1.68	1.67	1.66	1.64	1.62	1.60	1.57	1.54	1.51	1.48	1.45	1.42	1.38	1.35	1.32	1.29	1.26	1.23
1.71	1.71	1.71	1.70	1.69	1.68	1.66	1.64	1.61	1.59	1.56	1.53	1.50	1.47	1.43	1.40	1.37	1.34	1.30	1.27	1.24
1.73	1.73	1.73	1.72	1.71	1.70	1.68	1.66	1.63	1.61	1.58	1.55	1.52	1.48	1.45	1.42	1.38	1.35	1.32	1.29	1.25
1.75	1.75	1.75	1.74	1.73	1.72	1.70	1.68	1.65	1.62	1.60	1.57	1.53	1.50	1.47	1.43	1.40	1.37	1.33	1.30	1.27
1.77	1.77	1.77	1.76	1.75	1.74	1.72	1.70	1.67	1.64	1.61	1.58	1.55	1.52	1.48	1.45	1.42	1.38	1.35	1.32	1.28
1.79	1.79	1.79	1.78	1.77	1.76	1.74	1.71	1.69	1.66	1.63	1.60	1.57	1.53	1.50	1.47	1.43	1.40	1.36	1.33	1.30
1.81	1.81	1.81	1.80	1.79	1.77	1.76	1.73	1.71	1.68	1.65	1.62	1.59	1.55	1.52	1.48	1.45	1.41	1.38	1.35	1.31
1.83	1.83	1.83	1.82	1.81	1.79	1.78	1.75	1.73	1.70	1.67	1.64	1.60	1.57	1.53	1.50	1.46	1.43	1.39	1.36	1.33
1.85	1.85	1.85	1.84	1.83	1.81	1.79	1.77	1.75	1.72	1.69	1.65	1.62	1.59	1.55	1.52	1.48	1.44	1.41	1.38	1.34
1.87	1.87	1.87	1.86	1.85	1.83	1.81	1.79	1.77	1.74	1.71	1.67	1.64	1.60	1.57	1.53	1.50	1.46	1.42	1.39	1.36
1.89	1.89	1.89	1.88	1.87	1.85	1.83	1.81	1.78	1.75	1.72	1.69	1.66	1.62	1.58	1.55	1.51	1.48	1.44	1.40	1.37

附 录 D
（资料性附录）
在 GPS 矩阵模型中的位置

GPS 矩阵模型参见 GB/Z 20308—2006。

D.1 本部分的信息及其应用

本部分标准规定了零件批制造过程相关质量特性的统计质量指标，及其在公差设计和质量改进中的应用。

D.2 本部分在 GPS 矩阵模型中的位置

本部分标准是 GPS 通用标准，它影响 GPS 矩阵中尺寸和距离标准链的链环 1、链环 2、链环 3 和链环 4，如图 D.1 所示。

GPS 基础标准

GPS 综合标准

GPS 通用标准						
链环号	1	2	3	4	5	6
尺寸						
距离						
半径						
角度						
与基准无关的线形状						
与基准相关的线形状						
与基准无关的面形状						
与基准相关的面形状						
方向						
位置						
圆跳动						
全跳动						
基准						
粗糙度轮廓						
波纹度轮廓						
原始轮廓						
表面缺陷						
棱边						

图 D.1 在 GPS 矩阵模型中的位置

D.3 相关的标准

相关的标准为图 D.1 所示标准链涉及的标准。

ICS 17.040.10
J 04

中华人民共和国国家标准化指导性技术文件

GB/Z 24636.4—2009

产品几何技术规范(GPS) 统计公差 第4部分:基于给定置信水平的统计公差设计

Geometrical Product Specifications(GPS)— Statistical tolerance— Part 4:Statistical tolerance design based on given confidence levels

2009-11-15 发布　　　　2010-09-01 实施

中华人民共和国国家质量监督检验检疫总局
中国国家标准化管理委员会　发布

前 言

GB/Z 24636《产品几何技术规范(GPS) 统计公差》分为如下五部分：

——第1部分：术语、定义和基本概念；

——第2部分：统计公差值及其图样标注；

——第3部分：零件批(过程)的统计质量指标；

——第4部分：基于给定置信水平的统计公差设计；

——第5部分：装配批(孔、轴配合)的统计质量指标。

本部分为GB/Z 24636的第4部分。

本部分的附录A为规范性附录，附录B、附录C和附录D为资料性附录。

本部分由全国产品尺寸和几何技术规范标准化技术委员会提出并归口。

本部分起草单位：山东理工大学、中机生产力促进中心、浙江亚太机电股份有限公司、郑州大学、中原工学院、西安交通大学。

本部分主要起草人：张宇、熊焜、黄国兴、张琳娜、赵则祥、景蔚萱。

产品几何技术规范(GPS)
统计公差
第4部分:基于给定置信水平的统计公差设计

1 范围

GB/Z 24636 的本部分规定了基于给定置信水平的统计公差相关的术语、符号、计算公式及设计方法。

本部分适用于应用统计过程控制的线性尺寸,特别是具有较高公差等级的配合尺寸;也适用于具有双侧规范限且应用统计过程控制的计量型质量特性。

2 规范性引用文件

下列文件中的条款通过 GB/Z 24636 的本部分的引用而成为本部分的条款。凡是注日期的引用文件,其随后所有的修改单(不包括勘误的内容)或修订版均不适用于本部分,然而,鼓励根据本部分达成协议的各方研究是否可使用这些文件的最新版本。凡是不注日期的引用文件,其最新版本适用于本部分。

GB/Z 20308 产品几何技术规范(GPS) 总体规划(GB/Z 20308—2006,ISO/TR 14638:1995,MOD)

3 基本概念

3.1 统计参数的点估计

3.1.1 过程能力指数 C_p 的点估计值 $\hat{C}_p$

$$\hat{C}_p = \frac{USL - LSL}{6\hat{\sigma}} = \frac{T}{6\hat{\sigma}} \quad \cdots\cdots(1)$$

注:式中标准差点估计值 $\hat{\sigma}$ 可根据数据来源的控制图种类按三种表示方式之一计算,参见附录 C。

$$S = \hat{\sigma}_S = \sqrt{\frac{1}{mn-1}\sum_{i=1}^{m}(x_i - \hat{\mu})^2}; \qquad \hat{\sigma}_{\overline{R}} = \frac{\overline{R}}{d_2}; \qquad \hat{\sigma}_s = \frac{\overline{s}}{c_4}$$

3.1.2 过程偏移相关参数 k 的点估计值 $\hat{k}$

如果用总体均值的估计值 $\hat{\mu}$(或$\overline{\overline{x}}$)替代 k 的公式中的理论值 μ,得到的估计值(或点估计)$\hat{k}$:

$$\hat{k} = \frac{\hat{\mu} - M}{T/2} = \frac{\overline{\overline{x}} - M}{T/2} = \frac{2\hat{\Delta}}{T} \quad \cdots\cdots(2)$$

式中:

M——公差带中心值;

$\hat{\Delta}$——总体均值的估计值 $\hat{\mu}$(或$\overline{\overline{x}}$)对 M 的偏移。

3.2 基于给定置信水平的统计参数的置信区间

3.2.1 基于给定置信水平 $100(1-\alpha)\%$ 的过程均值 μ 的置信区间

3.2.1.1 标准差已知情形

以一定的置信概率 $1-\alpha$ 得到总体均值 μ 的置信区间如下。

双侧 $100(1-\alpha)\%$ 置信区间:

$$\hat{\mu}-z_{\alpha/2}\frac{\sigma}{\sqrt{mn}}\leqslant\mu\leqslant\hat{\mu}+z_{\alpha/2}\frac{\sigma}{\sqrt{mn}}\qquad\cdots\cdots(3)$$

式中：

$z_{\alpha/2}$ ——标准正态分布的右侧 $\alpha/2$ 分位点。

单侧 $100(1-\alpha)\%$置信区间下限 $\mu_{1-\alpha(\min)}$：$\hat{\mu}-z_{\alpha}\frac{\sigma}{\sqrt{mn}}$

单侧 $100(1-\alpha)\%$置信区间上限 $\mu_{1-\alpha(\max)}$：$\hat{\mu}+z_{\alpha}\frac{\sigma}{\sqrt{mn}}$

3.2.1.2 标准差未知情形

以一定的置信概率 $1-\alpha$ 得到总体均值 μ 的置信区间如下。

双侧 $100(1-\alpha)\%$置信区间：

$$\hat{\mu}-t_{\alpha/2,\nu}\frac{\hat{\sigma}}{\sqrt{mn}}\leqslant\mu\leqslant\hat{\mu}+t_{\alpha/2,\nu}\frac{\hat{\sigma}}{\sqrt{mn}}\qquad\cdots\cdots(4)$$

式中：

ν ——t 分布的自由度；

$t_{\alpha/2,\nu}$ ——t 分布的右侧 $\alpha/2$ 分位数。

单侧 $100(1-\alpha)\%$置信区间下限 $\mu_{1-\alpha(\min)}$：$\hat{\mu}-t_{\alpha,\nu}\frac{\hat{\sigma}}{\sqrt{mn}}$

单侧 $100(1-\alpha)\%$置信区间上限 $\mu_{1-\alpha(\max)}$：$\hat{\mu}+t_{\alpha,\nu}\frac{\hat{\sigma}}{\sqrt{mn}}$

3.2.2 基于给定置信水平 $100(1-\alpha)\%$的过程标准差 σ 的单侧置信区间

统计过程控制中，过程标准差 σ 是过程波动的度量，越小越好，通常更关注单侧 $100(1-\alpha)\%$置信区间上限。

当过程应用统计过程控制，质量特性值服从正态分布，标准差的估计值用 $\hat{\sigma}_S$，$\hat{\sigma}_{\bar{s}}$ 和 $\hat{\sigma}_{\bar{R}}$ 分别表示时，基于 $1-\alpha$ 置信概率的标准差 σ 的单侧置信区间上限有三种表示方式。

3.2.2.1 标准差的估计值用 $\hat{\sigma}_S$ 表示时 σ 的 $100(1-\alpha)\%$置信区间上限

$$\sigma_{S,1-\alpha(\max)}=\hat{\sigma}_S\sqrt{\frac{\nu}{\chi^2_{1-\alpha,\nu}}}=S\sqrt{\frac{\nu}{\chi^2_{1-\alpha,\nu}}}\qquad\cdots\cdots(5)$$

式中：

$\nu=mn-1$——$\chi^2(\nu)$分布自由度；

$\chi^2_{1-\alpha,\nu}$——$\chi^2(\nu)$分布的 $1-\alpha$ 分位数。

3.2.2.2 标准差的估计值用 $\hat{\sigma}_{\bar{s}}$ 表示时 σ 的 $100(1-\alpha)\%$置信区间上限

$$\sigma_{\bar{s},1-\alpha(\max)}=\hat{\sigma}_{\bar{s}}\sqrt{\frac{\nu}{\chi^2_{1-\alpha,\nu}}}=\frac{\bar{s}}{c_4}\sqrt{\frac{\nu}{\chi^2_{1-\alpha,\nu}}}\qquad\cdots\cdots(6)$$

式中：

$\nu=f_n m(n-1)$——$\chi^2(\nu)$分布自由度；

m——样本个数；

n——样本大小(容量)；

c_4——和样本大小相关的系数。

f_n和 c_4数值见表 1 和表 2。

表 1 系数 f_n数值表

n	2	3	4	5	6	7	8	9	10
f_n	0.88	0.92	0.94	0.95	0.96	0.96	0.97	0.97	0.98

表 2 系数 c_4 数值表

n	2	3	4	5	6	7	8	9	10
c_4	0.797 9	0.886 2	0.921 3	0.940 0	0.951 5	0.959 4	0.965 0	0.969 3	0.972 7

3.2.2.3 标准差的估计值用 $\hat{\sigma}_{\bar{R}}$ 表示时 σ 的 100(1−α)%置信区间上限

$$\sigma_{\bar{R},1-\alpha(\max)}=\hat{\sigma}_{\bar{R}}\sqrt{\frac{\nu}{\chi^2_{1-\alpha,\nu}}}=\frac{\bar{R}}{d_2}\sqrt{\frac{\nu}{\chi^2_{1-\alpha,\nu}}} \qquad (7)$$

式中：

$\nu=0.9m(n-1)$——$\chi^2(\nu)$分布自由度；

d_2——和样本大小相关的系数，数值见表 3。

表 3 系数 d_2 数值表

n	2	3	4	5	6	7	8	9	10
d_2	1.128	1.693	2.059	2.326	2.534	2.704	2.847	2.970	3.078

3.2.3 基于给定置信水平 100(1−α)%的过程能力指数 C_p 的置信区间

3.2.3.1 C_p 的双侧 100(1−α)%置信区间

$$\hat{C}_p\sqrt{\frac{\chi^2_{1-\alpha/2,\nu}}{\nu}}\leqslant C_p\leqslant\hat{C}_p\sqrt{\frac{\chi^2_{\alpha/2,\nu}}{\nu}} \qquad (8)$$

式中：

$\chi^2_{1-\alpha/2,\nu}$ 和 $\chi^2_{\alpha/2,\nu}$ 分别为具有自由度 ν 的 χ^2 分布的下侧 $\alpha/2$ 分位点和上侧 $\alpha/2$ 分位点。

自由度 ν 由计算 $\hat{C}_p$ 时的标准偏差 σ 的估计值 $\hat{\sigma}$ 确定，分别为：

对于 $\hat{\sigma}=\hat{\sigma}_S$，$\nu=mn-1$；对于 $\hat{\sigma}=\hat{\sigma}_{\bar{s}}$，$\nu=f_n m(n-1)$；对于 $\hat{\sigma}=\hat{\sigma}_{\bar{R}}$，$\nu=0.9m(n-1)$。

3.2.3.2 C_p 的单侧 100(1−α)%置信区间下限 $C_{p,1-\alpha(\min)}$

为了保证过程满足某个 C_p 目标值，C_p 的实际值应大于等于 C_p 目标值。所以，应主要考虑单侧 100(1−α)%置信区间的下限 $C_{p,1-\alpha(\min)}$，计算公式如下：

$$C_{p,1-\alpha(\min)}=\hat{C}_p\sqrt{\frac{\chi^2_{1-\alpha,\nu}}{\nu}} \qquad (9)$$

式中：

$\chi^2_{1-\alpha,\nu}$——χ^2 分布的分位数。

自由度 ν 取值方法见 3.2.3.1。

3.2.4 基于给定置信水平 100(1−α)%的过程偏移参数 k 的置信区间

3.2.4.1 k 的双侧 100(1−α)%置信区间

C_p已知时，偏移参数 k 的双侧 100(1−α)%置信区间为：

$$\hat{k}-z_{\alpha/2}\frac{1}{3C_p\sqrt{mn}}\leqslant k\leqslant\hat{k}+z_{\alpha/2}\frac{1}{3C_p\sqrt{mn}} \qquad (10)$$

C_p未知时，偏移参数 k 的双侧 100(1−α)%置信区间为：

$$\hat{k}-t_{\alpha/2,\nu}\frac{1}{3\hat{C}_p\sqrt{mn}}\leqslant k\leqslant\hat{k}+t_{\alpha/2,\nu}\frac{1}{3\hat{C}_p\sqrt{mn}} \qquad (11)$$

3.2.4.2 k 的单侧 100(1−α)%置信区间

用 $k_{U,1-\alpha}$ 表示 k 的单侧 100(1−α)%置信区间上限，$k_{L,1-\alpha}$ 表示 k 的单侧 100(1−α)%置信区间下限，表 4 和表 5 给出 k 为正、负值时的单侧 100(1−α)%置信区间上、下限。

表 4 k 为正值时的单侧 100(1−α)%置信区间

k 的单侧 $100(1-\alpha)\%$ 置信区间	C_p已知时	C_p未知时
上限:$k_{U,1-\alpha}$	$\hat{k}+z_\alpha\dfrac{1}{3C_p\sqrt{mn}}$	$\hat{k}+t_{\alpha,\nu}\dfrac{1}{3\hat{C}_p\sqrt{mn}}$
下限:$k_{L,1-\alpha}$	$\max\left(0,\hat{k}-z_\alpha\dfrac{1}{3C_p\sqrt{mn}}\right)$	$\max\left(0,\hat{k}-t_{\alpha,\nu}\dfrac{1}{3\hat{C}_p\sqrt{mn}}\right)$

表 5 k 为负值时的单侧 100(1−α)%置信区间

k 的单侧 $100(1-\alpha)\%$ 置信区间	C_p已知时	C_p未知时
上限:$k_{U,1-\alpha}$	$\min\left(0,\hat{k}+z_\alpha\dfrac{1}{3C_p\sqrt{mn}}\right)$	$\min\left(0,\hat{k}+t_{\alpha,\nu}\dfrac{1}{3\hat{C}_p\sqrt{mn}}\right)$
下限:$k_{L,1-\alpha}$	$\hat{k}-z_\alpha\dfrac{1}{3C_p\sqrt{mn}}$	$\hat{k}-t_{\alpha,\nu}\dfrac{1}{3\hat{C}_p\sqrt{mn}}$

对于偏移参数 k,其绝对值越小越好,应主要考虑置信区间绝对值偏大方向的界限。即 k 为正值时其单侧置信区间上限和 k 为负值时的单侧置信区间下限。二者可统一为 $|k|_{U,1-\alpha}$。

C_p已知时,k 的单侧 $100(1-\alpha)\%$置信区间上限:

$$|k|_{U,1-\alpha}=|\hat{k}|+z_\alpha\frac{1}{3C_p\sqrt{mn}} \quad\cdots\cdots(12)$$

C_p未知时,k 的单侧 $100(1-\alpha)\%$置信区间上限:

$$|k|_{U,1-\alpha}=|\hat{k}|+t_{\alpha,\nu}\frac{1}{3\hat{C}_p\sqrt{mn}} \quad\cdots\cdots(13)$$

3.2.5 C_{pk}的 100(1−α)%置信区间

3.2.5.1 C_{pk}的双侧 100(1−α)%置信区间

$$\hat{C}_{pk}\left[1-z_{\alpha/2}\sqrt{\frac{1}{9mn\hat{C}_{pk}^2}+\frac{1}{2(mn-1)}}\right]\leqslant C_{pk}\leqslant\hat{C}_{pk}\left[1+z_{\alpha/2}\sqrt{\frac{1}{9mn\hat{C}_{pk}^2}+\frac{1}{2(mn-1)}}\right] \quad\cdots\cdots(14)$$

3.2.5.2 C_{pk}的单侧 100(1−α)%置信区间下限 $C_{pk,1-\alpha(\min)}$

为了保证过程满足某个 C_{pk} 目标值,C_{pk} 的实际值应大于等于 C_{pk} 目标值。所以,应主要考虑单侧 $100(1-\alpha)\%$置信区间的下限 $C_{pk,1-\alpha(\min)}$,计算公式如下:

$$C_{pk,1-\alpha(\min)}=\hat{C}_{pk}\left[1-z_\alpha\sqrt{\frac{1}{9mn\hat{C}_{pk}^2}+\frac{1}{2(mn-1)}}\right] \quad\cdots\cdots(15)$$

3.3 估计值的统计公差

3.3.1 基于给定置信水平 100(1−α)%的标准差估计值 $\hat{\sigma}$ 的统计公差

基于给定置信水平 $100(1-\alpha)\%$的标准差估计值 $\hat{\sigma}$ 的统计公差用 $\hat{\sigma}_{1-\alpha}^*$表示:

$$\hat{\sigma}_{1-\alpha}^*=\frac{\sigma^*}{\sqrt{\nu/\chi_{1-\alpha,\nu}^2}} \quad\cdots\cdots(16)$$

式中:

σ^*——预先设定的标准偏差的统计公差。

3.3.2 基于给定置信水平 100(1−α)%的过程能力指数估计值 $\hat{C}_p$ 的统计公差

根据质量目标确定的统计公差是以理论值的形式给出过程能力指数 C_p^*。当采用抽样数据以估计值$\hat{C}_p$ 评价过程能力时，以置信概率 $1-\alpha$ 满足 $C_p \geqslant C_p^*$ 的估计值的统计公差用$\hat{C}_{p,1-\alpha}^*$表示：

$$\hat{C}_{p,1-\alpha}^* = \frac{C_p^*}{\sqrt{\chi_{1-\alpha,\nu}^2/\nu}} \quad \cdots\cdots(17)$$

3.3.3 基于给定置信水平 100(1-α)%的过程偏移相关参数估计值的统计公差

以给定置信水平 $100(1-\alpha)\%$满足$|k| \leqslant k^*$ 的估计值$\hat{k}$的统计公差。

根据质量目标确定的统计公差是以理论值的形式给出过程偏移系数控制界限值 k^*。当采用抽样数据以估计值$\hat{k}$评价过程偏移，以置信概率 $1-\alpha$ 满足控制条件$|k| \leqslant k^*$时，$\hat{k}$的统计公差为$\hat{k}_{1-\alpha}^*$，且

$$\hat{k}_{1-\alpha}^* = \max\left(0, k^* - \frac{t_{\alpha,\nu}}{3C_p^* \sqrt{mn}}\right) \quad \cdots\cdots(18)$$

特定条件下估计值$\hat{C}_p$ 和$\hat{k}$的统计公差表见附录 B。

4 基于给定置信水平的过程质量指标的置信区间

过程优等率（或中间区率）P_c 越大越好，所以应关注其中置信区间下限。过程不合格品率 P_d 和过程平均损失率 P_{ql}越小越好，应关注其单侧置信区间上限。

4.1 过程质量指标的单侧置信区间计算步骤

4.1.1 明确已知条件：过程能力指数 C_p 的估计值$\hat{C}_p$、过程偏移参数的估计值$\hat{k}$。

4.1.2 用 $\alpha_{C_p<C_{p,1-\alpha(\min)}} = \alpha_1$ 表示过程能力指数 C_p小于置信区间下限的风险；用 $\alpha_{k>k_{U,i-\alpha}} = \alpha_2$ 表示过程偏移参数超出置信区间上限的风险；选择 α_1 和 α_2 的数值。通常，为简化计算，推荐 $\alpha_1 = \alpha_2 = \alpha$。$\alpha$ 数值见附录 A 中表 A.1。

4.1.3 计算过程能力指数 C_p的 $100(1-\alpha)\%$置信区间下限

$$C_{p,1-\alpha(\min)} = \hat{C}_p \sqrt{\frac{\chi_{1-\alpha,\nu}^2}{\nu}}$$

4.1.4 计算过程偏移参数 k 的 $100(1-\alpha)\%$置信区间上限

$$|k|_{U,1-\alpha} = |\hat{k}| + t_{\alpha,\nu} \frac{1}{3\hat{C}_p \sqrt{mn}}$$

4.1.5 计算过程质量指标的单侧置信区间界限

将 C_p的 $100(1-\alpha)\%$置信区间下限和 k 的 $100(1-\alpha)\%$置信区间上限代入过程质量指标的理论值公式（见 GB/Z 24636.3—2009 表 1）将以置信概率 $1-\alpha^2$ 得到所求的过程质量指标的单侧置信区间界限。

4.2 过程不合格品率的单侧 100(1-α²)%置信区间上限 $P_{d,1-\alpha^2(\max)}$

$$P_{d,1-\alpha^2(\max)} = \{\Phi[-3C_{p,1-\alpha(\min)}(1+|k|_{U,1-\alpha})] + 1 - \Phi[3C_{p,1-\alpha(\min)}(1-|k|_{U,1-\alpha})]\} \times 100\% \quad \cdots\cdots(19)$$

4.3 过程优等率（或中间区率）的单侧 100(1-α²)%置信区间下限 $P_{c,1-\alpha^2(\min)}$

对于优等区（或中间区）宽度为公差带宽度的三分之一的情况：

$$P_{c,1-\alpha^2(\min)} = \{\Phi[C_{p,1-\alpha(\min)}(1-3|k|_{U,1-\alpha})] - \Phi[-C_{p,1-\alpha(\min)}(1+3|k|_{U,1-\alpha})]\} \times 100\% \quad \cdots\cdots(20)$$

对于优等区（或中间区）宽度为公差带宽度的二分之一的情况：

$$P_{c,1-\alpha^2(\min)} = \{\Phi[1.5C_{p,1-\alpha(\min)}(1-2|k|_{U,1-\alpha})] - \Phi[-1.5C_{p,1-\alpha(\min)}(1+2|k|_{U,1-\alpha})]\} \times 100\% \quad \cdots\cdots(21)$$

4.4 过程平均质量损失率的单侧 100(1-α²)%置信区间上限 $P_{ql,1-\alpha^2(\max)}$

$$P_{ql,1-\alpha^2(\max)} = \left[\frac{1}{(3C_{p,1-\alpha(\min)})^2} + (|k|_{U,1-\alpha})^2\right] \times 100\% \quad \cdots\cdots(22)$$

附 录 A
（规范性附录）
基于给定置信水平的统计公差设计及应用示例

A.1 置信概率 1−α 的选择

如果置信概率 1−α 均按相同要求，将以置信概率 $1-\alpha_1\times\alpha_2$ 保证过程质量指标。因此，α 值的选择直接关系到保证过程质量指标的置信概率和抽样方案。表 A.1 给出保证过程质量指标的置信概率的过程能力指数及偏移参数置信概率推荐表。

表 A.1 保证过程质量指标的置信概率的过程能力指数及偏移参数置信概率推荐表

过程质量指标的置信概率 $1-\alpha_1\times\alpha_2$	过程能力指数的置信概率 1−α	偏移参数的置信概率 1−α	α
0.99	0.9	0.9	0.1
0.95	0.78	0.78	0.12
0.90	0.68	0.68	0.32

通常，为简化计算，推荐 $\alpha_1=\alpha_2=\alpha=0.1$。

A.2 面向质量指标的统计公差形式选择

理论上，在非自相关过程中，过程的标准差和过程均值是相互独立的统计参数。因此，可以按两者已知或未知分别给出统计公差。表 A.2 给出四种情形的面向质量指标的统计公差形式。

表 A.2 四种情形的面向质量指标的统计公差形式推荐表

情形	标准差	过程均值	C_p 的统计公差	k 的统计公差
1	$\sigma=\sigma_0$	$\mu=\mu_0$	C_p^*	k^*
2	$\sigma=\sigma_0$	未知	C_p^*	$\hat{k}_{1-\alpha}^*$
3	未知	$\mu=\mu_0$	$\hat{C}_{p,1-\alpha}^*$	k^*
4	未知	未知	$\hat{C}_{p,1-\alpha}^*$	$\hat{k}_{1-\alpha}^*$
注：μ_0 和 σ_0 表示均值和标准差已知数值。				

如果过程的标准差和过程均值均已知，则应按情形 1 给定理论值的统计公差。

如果在过程动态监控中，以近期抽样数据的统计参数作为过程的统计参数的估计值，则应按情形 4 给定估计值统计公差。

A.3 基于给定置信水平的面向过程质量目标的统计公差设计示例

某型号发动机活塞销直径尺寸要求为：$\phi35h5(^{\ 0}_{-0.011})$，以监控其最后精磨工序的过程不合格品率为例，$C_p$ 值历史数据为 1.3，过程质量要求：$P_d\leqslant0.016\%$，采用来自均值-极差分析用控制图的数据得到估计值 $\hat{C}_p$ 和 $\hat{k}$，以置信概率 0.99 保证预期质量目标 $P_d\leqslant0.016\%$，求：

1） 二维统计公差（C_p^*，k^*）；

2） 确定分析用控制图的子组大小 n 和子组个数 m；

3） 满足过程质量要求的估计值 $\hat{C}_p$ 和 $\hat{k}$ 的统计公差。

步骤如下：

——确定满足预期质量目标的理论值表示的统计公差

已知公差 $T=0.011$ mm，C_p值历史数据为 1.3，经查面向质量目标的统计公差表格(附录 B 中表 B.2)，C_p值为 1.3 的前提下，满足 $P_d \leqslant 0.016\%$的 k^* 为 0.077，可采用以下二维统计公差：$(C_p{}^*, k^*)=(1.3, 0.07)$。

——确定分析用控制图的子组大小 n 和子组个数 m

查附录 B 中表 2 并按照二维统计公差$(C_p^*, k^*)=(1.3, 0.07)$查得$\hat{k}_{1-\alpha}^*=0.027$。该表是基于特定条件：$N=mn=100$，$\alpha=0.1$，自由度 ν 按 $N-1=99$ 代入$\hat{k}_{1-\alpha}^*$的计算公式计算的。$\hat{k}_{1-\alpha}^*=0.027$ 太小，考虑增加 mn 至 120，并按本部分 3.3.3 直接计算$\hat{k}_{1-\alpha}^*$。

确定分析用控制图的子组大小 $n=5$ 和子组个数 $m=24$。

——确定估计值的统计公差

本例以近期被认可为受控状态的分析用控制图的数据的估计 C_p和 k，应按附录 A 中表 A.2 的情形 4 给定估计值统计公差$(\hat{C}_{p,1-\alpha}^*, \hat{k}_{1-\alpha}^*)$。

以 $1-\alpha=0.9$ 置信概率满足 $C_p \geqslant 1.3$ 的估计值统计公差$\hat{C}_{p,1-\alpha}^*$计算如下：

$$\hat{C}_{p,1-\alpha}^* = \frac{C_p^*}{\sqrt{\chi_{1-\alpha,\nu}^2/\nu}} = \frac{1.3}{\sqrt{\chi_{1-0.1,86}^2/86}} = \frac{1.3}{\sqrt{69.678\ 8/86}} = 1.44$$

其中，对于自由度 ν 按 $\hat{\sigma}_{\bar{R}}$ 计算：$\nu=0.9m(n-1)=0.9\times24(5-1)\approx86$

注：也可查附录 B 中表 B.1 并按照计算的自由度 $\nu=86$ 得到$\hat{C}_{p,0.9}^*=1.44$。

以 $1-\alpha=0.9$ 置信概率保证 $k \leqslant 0.07$ 的估计值统计公差$\hat{k}_{1-\alpha}^*$计算如下：

$$\hat{k}_{1-\alpha}^* = \max\left(0, k^* - \frac{t_{\alpha,\nu}}{3C_p^*\sqrt{mn}}\right)$$

$$= \max\left(0, 0.07 - \frac{t_{0.1,86}}{3\times1.3\sqrt{120}}\right) = \max\left(0, 0.07 - \frac{1.291}{42.72}\right) = 0.04$$

所以，保证质量要求的估计值的二维统计公差为：

$$(\hat{C}_{p,1-\alpha}^*, \hat{k}_{1-\alpha}^*) = (1.44, 0.04)$$

——验算是否满足预期质量目标 $P_d \leqslant 0.016\%$的要求

假设根据后续抽样数据计算得到的过程能力指数及偏移相关参数的估计值均为估计值的统计公差极限，即$\hat{C}_p=\hat{C}_{p,1-\alpha}^*$，$\hat{k}=\hat{k}_{1-\alpha}^*$，以置信概率 $1-\alpha$ 得到过程能力指数及偏移参数的单侧 $100(1-\alpha)\%$置信区间如下：

$$C_{p,1-\alpha(\min)} = \hat{C}_p\sqrt{\frac{\chi_{1-\alpha,\nu}^2}{\nu}} = 1.44\sqrt{\frac{69.678\ 8}{86}} \approx 1.30$$

$$|k|_{U,1-\alpha} = |\hat{k}| + \frac{t_{\alpha,\nu}}{3\hat{C}_p\sqrt{N}} = 0.04 + \frac{1.291}{3\times1.44\times\sqrt{120}} \approx 0.07$$

过程不合格率的单侧 $100(1-\alpha^2)\%$置信区间上限 $P_{d,1-\alpha^2(\max)}$应按下式求出：

$$P_{d,1-\alpha^2(\max)} = \{\Phi[-3C_{p,1-\alpha(\min)}(1+|k|_{U,1-\alpha})] + 1 - \Phi[3C_{p,1-\alpha(\min)}(1-|k|_{U,1-\alpha})]\}100\%$$

$$= \{\Phi[-3\times1.30(1+0.07)] + 1 - \Phi[3\times1.30(1-0.07)]\}100\% = 0.015\ 8\%$$

上述计算结果正是二维统计公差$(C_p^*, k^*)=(1.30, 0.07)$所保证的质量水平。

按照计算出的估计值的统计公差$\hat{C}_{p,1-\alpha}^*=1.44$，$\hat{k}_{1-\alpha}^*=0.04$，在此情况下过程能力指数 C_p 小于 1.3 的风险为 $\alpha_{C_p<C_p^*}=0.1$，过程偏移参数 $k>0.07$ 的风险为 $\alpha_{k>k^*}=0.1$。在过程受控状态下，过程不合格率不满足质量要求 $P_d \leqslant 0.016\%$的概率应为

$\alpha_{C_p<1.3}\times\alpha_{k>0.07}=0.1\times0.1=0.01$。

所以，按照估计值的统计公差($\hat{C}^*_{p,1-\alpha}$，$\hat{k}^*_{1-\alpha}$)＝(1.44，0.04)，可以99％的置信水平保证过程满足预期质量目标要求。

分析：本案例中若没有明确的“以置信概率0.99保证预期质量目标 $P_d \leqslant 0.016\%$”特定要求，仅是在图纸上涉及该尺寸有以下统计公差标注：$\phi 35h5(^{\ 0}_{-0.011})$ **ST**：$P_d \leqslant 0.016\%$，则可在过程受控且参数已知条件下直接采用二维统计公差(C^*_p，k^*)，也能以大概率保证预期质量水平。

附 录 B
（资料性附录）
特定条件下估计值$\hat{C}_p$和$\hat{k}$的统计公差表

为简化估计值的统计公差设定并为选择合适的子组大小 n 及子组个数 m 提供参考，按照本部分附录 A 中 A.1 的推荐 $\alpha=0.1$，即置信水平按 90%给定。表 B.1 给出基于给定置信水平 90%的过程能力指数估计值$\hat{C}_p$ 的统计公差表。

$\hat{k}$的统计公差$\hat{k}_{1-\alpha}^*$取决于 4 个变量，即 C_p^*，k^*，α 和 mn 组合（自由度 ν 和总数据数 N 均由 mn 组合确定）。为简化计算，方便应用，推荐 $N=mn=100$，$\alpha=0.1$，自由度 ν 按 $N-1=99$ 代入$\hat{k}_{1-\alpha}^*$的计算公式，则$\hat{k}_{1-\alpha}^*$仅取决于 2 个变量，即 C_p^*，k^*。表 B.2 给出基于给定置信水平 90%，$mn=100$ 的过程偏移参数估计值 $\hat{k}$ 的统计公差表。

表 B.1　基于给定置信水平 90%的过程能力指数估计值 $\hat{C}_p$ 的统计公差表

$C^*_{p,0.9}$ ＼ C^*_p / 自由度	1	1.01	1.02	1.03	1.04	1.05	1.06	1.07	1.08	1.09	1.1	1.11	1.12	1.13	1.14	1.15	1.16	1.17	1.18	1.19	1.2
52	1.15	1.16	1.17	1.18	1.19	1.21	1.22	1.23	1.24	1.25	1.26	1.27	1.29	1.30	1.31	1.32	1.33	1.34	1.36	1.37	1.38
54	1.15	1.16	1.17	1.18	1.19	1.20	1.21	1.23	1.24	1.25	1.26	1.27	1.28	1.29	1.31	1.32	1.33	1.34	1.35	1.36	1.37
56	1.14	1.15	1.16	1.18	1.19	1.20	1.21	1.22	1.23	1.24	1.26	1.27	1.28	1.29	1.30	1.31	1.32	1.34	1.35	1.36	1.37
58	1.14	1.15	1.16	1.17	1.18	1.20	1.21	1.22	1.23	1.24	1.25	1.26	1.28	1.29	1.30	1.31	1.32	1.33	1.34	1.36	1.37
60	1.14	1.15	1.16	1.17	1.18	1.19	1.20	1.22	1.23	1.24	1.25	1.26	1.27	1.28	1.30	1.31	1.32	1.33	1.34	1.35	1.36
62	1.13	1.15	1.16	1.17	1.18	1.19	1.20	1.21	1.22	1.24	1.25	1.26	1.27	1.28	1.29	1.30	1.32	1.33	1.34	1.35	1.36
64	1.13	1.14	1.15	1.17	1.18	1.19	1.20	1.21	1.22	1.23	1.24	1.26	1.27	1.28	1.29	1.30	1.31	1.32	1.34	1.35	1.36
66	1.13	1.14	1.15	1.16	1.17	1.19	1.20	1.21	1.22	1.23	1.24	1.25	1.26	1.28	1.29	1.30	1.31	1.32	1.33	1.34	1.35
68	1.13	1.14	1.15	1.16	1.17	1.18	1.19	1.21	1.22	1.23	1.24	1.25	1.26	1.27	1.28	1.30	1.31	1.32	1.33	1.34	1.35
70	1.12	1.14	1.15	1.16	1.17	1.18	1.19	1.20	1.21	1.23	1.24	1.25	1.26	1.27	1.28	1.29	1.30	1.32	1.33	1.34	1.35
72	1.12	1.13	1.15	1.16	1.17	1.18	1.19	1.20	1.21	1.22	1.24	1.25	1.26	1.27	1.28	1.29	1.30	1.31	1.32	1.34	1.35
74	1.12	1.13	1.14	1.15	1.17	1.18	1.19	1.20	1.21	1.22	1.23	1.24	1.26	1.27	1.28	1.29	1.30	1.31	1.32	1.33	1.35
76	1.12	1.13	1.14	1.15	1.16	1.18	1.19	1.20	1.21	1.22	1.23	1.24	1.25	1.26	1.28	1.29	1.30	1.31	1.32	1.33	1.34
78	1.12	1.13	1.14	1.15	1.16	1.17	1.18	1.20	1.21	1.22	1.23	1.24	1.25	1.26	1.27	1.28	1.30	1.31	1.32	1.33	1.34
80	1.12	1.13	1.14	1.15	1.16	1.17	1.18	1.19	1.20	1.22	1.23	1.24	1.25	1.26	1.27	1.28	1.29	1.31	1.32	1.33	1.34
82	1.11	1.13	1.14	1.15	1.16	1.17	1.18	1.19	1.20	1.21	1.23	1.24	1.25	1.26	1.27	1.28	1.29	1.30	1.31	1.33	1.34
84	1.11	1.12	1.13	1.15	1.16	1.17	1.18	1.19	1.20	1.21	1.22	1.23	1.25	1.26	1.27	1.28	1.29	1.30	1.31	1.32	1.33
86	1.11	1.12	1.13	1.14	1.16	1.17	1.18	1.19	1.20	1.21	1.22	1.23	1.24	1.26	1.27	1.28	1.29	1.30	1.31	1.32	1.33
88	1.11	1.12	1.13	1.14	1.15	1.17	1.18	1.19	1.20	1.21	1.22	1.23	1.24	1.25	1.26	1.28	1.29	1.30	1.31	1.32	1.33
90	1.11	1.12	1.13	1.14	1.15	1.16	1.17	1.19	1.20	1.21	1.22	1.23	1.24	1.25	1.26	1.27	1.29	1.30	1.31	1.32	1.33
92	1.11	1.12	1.13	1.14	1.15	1.16	1.17	1.18	1.20	1.21	1.22	1.23	1.24	1.25	1.26	1.27	1.28	1.29	1.31	1.32	1.33
94	1.11	1.12	1.13	1.14	1.15	1.16	1.17	1.18	1.19	1.21	1.22	1.23	1.24	1.25	1.26	1.27	1.28	1.29	1.30	1.32	1.33
96	1.10	1.12	1.13	1.14	1.15	1.16	1.17	1.18	1.19	1.20	1.21	1.23	1.24	1.25	1.26	1.27	1.28	1.29	1.30	1.31	1.33
98	1.10	1.11	1.13	1.14	1.15	1.16	1.17	1.18	1.19	1.20	1.21	1.22	1.24	1.25	1.26	1.27	1.28	1.29	1.30	1.31	1.32
100	1.10	1.11	1.12	1.13	1.15	1.16	1.17	1.18	1.19	1.20	1.21	1.22	1.23	1.25	1.26	1.27	1.28	1.29	1.30	1.31	1.32
105	1.10	1.11	1.12	1.13	1.14	1.15	1.17	1.18	1.19	1.20	1.21	1.22	1.23	1.24	1.25	1.26	1.28	1.29	1.30	1.31	1.32
110	1.10	1.11	1.12	1.13	1.14	1.15	1.16	1.17	1.18	1.20	1.21	1.22	1.23	1.24	1.25	1.26	1.27	1.28	1.29	1.30	1.32
115	1.09	1.11	1.12	1.13	1.14	1.15	1.16	1.17	1.18	1.19	1.20	1.21	1.23	1.24	1.25	1.26	1.27	1.28	1.29	1.30	1.31
120	1.09	1.10	1.11	1.12	1.14	1.15	1.16	1.17	1.18	1.19	1.20	1.21	1.22	1.23	1.24	1.26	1.27	1.28	1.29	1.30	1.31
125	1.09	1.10	1.11	1.12	1.13	1.14	1.16	1.17	1.18	1.19	1.20	1.21	1.22	1.23	1.24	1.25	1.26	1.28	1.29	1.30	1.31
130	1.09	1.10	1.11	1.12	1.13	1.14	1.15	1.16	1.18	1.19	1.20	1.21	1.22	1.23	1.24	1.25	1.26	1.27	1.28	1.29	1.31
135	1.09	1.10	1.11	1.12	1.13	1.14	1.15	1.16	1.17	1.18	1.19	1.21	1.22	1.23	1.24	1.25	1.26	1.27	1.28	1.29	1.30
140	1.08	1.10	1.11	1.12	1.13	1.14	1.15	1.16	1.17	1.18	1.19	1.20	1.21	1.23	1.24	1.25	1.26	1.27	1.28	1.29	1.30
145	1.08	1.09	1.10	1.12	1.13	1.14	1.15	1.16	1.17	1.18	1.19	1.20	1.21	1.22	1.23	1.25	1.26	1.27	1.28	1.29	1.30
150	1.08	1.09	1.10	1.11	1.12	1.14	1.15	1.16	1.17	1.18	1.19	1.20	1.21	1.22	1.23	1.24	1.25	1.27	1.28	1.29	1.30
155	1.08	1.09	1.10	1.11	1.12	1.13	1.14	1.16	1.17	1.18	1.19	1.20	1.21	1.22	1.23	1.24	1.25	1.26	1.27	1.29	1.30
160	1.08	1.09	1.10	1.11	1.12	1.13	1.14	1.15	1.16	1.18	1.19	1.20	1.21	1.22	1.23	1.24	1.25	1.26	1.27	1.28	1.29
165	1.08	1.09	1.10	1.11	1.12	1.13	1.14	1.15	1.16	1.17	1.18	1.20	1.21	1.22	1.23	1.24	1.25	1.26	1.27	1.28	1.29
170	1.08	1.09	1.10	1.11	1.12	1.13	1.14	1.15	1.16	1.17	1.18	1.19	1.21	1.22	1.23	1.24	1.25	1.26	1.27	1.28	1.29
175	1.07	1.09	1.10	1.11	1.12	1.13	1.14	1.15	1.16	1.17	1.18	1.19	1.20	1.21	1.23	1.24	1.25	1.26	1.27	1.28	1.29
180	1.07	1.08	1.10	1.11	1.12	1.13	1.14	1.15	1.16	1.17	1.18	1.19	1.20	1.21	1.22	1.23	1.25	1.26	1.27	1.28	1.29
185	1.07	1.08	1.09	1.10	1.12	1.13	1.14	1.15	1.16	1.17	1.18	1.19	1.20	1.21	1.22	1.23	1.24	1.25	1.27	1.28	1.29
190	1.07	1.08	1.09	1.10	1.11	1.13	1.14	1.15	1.16	1.17	1.18	1.19	1.20	1.21	1.22	1.23	1.24	1.25	1.26	1.28	1.29
195	1.07	1.08	1.09	1.10	1.11	1.12	1.13	1.15	1.16	1.17	1.18	1.19	1.20	1.21	1.22	1.23	1.24	1.25	1.26	1.27	1.28
200	1.07	1.08	1.09	1.10	1.11	1.12	1.13	1.14	1.16	1.17	1.18	1.19	1.20	1.21	1.22	1.23	1.24	1.25	1.26	1.27	1.28
205	1.07	1.08	1.09	1.10	1.11	1.12	1.13	1.14	1.15	1.16	1.18	1.19	1.20	1.21	1.22	1.23	1.24	1.25	1.26	1.27	1.28
210	1.07	1.08	1.09	1.10	1.11	1.12	1.13	1.14	1.15	1.16	1.17	1.19	1.20	1.21	1.22	1.23	1.24	1.25	1.26	1.27	1.28
215	1.07	1.08	1.09	1.10	1.11	1.12	1.13	1.14	1.15	1.16	1.17	1.18	1.19	1.21	1.22	1.23	1.24	1.25	1.26	1.27	1.28
220	1.07	1.08	1.09	1.10	1.11	1.12	1.13	1.14	1.15	1.16	1.17	1.18	1.19	1.20	1.22	1.23	1.24	1.25	1.26	1.27	1.28
225	1.07	1.08	1.09	1.10	1.11	1.12	1.13	1.14	1.15	1.16	1.17	1.18	1.19	1.20	1.21	1.23	1.24	1.25	1.26	1.27	1.28
230	1.06	1.08	1.09	1.10	1.11	1.12	1.13	1.14	1.15	1.16	1.17	1.18	1.19	1.20	1.21	1.22	1.23	1.25	1.26	1.27	1.28
235	1.06	1.07	1.09	1.10	1.11	1.12	1.13	1.14	1.15	1.16	1.17	1.18	1.19	1.20	1.21	1.22	1.23	1.24	1.26	1.27	1.28
240	1.06	1.07	1.08	1.09	1.11	1.12	1.13	1.14	1.15	1.16	1.17	1.18	1.19	1.20	1.21	1.22	1.23	1.24	1.25	1.26	1.28
245	1.06	1.07	1.08	1.09	1.10	1.12	1.13	1.14	1.15	1.16	1.17	1.18	1.19	1.20	1.21	1.22	1.23	1.24	1.25	1.26	1.27
250	1.06	1.07	1.08	1.09	1.10	1.11	1.13	1.14	1.15	1.16	1.17	1.18	1.19	1.20	1.21	1.22	1.23	1.24	1.25	1.26	1.27
255	1.06	1.07	1.08	1.09	1.10	1.11	1.12	1.14	1.15	1.16	1.17	1.18	1.19	1.20	1.21	1.22	1.23	1.24	1.25	1.26	1.27
260	1.06	1.07	1.08	1.09	1.10	1.11	1.12	1.13	1.15	1.16	1.17	1.18	1.19	1.20	1.21	1.22	1.23	1.24	1.25	1.26	1.27
265	1.06	1.07	1.08	1.09	1.10	1.11	1.12	1.13	1.14	1.16	1.17	1.18	1.19	1.20	1.21	1.22	1.23	1.24	1.25	1.26	1.27
270	1.06	1.07	1.08	1.09	1.10	1.11	1.12	1.13	1.14	1.15	1.17	1.18	1.19	1.20	1.21	1.22	1.23	1.24	1.25	1.26	1.27
275	1.06	1.07	1.08	1.09	1.10	1.11	1.12	1.13	1.14	1.15	1.16	1.18	1.19	1.20	1.21	1.22	1.23	1.24	1.25	1.26	1.27
280	1.06	1.07	1.08	1.09	1.10	1.11	1.12	1.13	1.14	1.15	1.16	1.17	1.18	1.20	1.21	1.22	1.23	1.24	1.25	1.26	1.27
285	1.06	1.07	1.08	1.09	1.10	1.11	1.12	1.13	1.14	1.15	1.16	1.17	1.18	1.19	1.21	1.22	1.23	1.24	1.25	1.26	1.27
290	1.06	1.07	1.08	1.09	1.10	1.11	1.12	1.13	1.14	1.15	1.16	1.17	1.18	1.19	1.20	1.22	1.23	1.24	1.25	1.26	1.27
295	1.06	1.07	1.08	1.09	1.10	1.11	1.12	1.13	1.14	1.15	1.16	1.17	1.18	1.19	1.20	1.21	1.23	1.24	1.25	1.26	1.27
300	1.06	1.07	1.08	1.09	1.10	1.11	1.12	1.13	1.14	1.15	1.16	1.17	1.18	1.19	1.20	1.21	1.22	1.24	1.25	1.26	1.27
305	1.06	1.07	1.08	1.09	1.10	1.11	1.12	1.13	1.14	1.15	1.16	1.17	1.18	1.19	1.20	1.21	1.22	1.23	1.25	1.26	1.27
310	1.05	1.07	1.08	1.09	1.10	1.11	1.12	1.13	1.14	1.15	1.16	1.17	1.18	1.19	1.20	1.21	1.22	1.23	1.24	1.26	1.27
315	1.05	1.07	1.08	1.09	1.10	1.11	1.12	1.13	1.14	1.15	1.16	1.17	1.18	1.19	1.20	1.21	1.22	1.23	1.24	1.25	1.27

表 B.1（续）

$C^*_{p,0.9}$ \ C^*_p 自由度	1.21	1.22	1.23	1.24	1.25	1.26	1.27	1.28	1.29	1.3	1.31	1.32	1.33	1.34	1.35	1.36	1.37	1.38	1.39	1.4	1.41
52	1.39	1.40	1.41	1.42	1.44	1.45	1.46	1.47	1.48	1.49	1.50	1.52	1.53	1.54	1.55	1.56	1.57	1.58	1.60	1.61	1.62
54	1.39	1.40	1.41	1.42	1.43	1.44	1.45	1.47	1.48	1.49	1.50	1.51	1.52	1.53	1.55	1.56	1.57	1.58	1.59	1.60	1.61
56	1.38	1.39	1.40	1.42	1.43	1.44	1.45	1.46	1.47	1.48	1.50	1.51	1.52	1.53	1.54	1.55	1.56	1.58	1.59	1.60	1.61
58	1.38	1.39	1.40	1.41	1.42	1.44	1.45	1.46	1.47	1.48	1.49	1.50	1.52	1.53	1.54	1.55	1.56	1.57	1.58	1.59	1.61
60	1.38	1.39	1.40	1.41	1.42	1.43	1.44	1.45	1.47	1.48	1.49	1.50	1.51	1.52	1.53	1.55	1.56	1.57	1.58	1.59	1.60
62	1.37	1.38	1.39	1.41	1.42	1.43	1.44	1.45	1.46	1.47	1.49	1.50	1.51	1.52	1.53	1.54	1.55	1.56	1.58	1.59	1.60
64	1.37	1.38	1.39	1.40	1.41	1.43	1.44	1.45	1.46	1.47	1.48	1.49	1.50	1.52	1.53	1.54	1.55	1.56	1.57	1.58	1.60
66	1.37	1.38	1.39	1.40	1.41	1.42	1.43	1.45	1.46	1.47	1.48	1.49	1.50	1.51	1.52	1.54	1.55	1.56	1.57	1.58	1.59
68	1.36	1.37	1.39	1.40	1.41	1.42	1.43	1.44	1.45	1.46	1.48	1.49	1.50	1.51	1.52	1.53	1.54	1.56	1.57	1.58	1.59
70	1.36	1.37	1.38	1.39	1.41	1.42	1.43	1.44	1.45	1.46	1.47	1.48	1.50	1.51	1.52	1.53	1.54	1.55	1.56	1.57	1.59
72	1.36	1.37	1.38	1.39	1.40	1.41	1.43	1.44	1.45	1.46	1.47	1.48	1.49	1.50	1.52	1.53	1.54	1.55	1.56	1.57	1.58
74	1.36	1.37	1.38	1.39	1.40	1.41	1.42	1.43	1.45	1.46	1.47	1.48	1.49	1.50	1.51	1.52	1.54	1.55	1.56	1.57	1.58
76	1.35	1.37	1.38	1.39	1.40	1.41	1.42	1.43	1.44	1.45	1.47	1.48	1.49	1.50	1.51	1.52	1.53	1.54	1.56	1.57	1.58
78	1.35	1.36	1.37	1.39	1.40	1.41	1.42	1.43	1.44	1.45	1.46	1.47	1.49	1.50	1.51	1.52	1.53	1.54	1.55	1.56	1.58
80	1.35	1.36	1.37	1.38	1.39	1.41	1.42	1.43	1.44	1.45	1.46	1.47	1.48	1.49	1.51	1.52	1.53	1.54	1.55	1.56	1.57
82	1.35	1.36	1.37	1.38	1.39	1.40	1.41	1.43	1.44	1.45	1.46	1.47	1.48	1.49	1.50	1.52	1.53	1.54	1.55	1.56	1.57
84	1.35	1.36	1.37	1.38	1.39	1.40	1.41	1.42	1.44	1.45	1.46	1.47	1.48	1.49	1.50	1.51	1.52	1.54	1.55	1.56	1.57
86	1.34	1.36	1.37	1.38	1.39	1.40	1.41	1.42	1.43	1.44	1.46	1.47	1.48	1.49	1.50	1.51	1.52	1.53	1.54	1.56	1.57
88	1.34	1.35	1.36	1.38	1.39	1.40	1.41	1.42	1.43	1.44	1.45	1.46	1.48	1.49	1.50	1.51	1.52	1.53	1.54	1.55	1.56
90	1.34	1.35	1.36	1.37	1.39	1.40	1.41	1.42	1.43	1.44	1.45	1.46	1.47	1.48	1.50	1.51	1.52	1.53	1.54	1.55	1.56
92	1.34	1.35	1.36	1.37	1.38	1.39	1.41	1.42	1.43	1.44	1.45	1.46	1.47	1.48	1.49	1.51	1.52	1.53	1.54	1.55	1.56
94	1.34	1.35	1.36	1.37	1.38	1.39	1.40	1.42	1.43	1.44	1.45	1.46	1.47	1.48	1.49	1.50	1.51	1.53	1.54	1.55	1.56
96	1.34	1.35	1.36	1.37	1.38	1.39	1.40	1.41	1.42	1.44	1.45	1.46	1.47	1.48	1.49	1.50	1.51	1.52	1.53	1.55	1.56
98	1.33	1.35	1.36	1.37	1.38	1.39	1.40	1.41	1.42	1.43	1.45	1.46	1.47	1.48	1.49	1.50	1.51	1.52	1.53	1.54	1.56
100	1.33	1.34	1.36	1.37	1.38	1.39	1.40	1.41	1.42	1.43	1.44	1.45	1.47	1.48	1.49	1.50	1.51	1.52	1.53	1.54	1.55
105	1.33	1.34	1.35	1.36	1.37	1.38	1.40	1.41	1.42	1.43	1.44	1.45	1.46	1.47	1.48	1.49	1.51	1.52	1.53	1.54	1.55
110	1.33	1.34	1.35	1.36	1.37	1.38	1.39	1.40	1.41	1.43	1.44	1.45	1.46	1.47	1.48	1.49	1.50	1.51	1.52	1.54	1.55
115	1.32	1.33	1.35	1.36	1.37	1.38	1.39	1.40	1.41	1.42	1.43	1.44	1.46	1.47	1.48	1.49	1.50	1.51	1.52	1.53	1.54
120	1.32	1.33	1.34	1.35	1.37	1.38	1.39	1.40	1.41	1.42	1.43	1.44	1.45	1.46	1.47	1.49	1.50	1.51	1.52	1.53	1.54
125	1.32	1.33	1.34	1.35	1.36	1.37	1.38	1.40	1.41	1.42	1.43	1.44	1.45	1.46	1.47	1.48	1.49	1.50	1.52	1.53	1.54
130	1.32	1.33	1.34	1.35	1.36	1.37	1.38	1.39	1.40	1.41	1.43	1.44	1.45	1.46	1.47	1.48	1.49	1.50	1.51	1.52	1.53
135	1.31	1.33	1.34	1.35	1.36	1.37	1.38	1.39	1.40	1.41	1.42	1.43	1.44	1.46	1.47	1.48	1.49	1.50	1.51	1.52	1.53
140	1.31	1.32	1.33	1.34	1.36	1.37	1.38	1.39	1.40	1.41	1.42	1.43	1.44	1.45	1.46	1.47	1.49	1.50	1.51	1.52	1.53
145	1.31	1.32	1.33	1.34	1.35	1.36	1.38	1.39	1.40	1.41	1.42	1.43	1.44	1.45	1.46	1.47	1.48	1.49	1.51	1.52	1.53
150	1.31	1.32	1.33	1.34	1.35	1.36	1.37	1.38	1.39	1.41	1.42	1.43	1.44	1.45	1.46	1.47	1.48	1.49	1.50	1.51	1.52
155	1.31	1.32	1.33	1.34	1.35	1.36	1.37	1.38	1.39	1.40	1.41	1.43	1.44	1.45	1.46	1.47	1.48	1.49	1.50	1.51	1.52
160	1.31	1.32	1.33	1.34	1.35	1.36	1.37	1.38	1.39	1.40	1.41	1.42	1.43	1.45	1.46	1.47	1.48	1.49	1.50	1.51	1.52
165	1.30	1.31	1.32	1.34	1.35	1.36	1.37	1.38	1.39	1.40	1.41	1.42	1.43	1.44	1.45	1.47	1.48	1.49	1.50	1.51	1.52
170	1.30	1.31	1.32	1.33	1.34	1.36	1.37	1.38	1.39	1.40	1.41	1.42	1.43	1.44	1.45	1.46	1.47	1.48	1.50	1.51	1.52
175	1.30	1.31	1.32	1.33	1.34	1.35	1.36	1.38	1.39	1.40	1.41	1.42	1.43	1.44	1.45	1.46	1.47	1.48	1.49	1.50	1.52
180	1.30	1.31	1.32	1.33	1.34	1.35	1.36	1.37	1.39	1.40	1.41	1.42	1.43	1.44	1.45	1.46	1.47	1.48	1.49	1.50	1.51
185	1.30	1.31	1.32	1.33	1.34	1.35	1.36	1.37	1.38	1.39	1.41	1.42	1.43	1.44	1.45	1.46	1.47	1.48	1.49	1.50	1.51
190	1.30	1.31	1.32	1.33	1.34	1.35	1.36	1.37	1.38	1.39	1.40	1.41	1.43	1.44	1.45	1.46	1.47	1.48	1.49	1.50	1.51
195	1.30	1.31	1.32	1.33	1.34	1.35	1.36	1.37	1.38	1.39	1.40	1.41	1.42	1.43	1.45	1.46	1.47	1.48	1.49	1.50	1.51
200	1.29	1.30	1.32	1.33	1.34	1.35	1.36	1.37	1.38	1.39	1.40	1.41	1.42	1.43	1.44	1.45	1.47	1.48	1.49	1.50	1.51
205	1.29	1.30	1.31	1.33	1.34	1.35	1.36	1.37	1.38	1.39	1.40	1.41	1.42	1.43	1.44	1.45	1.46	1.47	1.49	1.50	1.51
210	1.29	1.30	1.31	1.32	1.33	1.35	1.36	1.37	1.38	1.39	1.40	1.41	1.42	1.43	1.44	1.45	1.46	1.47	1.48	1.49	1.51
215	1.29	1.30	1.31	1.32	1.33	1.34	1.35	1.37	1.38	1.39	1.40	1.41	1.42	1.43	1.44	1.45	1.46	1.47	1.48	1.49	1.50
220	1.29	1.30	1.31	1.32	1.33	1.34	1.35	1.36	1.38	1.39	1.40	1.41	1.42	1.43	1.44	1.45	1.46	1.47	1.48	1.49	1.50
225	1.29	1.30	1.31	1.32	1.33	1.34	1.35	1.36	1.37	1.38	1.40	1.41	1.42	1.43	1.44	1.45	1.46	1.47	1.48	1.49	1.50
230	1.29	1.30	1.31	1.32	1.33	1.34	1.35	1.36	1.37	1.38	1.39	1.41	1.42	1.43	1.44	1.45	1.46	1.47	1.48	1.49	1.50
235	1.29	1.30	1.31	1.32	1.33	1.34	1.35	1.36	1.37	1.38	1.39	1.40	1.41	1.43	1.44	1.45	1.46	1.47	1.48	1.49	1.50
240	1.29	1.30	1.31	1.32	1.33	1.34	1.35	1.36	1.37	1.38	1.39	1.40	1.41	1.42	1.44	1.45	1.46	1.47	1.48	1.49	1.50
245	1.29	1.30	1.31	1.32	1.33	1.34	1.35	1.36	1.37	1.38	1.39	1.40	1.41	1.42	1.43	1.44	1.46	1.47	1.48	1.49	1.50
250	1.28	1.30	1.31	1.32	1.33	1.34	1.35	1.36	1.37	1.38	1.39	1.40	1.41	1.42	1.43	1.44	1.45	1.47	1.48	1.49	1.50
255	1.28	1.29	1.31	1.32	1.33	1.34	1.35	1.36	1.37	1.38	1.39	1.40	1.41	1.42	1.43	1.44	1.45	1.46	1.47	1.49	1.50
260	1.28	1.29	1.30	1.31	1.33	1.34	1.35	1.36	1.37	1.38	1.39	1.40	1.41	1.42	1.43	1.44	1.45	1.46	1.47	1.48	1.50
265	1.28	1.29	1.30	1.31	1.32	1.34	1.35	1.36	1.37	1.38	1.39	1.40	1.41	1.42	1.43	1.44	1.45	1.46	1.47	1.48	1.49
270	1.28	1.29	1.30	1.31	1.32	1.33	1.35	1.36	1.37	1.38	1.39	1.40	1.41	1.42	1.43	1.44	1.45	1.46	1.47	1.48	1.49
275	1.28	1.29	1.30	1.31	1.32	1.33	1.34	1.35	1.37	1.38	1.39	1.40	1.41	1.42	1.43	1.44	1.45	1.46	1.47	1.48	1.49
280	1.28	1.29	1.30	1.31	1.32	1.33	1.34	1.35	1.36	1.38	1.39	1.40	1.41	1.42	1.43	1.44	1.45	1.46	1.47	1.48	1.49
285	1.28	1.29	1.30	1.31	1.32	1.33	1.34	1.35	1.36	1.37	1.39	1.40	1.41	1.42	1.43	1.44	1.45	1.46	1.47	1.48	1.49
290	1.28	1.29	1.30	1.31	1.32	1.33	1.34	1.35	1.36	1.37	1.38	1.40	1.41	1.42	1.43	1.44	1.45	1.46	1.47	1.48	1.49
295	1.28	1.29	1.30	1.31	1.32	1.33	1.34	1.35	1.36	1.37	1.38	1.39	1.41	1.42	1.43	1.44	1.45	1.46	1.47	1.48	1.49
300	1.28	1.29	1.30	1.31	1.32	1.33	1.34	1.35	1.36	1.37	1.38	1.39	1.40	1.41	1.43	1.44	1.45	1.46	1.47	1.48	1.49
305	1.28	1.29	1.30	1.31	1.32	1.33	1.34	1.35	1.36	1.37	1.38	1.39	1.40	1.41	1.42	1.44	1.45	1.46	1.47	1.48	1.49
310	1.28	1.29	1.30	1.31	1.32	1.33	1.34	1.35	1.36	1.37	1.38	1.39	1.40	1.41	1.42	1.43	1.45	1.46	1.47	1.48	1.49
315	1.28	1.29	1.30	1.31	1.32	1.33	1.34	1.35	1.36	1.37	1.38	1.39	1.40	1.41	1.42	1.43	1.44	1.46	1.47	1.48	1.49

表 B.2 基于给定置信水平 90%，mn=100 的过程偏移参数估计值$\hat{k}$的统计公差表

（以预设置信度及 C_p 计算 k 的估计值的统计公差表）

$\hat{k}^*_{1-\alpha}$ \ k^* C^*_p	0.04	0.05	0.06	0.07	0.08	0.09	0.1	0.11	0.12	0.13	0.14	0.15	0.16	0.17	0.18	0.19	0.2
0.88	0.000	0.000	0.000	0.007	0.017	0.027	0.037	0.047	0.057	0.067	0.077	0.087	0.097	0.107	0.117	0.127	0.137
0.90	0.000	0.000	0.000	0.009	0.019	0.029	0.039	0.049	0.059	0.069	0.079	0.089	0.099	0.109	0.119	0.129	0.139
0.92	0.000	0.000	0.000	0.010	0.020	0.030	0.040	0.050	0.060	0.070	0.080	0.090	0.100	0.110	0.120	0.130	0.140
0.94	0.000	0.000	0.001	0.011	0.021	0.031	0.041	0.051	0.061	0.071	0.081	0.091	0.101	0.111	0.121	0.131	0.141
0.96	0.000	0.000	0.002	0.012	0.022	0.032	0.042	0.052	0.062	0.072	0.082	0.092	0.102	0.112	0.122	0.132	0.142
0.98	0.000	0.000	0.004	0.014	0.024	0.034	0.044	0.054	0.064	0.074	0.084	0.094	0.104	0.114	0.124	0.134	0.144
1.00	0.000	0.000	0.005	0.015	0.025	0.035	0.045	0.055	0.065	0.075	0.085	0.095	0.105	0.115	0.125	0.135	0.145
1.02	0.000	0.000	0.006	0.016	0.026	0.036	0.046	0.056	0.066	0.076	0.086	0.096	0.106	0.116	0.126	0.136	0.146
1.04	0.000	0.000	0.007	0.017	0.027	0.037	0.047	0.057	0.067	0.077	0.087	0.097	0.107	0.117	0.127	0.137	0.147
1.06	0.000	0.000	0.008	0.018	0.028	0.038	0.048	0.058	0.068	0.078	0.088	0.098	0.108	0.118	0.128	0.138	0.148
1.08	0.000	0.000	0.009	0.019	0.029	0.039	0.049	0.059	0.069	0.079	0.089	0.099	0.109	0.119	0.129	0.139	0.149
1.10	0.000	0.000	0.010	0.020	0.030	0.040	0.050	0.060	0.070	0.080	0.090	0.100	0.110	0.120	0.130	0.140	0.150
1.12	0.000	0.001	0.011	0.021	0.031	0.041	0.051	0.061	0.071	0.081	0.091	0.101	0.111	0.121	0.131	0.141	0.151
1.14	0.000	0.001	0.011	0.021	0.031	0.041	0.051	0.061	0.071	0.081	0.091	0.101	0.111	0.121	0.131	0.141	0.151
1.16	0.000	0.002	0.012	0.022	0.032	0.042	0.052	0.062	0.072	0.082	0.092	0.102	0.112	0.122	0.132	0.142	0.152
1.18	0.000	0.003	0.013	0.023	0.033	0.043	0.053	0.063	0.073	0.083	0.093	0.103	0.113	0.123	0.133	0.143	0.153
1.20	0.000	0.004	0.014	0.024	0.034	0.044	0.054	0.064	0.074	0.084	0.094	0.104	0.114	0.124	0.134	0.144	0.154
1.22	0.000	0.005	0.015	0.025	0.035	0.045	0.055	0.065	0.075	0.085	0.095	0.105	0.115	0.125	0.135	0.145	0.155
1.24	0.000	0.005	0.015	0.025	0.035	0.045	0.055	0.065	0.075	0.085	0.095	0.105	0.115	0.125	0.135	0.145	0.155
1.26	0.000	0.006	0.016	0.026	0.036	0.046	0.056	0.066	0.076	0.086	0.096	0.106	0.116	0.126	0.136	0.146	0.156
1.28	0.000	0.007	0.017	0.027	0.037	0.047	0.057	0.067	0.077	0.087	0.097	0.107	0.117	0.127	0.137	0.147	0.157
1.30	0.000	0.007	0.017	0.027	0.037	0.047	0.057	0.067	0.077	0.087	0.097	0.107	0.117	0.127	0.137	0.147	0.157
1.32	0.000	0.008	0.018	0.028	0.038	0.048	0.058	0.068	0.078	0.088	0.098	0.108	0.118	0.128	0.138	0.148	0.158
1.34	0.000	0.009	0.019	0.029	0.039	0.049	0.059	0.069	0.079	0.089	0.099	0.109	0.119	0.129	0.139	0.149	0.159
1.36	0.000	0.009	0.019	0.029	0.039	0.049	0.059	0.069	0.079	0.089	0.099	0.109	0.119	0.129	0.139	0.149	0.159
1.38	0.000	0.010	0.020	0.030	0.040	0.050	0.060	0.070	0.080	0.090	0.100	0.110	0.120	0.130	0.140	0.150	0.160
1.40	0.000	0.010	0.020	0.030	0.040	0.050	0.060	0.070	0.080	0.090	0.100	0.110	0.120	0.130	0.140	0.150	0.160
1.42	0.001	0.011	0.021	0.031	0.041	0.051	0.061	0.071	0.081	0.091	0.101	0.111	0.121	0.131	0.141	0.151	0.161
1.44	0.002	0.012	0.022	0.032	0.042	0.052	0.062	0.072	0.082	0.092	0.102	0.112	0.122	0.132	0.142	0.152	0.162
1.46	0.002	0.012	0.022	0.032	0.042	0.052	0.062	0.072	0.082	0.092	0.102	0.112	0.122	0.132	0.142	0.152	0.162
1.48	0.003	0.013	0.023	0.033	0.043	0.053	0.063	0.073	0.083	0.093	0.103	0.113	0.123	0.133	0.143	0.153	0.163
1.50	0.003	0.013	0.023	0.033	0.043	0.053	0.063	0.073	0.083	0.093	0.103	0.113	0.123	0.133	0.143	0.153	0.163
1.52	0.004	0.014	0.024	0.034	0.044	0.054	0.064	0.074	0.084	0.094	0.104	0.114	0.124	0.134	0.144	0.154	0.164
1.54	0.004	0.014	0.024	0.034	0.044	0.054	0.064	0.074	0.084	0.094	0.104	0.114	0.124	0.134	0.144	0.154	0.164
1.56	0.005	0.015	0.025	0.035	0.045	0.055	0.065	0.075	0.085	0.095	0.105	0.115	0.125	0.135	0.145	0.155	0.165
1.58	0.005	0.015	0.025	0.035	0.045	0.055	0.065	0.075	0.085	0.095	0.105	0.115	0.125	0.135	0.145	0.155	0.165
1.60	0.005	0.015	0.025	0.035	0.045	0.055	0.065	0.075	0.085	0.095	0.105	0.115	0.125	0.135	0.145	0.155	0.165
1.62	0.006	0.016	0.026	0.036	0.046	0.056	0.066	0.076	0.086	0.096	0.106	0.116	0.126	0.136	0.146	0.156	0.166
1.64	0.006	0.016	0.026	0.036	0.046	0.056	0.066	0.076	0.086	0.096	0.106	0.116	0.126	0.136	0.146	0.156	0.166
1.66	0.007	0.017	0.027	0.037	0.047	0.057	0.067	0.077	0.087	0.097	0.107	0.117	0.127	0.137	0.147	0.157	0.167
1.68	0.007	0.017	0.027	0.037	0.047	0.057	0.067	0.077	0.087	0.097	0.107	0.117	0.127	0.137	0.147	0.157	0.167
1.70	0.007	0.017	0.027	0.037	0.047	0.057	0.067	0.077	0.087	0.097	0.107	0.117	0.127	0.137	0.147	0.157	0.167
1.72	0.008	0.018	0.028	0.038	0.048	0.058	0.068	0.078	0.088	0.098	0.108	0.118	0.128	0.138	0.148	0.158	0.168
1.74	0.008	0.018	0.028	0.038	0.048	0.058	0.068	0.078	0.088	0.098	0.108	0.118	0.128	0.138	0.148	0.158	0.168
1.76	0.009	0.019	0.029	0.039	0.049	0.059	0.069	0.079	0.089	0.099	0.109	0.119	0.129	0.139	0.149	0.159	0.169
1.78	0.009	0.019	0.029	0.039	0.049	0.059	0.069	0.079	0.089	0.099	0.109	0.119	0.129	0.139	0.149	0.159	0.169
1.80	0.009	0.019	0.029	0.039	0.049	0.059	0.069	0.079	0.089	0.099	0.109	0.119	0.129	0.139	0.149	0.159	0.169
1.82	0.010	0.020	0.030	0.040	0.050	0.060	0.070	0.080	0.090	0.100	0.110	0.120	0.130	0.140	0.150	0.160	0.170
1.84	0.010	0.020	0.030	0.040	0.050	0.060	0.070	0.080	0.090	0.100	0.110	0.120	0.130	0.140	0.150	0.160	0.170
1.86	0.010	0.020	0.030	0.040	0.050	0.060	0.070	0.080	0.090	0.100	0.110	0.120	0.130	0.140	0.150	0.160	0.170
1.88	0.011	0.021	0.031	0.041	0.051	0.061	0.071	0.081	0.091	0.101	0.111	0.121	0.131	0.141	0.151	0.161	0.171
1.90	0.011	0.021	0.031	0.041	0.051	0.061	0.071	0.081	0.091	0.101	0.111	0.121	0.131	0.141	0.151	0.161	0.171
1.92	0.011	0.021	0.031	0.041	0.051	0.061	0.071	0.081	0.091	0.101	0.111	0.121	0.131	0.141	0.151	0.161	0.171
1.94	0.011	0.021	0.031	0.041	0.051	0.061	0.071	0.081	0.091	0.101	0.111	0.121	0.131	0.141	0.151	0.161	0.171
1.96	0.012	0.022	0.032	0.042	0.052	0.062	0.072	0.082	0.092	0.102	0.112	0.122	0.132	0.142	0.152	0.162	0.172
1.98	0.012	0.022	0.032	0.042	0.052	0.062	0.072	0.082	0.092	0.102	0.112	0.122	0.132	0.142	0.152	0.162	0.172
2.00	0.012	0.022	0.032	0.042	0.052	0.062	0.072	0.082	0.092	0.102	0.112	0.122	0.132	0.142	0.152	0.162	0.172
mn 100	α 0.1																

表 B.2(续)

$\hat{k}^*_{1-\alpha}$ k^* / C_p^*	0.21	0.22	0.23	0.24	0.25	0.26	0.27	0.28	0.29	0.3	0.31	0.32	0.33	0.34	0.35	0.36
0.88	0.147	0.157	0.167	0.177	0.187	0.197	0.207	0.217	0.227	0.237	0.247	0.257	0.267	0.277	0.287	0.297
0.90	0.149	0.159	0.169	0.179	0.189	0.199	0.209	0.219	0.229	0.239	0.249	0.259	0.269	0.279	0.289	0.299
0.92	0.150	0.160	0.170	0.180	0.190	0.200	0.210	0.220	0.230	0.240	0.250	0.260	0.270	0.280	0.290	0.300
0.94	0.151	0.161	0.171	0.181	0.191	0.201	0.211	0.221	0.231	0.241	0.251	0.261	0.271	0.281	0.291	0.301
0.96	0.152	0.162	0.172	0.182	0.192	0.202	0.212	0.222	0.232	0.242	0.252	0.262	0.272	0.282	0.292	0.302
0.98	0.154	0.164	0.174	0.184	0.194	0.204	0.214	0.224	0.234	0.244	0.254	0.264	0.274	0.284	0.294	0.304
1.00	0.155	0.165	0.175	0.185	0.195	0.205	0.215	0.225	0.235	0.245	0.255	0.265	0.275	0.285	0.295	0.305
1.02	0.156	0.166	0.176	0.186	0.196	0.206	0.216	0.226	0.236	0.246	0.256	0.266	0.276	0.286	0.296	0.306
1.04	0.157	0.167	0.177	0.187	0.197	0.207	0.217	0.227	0.237	0.247	0.257	0.267	0.277	0.287	0.297	0.307
1.06	0.158	0.168	0.178	0.188	0.198	0.208	0.218	0.228	0.238	0.248	0.258	0.268	0.278	0.288	0.298	0.308
1.08	0.159	0.169	0.179	0.189	0.199	0.209	0.219	0.229	0.239	0.249	0.259	0.269	0.279	0.289	0.299	0.309
1.10	0.160	0.170	0.180	0.190	0.200	0.210	0.220	0.230	0.240	0.250	0.260	0.270	0.280	0.290	0.300	0.310
1.12	0.161	0.171	0.181	0.191	0.201	0.211	0.221	0.231	0.241	0.251	0.261	0.271	0.281	0.291	0.301	0.311
1.14	0.161	0.171	0.181	0.191	0.201	0.211	0.221	0.231	0.241	0.251	0.261	0.271	0.281	0.291	0.301	0.311
1.16	0.162	0.172	0.182	0.192	0.202	0.212	0.222	0.232	0.242	0.252	0.262	0.272	0.282	0.292	0.302	0.312
1.18	0.163	0.173	0.183	0.193	0.203	0.213	0.223	0.233	0.243	0.253	0.263	0.273	0.283	0.293	0.303	0.313
1.20	0.164	0.174	0.184	0.194	0.204	0.214	0.224	0.234	0.244	0.254	0.264	0.274	0.284	0.294	0.304	0.314
1.22	0.165	0.175	0.185	0.195	0.205	0.215	0.225	0.235	0.245	0.255	0.265	0.275	0.285	0.295	0.305	0.315
1.24	0.165	0.175	0.185	0.195	0.205	0.215	0.225	0.235	0.245	0.255	0.265	0.275	0.285	0.295	0.305	0.315
1.26	0.166	0.176	0.186	0.196	0.206	0.216	0.226	0.236	0.246	0.256	0.266	0.276	0.286	0.296	0.306	0.316
1.28	0.167	0.177	0.187	0.197	0.207	0.217	0.227	0.237	0.247	0.257	0.267	0.277	0.287	0.297	0.307	0.317
1.30	0.167	0.177	0.187	0.197	0.207	0.217	0.227	0.237	0.247	0.257	0.267	0.277	0.287	0.297	0.307	0.317
1.32	0.168	0.178	0.188	0.198	0.208	0.218	0.228	0.238	0.248	0.258	0.268	0.278	0.288	0.298	0.308	0.318
1.34	0.169	0.179	0.189	0.199	0.209	0.219	0.229	0.239	0.249	0.259	0.269	0.279	0.289	0.299	0.309	0.319
1.36	0.169	0.179	0.189	0.199	0.209	0.219	0.229	0.239	0.249	0.259	0.269	0.279	0.289	0.299	0.309	0.319
1.38	0.170	0.180	0.190	0.200	0.210	0.220	0.230	0.240	0.250	0.260	0.270	0.280	0.290	0.300	0.310	0.320
1.40	0.170	0.180	0.190	0.200	0.210	0.220	0.230	0.240	0.250	0.260	0.270	0.280	0.290	0.300	0.310	0.320
1.42	0.171	0.181	0.191	0.201	0.211	0.221	0.231	0.241	0.251	0.261	0.271	0.281	0.291	0.301	0.311	0.321
1.44	0.172	0.182	0.192	0.202	0.212	0.222	0.232	0.242	0.252	0.262	0.272	0.282	0.292	0.302	0.312	0.322
1.46	0.172	0.182	0.192	0.202	0.212	0.222	0.232	0.242	0.252	0.262	0.272	0.282	0.292	0.302	0.312	0.322
1.48	0.173	0.183	0.193	0.203	0.213	0.223	0.233	0.243	0.253	0.263	0.273	0.283	0.293	0.303	0.313	0.323
1.50	0.173	0.183	0.193	0.203	0.213	0.223	0.233	0.243	0.253	0.263	0.273	0.283	0.293	0.303	0.313	0.323
1.52	0.174	0.184	0.194	0.204	0.214	0.224	0.234	0.244	0.254	0.264	0.274	0.284	0.294	0.304	0.314	0.324
1.54	0.174	0.184	0.194	0.204	0.214	0.224	0.234	0.244	0.254	0.264	0.274	0.284	0.294	0.304	0.314	0.324
1.56	0.175	0.185	0.195	0.205	0.215	0.225	0.235	0.245	0.255	0.265	0.275	0.285	0.295	0.305	0.315	0.325
1.58	0.175	0.185	0.195	0.205	0.215	0.225	0.235	0.245	0.255	0.265	0.275	0.285	0.295	0.305	0.315	0.325
1.60	0.175	0.185	0.195	0.205	0.215	0.225	0.235	0.245	0.255	0.265	0.275	0.285	0.295	0.305	0.315	0.325
1.62	0.176	0.186	0.196	0.206	0.216	0.226	0.236	0.246	0.256	0.266	0.276	0.286	0.296	0.306	0.316	0.326
1.64	0.176	0.186	0.196	0.206	0.216	0.226	0.236	0.246	0.256	0.266	0.276	0.286	0.296	0.306	0.316	0.326
1.66	0.177	0.187	0.197	0.207	0.217	0.227	0.237	0.247	0.257	0.267	0.277	0.287	0.297	0.307	0.317	0.327
1.68	0.177	0.187	0.197	0.207	0.217	0.227	0.237	0.247	0.257	0.267	0.277	0.287	0.297	0.307	0.317	0.327
1.70	0.177	0.187	0.197	0.207	0.217	0.227	0.237	0.247	0.257	0.267	0.277	0.287	0.297	0.307	0.317	0.327
1.72	0.178	0.188	0.198	0.208	0.218	0.228	0.238	0.248	0.258	0.268	0.278	0.288	0.298	0.308	0.318	0.328
1.74	0.178	0.188	0.198	0.208	0.218	0.228	0.238	0.248	0.258	0.268	0.278	0.288	0.298	0.308	0.318	0.328
1.76	0.179	0.189	0.199	0.209	0.219	0.229	0.239	0.249	0.259	0.269	0.279	0.289	0.299	0.309	0.319	0.329
1.78	0.179	0.189	0.199	0.209	0.219	0.229	0.239	0.249	0.259	0.269	0.279	0.289	0.299	0.309	0.319	0.329
1.80	0.179	0.189	0.199	0.209	0.219	0.229	0.239	0.249	0.259	0.269	0.279	0.289	0.299	0.309	0.319	0.329
1.82	0.180	0.190	0.200	0.210	0.220	0.230	0.240	0.250	0.260	0.270	0.280	0.290	0.300	0.310	0.320	0.330
1.84	0.180	0.190	0.200	0.210	0.220	0.230	0.240	0.250	0.260	0.270	0.280	0.290	0.300	0.310	0.320	0.330
1.86	0.180	0.190	0.200	0.210	0.220	0.230	0.240	0.250	0.260	0.270	0.280	0.290	0.300	0.310	0.320	0.330
1.88	0.181	0.191	0.201	0.211	0.221	0.231	0.241	0.251	0.261	0.271	0.281	0.291	0.301	0.311	0.321	0.331
1.90	0.181	0.191	0.201	0.211	0.221	0.231	0.241	0.251	0.261	0.271	0.281	0.291	0.301	0.311	0.321	0.331
1.92	0.181	0.191	0.201	0.211	0.221	0.231	0.241	0.251	0.261	0.271	0.281	0.291	0.301	0.311	0.321	0.331
1.94	0.181	0.191	0.201	0.211	0.221	0.231	0.241	0.251	0.261	0.271	0.281	0.291	0.301	0.311	0.321	0.331
1.96	0.182	0.192	0.202	0.212	0.222	0.232	0.242	0.252	0.262	0.272	0.282	0.292	0.302	0.312	0.322	0.332
1.98	0.182	0.192	0.202	0.212	0.222	0.232	0.242	0.252	0.262	0.272	0.282	0.292	0.302	0.312	0.322	0.332
2.00	0.182	0.192	0.202	0.212	0.222	0.232	0.242	0.252	0.262	0.272	0.282	0.292	0.302	0.312	0.322	0.332
mn	*α*															
100	0.1															

附 录 C
（资料性附录）
统计过程控制中过程均值和标准差的估计值的三种表示方式

C.1 过程均值的估计值 $\hat{\mu}$

当采用来自控制图的数据且过程处于受控状态时，过程均值的估计值 $\hat{\mu}$ 可以用各子组均值 $\bar{x}_i$ 的平均值 $\bar{\bar{x}}$ 表示：

$$\bar{\bar{x}} = \frac{1}{m}\sum_{i=1}^{m} \bar{x}_i \qquad \text{(C.1)}$$

式中：

$\bar{x}_i = \frac{\sum_{j=1}^{n_i} x_{ij}}{n_i}, i = 1,2,\cdots,m$，$m$ 为子组数。

C.2 标准差的估计值 $\hat{\sigma}$

标准差的估计值有以下三种表示方式。

C.2.1 标准差的估计值基于不分组的数据

统计过程控制中当样本大小 $n=1$ 时，属于该情形。标准差的估计值用 S 或 $\hat{\sigma}_S$ 表示：

$$S = \hat{\sigma}_S = \sqrt{\frac{1}{mn-1}\sum_{i=1}^{m}(x_i-\hat{\mu})^2} \qquad \text{(C.2)}$$

式中：

n——子组大小；

mn——总观测值的数量；

$\hat{\mu}$——过程均值的估计值。

C.2.2 标准差的估计值基于均值-标准差控制图的数据

标准差的估计值用 $\hat{\sigma}_{\bar{s}}$ 表示：

$$\hat{\sigma}_{\bar{s}} = \frac{\bar{s}}{c_4} \qquad \text{(C.3)}$$

式中：

$\bar{s}$——子组标准差的平均值；

c_4——和样本大小相关的系数。

C.2.3 标准差的估计值基于均值-极差控制图的数据

标准差的估计值用 $\hat{\sigma}_{\bar{R}}$ 表示：

$$\hat{\sigma}_{\bar{R}} = \frac{\bar{R}}{d_2} \qquad \text{(C.4)}$$

式中：

$\bar{R}$——子组极差的平均值；

d_2——和样本大小相关的系数。

附 录 D
（资料性附录）
在 GPS 矩阵模型中的位置

GPS 矩阵模型参见 GB/Z 20308—2006。

D.1 本部分的信息及其应用

本部分标准规定了基于给定置信水平的统计公差相关的术语、符号、计算公式及设计方法。

D.2 本部分在 GPS 矩阵模型中的位置

本部分标准是 GPS 通用标准，它影响 GPS 矩阵中尺寸和距离标准链的链环 1、链环 2、链环 3 和链环 4，如图 D.1 所示。

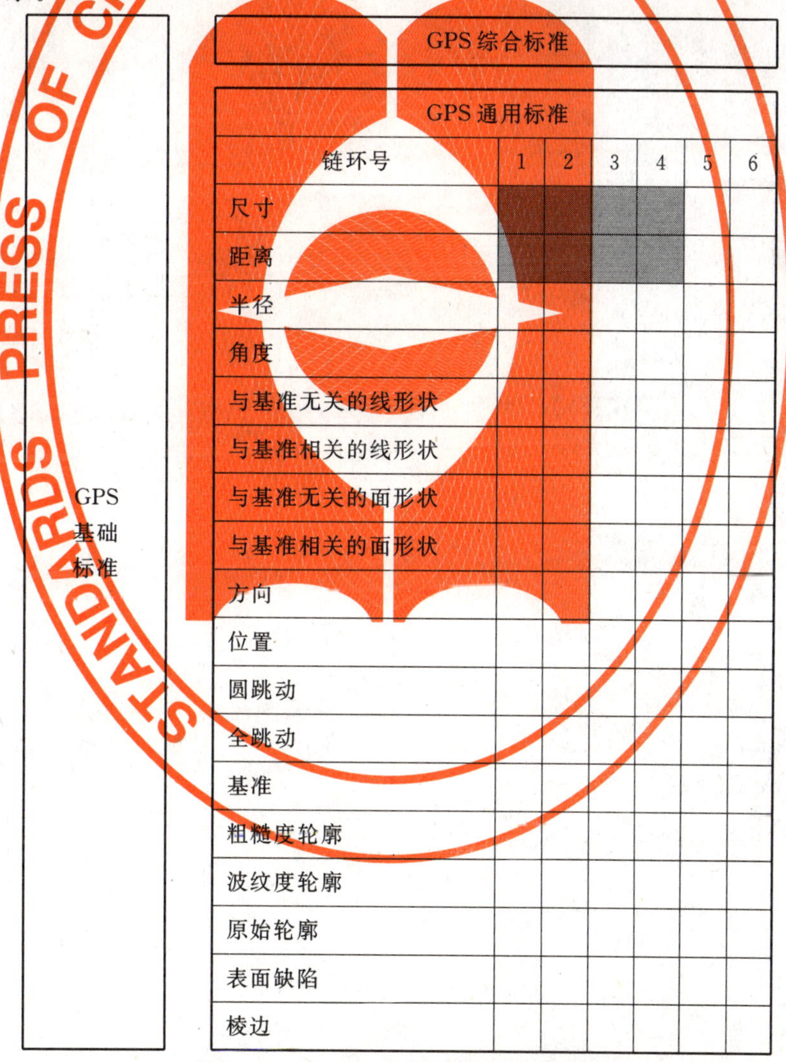

图 D.1 在 GPS 矩阵模型中的位置

D.3 相关的标准

相关的标准为图 D.1 所示标准链涉及的标准。

ICS 17.040.10
J 04

中华人民共和国国家标准化指导性技术文件

GB/Z 24637.1—2009/ISO/TS 17450-1:2005

产品几何技术规范(GPS) 通用概念 第1部分:几何规范和验证的模式

Geometrical Product Specifications(GPS)—
General concepts—
Part 1:Model for geometrical specification and verification

(ISO/TS 17450-1:2005,IDT)

2009-11-15 发布 2010-09-01 实施

中华人民共和国国家质量监督检验检疫总局
中国国家标准化管理委员会 发布

前　言

GB/Z 24637《产品几何技术规范(GPS)　通用概念》国家标准化指导性技术文件分为以下两部分：

——第1部分：几何规范和验证的模式；

——第2部分：基本规则、规范、操作集和不确定度。

本部分为GB/Z 24637的第1部分。

本部分等同采用国际标准技术规范ISO/TS 17450-1:2005《产品几何技术规范(GPS)　通用概念　第1部分：几何规范和验证的模式》(英文版)。

本部分等同翻译国际标准技术规范ISO/TS 17450-1:2005。

为了便于使用，本部分做了如下编辑性修改：

——国际标准技术规范的本部分一词改为"本部分"；

——删除了国际标准技术规范的前言和引言；

——"JJF 1001—1998　通用计量术语及定义"与"VIM 1993国际计量学通用基础术语"内容一致；

——在技术内容和编写格式上与该国际标准技术规范一致。

本部分的附录A、附录B、附录C、附录D和附录E均为资料性附录。

本部分由全国产品尺寸和几何技术规范标准化技术委员会提出并归口。

本部分起草单位：中机生产力促进中心、中国航空综合技术研究所、郑州大学、华中科技大学、西安交通大学、北京理工大学、上海大学、北京市计量检测科学研究院。

本部分主要起草人：李晓沛、王喜力、张琳娜、蒋向前、赵卓贤、赵凤霞、刘巽尔、李明、吴迅、邓高见、陈景玉。

产品几何技术规范(GPS)
通用概念
第1部分:几何规范和验证的模式

1 范围

GB/Z 24637 的本部分为几何技术标准和验证提供了模式,并且定义了相应的概念;也给出了与该模式相关概念的数学基础。

本部分适用于几何技术标准。

2 规范性引用文件

下列文件中的条款通过 GB/Z 24637 的本部分的引用而成为本部分的条款。凡是注日期的引用文件,其随后所有的修改单(不包括勘误的内容)或修订版均不适用于本部分,然而,鼓励根据本部分达成协议的各方研究是否可使用这些文件的最新版本。凡是不注日期的引用文件,其最新版本适用于本部分。

GB/T 18780.1—2002 产品几何量技术规范(GPS) 几何要素 第1部分:基本术语和定义(ISO 14660-1:1999,IDT)

GB/Z 24637.2 产品几何技术规范(GPS) 通用概念 第2部分:基本原则、规范、操作集和不确定度(GB/Z 24637.2—2009,ISO/TS 17450-2:2002,IDT)

JJF 1001—1998 通用计量术语及定义

3 术语和定义

GB/T 18780.1—2002 和 JJF 1001—1998 确立的以及下列术语和定义适用于 GB/Z 24637 的本部分。

3.1

拟合要素 associated feature

通过拟合操作,由非理想表面模型或实际表面建立的理想要素。

注:这一术语和 GB/T 18780.1—2002 的关系在图1给出。

图1 拟合要素术语间的关系

3.2

拟合 association

按照一定规则使理想要素逼近非理想要素的操作。

注:见 8.1.5。

3.3

有界要素 bounded feature

可包含在有限半径的球面范围内的要素。

3.4

特征 characteristic

用线性或角度单位描述的一个或多个要素的单一几何性质。

注：参见附录D。

3.5

组合 collection

按照工件的功能，将多个要素结合起来的操作。

注：见8.1.6。

3.6

构建 construction

在约束条件下，从理想要素中建立新的理想要素的操作。

注：见8.1.7。

3.7

偏差 deviation

从非理想模型中得到的特征值和相应公称值之差。

3.8

评估 evaluation

用来确定某一特征值或公称值及其极限值的操作。

注：见8.2。

3.9

提取 extraction

从非理想要素中获取一系列点特定的操作。

注：见8.1.3。

3.10

要素 feature

几何要素 geometric feature

点、线或面。

[GB/T 18780.1—2002，定义2.1]

3.11

要素操作 feature operation

获得要素的特定方法。

3.12

滤波 filtration

通过降低非理想要素中某些信息成分得到所需的非理想要素的操作。

注：见8.1.4。

3.13

理想要素 ideal feature

由参数化方程定义的要素。

注：参数化方程的表达取决于理想要素的类型及其本质的特征。

3.14

本质特征 intrinsic characteristic

理想要素的内在特征。

注1：见7.2。

注2：理想要素只有尺寸特征为本质特征。

注3：本质特征是理想要素参数化方程的参数。

3.15

恒定类别 invariance class

具有相同恒定度的一组理想要素。

3.16

理想要素的恒定度 invariance degree of an ideal feature

理想要素在空间保持特征不变的可位移数。

注：它与运动学中自由度相对应。

3.17

公称要素 nominal feature

不依赖于非理想表面模型的理想要素。

注：这一术语与 GB/T 18780.1—2002(ISO 14660-1:1999)的关系在图 2 中给出。

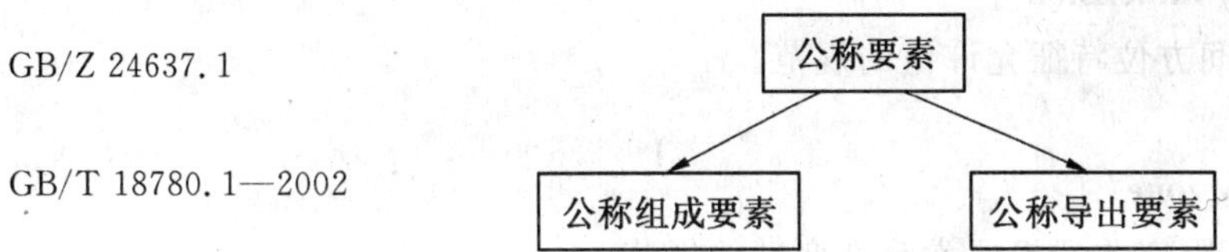

图 2 公称要素术语间的关系

3.18

公称模型 nominal model

按设计意图给定的理想形状的工件模型。

3.19

非理想要素 non-ideal feature

完全依赖于非理想表面模型的不完美的要素。

3.20

操作 operation

获取要素或特征值以及它们的公称值和极限值的特定手段。

3.21

分离 partition

由非理想要素或理想要素确定有界要素的操作。

注：见 8.1.2。

3.22

工件实际表面 real surface of a workpiece

实际存在并将整个工件与周围介质分隔的一组要素。

[GB/T 18780.1—2002]

3.23

方位特征 situation characteristic

确定两个要素间相对方向或位置的特征。

3.24

理想要素间方位特征 situation characteristic between ideal features

确定两个方位要素间相对方向或位置的特征。

3.25

非理想要素与理想要素间方位特征 situation characteristic between non-ideal features

确定非理想要素和理想要素间相对位置的特征。

3.26

方位要素 situation feature

能确定要素方向和/或位置的点、直线、平面或螺旋线类要素。

3.27

(工件的)非理想表面模型 non-ideal surface model /skin model (of a workpiece)

实际存在并将整个工件与周围介质分隔的模型。

注：见第5章。

3.28

规范 specification

特征允许极限的表述。

3.29

尺寸规范 specification by dimension

限定本质特征或理想要素间方位特征允许值的规范。

3.30

区域规范 specification by zone

在理想要素限定的空间内，限定非理想要素允许变动的规范。

3.31

(理想要素的)类型 type (of an ideal feature)

对一组理想要素的形状给出的名称。

注1：见表2和表3。

注2：按照理想要素的类型，通过对其本质特征评估可以确定特定要素。

注3：理想要素的类型确定理想要素的参数化方程。

3.32

无界要素 unbounded feature

不能包含在有限半径的球面范围内的要素。

3.33

变动 variation

单一实际要素或一组工件的特征值不为定值的现象。

4 应用和未来前景

4.1 在GB/Z 24637(ISO/TS 17450)的本部分中提及的模式的目的是：

a) 通过包含所有全球范围内适用的、GPS中所需要的几何方法(如：操作)，表达工件几何规范所基于的通用概念。

b) 提供数学化的概念(参见附录B)，便于以下人员进行标准化输入：

——CAD系统的软件设计者；

——计量学中计算算法的软件设计者；

——关于STEP标准的制定者(在CAD系统间的产品数据计算机处理交换)。

4.2 这一模型不直接用作确定工件几何特征的标准方法，而应用作为按统一的、系统化的方法为修订和完善现有标准的基础，其目的是：

a) 提供一种明确的GPS语言，让人们在设计，生产，检验中应用和理解。

b) 正确确定要素、特征和规则，能够：

——提供缺省的定义，如：最小二乘表面的定义；

——提供用于表达非缺省定义(特殊定义)的规则；

——提供简单化的符号集；

——为误差评估和测量方法制定了协调一致的规则，所提出的工具能够明确的定义所评估的每个特征的数量，并且明确的描述测量顺序；

——应用统计方法 —当每个特征被明确定义时，可把它看作确定性的或统计的特征（例如：统计过程控制或统计公差的功能分析）。

5 综述

几何规范是根据工件的功能需求确定其一组几何特征允许变动范围的设计步骤。它也确定了符合制造过程、制造的允许极限和工件符合性定义的质量水平（见图3）。

功能需求——功能规范——几何规范

图3 功能需求与几何规范之间的关系

设计者首先定义一个满足机械功能、具有理想形状和尺寸的“工件”，该“工件”称为公称模型（见图4）。

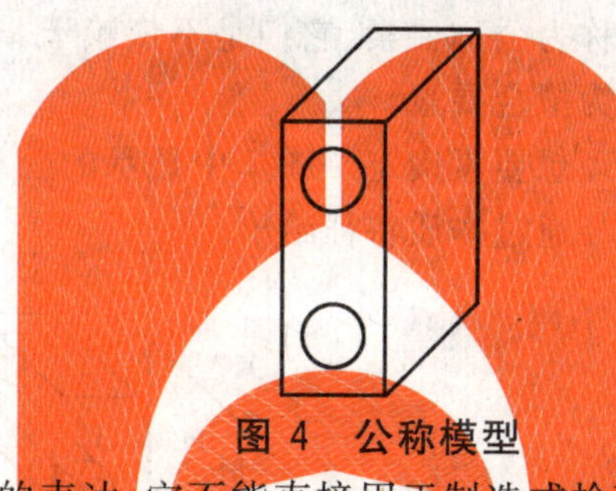

图4 公称模型

仅以公称值建立一个工件的表达，它不能直接用于制造或检验（每个制造或测量过程有它自己的可变性和不确定性）。

工件实际表面是实际存在并将整个工件与周围介质分隔的一组要素。它是非理想的几何要素，不可能完整地获得工件实际表面的尺寸变动量来完全了解所有变动的整个范围。

因此，从公称几何形体出发，设计者设想了工件实际表面的一个模型，该模型表达了实际表面预期的变动。该模型表示了工件的非理想的几何要素，被称为非理想表面模型（见图5）。

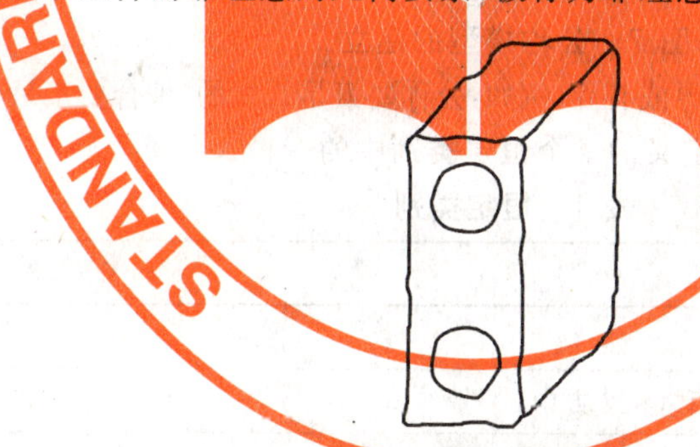

图5 非理想表面模型

非理想表面模型用来在概念上模拟表面的变动。在这个模型上，设计者在确保功能的前提下，可以优化最大允许极限值。这些最大允许极限值确定了工件每一特征的公差值。

注：本部分不包括几何规范和功能规范接近程度的评价方法。

检验是制造步骤，在这一步骤中检测人员确定工件实际表面是否符合已规定的允许变动区域。

该允许变动区域将用于调整制造过程。

计量人员从阅读规范入手，考虑非理想表面模型，了解规定的特征。从工件实际表面出发，计量人员根据所用测量设备来确定检验计划的各个步骤。

然后，通过对规定特征与测量结果进行比较，确定其符合程度（见图6）。

几何规范——量（被测的量）——测量结果

图6 几何规范和测量结果之间的关系

6 要素

6.1 概述

根据要素的定义,其实质是点、线或面。

可分为两类不同要素:

a) 理想要素(见 6.2);

b) 非理想要素(见 6.3)。

6.2 理想要素

6.2.1 理想要素是由其类型和本质特征定义的。

通常通过类型称呼一个要素,例如:直线、平面、圆柱面、圆锥面、球面或圆环面。

在第 7 章中定义了特征。特征是:例如,圆柱的直径、平面与球心之间的距离、或者圆柱轴线与平面之间的夹角等。

6.2.2 用来确定公称模型的理想要素称为公称要素,它们是不依赖于非理想表面模型的理想要素,那些依赖于非理想表面模型的特征,被称为拟合要素。

例如:几个平面类型和圆柱类型的理想要素确定了图 7 中显示的公称模型。要素间的位置和方向通过方位特征和圆柱直径给出,圆柱直径通过本质特征给出。

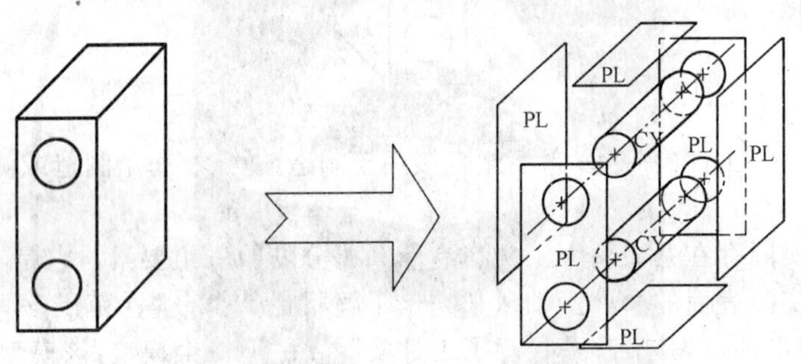

a) 公称模型　　b) 平面类型和圆柱类型的理想要素确定公称模型

图 7 公称模型的建立

6.2.3 理想要素通过理想边界来确定无界或有界(例如:公称要素是有界的,拟合要素是有界的或无界的)。

6.2.4 所有的理想要素都属于表 1 中定义的 7 个恒定类别中的一种。

表 1 恒定类别

恒定类别[a]	恒定度[b]
复合面	无
柱面	沿直线平移(一个方向)
回转面	绕直线旋转(一个方向)
螺旋面	沿直线平移(一个方向)和绕直线旋转(一个方向)
圆柱面	沿直线平移(一个方向)和绕直线旋转(一个方向)
平面	绕直线旋转(一个方向)和在与直线垂直的平面内平移(两个方向)
球面	绕一点旋转(三个方向)

[a] 按定义 3.15;

[b] 按定义 3.16。

示例 1:无论沿轴线移动还是绕轴线旋转,圆柱面是不变的,属于圆柱面恒定类别;

示例 2:绕轴线旋转的圆锥面是不变的,属于回转面恒定类别;

示例 3:沿直线移动的椭圆柱面是不变的,属于柱面恒定类别。

6.2.5 每个理想要素可以定义一个或多个方位要素。方位要素是理想的点、直线、平面、或螺旋面，通过这些方位要素可以用特征定义要素的位置和方向。表 2 给出了方位要素的示例。

表 2 方位要素的示例

恒定类别	理想要素的类型	方位要素的示例
复合面类	椭圆曲线 双曲抛物面 ……	椭圆面，对称平面 对称平面，切点
柱面类	椭圆柱 ……	对称平面，轴线
回转面类	圆 圆锥 圆环 ……	包含圆、圆心的平面 对称轴，顶点 垂直于圆环轴的平面，圆环中心
螺旋面类	螺旋线 基于圆渐开线的螺旋面 ……	螺旋线 螺旋线 ……
圆柱面类	直线 圆柱面	直线[a] 对称轴[a]
平面类	平面	平面
球面类	点 球	点[a] 中心[a]

[a] 没有别的方位要素可供选择，否则该要素会变成其他的恒定类别。

6.3 非理想要素

非理想要素完全依赖于非理想表面模型，它们是：

——非理想表面模型本身(见图 5)；

——非理想表面模型的一部分(称为分离要素)(见图 11)；

——导出分离要素[不包含在非理想表面模型上，是通过操作由非理想表面模型的一部分(见第 8 章)形成的](见图 8)；

——非理想表面模型和一个理想要素的交点。

非理想要素是有界的，由无限或有限个点组成。

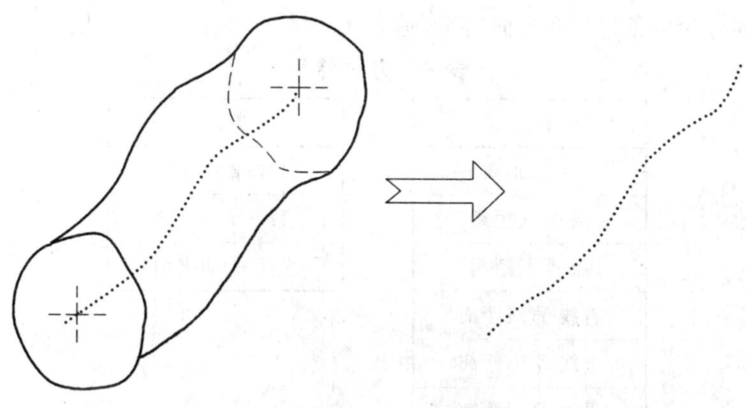

图 8 导出分离要素

7 特征

7.1 概述

特征：

——可在理想要素上定义，称为本质特征(参见 B.3.1)；

——或理想要素之间定义，称为方位特征(参见 B.3.2)；

——或在理想和非理想要素之间定义，称为方位特征(参见 B.3.3)。

7.2 理想要素的本质特征

理想要素的本质特征是特指该要素类型本身。本质特征的示例在表 3 中给出。

表 3 理想要素本质特征示例

恒定类别	理想要素的类型	本质特征示例
复合面	椭圆曲线 极坐标表面 ……	长轴与短轴的长度 相对于极坐标的位置
柱面	椭圆柱面 基于圆渐开线的柱面 ……	长轴与短轴的长度 压力角,基圆半径
回转面	圆 锥体 环面 …	直径 顶角 素线和准线直径
螺旋面	螺旋线 基于圆渐开线的螺旋面 ……	螺距和半径 螺旋角,压力角,基圆半径
圆柱面	直线 圆柱	无 直径
平面	平面	无
球面	点 球面	无 直径

7.3 理想要素之间的方位特征

方位特征定义了两个方位要素之间的相对方位(位置或方向)。这些特征是长度和角度。

方位特征可被划分为位置特征和方向特征，见表 4。

表 4 方位特征

位置
点-点距离
点-直线距离
点-平面距离
直线-直线距离
直线-平面距离
平面-平面距离

方向
直线-直线夹角
直线-平面夹角
平面-平面夹角

示例 1:球和平面间的相对位置通过球面的方位要素(球的圆心)和平面的方位要素(平面本身)之间的点-直线距离给出。

示例 2:圆柱面和平面的相对方向通过圆柱面的方位要素(圆柱面的轴线)和平面的方位要素(平面本身)之间的直线-平面夹角给出。

在一些示例中(如不对称公差标注),应确定空间的一部分(例如:确认对称平面的哪一侧是公差带的最大部分),相应的方位要素称为带符号的特征(见图 9)它们可以是点-平面距离、直线-直线(不平行)距离、平面-平面距离、直线-平面距离、平面-平面距离、直线-直线夹角、直线-平面夹角、平面-平面夹角。

这些带符号的特征由平面和直线的方向矢量确定(参见 B.1)。

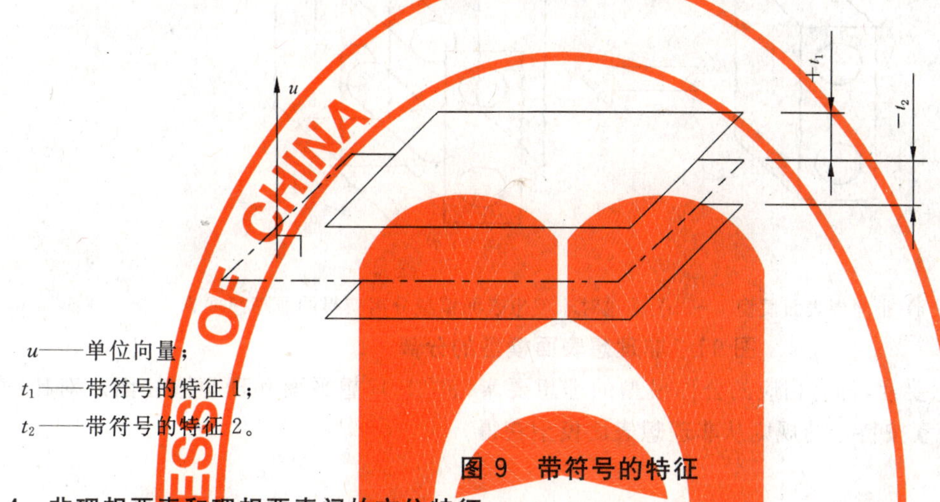

u——单位向量;

t_1——带符号的特征 1;

t_2——带符号的特征 2。

图 9 带符号的特征

7.4 非理想要素和理想要素间的方位特征

方位特征也用于确定非理想要素与理想要素间的方位。

这些方位特征仅指距离,该特征定义为非理想要素各点到理想要素间距离的函数(见图 10 的示例)。这些函数值可以是各点到理想要素距离的最大值、最小值或平方和等。这些方位特征用于拟合操作。

a——理想要素(圆);

b——非理想要素(带有形状误差的圆)。

图 10 距离函数

8 操作

8.1 要素操作

8.1.1 概述

为获得理想要素或非理想要素,需要采用特定的操作,见 8.1.2~8.1.7。这些操作可以以任何顺序使用。

8.1.2 分离

分离是用于确定有界要素的要素操作。

它可用来从非理想表面模型或实际表面获得与公称要素对应的非理想要素(见图 11),也可用来获得理想要素的有限部分(如一段直线)或非理想要素的有限部分(如部分非理想表面)。

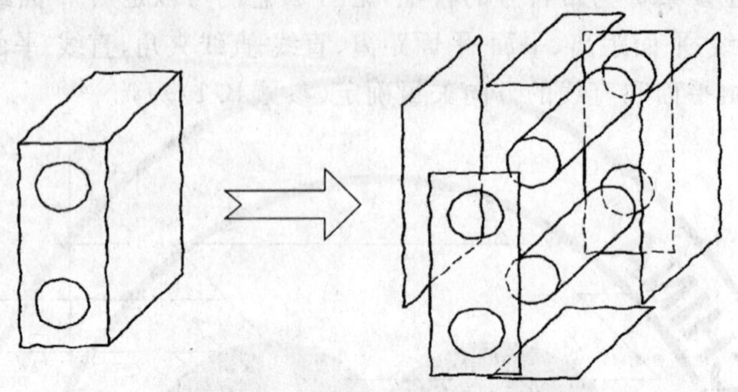

a) 非理想表面模型　　b) 通过对非理想表面模型分离获得的非理想要素

图 11 非理想表面模型的分离

对于每个非理想要素,都有相应的公称模型的理想要素(例如,理想平面和理想圆柱面)(对比图 7 与图 11)。非理想要素按特定的规则从非理想表面模型获得。

8.1.3 提取

提取是依据特定的规则从一个要素提取出有限点集的要素操作(见图 12)。

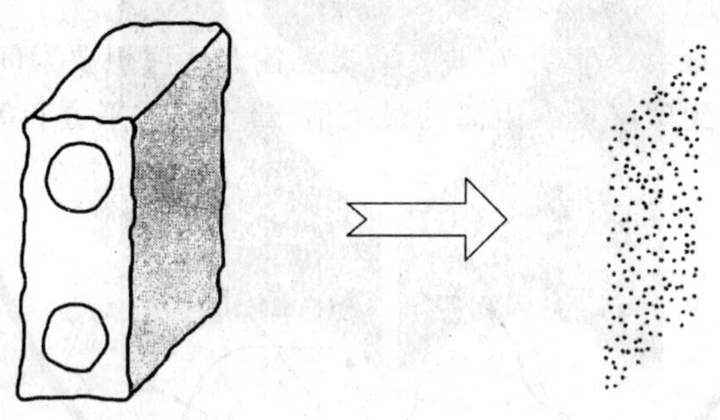

a) 非理想表面模型　　b) 从非理想表面模型的要素提取的点

图 12 从非理想表面模型要素提取的点

8.1.4 滤波

滤波是用于区别粗糙度、波纹度、表面结构和形状等的要素操作(见图 13)。

该操作允许从一个非理想要素中获得所要求的特征要素。

该操作按特定规则进行。

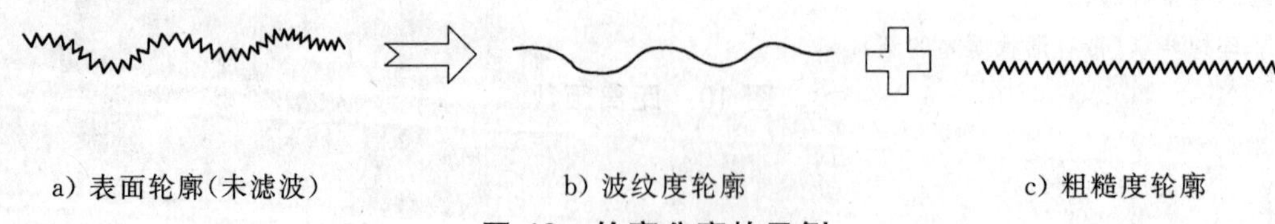

a) 表面轮廓(未滤波)　　b) 波纹度轮廓　　c) 粗糙度轮廓

图 13 轮廓分离的示例

8.1.5 拟合

拟合是按特定准则使理想要素逼近非理想要素的要素操作(见图 14)。

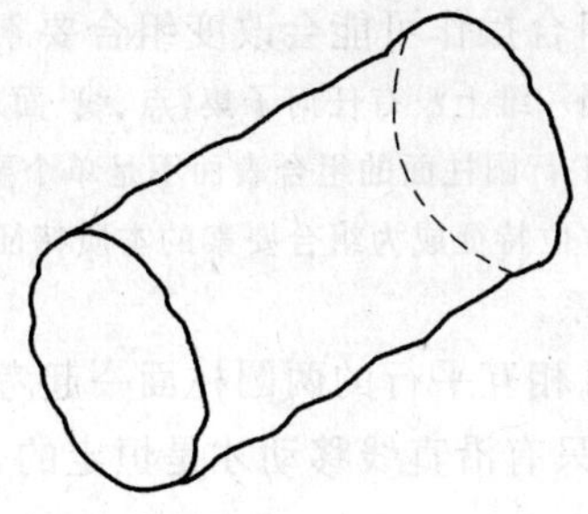

a) 非理想要素

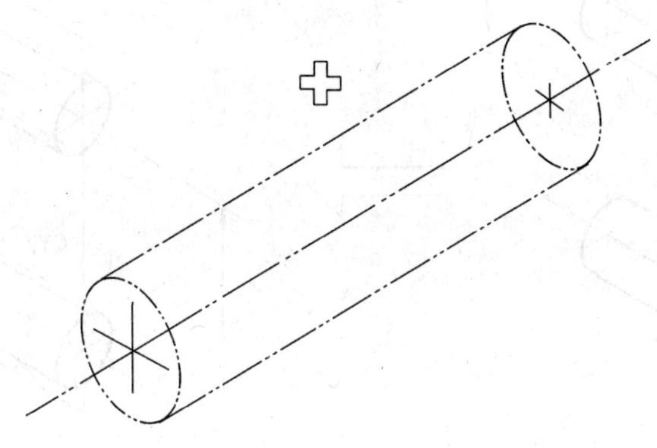

b) 理想圆柱

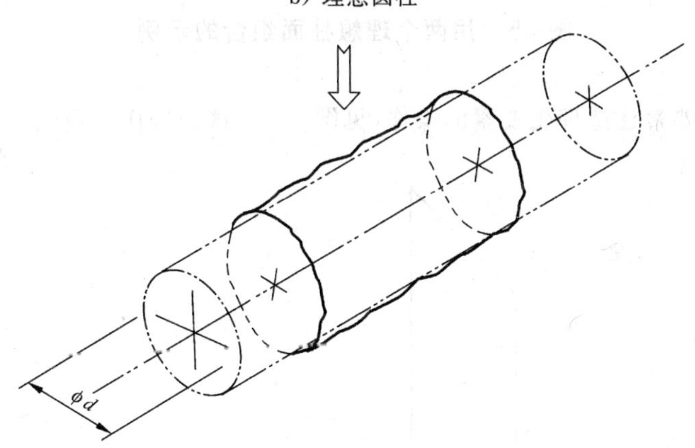

c) 按“最大内接圆柱直径”准则用理想圆柱对非理想要素进行拟合

图 14 拟合示例

拟合准则给出了特征目标和约束。约束决定了特征值或者对特征给出了极限。

约束可以应用于本质特征、理想要素间的方位特征或理想要素和非理想要素间的方位特征。

用理想圆柱来拟合非理想要素，拟合准则可以为：

——非理想要素的各点到理想圆柱面的距离的平方和最小；或

——内切圆柱面的直径最大(见图 14)；或

——外接圆柱面的直径最小；或

——其他准则。

8.1.6 组合

组合是将多个要素结合在一起，以实现某一特定功能的操作(见图 15)。组合操作的对象可能是理想要素或者是非理想要素。通过两个要素组合操作得到的理想要素属于表 1 的 7 种恒定类别中的一种。

相对于被组合的单个要素来说,组合操作可能会改变组合要素的恒定类别和恒定度。

注 1:单个要素是一个连续的要素,在同一维上没有任何子集(点、线、面),其恒定度高于组合要素的恒定度。

示例:圆柱面是单个要素,而包含两个平行圆柱面的组合表面不是单个要素,因为单个圆柱面具有较高的恒定度。

注 2:通过组合操作,两个要素之间的方位特征成为组合要素的本质特征。

注 3:组合要素中的各要素不需要有联系。

图 15 将轴线处于同一个平面内且相互平行的两圆柱面一起考虑(例如建立一个公共基准面),并定义为两圆柱要素的组合。该组合要素只有沿直线移动才是恒定的,它属于柱面恒定类别。

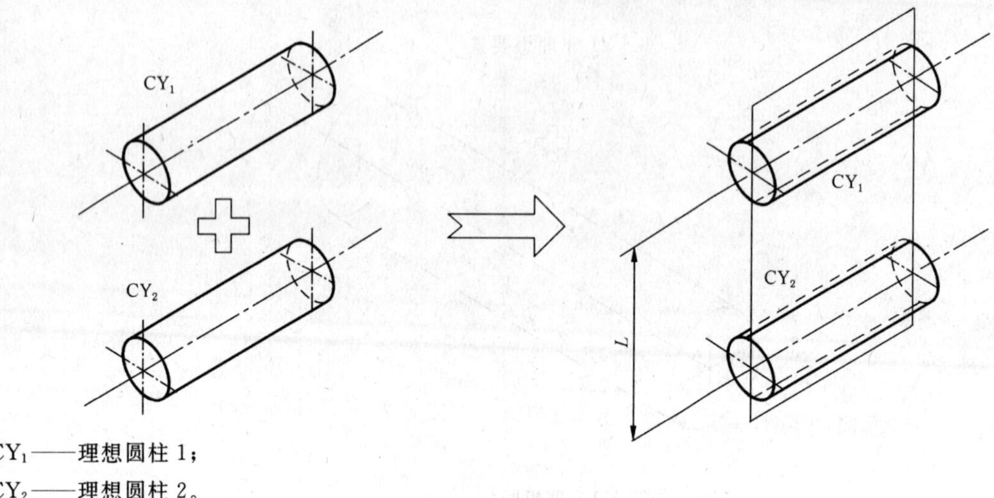

CY_1——理想圆柱 1;

CY_2——理想圆柱 2。

图 15 用两个理想柱面组合的示例

8.1.7 构建

构建是用于从其他要素建造理想要素的操作(见图 16)。这种操作要遵循一定的约束。

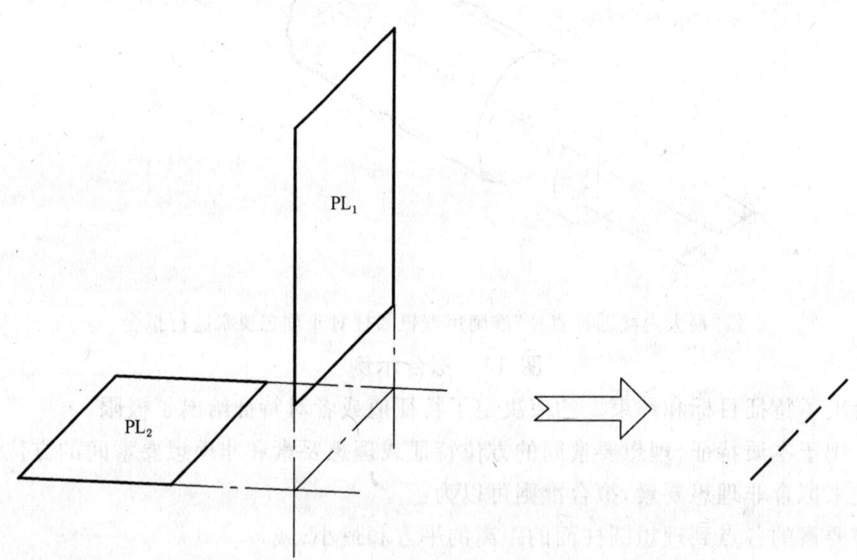

PL_1——理想平面 1;

PL_2——理想平面 2。

图 16 两个平面的交线构建直线的示例

8.2 评估

用来确定特征值、公称值及极限值的操作。该评定总是在要素操作、确定规范或检验操作之后才使用。

9 规范

9.1 概述

规范将工件特征的允许偏差范围表述为允许极限。允许极限可以有两种方法来规定：尺寸规范（见9.2）和区域规范（见9.3）。

9.2 尺寸规范

尺寸规范限制了本质特征的允许值（见表3）或理想要素之间的方位特征值（见表4）。例如，尺寸规范可限制：

——由非理想要素拟合的圆柱的直径（见图17）；

——由两个非理想要素拟合的两个平行平面之间的距离（见图18）。

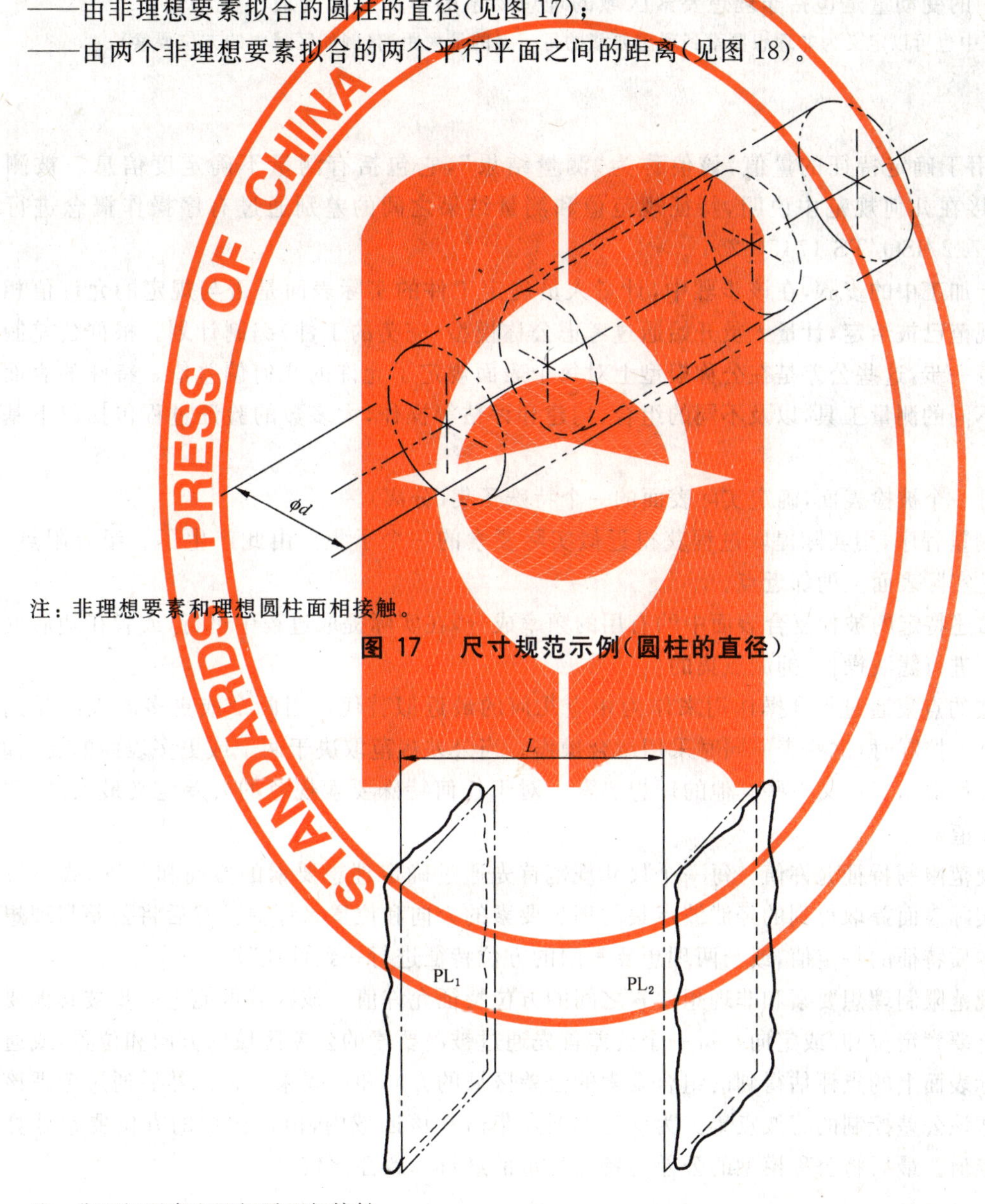

注：非理想要素和理想圆柱面相接触。

图17 尺寸规范示例（圆柱的直径）

注：非理想要素和理想平面相接触。

图18 尺寸规范示例（两平行平面之间的距离 L）

9.3 区域规范

区域规范限制了非理想要素的允许变动区域。该区域由一个或几个理想要素所限定，并且可以由以下特征表述：

——一个或几个理想要素的本质特征，例如：圆柱面的直径，两平面间距离，一组圆柱面相同的直径。

——一个或几个理想要素的方位要素，例如：圆柱面的轴线，两平面的对称平面，一组平行圆柱的轴线或平面。

注：区域规范也可以定义：非理想要素（例如分离要素）和理想要素（区域的方位要素）之间的方位特征的允许值。

9.4 偏差变动量

尺寸规范中的偏差是：

——拟合要素的本质特征值和相应公称要素的本质特征值之间的差值；

——或两个拟合要素之间的方位特征值和两个相应的公称要素之间的方位特征值的差值。

区域规范中的变动量是包括非理想要素区域的理想要素的本质特征的最小变动量。

注：区域规范中也可以定义为非理想要素到理想要素的每一点的最大距离（例如区域中的方位要素）。

10 验证

几何验证用于确定特征的量值，该值称为“测量结果”，它包括有测量不确定度信息。被测量的量值应该直接在几何规范中说明，特征规范值和测量结果之间的差别通过有序操作概念进行分析（GB/Z 24637.2/ISO/TS 17450-2）。

验证是生产加工中的步骤，在该步骤中，计量人员确定工件的实际表面是否与规定的允许值相一致。当工件的规范已被给定，计量人员开始通过考虑公称模型（完美的工件）编制计划。根据公差制定验证计划中的每一步，这些公差是在公称模型上对每个表面规定了允许的几何偏差值。特殊的表面和公差可能需要不同的测量工具，以及不同的组合、构建和评估等操作，大多数的验证过程包括以下基本步骤：

a） 对于每一个被检表面，确定实际表面的一个特殊子集（分离）。

b） 按照测量程序，用实际提取过程获得近似实际要素的一个子集。由此产生了一组有限点，每一点是实际表面上的邻近点。

c） 为了描述特定的被检复合表面中的有用的频率成分，在实际提取过程中进行，或者在随后处理过程中进行滤波操作，抑制点集的信息量。

d） 经滤波的点集通过拟合操作用来作为相应几何的最近似替代。当两个或更多的表面受到同一个公差控制时，这些表面同时采用组合操作。当公差规范取决于两个或更多表面的要素时，构建操作被用来定义一些其他的理想要素。对于任何特殊要素规范的公差定义最大或/和最小特征值。

——尺寸规范限制特征允许值。每一个尺寸规范首先通过确定理想要素的方向和位置，或通过确定从实际表面提取得到的经滤波点集的理想要素的方向和位置来评估。然后将公差与理想要素的本质特征的特定值，或与两理想要素间的方位特征进行一致性比较。

——区域规范限制理想要素和非理想要素之间的方位特征允许值。该区域可能进一步被其他要素或组合要素定位和/或定向。每一个公差首先通过被测要素的公差区域的方向和位置，或通过从实际表面上的点评估得到的组合要素的公差区域的方向和位置来评估。然后通过考虑该区域评估该公差控制的滤波点集。为确定滤波点集落在该区域内，由该区域的方位要素计算特征特定值。最后将公称模型的公差与特征特定值进行一致性比较。

附 录 A
(资料性附录)
关于 GB/T 1182 应用实例

A.1 形状公差

根据 GB/T 1182 标准中的平面度公差的示例(见图 A.1)。应用下列要素操作：

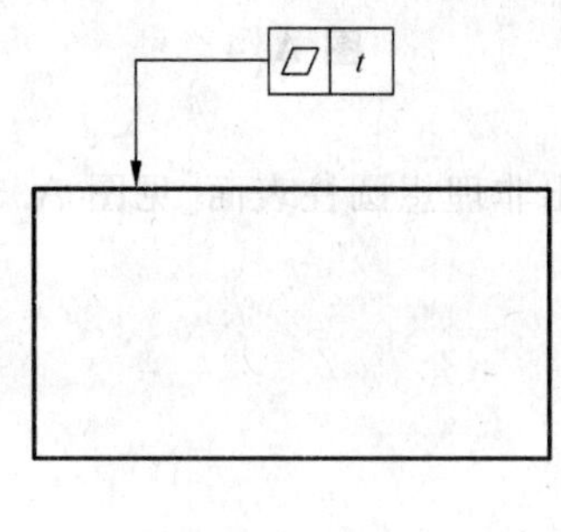

图 A.1

a) 从非理想表面模型中分离非理想平面[见图 A.2a)和 b)]

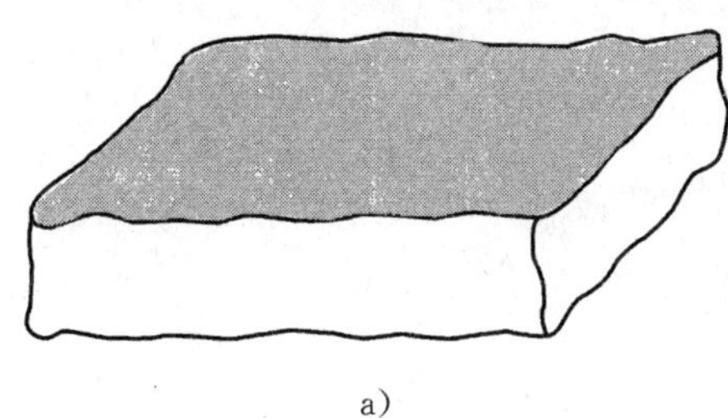

a)

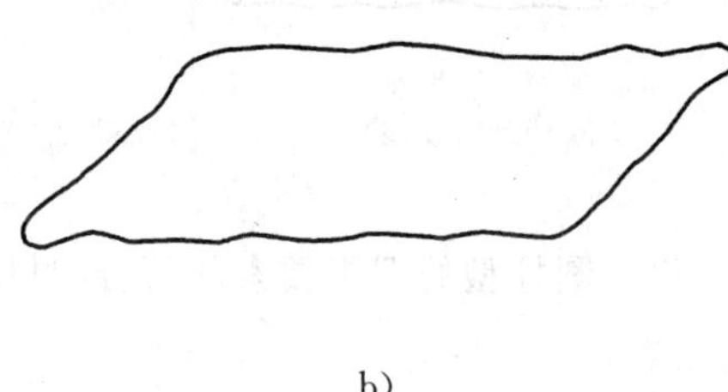

b)

图 A.2

b) 用平面型的理想要素对分离要素进行拟合而获得公差区域的对称平面，分离要素上每一点与该对称平面的方位要素之间的最大距离为最小(见图 A.3)。

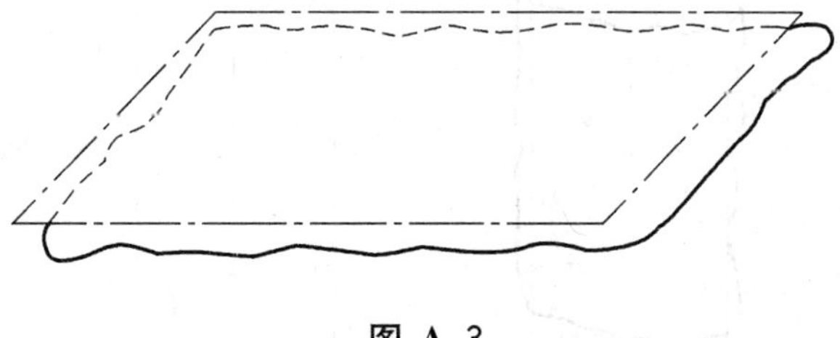

图 A.3

评估规范如下：

用公差区域的对称平面作为平面度误差的基准，通过对特征进行评估而获得的分离要素上各点到拟合平面的最大距离应小于或等于 $t/2$(极限值)。

A.2 方向公差

以 GB/T 1182 的垂直度公差为例(见图 A.4)。应用下列要素操作：

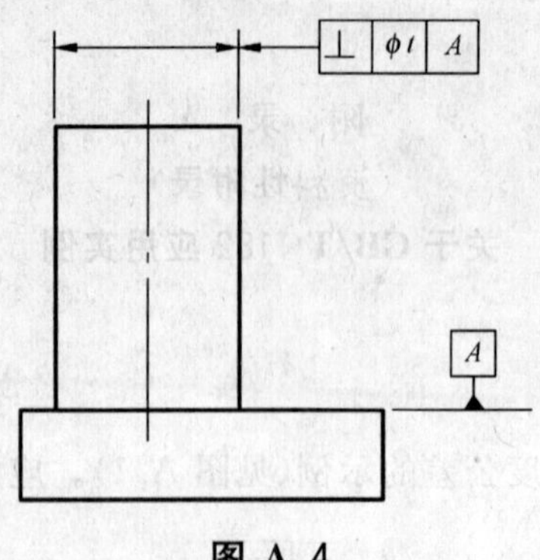

图 A.4

a) 圆柱轴线的获得：

1) 从非理想表面模型分离出非理想圆柱表面[见图 A.5a)和 b)]。

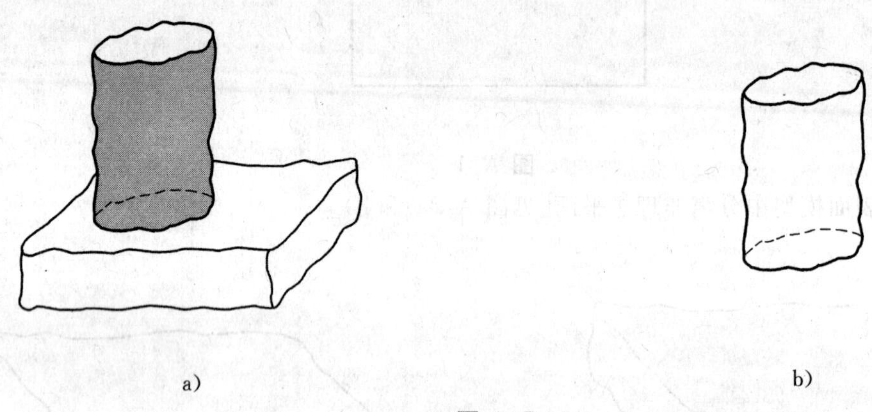

图 A.5

2) 圆柱型的理想要素的拟合[见图 A.6 a)和 b)]。

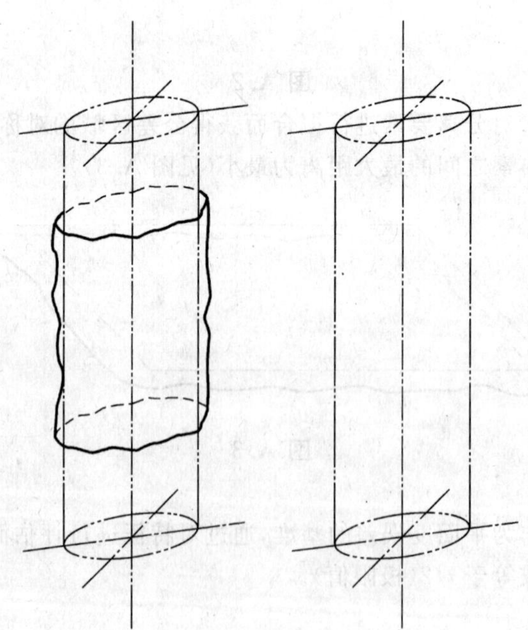

图 A.6

3) 垂直于拟合圆柱轴线的平面的构建[见图 A.7 a)和 b)]。

a)　　　　b)

图 A.7

4) 非理想圆的分离[见图 A.8 a)和 b)]。

a)　　　　b)

图 A.8

5) 圆型的理想要素的拟合[见图 A.9 a)和 b)]。

a)　　　　b)

图 A.9

6） 理想圆所有中心的组合[见图 A.10 a)和 b)]。

a)　　b)

图 A.10

b） 基准平面 A 的获得：

1） 分离，从非理想表面模型中分离出对应于 A 的非理想平面[见图 A.11 a)和 b)]。

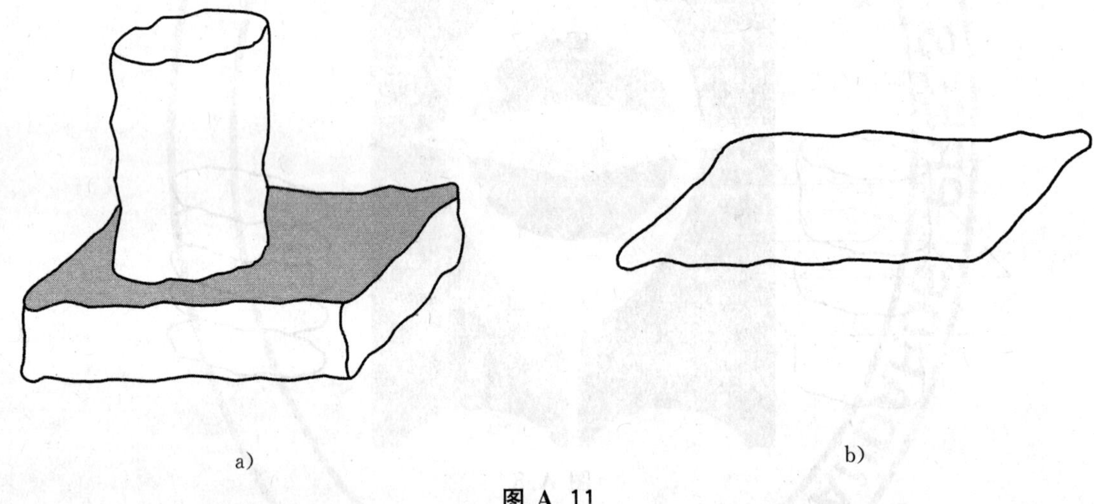

a)　　b)

图 A.11

2） 平面型的理想要素的拟合，其所获得的平面的方位要素作为基准[见图 A.12 a)和 b)]。

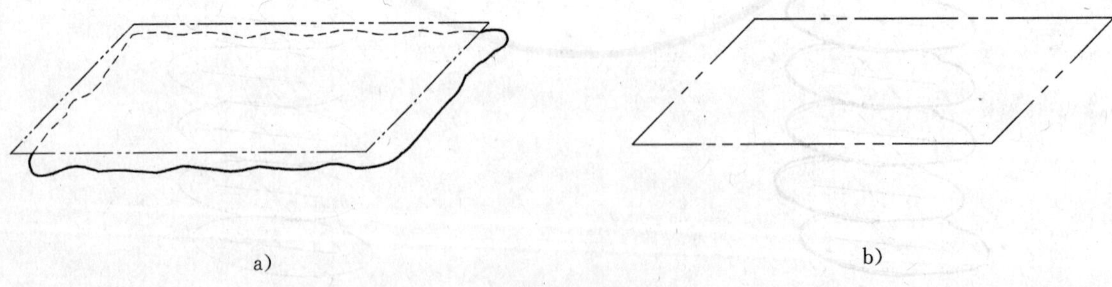

a)　　b)

图 A.12

c） 通过直线型的理想要素对组合要素的拟合获得公差区域的轴线，直线的方位要素满足垂直于基准 A 的约束条件，并且组合要素上的每一点与拟合直线之间的最大距离为最小(见图 A.13)。

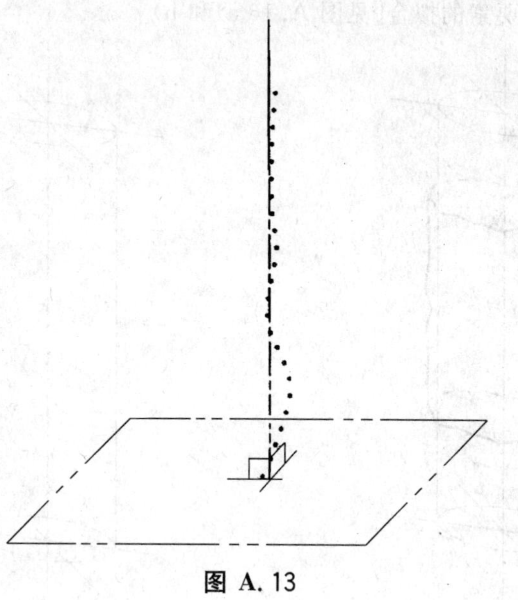

图 A.13

评估规范如下：

通过对特征进行评估而获得的组合要素各点到拟合直线的最大距离应小于或等于 $t/2$（极限值）。

A.3 位置公差

以 GB/T 1182 的位置公差为例（见图 A.14）。应用下列要素操作：

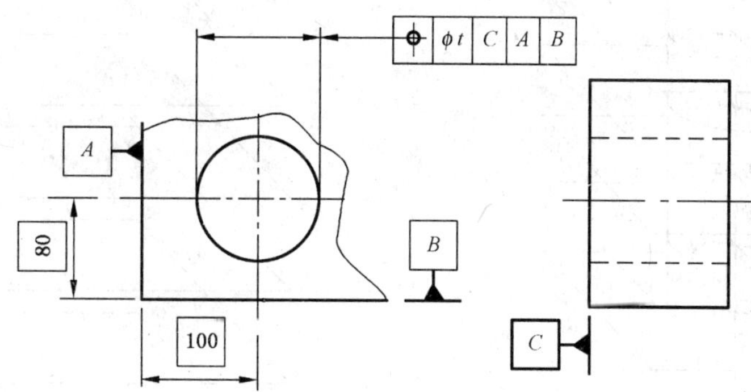

图 A.14

a) 圆柱轴线的获得：

1) 分离，从非理想表面模型中分离出非理想圆柱面[见图 A.15 a)和 b)]。

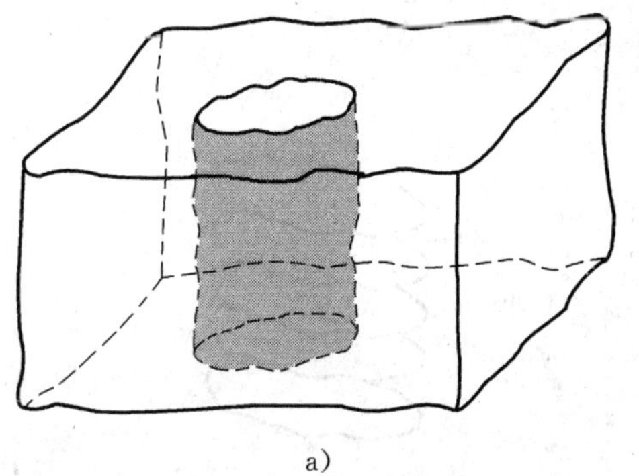

a)

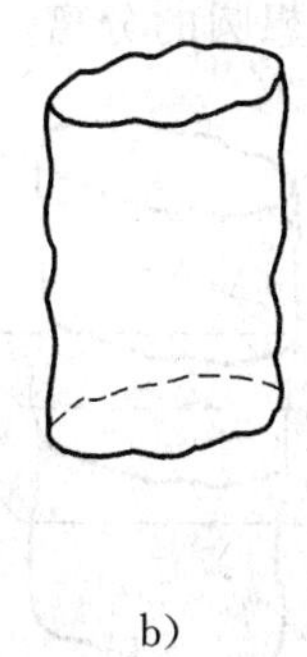

b)

图 A.15

2） 圆柱型的理想要素的拟合[见图 A.16 a)和 b)]。

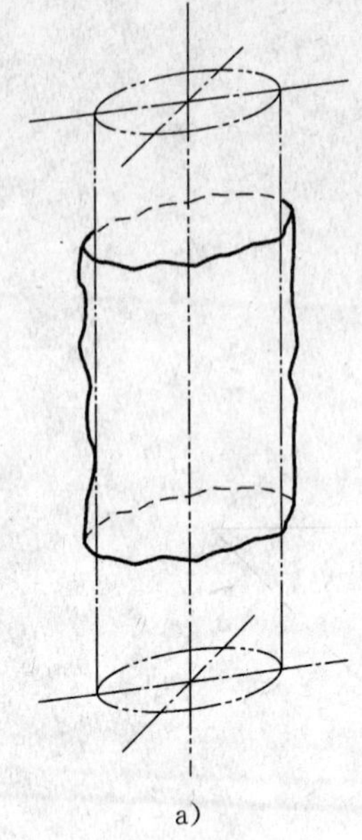

a)　　　　b)

图 A.16

3） 垂直于拟合圆柱轴线的平面的构建[见图 A.17 a)和 b)]。

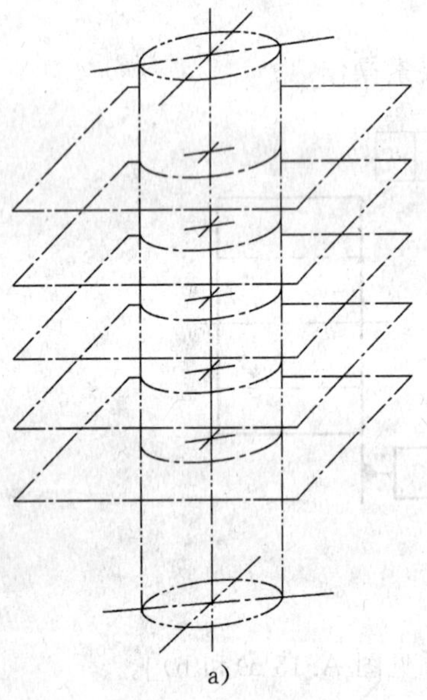

a)

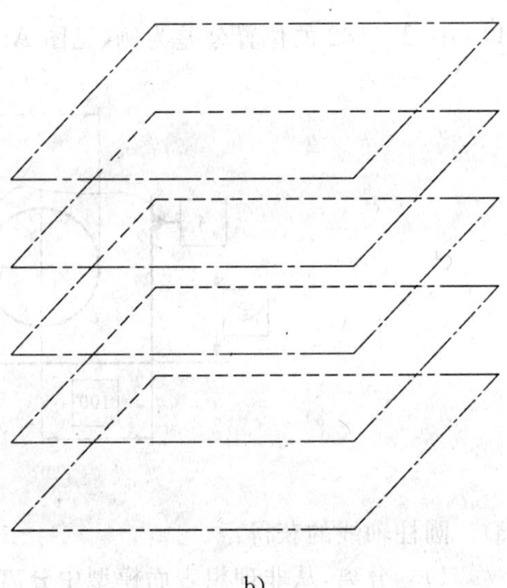

b)

图 A.17

4） 非理想圆的分离[见图 A.18 a)和 b)]。

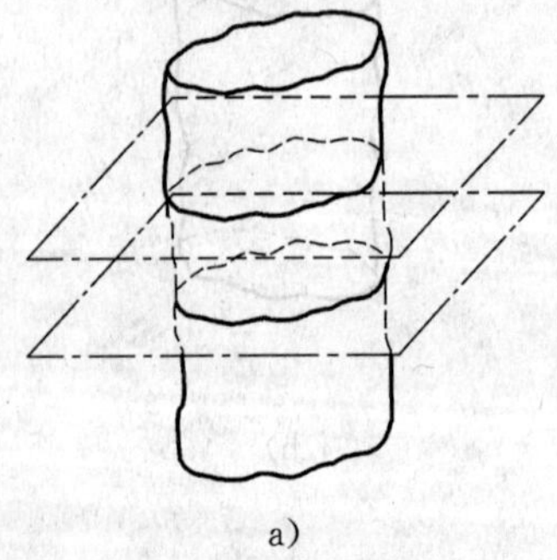

a)

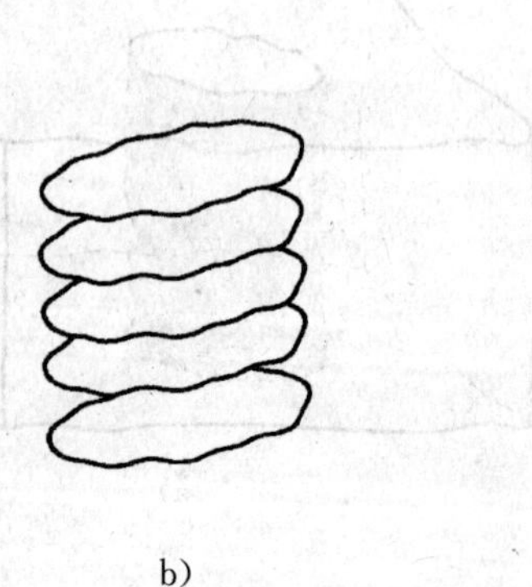

b)

图 A.18

5） 圆型的理想要素的拟合[见图 A.19 a)和 b)]。

a)　　　　b)

图 A.19

6） 理想圆所有中心的组合[见图 A.20 a)和 b)]。

a)　　　　b)

图 A.20

b） 基准平面 C、A 和 B 的获得：

1） 分离，从非理想表面模型分离出与基准 C 相应的非理想平面[见图 A.21 a)和 b)]。

a)　　　　b)

图 A.21

2） 平面型的理想要素的拟合，其所获得的平面的方位要素作为基准 C [见图 A.22 a)和 b)]。

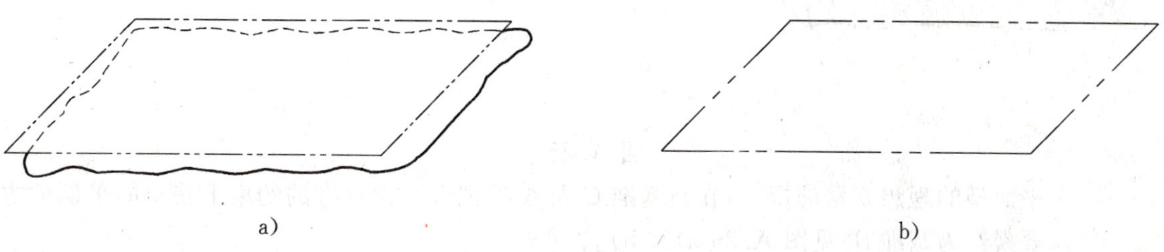

a)　　　　b)

图 A.22

3） 从非理想表面模型中分离出相应于 A 的非理想平面[见图 A.23 a)和 b)]。

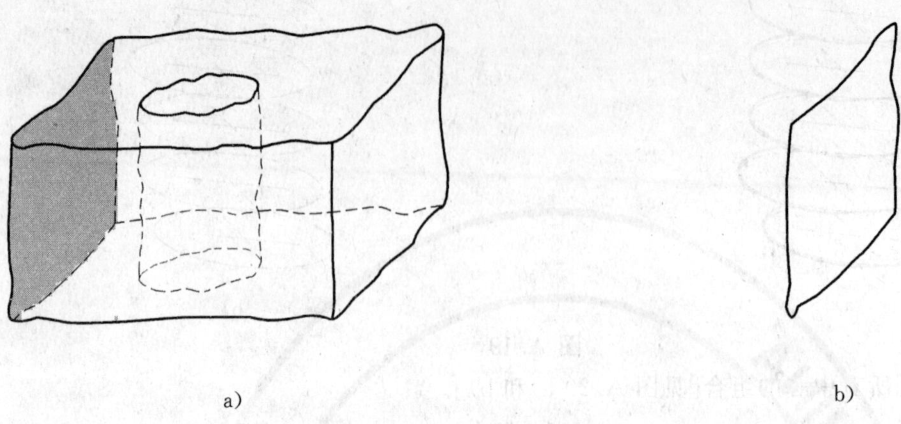

a)　　　　　　　　b)

图 A.23

4） 平面型的理想要素的拟合，在与基准 C 的拟合平面垂直的约束下获得的平面的方位要素作为基准 A[见图 A.24 a)和 b)]。

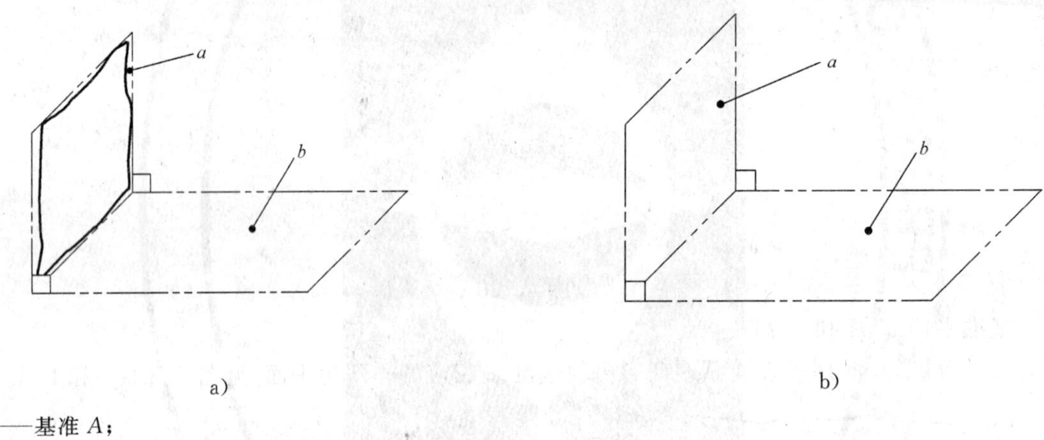

a)　　　　　　　　b)

a——基准 *A*；

b——基准 *C*。

图 A.24

5） 从非理想表面模型中分离出与基准 B 相应的非理想平面[见图 A.25 a)和 b)]。

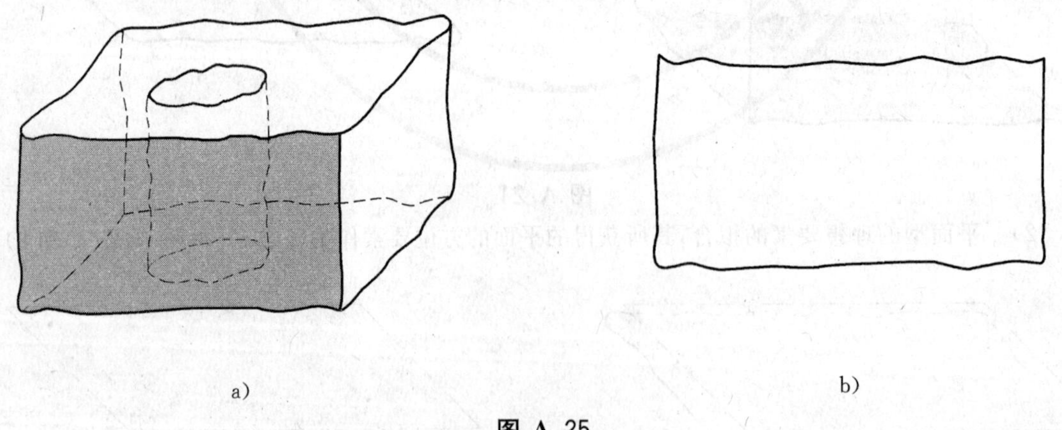

a)　　　　　　　　b)

图 A.25

6） 平面型的理想要素的拟合，在与基准 C 和 A 的拟合平面垂直的约束下获得的平面的方位要素作为基准 B[见图 A.26 a)和 b)]。

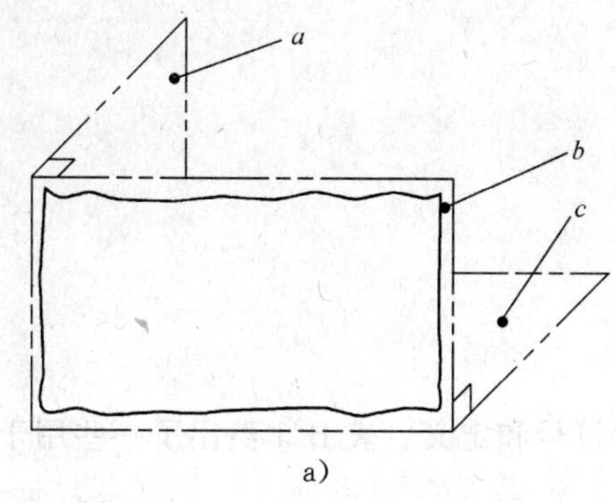

a)

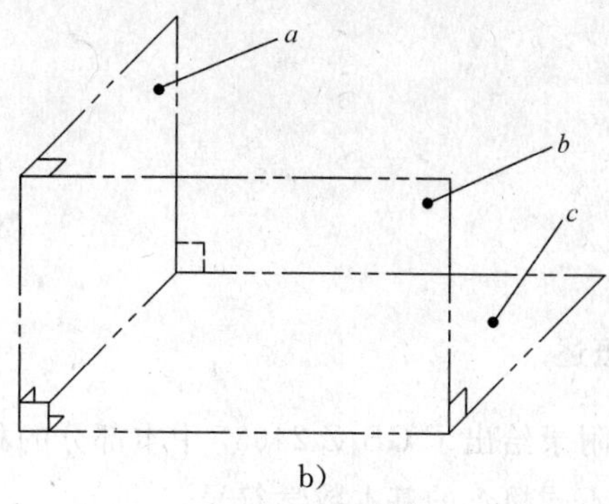

b)

a——基准 *A*；
b——基准 *B*；
c——基准 *C*。

图 A.26

c) 通过构建理想要素获得公差区域的轴线，直线的方位要素被约束为：
——垂直于基准 *C*；
——与平面 *A* 距离 100 mm；
——与平面 *B* 距离 80 mm。

见图 A.27。

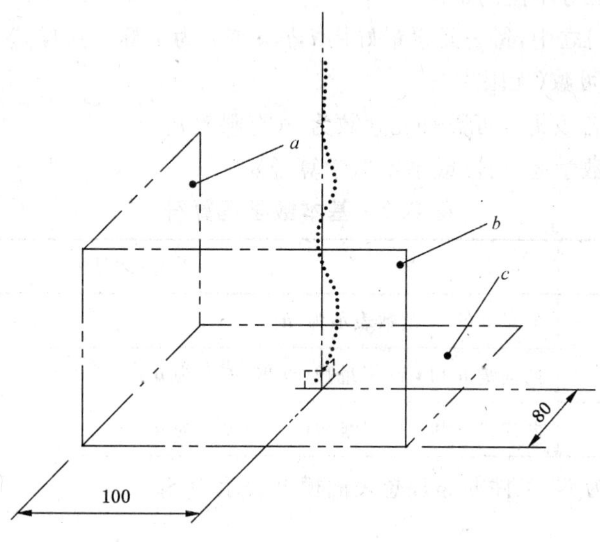

a——基准 *A*；
b——基准 *B*；
c——基准 *C*。

图 A.27

评估规范如下：

通过对特征进行评估而获得的组合要素各点到构建直线的最大距离应小于或等于 $t/2$(极限值)。

附 录 B
（资料性附录）
数学符号和定义

B.1 概述

本附录给出了 GB/Z 24637 中本部分的相关概念的数学符号和定义。表 B.1 给出了一些用于描述规范中不同概念的基本数学符号。

表 B.1 基本数学符号

量	符 号
向量	“Times New Roman”，黑斜粗体，(***T***,***U***,…)
位置向量	一对点(O,P)，O 为坐标系的原点，P 为一点，表示为 ***P***
函数	实数或向量符号由函数括号中的参数表示，[r(P)，dia(CY)，…]
函数集	“Times New Roman”，斜体大写字母表示，(E,F,…)

符号可用下标表示以区分不同的量。

集合的元素写在括号{}之中，每一元素最好用 i,j,k 或 l 为下标。这样，一个向量集可表示为：

——$\{\boldsymbol{u}_i\}$，若该集合不可数(无限集)；

——$\{\boldsymbol{u}_i, i=1,\cdots,n\}$，若该集合可数且元素数为 n(有限集)。

表 B.2 中给出了基本数学运算符(或基本数学算子)。

表 B.2 基本数学运算符

基本数学运算符	符号(表达)
2-范数	向量 $\boldsymbol{u}$ 的 2-范数表示为 $\lvert\boldsymbol{u}\rvert$
标量积	两向量 $\boldsymbol{u}$ 和 $\boldsymbol{v}$ 的标量积(点积)表示为 $\boldsymbol{u}\cdot\boldsymbol{v}$
向量积	两向量 $\boldsymbol{u}$ 和 $\boldsymbol{v}$ 的向量积(叉积)表示为 $\boldsymbol{u}\times\boldsymbol{v}$

工件的公称模型表示为 N，工件的非理想表面模型表示为 S_P。

B.2 要素

B.2.1 理想要素

B.2.1.1 类型

理想要素由类型表征(见表 B.3)，因此，最常用的理想要素用两个字母表示其类型。

表 B.3 类型

类型	符号	类型	符号
点	PT	圆弧	CR
圆柱	CY	圆锥	CO
直线	SL	平面	PL
球	SP	圆环	TO
…	…	…	…

平面集可表示为：

——$\{PL_i\}$，若该集合不可数；

——$\{PL_i, i=1,\cdots,n\}$，若该集合可数且元素数为 n。

B.2.1.2 恒定类

属于七种恒定类之一的理想要素可用表 B.4 中的符号表示。

表 B.4 恒定类

恒定类	符 号
复合面	C_X
柱面	C_T
回转面	C_R
螺旋面	C_H
圆柱面	C_C
平面	C_P
球面	C_S
注：柱面类选择用符号 C_T 是为了转换。	

B.2.1.3 方位要素

方位要素为点、直线、平面或螺旋线，是要素的函数，所以，它们以函数形式表示，见表 B.5。

表 B.5 方位要素

恒定类		类型	要素	方位要素	方位要素类型	符号
C_R	回转面	圆弧	CR	轴线 面(圆弧的) 中心点	直线 平面 点	轴线(CR) 平面(CR) 中心点(CR)
		圆锥	CO	轴线 顶点	直线 点	轴线(CO) 顶点(CO)
		环形	TO	轴线 中心点	直线 点	轴线(TO) 中心点(TO)
C_C	圆柱面	圆柱	CY	轴线	直线	轴线(CY)
C_S	球面	球体	SP	中心点	点	中心点(SP)
	…	…	…	…	…	…

B.2.2 非理想要素

非理想要素象征性地表示为空间的点集。如果非理想要素的类型是已知的，则可表示为：

——P，若类型是点；

——L，若类型是线；

——S，若类型是面。

B.3 特征

B.3.1 理想要素的本质特征

理想要素的本质特征是要素的函数，所以以函数形式表示，如表 B.6 所示。

表 B.6 本质特征

类型	要素	本质特征	符号
圆弧	CR	半径 直径	rad(CR) dia(CR)
圆柱	CY	半径 直径	rad(CY) dia(CY)
球形	SP	半径 直径	rad(SP) dia(SP)
圆锥	CO	顶角	α(CO)
…	…	…	…

B.3.2 理想要素间的方位特征

B.3.2.1 位置特征

需要定义的距离如下(见表 B.7):

——距离(PT,PT)=d(PT,PT);

——距离(PT,SL)=d(PT,SL);

——距离(PT,PL)=d(PT,PL);

——距离(SL,SL)=d(SL,SL);

——距离(SL,PL)=d(SL,PL);

——距离(PL,PL)=d(PL,PL)。

表 B.7 距离定义

要 素	距 离
设:PT_1为一点,PT_2为另一点	$d(PT_1,PT_2)=\lvert PT_1-PT_2\rvert$
设:PT_1为一点,SL_2为通过点A_2且与单位向量u_2共线的直线	$d(PT_1,SL_2)=\lvert(A_2-PT_1)u_2\rvert$
设:PT_1为一点,PL_2为通过点A_2且与单位向量u_2垂直的平面	$d(PT_1,PL_2)=\lvert(A_2-PT_1)u_2\rvert$
设:SL_1为通过点A_1且与单位向量u_1共线的直线,SL_2为通过点A_2且与单位向量u_2共线的直线	如果 $u_1\times u_2\neq0$,那么, $d(SL_1,SL_2)=\lvert(A_2-A_1)(u_1\times u_2)\rvert/\lvert u_1\times u_2\rvert$ 如果 $u_1\times u_2=0$,那么, $d(SL_1,SL_2)=\lvert(A_2-A_1)u_1\rvert$
设:SL_1为通过点A_1且与单位向量u_1共线的直线,PL_2为通过点A_2且与单位向量u_2垂直的平面	如果 $u_1\cdot u_2=0$,那么, $d(SL_1,PL_2)=\lvert(A_2-A_1)u_2\rvert$ 如果 $u_1\cdot u_2\neq0$,那么, $d(SL_1,PL_2)=0$
设:PL_1为通过点A_1且与单位向量u_1垂直的平面,PL_2为通过点A_2且与单位向量u_2垂直的平面	如果 $u_1\times u_2=0$,那么, $d(PL_1,PL_2)=\lvert(A_2-A_1)u_2\rvert$ 如果 $u_1\times u_2\neq0$,那么, $d(PL_1,PL_2)=0$

B.3.2.2 方向特征

需定义的角度如下(见表 B.8):

——角度(SL,SL)=α(SL,SL);

——角度(SL,PL)=α(SL,PL);

——角度(PL,PL)=α(PL,PL)。

这些角度是与方位要素共线或垂直的向量之间的夹角，首先应该定义两向量之间的角度。

设：u_1，u_2为单位向量，那么，

角度(u_1，u_2)=$\alpha(u_1,u_2)$=arc(|u_1.u_2|)，其中$\alpha(u_1,u_2)\in[0,\pi/2]$

然后，定义两方位要素之间的角度。

表 B.8 角度

要　素	角　度
SL_1为通过点A_1且与单位向量u_1共线的直线； SL_2为通过点A_2且与单位向量u_2共线的直线	$\alpha(SL_1,SL_2)=\alpha(u_1,u_2)$
SL_1为通过点A_1且与单位向量u_1共线的直线； PL_2为通过点A_2且与单位向量u_2垂直的平面	$\alpha(SL_1,PL_2)=\pi/2-\alpha(u_1,u_2)$
PL_1为通过点A_1且与单位向量u_1垂直的平面； PL_1为通过点A_2且与单位向量u_2垂直的平面	$\alpha(PL_1,PL_2)=\alpha(u_1,u_2)$

B.3.2.3 带符号的特征

需定义的带符号的距离为(见表 B.9)：

——带符号的距离(PT,PL)=d_s(PT,PL)；

——带符号的距离(SL,PL)=d_s(SL,PL)；

——带符号的距离(PL,PL)=d_s(PL,PL)。

表 B.9 带符号的距离

要　素	带符号的距离
SL_1为通过点A_1且与单位向量u_1共线的直线； SL_2为通过点A_2且与单位向量u_2共线的直线	如果$u_1\times u_2\neq 0$，那么， $d_s(SL_1,SL_2)=d_s(SL_2,SL_1)=(A_2-A_1)(u_1\times u_2)/\|u_1\times u_2\|$ 如果$u_1u_2=0$，那么， $d_s(SL_1,SL_2)$和$d_s(SL_2,SL_1)$未定义
PT_1为一点； PL_2为通过点A_2且与单位向量u_2垂直的平面	$d_s(PT_1,PL_2)=d_s(PL_2,PT_1)=(PT_1-A_2)u_2$
SL_1为通过点A_1且与单位向量u_1共线的直线； PL_2为通过点A_2且与单位向量u_2垂直的平面	如果$u_1u_2=0$，那么， $d_s(SL_1,PL_2)=d_s(PL_2,SL_1)=(A_1-A_2)u_2$ 如果$u_1u_2\neq 0$，那么， $d_s(SL_1,PL_2)=d_s(PL_2,SL_1)=0$
PL_1为通过点A_1且与单位向量u_1垂直的平面； PL_2为通过点A_2且与单位向量u_2垂直的平面	如果$u_1\times u_2=0$，那么， $d_s(PL_1,PL_2)=(A_2-A_1)\times u_1$ $d_s(PL_2,PL_1)=(A_1-A_2)\times u_2$ 如果$u_1\times u_2\neq 0$，那么， $d_s(PL_1,PL_2)=d_s(PL_2,PL_1)=0$
注：两平行平面之间的带符号的距离函数不是对称的。之所以如此，是因为当两平面通过其自身时最好有一个符号的变化，这与对称函数是相矛盾的。	

需定义的带符号的角度为(见表 B.10)：

——带符号的角度(SL,SL)=α_s(SL,SL)；

——带符号的角度(SL,PL)=α_s(SL,PL)；

——带符号的角度(PL,PL)=α_s(PL,PL)。

首先应该定义两向量之间的带符号的角度：

设：u_1，u_2 为单位向量，那么，

角度(u_1，u_2)＝$\alpha_s(u_1, u_2)$＝arc($u_1 . u_2$)，其中 $\alpha(u_1, u_2) \in [0, \pi]$

表 B.10 带符号的角度

要　素	带符号的角度
SL_1 为通过点 A_1 且与单位向量 u_1 共线的直线； SL_2 为通过点 A_2 且与单位向量 u_2 共线的直线	$\alpha_s(SL_1, SL_2) = \alpha_s(SL_2, SL_1) = \alpha_s(u_1, u_2)$
SL_1 为通过点 A_1 且与单位向量 u_1 共线的直线； PL_2 为通过点 A_2 且与单位向量 u_2 垂直的平面	$\alpha_s(SL_1, PL_2) = \alpha_s(PL_2, SL_1) = \pi/2 - \alpha_s(u_1, u_2)$
PL_1 为通过点 A_1 且与单位向量 u_1 垂直的平面； PL_2 为通过点 A_2 且与单位向量 u_2 垂直的平面	$\alpha_s(PL_1, PL_2) = \alpha_s(PL_2, PL_1) = \alpha_s(u_1, u_2)$

B.3.3 非理想和理想要素之间的方位特征

B.3.3.1 非理想和理想要素之间的距离

非理想要素和理想要素之间的方位特征基于非理想要素上的每一点与理想要素之间的距离。

设：××为理想要素，E 为一非理想要素，P 为 E 上的一点。那么，

距离(P，××)＝$d(P, \times\times) = \min d(P, P_{\times\times}) = \min |P - P_{\times\times}|$，其中 $P_{\times\times} \in \times\times$

然后，可以定义最大距离、最小距离和平方距离(见表 B.11)，也可定义其他距离。

表 B.11 非理想和理想要素之间的距离

类　型	符号与定义
最大距离	$d_{\max}(E, \times\times) = \max\limits_{P_{\times\times} \in \times\times} d(P_E, \times\times)$
最小距离	$d_{\min}(E, \times\times) = \min\limits_{P_{\times\times} \in \times\times} d(P_E, \times\times)$
平方距离	$d_{\text{quad}}(E, \times\times) = \dfrac{\int_E d(P_{dE}, \times\times)^2 \, dE}{\int_E dE}$，d$E$ 是 E 的无限小量，P_{dE} 是 dE 的质心。

B.3.3.2 非理想要素和理想要素之间的带符号的距离

对于一个理想表面，其方位特征可基于非理想要素上的点与理想平面之间的带符号的距离。

设：××为一理想平面，E 为一非理想要素，P 为 E 上的点，

带符号的距离(P，××)＝$d_s(P, \times\times)$

若××为一通过点 A 且与单位向量 u 垂直的平面，那么

$d_s(P, \times\times) = (A - P)u$

如前面所定义的一样。

若××为一闭合表面(圆柱面，球面，圆锥面，…)，那么

$d_s(P, \times\times) = d(P, \times\times)$，side($P$，××)

若 P 在面××之外，side(P，××)＝1

若 P 在面××之内，side(P，××)＝－1

对于其他类型的表面，一个面定义为正的，另一个面定义为负的。

然后，可以定义最大的带符号距离和最小的带符号距离(见表 B.12)也可定义其他距离。

表 B.12 非理想和理想要素之间的带符号距离

类 型	符号和定义
最大的带符号距离	$d_{s\max}(E,\times\times)=\max\limits_{P_E\in E} d_s(P_E,\times\times)$
最小的带符号距离	$d_{s\min}(E,\times\times)=\min\limits_{P_E\in E} d_s(P_E,\times\times)$

B.3.3.3 在工件部分实际表面和理想要素之间相对于材料的带符号距离

对工件的部分非理想表面模型,其方位特征可基于相对于材料位置的带符号距离。

设:××为理想要素,S_P 为工件的非理想表面模型,E 为 S_P 的一部分,P 为 E 的一点,$P_{\times\times}$ 为使 $d(P,P_{\times\times})$ 最小化的××上的一点,那么,

材料距离$(P,\times\times)=d_{mat}(P,\times\times)=d(P,\times\times)\text{mat}(P,P_{\times\times})$;

若 $P_{\times\times}$ 在材料外部,$\text{mat}(P,P_{\times\times})=1$;

若 $P_{\times\times}$ 在材料内部,$\text{mat}(P,P_{\times\times})=-1$;

然后,可以定义最大的带符号距离和最小的带符号距离(见表 B.13),也可以定义其他距离。

表 B.13 非理想和理想要素之间的材料距离

类 型	符号和定义
最大的材料距离	$d_{mat\max}(E,\times\times)=\max\limits_{P_E\in E} d_{mat}(P_E,\times\times)$
最小的材料距离	$d_{mat\min}(E,\times\times)=\min\limits_{P_E\in E} d_{mat}(P_E,\times\times)$

B.4 操作

B.4.1 要素操作

B.4.1.1 分离

尚未定义标准化的通用准则。

B.4.1.2 提取

尚未定义标准化的通用准则。

B.4.1.3 滤波

尚未定义标准化的通用准则。

B.4.1.4 组合

两个或更多要素的组合可用符号表示为要素的集合。

$\text{Collection}(E,F)=\{E,F\}$

一个非可数的要素集合的组合可简单表示为$\{\times\times_i\}$。

B.4.1.5 拟合

拟合是确定受到约束的最大(或最小)目标函数的一个或多个要素,这些约束等于或不等于 B.3 中定义的特征值。目标函数是一个与特征值相关的表达式。

拟合由一组有条件(约束和目标函数)的要素表示。

$$\{\times\times_i, i=1,\cdots,n\}\left|\begin{array}{l}C_1\\C_2\\\cdots\\C_m\\\text{max imize } O\end{array}\right.$$

其中,$\times\times_i$ 是拟合要素,n 表示拟合要素个数,C_j 是约束,m 是约束个数,O 是目标函数。

例如:圆柱 CY,内接于面 E,最大直径定义如下:

$$\mathrm{CY}\left|\begin{array}{l} d_{\mathrm{c\,max}}(E,\mathrm{CY}) \leqslant 0 \\ \text{max imize dia}(\mathrm{CY}) \end{array}\right.$$

如果圆柱必须垂直于一个平面 PL,那么,CY 将表示如下:

$$\mathrm{CY}\left|\begin{array}{l} d_{\mathrm{c\,max}}(E,\mathrm{CY}) \leqslant 0 \\ \alpha[\mathrm{axis}(\mathrm{CY}),\mathrm{PL}] = \pi/2 \\ \text{max imize dia}(\mathrm{CY}) \end{array}\right.$$

B.4.1.6 构建

构建是确定满足一组约束的一个或多个要素。这些约束等于或不等于 B.3 中定义的特征值。

这些约束限制了特征值。

一个构建由一组带约束的要素表示:

$$\{\times\times_i, i = 1,\cdots,n\}\left|\begin{array}{l} C_1 \\ C_2 \\ \cdots \\ C_m \end{array}\right.$$

其中,$\times\times_i$ 是构建要素,n 是构建要素个数,C_j 是约束,m 是约束个数。

例如,直径为 30 的圆柱,其轴线垂直于平面 PL 且通过点 PT,其定义如下:

$$\mathrm{CY}\left|\begin{array}{l} \alpha[\mathrm{axis}(\mathrm{CY}),\mathrm{PL}] = \pi/2 \\ d[\mathrm{axis}(\mathrm{CY}),\mathrm{PT}] = 0 \\ \mathrm{dia}(\mathrm{CY}) = 30 \end{array}\right.$$

如果为无穷解,垂直于圆柱 CY 的平面集将表示为:

$\{\mathrm{PL}_i\}\,|\,\alpha[\mathrm{PL}_i,\mathrm{axis}(\mathrm{CY})]=\pi/2$

B.4.2 评估

评估识别一个特征,特征值将满足一个不等式或与极限相关的不等式。评估表示为一个特征的约束。

$l \leqslant \mathrm{char}$

$\mathrm{char} \leqslant l$

$l_1 \leqslant \mathrm{char} \leqslant l_2$

其中 l,l_1 和 l_2 为极限,“char”为特征。

例如,两点间距离:

设:PT_1 和 PT_2 为两点,

98.05 和 100.01 为距离的极限。

那么,$98.05 \leqslant d(\mathrm{PT}_1,\mathrm{PT}_2) \leqslant 100.01$

例如,三个圆柱轴线的位置:

设:$\{\mathrm{SL}_i, i=1,2,3\}$ 为一组三个圆柱区域的位于最佳位置的三个轴线。

0.025 为极限,那么,评估定义如下:

$\max d_{\max}(\mathrm{L}_i,\mathrm{SL}_i) \leqslant 0.025$

B.5 规范

B.5.1 尺寸规范

尺寸规范是指一个理想要素或两个理想要素之间的特征,例如,两点间距离的情况,见 B.4.2。

B.5.2　区域规范

区域规范指非理想要素(提取要素)和理想要素(区域方位要素)之间的距离。

例如,三个圆柱轴线的位置,见 B.4.2。

B.6　偏差

偏差是指拟合要素和公称要素二者的本质特征值(或方位特征值)之间的差异。

两点间距离(见 B.5.1),关联要素之间的方位特征值为:$d(\mathrm{PT}_1,\mathrm{PT}_2)$

三个圆柱轴线的位置(见 B.5.2),关联要素的本质特征值为:$\max d\max(\mathrm{L}_i,\mathrm{SL}_i)$,$i=1,2,3$

附 录 C
(资料性附录)
公差和计量间的比较

工件的第一个概念性表达由公称模型定义，其规范由非理想表面模型(如:肤面模型)定义(见图C.1)。

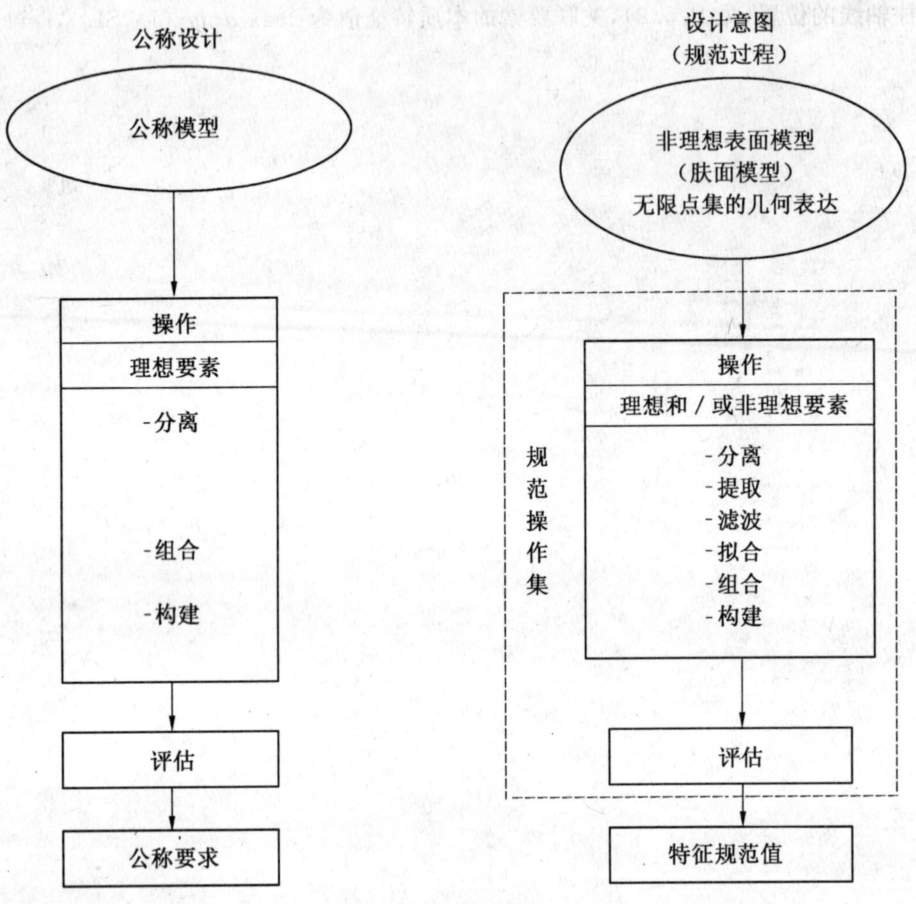

图 C.1

“设计意图”和“按设计意图制造的工件的验证”之间的平行过程用图C.2表示。

设计意图
（规范过程）
按设计意图制造的工件的验证
（测量过程）
非理想表面模型
（肤面模型）
无限点集的几何表达
实际表面
实际存在的要素集
操作
理想和/或非理想要素
-分离
-提取
-滤波
-拟合
-组合
-构建
规范操作集
操作
理想和/或非理想要素
-实体分离
-实体提取
-滤波
-拟合
-组合
-构建
检验操作集
评估
评估
特征规范值
测量结果
一致性比较

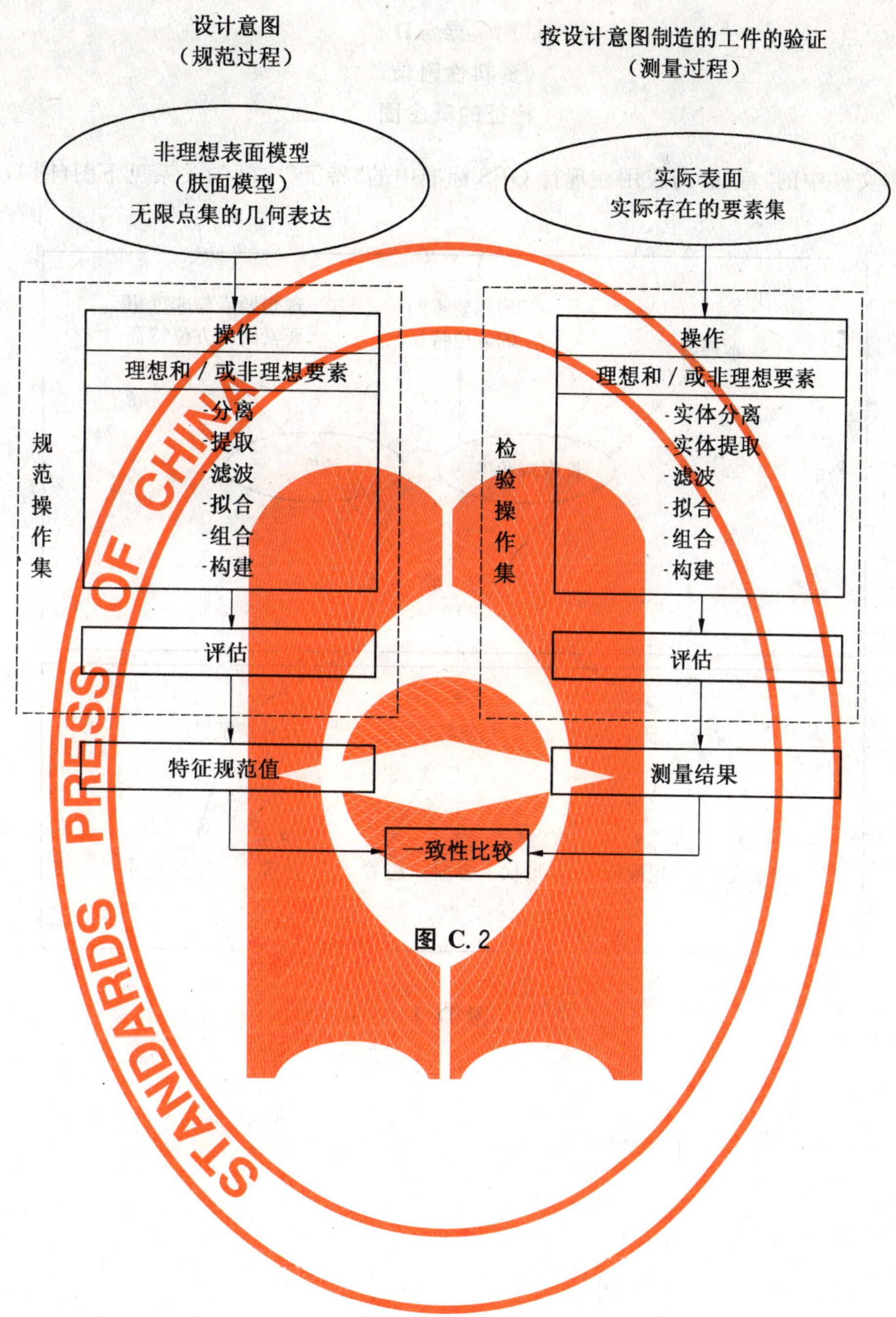

图 C.2

附 录 D
（资料性附录）
特征的概念图

应用在本文件中的“特征”与应用在现行 GPS 标准中的“特征”之间的关系见下图(图 D.1)。

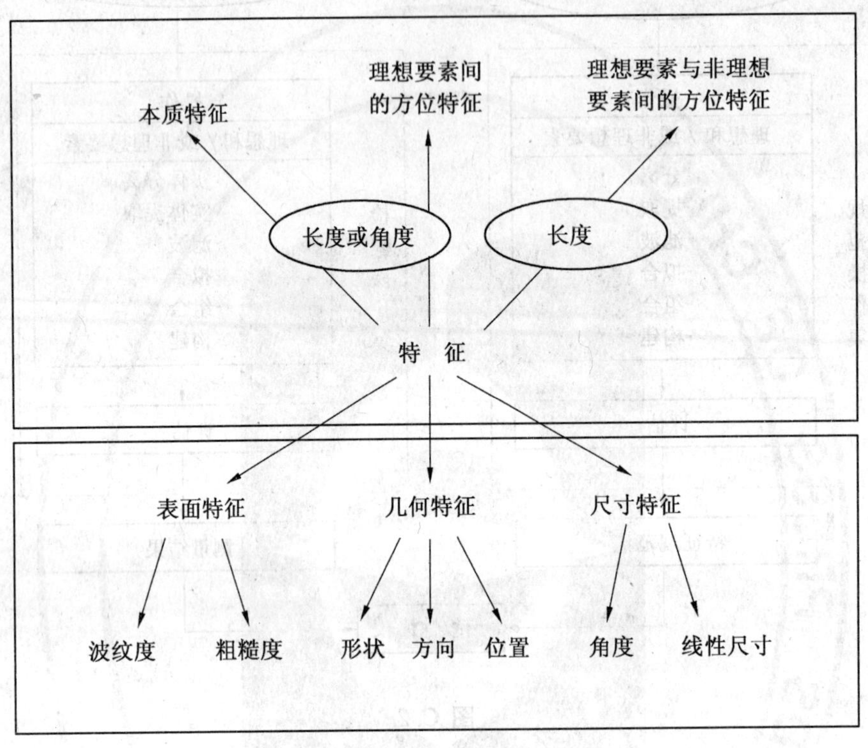

图 D.1

附 录 E
（资料性附录）
在 GPS 矩阵模型中的位置

GPS 矩阵模型参见 GB/Z 20308—2006。

E.1 关于本标准及其使用的信息

GB/Z 24637 的本部分是以后几何规范及验证标准的基础。

E.2 本部分在 GPS 矩阵模型中的位置

GB/Z 24637 的本部分是一个影响全局的综合 GPS 标准，它覆盖通用 GPS 标准矩阵中所有标准链的所有链环，如图 E.1 所示。

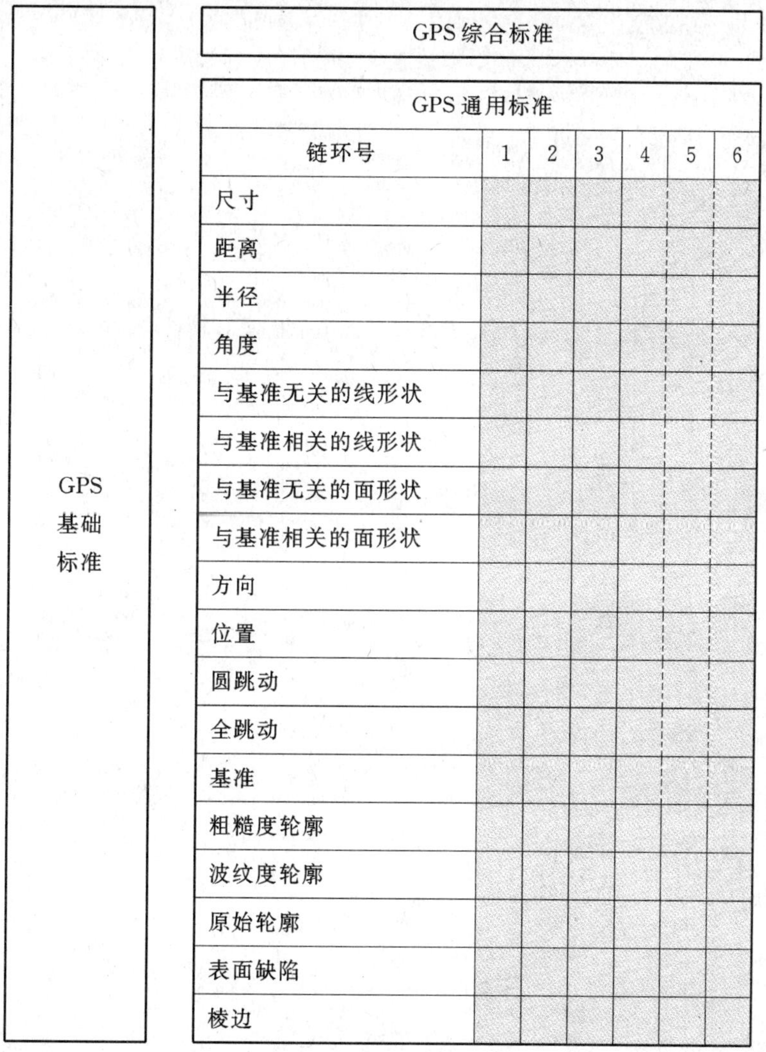

GPS 基础标准

GPS 综合标准

GPS 通用标准						
链环号	1	2	3	4	5	6
尺寸						
距离						
半径						
角度						
与基准无关的线形状						
与基准相关的线形状						
与基准无关的面形状						
与基准相关的面形状						
方向						
位置						
圆跳动						
全跳动						
基准						
粗糙度轮廓						
波纹度轮廓						
原始轮廓						
表面缺陷						
棱边						

图 E.1

E.3 相关标准

相关的标准为图 E.1 所示标准链涉及的标准。

参 考 文 献

［1］ GB/T 1182—2008 产品几何技术规范(GPS) 几何公差 形状、方向、位置和跳动公差标注.

［2］ GB/Z 20308—2006 产品几何技术规范(GPS) 总体规划.

［3］ A. Ballu. L. Mathieu. 尺寸和几何规范分析:标准和模型. CIRP 计算机辅助公差,第三次研讨会,cachan,法国,1993:157-170. ISBN 2-212-08779-9.

［4］ A. Ballu,L. Mathieu. 设计、制造和检查中功能和几何公差的单一表示. CIRP 计算机辅助公差,第四次研讨会,东京,日本,1995:31-46. ISBN 0-412-72740-4.

［5］ V. Srinivasan. 基于均匀分组的几何技术规范语言. 研究报告,1999.

ICS 17.040.10
J 04

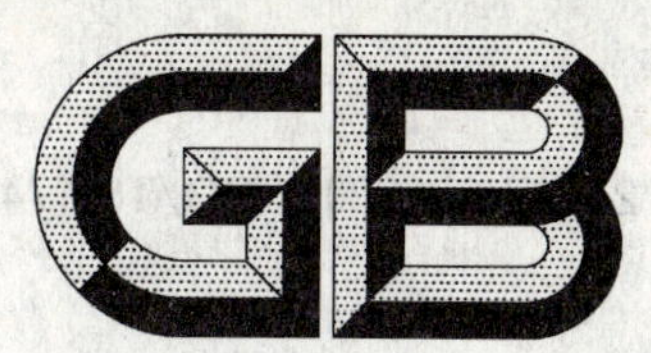

中华人民共和国国家标准化指导性技术文件

GB/Z 24637.2—2009/ISO/TS 17450-2:2002

产品几何技术规范(GPS) 通用概念　第2部分:基本原则、规范、操作集和不确定度

Geometrical Product Specifications (GPS)—
General concepts—
Part 2: Basic tenets, specifications, operators and uncertainties

(ISO/TS 17450-2:2002, IDT)

2009-11-15 发布　　2010-09-01 实施

中华人民共和国国家质量监督检验检疫总局
中国国家标准化管理委员会　发布

前言

GB/Z 24637《产品几何技术规范(GPS)通用概念》国家标准化指导性技术文件分为以下两部分:

——第1部分:几何规范和验证的模式;

——第2部分:基本原则、规范、操作集和不确定度。

本部分为GB/Z 24637的第2部分。

本部分等同采用国际标准技术规范ISO/TS 17450-2:2002《产品几何技术规范(GPS) 通用概念 第2部分:基本原则、规范、操作集和不确定度》(英文版)。

本部分等同翻译国际标准ISO/TS 17450-2:2002。

为了便于使用,本部分做了如下编辑性修改:

——“国际标准技术规范的本部分”一词改为“本部分”;

——删除了国际标准技术规范的前言和引言;

——“JJF 1001—1998 通用计量术语及定义”与“VIM 1993 国际计量学通用基础术语”内容一致;

——“ISO 14405”不是正式国际标准,在不影响技术内容的情况下,删除3.2.3示例1、3.2.4示例1和3.3.3示例中的“见ISO 14405”;

——在技术内容和编写格式上与该国际标准技术规范一致。

本部分的附录A、附录B和附录C均为资料性附录。

本部分由全国产品尺寸和几何技术规范标准化技术委员会提出并归口。

本部分起草单位:中机生产力促进中心、郑州大学、华中科技大学、西安交通大学、北京青云仪器厂、中国计量科学研究院、深圳市计量质量检测研究院。

本部分主要起草人:王欣玲、陈月祥、张琳娜、蒋向前、赵卓贤、赵凤霞、崔瑞志、张恒、邓高见、于冀平、陈秀娟。

产品几何技术规范(GPS)
通用概念 第2部分:基本原则、规范、
操作集和不确定度

1 范围

GB/Z 24637 的本部分给出了产品几何技术规范与 GPS 标准中使用的规范、操作集和不确定度有关的术语,提供了 GPS 体系的基本原则,同时讨论了不确定度在这些原则中的影响,分析了 GPS 应用中的规范和检验过程。

2 规范性引用文件

下列文件中的条款通过 GB/Z 24637 的本部分的引用而成为本部分的条款。凡是注日期的引用文件,其随后所有的修改单(不包括勘误的内容)或修订版均不适用于本部分,然而,鼓励根据本部分达成协议的各方研究是否可使用这些文件的最新版本。凡是不注日期的引用文件,其最新版本适用于本部分。

GB/T 18779.2 产品几何量技术规范(GPS) 工件与测量设备的测量检验 第2部分:测量设备校准和产品检验中 GPS 测量的不确定度评定指南(GB/T 18779.2—2004 ,ISO/TS 14253-2:1999,IDT)

GB/T 18780.1 产品几何量技术规范(GPS) 几何要素 第1部分:基本术语和定义(GB/T 18780.1—2002,idt ISO 14660-1:1999)

GB/T 24634 产品几何技术规范(GPS) 测量设备通用概念和要求(GB/T 24634—2009,ISO 14978:2006,IDT)

GB/Z 24637.1 产品几何技术规范(GPS) 通用概念 第1部分:几何规范和验证的模式(GB/Z 24637.1—2009,ISO/TS 17450-1:2005, IDT)

测量不确定度表示指南(GUM),BIPM, IEC, IFCC, ISO, IUPAC, IUPAP, OIML 联合制定,1995

JJF 1001—1998 通用计量术语及定义

3 术语和定义

GB/T 18779.2、GB/T 18780.1、GB/T 24634、GB/Z 24637.1、GUM、JJF 1001—1998 确立的以及下列术语和定义适用于本部分。附录 A 中的 A.1 概念图表概述了这些术语之间的关系。

3.1 通用术语

3.1.1

计量特性偏差 metrological characteristic deviation

对理想计量特性值的偏差。

见 GB/Z 24637.1 (ISO/TS 17450-1)。

注:测量仪器的计量特性偏差包括由仪器的刻度、导轨、软件、放大倍数和无刚性等引起的偏差。

3.2 与操作有关的术语

3.2.1

规范操作 specification operation

仅用数学表达式、几何图形、算法或其综合来明确表达的操作。

注 1：规范操作应用在机械工程的几何领域时，作为规范操作集(3.3.3)的一部分来规定产品的要求。

注 2：规范操作是一个理论概念。

示例 1：轴的直径规范中，采用最小外接圆柱拟合。

示例 2：表面结构规范中，采用高斯滤波器滤波。

3.2.2

缺省规范操作　default specification operation

由标准、规则要求的，在实际 GPS 规范(3.5.6)中采用不带修饰符的 ISO 基本 GPS 规范(3.5.4)的规范操作(3.2.1)。

注：缺省规范操作可能是全球缺省(ISO 缺省)、企业缺省或图样的缺省规范操作。

示例 1：在轴的直径规范中，采用缺省标注 $\phi30\pm0.1$ 的两点法直径评估。

示例 2：在 GB/T 10610—2009 中表面粗糙度 Ra 由缺省规则给出了滤波操作中缺省截止波长的高斯滤波器(缺省滤波器)。

3.2.3

特定规范操作　special specification operation

采用带有修饰符的 ISO 基本 GPS 规范(3.5.4)的规范操作(3.2.1)，其优先级高于缺省规范操作(3.2.2)。

注：一个特定的规范是一个非缺省的规范。

示例 1：在轴的直径规范中，采用最小外接圆柱进行拟合操作，包容原则使用修饰符Ⓔ。

示例 2：在表面粗糙度 Ra 规范中，采用特定截止波长为 2.5 mm 的高斯滤波器(缺省滤波器)滤波，使用适当的标记以区别于 GB/T 10610—2009 中的缺省规则。

3.2.4

实际规范操作　actual specification operation

产品技术文件中直接或隐含标注的规范操作(3.2.1)。

注：一个实际规范操作可能是：

——由 ISO 基本 GPS 规范间接标注出(3.5.4)；

——由 GPS 规范单元直接标注出(3.5.1)；

——不被标注出。

示例 1：当规范标注是 $\phi30\pm0.1$ 时，在实际规范操作中，用两点缺省直径来评价。

示例 2：当规范标注是 $Ra1.5$ 且滤波器截止波长 2.5 mm 时，采用特殊的截止波长为 2.5 mm 的高斯滤波器(缺省滤波器)以及采用 Ra 算法来评价就是两个实际规范操作。

3.2.5

检验操作　verification operation

实际规范操作所规定的测量过程和/或测量仪器的实施过程的操作(3.2.4)。

注：在机械工程的几何领域，检验操作用于检验由规范操作规定的产品(3.2.1)。

示例 1：用千分尺来检验规范的轴的两点直径。

示例 2：作为表面粗糙度检验，提取数据点要采用公称探针半径为 2 μm，取样间隔 0.5 μm。

3.2.6

理想检验操作　perfect verification operation

没有偏离实际规范操作(3.2.4)的检验操作(3.2.5)。

注 1：理想检验操作唯一的测量不确定度(3.1.1)分量是由操作所用测量仪器的计量特性偏差引起的。

注 2：校准的目的通常是为获取由测量仪器产生的不确定度的值。

示例：当规范规定的是一个提取操作时，在表面粗糙度检验中，用 2 μm 公称探针半径及 0.5 μm 采样间隔从表面提取数据点。

3.2.7

简化检验操作　simplified verification operation

偏离实际规范操作(3.2.4)的检验操作(3.2.5)。

注：除了操作仪器的计量特性偏差(3.1.1)产生的测量不确定度外，设计偏差也产生测量不确定度。

示例：如轴的尺寸检验，采用对是千分尺作两点法直径测量，可规范规定的却是最小外接圆柱拟合方法。

3.2.8

实际检验操作　actual verification operation

在实际测量过程中使用的检验操作(3.2.5)。

3.3 与操作集有关的术语

3.3.1

操作集　operator

操作算子　operator

一组有序的操作。

见 GB/Z 24637.1（ISO/TS 17450-1）。

3.3.2

功能操作集　functional operator

与工件/要素的预期功能理想关联的操作集(3.3.1)。

注1：在大多数情况下，功能操作集形式上不能描述一组完整的有序的操作，只是在概念上理解为一组真实表达工件功能需求的规范操作(3.2.1)或检验操作(3.2.5)。

注2：功能操作集只是用来做比较的一个理想化概念，它用来评估一个规范操作集(3.3.3)或检验操作集(3.3.9)与功能需求的吻合程度。

示例：一个孔中运行的轴，2 000 h 无泄漏的能力。

3.3.3

规范操作集　specification operator

一组有序的规范操作(3.2.1)。

注1：规范操作集是根据 GPS 标准，在产品技术文件中规定的 GPS 规范(3.5.3)的完整、综合描述。

注2：规范操作集可能是不完整的，在这种情况下，会导致规范不确定度(3.4.3)。

注3：例如规范操作集定义圆柱直径，它并不定义通用概念上的直径，而是定义特定的直径(两点直径、最小外接圆直径、最大内切圆直径、最小二乘圆直径等)。

注4：规范操作集与功能操作集(3.3.2)之间的差异会导致相关不确定度(3.4.4)。

示例：如果轴的规范是 ϕ30 h7 的(见 GB/T 1800.1—2009)，那么其上极限和下极限的规范操作集可能是：

——非理想圆柱表面模型的分离；

——采用最小二乘拟合准则的圆柱类型理想要素的拟合；

——与拟合圆柱体轴线垂直且相交的一些径向直线的构建与拟合；

——每条直线两点的提取；

——两对应点间距离的评估，其中的最大距离与上极限比较，最小距离与下极限比较。

3.3.4

完整规范操作集　complete specification operator

一组有序的、充分的和具有明确定义的规范操作。

注：一个完整规范操作集是准确无误的，所以它不存在规范不确定度(3.4.3)。

示例1：局部直径的规范定义了哪两个点被提取、如何进行拟合操作(定义两点间距离)。

示例2：见 3.3.3 的示例。

3.3.5

不完整规范操作集　incomplete specification operator

缺失一个或多个规范操作(3.2.1)、不完整定义、无序的规范操作集(3.3.3)。

注1：一个不完整规范操作集在某些方面是不明确的，因此会导致规范不确定度(3.4.3)。

注2：当给定的是不完整规范操作集时，为了建立相应的理想检验操作集(3.3.10)，有必要通过增加一些操作或在不完整规范操作集里补充部分缺失的操作来选定完整规范操作集(3.3.4)，参见方法不确定度(3.4.5)。

示例：台阶尺寸 30±0.1，规范未指定拟合方法。

3.3.6

缺省规范操作集　default specification operator

按缺省顺序，只包含一组有序的缺省规范操作(3.2.2)。

注 1：缺省规范操作集可以为：

——一个由 ISO 标准指定的缺省的 ISO 规范操作集；

——一个由国家标准指定的缺省国家标准；

——一个由企业标准/文件指定的缺省企业标准；

——一个对应于以上其中之一的图样标注中的缺省图样标准(参见附录 B)。

注 2：一个缺省规范操作集既可能是一个完整规范操作集(3.3.4)，也可能是一个不完整规范操作集(3.3.5)。

示例：根据 GB 标准，*Ra*1.5 这个规范当中表明：

——从非理想表面模型中分离；

——在多个位置从非理想表面分离非理想线；

——采用 GB/T 10610—2009 中的评定长度进行提取；

——采用 GB/T 10610—2009 中规定的截止波长的高斯滤波器滤波，并且使用相应的探针半径和取样间隔；

——按 GB/T 3505—2009 和 GB/T 10610—2009(16%规则)规定评定 *Ra* 值。

由于这些操作中的每一个都是缺省规范操作，并且在缺省的序列中运用，所以规范操作集(3.3.3)是缺省规范操作集。

3.3.7

特定规范操作集　special specification operator

包含一个或多个特定规范操作(3.2.3)的规范操作集(3.3.3)。

注 1：特定规范操作集由 GPS 规范规定(3.5.3)。

注 2：一个特定规范操作集可能是完整规范操作集(3.3.4)，也可能是不完整规范操作集(3.3.5)。

示例 1：轴 ϕ30±0.1Ⓔ的规范是一个特定规范操作集，因为规范操作(3.2.1)之一 ——最小外接圆圆柱的拟合，不是缺省规范操作(3.2.2)。

示例 2：*Ra*1.5 的规范采用 2.5 mm 表面滤波器是一个特定规范操作集，因为规范操作(3.2.1)之一 ——滤波中使用了特定的 2.5 mm 截止波长，不是缺省规范操作(3.2.2)。

3.3.8

实际规范操作集　actual specification operator

由实际的产品技术文件给出的实际规范得到的规范操作集(3.3.3)。

注 1：标准或实际规范操作集解释时所依据的标准被直接或间接地规定。

注 2：一个实际规范操作集可能是完整规范操作集(3.3.4)，也可能是不完整规范操作集(3.3.5)。

注 3：一个实际规范操作集可能是特定规范操作集(3.3.7)，也可能是缺省规范操作集(3.3.6)。

3.3.9

检验操作集　verification operator

一组有序的检验操作(3.2.5)。

注 1：检验操作集(3.3.3)是规范操作集的计量仿真，是测量程序的基础。

注 2：检验操作集可能不是给定规范操作集的理想模拟。在这种情况下，二者的差异会导致不确定度，其为测量不确定度的一部分(3.4.2)。

示例：采用两点直径拟合的方法检验轴直径的规范，例如测量轴，规定使用千分尺、测量次数、把测量结果与具有一组规定规则的规范相比较。

3.3.10

理想检验操作集　perfect verification operator

按规定顺序组合的完整的一组理想检验操作(3.2.6)的检验操作集(3.3.9)。

注 1：理想检验操作集唯一的测量不确定度(3.4.2)分量是由操作集所用测量仪器的计量特性偏差(3.1.1)引起的。

注 2：校准的目的通常是为获取由测量仪器产生的测量不确定度(3.4.2)的值。

示例：根据标准，规范 *Ra*1.5 的检验是：

——从实际工件中分离要求的表面；

——通过测量仪器的多位置物理定位分离非理想线；

——用与 GB/T 6062—2009 相一致的测量仪器从表面提取数据，采用由 GB/T 10610—2009 给定的评定长度；

——用带有按 GB/T 10610—2009 规定截止波长的高斯滤波器滤波；

——按 GB/T 3505—2009 和 GB/T 10610—2009(16%规则)规定评定 *Ra* 值。

由于以上每一个操作都是理想的检验操作，并在规范中以规定顺序实施，所以这个检验操作集是理想检验操作集。

3.3.11

简化检验操作集　simplified verification operator

包含一个或多个简化检验操作(3.2.7)，或偏离预定的排列顺序，或皆而有之的检验操作集(3.3.9)。

注 1：除了操作集执行中的测量仪器的计量特性偏差(3.1.1)会引起测量不确定度外，简化规范操作(3.2.7)、操作顺序的偏差或两者也要产生测量不确定度(3.4.2)分量。

注 2：这些不确定度分量的数值与实际工件的几何特征(形状和角度的偏差)有关。

示例 1：按标准，规范 ϕ30±0.1Ⓔ的轴直径的上限检验，要采用两点直径包容，例如，用千分尺测量是一个简化检验操作集，这是因为规范规定的是轴的最小外接圆柱直径。

示例 2：根据标准，对规范 *Ra*1.5 的简化检验操作集可以为：

——从实际工件中分离要求的表面；

——通过测量仪器的多位置物理定位分离非理想线；

——使用带有导轨的测量仪器(测量仪器与 GB/T 6062—2009 规定不符)从表面提取数据，采用由 GB/T 10610—2009 给定的评定长度；

——用带有按 GB/T 10610—2009 规定截止波长的高斯滤波器过滤数字，相应的触针针尖半径和相应的采样间隔，和；

——按 GB/T 3505—2009 和 GB/T 10610—2009(16%规则)规定评定 *Ra* 值。

因为所有这些操作不是理想的检验操作(3.2.6)，所以该检验操作集是简化检验操作集，其原因是带有导轨的表面结构测量仪器并不是规范中预先规定的提取操作。

3.3.12

实际检验操作集　actual verification operator

一组有序的实际检验操作(3.2.8)。

注 1：实际检验操作集可以选择为不同于所要求的理想检验操作集(3.3.10)，所选择的实际检验操作集与理想检验操作集间(3.3.10)的偏离是测量不确定度(3.4.2)[方法不确定度(3.4.5)和测量仪器的测量不确定度(3.4.6)之和]见 3.4.5 的注 1。

注 2：当实际规范操作集为不完整时，见 3.3.5 注 2 和 3.4.5 注 1。

3.4　与不确定度有关的术语

3.4.1

不确定度　uncertainty

表征合理地赋予预定值或相关之值的分散性，与预定值或相关值相联系的参数。

注 1：GPS 领域的“预定值”可以是测量结果或规范限。

注 2：GPS 领域的“相关”通常是由对相同要素的两个不同操作集(3.3.1)所提供的值之间的不同，例如规范操作集(3.3.3)和实际检验操作集(3.3.12)。

注 3：GPS 领域的“相关”也可以是所提供的值之间的不同，例如规范操作集和与要素/要素的功能相关联的值[功能操作集(3.3.2)]。

注 4：GPS 领域确定的不确定度[测量不确定度(3.4.2)、规范不确定度(3.4.3)、相关不确定度(3.4.4)等]一般与 GB/T 18779.2 和 GUM 里的扩展不确定度相对应。

3.4.2

测量不确定度　measurement uncertainty

表征合理地赋予被测量之值的分散性，与测量结果相联系的参数。

注：在 GB/Z 24637(ISO/TS 17450)的本部分里，测量不确定度等于方法不确定度(3.4.5)和测量仪器的测量不确

定度(3.4.6)之和。

示例：当用千分尺测量轴的方法检验轴规范 φ30±0.1Ⓔ的上极限时，由千分尺的测量值(千分尺测量头的不理想，例如，测量头的两个测量面的平面度和相互平行度误差会导致的测量仪器的测量不确定度分量)与用理想仪器通过测量最小外接圆柱获得的值的不同产生该检验的测量不确定度(方法不确定度分量)。

3.4.3

规范不确定度 specification uncertainty

用于实际要素/要素的实际规范操作集(3.3.8)内在的不确定度(3.4.1)。

注1：规范不确定度与测量不确定度(3.4.2)性质相同，它可能是不确定度概算的一部分。

注2：规范不确定度量化了规范操作集(3.3.3)的不确定性。

注3：本部分中规范不确定度被认为是符合不确定度(3.4.7)的一部分。

注4：规范不确定度是与实际规范操作集(3.3.8)有关的特性。

注5：规范不确定度的大小也取决于工件预期的或实际的几何特性偏差(形状或角度偏差)。

示例：尺寸 30±0.1 的规范不确定度源于采用不同的拟合规则而获得的不同值，因为规范中没有规定采用何种拟合规则。

3.4.4

相关不确定度 correlation uncertainty

由实际规范操作集(3.3.8)和规定工件设计功能的功能操作集(3.3.2)之间的差异引起的不确定度(3.4.1)，用来表述实际规范操作集的术语和单位。

注1：相关不确定度尽可能的用数值和与给定规范一致的单位来表示。

注2：相关不确定度通常和单个 GPS 规范(3.5.3)没有关系。通常模拟一个功能要若干单个 GPS 规范(例如，工件同一要素的尺寸、形状、表面结构)。

示例：假如功能操作集(3.3.2)指的是一个轴，该轴能在孔中无泄漏连续旋转 2 000 h，其规范操作集(3.3.3)是轴的尺寸 φ30h7、轴的表面结构 Ra1.5 采用 2.5 mm 滤波器，那么从这一规范规定得到的相关不确定度应保证：

——符合规范的轴无泄漏运转 2 000 h；且

——不符合规范的轴不能无泄漏运转 2 000 h。

3.4.5

方法不确定度 method uncertainty

由一个实际规范操作集(3.3.8)和实际检验操作集(3.3.12)之间的差异产生的不确定度(3.4.1)，它忽略了实际检验操作集的计量特性偏差(3.1.1)。

注1：由一个不完整规范操作集(3.3.5)被指定作为实际规范操作集时，设计和选择一个完整规范操作集(3.3.4)是必要，通过在不完整规范操作集中增加操作或补充部分缺失的操作，以建立相应的理想检验操作集(3.3.10)。在理想检验操作集的基础上去选择实际检验操作集，所选择的实际检验操作集与理想检验操作集之间的不一致性为测量不确定度(3.4.2)(方法不确定度和测量仪器的测量不确定度(3.4.6)之和)。

注2：方法不确定度值的大小反映出所选择的实际检验操作集(3.3.12)对理想检验操作集(3.3.10)的偏离程度。

注3：即便是使用理想的测量仪器，也不可能将测量不确定度(3.4.2)降低到方法不确定度之下。

示例：如果轴的规范表示为 φ30±0.1Ⓔ，并且采用理想的千分尺(没有刻度误差，两个测量面是理想的平面和相互平行)去检验规范的上极限(偏差)，然而由于千分尺测得的值与用理想仪器用最小外接圆柱直径评定得到的值之间的不同也会导致方法不确定度。

3.4.6

测量仪器的测量不确定度 implementation uncertainty

由实际检验操作集(3.3.12)规定的测量仪器使用中的计量特性偏离理想检验操作集(3.3.10)规定的理想计量特性而产生的不确定度(3.4.1)。

注1：校准的目的通常是为获取由测量仪器引起的测量不确定度(3.4.2)的分量(测量仪器的测量不确定度)。

注2：和测量仪器没有直接相关的其他因素(如环境)也可能导致测量仪器的测量不确定度。

示例：假如轴的标注规范表示为 φ30±0.1Ⓔ，规范的检验仪器为千分尺，那么无论其检验的是上偏差(即最小外接圆直径)还是下偏差(即两点最小直径)，测量仪器的测量不确定度仅由非理想的千分尺的测量头，以及千分尺的两个测量面的平面度和平行度的误差造成。

3.4.7

符合性不确定度　compliance uncertainty

测量不确定度(3.4.2)和规范不确定度(3.4.3)之和。

注1：测量不确定度等于方法不确定度(3.4.5)和测量仪器的测量不确定度(3.4.6)之和。因此，符合性不确定度也可以表示为方法不确定度、测量仪器的测量不确定度和规范不确定度之和。

注2：符合性不确定度可以量化，以用来验证工件与规范所有可能解释的符合程度。

示例：如果一个球的规范是 $S\phi30\pm0.1$，由于可能会使用不同的拟合准则(目前 ISO 标准还没有规定缺省规则)，故而这是一个不完整规范操作集(3.3.5)。规范不确定度源于在提取实际工件(非理想球面)的数据时可用不同的拟合准则(如最小外接球面，最小两点间直径，最小二乘球面)获取不同的值，因为规范中没有声明采用何种拟合准则。

为了得到一个完整规范操作集(3.3.4)作为理想检验操作集(3.3.10)的基础，必须选择一个特定的拟合准则和完整规范操作集的其他缺失部分。如两点拟合准则选择作为完整规范操作集的一个部分，那么两点拟合准则也是理想检验操作集的一部分。

如果规范使用千分尺检验，则实际上没有方法不确定度。不过，测量仪器的测量不确定度仍然存在，其源于千分尺计量特性的非理想性——测量头误差、两个测量面的平面度和平行度误差等。

在本例中，测量不确定度(3.4.2)只包含测量仪器的测量不确定度，相应地符合性不确定度也只包含规范不确定度和测量仪器的测量不确定度。

3.4.8

总不确定度　total uncertainty

总不确定度是相关不确定度(3.4.4)、规范不确定度(3.4.3)和测量不确定度(3.4.2)之和。

注：总不确定度值的大小表明了实际检验操作集(3.3.12)偏离功能操作集(3.3.2)的程度。

示例：假如一个轴的功能操作集是在孔中无泄漏的运转 2 000 h 的能力，规范操作集(3.3.3)是轴的尺寸为 ϕ30h7、轴的表面粗糙度 *Ra*1.5 用 2.5 mm 滤波器，由此总不确定度只来源于测量中测量仪器的测定能力，如表面粗糙度测量仪和千分尺，总不确定度确定决定了：

——和规范一致的被测轴能够无泄漏地运转 2 000 h；

——和规范不一致的被测轴不能够无泄漏地运转 2 000 h。

3.5　与规范有关的术语

3.5.1

GPS 规范单元　GPS specification element

控制一个或多个规范操作(3.2.1)的一组有序的标准化符号。

注1：GPS 规范单元应用在产品技术文件中。

注2：在现有标准中，并非所有 GPS 特征都有一个完整的和足够的 GPS 规范单元清单。

示例：在表面结构规范中所用的符号：USL、LSL、滤波类型、λ_s、λ_c、轮廓参数、取样长度数、采用的规则、参数值、制造工艺和方向。

3.5.2

规范修饰符　specification modifier

GPS 规范单元(3.5.1)使用修饰符时，改变了基本 GPS 规范(3.5.4)的缺省规定。

注：规范修饰符可能由国际标准、国家标准或企业标准/文件规定。

3.5.3

GPS 规范　GPS specification

控制一个规范操作集(3.3.3)的一组 GPS 规范单元(3.5.1)。

注1：一个 GPS 规范可带也可不带规范修饰符(3.5.2)。

注2：一个 GPS 规范并不是必须包含完整和足够的一系列 GPS 规范元素。

3.5.4

基本 GPS 规范　basic GPS specification

产品技术文件中表述 GPS 规范(3.5.3)的最简短形式。

注 1：在国际标准体系中，基本 GPS 规范看作是 ISO 基本的 GPS 规范。在规定的国家或企业标准中，需要同样的专门的参考规范。

注 2：基本 GPS 规范中不使用规范修饰符(3.5.2)。

注 3：使用了基本 GPS 规范，即也就采用了缺省规范操作集(3.3.6)。

示例 1：ϕ30h7，ϕ38±0.1

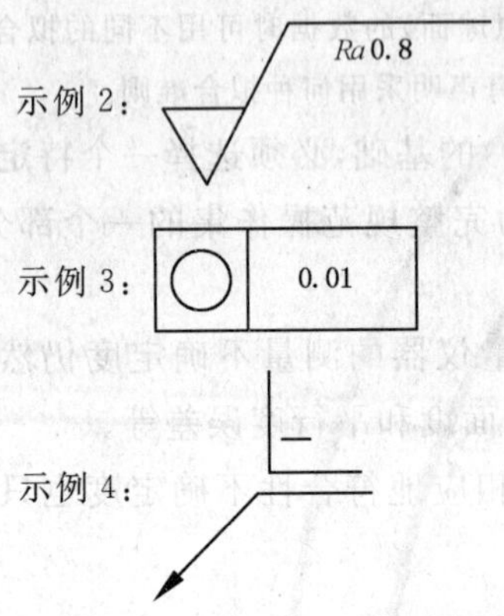

3.5.5

特定 GPS 规范　special GPS specification

产品技术文件中表达的用一个或多个规范修饰符(3.5.2)的 GPS 规范(3.5.3)。

注：在特定 GPS 规范中，依据 GPS 规范单元(3.5.1)规定的特定规范操作(3.2.3)替代一个或多个缺省规范操作(3.2.2)。

3.5.6

实际 GPS 规范　actual GPS specification

现行的产品技术文件中规定特征的 GPS 规范(3.5.3)。

注：实际规范可以是基本 GPS 规范(3.5.4)也可以是特定 GPS 规范(3.5.5)。

4　基本原则

GPS 基本原理的基础，可由下述 A、B、C 和 D 四个 GPS 基本原则表述：

A：在产品技术文件中有可能用一个或多个 GPS 规范来有效地控制工件或要素的功能。

注：工件或要素的功能与采用的 GPS 规范的相关程度的不同，使得相关不确定度有大有小。

B：在产品技术文件中，应针对 GPS 特征规定 GPS 规范，当该规范得到满足时，应该认为工件或要素是好的或合格的。显然，在产品技术文件中应充分考虑到其要求。在产品技术文件中规定的实际 GPS 规范应规定被测量。

注：在产品技术文件中的 GPS 规范可能是理想的、完整的，也可能是非理想的、不完整的。由此，规范不确定度可能是从零到非常大之间的任何数值。

C：GPS 规范的实施不依赖 GPS 规范本身。

注：GPS 规范体现在检验操作集中。GPS 规范没有规定那个规范操作集是满意的。检验操作集的准确性用测量不确定度来评估，有些情况下，用规范不确定度评估。

D：标准的 GPS 检验规则和定义，提供了理论上理想的手段来证明工件/要素是否符合一个 GPS 规范(见 GB/T 18779.1)。然而，检验过程总是不完善的。

注：检验总是不理想的，包括所使用的测量仪器与 GPS 规范的一致性，所以检验总是会有测量仪器的测量不确定度。

5 不确定度对基本原则的影响

5.1 相关不确定度和规范不确定度的影响

当要素所有的设计功能都由 GPS 特征表达和控制的时候,GPS 规范就是完整的。在多数情况下,GPS 规范是不完整的,这是因一些功能没有完整地表达或控制,甚至根本没有。因此,要素/要素功能和采用的 GPS 规范之间的相关程度不同。

相关不确定度指的是控制的不理想,而规范不确定度指的是控制的缺乏。例如,一个具有很小的相关不确定度和规范不确定度的规范能够完整地描述和控制几何特征,而这些几何特征严格地控制设计功能。这两个不确定度组合的结果见表 1。

表 1 相关不确定度和规范不确定度

	规范不确定度小	规范不确定度大
相关不确定度小	描述和控制了几何特征,严格地把握了设计功能	已有的几何特征达到了设计功能要求,但是规范是不完整的
相关不确定度大	描述了所有的几何特征,但是没有严格把握设计功能	既不能描述也不能控制设计功能所需的几何特征

5.2 方法不确定度和测量仪器的测量不确定度的影响

测量不确定度,由方法和测量仪器的测量不确定度组成,是由 GPS 检验方法规定的每一实际(非理想)测量仪器产生的。当所使用的测量仪器的程序与理论正确规定一致时,有一个小的测量不确定度。表 2 归纳了方法不确定度和测量仪器的测量不确定度组合的结果。

注:对于那种具有大的相关或规范不确定度或两者皆大的低测量不确定度的测量,测量不确定度值的影响很小。

表 2 方法不确定度和测量仪器的测量不确定度

	测量仪器的测量不确定度小	测量仪器的测量不确定度大
方法不确定度小	测量过程非常符合规范,所使用的测量仪器和理想的计量特性偏差较小	测量过程非常符合规范,所使用的测量仪器和理想的计量特性偏差较大
方法不确定度大	测量过程不十分符合规范,但是所使用的测量仪器和理想的计量特性偏差较小	测量过程不符合规范,所使用的测量仪器和理想的计量特性偏差较大
注:在方法不确定度和测量仪器的测量不确定度中,很难讲是前者大后者小还是前者小后者大会造成较大的测量不确定度。方法不确定度小而测量仪器的测量不确定度大通常被认为有较大的测量不确定度,因为测量仪器的测量不确定度对测量不确定度的影响相对要明显得多。		

6 规范过程

规范过程是最先发生的,其目的是把设计意图转变为特定的 GPS 特征的需求。规范过程由设计者负责。包括以下几个步骤:

a) 要素/要素功能——GPS 规范的设计意图的设计;

b) GPS 规范——包含 GPS 规范单元的数目;

c) GPS 规范单元——其中每个都控制一个或多个规范操作;

d) 规范操作——以一定顺序组合成为一个规范操作集的形式;

e) 规范操作集——在一定程度上与特定要素/要素功能相关,并规定规范的被测量。

7 检验过程

检验过程发生在规范过程之后。其目的是检验由实际的 GPS 规范规定的规范操作集的要素/要素特征。在实际检验操作集中,检验由实际规范操作集规定的测量仪器来完成。检验过程由计量人员负

责,包括以下几步:

a) 实际规范操作集——可以分解为一系列有序的一组实际规范操作,定义了被测量;

b) 实际规范操作——其中每个都用实际检验操作近似;

c) 实际检验操作——有序的组合成一组,以形成实际检验操作集;

d) 实际检验操作集——与实际的测量过程相同;

e) 测量结果——与GPS规范对比。

附　录　A
（资料性附录）
概　念　图

图 A.1 的概念图表阐述了 3 个最高等级的概念：
——不确定度；
——操作集；
——操作。

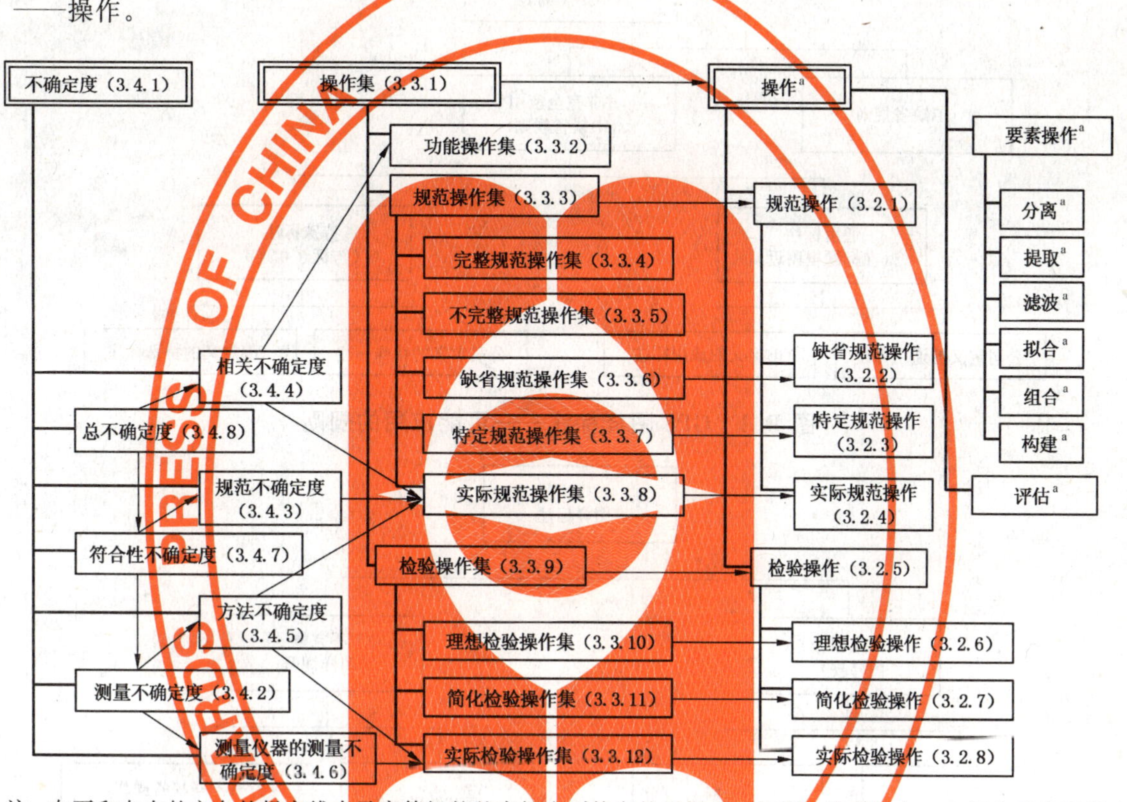

注：向下和向右的方向的粗实线表示高等级的基本概念到特定的子概念。细箭头线表示由一个概念指向用以定义该概念的其他一个或者多个概念。

[a] 见 GB/Z 24637.1(ISO/TS 17450-1)。

图 A.1　操作、操作集与不确定度的关系图表

附 录 B
（资料性附录）
图 样 标 注

图 B.1 说明了图样中 GPS 标注可能应用的规则。图 B.2 说明了完整和不完整的规范，图 B.3 说明了与规范相关的术语之间的关系。

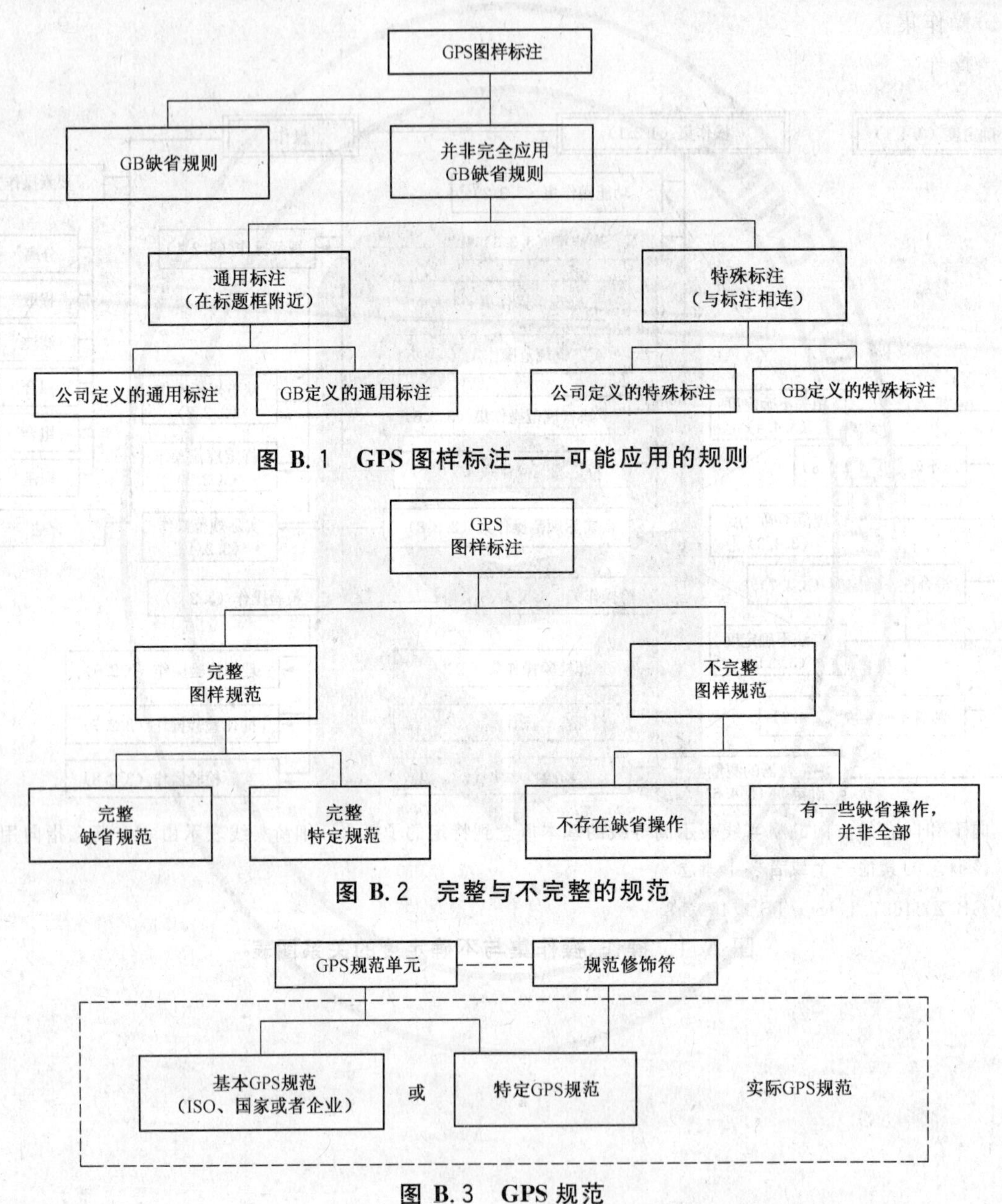

图 B.1 GPS 图样标注——可能应用的规则

图 B.2 完整与不完整的规范

图 B.3 GPS 规范

附　录　C
（资料性附录）
在 GPS 矩阵模型中的位置

GPS 矩阵模型参见 GB/Z 20308—2006。

C.1　本部分的信息及其使用

GB/Z 24637 的本部分是以后几何规范及检验标准的基础。

C.2　本部分在 GPS 矩阵模型中的位置

本部分是一个影响全局的综合 GPS 标准，它覆盖通用 GPS 标准矩阵中所有标准链的所有链环，如图 C.1 所示。

GPS 基础标准

GPS 综合标准

GPS 通用标准

链环号	1	2	3	4	5	6
尺寸						
距离						
半径						
角度						
与基准无关的线形状						
与基准相关的线形状						
与基准无关的面形状						
与基准相关的面形状						
方向						
位置						
圆跳动						
全跳动						
基准						
粗糙度轮廓						
波纹度轮廓						
原始轮廓						
表面缺陷						
棱边						

图 C.1

C.3　相关标准

相关的标准为图 C.1 所示标准链涉及的标准。

参 考 文 献

[1] GB/T 1800.1—2009 产品几何技术规范(GPS) 极限与配合 第1部分:公差、偏差和配合的基础.

[2] GB/T 3505—2009 产品几何技术规范(GPS) 表面结构 轮廓法 术语、定义及表面结构参数.

[3] GB/T 6062—2009 产品几何技术规范(GPS) 表面结构 轮廓法 接触(触针)式仪器的标称特性.

[4] GB/T 10610—2009 产品几何技术规范(GPS) 表面结构 轮廓法 评定表面结构的规则和方法.

[5] GB/T 18779.1—2002 产品几何量技术规范(GPS) 工件与测量设备的测量检验 第1部分:按规范检验合格或不合格的判定规则.

[6] GB/Z 20308—2006 产品几何技术规范(GPS) 总体规划.

ICS 17.040.10
J 04

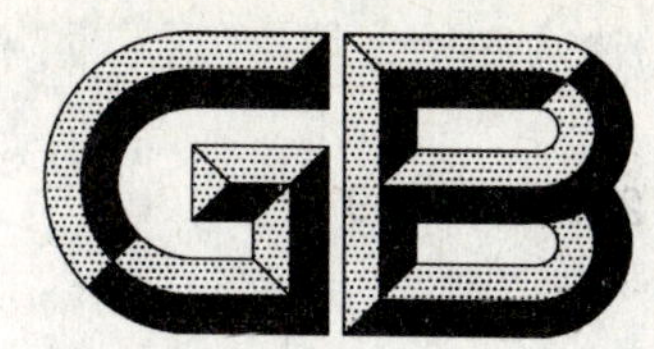

中华人民共和国国家标准化指导性技术文件

GB/Z 24638—2009

产品几何技术规范(GPS) 线性和角度尺寸与公差标注：+/− 极限规范 台阶尺寸、距离、角度尺寸和半径

Geometrical Product Specifications (GPS)— Linear and angular dimensioning and tolerancing: +/− limit specifications— Step dimensions, distances, angular sizes and radii

2009-11-15 发布　　2010-09-01 实施

中华人民共和国国家质量监督检验检疫总局
中国国家标准化管理委员会　发布

前言

本指导性技术文件的附录A和附录B均为资料性附录。

本指导性技术文件由全国产品尺寸和几何技术规范标准化技术委员会提出并归口。

本指导性技术文件起草单位：中机生产力促进中心、中原工学院、西安交通大学。

本指导性技术文件主要起草人：李晓沛、赵则祥、乔雪涛、赵卓贤。

产品几何技术规范(GPS) 线性和角度尺寸与公差标注:+/- 极限规范 台阶尺寸、距离、角度尺寸和半径

1 范围

本指导性技术文件规定了功能只与两个要素相关时的台阶尺寸、距离、角度尺寸和半径的±极限规范。

本指导性技术文件仅适用于标注有“GB/Z 24638”的图样。

2 规范性引用文件

下列文件中的条款通过本指导性技术文件的引用而成为本指导性技术文件的条款。凡是注日期的引用文件,其随后所有的修改单(不包括勘误的内容)或修订版均不适用于本指导性技术文件,然而,鼓励根据本指导性技术文件达成协议的各方研究是否可使用这些文件的最新版本。凡是不注日期的引用文件,其最新版本适用于本指导性技术文件。

GB/T 1182 产品几何技术规范(GPS) 几何公差 形状、方向、位置和跳动公差标注(GB/T 1182—2008,ISO 1101:2004,IDT)

GB/T 18780.1 产品几何量技术规范(GPS) 几何要素 第1部分:基本术语和定义(GB/T 18780.1—2002,ISO 14660-1:1999,IDT)

GB/Z 24637.1 产品几何技术规范(GPS) 通用概念 第1部分:几何规范和验证的模式(GB/Z 24637.1—2009,ISO/TS 17450-1:2005,IDT)

3 术语和定义

ISO 129-1、GB/T 1182、GB/T 18780.1 和 GB/Z 24637.1 确立的术语和定义适用于本指导性技术文件。

4 线性尺寸标注

4.1 概述

线性尺寸标注适用于两理想要素之间注有公差的尺寸和距离,否则,应用 GB/T 1182 的要求。

4.2 两平行平面间的距离尺寸标注(台阶尺寸标注)

台阶尺寸是指实体之外朝向相同的两平行平面(组成要素)之间的距离(见图1)。

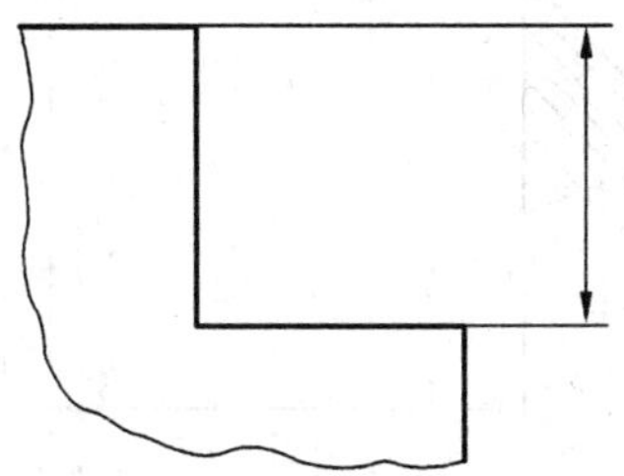

图1 台阶尺寸

两平行平面中的一个平面作为评定基面。

对于本指导性技术文件,台阶尺寸是指评定基面与另一面相接触且平行于评定基面的拟合平面之

间的距离(见图 2)。

评定基面是一个进行任何移动其方位均不变化的接触平面。

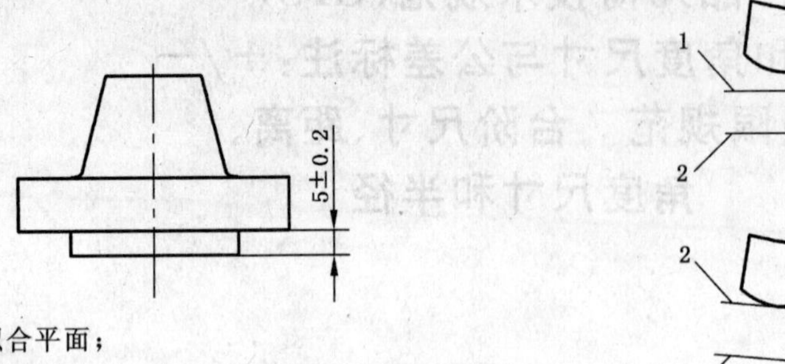

1——接触拟合平面；

2——评定基面。

a) 图样标注　　b) 解释(两个平面分别作为评定基面时的情形)

图 2　依照 ISO 129 标注的没有起始符号的台阶尺寸

在依照 ISO 129 对单一要素尺寸标注起始符号时，用该要素作为参照要素(见图 3)。当没有标注起始符号(两端具有箭头的尺寸线)时，两个要素可分别作为参照要素。

注 1：两个要素的形状和方向受单独标注的几何公差或一般形状公差(如平面度)和方向公差(如平行度、垂直度)控制。

注 2：台阶尺寸标注的定义符合装配的功能要求。

注 3：台阶尺寸标注的概念不同于 4.3 中的距离尺寸标注的其他概念。

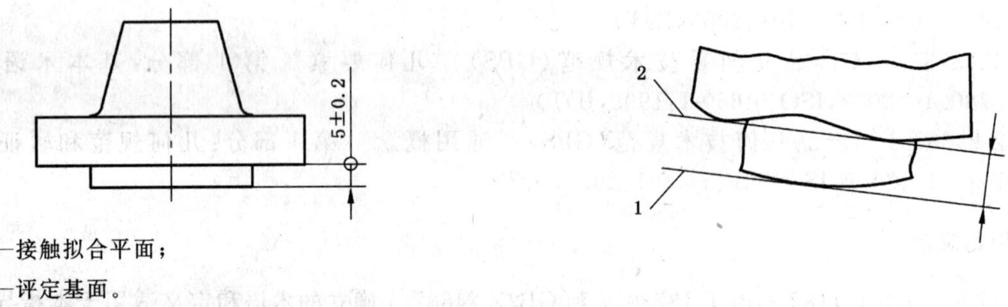

1——接触拟合平面；

2——评定基面。

a) 图样标注　　b) 解释

图 3　依照 ISO 129 标注的具有起始符号的台阶尺寸

4.3　两平行要素之间的距离尺寸标注，两要素中至少一个是导出要素

4.3.1　组成要素(平面表面)和导出要素之间的距离

对于一个组成要素(平面表面)与一个导出要素之间的距离，见图 4。

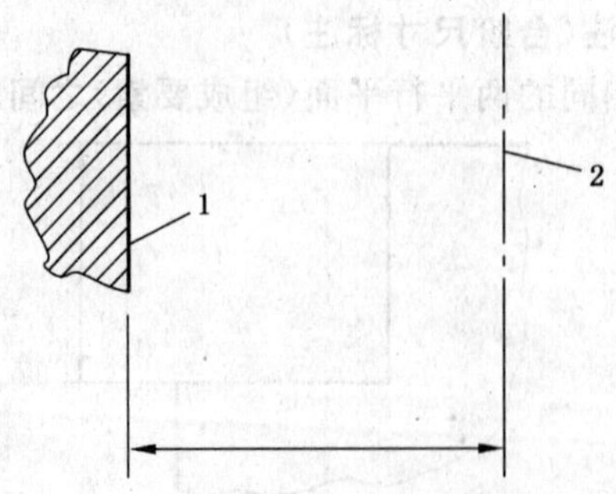

1——组成要素；

2——导出要素。

图 4　组成要素与导出要素之间的距离

两个要素中的一个要素作为参照要素。

对于本指导性技术文件，距离是指在提取导出要素或提取平面要素的长度上，参照要素与垂直于该参照要素的任意截平面上的另一个要素的接触拟合要素之间的距离范围。

该参照要素为：

——对于圆柱，孔的最大内切圆柱的轴线，或轴的最小外接圆柱的轴线，其方位在任何移动下均不变。

——对于平面，其方位在任何移动下均不变。

对于非参照要素，接触拟合要素与参照要素的定义相同。

提取导出要素或提取平面要素的长度由其相邻面的接触拟合要素的距离决定(见图 5)。

1——接触拟合要素；

2——拟合圆柱轴线。

a、b、c、d——接触拟合要素与拟合圆柱轴线之间的可能距离，取决于参照要素的选择。

a) 图样标注

b) 解释(两个要素分别作为参照要素时的情形)

图 5 平面与圆柱轴线之间的距离——可能的参照要素

在依照 ISO 129 对单一要素尺寸标注起始符号时，该要素仅用作参照要素。当没有标注起始符号(两边注有箭头的尺寸线)时，两个要素可分别作为参照要素。

注：本概念不同于 4.2 中的台阶尺寸标注的概念。

4.3.2 两平行圆柱的轴线(导出要素)之间的距离

对于两平行圆柱的轴线(导出要素)之间的距离，见图 6。

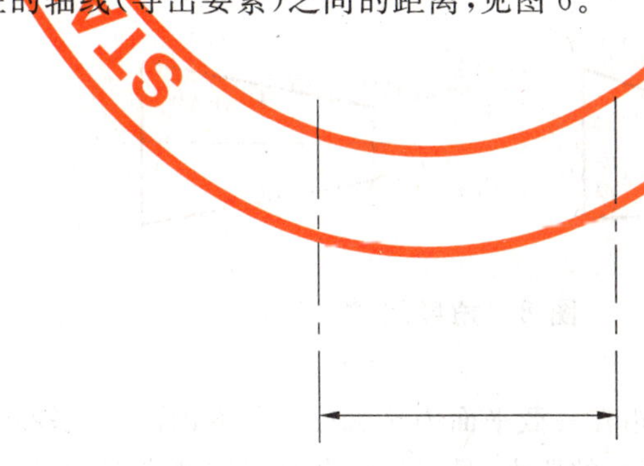

图 6 两导出要素之间的距离

两个要素中的一个要素作为参照要素。

对于本指导性技术文件，距离是指参照要素与垂直于该参照要素的任意截平面上的另一个要素的导出接触拟合要素之间的距离范围。

对于参照要素和接触拟合要素，见4.3.1。

提取导出要素的长度由接触拟合要素到相邻面的距离决定(见图7)。

依照ISO 129在单一要素上标注起始符号时，该要素作为参照要素。当没有标注起始符号(两边注有箭头的尺寸线)时，两个要素可分别作为参照要素。

注1：两个要素的形状受单独标注的或一般的形状公差(如：平面度或圆柱度)控制。

注2：对于孔，距离的定义符合借助于检验心轴的测量方法，适合于某些功能要求。

注3：本概念与4.2中的台阶尺寸标注的概念不同。

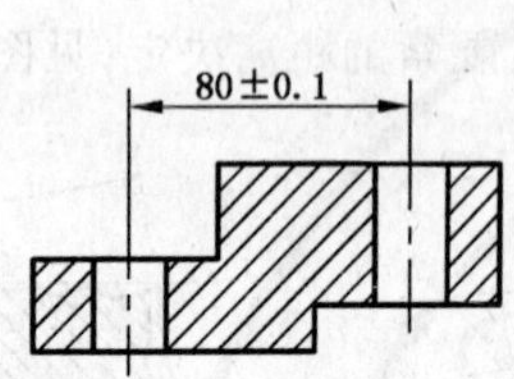

1——接触拟合要素；

2——提取要素；

3——导出圆柱轴线。

a、*b*、*c*、*d*——圆柱轴线之间的可能距离。

a) 图样标注

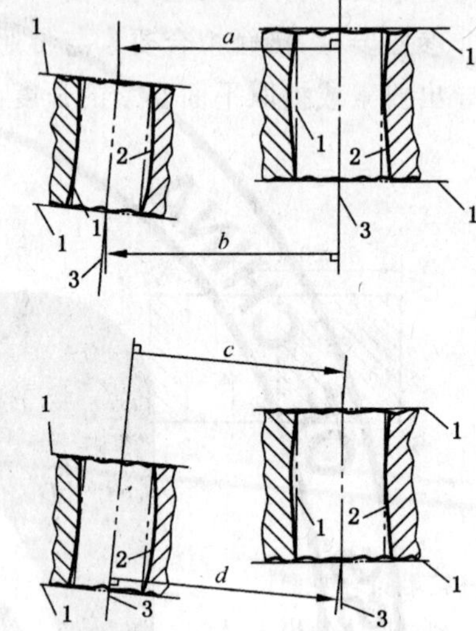

b) 解释(两个要素分别作为参照要素时的情形)

图7 两平行圆柱轴线(导出要素)之间的距离——可能的参照要素

5 角度尺寸标注

5.1 角度距离

参见附录A。

5.2 角度尺寸

对于本指导性技术文件，角度尺寸对应于诸如圆锥或楔体的尺寸要素。对于要素间的其他角度关系，可应用GB/T 1182。关于圆锥或楔体的角度尺寸的标注，见图8。

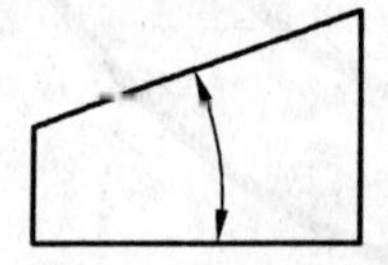

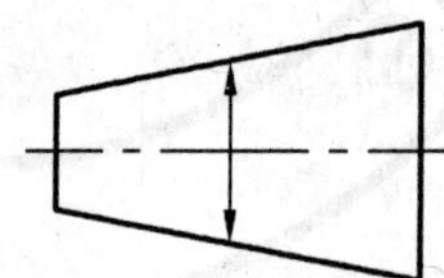

图8 角度尺寸

对于角度尺寸，没有参照要素。

本指导性技术文件中，角度尺寸是指在一截平面内接触提取要素的两条直线之间的角度。

截平面内两条直线的方向对应于各自的要素，且保证到各自提取要素线的最大距离为最小。

该截平面的方向就是形成最大角时的方向(见图9)。

注1：角度尺寸只在截面上定义，而不适应于总体表面。

注2：该要素的形状受单独标注的或一般的形状公差(如平面度)控制。

注3：角度尺寸的定义与GB/T 4249的定义一致。

注4：对于导出要素和另一个要素之间的角度距离，参见A.2。

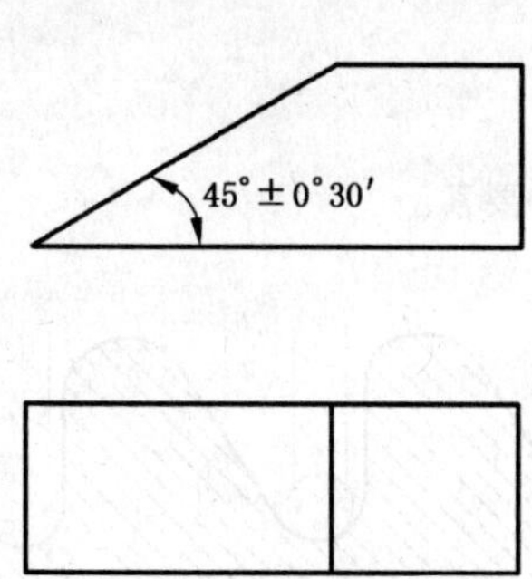

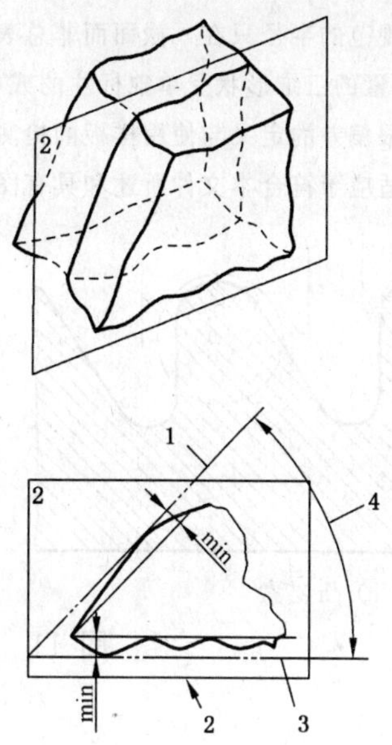

1——接触直线；

2——截平面；

3——接触直线；

4——截面内提取的角度尺寸。

注：角度尺寸随截面变化。

a) 图样标注　　　　b) 解释

图 9　角度尺寸

6　公差

6.1　注有±极限规范的台阶尺寸

本公差是最大允许台阶尺寸与最小允许台阶尺寸之差，台阶尺寸见 4.2 定义。

6.2　注有±极限规范的距离

本公差是最大允许距离与最小允许距离之差。距离见 4.3 定义。

6.3　注有±极限规范的角度尺寸

本公差是最大允许角度尺寸与最小允许角度尺寸之差。角度尺寸见第 5 章定义。

6.4　注有±极限规范的半径

对于注有±极限偏差规范的半径公差的标注，见图 10。

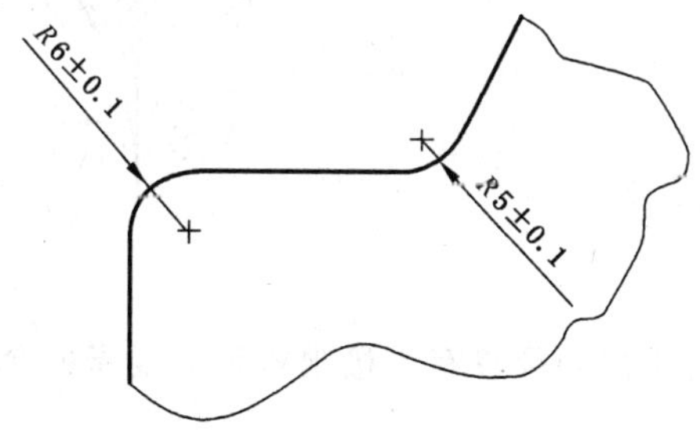

图 10　半径

该要素(线)必须处于截平面内的最大半径和最小半径确定的圆弧内，截平面的方向必须使圆弧的半径最小。使要素处于上述两个圆弧内意味着：

——对于凸要素(线)，提取要素(线)必须在顶点区与最大半径的圆弧接触，而在两边区则与最小半径的圆弧接触，见图 11a)；

——对于凹要素(线),提取要素(线)必须在两边区与最大半径的圆弧接触,而在顶点区则与最小半径的圆弧接触,见图 11b)。

注 1:注有±极限规范的半径只在一截面而非总表面上定义。

注 2:如有必要,要素的三维形状受单独标注的或一般的形状公差控制。

注 3:半径的±极限偏差的定义与使用样板的检测方法相一致。

注 4:本公差标注适应于符合本文件所述和具有图 12、图 13 所示形状的要素。

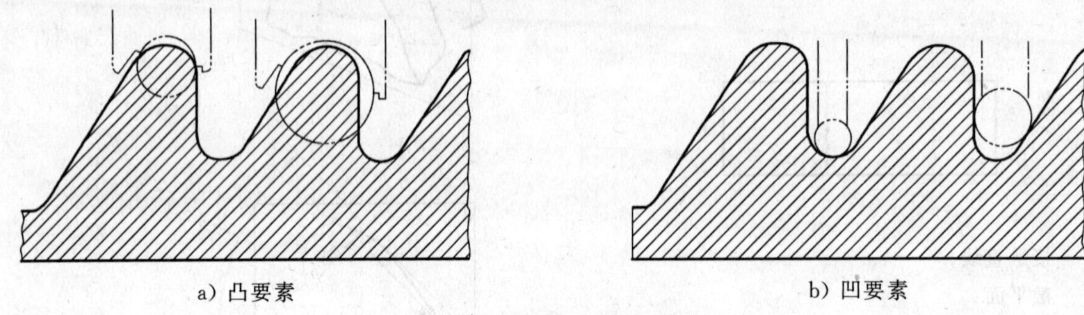

a) 凸要素　　　　b) 凹要素

图 11　半径±极限偏差

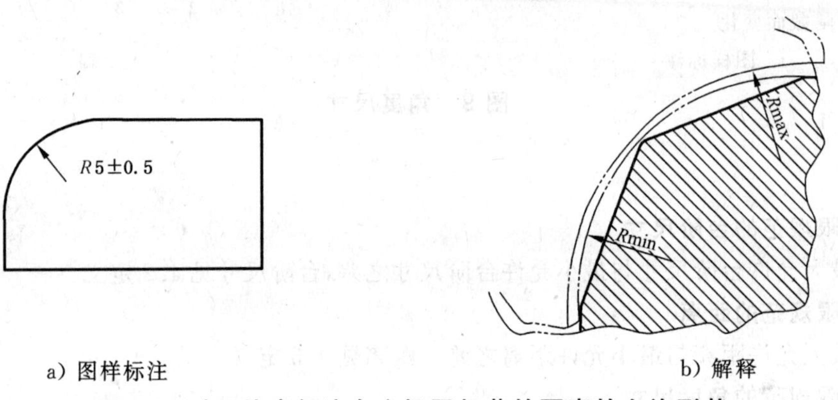

a) 图样标注　　　　b) 解释

图 12　对于外半径注有±极限规范的要素的允许形状

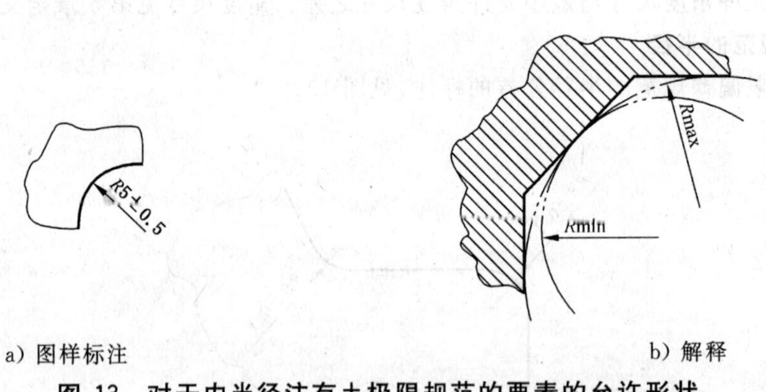

a) 图样标注　　　　b) 解释

图 13　对于内半径注有±极限规范的要素的允许形状

7　图样表示

当图样上应用本指导性技术文件时,应在标题栏内或附近给出下列图样表示:GB/Z 24638。

附　录　A
（资料性附录）
其他标准涵盖的示例

A.1　两个以上尺寸要素之间的线性距离

功能上彼此相关的两个以上尺寸要素之间的距离根据 GB/T 13319 采用位置度公差标注方式标注公差，而不是采用±极限偏差规范方式标注公差。

这是因为±极限偏差规范没有限制所提取的导出要素（实际轴线）与它们的公用节圆柱或公用节平面的偏差，或与节平面之间直角的偏差，见图 A.1。

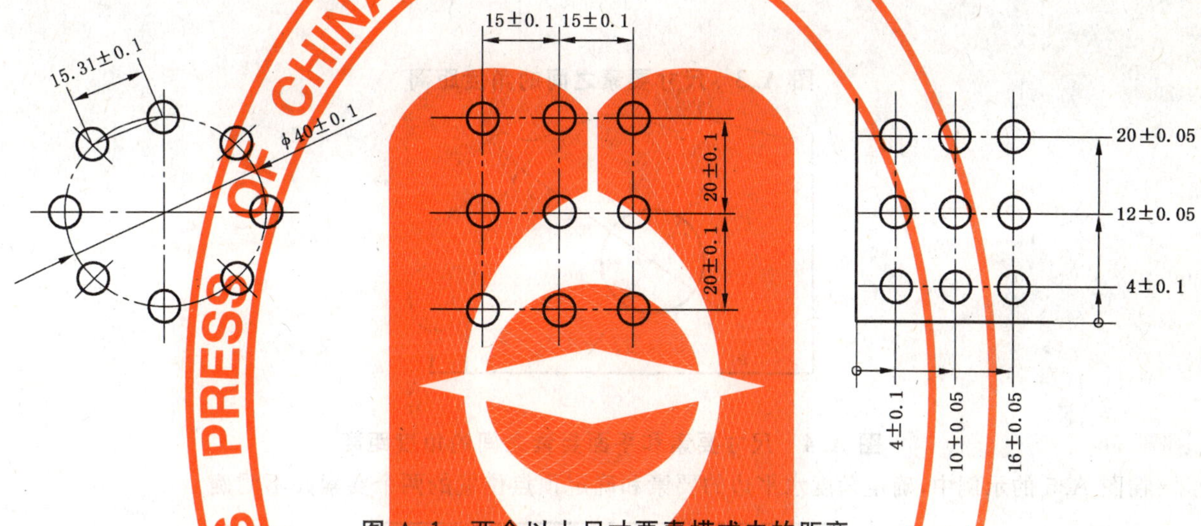

图 A.1　两个以上尺寸要素模式内的距离

其次，即使功能上允许不同的公差（见图 A.2），但±极限偏差并不对图样上通常用中心线表示单独的导出要素（实际轴线）进行区别。它们不允许：

——参照可能有必要表示功能要求的公共基准或基准体系；

——由圆柱零件配合功能所产生的和给定比±极限偏差标注的方形公差带大 57%的圆柱公差带的规范；

——或Ⓜ、Ⓛ和Ⓟ的规范，该规范允许在一定条件下增加公差。

最后，与几何公差相比，台阶尺寸和两个以上要素的距离的±极限规范总是使公差变小。

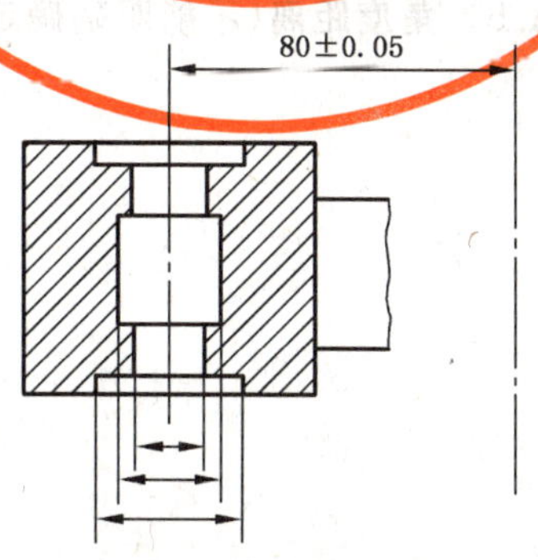

图 A.2　图样上由相同中心线表示的尺寸要素的距离

A.2 相关尺寸要素的角度距离

尺寸要素之间或一个尺寸要素与一个平面要素之间的角度(见图 A.3 和图 A.4)应根据 GB/T 1182 标注公差,例如,用位置度公差标注和±极限规范标注。

角度距离需要确定建立角的顶点的主基准和第二基准。

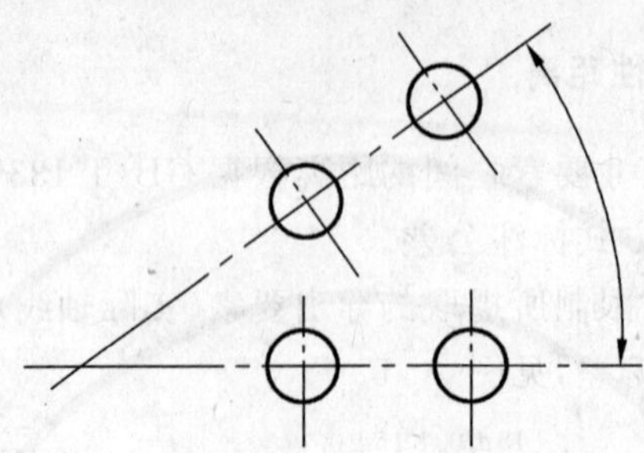

图 A.3 尺寸要素之间的角度距离

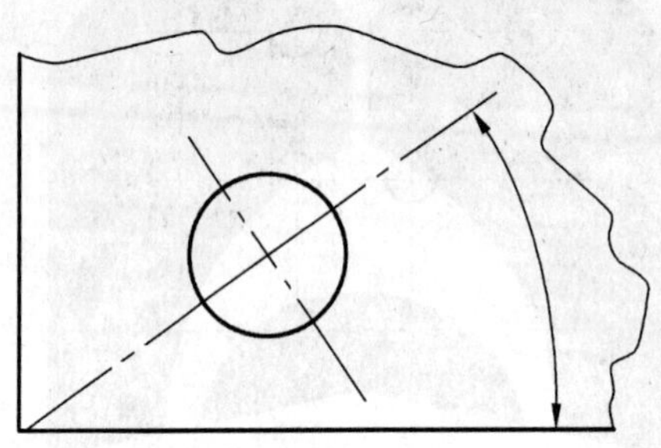

图 A.4 尺寸要素和平面要素之间的角度距离

在图 A.5 的示例中,确定角度水平边的要素和确定顶点位置的两个要素并不明确。

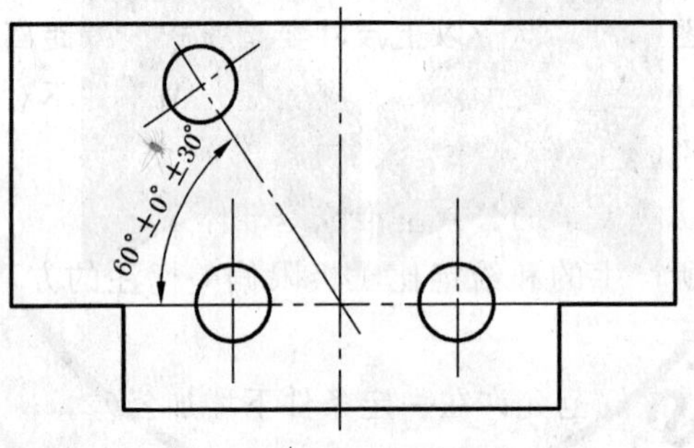

图 A.5 角度距离(不能明确确定)

附　录　B
（资料性附录）
在 GPS 矩阵模型中的位置

GPS 矩阵模型参见 GB/Z 20308—2006。

B.1　关于本指导性技术文件及其使用的信息

本指导性技术文件规定了功能只与两个要素相关时的台阶尺寸、距离、角度尺寸和半径的±极限规范。

B.2　在 GPS 矩阵模型中的位置

本指导性技术文件是 GPS 通用标准，它影响 GPS 通用标准矩阵中尺寸、距离、半径和角度标准链的链环 1 和链环 2，如图 B.1 所示。

GPS 基础标准	GPS 综合标准					
	GPS 通用标准					
	链环号	1	2	3	4	5	6
	尺寸						
	距离						
	半径						
	角度						
	与基准无关的线形状						
	与基准相关的线形状						
	与基准无关的面形状						
	与基准相关的面形状						
	方向						
	位置						
	圆跳动						
	全跳动						
	基准						
	粗糙度轮廓						
	波纹度轮廓						
	原始轮廓						
	表面缺陷						
	棱边						

图 B.1　在 GPS 矩阵模型中的位置

B.3　相关标准

相关的标准为图 B.1 所示标准链涉及的标准。

参考文献

[1] GB/T 4249—2009 产品几何技术规范(GPS) 公差原则.

[2] GB/T 13319—2003 产品几何量技术规范(GPS) 几何公差 位置度公差注法.

[3] GB/T 17851—1999 形状和位置公差 基准和基准体系.

[4] GB/Z 20308—2006 产品几何技术规范(GPS) 总体规划.

[5] GB/Z 24637.2—2009(ISO/TS 17450-2:2002) 产品几何技术规范(GPS) 通用概念 第2部分:基本原则、规范、操作集和不确定度.

[6] ISO 129-1:2004 技术制图 尺寸标注 一般概念、定义、实施方法与特殊注法.

ICS 35.240.60
L 67

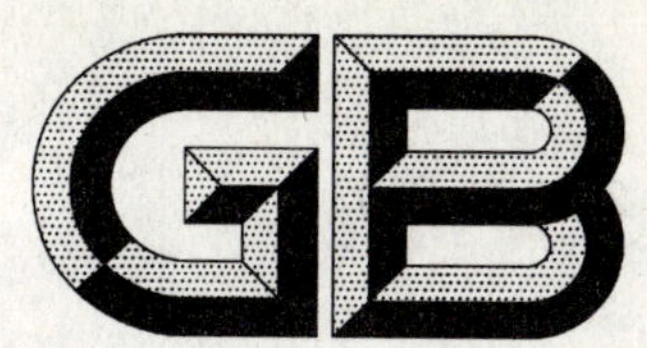

中华人民共和国国家标准

GB/T 24639—2009

元数据的 XML Schema 置标规则

XML Schema marking rules for metadata

2009-11-15 发布

2010-02-01 实施

中华人民共和国国家质量监督检验检疫总局
中国国家标准化管理委员会 发布

前　言

本标准由全国电子业务标准化技术委员会提出。

本标准由全国电子业务标准化技术委员会归口。

本标准主要起草单位：中国标准化研究院、北京中企开源信息技术有限公司、成都市标准化研究院。

本标准主要起草人：王志强、刘颖、秦丽娇、隋媛、马洪军、林希、胡昌川。

元数据的 XML Schema 置标规则

1 范围

本标准规定了用 W3C XML Schema 定义元数据内容的方法和规则。

本标准适用于在进行元数据采集、加工、存储、共享和交换时，需要将各种元数据内容用 XML Schema 定义的场合。

2 术语和定义

下列术语和定义适用于本标准。

2.1

元数据 metadata

定义和描述其他数据的数据。

[GB/T 18391.1—2009，定义 3.2.16]

2.2

元数据元素 metadata element

元数据的基本单元。

注 1：元数据元素在元数据实体中是唯一的。

注 2：与 UML 术语中的属性同义。

[GB/T 19710—2005，定义 4.6]

2.3

元数据实体 metadata entity

一组说明数据相同特性的元数据元素。

注 1：可以包括一个或一个以上的元数据实体。

注 2：与 UML 术语中的类同义。

[GB/T 19710—2005，定义 4.7]

2.4

元数据类型实体 metadata type entity

一种可作为自定义的数据类型被重复引用的元数据实体。

2.5

元数据子集 metadata section

元数据的子集合，由相关的元数据实体和元素组成。

注：与 UML 术语中的包同义。

[GB/T 19710—2005，定义 4.8]

3 基本置标过程

元数据内容映射为 XML Schema 的基本置标过程如下：

a) 将元数据内容用 UML 的模型进行抽象，形成元数据的 UML 模型；

b) 将元数据的 UML 模型中元数据实体、元数据类型实体、元数据元素以及元数据中的代码表映射成 XML Schema。

4 元数据的 UML 建模规则

4.1 元数据组成结构

元数据子集、元数据实体、元数据类型实体和元数据元素间的关系如图 1 所示，其中：

——元数据子集由相关的元数据实体和元数据元素组成。

——元数据实体由其他元数据实体和元数据元素组成。元数据实体可以与元数据类型实体相关联，也可以与其他元数据实体相关联。

——元数据实体和元数据元素可以用数据字典的方式描述，并通过以下属性定义元数据实体和元数据元素，即：中文名称、英文名称、缩写名、定义、约束条件、最大出现次数、数据类型、值域。

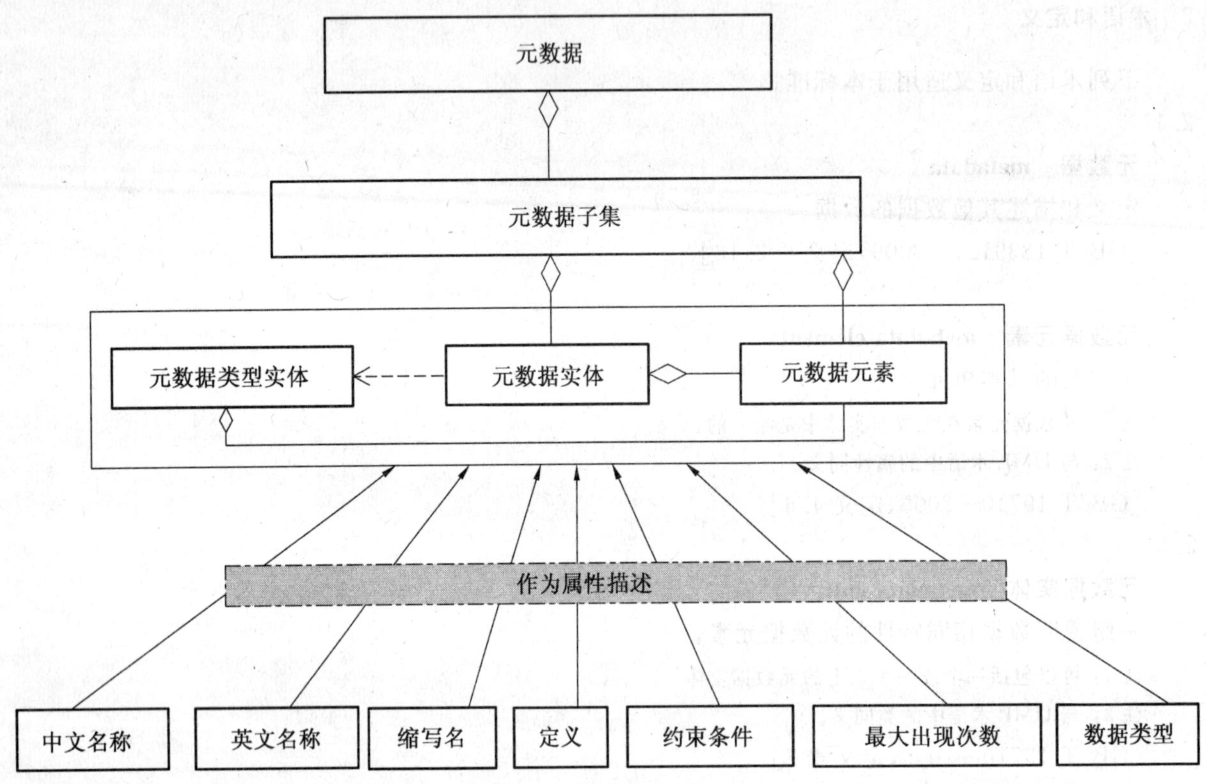

图 1 元数据组成结构

4.2 类的组成结构

用 UML 的静态结构图建立元数据内容模型，用 UML 类的概念表示元数据实体和元数据类型实体，类与类间的关系表示元数据实体间的关系。

UML 类的结构如图 2 所示。

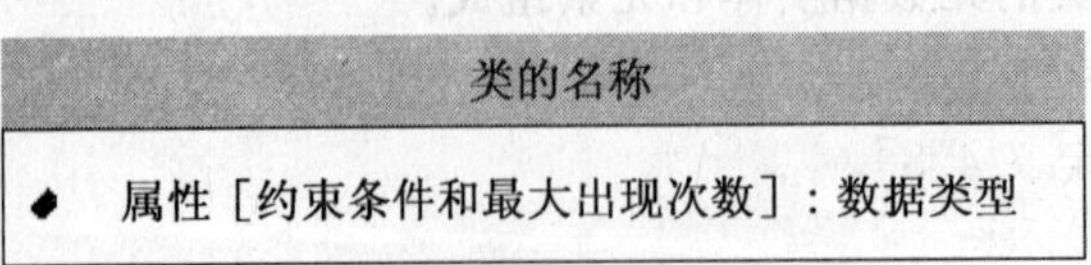

图 2 类的组成结构

4.3 元数据转换为 UML 模型的规则

将 4.1 中描述的元数据表达格式和 4.2 中描述的 UML 类的表达格式相对应，建立如图 3 所示的元数据与 UML 模型的对应关系。

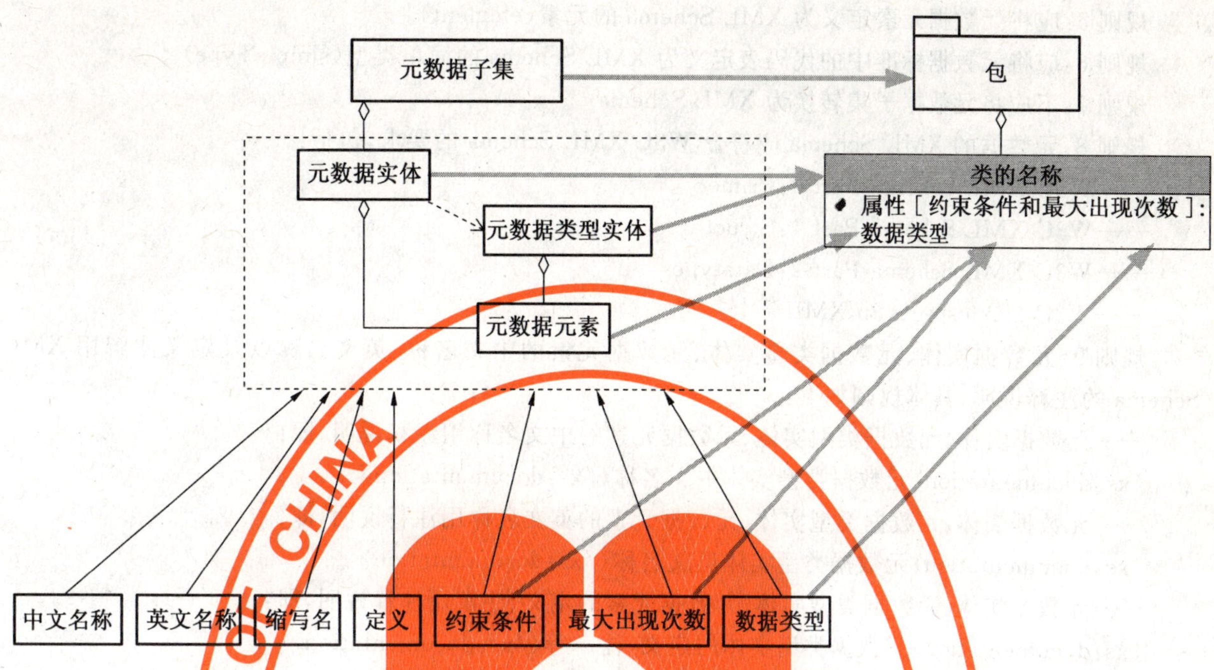

图 3　元数据与 UML 模型的对应关系

元数据转换为 UML 模型的规则如下:

规则 1:应将元数据子集转换为 UML 模型中的包,元数据子集的名称对应于 UML 模型中包的名称。

规则 2:应将元数据实体和元数据类型实体转换为 UML 模型中的类,这些类可以是特化的(子类)或泛化的(超类)。

注:元数据实体可以与一个或多个元数据类型实体相关联。

规则 3:应将元数据实体所包含的元数据元素转换为 UML 模型中该元数据实体所对应类中的属性。

规则 4:应将描述元数据元素的约束条件和出现次数转换为类中属性的约束条件和出现次数。

元数据元素的约束条件和出现次数与类中属性的约束条件和出现次数的对应关系如表 1 所示。

表 1　元数据元素的约束条件和出现次数与类中属性的约束条件和出现次数的对应关系

元数据元素的约束条件和出现次数	类中属性的约束条件和出现次数
可选,最大出现次数为 1 次	0..1
可选,最大出现次数为 N 次	0..N
必选,最大出现次数为 1 次	1..1
必选,最大出现次数为 N 次	1..N

规则 5:应将描述元数据元素的数据类型转换为类中属性的数据类型。

5　元数据的 UML 模型向 XML Schema 的映射规则

5.1　总则

规则 1:应详细说明 XML Schema 的前导说明(prolog)部分。

规则 2:应将元数据根实体定义为一个根元素(root element)。

规则 3:应将元数据实体定义为 XML Schema 的元素(element)。

规则 4:应将元数据类型实体定义为 XML Schema 的复杂类型(complexType)。

规则5:应将元数据元素定义为XML Schema的元素(element)。

规则6:应将元数据标准中的代码表定义为XML Schema的简单类型(simpleType)。

规则7:不应将元数据子集转换为XML Schema。

规则8:元数据的XML Schema应符合W3C XML Schema的要求,包括:

——W3C XML Schema Part 0:Primer

——W3C XML Schema Part 1:Structures

——W3C XML Schema Part 2:Datatypes

——W3C Namespaces in XML

规则9:元数据实体、元数据类型实体、元数据元素的中文名称、英文名称以及定义注解用XML Schema的注释说明,具体规则如下:

——元数据实体、元数据类型实体、元数据元素的中文名称用注释说明,即:

〈xs:documentation〉元数据类型实体中文名称〈/xs:documentation〉

——元数据实体、元数据类型实体、元数据元素的英文名称用注释说明,即:

〈xs:documentation〉元数据类型实体英文名称〈/xs:documentation〉

——元数据实体、元数据类型实体、元数据元素的定义、注解用注释说明,即:

〈xs:documentation〉元数据类型实体的定义、注解等〈/xs:documentation〉

示例:数字媒体中"图像组"元数据实体的中文名称、英文名称以及定义注解用XML Schema表示如下:

〈xs:annotation〉

〈xs:documentation〉图像组信息〈/xs:documentation〉

〈xs:documentation〉ImageGroupInformation〈/xs:documentation〉

〈xs:documentation〉描述图像组的信息,图像组是一组图像的集合〈/xs:documentation〉

〈/xs:annotation〉

元数据与XML Schema的映射关系如图4所示。

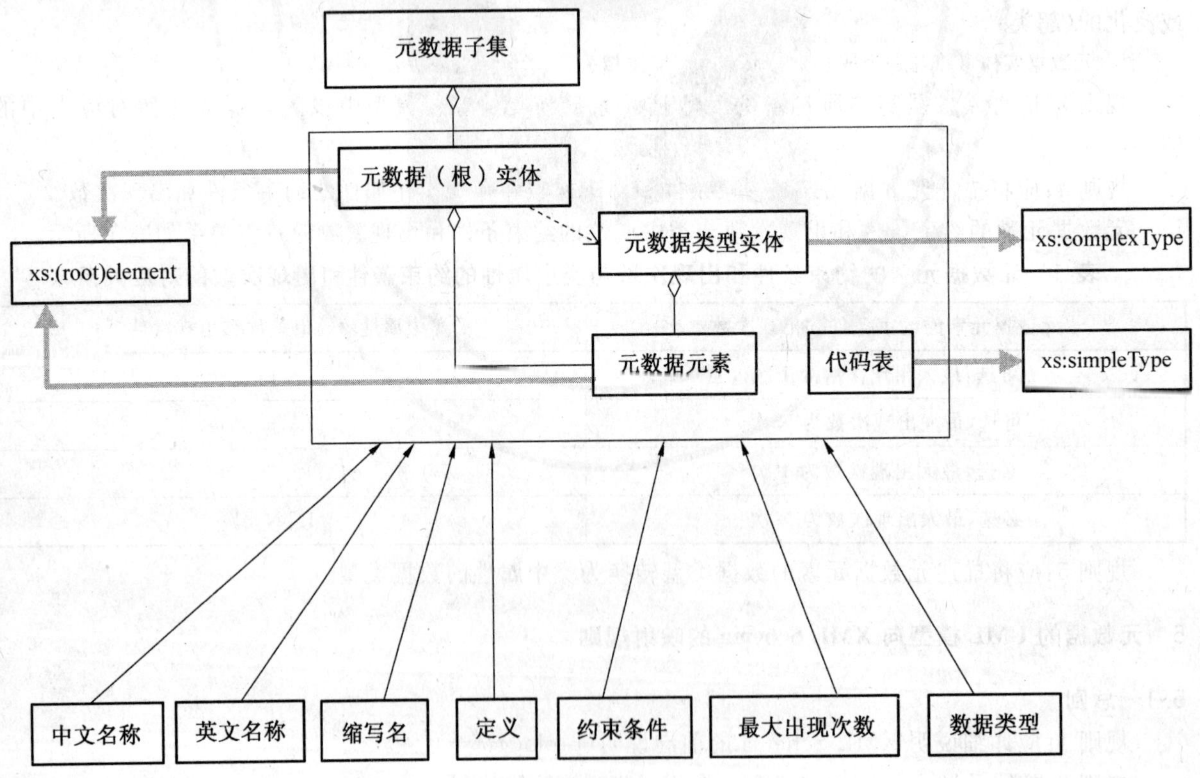

图4 元数据与XML Schema的映射关系

5.2 XML Schema 的前导说明

规则 10:字符集的说明

XML Schema 的 encoding 属性值为“GB18030”。

规则 11:命名空间(namespace)的说明

a) XML Schema 的前导说明部分应包含命名空间的定义:

示例:现代服务业元数据内容的命名空间的值为 http://www.e-service.org.cn。

```
〈? xml version="1.0" encoding="GB18030"?〉
〈xs:schema targetNamespace="http://www.e-service.org.cn"
xmlns="http://www.e-service.org.cn"
```

b) 应在前导说明部分以注释的形式说明以下内容:

——元数据标准名称;

——元数据标准版本;

——XML Schema 编写单位或编写人;

——XML Schema 完成时间。

5.3 元数据根实体置标规则

规则 12:元数据的根实体定义为 XML Schema 的根元素,根元素的名称是“metadata”,根元素的类型定义为“xs:complexType”。

示例:声明“数字媒体内容核心元数据”作为 XML Schema 的根元素为:

```
〈xs:element name = "metadata"〉
    〈xs:annotation〉
        〈documentation〉元数据〈/documentation〉
        〈documentation〉Metadata〈/documentation〉
        〈documentation〉定义数字媒体资料内容描述元数据的根实体〈/documentation〉
    〈/xs:annotation〉
    〈xs:complexType〉
        〈xs:sequence〉
        ……
        〈/xs:sequence〉
    〈/xs:complexType〉
〈/xs:element〉
```

5.4 元数据实体的置标规则

规则 13:元数据实体名称定义为 XML Schema 中的元素(element),其 name 属性的值应为元数据实体的缩写名。

规则 14:元数据实体的类型定义为 element name 所包含的 complexType。

示例:元数据实体“标识信息”的 XML Schema 代码如下:

```
〈xs:element name = "IdentInform"〉
    〈xs:annotation〉
        〈xs:documentation〉元数据描述的资源的基本信息〈/xs:documentation〉
    〈/xs:annotation〉
    〈xs:complexType〉
        〈xs:sequence〉
            〈xs:element name = "idCitation" type = "extent"〉
                〈xs:annotation〉
                    〈xs:documentation〉数据集引用信息〈/xs:documentation〉
                〈/xs:annotation〉
            〈/xs:element〉
            〈xs:element name = "idAbs" type = "string"〉
                〈xs:annotation〉
                    〈xs:documentation〉数据集内容的简单说明〈/xs:documentation〉
                〈/xs:annotation〉
            〈/xs:element〉
```

```
            …
        </xs:sequence>
    </xs:complexType>
</xs:element>
<xs:complexType name="extent">
    <xs:annotation>
        <xs:documentation>平面、垂向和时间覆盖范围信息</xs:documentation>
    </xs:annotation>
    <xs:sequence>
        <xs:element name="exDesc" type="string">
            <xs:annotation>
                <xs:documentation>有关对象的空间和时间覆盖范围</xs:documentation>
            </xs:annotation>
                </xs:element>
                ……
            </xs:sequence>
</xs:complexType>
```

规则 15:元数据实体的出现次数用 maxOccurs 和 minOccurs 表达。

其中 maxOccurs 表示该元数据实体可以出现的最大实例数目。

当元数据实体是可选或条件必选时,用 minOccurs 表示该元数据实体的可选属性,且 minOccurs=0。当元数据实体是必选时,minOccurs=1。

规则 16:如果组成元数据实体的元数据元素之间、元数据实体之间、元数据元素和元数据实体之间有条件必选关系,使用“xs:choice”表示,如果没有条件必选关系,只是序列关系,则用 sequence 表示。

如:元数据实体“负责方单位信息”包含的 3 个子元素“负责人姓名、负责人单位名称和负责人职务”之间是条件必选关系,使用“xs:choice”表示为:

```
<xs:complexType>
    <xs:choice>
        <xs:element name="rpIndName" type="xs:string"/>
        <xs:element name="rpOrgName" type="xs:string"/>
        <xs:element name="rpPosName" type="xs:string"/>
    </xs:choice>
</xs:complexType>
```

5.5 元数据类型实体的置标规则

规则 17:元数据类型实体定义为复杂类型(complexType),其 name 的值应用元数据类型实体的“缩写名+Type”。

示例:“引用和负责单位信息”是元数据类型实体,按照本规则,相应的 XML Schema 代码为:

```
<xs:complexType name="CitationType">
    <xs:sequence>
        <xs:element name="resTitle">
        <xs:element name="resRefDate">
        ……
    </xs:sequence>
</xs:complexType>
```

规则 18:组成元数据类型实体的元数据元素之间、元数据实体之间、元数据元素和元数据实体之间是序列关系,用 sequence 表示。

5.6 元数据元素的置标规则

规则 19:元数据元素名称定义为元素(element),其 name 的值应用元数据元素的缩写名。

规则 20:元数据元素的类型用 type 属性说明,type 属性的值可以是元数据类型实体名称、元数据代码表名称或系统默认的数据类型名称。

规则 21:元数据元素的出现次数用 maxOccurs 和 minOccurs 表达。

其中 maxOccurs 表示该元数据元素可以具有的最大实例数目。

当元数据元素是可选项或条件必选项时，用 minOccurs 表示该元数据元素的可选属性，且 minOccurs=0。

当元数据元素是必选项时，minOccurs=1。

规则 22：元数据元素的值域，没有特定约束无需说明。

如需说明，则：

——对数值型的元数据元素，用“minInclusive value”和“maxInclusive value”说明其最大最小范围；

示例：

```
<restriction base = "Integer">
    <minInclusive value = "0"/>
    <maxInclusive value = "4095"/>
</restriction>
```

——对文本型的元数据元素，用“xs:length”说明其字符串长度。

5.7 代码表的置标规则

规则 23：元数据标准中的代码表定义为 simpleType，其 name 属性为代码表的英文缩写名。

规则 24：如果存在元数据代码表的定义或说明则用注释表示，如果不存在则不用说明。

规则 25：元数据代码表的代码值定义为 simpleType 的枚举值。

规则 26：元数据代码表的代码值的定义用注释(annotation)说明。

示例：媒体类型代码表见表 2。

表 2 媒体类型代码表

代码	定义或说明
01	图像
02	视频
03	音频

```
<xs:simpleType name = "MedTypeCd">
    <xs:annotation>
        <xs:documentation>媒体类型代码</xs:documentation>
    </xs:annotation>
    <xs:restriction base = "string">
        <xs:enumeration value = "01">
            <xs:annotation>
                <xs:documentation>图像</xs:documentation>
            </xs:annotation>
        </xs:enumeration>
        <xs:enumeration value = "02">
            <xs:annotation>
                <xs:documentation>视频</xs:documentation>
            </xs:annotation>
        </xs:enumeration>
        <xs:enumeration value = "03">
            <xs:annotation>
                <xs:documentation>音频</xs:documentation>
            </xs:annotation>
        </xs:enumeration>
    <xs:/restriction>
<xs:/simpleType>
```

参 考 文 献

[1] GB/T 18391.1—2002 信息技术 数据元的规范与标准化 第1部分:数据元的规范与标准化框架(ISO/IEC 11179-1:1999,IDT)

[2] GB/T 18793—2002 信息技术 可扩展置标语言(XML)1.0(W3C RFC-xml:1998,NEQ)

[3] GB/T 19710—2005 地理信息 元数据(ISO 19115:2003,MOD)

[4] ISO/IEC 19118:2005 Geographic information—Encoding

[5] ISO/IEC 19501:2005 Information technology—Open Distributed Processing—Unified Modeling Language (UML) Version 1.4.2

[6] ANSI/INCITS/ISO/IEC 8825-4:2004 Information technology—ASN.1 encoding rules: XML Encoding Rules (XER)

[7] BS CWA 13993:2000 Recommendations and guidance on the use of XML for electronic data interchange

ICS 65.060.10
T 61

中华人民共和国国家标准

GB/T 24640—2009

水旱两用拖拉机　通用技术条件

Tractors for paddy and dry field—Specifications

2009-11-15 发布　　　　2010-05-01 实施

中华人民共和国国家质量监督检验检疫总局
中国国家标准化管理委员会　发布

前言

本标准由中国机械工业联合会提出。

本标准由全国拖拉机标准化技术委员会(SAC/TC 140)归口。

本标准负责起草单位:国家拖拉机质量监督检验中心。

本标准参加起草单位:江苏常发集团、福田雷沃国际重工股份有限公司。

本标准主要起草人:解志桥、廖汉平、朱金光、苗堂运、刘惠、刘华、李勇。

水旱两用拖拉机　通用技术条件

1　范围

本标准规定了水旱两用拖拉机的技术要求、试验方法、检验规则、交货、标志、运输和贮存。

本标准适用于水旱两用轮式拖拉机。

2　规范性引用文件

下列文件中的条款通过本标准的引用而成为本标准的条款。凡是注日期的引用文件，其随后所有的修改单(不包括勘误的内容)或修订版均不适用于本标准，然而，鼓励根据本标准达成协议的各方研究是否可使用这些文件的最新版本。凡是不注日期的引用文件，其最新版本适用于本标准。

GB/T 1592.1　农业拖拉机后置动力输出轴 1、2 和 3 型　第 1 部分：通用要求、安全要求、防护罩尺寸和空隙范围(GB/T 1592.1—2008,ISO 500-1:2004,IDT)

GB/T 1592.2　农业拖拉机后置动力输出轴 1、2 和 3 型　第 2 部分：窄轮距拖拉机防护罩尺寸和空隙范围(GB/T 1592.2—2008,ISO 500-2:2004,IDT)

GB/T 1592.3　农业拖拉机后置动力输出轴 1、2 和 3 型　第 3 部分：动力输出轴尺寸和花键尺寸、动力输出轴位置(GB/T 1592.3—2008,ISO 500-3:2004,IDT)

GB/T 1593.1　农业轮式拖拉机后置式三点悬挂装置　第 1 部分：1、2、3 和 4 类(GB/T 1593.1—1996,eqv ISO 730-1:1994)

GB/T 2780　农业拖拉机　牵引装置型式尺寸和安装要求

GB/T 2828.1　计数抽样检验程序　第 1 部分：按接收质量限(AQL)检索的逐批检验抽样计划(GB/T 2828.1—2003,ISO 2859-1:1999,IDT)

GB/T 3871(所有部分)　农业拖拉机　试验规程

GB/T 5862　农业拖拉机和机具　通用液压快换接头

GB/T 10910　农业轮式拖拉机和田间作业机械　驾驶员全身振动的测量(GB/T 10910—2004,ISO 5008:2001,NEQ)

GB/T 10916　农业轮式拖拉机　前置装置　第 1 部分：动力输出轴和三点悬挂装置(GB/T 10916—2003,ISO 8759-1:1998,IDT)

GB 18447.1　拖拉机　安全要求　第 1 部分：轮式拖拉机

GB/T 19040　农业轮式拖拉机转向要求(GB/T 19040—2003,ISO 10998:1995,IDT)

GB/T 19407　农业拖拉机操纵装置最大操纵力(GB/T 19407—2003,ISO/TR 3778:1987,MOD)

GB/T 19408.1　农业车辆　挂车和牵引车的机械连接　第 1 部分：牵引钩尺寸(GB/T 19408.1—2003,ISO 6489-1:2001,IDT)

GB/T 24648.1—2009　拖拉机可靠性考核

JB/T 5673　农林拖拉机及机具涂漆　通用技术条件

JB/T 6712　拖拉机外观质量要求

JB/T 7734　拖拉机防泥水密封性试验方法

JB/T 9773.1　柴油机　台架试验考核方法

JB/T 9832.2—1999　农林拖拉机及机具　漆膜　附着性能测定方法　压切法

3 技术要求

3.1 一般要求

3.1.1 拖拉机应按照经规定程序批准的产品图样和技术文件制造。

3.1.2 拖拉机上的零件部件用紧固件连接的,应按要求连接牢固,应无松动现象。

3.1.3 拖拉机正常工作时各系统应无异常响声,应无漏油、漏水和漏气现象,发动机应无窜机油现象。

3.1.4 拖拉机外观质量应符合 JB/T 6712 的规定。拖拉机涂漆应符合 JB/T 5673 的规定,涂膜附着性能应不低于 JB/T 9832.2—1999 规定的Ⅱ级。

3.1.5 各操纵机构应轻便灵活,松紧适度,各机构行程应符合使用说明书的规定,所有自动回位的操纵件在操作力去除后应能自动回位。非自动回位的操纵件应能可靠地停在操纵位置。各操纵装置的最大操作力应符合 GB/T 19407 的规定。

3.1.6 变速箱应无乱挡和自动脱挡现象。

3.1.7 发动机在全程调速范围内应能稳定运转,并能直接或间接通过熄火装置使发动机停止运转。

3.1.8 离合器应能分离彻底、结合平稳,结合时应能传递发动机全部功率。

3.1.9 拖拉机上安装的仪器仪表的显示应清晰准确,各种开关工作可靠。

3.1.10 转向机构应保证拖拉机转向平稳,最小转向圆半径应达到使用说明书的规定。转向盘自由行程应不超过 30°。转向性能应满足 GB/T 19040 的要求。

3.1.11 拖拉机后置动力输出轴应符合 GB/T 1592.1、GB/T 1592.2、GB/T 1592.3 的规定,前置动力输出轴和悬挂装置应符合 GB/T 10916 的规定;液压用的快换接头应符合 GB/T 5862 的规定。

3.1.12 拖拉机牵引装置应符合 GB/T 2780 的规定,拖挂装置应符合 GB/T 19408.1 的规定。

3.1.13 拖拉机悬挂装置应符合 GB/T 1593.1 的规定。

3.1.14 拖拉机在行驶过程中,前轮不得有明显的摆动。

3.1.15 防泥水试验后的拖拉机应无泥水渗入机体。

3.2 安全要求

拖拉机的安全要求应符合 GB 18447.1 的规定。

3.3 主要性能要求

3.3.1 动力输出轴的性能

3.3.1.1 在发动机标定转速下,动力输出轴的最大功率应不低于其工厂规定值的 95%。

3.3.1.2 动力输出轴变负荷平均燃油消耗率

a) 发动机标定功率不大于 36 kW 的拖拉机应不大于 350 g/(kW·h);

b) 发动机标定功率大于 36 kW 的拖拉机应不大于 335 g/(kW·h)。

3.3.1.3 动力输出轴转矩储备率

a) 发动机标定功率不大于 36 kW 的拖拉机应不小于 15%;

b) 发动机标定功率大于 36 kW 的拖拉机应不小于 17%。

3.3.1.4 动力输出轴最大转矩点转速与动力输出轴最大功率点转速比应不大于 75%。

3.3.2 发动机的性能

对无后置动力输出轴或后置动力输出轴不能传输发动机全部功率的拖拉机,进行发动机台架试验,发动机的性能应满足:

a) 在发动机标定转速下,发动机功率应不低于其标定功率的 95%;

b) 发动机变负荷平均燃油消耗率应不大于 310 g/(kW·h);

c) 发动机转矩储备率应符合 3.3.1.3 的规定;

d) 发动机最大转矩点转速与发动机最大功率点转速比应不大于75%。

3.3.3 牵引性能

3.3.3.1 拖拉机最大牵引力应不小于工厂规定值。

3.3.3.2 安装水田高花纹轮胎的拖拉机，在GB/T 3871规定牵引试验路面上，最大牵引功率应不小于发动机标定功率的0.7倍。最大牵引功率工况下的牵引比油耗：

a) 发动机标定功率不大于36 kW的拖拉机应不大于370 g/(kW·h)；

b) 发动机标定功率大于36 kW的拖拉机应不大于350 g/(kW·h)。

3.3.3.3 在泥脚深为140 mm～160 mm的水田作业中，驱动轮滑转率不大于35%时，拖拉机的最大牵引功率应不小于发动机标定功率的0.45倍。最大牵引功率工况下的牵引比油耗：

a) 发动机标定功率不大于36 kW的拖拉机应不大于550 g/(kW·h)；

b) 发动机标定功率大于36 kW的拖拉机应不大于520 g/(kW·h)。

3.3.3.4 对3.3.3.2和3.3.3.3任选相应的一项考核。

3.3.4 低温起动

拖拉机在下列环境温度下应能顺利起动：

a) 电起动和/或汽油机起动的拖拉机为−5 ℃；

b) 手摇起动的拖拉机为0 ℃。

3.3.5 高温性能

在环境温度为40 ℃情况下做高温性能试验，发动机冷却液温度应低于100 ℃（压力水箱按工厂规定值），蒸发式冷却系统的机型不检查冷却液温度。润滑油温度、传动箱温度、发动机排气温度应不高于工厂规定的最高限值。

3.3.6 液压悬挂性能

3.3.6.1 拖拉机最大提升力（加载点在悬挂轴后610 mm处）应不小于工厂规定值，但每千瓦牵引功率（按发动机标定功率的0.7倍计算）的提升力应不小于300 N。

3.3.6.2 在工厂规定的最大提升力时，提升时间应不大于3 s。

3.3.6.3 在工厂规定的最大提升力时，30 min静沉降值应不大于加载点提升行程的4%。

3.3.6.4 对具有液压输出功能的拖拉机，其最大液压输出功率与发动机标定功率之比应不小于12%。

3.3.7 结构比质量

发动机标定功率不大于36 kW的拖拉机结构比质量应不大于75 kg/kW；发动机标定功率大于36 kW的拖拉机结构比质量应不大于65 kg/kW。

3.3.8 整机可靠性能

拖拉机产品的可靠性试验平均无故障时间（MTBF）应不小于210 h；无故障性综合评分值应不小于70分。

4 试验方法

4.1 拖拉机外观质量用目测法和测量量具检查。

4.2 拖拉机覆盖件漆膜附着性能的测试按JB/T 9832.2的规定进行。

4.3 拖拉机防泥水密封性试验按JB/T 7734的规定进行。

4.4 拖拉机安全要求项目的检验按GB 18447.1的规定进行。

4.5 拖拉机性能的试验条件和试验方法应符合GB/T 3871的规定（在水田作业中的牵引性能除外）。

4.6 发动机台架试验按JB/T 9773.1的规定进行。

4.7 拖拉机驾驶员全身振动的测量按 GB/T 10910 的规定进行。

4.8 拖拉机可靠性试验按 GB/T 24648.1 的规定进行。

4.9 拖拉机在水田作业状态中的最大牵引力、牵引功率和牵引比油耗试验按以下方法进行。

4.9.1 试验条件

4.9.1.1 拖拉机状态应和产品说明书规定的水田作业状态相同。

4.9.1.2 大气条件:环境温度为 25 ℃±15 ℃,大气压力应不低于 96.6 kPa 的,如果受海拔条件的限制达不到要求的大气压力,允许调整化油器或燃油泵,详情应记录在试验报告中。但功率和油耗不进行环境状态或其他因素方面的修正。

4.9.1.3 试验应在泥脚深为 140 mm～160 mm 的水田中进行。

4.9.1.4 各项试验应在拖拉机油门全开状态下进行,在每种工况开始测量前,拖拉机都应到达稳定的运转状态;每次测量拖拉机应直线持续行驶至少 20 m 的距离或维持 25 s 的时间(取两者中时间较长者)。

4.9.2 试验方法

拖拉机应在说明书中规定常用的水田作业各挡位进行试验,但理论车速不超过 12 km/h 的挡,其中至少应包括一个能发挥最大牵引力、且滑转率不超过 35%的挡位。

拖拉机挂上被试挡位,牵引负荷逐步加大,每次加载到达稳定工况后通过测区,测量通过测区时的牵引力、燃油耗、发动机转速、驱动轮的转数和总时间。试验一直进行到驱动轮滑转率达到 35%或得出被试验挡位的最大牵引功率或达到规定的其他限制工况(如出现自动换挡,传动系、发动机润滑油温度超限等)为止。

5 检验规则

5.1 检验类别

5.1.1 出厂检验

5.1.1.1 每台总装完毕的拖拉机都应进行出厂检验,以检查拖拉机的制造、装配质量和主要技术指标是否符合产品技术条件的要求。

5.1.1.2 出厂检验的项目应符合表 1 的规定。如果有一项或多项不合格时,应返修后复检,复检仍不合格,则该批产品判为不合格。

5.1.2 型式检验

5.1.2.1 有下列情况之一时,一般应进行型式检验:

a) 新开发的拖拉机定型鉴定;

b) 正式生产时,如结构、原理、重要部件有较大改进的产品;

c) 正式生产时,每 5 年进行一次;

d) 产品长期停产后,恢复生产时;

e) 国家质量监督机构提出进行型式检验要求时。

5.1.2.2 检验项目

5.1.2.2.1 属于 5.1.2.1a)情况的拖拉机型式检验应进行全部整机性能试验和整机使用试验,或用部件台架耐久性试验和可靠性试验代替整机使用试验。

5.1.2.2.2 属于 5.1.2.1b)情况的拖拉机型式检验应进行全部整机性能试验、经重大改进部件的台架耐久性试验和整机可靠性试验。

5.1.2.2.3 属于 5.1.2.1c)、5.1.2.1d)、5.1.2.1e)情况的拖拉机型式检验应进行表 1 所列项目和整机可靠性试验。

表 1 整机性能检验项目和分类

不合格分类		不合格项目名称	型式检验	出厂检验
A类	1	安全配置	△	△
	2	安全防护	△	△
	3	制动性能	△	△
	4	照明、信号装置	△	△
	5	安全操纵警示标志	△	△
	6	安全使用信息	△	△
	7	噪声	△	
	8	排气烟度	△	
	9	拖拉机全身振动	△	
	10	转向性能	△	△
B类	1	动力输出轴最大(或发动机标定)功率	△	
	2	动力输出轴(或发动机)变负荷燃油消耗率	△	
	3	动力输出轴(或发动机)转矩储备率	△	
	4	最大牵引力	△	
	5	最大牵引功率	△	
	6	牵引比油耗	△	
	7	液压提升力	△	△
	8	防泥水密封性试验	△	
C类	1	操作力	△	
	2	静沉降率	△	△
	3	液压输出功率	△	
	4	高温适应性试验	△	
	5	低温起动试验	△	
	6	动力输出轴(或发动机)最大转矩点转速与最大功率点转速之比	△	
D类	1	外观质量	△	△
	2	涂漆质量	△	△
	3	窜机油	△	
	4	一般故障	△	
	5	密封性	△	△
	6	结构比质量	△	
注：带“△”的项目为应检验项目。				

5.1.3 质量监督抽查检验

质量监督抽查检验的检验项目根据质量监督检验部门的要求和当时的质量状况进行确定。

5.2 不合格分类

5.2.1 被检验项目凡不符合第3章规定的要求均称为不合格。按其对产品质量的影响程度，分为A类、B类、C类和D类，整机性能检验项目和分类见表1。

5.2.2 拖拉机可靠性、轮式拖拉机安全架(或驾驶室),不合格项单独考核。

5.3 **抽样方案**

5.3.1 按 GB/T 2828.1 的规定,采用正常检验一次抽样方案。一般情况下,产品检查批 N=26 台~50 台,样本数为 2 台,采用特殊检验水平 S-1,样本量字码为 A,AQL 为接收质量限,Ac 为不合格接收数,Re 为不合格拒收数。具体整机性能检验的判定原则见表 2。

5.3.2 除试验样机外,抽样时应考虑增抽 1 台~2 台备用机,备用机只因在非机器本身质量问题导致无法正常试验与作出正确判断时使用。

5.3.3 拖拉机的安全架(或驾驶室)随机抽取一台样本,随拖拉机一起进行试验。可靠性试验的样本随机抽取,发动机标定功率大于 18 kW 的拖拉机样本数为 2 台,其余情况为 3 台。

5.4 **判定规则**

5.4.1 属于 5.1.2.1a)、5.1.2.1b)情况的拖拉机型式检验项目应全部达到要求,方判定为合格。

5.4.2 属于 5.1.2.1c)、5.1.2.1d)、5.1.2.1e)情况的拖拉机,根据表 2 整机性能检验的判定原则进行判定;在每项整机性能检验项目分类中,样本中的不合格数小于或等于 Ac 时该类评为合格,大于或等于 Re 时该类评为不合格。所有分类全部合格时,则最终评为合格;任一类或多个类评为不合格时,则最终评为不合格。

表 2 整机性能检验的判定原则

不合格分类	A类	B类	C类	D类
检查水平	S-1			
样本数	2			
AQL	6.5	25	40	40
Ac Re	0 1	1 2	2 3	2 3

5.4.3 在整个性能检测期间,因产品质量问题发生严重故障及致命故障,则应停止检测,产品按不合格处理。

5.4.4 整机可靠性试验项目单独考核。

6 交货

6.1 每台拖拉机应经制造厂检验合格、并签发合格证后方可出厂。

6.2 拖拉机交货时应保持拖拉机状态良好:

a) 放尽燃油和冷却水(加注防冻液的不放),盖住向上开口的排气管,并按规定进行标识;

b) 应检查并调整拖拉机的轮胎气压至规定值,轮胎内不得充有液体;

c) 规定铅封处应加铅封;

d) 蓄电池应是干态;

e) 如结构上可能,液压泵等附件应置于分离状态;

f) 发运前,各润滑部位应按规定加注或补足润滑油或润滑脂。

如用户对拖拉机交货状态有特殊要求,可与厂方协商解决。

6.3 除了按特殊订货提供的附件外,出厂的每台拖拉机应按照产品技术文件的规定配齐全套配件、附件和随机工具。

6.4 随同出厂的每台拖拉机,制造厂应提供下列文件:

a) 使用说明书;

b) 零件目录;

c) 合格证和保修单;

d) 备件、附件和随机工具清单;

e) 装箱单。

7 标志、运输和贮存

7.1 拖拉机应有永久保持的标牌，标牌应字迹清晰、安装端正、牢固，并应至少标明如下内容：

a) 产品名称及型号规格；

b) 出厂编号及出厂日期；

c) 发动机标定功率(12 h)；

d) 制造厂名称；

e) 产品执行标准编号。

7.2 发运的拖拉机，包括备件、附件和随车工具，应保证拖拉机在正常运输中不致发生损坏。

7.3 在干燥、通风的贮存条件下，制造厂应保证在拖拉机及备件、附件、随机工具的防锈有效期自出厂之日起不少于12个月。

ICS 65.060.10
T 61

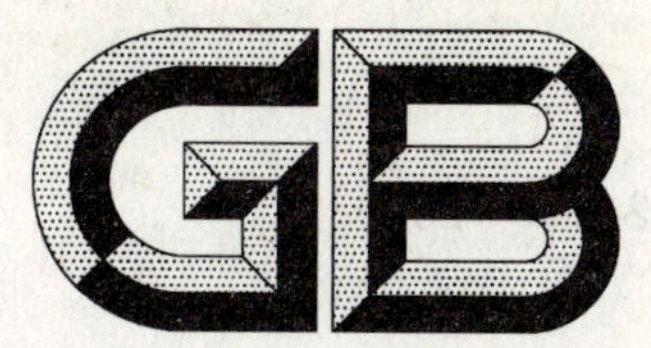

中华人民共和国国家标准

GB/T 24641—2009

带作业机具的拖拉机机组　通用技术条件

Tractors equipped with implements—General requirement

2009-11-15 发布　　　　2010-05-01 实施

中华人民共和国国家质量监督检验检疫总局
中国国家标准化管理委员会　发布

前言

本标准由中国机械工业联合会提出。

本标准由全国拖拉机标准化技术委员会(SAC/TC 140)归口。

本标准负责起草单位:洛阳拖拉机研究所。

本标准参加起草单位:中国一拖集团有限公司、国家拖拉机质量监督检验中心(洛阳)。

本标准主要起草人:郭志强、李京中、贾鸿社、李奇、胡晓华、尚项绳。

带作业机具的拖拉机机组　通用技术条件

1　范围

本标准规定了拖拉机配不同机具的拖拉机工作机组的术语和定义、型号编制、技术要求、试验方法、检验规则、交货及标志、运输和贮存。

本标准适用于在拖拉机底盘上安装不同的机具以完成各种不同作业的拖拉机机组(以下简称拖拉机机组)。

2　规范性引用文件

下列文件中的条款通过本标准的引用而成为本标准的条款。凡是注日期的引用文件,其随后所有的修改单(不包括勘误的内容)或修订版均不适用于本标准,然而,鼓励根据本标准达成协议的各方研究是否可使用这些文件的最新版本。凡是不注日期的引用文件,其最新版本适用于本标准。

GB/T 6960.1　拖拉机术语　第1部分:整机

GB/T 7586　液压挖掘机　试验方法

GB/T 10170　挖掘装载机技术条件

GB/T 13306　标牌

GB 18447.1　拖拉机　安全要求　第1部分:轮式拖拉机

GB 18447.3　拖拉机　安全要求　第3部分:履带拖拉机

GB 18447.4　拖拉机　安全要求　第4部分:皮带传动轮式拖拉机

GB/T 19407　农业拖拉机操纵装置最大操纵力(GB/T 19407—2003,ISO/TR 3778:1987,MOD)

JB/T 5673　农林拖拉机及机具涂漆　通用技术条件

JB/T 9832.2—1999　农林拖拉机及机具　漆膜　附着性能测定方法　压切法

JB/T 51082　拖拉机产品可靠性考核

3　术语和定义

GB/T 6960.1确立的以及下列术语和定义适用于本标准。

3.1

拖拉机机组　tractor-set

拖拉机配套特定装置以完成规定作业要求的工作机组。

3.2

带举升装置的拖拉机机组　tractor equipped with fork

与举升装置组成的、举升质量小于1 500 kg、主要用于农业举升作业的拖拉机机组。

3.3

带装载装置的拖拉机机组　tractor equipped with loader

与装载装置组成的、装载质量小于1 500 kg、主要用于农业装载作业的拖拉机机组。

3.4

带挖掘装置的拖拉机机组　tractor equipped with digger

与挖掘装置组成、回转角度小于270°、主要用于农业挖掘作业的拖拉机机组。

3.5

带挖掘装载装置的拖拉机机组　tractor equipped with front loader and rear digger

与前装载装置和后挖掘装置组成、主要用于农业装载作业和挖掘作业的拖拉机机组。

3.6

带推土装置的拖拉机机组　tractor equipped with dozer

与推土装置组成、主要用于农业推土作业的拖拉机机组。

4　型号编制

带作业机具的拖拉机机组的型号编制规则如下：

[机组代号] [功能代号] [参数]-[改进代号]

机组代号——根据拖拉机机组拆下机具后的形式确定，拆下机具后能恢复拖拉机功能的编号为TJ；拆下机具后不能恢复拖拉机功能的编号为T。

功能代号——按完成作业的功能给出的代号。带举升装置的拖拉机机组用J、带装载装置的拖拉机机组用Z、带挖掘装置的拖拉机机组用W、带挖掘装载装置的拖拉机机组用WZ、带推土装置的拖拉机机组用T。

参　数——用工作能力的衡量参数表示。带举升装置的拖拉机机组用额定举升吨位数乘以10的圆整数表示；带装载装置的拖拉机机组用额定装载吨位数乘以10的圆整数表示；带挖掘装置的拖拉机机组用整机自重的吨位数表示；带推土装置的拖拉机机组用主机功率(kW)乘以1.36的圆整数表示。

改进代号——为选择项，用大写英文字母A、B、C……表示。

示例：

TJZ15表示拆下机具后能恢复拖拉机功能、额定装载质量为1.5吨的带装载装置的拖拉机机组；

TZ10-A表示拆下机具后不能恢复拖拉机功能、额定装载质量为1.0吨的带装载装置的拖拉机机组的第一次改进型。

5　技术要求

5.1　一般要求

5.1.1　拖拉机机组应符合本标准的规定，并按照经规定程序批准的图样及技术文件制造。

5.1.2　各操纵机构应操纵灵活，松紧适度。凡能自动回位的操纵件在去除操纵力后，应能自动回位。各操纵机构上施加的操纵力应符合GB/T 19407的规定。

5.1.3　传动系应无异常响声，变速箱应无自动脱挡、乱挡、卡滞现象。

5.1.4　液压系统应工作可靠，拖拉机机组工作时无停滞、抖动等异常现象。

5.1.5　发动机在全程调速范围内应稳定运转，并通过熄火装置使发动机停转。

5.1.6　电器设备及仪表应满足下列要求。

a)　导线要尽量捆扎成束，排列整齐、绝缘良好，固定卡紧。外露部分应有保护套，应无导线垂吊现象。

b)　仪表应刻度清晰，工作正常。

c)　开关应安装牢固，开关自如，灵活可靠。

d)　刮雨器应摆动均匀、无抖动现象。

5.1.7　外观质量应满足下列要求。

a)　拖拉机机组整体布置应合理，外表面应美观大方、平整光滑。

b)　油漆应均匀，漆膜应无裂纹、起皮、堆积及起泡等缺陷。涂漆前应将机件表面的铁屑、毛刺、锐边、锈迹、焊渣、油污等除净。涂漆应符合JB/T 5673的规定，漆膜附着性能不低于JB/T 9832.2—1999规定的Ⅱ级。

c)　焊缝外观质量应符合有关标准规定要求。气割边缘应圆滑平整。

d)　整机的油、水、气各系统均应工作正常，应不漏油、漏水、漏气。

e) 安装的润滑、操纵和安全等各种标牌和标志，应能长期保持清晰，且便于观察。

5.2 安全要求

5.2.1 通用安全要求

5.2.1.1 除制动性能外，拖拉机机组安全要求应符合 GB 18447.1、GB 18447.3、GB 18447.4 的规定。

5.2.1.2 制动性能

5.2.1.2.1 带举升装置的轮式拖拉机机组在标准无载状态下，以最高稳定速度行驶时，制动距离应不大于 6 m；拖拉机机组在标准载荷状态下，能在 15 % 坡道上可靠制动。

5.2.1.2.2 带其他机具的轮式拖拉机机组应装备可靠的行车制动和停车制动系统。

a) 以制动初速度为 20 km/h 时，在洁净、干燥、平坦的沥青或混凝土路面上进行直线行驶制动。对机械制动装置：其制动距离应不大于 12 m；对液压制动装置：其制动距离应不大于 8 m。

b) 在坡度为 15%的坡道上进行非操纵状态下驻车制动，停稳后 30 min 内应无下滑现象。

5.2.1.3 拖拉机机组稳定性应满足制造厂规定。

5.2.2 带举升装置的拖拉机机组的安全要求

5.2.2.1 额定举升载荷应不大于标准载荷的 20%。

5.2.2.2 举升装置中的门架应具备前倾自锁装置。

5.2.2.3 在涉及人身安全的危险部位应设置安全标志。例如在门架上贴有举升货叉下方严禁站人的安全标志。

5.2.2.4 货叉架的下降速度在任何情况下(包括在液压管路系统出现破裂时)应不超过 600 mm/s。

5.2.3 带装载装置的拖拉机机组的安全要求

5.2.3.1 额定装载质量应不大于静态倾翻载荷的 50%。

5.2.3.2 在涉及人身安全的危险部位应设置安全标志。例如在动臂下方应有严禁站人的安全标志。

5.2.4 带挖掘装置的拖拉机机组的安全要求

5.2.4.1 挖掘臂等外露运动件等危险部位应有醒目的警示标志，静止和运输时应有安全锁定装置。

5.2.4.2 在行驶状态下，转向前桥的负荷分配率应大于 20%。

5.2.4.3 整机空载行驶状态下，应能在坚实的水平路面上，左右倾斜 30°不倾翻。

5.2.4.4 在涉及人身安全的危险部位应设置安全标志。例如在动臂下方应有严禁站人的安全标志。

5.2.5 带挖掘装载装置的拖拉机机组的安全要求

带挖掘装载装置的拖拉机机组的安全要求应符合 5.2.3 和 5.2.4 的规定。

5.3 性能要求

5.3.1 带举升装置的拖拉机机组的主要性能要求

5.3.1.1 举升货叉下滑量和门架自倾角应符合以下规定：10 min 的时间内，举升货叉下滑值应不大于 20 mm，门架自倾角应不大于 0.5°。

5.3.1.2 举升货叉在额定载荷时应能进行起升运行联合操作，在超载 10%～15%举升量时，门架起升系统、液压系统应无泄漏及异常现象。

5.3.1.3 最大起升高度的允许偏差为＋1.5%，门架前倾角的允许偏差为±30′，门架后倾角的允许偏差为±1°。

5.3.1.4 带举升装置的拖拉机机组在完成 400 h 可靠性能试验后，平均无故障工作时间(MTBF)应不少于 60 h。

5.3.2 带装载装置的拖拉机机组的主要性能要求

5.3.2.1 机组最大提升能力应不小于额定提升能力。

5.3.2.2 卸载高度、卸载距离与制造厂规定值的误差不大于±5%。

5.3.2.3 停机时,动臂油缸的静沉降量应不大于 150 mm/h。

5.3.2.4 最大掘起力应不小于额定提升力的 1.5 倍。

5.3.2.5 动作时间应不小于制造厂规定值。

5.3.2.6 带装载装置的拖拉机机组在完成 400 h 可靠性试验后,其可靠性指标应符合以下规定:

a) 平均无故障工作时间(MTBF)应不小于 60 h;

b) 机能率不小于 70%。

5.3.3 带挖掘装置的拖拉机机组的主要性能要求

5.3.3.1 拖拉机机组在连续工作 2 h 后检查渗漏量,10 min 内应不超过 2 滴。

5.3.3.2 拖拉机机组挖掘作业循环时间应符合制造厂规定值。

5.3.3.3 停机时,动臂油缸活塞杆因系统渗漏引起的位移量应不大于 100 mm/h。

5.3.3.4 拖拉机机组在完成 400 h 可靠性试验后,其可靠性指标应符合以下规定:

a) 平均无故障工作时间(MTBF)应不小于 80 h;

b) 机能率不小于 70%。

5.3.4 带挖掘装载装置的拖拉机机组的主要性能要求

5.3.4.1 主要作业参数与工作装置设计参数的误差不大于±10%。

5.3.4.2 停机时,挖掘动臂和装载动臂油缸活塞杆因系统内泄漏引起的位移量不大于 150 mm/h。

5.3.4.3 动作时间应不小于制造厂规定值。

5.3.4.4 带挖掘装载装置的拖拉机机组在完成 400 h 可靠性试验后,其可靠性指标应符合以下规定:

a) 平均无故障工作时间(MTBF)应不小于 80 h;

b) 机能率不小于 70%。

5.3.5 带推土装置的拖拉机机组的主要性能要求

5.3.5.1 将油缸活塞伸至极限位置,推土铲置于地面,使机身前部抬起,分配器处于中立位置,发动机熄火,活塞杆的移动量在 15 min 内应不大于 15 mm。

5.3.5.2 在发动机标定转速下,铲刀由最低位置升到最高位置的时间应不大于 3.2 s。

5.3.5.3 机组在完成 1 500 h 的可靠性试验后,平均无故障工作时间(MTBF)应不小于 210 h。

6 试验方法

6.1 拖拉机机组通用安全要求的试验方法应按 GB 18447.1、GB 18447.3、GB 18447.4 的规定进行。

6.2 整机稳定性按制造厂的规定进行试验。

6.3 可靠性试验方法按 JB/T 51082 的规定。

6.4 整机密封性试验

模拟作业工况,操纵工作装置各油缸伸长和缩短,实现各种动作分别不少于 10 次,每次动作都应达到额定工作压力。模拟作业工况可以用实际作业工况进行试验,连续工作 2 h 后,检查整机各部位渗漏情况,每一部位的渗漏量在 10 min 内不得超过 5 滴。

6.5 举升装置试验

6.5.1 测定最大下降速度

带举升装置的拖拉机机组在标准无载和标准载荷状态,拉紧手制动,测定液压分配阀全开时货叉从最大起升高度下降到地面的时间,计算平均下降速度。

6.5.2 测定满载最大起升高度

带举升装置的拖拉机机组在标准载荷状态,在载荷中心距处(或叉架、货叉上某点)找一参考点,用重锤在地面上找一相应点,使货叉起升到最大起升高度,调整举升装置,使载荷中心距处(或叉架、货叉上某点)参考点与地面上相应点在同一垂线上,测量此时重线(过载荷中心)与货叉平面上的交点到地面的距离。

6.5.3 测定无载和满载最大起升速度

带举升装置的拖拉机机组在标准无载和标准载荷状态,拉紧手制动,将货叉降至地面,测定液压分配阀全开时货叉从地面升至最大起升高度的时间,计算平均起升速度。

6.5.4 测定货叉自然下滑量和门架倾角的自然变化量

带举升装置的拖拉机机组在标准载荷状态,拉紧手制动,将载荷升到离地面 2 m 高度位置(起升高度小于 2 m 的拖拉机机组,取其最大起升位置),关闭液压分配阀,发动机或电动机停止运转,静止5 min 后,将货叉载荷面的位置标记记在测量架上,同时标记门架倾斜角,再经过 1 min,分别测量货叉下降量和门架倾斜角的变化量。

6.5.5 联合操作试验

带举升装置的拖拉机机组叉起试验载荷,以中等速度进行起升与运行联合操作,起升高度范围 300 mm~1 500 mm 门架从垂直位置至最大后倾位置前进、后退各进行 3 次,观察门架起升系统、液压系统是否有渗漏油现象及其他异常现象。

6.5.6 超载荷试验

带举升装置的拖拉机机组叉起 110% 试验载荷,分别以中等速度进行起升、倾斜与运行操作,起升高度范围 300 mm~1 500 mm,各进行 3 次,观察门架起升系统、液压系统是否有渗漏油现象及其他异常现象。

6.6 装载装置试验

6.6.1 空运转试验

6.6.1.1 启动柴油机,观察机油压力和柴油机的运行应正常。

6.6.1.2 模拟作业工况,使工作装置的各油缸反复运行,观察液压系统和柴油机的运行应正常,各控制阀的工作应可靠。

6.6.2 其他性能试验项目的试验方法均按 GB/T 10170 的规定进行。

6.7 挖掘装置试验

6.7.1 空运转试验

6.7.1.1 启动柴油机,观察机油压力和柴油机的运行应正常。

6.7.1.2 模拟作业工况,使工作装置的各油缸和回转机构反复运行,观察液压系统和柴油机的运行应正常,各控制阀的工作应可靠。

6.7.2 其他性能试验项目的试验方法均按 GB/T 7586 的规定进行。

7 检验规则

7.1 检验分类

拖拉机机组的检验应分为出厂检验和型式检验。

7.1.1 出厂检验

每台拖拉机机组出厂前,应经检验部门进行出厂检验,检验项目应全部合格、并签发产品合格证后方准出厂。出厂检验项目至少应包括以下内容:

a) 制动距离;

b) 作业 2 h 后的各机构工作运转、液压油温度及三漏情况;

c) 灯光照明、仪器仪表完好;

d) 安全标志;

e) 外观质量检验。

7.1.2 型式检验

7.1.2.1 有下列情况之一时应进行型式检验：

a) 正常生产情况下，每年进行一次型式检验；

b) 研制的新产品和变型产品的试制定型鉴定；

c) 产品结构、材料或工艺有重大改变时；

d) 产品长期停产后恢复生产时；

e) 出厂检验结果与上次型式检验有较大差异时；

f) 质量技术监督部门提出要求。

7.1.2.2 型式检验项目为第5章规定的全部项目

7.2 样品的抽取

型式检验的样机从出厂检验合格的拖拉机机组中随机抽取。

7.3 抽样方案

由供需双方协商确定。

7.4 判定规则

由供需双方协商确定。

8 交货

8.1 每台拖拉机机组应经制造厂质量检验部门检验合格，并签发合格证后方可出厂。

8.2 对交货的拖拉机机组，允许订货方代表在制造厂内检验拖拉机机组的各部分，必要时可以按要求开动拖拉机机组，但不得拆卸。

8.3 每台拖拉机机组出厂前应加注经过过滤的液压油，是否放净燃油及冷却水应根据用户的要求。

8.4 带工作装置的拖拉机机组出厂前应做好下列工作：

a) 对机组进行外观检查，保证出厂的机组外部情况良好；

b) 每台出厂的拖拉机机组应按规定配带全套备件、附件和随车工具；

c) 每台出厂的拖拉机机组应向用户提供下列文件：

——产品合格证；

——产品使用说明书；

——随车备件和随车工具清单；

——装箱单。

9 标志、运输和贮存

9.1 标志

9.1.1 产品标牌应固定在拖拉机机组机身的明显位置，标牌的尺寸及技术要求应符合GB/T 13306的规定。产品标牌上至少应注明以下内容：

a) 制造厂名称及地址；

b) 产品名称；

c) 产品型号；

d) 制造日期和出厂编号；

e) 产品的主参数。

9.1.2 在拖拉机机组的明显位置，应设置操纵指示标志、警告标志和润滑示意图。

9.2 运输和贮存

9.2.1 拖拉机机组的运输，应符合铁路和公路交通运输部门的规定。

9.2.2 拖拉机机组库存时应干燥、通风，露天存放时应用防雨篷布盖好。长期存放应将燃油和水放尽，并拆下电瓶，用垫木将轮胎架空。

ICS 65.060.10
T 61

中华人民共和国国家标准

GB/T 24642—2009

皮带传动轮式拖拉机　磨合规程

Running-in procedures for belt-driven wheeled tractors

2009-11-15 发布　　2010-05-01 实施

中华人民共和国国家质量监督检验检疫总局
中国国家标准化管理委员会　发布

前言

本标准由中国机械工业联合会提出。

本标准由全国拖拉机标准化技术委员会(SAC/TC 140)归口。

本标准起草单位:黑龙江省农业机械试验鉴定站。

本标准主要起草人:于春辉、郭雪峰、秦恩彬。

皮带传动轮式拖拉机　磨合规程

1　范围

本标准规定了皮带传动轮式拖拉机磨合的术语和定义、技术要求和磨合规范。

本标准适用于新生产的皮带传动轮式拖拉机(以下简称拖拉机)。

2　规范性引用文件

下列文件中的条款通过本标准的引用而成为本标准的条款。凡是注日期的引用文件，其随后所有的修改单(不包括勘误的内容)或修订版均不适用于本标准，然而，鼓励根据本标准达成协议的各方研究是否可使用这些文件的最新版本。凡是不注日期的引用文件，其最新版本适用于本标准。

JB/T 7282　拖拉机用油品种、规格的选用

3　术语和定义

下列术语和定义适用于本标准。

3.1

磨合　running-in

对新生产装配的拖拉机按规定的要求进行的运转。

4　技术要求

4.1　磨合前检查

4.1.1　检查拖拉机外部螺栓、螺母及螺钉的拧紧力矩，若有松动应及时拧紧。

4.1.2　检查发动机油底壳、传动箱、气泵中润滑油的油位以及液压提升器的油位，不足时应补加，按润滑表的规定对润滑部位加注润滑脂或润滑油。

4.1.3　检查燃油和冷却液的加注量，检查V形带的张紧程度。

4.1.4　检查轮胎气压是否正常。

4.1.5　检查电器线路是否连接正常、可靠。

4.1.6　检查各操纵手柄是否灵活可靠。

4.2　磨合的一般要求

4.2.1　在磨合时应严格按磨合规范进行，磨合时油品的选用应符合JB/T 7282的规定。

4.2.2　磨合后，拖拉机应立即进行全面技术保养，方能转入正常使用。

4.3　磨合后的保养

4.3.1　停机后应在热车状态下放出发动机油底壳油箱中的机油，用适量轻柴油或煤油清洗油底壳、机油滤网、柴油滤清器、机油滤清器、空气滤清器，并注入新润滑油。

4.3.2　在热车状态下放出传动系、提升器的润滑油，同时加入适量轻柴油或煤油。将拖拉机前、后轮抬起离开地面，两个方向转动前、后轮3 min。立即将清洗液放出。同时拆下提升器进行清洗，重新装好后，按规定对传动系加注新润滑油。

4.3.3　放出冷却液，用清洁的冷却液清洗发动机冷却系统后，加入新的冷却液。

4.3.4　检查前轮前束、检查离合器、制动器的自由行程和间隙，必要时调整。

4.3.5　检查所有外部螺栓、螺母和螺钉是否牢固。

4.3.6　按说明书维护保养拖拉机的各个润滑脂加注部位。

5 磨合规范

5.1 发动机磨合

5.1.1 按随机发动机说明书要求起动发动机。分别以低速、中速和高速各运行 5 min。

5.1.2 在运转过程中应仔细检查发动机、空气压缩机、液压油泵的工作情况，观察有无异常现象及响声。检查油、水、气是否泄漏，仪表是否工作正常。当发现有不正常现象，应立即停车，排除故障后重新进行磨合。

5.2 液压系统磨合

起动发动机将油门放在中速(中油门)位置，待液压油温度达到要求后，操纵液压控制手柄，提升悬挂机构 20 次，检查有无异常现象。然后在悬挂机构挂上说明书规定的最大提升质量的重物或质量相当的配套农具，使发动机在高速(大油门)位置运转，操纵液压控制手柄，使提升悬挂机构能全程上升和下降，其次数不少于 20 次。检查是否能固定在最高位置或所需要的位置，检查提升时间及渗漏现象，若发现故障，应及时分析原因并排除。

5.3 动力输出轴磨合

将发动机置于中油门位置，分别使动力输出轴处于高、低两种位置空运转 5 min，检查有无异常现象，磨合后应使动力输出轴处于空挡位置。

5.4 拖拉机磨合

当发动机空转磨合，动力输出轴及液压系统磨合后，拖拉机技术状态完全正常时，进行整机磨合。

5.4.1 拖拉机的空驶磨合

松开停车制动器，将离合器踏板踩到底，将变速杆拨到所需要的挡位。逐渐加大油门，同时缓慢松开离合器踏板使拖拉机平顺起步。每一个前进挡和倒退挡均行驶 0.5 h，在中低速下进行转弯操作和适当地使用单边制动，并在高速下试验紧急制动。

5.4.2 拖拉机的负荷磨合

负荷磨合是拖拉机在负荷下运转。负荷必须由小到大，挡位由低到高逐挡进行，同时进行转向操作。

5.4.2.1 六个前进挡的拖拉机负荷磨合规范见表 1。

表 1 六个前进挡的拖拉机负荷磨合规范

磨合阶段	标定功率/kW		油门位置	各挡磨合时间/h			各阶段总时间/h
	≤13.2	>13.2		Ⅱ	Ⅲ	Ⅳ	
	挂钩牵引力/kN						
1	0.58	0.98	3/4	1	1	2	4
2	1.21	1.47	全开	3	3	2	8
3	2.20	2.55	全开	3	4	3	10

5.4.2.2 六个以上前进挡的拖拉机负荷磨合规范见表 2。

表 2 六个以上前进挡的拖拉机负荷磨合规范

磨合阶段	标定功率/kW		油门位置	各挡磨合时间/h					各阶段总时间/h
	≤13.2	>13.2		Ⅱ	Ⅲ	Ⅳ	Ⅴ	Ⅵ	
	挂钩牵引力/kN								
1	0.58	0.98	3/4	1	1	2	1	2	7
2	1.21	1.47	全开	3	3	2	3	2	13
3	2.20	2.55	全开	3	3	3	4	2	15

ICS 65.060.10
T 61

中华人民共和国国家标准

GB/T 24643—2009

拖拉机机组田间作业耗油量　试验方法

Fuel consumption of tractor set during field operation—Test methods

2009-11-15 发布　　2010-05-01 实施

中华人民共和国国家质量监督检验检疫总局
中国国家标准化管理委员会　发布

前 言

本标准的附录A为规范性附录。

本标准由中国机械工业联合会提出。

本标准由全国拖拉机标准化技术委员会(SAC/TC 140)归口。

本标准起草单位:黑龙江省农业机械产品质量监督检验站。

本标准主要起草人:史仁成、孙启嘉、郭雪峰、吕波。

拖拉机机组田间作业耗油量　试验方法

1　范围

本标准规定了拖拉机机组(以下简称机组)田间作业耗油量测定用术语和定义、试验设备和测量参数、试验条件和试验方法。

本标准适用于机组田间作业耗油量的测定。

2　规范性引用文件

下列文件中的条款通过本标准的引用而成为本标准的条款。凡是注日期的引用文件,其随后所有的修改单(不包括勘误的内容)或修订版均不适用于本标准,然而,鼓励根据本标准达成协议的各方研究是否可使用这些文件的最新版本。凡是不注日期的引用文件,其最新版本适用于本标准。

GB/T 3871.1　农业拖拉机　试验规程　第1部分:通用要求

3　术语和定义

下列术语和定义适用于本标准。

3.1

机组　tractor-implement set

由拖拉机、农具及联结构件组成的能进行一项或几项田间作业的组合体。

3.2

机组耗油量　fuel consumption of tractor-implement set

机组单位作业面积的燃油消耗量。

4　试验设备和测量参数

4.1　试验设备

油耗测量装置、速度测量装置、称重装置、计时器、尺、气压计、温度计等。

4.2　测量参数

测量参数见表1。

表1　测量参数

测量参数	允许误差
时间/s	±0.2
距离/m	±0.5%
燃油质量/kg	±0.5%
小时燃油耗量/(kg/h)	±1%
大气压力/kPa	±0.2
轮胎气压/kPa	±5.0%
大气温度/℃	±0.5
作业面积/hm^2	±0.5%

5 试验条件

5.1 拖拉机的技术状态和试验通用要求应符合 GB/T 3871.1 的有关规定。

5.2 按照使用说明书要求将机组调整到规定的作业工况。

5.3 试验的大气温度应为(20±15)℃,大气压力不低于 96.6 kPa。

5.4 试验地块应平坦,在适合田间作业条件的范围内,面积应满足测试要求。

5.5 测区长度不小于 200 m,稳定区长度应能保证机组进入测区前达到正常作业速度。

6 试验方法

6.1 机组的验收

6.1.1 试验前应对试验拖拉机及其配套的农机具进行验收,验收内容应符合随机技术文件的要求。

a) 拖拉机和配套农具的机型和技术规格;

b) 拖拉机和配套农具各总成、附件及选装件的技术规格;

c) 拖拉机所用燃油、润滑油、冷却液。

6.1.2 检查机组外部紧固件是否连接牢固,如有松动,应予紧固。检查各操纵机构及各部分运行情况,如有异常,应予排除,做好检查记录。

6.2 机组耗油量的测量

6.2.1 机组测区作业油耗量的测量方法

6.2.1.1 试验地块的布置如图 1 所示。在地块上划出测区,测区起始线 AA 和终止线 BB。

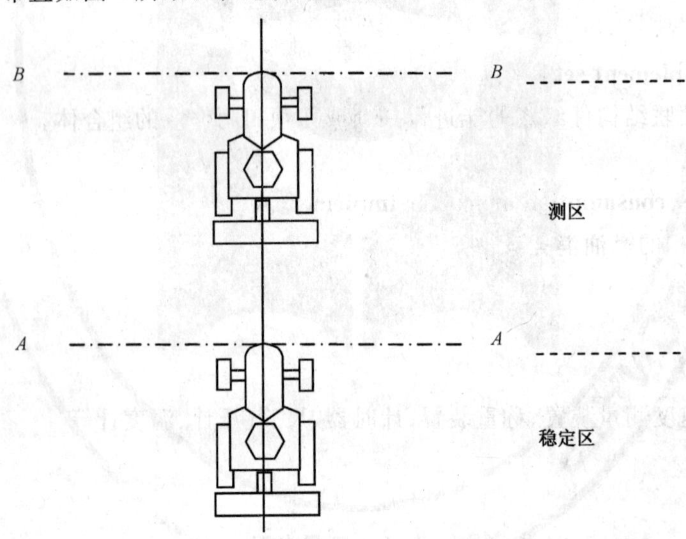

图 1 机组耗油量测区示意图

6.2.1.2 试验时机组以最佳作业速度匀速驶入测区,当机组前端接触 AA 线时,油耗测量装置开始测量,当机组前端接触 BB 线时,测量结束。在试验过程中,测量时间、幅宽、机组的作业速度等参数值,同时根据不同的作业内容,测定其作业质量,并做记录。

6.2.1.3 机组耗油量按公式(1)计算:

$$\theta_T = \frac{G_T}{W_T} \qquad \cdots\cdots(1)$$

式中:

θ_T——机组耗油量,单位为千克每公顷(kg/hm^2);

G_T——机组纯作业小时耗油量,单位为千克每小时(kg/h);

W_T——机组纯作业生产率，按公式(2)计算，单位为公顷每小时(hm^2/h)。

$$W_T = 0.1BV_T \quad (2)$$

式中：

B——作业幅宽，单位为米(m)；

V_T——机组的作业速度，单位为千米每小时(km/h)。

6.2.2 机组大面积作业耗油量的测量方法

6.2.2.1 试验前将燃油加满拖拉机油箱，机组进行大面积作业，记录作业时间、幅宽、作业面积、机组的作业速度等参数值，同时根据不同的作业内容，测定其作业质量，并做记录。试验结束时再将燃油加满拖拉机油箱，计量加入油箱的燃油重量即机组一次作业燃油消耗量。

6.2.2.2 机组耗油量按公式(3)计算：

$$\theta_T = \frac{G_Z}{S} \quad (3)$$

式中：

G_Z——一次作业燃油消耗量，单位为千克(kg)；

S——机组纯作业面积，单位为公顷(hm^2)。

6.3 试验结果汇总表

试验结果汇总表见附录A。试验应记录下列内容：

a) 拖拉机的型号和编号；
b) 拖拉机的制造厂名称；
c) 发动机的型号和编号；
d) 发动机的制造厂名称；
e) 农具的名称和型号；
f) 农具的制造厂名称；
g) 机组作业内容；
h) 试验用燃油牌号。

附 录 A
（规范性附录）
试验结果汇总表

A.1 拖拉机机组田间作业耗油量试验结果汇总表，见表 A.1。

表 A.1 拖拉机机组田间作业耗油量试验结果汇总表

试验日期：__________ 试验地点：__________

拖拉机的型号和编号：__________ 拖拉机的制造厂名称：__________

发动机的型号和编号：__________ 发动机的制造厂名称：__________

农具的名称和型号：__________ 农具的制造厂名称：__________

机组作业内容：__________ 试验用燃油牌号：__________

大气温度：__________ 大气压力：__________

作业速度/(km/h)	幅宽/m	作业面积/hm^2	生产率/(hm^2/h)	作业质量	小时耗油量/(kg/h)	一次作业燃油消耗量/kg	机组耗油量/(kg/hm^2)

A.2 拖拉机机组田间作业耗油量试验记录表，见表 A.2。

表 A.2 拖拉机机组田间作业耗油量试验记录表

试验日期：__________ 试验地点：__________

拖拉机的型号和编号：__________ 拖拉机的制造厂名称：__________

发动机的型号和编号：__________ 发动机的制造厂名称：__________

农具的名称和型号：__________ 农具的制造厂名称：__________

机组作业内容：__________ 试验用燃油牌号：__________

大气温度：__________ 大气压力：__________

试验点次	作业速度/(km/h)	幅宽/m	作业面积/hm^2	生产率/(hm^2/h)	作业质量				小时耗油量/(kg/h)	一次作业燃油消耗量/kg	机组耗油量/(kg/hm^2)
					耕深/cm	碎土率/%	播种深度/cm	割茬高度/cm			
1											
2											
平均											

检测人： 记录人： 校核人：

ICS 65.060.10
T 69

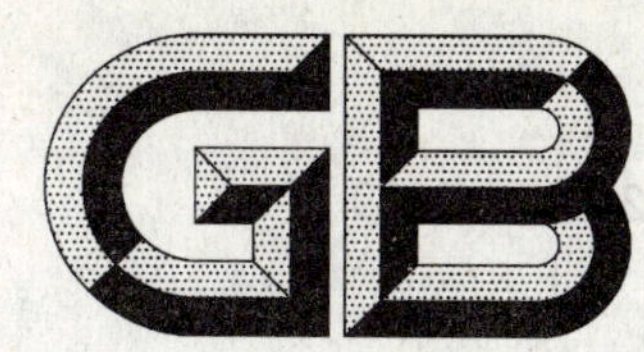

中华人民共和国国家标准

GB/T 24644—2009

农林拖拉机落物防护装置试验方法和性能要求

Testing method and performance requirement of falling object protective—Structures on agricultural and forestry tractors

2009-11-15 发布 2010-05-01 实施

中华人民共和国国家质量监督检验检疫总局
中国国家标准化管理委员会 发布

前　言

本标准等同采用 OECD code 10:2007《经济合作和发展组织官方试验规则　农林拖拉机落物防护装置》英文版。

为便于使用，本标准做了下列编辑性修改：

——“本规则”一词改为“本标准”；

——用小数点“.”代替作为小数点的逗号“,”；

——删除 OECD 规则前言。

本标准的附录 A 为规范性附录。

本标准由中国机械工业联合会提出。

本标准由全国拖拉机标准化技术委员会(SAC/TC 140)归口。

本标准起草单位：国家拖拉机质量监督检验中心。

本标准主要起草人：金锡平、王风雨、柳玲文。

农林拖拉机落物防护装置
试验方法和性能要求

1 范围

本标准的落物防护装置(FOPS)试验所指拖拉机适用于至少有两根轴的充气轮胎或履带的农业或林业拖拉机。

本标准建立在正常农业作业时暴露于有潜在落物危险的拖拉机的试验方法和性能要求。

2 规范性引用文件

下列文件中的条款通过本标准的引用而成为本标准的条款。凡是注日期的引用文件,其随后所有的修改单(不包括勘误的内容)或修订版均不适用于本标准,然而,鼓励根据本标准达成协议的各方研究是否可使用这些文件的最新版本。凡是不注日期的引用文件,其最新版本适用于本标准。

GB/T 229 金属材料 夏比摆锤冲击试验方法(GB/T 229—2007,ISO 148-1:2006,Metallic materials—Charpy pendulum impact test—Part 1:Test method,MOD)

GB 3100 国际单位制及其应用(GB 3100—1993,eqv ISO 1000:1992)

GB/T 6960.7 拖拉机术语 第7部分:驾驶室、驾驶座和覆盖件

GB/T 7121.1 农林轮式拖拉机防护装置强度试验方法和验收条件 第1部分:后置式静态试验方法(GB/T 7121.1—2008,ISO 5700:2006,Tractors for agriculture and forestry—Roll-over protective structures (ROPS)—Static test method and acceptance conditions,MOD)

3 术语和定义

GB/T 6960.7 确立的以及下列术语和定义适用于本标准。

3.1

农林拖拉机 agricultural and forestry tractors

至少有两根轴的自走式的轮式或履带式车辆,其设计主要用于下列基本的农业和林业用途:

——牵引拖车;

——携带、牵引或推动农业和林业机具或机械,并可根据需要,在拖拉机行进中或停车状态为配套机具提供动力。

3.2

落物防护装置 falling object protective structure (FOPS)

用于保护驾驶员对于落物进行合理保护的结构系统。

3.3

翻滚防护装置 roll-over protective structure (ROPS)

在正常操作时,把那些对拖拉机驾驶员由于突发事件造成伤害的可能性降到最低的框架结构。

3.4

安全区 safety zone

3.4.1

容身区 clearance zone

根据标准 GB/T 7121.1 装备 FOPS 的拖拉机,安全区符合其定义的容身区的要求。

3.4.2

挠曲极限量　deflection-limiting volume (DLV)

对于双向行驶拖拉机(双向座椅和方向盘),安全区是两不同座椅和方向盘定义的容身区的包迹。

3.4.3

安全区上部面积　top area of the safety zone

分别是 DLV 的上部平面或标准 GB/T 7121.1 的容身区的点 I_1,A_1,B_1,C_1,C_2,B_2,A_2,I_2 围成的平面。

4　测量值的允许误差

位移:测量最大变形的±5%或1 mm

质量:±0.5%

5　试验准备

5.1　通用要求

5.1.1　防护装置由拖拉机生产厂家或独立公司批量生产。试验只适用于进行试验的拖拉机型号。对于其他型号拖拉机的防护装置必须再次进行试验。然而检测机构要保证强度试验也要对修改了发动机、传动系、方向盘和前悬挂的拖拉机适用。

5.1.2　用于试验的防护装置要正常的连接于拖拉机或拖拉机底盘上。拖拉机底盘要包含有受施加于防护装置的载荷影响的连接支架或其他部分。

5.1.3　防护装置设计用于在落物的情况下保护驾驶员安全的装置。防护装置要具有能够保护一个或更多驾驶员的临时情况。在温度高时可移开此防护装置。当覆层不可移开,温度高时的通风由窗户或风扇提供。当覆层可加强结构强度且事故发生时可移开,所有可移开的部件在做试验时都要移开。可打开的门、顶板或窗在试验时移开或固定在开的位置,以避免对防护装置的强度进行加强。要注意这种情况下在落物时可能对驾驶员产生伤害。

试验前移开所有玻璃或易碎材料。如果生产厂家同意,拖拉机和防护装置在试验时产生不必要的伤害且不影响防护装置强度和尺寸的部件,在试验前可移开。在试验时不得对防护装置进行修理和调整。

5.1.4　如果同一防护装置用于 FOPS 和 ROPS 评价,且 FOPS 试验在 ROPS 试验前进行,则可以移开撞击弱点或替换 FOPS 的覆层。

5.2　试验设施

5.2.1　落锤

落锤应是圆柱形物体,从能产生1 365 J能量的高度落下。

表1　落锤

能量/J	安全区	落物	尺寸/mm	质量/kg
1 365	容身区[a]	圆柱形	200≤直径≤250	45±2
1 365	挠曲基线区(DLV)[b]	圆柱形	200≤直径≤250	45±2

[a] 安装根据轮式拖拉机做 ROPS 试验的拖拉机。

[b] 安装根据履带拖拉机做 ROPS 试验的拖拉机。

在试验时落锤的撞击平面,应是具有45 kg±2 kg的质量、直径为200 mm或250 mm的金属平面。试验落锤的高度由质量确定。

5.2.2　提升落锤到规定高度的设施。

5.2.3　释放落锤使其无限制下落的设施。

5.2.4 落物试验时不被设备或试验台撞入的坚硬平面。

5.2.5 在落物试验时确定 FOPS 是否进入安全区的方法。可是以下任一种：

——垂直放置的安全区模板，由可显示被 FOPS 击穿的材料构成；在 FOPS 下表面涂上油脂或其他合适材料来显示这种击穿；

——由具有足够频率特性的动态仪器系统来显示 FOPS 相对于安全区的变形。

5.2.6 安全区要求

安全区模板要牢固的固定于拖拉机驾驶员座椅的相同位置，在整个试验过程中保持位置不变。

6 试验过程

落物试验过程按以下顺序进行。

6.1 落锤固定于 FOPS 上部达到规定能量的位置。

6.2 当安全区由 DLV 表述，撞击点要在 FOPS 安全区的垂直投影区的上面。释放点至少包含安全区上表面垂直投影的一部分(图 1)。

要考虑以下两种情况。

6.2.1 FOPS 主要的、上部水平构件没进入 FOPS 上部的安全区水平投影的情况。

落锤应放置于最接近于 FOPS 质心的位置[图 2a)]。

6.2.2 FOPS 主要的、上部水平构件进入 FOPS 上部的安全区水平投影的情况。

当安全区上部所有平面的覆盖材料具有同样厚度，落物的中心应位于最大平面的表面内。这个平面是安全区非主要的、上部水平构件的垂直投影。使位于最大平面的落物中心距 FOPS 上部的质心最近[图 2b)]。

6.3 当不同材料或不同厚度的材料用于安全区上部的不同位置，每个位置都应进行落物试验。如果因设计原因，如为窗户或设备开的窗口或覆盖材料或厚度的改变，给出的安全区垂直投影内更加薄弱的位置，落点应位于此位置。而且如果 FOPS 上面开口安装的设备或仪器要提供保护，试验时设备或仪器要安装到位。

6.4 提升落锤到按 6.1 和 6.2 规定位置上部的高度，使能量为 1 365 J。

6.5 释放落锤使其无限制的落到 FOPS 上。

6.6 如果自由下落不太可能使落锤撞击入 6.2 规定的位置，在偏离方向进行限制。

6.7 落锤的撞击要落在半径 100 mm 的圆内，其圆心与 6.1 和 6.2 定义落锤垂直中心线重合。

6.8 由反弹造成撞击的高度和位置无限制。

7 性能要求

在落锤的第一次和随后的撞击中，防护装置的任何部分都不得进入安全区。如果落锤进入防护装置，则试验失败。

防护装置要完全覆盖，且与安全区的垂直投影交叠。

如果拖拉机的 FOPS 安装于已认可的 ROPS 上，进行 ROPS 试验的检测机构是唯一许可进行 FOPS 试验并认证的检测机构。

试验报告格式见附录 A。

8 对其他型号拖拉机的适用性

当满足验收条件的防护装置用于其他型号的拖拉机，如果拖拉机和防护装置满足以下条件，就没有必要在每个型号的拖拉机上进行撞击试验。

8.1 如果生产厂家提出申请，只有进行原试验的检测机构才有权批准防护装置的适用性。

8.2 连接方式和拖拉机的连接部件与原试验的样机相同或等强度。

8.3 挡泥板或机罩等能对防护装置提供支撑的部件应相同或提供相同支撑。

8.4 防护结构内座椅的位置和临界尺寸与拖拉机防护装置的相对位置应相同，在整个试验过程中在防护装置的保护范围内。

8.5 试验报告要包括原试验报告，以供参考。

9 较小改动

对拖拉机的颜色、标识、牌号、型号或对防护装置非结构钣金件进行微小改动，出具原试验报告的检测机构出具一个“微小改动证明”，陈述所有改动，并确保落物试验结果不受影响。此种情况下可不再做试验。根据本标准对防护装置起草证明，作为原报告的附件并符合行业要求。

10 标识

10.1 采用的标识至少包含以下内容：

10.1.1 防护装置生产厂家的名称和地址。

10.1.2 防护装置识别编号(设计或出厂编号)。

10.1.3 装配此防护装置的拖拉机的生产厂家、型号或出厂编号。

10.1.4 防护装置的批准号。

10.1.5 试验时的能量。

10.2 标识要永久的固定于防护装置上，这样就能容易识别并避免环境遭破坏。

11 防护装置的低温性能

11.1 如果防护装置注明具有防止低温脆性的性能，生产厂家要给出具体细节，并列于试验报告中。

11.2 下列要求和过程保证在低温时提供强度和防止低温脆性的能力。在判断防护装置在需要此额外保护的国家低温时的适用性，建议满足以下最低材料性能要求。

11.2.1 用于连接防护装置与拖拉机和防护装置其他部位的螺钉和螺母，要具有低温时的强度性能。

11.2.2 用于结构部件和安装的电焊条，要符合有关标准的要求。

11.2.3 用于防护装置结构的钢材应是可控的韧性材料，它具有如表 2 所示的最小 V 型冲击能量要求。

厚度小于 2.5 mm 的轧制钢板和含碳量低于 0.2％的钢满足此要求。

由非金属材料制成的防护装置结构件要具有相等的最低冲击性能。

11.2.4 当试验 V 型冲击能量时，尺寸要不小于表 2 材料允许的最大尺寸。

11.2.5 V 型试验要根据 GB/T 229 要求的过程，除了表 2 所示的试样尺寸。

11.2.6 可用镇静钢或半镇静钢代替，但要给出规范。

11.2.7 试样应沿着用于制造防护装置的管材或结构件的轧制方向制取。取自管材或结构件的试样要从大边的中间取，且不包含焊接。

表 2 冲击能量

试样尺寸/mm	吸收的能量/J	
	−30 ℃	−20 ℃[b]
10×10[a]	11	27.5
10×9	10	25
10×8	9.5	24
10×7.5[a]	9.5	24

表 2（续）

试样尺寸/mm	吸收的能量/J	
	−30 ℃	−20 ℃[b]
10×7	9	22.5
10×6.7	8.5	21
10×6	8	20
10×5[a]	7.5	19
10×4	7	17.5
10×3.3	6	15
10×3	6	15
10×2.5[a]	5.5	14

[a] 显示首选尺寸，试件尺寸不小于材料许可的最大首选尺寸。

[b] −20 ℃时所需能量是−30 ℃时所需能量的 2.5 倍。其他影响冲击能量强度的因素，例如倾翻方向、工作强度、晶粒取向或焊接。当选用钢材时，考虑这些因素。

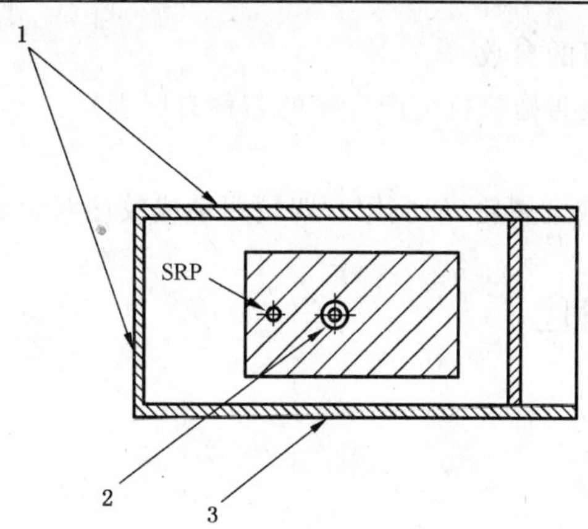

1——主要结构件；

2——撞击点；

3——容身区垂直投影区。

图 1　相对于容身区的撞击点

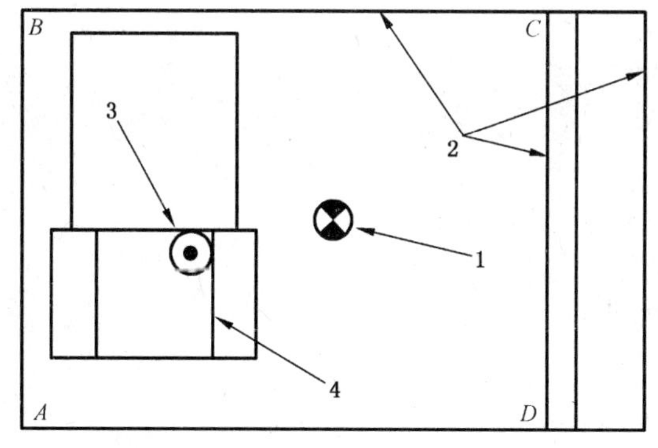

1——矩形 *ABCD* 的质心；

2——主要结构件；

3——落物；

4——DLV 上平面。

情况 a)

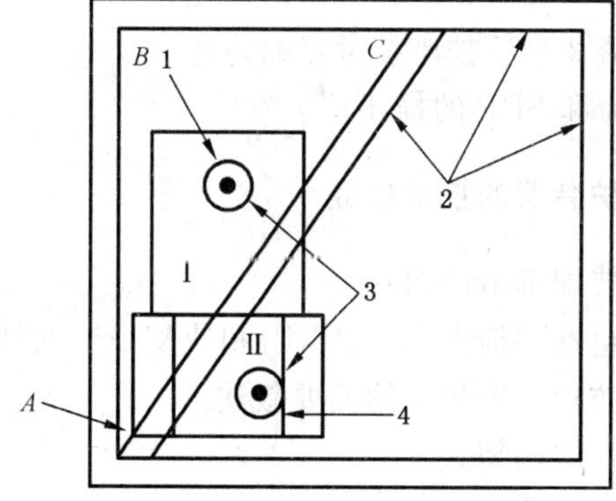

1——三角形 *ABC* 的质心；

2——主要结构件；

3——落物；

4——DLV 上平面。

注：Ⅰ比Ⅱ的面积大。

情况 b)

图 2　撞击点

附 录 A
（规范性附录）
防护装置强度试验报告

注：本报告采用 GB 3100 标准规定的单位；必要时，在后面用括号注明相应国家的单位。

——防护装置生产厂家的名称和地址：

——提交试验的单位：

——防护装置的牌号：

——防护装置的型号：

——防护装置的类型：驾驶室、防翻架等；

——试验时间和地点：

A.1 试验拖拉机的技术参数

A.1.1 试验防护装置的拖拉机的参数

A.1.1.1 拖拉机的品牌：（可能与拖拉机生产厂家的名称有区别）

型号（商标名）

型式：2WD 或 4WD；橡胶或金属轮（如应用）；四轮驱动或铰接双轮胎 4WD（如应用）

A.1.1.2 机型或系列号

A.1.1.3 其他技术参数（如应用）

对其他国家的型号命名；

传动系形式或变速箱；

速度；

生产厂家或编号。

A.1.2 拖拉机座椅

拖拉机是否有双向驾驶位（双向座椅和方向盘） 是/否

选装座椅和驾驶座参考点：

（座椅 1 和驾驶座参考点的描述）

（座椅 2 和驾驶座参考点的描述）

（座椅和 SRP 的描述）

A.2 防护装置的技术参数

A.2.1 装配细节的图片

A.2.2 包括座椅参考点（SRP）和装配细节的结构装配图

A.2.3 防护装置构成的简要叙述

A.2.3.1 结构型式

A.2.3.2 安装细节

A.2.4 尺寸

对于安装可选座椅和双向行驶（双向座椅和方向盘）的拖拉机，应分别测量相对于各座椅参考点的尺寸（SRP1、SRP2 等）。

A.2.4.1 顶棚离驾驶座参考点的高度 mm

A.2.4.2 顶棚离驾驶座地板的高度 mm

A.2.4.3 装配防护装置的拖拉机的总高 mm

A.2.4.4 防护装置的总宽(如包括挡泥板,要说明) mm

A.2.5 防护装置所用材料及钢材的技术规格

A.2.5.1 主框架: (零件-材料-尺寸)

沸腾钢、半镇静钢、镇静钢

钢号和相关标准

A.2.5.2 安装支架框架: (零件-材料-尺寸)

沸腾钢、半镇静钢、镇静钢

钢号和相关标准

A.2.5.3 装配和安装用螺栓 (零件-尺寸)

A.2.6 顶棚 (零件-材料-尺寸)

A.2.7 拖拉机生产厂家对原防护装置加强的细节

A.3 试验结果

A.3.1 落物试验

A.3.1.1 使用的落锤

A.3.1.1.1 圆柱形

直径 mm

质量 kg

A.3.1.1.2 下落高度 mm

A.3.1.1.3 下落次数

A.3.1.1.4 试验能量 J

A.3.1.2 结果

声明:

试验的验收条件得到满足,则本防护装置为满足本标准的落物防护装置。

A.3.1.3 文件显示撞击点相对于安全区的位置

A.3.1.4 图片

试验前的试验物体和试验安排的图片。试验后防护装置上部和底部的图片。

A.3.2 低温性能试验(抗脆性)

低温时验证抗脆性的试验方法:

钢材的技术规格(参考和相关标准)

A.3.3 安装此防护装置的拖拉机

品牌	型号	型式	其他技术文件	质量			倾斜	轴距	最小轮距	
				前桥	后桥	总质量			前	后
		2/4WD	如需要	kg	kg	kg	是/否	mm	mm	

A.4 较小改动的证明

符合标准的批准号:

检验机构原报告的试验编号:

试验日期和地点:

批准时间:

更改号:MOD

先前改进证明(MOD)维持有效/保持有效

A.4.1 防护装置的技术参数

框架或驾驶室：

生产厂家：

提交试验单位：

牌号：

型式：

改进后的出厂编号：

A.4.2 安装此防护装置的拖拉机

批准号：										
品牌	型号	型式	其他技术文件	质量			倾斜	轴距	最小轮距	
				前桥	后桥	总质量			前	后
		2/4WD	如需要	kg	kg	kg	是/否	mm	mm	

A.4.3 改进细节

自原始报告出具后的，改动如下：

A.4.4 声明

改动部分对防护装置强度的效果已进行验证。

改动部分对原试验结果无影响。

原试验报告仍适用于改动后的防护装置。本证明由进行原试验的代表官方机构的试验站起草，本证明作为原试验报告的附件。

签名：

日期：

地点：

ICS 65.060.10
T 61

中华人民共和国国家标准

GB/T 24645—2009

拖拉机防泥水密封性　试验方法

Slush seal performance of tractors—Test procedures

2009-11-15 发布　　　　2010-05-01 实施

中华人民共和国国家质量监督检验检疫总局
中国国家标准化管理委员会　发布

前　言

本标准的附录A为规范性附录。

本标准由中国机械工业联合会提出。

本标准由全国拖拉机标准化技术委员会(SAC/TC 140)归口。

本标准起草单位:国家拖拉机质量监督检验中心。

本标准起草人:刘惠、刘华、解志桥、柳玲文。

拖拉机防泥水密封性 试验方法

1 范围

本标准规定了拖拉机防泥水密封性试验方法。

本标准适用于水旱两用、导向轮静力半径或最小离地间隙≤500 mm 的轮式拖拉机和手扶拖拉机防泥水密封性试验，船式拖拉机及水田作业的履带拖拉机可参照执行。

2 试验设备

在下列设施中可任选一种：

a) 环形泥水槽的宽度应满足 3.3 试验的操作要求，槽内泥水深度可调。泥水中泥土含量约 25%（质量百分比）；

b) 泥水池的长、宽尺寸可容纳整个拖拉机，池中泥水深度可调。泥水中泥土含量约 25%（质量百分比）。在泥水池中应具有搅动泥水混合及对拖拉机进行加载的装置。

3 试验方法

3.1 试验应在拖拉机自出厂之日起不超过半年，且工作时间不超过 150 h（包括磨合、试验时间）的情况下进行。

3.2 拖拉机在泥水中试验持续时间为 2 h。

3.3 在环形泥水槽中进行试验时，拖拉机可由驾驶员操纵或牵引装置牵引。对拖拉机施以其标定牵引力的 30% 的载荷，轮式拖拉机以接近 6 km/h 的速度循环行驶；手扶拖拉机以接近 4 km/h 的速度循环行驶。轮式拖拉机试验时，水面与导向轮轴心线一致，但当导向轮静力半径大于 400 mm 时，调节水面，使各车轮吃水深度为 400 mm；手扶拖拉机试验时，水面与驱动轮轴心线一致。

3.4 在泥水池中进行试验时，拖拉机应处于水平工作状态，对拖拉机施以其标定牵引力的 30% 的载荷，拖拉机各车轮的旋转线速度应符合 3.3 规定。轮式拖拉机试验时，水面与导向轮轴心线一致，但当导向轮静力半径大于 400 mm 时，调节水面使各车轮吃水深度为 400 mm；手扶拖拉机试验时，水面与驱动轮轴心线一致。

3.5 试验后的样机在室内干燥处静置 12 h 以上，待外部无残留水迹后进行渗、漏油检验及拆检各轮轴、转向节的油封后进行进泥水检验。

3.6 对润滑油、脂采用目测和电烙铁探查方法进行含水检验。用电烙铁探查时，电烙铁应充分预热，待电烙铁头沾油后表面有油烟产生方可使用。

4 试验结果判定

4.1 试验后所检验部位有渗、漏油现象判定为漏油。

4.2 油封刃口内侧及润滑油、脂密封腔内的油、脂中有可见水珠或电烙铁探查有爆裂声，判定为进泥水。

5 试验报告

拖拉机防泥水密封性试验应填写试验报告，试验报告格式见附录 A。

附 录 A
（规范性附录）
拖拉机防泥水密封性试验报告

拖拉机型号： 生产厂： 出厂编号：

出厂日期： 试验地点：

试验设备： 试验日期：

传动箱挡位： 理论速度： km/h 实际车速： km/h

加载方式： 额定牵引力： kN 加载力： kN

环境条件：

拖拉机吃水深度： mm 气温： ℃ 湿度： % 大气压力： kPa

检验部位	密封装置状态	渗漏油或进泥水情况
备注		

试验单位： 试验员： 记录员：

ICS 65.060.10
T 61

中华人民共和国国家标准

GB/T 24646—2009

拖拉机标定功率 测试方法

Tractor declared power—Test methods

2009-11-15 发布 2010-05-01 实施

中华人民共和国国家质量监督检验检疫总局
中国国家标准化管理委员会 发布

前　言

本标准的附录 A 为规范性附录。

本标准由中国机械工业联合会提出。

本标准由全国拖拉机标准化技术委员会(SAC/TC 140)归口。

本标准负责起草单位:国家拖拉机质量监督检验中心。

本标准参加起草单位:江苏常发集团。

本标准主要起草人:杨红梅、廖汉平、孙盼盼、巴金良、李勇、马美莲、徐瑞。

本标准系首次制定。

拖拉机标定功率　测试方法

1　范围

本标准规定了拖拉机用柴油机标定功率的测试方法。

本标准适用于农林拖拉机功率的标定。

2　规范性引用文件

下列文件中的条款通过本标准的引用而成为本标准的条款。凡是注日期的引用文件，其随后所有的修改单(不包括勘误的内容)或修订版均不适用于本标准，然而，鼓励根据本标准达成协议的各方研究是否可使用这些文件的最新版本。凡是不注日期的引用文件，其最新版本适用于本标准。

GB 252　轻柴油

GB 11122　柴油机油

3　术语和定义

下列术语和定义适用于本标准。

3.1

拖拉机标定功率　declared tractor power

拖拉机用柴油机带有与装在整机上时相同的附件，在一定环境条件下所能发出的 12 h 功率值。

3.2

柴油机标定转速　declared diesel engine speed

相应于柴油机标定功率的柴油机转速。

3.3

负荷　load

柴油机驱动、牵引从动机械所耗费的功率或扭矩的大小。

4　测量参数和要求

4.1　测量单位和允许测量误差

本标准使用的测量单位和允许测量误差见表 1。

表 1

测量名称	测量单位	允许测量误差
转速	r/min	±0.5%
扭矩	N·m	±1%
大气压力	kPa	±0.1
温度	℃	±1
湿度	%	±1

4.2　测量位置

测量位置见表 2。

表 2

序号	测量项目	测量位置
1	大气压(绝对)	在试验室内,不受阳光直射和热辐射处测量
2	环境温度(进气温度)	中小功率内燃机在离进气管空气进口上游 150 mm 以内处测量,传感器应逆气流安装,断头位于气流中心,并进行热屏蔽
3	增压器或扫气泵出气口空气温度	尽量靠近其出口直管段处测量,传感器逆气流方向插入管道,并使其端头位于其中心
4	中冷器后空气温度	尽量靠近其出口直管段处测量,传感器逆气流方向插入管道,并使其端头位于其中心
5[a]	机油温度	在主油道或主油道入口处测量,也可在油底壳内测量
6	燃油温度	在喷油泵进口处测量或按照有关标准规定
7	冷却介质温度	水冷内燃机,在靠近冷却液出口或/和入口处测量;在中冷器冷却介质进口和出口处测量。风冷内燃机的冷却空气温度测量位置由制造厂具体规定
8[b]	排气支管排气温度	离气缸盖排气道出口端面 50 mm 内测量,传感器逆气流方向插入管道,并使其端头位于其中心
9[b]	排气总管或涡轮增压器后的排气温度	离排气总管出口或涡轮增压器排气出口不大于 2 倍排气总管或增压器排气出口直径距离处测量,传感器逆气流方向插入管道,并使其端头位于其中心

[a] 具有机油冷却器的内燃机,机油温度应在靠近机油冷却器机油入口和出口两处测量。

[b] 在不影响参数的准确度情况下,测温传感器允许按照内燃机结构特点垂直于气流方向安装,传感器端头应位于管道中心。

5 试验条件

5.1 技术文件

柴油机在试验前,制造厂应提供如下柴油机型式和使用方面的必要技术文件。

a) 产品说明书;

b) 企业标准;

c) 柴油机主要技术条件;

d) 磨合规范。

5.2 试验样品

被测试柴油机应在制造厂推荐的正常使用状态下进行试验。

5.3 磨合

试验前柴油机应按制造厂推荐的磨合规范进行磨合,若企业没有推荐磨合规范,柴油机磨合应按照表 3 的规定进行。

表 3

序号	标定转速的百分数 %	标定功率的百分数 %	运转时间 min
1	50	0	5
2	80	0	5
3	100	0	10
4	100	50	30
5	100	75	30
6	100	100	40
7	100	110[a]	30

[a] 无超负荷功率的柴油机，此值为 100。

5.4 燃油和润滑油

柴油机所用燃油应符合 GB 252 的规定。

柴油机所用润滑油应符合 GB 11122 的规定。

5.5 由柴油机驱动的附件

提交试验的柴油机，除了带柴油机运转所需附件（见附录 A）外。还应带与拖拉机底盘匹配时所装相同的附件。

5.6 环境条件

扭矩或功率等测量值不必进行环境状态或其他因素方面的修正。大气压力应不低于 96.6 kPa。如受海拔条件限制不能达到要求的气压时，允许调整燃油泵，但应详细记录在报告中。环境温度应为 23 ℃±7 ℃。

6 试验方法

试验应在发动机试验台架上进行。试验时，将柴油机曲轴直接与测功机相连。起动柴油机后，逐步增大油门和增加负荷，直至达到柴油机油门最大位置和满负荷状态，使柴油机在标定转速下稳定运转。在此工况下连续运转 12 h，每隔 1 h 测定下列各参数：转速、扭矩、排气温度、润滑油温度、冷却液温度、进气温度（对于增压或增压中冷柴油机，应记录增压及增压中冷后进气温度）、环境温度、大气压力及环境湿度等。

如果每次功率测量结果与其平均值比较，变化超过±2%，则整个试验重做。如果重做结果仍然超差，则应将其偏差情况记入报告。

7 试验报告

试验报告应包括下列试验资料：

a） 与本标准有关的信息，包括标准发布年份；

b） 内燃机型号、编号及其试验相关参数及制造厂名称；

c） 试验日期、地点、检验设备、仪器和检测机构；

d） 试验用燃油和润滑油的牌号；

e） 试验所得数据和计算结果，见表 4。

表 4

测试时间 h	测试项目											
	功率 kW	转速 r/min	扭矩 N·m	小时油耗 kg/h	燃油消耗率 g/(kW·h)	排气温度 ℃	润滑油温度 ℃	冷却液温度 ℃	进气温度 ℃	环境温度 ℃	环境湿度 %	大气压力 kPa
1												
2												
3												
4												
5												
6												
7												
8												
9												
10												
11												
12												
平均		—	—	—	—	—	—	—	—	—	—	—

附 录 A
（规范性附录）
柴油机标定功率测试所需安装的附件

A.1 柴油机标定功率测试所需安装的附件见表 A.1。

表 A.1 柴油机标定功率测试所需安装的附件

序号	装备和辅件	试验装用情况
1	**进气系统** 进气歧管 曲轴箱排放控制系统 双吸气进气歧管系统用控制装置 空气流量计 进气管路系统 空气滤清器 进气消声器 限速装置	 是，装标准生产部件 是，装标准生产部件 是，装标准生产部件 是，装标准生产部件 是[a] 是[a] 是[a] 是[a]
2	**进气歧管进气加热装置**	是，装标准生产部件。尽可能调整在最佳状态
3	**排气系统** 排气净化器 排气歧管 连接管 消声器 尾管 排气制动器 增压装置	 是，装标准生产部件 是，装标准生产部件 是[b] 是[b] 是[b] 否[c] 是，装标准生产部件
4	输油泵	是，装标准生产部件[d]
5	**燃油喷射装置** 粗滤器 滤清器 喷油泵 高压油管 喷油器 空气进气阀 电子控制装置，空气流量计等 调速/控制系统 随大气状况控制齿条全负荷自动限位装置	 是，装标准生产部件或试验台设备 是，装标准生产部件或试验台设备 是，装标准生产部件 是，装标准生产部件油机 是，装标准生产部件 是，装标准生产部件[e] 是，装标准生产部件 是，装标准生产部件 是，装标准生产部件
6	**液体冷却装置** 散热器 风扇 风扇罩壳 水泵 节温器	 是 是 是 是，装标准生产部件[f] 是，装标准生产部件[g]

表 A.1(续)

序号	装备和辅件	试验装用情况
7	**空气冷却装置** 导风罩 风扇或鼓风机 温度调节装置	 否[h] 否[h] 否
8	**电气设备** 发电机	 是,装标准生产部件[i]
9	**增压装置** 压气机,由柴油机直接驱动或由排气驱动 中冷器 冷却泵或风扇(柴油机驱动) 冷却液流量控制装置	 是,装标准生产部件 是,装标准生产部件[j,k] 否[h] 是,装标准生产部件
10	**试验台辅助风扇**	是,需要时安装
11	**防污染装置**	是,装标准生产部件
12	**起动装置**	使用试验台设备[l]
13	**润滑油泵**	是,装标准生产部件

[a] 如属以下情况时,应装上全部进气系统:
——可能对柴油机功率产生相当大的影响;
——当制造厂提出此要求时;
在其他情况下,可以使用一等效进气系统,但应检查,确保进气压力与制造厂规定的、装有清洁空气滤清器时的进气压力上限值之差不大于 100 Pa。

[b] 如属以下情况时,应装上全部排气系统:
——可能对柴油机功率产生相当大的影响;
——当制造厂提出此要求时。
在其他情况下,可以使用一等效排气系统,但所测压力与制造厂规定的压力上限值之差不大于 1 000 Pa。

[c] 柴油机设有排气制动装置,则节流阀应固定在全开位置。

[d] 需要时燃料供给压力可以调节,以便能重新达到柴油机某一用途时所需的压力(特别在使用“燃料回流”系统时)。

[e] 进气阀是喷油泵气动调速器的控制阀,调速器或喷油装置可以装有其他可能影响喷油量的装置。

[f] 只能用柴油机的水泵来实施冷却液的循环。可用外循环来冷却冷却液,使该循环的压力损失和水泵进口处压力保持与原来柴油机冷却系统的大致相同。

[g] 节温器应固定在全开位置。

[h] 当试验装有冷却风扇或鼓风机时,应将其吸收功率加到试验结果中去,风扇或鼓风机的功率应按试验所用转速,根据标定特性计算或实际试验确定。

[i] 发电机最小功率:发电机的电功率应限于使柴油机运行所必须的辅件在工作时所吸收的功率。如需接上蓄电池,应使用充满电的,有良好状态的蓄电池。

[j] 进气中冷柴油机应带中冷器(液冷或空冷)进行试验,但如制造厂要求,也可用台架试验系统来代替中冷器。无论哪种情况,均应按照制造厂规定的柴油机空气在经过试验台中冷器的最大压力降和最小温度降,测量每一转速时的功率。

[k] 这些装置包括诸如废气再循环系统(EGR)、催化转化器、热反应器、二次空气供给系统和燃油蒸发防护系统等。

[l] 电气或其他系统的起动功率应由试验台提供。

ICS 65.060.10
T 61

中华人民共和国国家标准

GB/T 24647—2009

拖拉机适应性评价方法

Adaptability evaluation of tractors

2009-11-15 发布　　　　2010-05-01 实施

中华人民共和国国家质量监督检验检疫总局
中国国家标准化管理委员会 发布

前　言

本标准由中国机械工业联合会提出。

本标准由全国拖拉机标准化技术委员会(SAC/TC 140)归口。

本标准负责起草单位:洛阳拖拉机研究所。

本标准参加起草单位:国家拖拉机质量监督检验中心(洛阳)。

本标准主要起草人:李京忠、尚项绳、柳玲文。

拖拉机适应性评价方法

1 范围

本标准规定了拖拉机适应性评价指标、试验方法和评价方法。

本标准适用于农业拖拉机在不同地区适应性的评价方法。

2 规范性引用文件

下列文件中的条款通过本标准的引用而成为本标准的条款。凡是注日期的引用文件，其随后所有的修改单(不包括勘误的内容)或修订版均不适用于本标准，然而，鼓励根据本标准达成协议的各方研究是否可使用这些文件的最新版本。凡是不注日期的引用文件，其最新版本适用于本标准。

GB/T 3871.9 农业拖拉机 试验规程 第9部分：牵引功率试验(GB/T 3871.9—2006，ISO 789-9:1990，MOD)

GB/T 3871.10 农业拖拉机 试验规程 第10部分：低温起动(GB/T 3871.10—2006，ISO 789-12:2000，MOD)

GB/T 3871.11 农业拖拉机 试验规程 第11部分：高温性能试验

3 评价指标

拖拉机的适应性能按下列指标进行评价

3.1 高温适应性

评价拖拉机保持正常工作性能的最高环境温度。

3.2 低温启动性

拖拉机能够顺利启动的最低环境温度。

3.3 海拔适应性

拖拉机最大牵引功率下降不超过30%的相当海拔高度，或不同海拔情况下的拖拉机最大牵引功率下降情况。

3.4 水田泥脚适应性

拖拉机在不同泥脚深度下、滑转率达到15%时的牵引效率下降情况。

3.5 耐候性

拖拉机在不同酸碱或湿热环境中保持正常工作的性能。

3.6 抗振性

拖拉机在颠簸路面上长期工作时支承系统、覆盖件及连接件的工作可靠性。

4 试验方法

被试拖拉机应为制造厂经检验合格的产品。

4.1 高温适应性试验

按GB/T 3871.11的规定测定拖拉机正常工作时最高环境温度。

4.2 低温启动性试验

按GB/T 3871.10的规定测定拖拉机能顺利启动的最低环境温度。

4.3 海拔适应性试验

按 GB/T 3871.9 的规定测定特定海拔高度的最大牵引功率下降幅度。

拖拉机最大牵引功率下降幅度按式(1)计算：

$$\delta = \frac{(P_0 - P)}{P_0} \times 100\% \quad \cdots\cdots(1)$$

式中：

δ——下降幅度，%；

P_0——拖拉机在规定大气条件下测得的最大牵引功率，单位为千瓦(kW)；

P——拖拉机实际测得的最大牵引功率，单位为千瓦(kW)。

4.4 水田泥脚适应性试验

在使用地区具有代表性的水田地块上，按 GB/T 3871.9 的规定进行试验，测出拖拉机的最大牵引效率。

4.5 耐候性试验

4.5.1 试验条件

a) 试验空间为盐雾弥漫的密闭空间，盐雾用氯化钠(化学纯以上)和蒸馏水配制，其质量浓度为(5±0.1)%。

b) 雾化前的盐溶液的 pH 值在 6.5～7.2(35 ℃)之间。

c) 试验设备的有效空间内的温度为 35 ℃±2 ℃。

d) 用面积为 80 cm^2 的漏斗收集连续雾化 16 h 的盐雾沉降量，有效空间内任一位置的沉降率为(1.0～2.0)mL/h。

e) 采用连续雾化方式，试验时间为 24 h。

4.5.2 试验步骤

a) 试验前，应对拖拉机整机进行外观检查，并检查电器仪表和灯光工作性能，记录检查结果。

b) 将拖拉机静置于满足 4.5.1 规定条件的试验空间内 24 h。

c) 试验结束后，用温度不超过 35 ℃的蒸馏水以 8 m/s～10 m/s 的射流速度冲洗拖拉机外表面，然后在正常环境条件下恢复 1.5 h。

d) 检查并记录拖拉机外观质量变化情况，启动发动机，检查并记录拖拉机电器仪表和灯光的工作性能。

4.6 抗振性试验

4.6.1 试验条件

a) 试验应为坚硬的地面。障碍物的规格和铺设方式如图 1 所示。对轮式拖拉机，障碍物的间距应大于轴距的 1.5 倍。

b) 测量手扶拖拉机的振动传感器装在外侧驱动轴壳体的上部；测量轮式拖拉机前、后桥的振动传感器应分别安装在接近前、后轮轴心线铅垂面与拖拉机对称面交线的上部，接近轮轴处。

c) 双侧越障时，手扶拖拉机驱动轴壳体和轮式拖拉机前桥的最大垂直振动加速度为 40 m/s^2～42 m/s^2。轮式拖拉机后桥的最大垂直振动加速度为 25 m/s^2～27 m/s^2。

d) 拖拉机应进行连续颠簸试验，功率不大于 15 kW 的拖拉机的颠簸次数为 50 000 次；其他拖拉机的颠簸次数为 70 000 次。正转和反转的颠簸次数各占一半。

e) 在手扶拖拉机颠簸试验中，每个扶手把上加重块 2 kg(颠簸次数为 10 000 次)，在轮式拖拉机颠簸试验中，驾驶座上附加重块 45 kg，前后配重按使用说明书规定的运输状态配置。

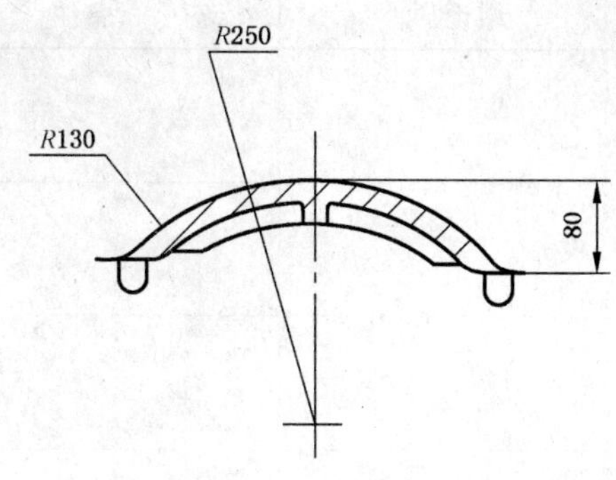

a 型障碍物剖视图

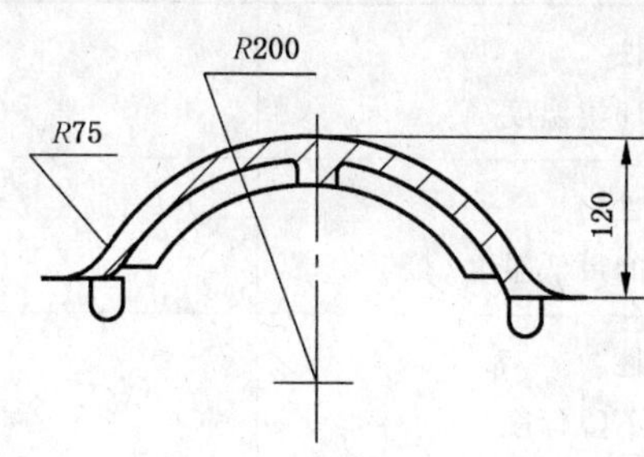

b 型障碍物剖视图

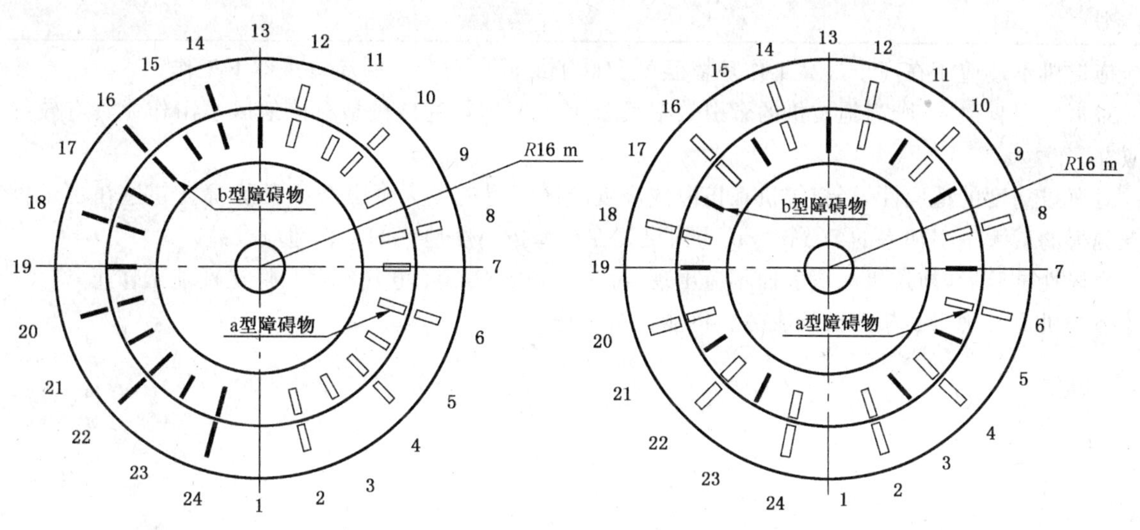

手扶拖拉机颠簸试验时障碍物铺设方式

轮式拖拉机颠簸试验时障碍物铺设方式

图 1 障碍物规格和铺设

4.6.2 试验步骤

a) 试验前，应对拖拉机前、后轮承重、轴距、轮距、前后桥垂直振动加速度、轮胎气压、越障速度等进行测量和记录。

b) 颠簸试验中，每班中要定时检查，保证轮胎气压和越障速度达到规定值。

c) 试验中，要详细记录颠簸次数和故障情况。拖拉机每颠簸 10 000 次进行一次班次保养，对连接件进行检查和紧固，保养项目按使用说明书规定进行。

d) 试验结束后，对拖拉机进行详细检查和纪录。对损坏件要进行拍照或理化分析并附入报告。

5 评价方法

根据试验结果，给出拖拉机在不同地区适应性的评价指标如表 1 所示。

表 1 拖拉机适应性评价表

试验地区：

评价指标	试验结果	结论	备注
高温适应性 最高工作环境温度/℃			
低温适应性 顺利启动的最低温度/℃			
海拔适应性 牵引功率下降幅度/%			
水田泥脚适应性 水田牵引效率/%			
耐候性			
抗振性			

拖拉机不适应于在高于最高工作环境温度和低于最低启动温度的环境条件下工作。

对水田泥脚适应性，当拖拉机的牵引效率大于40%时即认为该机型对该地区水田作业具有较好地适应性。

对海拔高度的适应性，当拖拉机在该海拔高度地区测得的最大牵引功率下降幅度超过在规定大气压下测得的最大牵引功率的30%时，认为该机型在该海拔高度地区的工作适应性差。

耐候性试验后，拖拉机涂漆表面不应出现起皮、鼓包、剥落等，电气仪表和灯光性能工作正常。

拖拉机通过规定的颠簸试验次数后仍能正常工作。

ICS 65.060.10
T 60

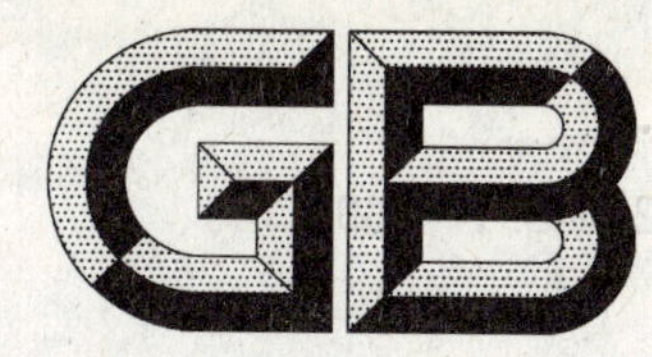

中华人民共和国国家标准

GB/T 24648.1—2009

拖拉机可靠性考核

Assessment of tractor reliability

2009-11-15 发布

2010-05-01 实施

中华人民共和国国家质量监督检验检疫总局
中国国家标准化管理委员会 发布

前　言

本部分的附录 A、附录 B 均为资料性附录。

本部分由中国机械工业联合会提出。

本部分由全国拖拉机标准化技术委员会(SAC/TC 140)归口。

本部分负责起草单位:国家拖拉机质量监督检验中心。

本部分参加起草单位:江苏常发集团、福田雷沃国际重工股份有限公司。

本部分主要起草人:李勇、廖汉平、朱金光、刘惠、徐锦辉、吴振斌。

拖拉机可靠性考核

1 范围

GB/T 24648 的本部分规定了拖拉机产品可靠性考核的术语和定义、故障分类及判断规则、评定指标体系、评定方法和拖拉机使用中可靠性试验方法等。

本部分适用于已定型的拖拉机的可靠性考核评定,试制样机的可靠性考核也可参照执行。

2 规范性引用文件

下列文件中的条款通过 GB/T 24648 的本部分的引用而成为本部分的条款。凡是注日期的引用文件,其随后所有的修改单(不包括勘误的内容)或修订版均不适用于本部分,然而,鼓励根据本部分达成协议的各方研究是否可使用这些文件的最新版本。凡是不注日期的引用文件,其最新版本适用于本部分。

GB/T 3871.3 农业拖拉机 试验规程 第 3 部分:动力输出轴功率试验(GB/T 3871.3—2006,ISO 789-1:1990,MOD)

GB/T 3871.4 农业拖拉机 试验规程 第 4 部分:后置三点悬挂装置提升能力(GB/T 3871.4—2006,ISO 789-2:1993,MOD)

GB/T 3871.6 农业拖拉机 试验规程 第 6 部分:农林车辆制动性能的确定(GB/T 3871.6—2006,ISO 5697:1982,Agricultural and forestry vehicles—Determination of braking performance,IDT)

GB/T 3871.12 农业拖拉机 试验规程 第 12 部分:使用试验

GB/T 6229 手扶拖拉机 试验方法

GB/T 24648.2—2009 工程农机产品可靠性考核 评定指标体系及故障分类通则

3 术语和定义

下列术语和定义适用于本部分。

3.1

工作时间 operating time

产品完成各种规定功能的时间。对于拖拉机来讲,它包括拖拉机负荷作业时间、地头转弯时间和拖拉机空行折算时间(按 5 h 空行时间折算 1 h 工作时间),但不包括拖拉机磨合时间、性能试验时间和发动机空转时间。

3.2

故障修复工作时间 fault correction time

从发现故障到产品恢复功能所需的时间,即故障诊断、修理及调试时间之和,但不包括人为或自然因素所耽误的时间。

3.3

维护保养工作时间 maintenance time

为完成使用说明书规定的维护保养所需要的工作时间。它包括班保养和各级保养所用的时间,但不包括人为或自然因素所耽误的时间。

3.4

故障 fault

产品或其零部件不能完成其规定功能或性能指标恶化至超过规定范围的一切现象(见

GB/T 24648.2—2009 中的 2.2)。

例如零件损坏、磨损超限、焊缝开裂、油漆剥落、紧固件松动、标牌脱落及起动困难、功率下降、油耗上升、提升缓慢等超过规定值的现象。

3.5

本质故障 inherent weakness fault

在规定的使用条件下,由于产品本身固有的缺陷引起的故障。

例如零件的过度变形、断裂、早期磨损和疲劳、非正常腐蚀和老化、紧固件松动或失效、性能下降超限及"三漏"等(见 GB/T 24648.2—2009 中的 2.3)。

3.6

从属故障 secondary fault

由产品的某个零部件的故障直接或间接引起产品其他零部件的故障,或因本质故障导致产生的派生故障。

例如发动机由于连杆螺栓断裂导致连杆、轴瓦、活塞和缸体等一系列零件损坏时,则连杆螺栓断裂为本质故障;由此引起的其他零件损坏均称为从属故障(见 GB/T 24648.2—2009 中的 2.4)。

3.7

误用故障 misuse fault

操作者未按使用说明书的规定使用和操作引起的故障。

例如操作者未按说明书规定要求加油或加水,而导致发动机过热、抱缸;操作者擅自改变零部件结构或调整状态,超载使用致使零部件损坏等(见 GB/T 24648.2—2009 中的 2.5)。

3.8

平均负荷系数 mean load factor

拖拉机完成作业时的发动机平均利用功率与其标定功率的比率。

3.9

定时截尾 timing end

样品试验到规定的试验时间就截止。

4 故障分类及判断规则

4.1 故障分类

按拖拉机故障造成的危害程度及排除故障的难易性,将故障分为致命故障、严重故障、一般故障和轻度故障四类。其类别、名称、代号及分类规则见表 1。严重故障和致命故障又统称为停机故障。

表 1

类别	名称	代号	分类规则	故障举例
Ⅰ	致命故障	ZM	危及或导致人身伤亡、引起主要总成报废或造成重大经济损失的故障	连杆或曲轴断裂、飞轮碎裂、机体或机架断裂、车轮脱落等
Ⅱ	严重故障	YZ	严重影响拖拉机正常使用,或规定的重要性能下降超过规定范围,必须停机修理且修理费用较高,在较短的有效时间[a] 内无法排除的故障。即需要更换拖拉机部件或拆开机体更换内部零、部件的故障	发动机烧瓦、凸轮严重磨损、齿轮或轴承损坏、严重"三漏"、高压油泵调节失效、功率下降超过 10%、油耗上升超过 10%等

表 1(续)

类别	名称	代号	分类规则	故障举例
Ⅲ	一般故障	YB	明显影响拖拉机正常使用,修理费用中等,在较短的有效时间内可以排除的故障。即需要更换或修理外部零件的故障	“三漏”、电器开关损坏、灯泡失效、零件开焊或开裂、油漆大块剥落等
Ⅳ	轻度故障	QD	轻度影响拖拉机正常使用,暂时不会导致工作中断、修理费用低廉的故障。即在日常的保养中能用随机工具轻易排除的故障	轻微渗漏[b]、螺栓松动、外部调整改变、更换次要的外部紧固件、电线脱焊等
[a] 有效时间是指产品发生故障后停机到排除故障,恢复正常为止,包括故障诊断、检查、修理、调试和必要的管理时间,但不包括停机期间,由于人为或自然因素耽误的时间。 [b] 轻微渗漏是指经紧固后可排除的渗漏。				

4.2 判断规则

4.2.1 可靠性考核应统计拖拉机发生的本质故障和从属故障,统计故障次数和发生时间。按后果最严重的故障,记入故障名称;按该故障发生时的时间记入故障时间。误用故障不计入故障次数,但要如实记入故障登记表。

4.2.2 一次故障应判定为一个故障次数,以其最终造成的后果按表1的规定来判定其故障类别,且只能判定为四类故障中的一类。本质故障产生从属故障时,按产品的最严重的后果来判定其故障类别。

4.2.3 按使用说明书规定进行保养和按期更换的随机备件,不作故障处理,但应做好记录。

4.2.4 对“三漏”和紧固件松动等故障,在统计故障次数时,每一个密封结合面只统计一次,按最严重的类别及程度记入次数及时间。

4.2.5 故障排除以后重复出现的同一故障,应分别统计其故障次数。

4.2.6 判断故障类别时,可参照附录B。由于各种拖拉机的结构不同,同一名称故障所导致的后果及排除故障的难易程度会有较大差别,应按故障分类及定义,参照实例,根据具体情况来判定其类别。

5 评定指标体系

5.1 拖拉机可靠性评定指标体系

拖拉机可靠性评定指标体系见表2。

表 2

序 号	可靠性指标		代 号
1	无故障性	首次故障前平均工作时间	MTTFF
2		平均故障间隔时间	MTBF
3		平均停机故障间隔时间	DTMTBF
4		无故障性综合评分值	Q
5	经济性	工厂年平均保修费用率	PWC

5.2 首次故障前平均工作时间

首次故障前平均工作时间见公式(1)。

$$\mathrm{MTTFF}=\frac{1}{r}\left[\sum_{i=1}^{r}t_i+\sum_{j=1}^{n-r}t_j\right] \qquad \cdots\cdots(1)$$

式中：

MTTFF——拖拉机首次故障前平均工作时间，单位为小时(h)；

n——被调查或被试验样品中，统计首次故障的有效个数；

r——被调查或被试验拖拉机在使用或试验时间内(包括磨合和性能试验期间)出现首次故障(轻度故障除外)的台数；

t_i——第 i 台拖拉机出现首次故障时的累计工作时间，单位为小时(h)；

t_j——可靠性试验结束或用户调查时，未发生首次故障的第 j 台拖拉机累计工作时间，单位为小时(h)；对试验拖拉机，为规定的定时截尾试验时间，单位为小时(h)。

若所有被试验的拖拉机均未出现故障(轻度故障除外)，规定以 $\mathrm{MTTFF} > \sum_{j=1}^{n} t_j$ 表示。

5.3 平均故障间隔时间

平均故障间隔时间见公式(2)。

$$\mathrm{MTBF} = \frac{1}{r_a}\sum_{i=1}^{n} t_{ci} \qquad \cdots\cdots(2)$$

式中：

MTBF——拖拉机的平均故障间隔时间，单位为小时(h)；

t_{ci}——第 i 台被试验拖拉机的定时截尾试验时间，单位为小时(h)；对被调查拖拉机，为累计工作时间，单位为小时(h)；

r_a——被试验或被调查拖拉机在使用或试验时期内(包括磨合和性能试验期间)出现的故障(轻度故障除外)总数。

若所有被试验的拖拉机均未出现故障(轻度故障除外)，规定以 $\mathrm{MTBF} > \sum_{i=1}^{n} t_{ci}$ 表示。

5.4 平均停机故障间隔时间

平均停机故障间隔时间见公式(3)。

$$\mathrm{DTMTBF} = \frac{1}{r_d}\sum_{i=1}^{n} t_{ci} \qquad \cdots\cdots(3)$$

式中：

DTMTBF——拖拉机的平均停机故障间隔时间，单位为小时(h)；

r_d——被试验或被调查拖拉机在使用或试验时期内(包括磨合和性能试验期间)出现的停机故障(即致命故障和严重故障)总数。

若所有被试验的拖拉机均未出现停机故障，规定以 $\mathrm{DTMTBF} > \sum_{i=1}^{n} t_{ci}$ 表示。

5.5 无故障性综合评分值

在规定的试验时间内，被试拖拉机中有 1 台出现了致命故障，则判定该型拖拉机的无故障性综合评分值为不及格，不再计算其 Q 值。

对未出现致命故障的被试拖拉机，其无故障性综合评分值按公式(4)计算：

$$Q = 100 - \frac{T_g}{nT_0}\sum_{i=1}^{r_c}(K_i E_i) \qquad \cdots\cdots(4)$$

式中：

Q——被试拖拉机的无故障性综合评分值，单位为分；

T_g——国外或国内先进拖拉机产品的 MTBF 目标值(国内取 300 h)，单位为小时(h)；

T_0——第 7 章所规定的定时截尾试验时间，单位为小时(h)；

r_c——在规定的定时截尾试验时间内，被试拖拉机出现的故障总数；

K_i——第 i 个故障的危害度系数：

各类故障的危害度系数规定为：

Ⅱ类　严重故障(YZ)：$K=30.0$

Ⅲ类　一般故障(YB)：$K=8.0$

Ⅳ类　轻度故障(QD)：$K=1.0$

E_i——第 i 个故障的故障发生时间系数[见公式(5)]；

$$E_i = \sqrt{2T_0/(T_0+T_i)} \qquad \cdots\cdots(5)$$

T_i——被试拖拉机出现第 i 个故障时，该拖拉机的累计故障时间，单位为小时(h)；当计算结果 $Q<0$ 时，规定以 0 分计。

5.6 工厂年平均保修费用率

工厂年平均保修费用率见公式(6)。

$$\mathrm{PWC} = C_{\mathrm{W}}/C_{\mathrm{t}} \times 100\% \qquad \cdots\cdots(6)$$

式中：

PWC——某型拖拉机的工厂年平均保修费用率；

C_{W}——在某型拖拉机的第一年保修期内，制造厂用于该型拖拉机为用户“三包”服务的每台平均费用，或在 7.3.3.2 所规定的试验期间该型拖拉机排除故障的总费用(包括换件费和修理费)，单位为元；

C_{t}——该型拖拉机的每台售价，单位为元。

6 评定方法

6.1 数据来源

对拖拉机可靠性进行评定的数据可来自下列三个方面。

6.1.1 使用试验

按第 7 章的规定，结合生产使用进行的可靠性试验。

6.1.2 试验室或试验场可靠性试验

按有关标准规定的方法，在可控条件的试验室内或试验场上进行的可靠性试验，但应预先获知此种试验时间与用户实际使用时间之间的当量关系。

6.1.3 用户调查

在用户中进行抽样调查或全数追踪调查所得的拖拉机实际使用的可靠性数据。

6.2 故障判定

所有拖拉机的故障，均按第 4 章的规定，对每个故障的性质及其类别逐一判定，以此作为计算有关指标的依据。

6.3 指标的标注方法

规定拖拉机可靠性指标标注格式为：

指标代号＝指标值(数据来源)

例：×××型发动机标定功率小于 18 kW 的拖拉机可靠性指标如下：

MTTFF＝150 h(3×500 h 使用试验)

MTBF＝250 h(3×500 h 使用试验)

DTMTBF＝500 h(3×500 h 使用试验)

Q＝80 分(3×500 h 使用试验)

PWC＝1.5％(3×500 h 使用试验)

7 使用试验方法

7.1 仪器设备

动力输出轴试验台(或发动机测功设备)、液压悬挂试验台、油耗测量设备、计时器、钢卷尺和温度计等,各参数的测量精度应符合 GB/T 3871.3、GB/T 3871.4、GB/T 3871.6、GB/T 3871.12 的规定。

7.2 试验样机

7.2.1 试验样机数量:对发动机标定功率大于 18 kW 的拖拉机为 2 台,其余为 3 台。

7.2.2 试验样机由制造厂负责送往试验地点,并交试验负责单位按表 A.1 验收。

7.3 试验方法

7.3.1 应按使用说明书的规定对试验样机进行保养与磨合,然后投入试验,磨合情况记入表 A.1。此期间发现的故障记入表 A.6,拖拉机累计工作时间按零小时计。

7.3.2 分别在使用试验开始前和结束后未做任何调整的情况下(按说明书规定进行的例行保养调整除外),在同一试验设备上,进行下列各项性能试验,并将结果记入表 A.2～表 A.4。

7.3.2.1 动力输出轴试验

试验在动力输出轴试验台上进行。对无动力输出轴的拖拉机,进行发动机台架试验。试验按 GB/T 3871.3或 GB/T 6229 中的有关规定,进行标定转速最大功率试验和变负荷试验。

7.3.2.2 液压悬挂试验

按 GB/T 3871.4 的规定,测定在专用框架上加上使用说明书所规定的最大提升载荷时的提升时间、提升行程和静沉降值。提升时间为油门全开状态下,下悬挂点从最低点升至最高点所用时间。

7.3.2.3 制动试验

按 GB/T 3871.6 的规定,测定冷态制动的最大平均减速度。

7.3.3 将试验样机在实际使用条件下投入正常使用,应严格按照使用说明书的规定使用和维护保养,各种作业质量均应符合农艺要求。

7.3.3.1 按表 A.5 详细记录每台试验样机的试验情况。

7.3.3.2 试验样机的总作业时间为 1 500 h,对发动机标定功率大于 18 kW 的拖拉机为 2×750 h,其余拖拉机为 3×500 h。

7.3.3.3 每台试验样机的作业项目:轮式拖拉机和手扶拖拉机田间作业项目(耕、耙、播、收等)时间不少于总工作时间的 70%、运输作业时间不多于 30%,不允许进行固定作业;履带拖拉机全部为田间作业,不允许进行固定作业;林业集材拖拉机全部为集材作业。其他特种用途拖拉机其作业项目及时间比例,可参照本部分拟定。

7.3.3.4 试验过程中,应随时测量完成各种作业的小时油耗,以此来判断和调整每台试验样机的负荷程度。轮式和手扶拖拉机的田间作业平均负荷系数分别应不低于 55%和 50%,运输作业为额定载质量;履带拖拉机的田间作业平均负荷系数应不低于 60%,林业集材拖拉机的搭载量应不小于额定搭载量的 80%。

7.3.3.5 使用试验(包括磨合和性能测试)发生的一切故障,均应将其发生的时间、情况、原因分析、修复工作时间等进行详细记录,必要时拍照并进行理化分析,对一切故障,均应按第 4 章的有关规定,判定其所属类别并记入表 A.6 和表 A.7。

7.3.3.6 试验中,对出现的一般故障和严重故障,应在排除以后才能继续试验。凡出现非本质原因引起的重大损坏,经试验负责单位与委托方协商后,方可另择样机进行试验;如试验为抽样检验,则需上报委托机关审批后,方可启用备用样机进行试验。

7.3.4 试验结果及报告

7.3.4.1 按式(7)～式(14)计算试验结果,并检查 T_o、ε、ξ_{fp} 三个指标是否符合 7.3.3.2 和 7.3.3.3 的规定,计算结果记入表 A.8 和表 A.9。

a) 拖拉机总工作时间

拖拉机总工作时间见公式(7)。

$$T_o = \sum(t_y - t_t - 0.8t_{k1} - t_{k2}) \quad\cdots\cdots(7)$$

式中：

T_o——拖拉机总工作时间，单位为小时(h)；

t_y——每班作业的延续时间，单位为小时(h)；

t_t——每班作业的各种停机时间，单位为小时(h)；

t_{k1}——每班作业中拖拉机空行时间，单位为小时(h)；

t_{k2}——每班作业中发动机空转时间，单位为小时(h)。

b) 各项作业时间比例

田间作业时间所占比例按公式(8)计算。

$$\varepsilon = \frac{\sum t_f}{T_o} \times 100\% \quad\cdots\cdots(8)$$

式中：

ε——田间作业时间所占比例；

t_f——各种田间作业(耕、耙、播、收等)时间，单位为小时(h)。

c) 总工作量

按作业种类分别汇总。总工作量按公式(9)计算。

$$Q_{so} = \sum Q_s \quad\cdots\cdots(9)$$

式中：

Q_{so}——完成某种作业的总工作量，单位为公顷(ha)或吨千米(t·km)；

Q_s——完成某种作业的班工作量，单位为公顷(ha)或吨千米(t·km)。

d) 平均生产率

按作业种类分别汇总。平均生产率按公式(10)计算。

$$q_{sp} = \frac{\sum Q_s}{\sum t_s} \quad\cdots\cdots(10)$$

式中：

q_{sp}——拖拉机进行某种作业的平均生产率，单位为公顷每小时(ha/h)或吨千米每小时[(t·km)/h]；

t_s——完成某种作业的班工作时间[见式(11)]，单位为小时(h)。

$$t_s = t_y - t_t - 0.8t_{k1} - t_{k2} \quad\cdots\cdots(11)$$

e) 平均小时油耗

平均小时油耗见公式(12)。

$$G_{fp} = \frac{G_s - G_{fk} \cdot \sum t_{k2}}{\sum t_s} \quad\cdots\cdots(12)$$

式中：

G_{fp}——拖拉机进行某一种作业的平均小时油耗，单位为千克每小时(kg/h)；

G_s——拖拉机进行某种作业的总耗油量，单位为千克(kg)；

G_{fk}——拖拉机发动机空转小时油耗，单位为千克每小时(kg/h)。

f) 平均单位工作量油耗

平均单位工作量油耗见公式(13)。

$$G_d = \frac{G_s}{Q_{so}} \quad\cdots\cdots(13)$$

式中：

G_d——拖拉机进行某种作业的平均单位工作量油耗，单位为千克每公顷(kg/ha)或千克每吨千米[kg/(t·km)]。

g) 平均负荷系数

平均负荷系数见公式(14)。

$$\xi_{fp} = \frac{P_{dp}}{P_{db}} \times 100\% \qquad \cdots\cdots (14)$$

式中：

ξ_{fp}——拖拉机进行某种作业的平均负荷系数；

P_{dp}——由 G_{fp} 值在动力输出轴特性曲线上查得的平均利用功率近似值，单位为千瓦(kW)；

P_{db}——标定转速时动力输出轴最大功率，单位为千瓦(kW)。

对做发动机台架试验的拖拉机，P_{dp} 和 P_{db} 分别由 G_{fp} 在发动机调速特性曲线上查得相应功率与发动机标定功率代替。

7.3.4.2 按第5章的规定计算下列五个指标，并将各项计算结果记入表A.10：

a) 首次故障前平均工作时间 MTTFF；
b) 平均故障间隔时间 MTBF；
c) 平均停机故障间隔时间 DTMTBF；
d) 无故障性综合评分值 Q；
e) 工厂年平均保修费用率 PWC。

7.3.4.3 按附录A要求内容编写《拖拉机可靠性使用试验报告》。

报告正文应包括下列内容：

a) 前言

简单叙述试验任务的由来、目的和要求、试验起止日期及试验地点、试验负责单位及参加单位等。

b) 试验拖拉机外形照片及主要技术规格

拖拉机型号、外形尺寸(长×宽×高)、轴距、轮(轨)距(前轮、后轮)、轮胎规格(前轮、后轮)、履带板宽、最小离地间隙、各挡理论速度、拖拉机最小使用质量、配重质量、发动机型号、制造厂、发动机标定功率(12 h)、冷却方式、起动方式、发动机与离合器连接型式、动力输出轴型式、转速、最大输出功率、液压悬挂类别、最大提升力。

c) 试验条件及试验情况

至少应包括试验地区农业自然特点(地形、土质、作物、道路、气候等)和试验进行概况。

d) 试验结果

应包含表A.1～表A.4、表A.7、表A.9和表A.10各表内容。

必要时对故障模式及其影响加以说明或分析。

附　录　A
（资料性附录）
拖拉机试验汇总表

表 A.1　试验拖拉机验收与磨合结果汇总表

拖拉机型号＿＿＿＿＿＿＿＿制造厂＿＿＿＿＿＿＿＿拖拉机商标＿＿＿＿＿＿＿＿

验收地点＿＿＿＿＿＿＿＿＿＿＿＿＿＿＿＿验收日期＿＿＿＿＿＿＿＿

序号	试验样机编号	1	2	3
1	拖拉机编号/出厂日期			
2	发动机制造厂			
3	发动机型号			
4	发动机编号/出厂日期			
5	随车技术文件是否齐全			
6	各处铅封是否完整			
7	发动机标定功率/转速			
8	随机工具、附件是否齐全			
9	整机装备是否完整			
10	外部有无磕碰损伤			
11	电器仪表系统是否完好			
12	各联接部位是否紧固			
13	发动机运转是否正常			
14	传动系统运转是否正常			
15	操纵行驶是否正常			
16	液压悬挂升降是否正常			
17	磨合时间/h			
18	磨合情况			

验收人员：　　　　磨合人员：　　　　磨合日期：

表 A.2 动力输出轴(发动机台架)试验结果汇总表

拖拉机型号__________制造厂____________________发动机型号__________试验地点__________

检验依据______________________________试验日期:试验前__________试验后__________

试验时平均大气状况:

使用试验前:气温__________℃　气压__________kPa　相对湿度__________%

使用试验后:气温__________℃　气压__________kPa　相对湿度__________%

试验时最高温度:

使用试验前:冷却水________℃　润滑油________℃　燃油________℃　进气________℃

使用试验后:冷却水________℃　润滑油________℃　燃油________℃　进气________℃

试验样机编号		1				2				3			
性能参数		P_d/kW	n_e/(r/min)	G_t/(kg/h)	g_d/[g/(kW·h)]	P_d/kW	n_e/(r/min)	G_t/(kg/h)	g_d/[g/(kW·h)]	P_d/kW	n_e/(r/min)	G_t/(kg/h)	g_d/[g/(kW·h)]
试验前	1) 标定转速最大功率												
	2) 1)项转矩的85%												
	3) 2)项转矩的75%												
	4) 2)项转矩的50%												
	5) 2)项转矩的25%												
	6) 空载				—				—				—
	平均		—				—				—		
试验后	1) 标定转速最大功率												
	2) 1)项转矩的85%												
	3) 2)项转矩的75%												
	4) 2)项转矩的50%												
	5) 2)项转矩的25%												
	6) 空载				—				—				—
	平均		—				—				—		

注:P_d——动力输出轴功率;

n_e——发动机转速;

G_t——发动机燃油耗;

g_d——动力输出轴燃油消耗率。其平均值是由 G_t 和 P_d 的平均值计算获得。

记录人员:　　　　　　校核人员:　　　　　　参加人员:

表 A.3 液压悬挂试验结果汇总表

拖拉机型号＿＿＿＿＿＿制造厂＿＿＿＿＿＿＿＿＿＿检验依据＿＿＿＿＿＿

试验日期：试验前＿＿＿＿＿试验后＿＿＿＿＿试验地点＿＿＿＿＿＿＿＿

试验样机编号		载荷/kN	提升行程/mm	提升时间/s	30 min 静沉降值/mm
1	试验前				
	试验后				
2	试验前				
	试验后				
3	试验前				
	试验后				

记录人员： 校核人员： 参加人员：

表 A.4 制动试验结果汇总表

拖拉机型号＿＿＿＿＿＿制造厂＿＿＿＿＿＿＿＿＿＿检验依据＿＿＿＿＿＿

试验日期：试验前＿＿＿＿＿试验后＿＿＿＿＿试验地点＿＿＿＿＿＿＿＿

试验样机编号		制动前行驶速度/(km/h)	冷态制动平均减速度/(m/s^2)	左右车轮制动印痕差/mm
1	试验前			
	试验后			
2	试验前			
	试验后			
3	试验前			
	试验后			

记录人员： 校核人员： 参加人员：

表 A.5 拖拉机可靠性使用试验班次记录表

拖拉机型号＿＿＿＿＿＿样机编号＿＿＿＿＿＿＿＿＿＿试验日期＿＿＿＿＿＿

作业名称＿＿＿＿＿＿土壤类型及植被(或道路)情况＿＿＿＿＿＿＿＿＿＿

作业情况：耕深＿＿＿＿＿cm 耕幅＿＿＿＿＿cm 或装载质量＿＿＿＿＿t

本班完成工作量：作业面积＿＿＿＿＿ha 运输量＿＿＿＿＿t·km

本班耗油量：燃油＿＿＿＿＿kg 发动机润滑油＿＿＿＿＿kg 底盘润滑油＿＿＿＿＿kg

工作内容	开始时间	结束时间	延续时间/h min	作业挡次	停机时间/min	空行时间/min	空转时间/min
合计							

本班维修保养工作时间＿h＿min 故障修复工作时间＿h＿min 拖拉机工作时间＿h＿min

记事：

记录人员： 校核人员： 参加人员：

表 A.6　拖拉机可靠性使用试验故障登记表

拖拉机型号__________制造厂____________________样机编号____________试验日期____________

出现故障日期________________作业名称____

拖拉机累计工作时间__________________h

本次故障中损坏的零部件清单：

名　　称	件号	件数	各零部件累积工作时间/h	该零部件出厂零售价/元

故障现象及其影响程度描述(附照片)

故障原因及其理化检验结果：

排除故障方法：

故障类别____________________故障修复时间______________h　修复费用____________元

驾驶员______________________记录员____________________修理工______________

鉴定人______________________负责人____________________

记录人员：　　　　　　　　　　　校核人员：　　　　　　　　　　　参加人员：

表 A.7　拖拉机可靠性使用试验故障汇总表

拖拉机型号______________样机编号________________________试验日期________________

试验起止日期______________制造厂________________________

试验地点__________________样机台数________台　规定试验结尾时间__________________h

序号	试验样机编号	故障名称	拖拉机累计工作时间	故障原因	故障类别	修复工作时间	修复费用/元	危害度系数 K	时间系数 E

记录人员：　　　　　　　　　　　校核人员：　　　　　　　　　　　参加人员：

表 A.8　拖拉机可靠性使用试验班次记录汇总表

拖拉机型号______ 制造厂______ 样机编号______ 试验地点______ 试验起止日期______

序号	日期	本班工作时间/h		累计工作时间/h			空转时间/h	燃油消耗量/kg		班小时耗油量/(kg/h)	班工作量		主要工作挡工作时间/h					润滑油消耗量/kg		保养工作时间/min
		田间	运输	田间	运输	合计		本班	累计		田间/ha	运输/(t·km)	挡	挡	挡	挡	挡	发动机	底盘	

记录人员：　　　　校核人员：　　　　参加人员：

表 A.9　拖拉机可靠性使用试验综合汇总表

拖拉机型号＿＿＿＿＿＿＿＿制造厂＿＿＿＿＿＿＿＿＿＿＿＿试验起止日期＿＿＿＿＿＿＿＿

试验样机编号			1	2	3
累计工作时间/h					
累计空转时间/h					
累计保养工作时间/h					
累计修复工作时间/h					
累计耗油量/kg	燃油				
	润滑油	发动机			
		底盘			
累计工作量	田间/ha				
	运输/(t·km)				
平均小时燃油耗/(kg/h)	田间				
	运输				
平均单位工作量燃油耗	田间/(kg/ha)				
	运输/[kg/(t·km)]				
各挡工作时间比例/%		挡			
		挡			
		挡			
		挡			
		挡			
田间作业平均负荷系数/%					
田间作业时间占总时间的百分比/%					

记录人员：　　　　　　　　　　校核人员：　　　　　　　　　　参加人员：

表 A.10　拖拉机可靠性评定结果汇总表

拖拉机型号＿＿＿＿＿＿制造厂＿＿＿＿＿＿＿＿＿＿＿＿＿＿试验起止日期＿＿＿＿＿＿＿＿

累计故障数(次)：

试验样机编号	1	2	3	合计
致命故障				
严重故障				
一般故障				
轻度故障				
合计				
可靠性指标	MTTFF=　　　　h（　h使用试验） MTBF=　　　　h（　h使用试验） DTMTBF=　　　　h（　h使用试验） Q=　　　　分（　h使用试验） PWC=　　　　%（　h使用试验）			

记录人员：　　　　　　　　　　校核人员：　　　　　　　　　　参加人员：

附 录 B
（资料性附录）
拖拉机故障实例

B.1 通用部分按表 B.1 的规定。

表 B.1

序号	名　　称	故障模式	情况说明	类别
1	机体、机架、行走装置	断裂、脱开		Ⅰ
2	机体内部零件	损坏或失效		Ⅱ
3	机体外部重要零、部件	损坏或失效		Ⅱ
4	机体外部一般零件	损坏或失效		Ⅲ
5	机体外部重要紧固件	多个损坏	紧固件螺栓强度 8.8 级以上，螺母 8 级以上，致连接失效	Ⅱ
6	机体外部重要紧固件	个别损坏或松动多次	未致连接失效	Ⅲ
7	机体外部一般紧固件	损坏或脱落	未致连接失效	Ⅳ
8	零件结合面	严重三漏	拆检换件才能排除	Ⅱ
9	零件结合面	三漏	不拆检换件能排除	Ⅲ
10	零件结合面	渗漏	湿润	Ⅳ
11	警示标牌或铅封	脱落		Ⅲ
12	非警示标牌	脱落		Ⅳ
13	表面漆皮及电镀层	大块剥落		Ⅲ
14	表面漆皮及电镀层	脱落		Ⅳ
15	非重要塑胶件	裂纹		Ⅳ
16	黄油嘴	损坏或脱落		Ⅳ

B.2 整机性能部分按表 B.2 的规定。

表 B.2

序号	名称	故障模式	情况说明	类别
1	起动性能	不能起动		Ⅱ
2	起动性能	起动困难	不换件能排除	Ⅲ
3	动力性能	标定功率超过名义值的－5%	试验前测值	Ⅲ
4	动力性能	标定功率比试验前测值降低 5%～10%	试验后测值	Ⅲ
5	动力性能	标定功率比试验前测值降低超过 10%	试验后测值	Ⅱ
6	经济性能	燃油消耗率高于相应质量等级规定	试验前测值	Ⅲ
7	经济性能	燃油消耗率比相应质量等级规定高 5%～10%	试验后测值	Ⅲ
8	经济性能	燃油消耗率比相应质量等级规定高 10%以上	试验后测值	Ⅱ
9	操纵性能	失去转向或制动系的操纵	危及人身安全	Ⅰ

表 B.2（续）

序号	名称	故障模式	情况说明	类别
10	操纵性能	液压转向失效	未失去操纵	Ⅲ
11	操纵性能	转向力显著增大		Ⅲ
12	制动性能	失去制动能力	未危及人身安全	Ⅱ
13	制动性能	平均减速度低于 2.5 m/s^2		Ⅲ
14	液压悬挂性能	不能提升		Ⅱ
15	液压悬挂性能	提升时间超过 3 s		Ⅲ
16	液压悬挂性能	提升行程达不到要求		Ⅲ
17	液压悬挂性能	静沉降值为提升行程	沉到底	Ⅱ
18	液压悬挂性能	静沉降值超过提升行程的 4%	未沉到底	Ⅲ

B.3 发动机部分按表 B.3 的规定。

表 B.3

序号	名　称	故障模式	情况说明	类别
1	发动机	捣缸、冲缸、飞轮炸裂	致多个零件损坏	Ⅰ
2	发动机	抱缸、抱轴、拉缸		Ⅱ
3	发动机	转速失控		Ⅱ
4	发动机	转速不稳，无怠速		Ⅲ
5	发动机	严重窜机油		Ⅱ
6	喷油泵、喷油器、水泵、增压器、滤清器、散热器、风扇、发电机、起动机等重要部件	损坏		Ⅱ
7	缸体、缸盖、油底壳、齿轮室、飞轮壳等外部重要零件	损坏		Ⅱ
8	金属油管、油管接头、水箱浮子等外部零件	损坏	需换件	Ⅲ
9	油路	进气或堵塞	不换件能排除	Ⅳ
10	塑料油管、接头垫片、水管固定卡子等	损坏		Ⅳ

B.4 传动系部分按表 B.4 的规定。

表 B.4

序号	名　称	故障模式	情况说明	类别
1	变速箱、后桥	总成报废	多个重要零件损坏	Ⅰ
2	离合器	分离不开或严重打滑		Ⅱ
3	变速箱	脱挡或乱挡	多次发生	Ⅱ
4	变速箱	脱挡或乱挡	偶尔发生、易排除	Ⅲ
5	变速箱	换挡困难	非零件损坏所致	Ⅲ
6	离合器、变速箱体、半轴壳体、最终传动箱体及变速杆等外部重要零件	裂纹或损坏		Ⅱ
7	传动带、传动链条、箱孔盖板、防护罩、衬套等零件	损坏		Ⅲ
8	变速手柄、球头等外部次要零件	损坏或脱落		Ⅳ

B.5 行走转向系部分按表 B.5 的规定。

表 B.5

序号	名　　称	故障模式	情况说明	类别
1	车轮、履带、轮轴、机架、悬架、托架、转向系和制动系的传力零件、手扶拖拉机扶手架等外部零部件	损坏或裂纹		Ⅱ
2	挂车制动操纵、停车制动操纵	失效		Ⅱ
3	挂车制动操纵、停车制动操纵	失灵		Ⅲ
4	导向轮、驱动轮	严重摆动		Ⅱ
5	轮胎与轮辋	滑转		Ⅱ
6	履带	脱轨		Ⅱ
7	转向系	自由行程超限		Ⅲ
8	架位弹簧、防尘罩衬套、止推片等外部零件	损坏或脱落		Ⅲ
9	手柄稳胶套外部次要零件	损坏或脱落		Ⅳ

B.6 液压悬挂和牵引部分按表 B.6 的规定。

表 B.6

序号	名　　称	故障模式	情况说明	类别
1	液压悬挂系	耕深控制失效		Ⅱ
2	液压悬挂系	耕深控制失效		Ⅲ
3	液压悬挂系	运输位置锁定失效		Ⅲ
4	液压悬挂系	提升抖动严重	多次发生	Ⅲ
5	液压油泵、分配器、悬挂杆件、液压输出阀、牵引装置、提升轴、提升臂、提升器壳体、滤清器等外部重要零部件	损坏或失效		Ⅱ
6	快换接头、限位链锁销、油管、操纵手柄等外部零部件	损坏		Ⅲ
7	油管固定卡子等外部次要零件	损坏或脱落		Ⅳ

B.7 其他部分按表 B.7 的规定。

表 B.7

序号	名　　称	故障模式	情况说明	类别
1	驾驶室或安全架	容身区被侵入		Ⅰ
2	驾驶室或安全架的骨架及支架	损坏或断裂		Ⅱ
3	蓄电池、组合仪表、驾驶室、机罩、后挡泥板等外部重要零部件	损坏		Ⅱ
4	手油门	停不住		Ⅲ
5	熄火机构、减压机构	失灵		Ⅲ
6	覆盖件	裂纹或开焊		Ⅲ
7	前轮挡泥板、电器开关、单个仪表、灯泡、油箱盖等外部零部件	失效		Ⅲ
8	脚油门	沉重		Ⅳ
9	电线接头	断开		Ⅳ
10	电线卡子护套或电线卡子等	破损		Ⅳ
11	电线卡子、摇手把卡子等外部次要零部件	损坏或脱落		Ⅳ

ICS 65.060.10
T 60

中华人民共和国国家标准

GB/T 24648.2—2009

工程农机产品可靠性考核评定指标体系及故障分类通则

Reliability assessment of engineering and agricultural machine—Evaluation parameter system and failure classification code

2009-11-15 发布

2010-05-01 实施

中华人民共和国国家质量监督检验检疫总局
中国国家标准化管理委员会 发布

前　言

本部分由中国机械工业联合会提出。

本部分由全国拖拉机标准化技术委员会(SAC/TC 140)归口。

本部分起草单位:国家拖拉机质量监督检验中心。

本部分主要起草人:李勇、闫小方、孙盼盼、徐瑞。

工程农机产品可靠性考核评定指标体系及故障分类通则

1 范围

GB/T 24648 的本部分规定了工程农机产品可靠性考核评定中的术语和定义、故障分类、故障判断规则和可靠性考核评定指标体系。

本部分适用于工程农机产品(包括整机、零部件)用户使用调查和试验室内、外可靠性试验结果的分析与评价。

2 术语和定义

下列术语和定义适用于本部分。

2.1

工程农机产品　agricultural and engineering machinery

用于农业工程作业和农业田间作业的机械产品。

例如用于农业田间作业的产品有拖拉机、收割机等;用于农业工程作业的有农用装载机、农用挖掘机等。

2.2

故障　fault

产品或其零部件不能完成其规定功能或性能指标恶化至超过规定范围的一切现象。

2.3

本质故障　inherent weakness fault

在规定的使用条件下,由于产品本身固有的缺陷引起的故障。

例如零件的过度变形、断裂、早期磨损和疲劳、非正常腐蚀和老化、紧固件松动或失效、性能下降超限及“三漏”等。

2.4

从属故障　secondary fault

由产品的某个零部件的故障直接或间接引起产品其他零部件的故障,或因本质故障导致产生的派生故障。

例如发动机由于连杆螺栓断裂导致连杆、轴瓦、活塞和缸体等一系列零件损坏时,则连杆螺栓断裂为本质故障;由此引起的其他零件损坏均称为从属故障。

2.5

误用故障　misuse fault

操作者未按使用说明书的规定使用和操作引起的故障。

例如操作者未按说明书规定要求加油或加水,而导致发动机过热、抱缸;操作者擅自改变零部件结构或调整状态,超载使用致使零部件损坏等。

3 故障分类

3.1　产品按故障模式分类主要有:

a)　产品性能降低;

b) 零件过度变形、断裂、早期磨损和疲劳等引起功能失效；

c) 水、油、气渗漏或通道堵塞；

d) 紧固件松动或调整状态改变；

e) 零件松动、脱落、老化、腐蚀和材料变质等。

3.2 产品按故障后果的危害程度分类：分为致命故障、严重故障、一般故障和轻度故障四类。其代号、分类规则和故障举例见表1。

表1 故障危害度分类表

类别	名称	代号	分类规则	故障举例
Ⅰ	致命故障	ZM	危及或导致人身伤亡引起主要总成报废或造成重大经济损失的故障	连杆或曲轴断裂、飞轮碎裂、车架或机体断裂、车轮脱落等
Ⅱ	严重故障	YZ	严重影响产品功能或规定的重要性能指标恶化至规定范围以外，应停机修理、修理费用较高，在较短有效时间内无法排除的故障。即需要更换产品外部重要零部件或拆开机体更换内部零部件的故障	发动机烧瓦、凸轮严重磨损、齿轮或轴承损坏、严重"三漏"、缸套内表面拉伤需镗缸、高压油泵调节杆卡死、功率下降超过10%、油耗上升超过10%等
Ⅲ	一般故障	YB	明显影响产品功能，修理费用中等。在较短的有效时间内可以排除的故障，即需要更换或修理外部零部件的故障	油箱开裂、油水渗漏、零件开焊或开裂、油箱盖丢失、电器开关损坏、油漆大块剥落等
Ⅳ	轻度故障	QD	轻度影响产品功能，暂时不会导致工作中断，修理费用低廉的故障，或在日常保养中能用随机工具轻易排除的故障	轻微渗漏、螺栓松动、外部调整改变、更换次要的外部紧固件、电线脱焊等

注1：故障举例着重对于一般情况下的整机产品而言。

注2：有效时间是指产品发生故障后停机到排除故障，恢复正常为止，包括故障诊断、检查、修理、调试和必要的管理时间，但不包括停机期间，由于人为或自然因素耽误的时间。

注3：轻微渗漏是指经紧固后可排除的渗漏。

4 故障判断规则

4.1 可靠性考核应统计产品发生的本质故障和从属故障。误用故障不计入故障次数，但应如实记录。

4.2 对批量生产的产品可靠性考核，重点是考核产品在规定的"三包"期内的故障状况。用户在按制造厂提供的使用说明书进行使用和保养的情况下，在规定的"三包"期之内发生零部件损坏或不能正常使用，均属考核范围内的故障或失效。

4.3 在规定的"三包"期内或规定的可靠性考核截尾时间内，相对规定的出厂指标下限值，允许重要性能指标恶化比例的故障判定依据，见该产品的相关标准规定。

4.4 一次故障应判定为一个故障次数，以其最终造成的后果按表1的规定来判定其故障类别，且只能判定为四类故障中的一类。本质故障产生从属故障时，按产品的最严重的后果来判定其故障类别。

4.5 按使用说明书规定而需要定期更换的随机备件，不作故障处理，但应记录和说明。

4.6 对故障应进行具体分析，以求正确地判定故障的类别。由于产品整机、部件或零件的结构、复杂程度、零件数目等不同，即使名称相同的故障，其故障性质、故障查明和排除的难易程度、故障的危害程度等也不尽相同，可参考各类产品标准中规定的故障实例进行判断。

4.7 故障判定时，应详细了解和记录产品发生故障时的使用条件，包括负荷状态、累积工作时间、故障模式、故障造成后果等信息,必要时应保留现场(包括损坏件)或拍摄照片,以便可靠性试验人员和设计制造人员进行分析。

5 可靠性考核评定指标体系

5.1 考核指标和计算方法

可靠性考核指标应能定量衡量规定条件下使用的产品可靠性。对整机产品,推荐采用 MTTFF、MTBF 和 Q 值作为考核的可靠性指标;对于零部件产品,推荐采用 L_R、$F(t)$、λt 或 MTBF(MTTFF)作为考核的可靠性指标。也可根据产品的特点,增加若干项其他可靠性考核指标。常用的可靠性指标见5.1.1～5.1.10。

5.1.1 首次故障前平均工作时间 MTTFF

是指产品发生首次致命故障、严重故障或一般故障时的平均工作时间,其点估计值见公式(1)。

$$\text{MTTFF} = \frac{1}{r}\left(\sum_{i=1}^{r} t_i + \sum_{j=1}^{n-r} t_j\right) \qquad \cdots\cdots(1)$$

式中:

n——被调查或被试验样品中,统计首次故障的有效个数;

r——被调查或被试验样品中,发生首次故障(轻度故障除外)的产品个数;

t_i——第 i 个样品发生首次故障时的累积工作时间,单位为小时(h);

t_j——用户调查时或可靠性试验结束时未发生首次故障的第 j 个样品的累积工作时间,单位为小时(h)。

对于 MTTFF,其置信度为$(1-\alpha)$的首次故障前平均工作时间的单侧置信区间的下限估计值,见公式(2)。

$$(\text{MTTFF})_{\text{L},1-\alpha} = \frac{2\left(\sum_{i=1}^{r} t_i + \sum_{j=1}^{n-r} t_j\right)}{x^2_{(\alpha,2r+2)}} \qquad \cdots\cdots(2)$$

式中:

α——风险系数(或称显著水平);

$x^2_{(\alpha,2r+2)}$——自由度为$(2r+2)$,在单侧置信区间时,即为置信度 $1-\alpha$ 的 x^2 分布的分位数。

5.1.2 平均故障间隔时间 MTBF

是指可修复产品相邻两次故障之间的平均工作时间,按公式(3)计算。

$$\text{MTBF} = \frac{\sum_{i=1}^{n} t_{ci}}{r_a} \qquad \cdots\cdots(3)$$

式中:

t_{ci}——第 i 个调查样品的累积工作时间,对考核试验,则为规定的定时截尾试验时间,单位为小时(h);

r_a——被调查或被考核试验样品在使用或试验时间内出现的故障(轻度故障除外)次数的总和。

对于 MTBF,其置信度为$(1-\alpha)$的平均故障间隔时间的单侧置信区间的下限估计值,见公式(4)。

$$(\text{MTBF})_{\text{L},1-\alpha} = \frac{2\sum_{i=1}^{n} t_{ci}}{x^2_{(\alpha,2r_a+2)}} \qquad \cdots\cdots(4)$$

式中:

$x^2_{(\alpha,2r_a+2)}$——自由度为$(2r_a+2)$,在单侧置信区间时,即为置信度 $1-\alpha$ 的 x^2 分布的分位数。

5.1.3 无故障性综合评分值 Q

若整机或部件可靠性考核试验期间,有一个样品发生致命故障,则该产品的无故障性综合评分值为不及格，不再计算其 Q 值。

对未发生致命故障的可靠性考核试验，按公式(5)计算其无故障性综合评分值 Q。

$$Q = 100 - \frac{T_g}{nT_o}\sum_{i=1}^{r_c}(K_i \cdot E_i) \quad \cdots\cdots(5)$$

式中：

T_g——国外或国内同类先进工程农机产品的 MTBF 指标值，单位为小时(h)；

T_o——可靠性考核试验规范规定的定时截尾试验时间，单位为小时(h)；

r_c——在规定的定时截尾试验时间内，被考核试验样品出现的各类故障的总数；

K_i——第 i 个故障的故障危害度系数，由所属故障类别确定；

E_i——第 i 个故障的故障发生时间系数，根据故障发生时的样品累积工作时间来确定。

5.1.4 平均停机故障间隔时间 DTMTBF

是指可修复产品相邻两次停机故障(包括严重和致命故障)之间的平均工作时间，按公式(6)计算。

$$\mathrm{DTMTBF} = \frac{\sum_{i=1}^{n} t_{ci}}{r_d} \quad \cdots\cdots(6)$$

式中：

r_d——被调查或被考核试验样品在使用或试验时间内出现的停机故障次数的总和。

对于 DTMTBF，其置信度为$(1-\alpha)$的平均停机故障间隔时间的单侧置信区间的下限估计值，见公式(7)。

$$(\mathrm{DTMTBF})_{L,1-\alpha} = \frac{2\sum_{i=1}^{n} t_{ci}}{x^2_{(\alpha,2r_d+2)}} \quad \cdots\cdots(7)$$

式中：

$x^2_{(\alpha,2r_d+2)}$——自由度为$(2r_d+2)$，在单侧置信区间时，即为置信度 $1-\alpha$ 的 x^2 分布的分位数。

5.1.5 故障(失效)率 λ_t

产品在规定的使用条件下使用到 t 时刻，在 t 时刻后，在尚未发生故障的产品中，单位时间发生故障的概率，称为故障或失效率 λ_t。

故障率的观测值常用平均故障率 λ_m 来计算，即被调查或试验的样品中，产品发生故障的总次数 r_a 与总累积工作时间之比，按公式(8)计算。

$$\lambda_m = \frac{r_a}{\sum_{i=1}^{n} t_{ci}} \quad \cdots\cdots(8)$$

故障率常用的单位有 1/h、1/10 次、%/kh 和 10^{-5}/h 等。

5.1.6 平均修复时间 MTTR

是指可修复产品使用到某一时刻时相应其平均故障间隔时间 MTBF，所需的平均故障修复时间，即所需故障(轻度故障除外)排除的平均有效时间，按公式(9)计算。

$$\mathrm{MTTR} = \frac{\sum_{i=1}^{r_a} t_{ri}}{r_a} \quad \cdots\cdots(9)$$

式中：

t_{ri}——被调查或被试验样品中，第 i 个故障所需的修复时间，单位为小时(h)。

5.1.7 有效度 A_t 和机能率 K

在规定的使用条件下，在某个观察期内，产品能保持其规定功能的时间比例，称为有效度 A_t，有效度的观测值按公式(10)计算。

$$A_t = \frac{\text{MTBF}}{\text{MTBF} + \text{MTTR}} \qquad (10)$$

某些产品中,也用机能率 K 来确定其能保持其规定功能的时间比例。机能率按公式(11)计算。

$$K = \frac{\sum_{i=1}^{n} t_{ci}}{\sum_{i=1}^{n} t_{ci} + \sum_{i=1}^{r_c} t_{ri} + \sum_{i=1}^{n} t_{si}} \times 100\% \qquad (11)$$

式中:

t_{si}——被调查或被试验样品中,保养所需的时间,单位为小时(h)。

5.1.8 可靠寿命 L_R(或 B_{10}、B_{50} 大修寿命)

产品在规定的使用条件下,可靠度 R 达到某一要求值时的工作时间,称为可靠寿命 L_R。

例如:特征寿命:$B_{63.2}$ 可靠度 $R=36.8\%$ 的可靠寿命 $L_{0.368}$;

额定寿命(规定):B_{10} 可靠度 $R=90\%$ 的可靠寿命 $L_{0.9}$;

中位寿命:B_{50} 可靠度 $R=50\%$ 的可靠寿命 $L_{0.5}$;

平均寿命:在规定的使用条件下,产品具有可接受故障率的使用时间的平均值。

可修复产品在规定的使用条件下,其中10%和50%的产品达到需要大修时的使用时间(即90%和50%产品达到或超过大修时的使用时间)分别称为 B_{10} 和 B_{50} 大修寿命。

5.1.9 累积故障概率 $F(t)$ 或可靠度 $R(t)$

产品在规定的使用条件下使用到某一时刻 t 时,产品发生故障的累积概率,称为累积故障概率 $F(t)$,亦称不可靠度。

累积故障概率 $F(t)$ 的观测值见公式(12)。

$$F(t) = 1 - R(t) = \frac{r_a(t)}{n} \qquad (12)$$

式中:

$r_a(t)$——被调查或被考核试验样品在使用或试验时间 t 内出现的故障(轻度故障除外)次数的总和。

$R(t)$——产品使用到时间 t 时的可靠度。

5.1.10 制造厂年平均保修费用率 PWC

制造厂年平均保修费用率 PWC,按公式(13)计算。

$$\text{PWC} = \frac{C_W}{C_{TS}} \times 100\% \qquad (13)$$

式中:

C_{TS}——产品的出厂销售价,单位为元;

C_W——产品在第一年保修期内,每台产品制造厂支付的平均保修费用,单位为元。

5.2 可靠性数据来源

5.2.1 现场可靠性试验

一般可结合产品实际使用,在专人监督下进行现场可靠性考核试验或定点跟踪现场可靠性试验。

5.2.2 试验室或试验场可靠性试验

由可靠性试验人员负责,按可靠性试验规范,在可控条件的试验室或在规定条件的试验场进行可靠性试验。当采用快速模拟试验时,要确定模拟试验与用户实际使用之间的当量关系。

5.2.3 用户调查

在产品的用户中进行调查来获得产品实际使用的可靠性数据。

ICS 65.060.10
T 66

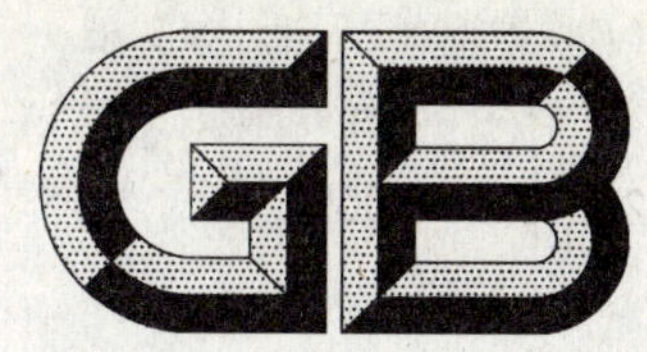

中华人民共和国国家标准

GB/T 24649.1—2009

拖拉机挂车气制动系统储气筒 技术条件

Air reservoir of pneumatic braking system of tractor-trailers—Specifications

2009-11-15 发布 2010-05-01 实施

中华人民共和国国家质量监督检验检疫总局
中国国家标准化管理委员会 发布

前　言

本部分由中国机械工业联合会提出。

本部分由全国拖拉机标准化技术委员会(SAC/TC 140)归口。

本部分起草单位:洛阳拖拉机研究所。

本部分主要起草人:尚项绳、徐惠娟、柳玲文、陈嵩。

拖拉机挂车气制动系统储气筒技术条件

1 范围

GB/T 24649 的本部分规定了拖拉机挂车气制动系统储气筒技术要求、试验方法、检验规则、标志、包装、运输和贮存。

本部分适用于拖拉机挂车气制动系统储气筒(以下简称储气筒)。

2 规范性引用文件

下列文件中的条款通过 GB/T 24649 的本部分的引用而成为本部分的条款。凡是注日期的引用文件,其随后所有的修改单(不包括勘误的内容)或修订版均不适用于本部分,然而,鼓励根据本部分达成协议的各方研究是否可使用这些文件的最新版本。凡是不注日期的引用文件,其最新版本适用于本部分。

GB/T 2828.1 计数抽样检验程序 第1部分:按接收质量限(AQL)检索的逐批检验抽样计划(GB/T 2828.1—2003,ISO 2859-1:1999,IDT)

GB/T 13384 机电产品包装通用技术条件

JB/T 5673—1991 农林拖拉机及机具涂漆 通用技术条件

3 技术要求

3.1 一般要求

3.1.1 储气筒应按照规定程序批准的产品图样和技术文件制造。

3.1.2 储气筒表面应光洁、平整,应无飞边、毛刺、裂纹和其他影响强度的缺陷,焊缝均匀,涂漆表面应符合 JB/T 5673—1991 的 TQ-2-2 的规定。

3.1.3 储气筒应能在 −30 ℃～70 ℃的温度下正常工作。

3.1.4 储气筒的额定压力应为 800 kPa。

3.1.5 储气筒容积至少是由该储气筒供气的各制动气室的总额定容积的 10 倍。

3.1.6 储气筒应有一个能用手操纵的排放阀。

3.1.7 储气筒应装有指示储气筒压力的气压表接头或压力传感器。

3.1.8 储气筒使用的安全阀的排放能力应大于空气压缩机的最大流量。

3.1.9 储气筒应有单向阀或相应装置,防止储气筒和气源之间的系统引起储气筒的压力降。

3.2 性能要求

3.2.1 密封性

储气筒在 1.5 倍额定压力下,保压 5 min 应无泄漏。

3.2.2 耐压性

储气筒在 5 倍额定压力下进行 10 min 静态液压试验后,应无裂纹,且周向永久变形不能超过 1%。

4 试验方法

4.1 密封性试验

4.1.1 试验装置

试验装置的示意图见图 1。

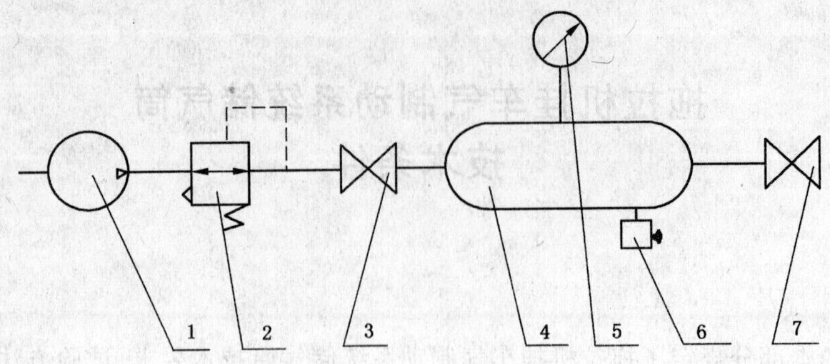

1——气源；

2——调压阀；

3——截止阀；

4——储气筒；

5——标准压力表；

6——排放阀；

7——截止阀。

图 1　密封性试验装置示意图

4.1.2　试验条件

4.1.2.1　标准压力表精度不低于 0.4 级，其量程上限不大于试验压力的 2.5 倍。

4.1.2.2　试验压力不低于储气筒额定压力的 1.5 倍。

4.1.2.3　密封装置不允许漏气。

4.1.3　将压缩空气充入储气筒，在 1.5 倍额定压力下，关闭截止阀 3、7 和排放阀 6，保压 5 min 后其密封性要求应满足 3.2.1 的规定。

4.2　耐压性试验

4.2.1　试验装置

试验装置的示意图见图 2。

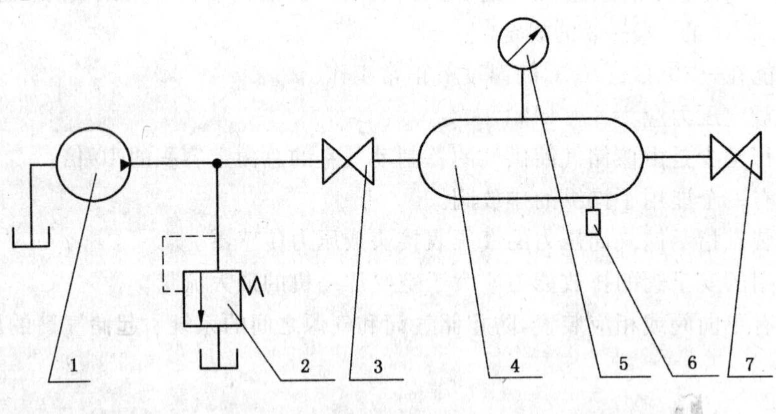

1——液压泵；

2——调压阀；

3——截止阀；

4——储气筒；

5——标准压力表；

6——排放阀接头；

7——截止阀。

图 2　耐压性试验装置示意图

4.2.2 试验条件

4.2.2.1 标准压力表精度不低于0.4级，其量程上限不大于16 MPa。

4.2.2.2 试验压力不低于储气筒额定压力的5倍。

4.2.2.3 密封装置不允许漏油。

4.2.3 将液压油压入储气筒，在5倍额定压力下，关闭截止阀3、7及密封排放阀接头6，保压10 min后其性能要求应满足3.2.2的规定。

5 检验规则

5.1 出厂检验

每个储气筒需经制造厂的质量检验部门检验合格后才能出厂。出厂检验项目按表1的规定。

表1 检验项目

检验项目	1	额定压力
	2	密封性
	3	耐压性
	4	外观质量
	5	涂漆质量

5.2 型式检验

5.2.1 检验项目

型式检验的检验项目见表1。

新开发的或经重大改进的储气筒应进行型式试验。

5.2.2 不合格分类

5.2.2.1 被检项目凡不符合第三章规定的要求均称为不合格。按其对产品质量的影响程度，分为A类不合格、B类不合格和C类不合格。不合格分类见表2。

表2 不合格分类

不合格分类		不合格项目	备注
A类	1	密封性未达要求	
	2	耐压性未达要求	
B类	1	额定压力未达要求	
C类	1	外观质量未达要求	
	2	涂漆质量未达要求	

5.2.2.2 储气筒的AQL值为每百单位产品计点的不合格数。

5.2.3 抽样方案

5.2.3.1 按GB/T 2828.1规定的一次正常抽样方案，并规定使用特殊检查水平S-1。

5.2.3.2 型式检验的样本应在制造厂半年内生产的合格产品中随机抽取。一般情况下，检查批 $N=$ 26台～50台。

5.2.3.3 规定样本大小为 $n=5$，其中2台用于A类项目检验，3台用于B类和C类项目检验，并分别按表2所列项目进行检查，抽样时应考虑增抽1台～2台备用机，备用机只在因非机器本身质量问题导致无法正常试验与作出正确判断时使用。

5.2.3.4 抽样方案见表3，Ac和Re是样本的不合格项计点数。也可根据供需双方商定的抽样方案进行抽检。

表 3 抽样方案

不合格分类	A类		B类		C类	
检查水平	S-1					
样本数	2		3		3	
AQL	6.5		15		40	
Ac Re	0	1	1	2	3	4

5.2.4 判定规则

5.2.4.1 根据5.2.3规定的抽样方案，对样本进行检查，样本中的不合格数小于或等于Ac时，评为合格；大于或等于Re时，评为不合格。各类全部合格时，则最终评为合格；任一个类或多个类评为不合格时，则最终评为不合格。

5.2.4.2 在整个性能检测期间，因产品质量问题发生严重故障及致命故障，则应停止检测，产品按不合格处理。

6 标志、包装、运输及贮存

6.1 产品标志应至少包括以下内容：

a) 制造厂名称和地址；

b) 产品名称；

c) 产品型号或标记；

d) 制造日期(或编号)或生产编号；

e) 产品执行标准代号。

6.2 储气筒包装应符合GB/T 13384的规定。

储气筒至少提供下述技术文件：

a) 产品使用说明书；

b) 产品合格证；

c) 保修证书；

d) 装箱单。

6.3 应保证储气筒在正常运输中不致发生损坏现象。

6.4 储气筒应存放在通风和干燥的仓库内。应保证自交货之日起12个月内产品不致因包装不良引起锈蚀、霉损等。

ICS 65.060.10
T 66

中华人民共和国国家标准

GB/T 24649.2—2009

拖拉机挂车气制动系统分配阀 技术条件

Distributor of pneumatic braking system of tractor-trailers—Specifications

2009-11-15 发布 2010-05-01 实施

中华人民共和国国家质量监督检验检疫总局
中国国家标准化管理委员会 发布

前　言

本部分由中国机械工业联合会提出。

本部分由全国拖拉机标准化技术委员会(SAC/TC 140)归口。

本部分起草单位:洛阳拖拉机研究所、国家拖拉机质量监督检验中心。

本部分主要起草人:徐惠娟、齐劲峰、陈嵩、尚项绳、柳玲文。

拖拉机挂车气制动系统分配阀 技术条件

1 范围

GB/T 24649 的本部分规定了拖拉机挂车气制动分配阀技术要求、试验方法、检验规则、标志、包装、运输和贮存。

本部分适用于拖拉机挂车气制动系统分配阀(以下简称分配阀)。

2 规范性引用文件

下列文件中的条款通过 GB/T 24649 的本部分的引用而成为本部分的条款。凡是注日期的引用文件,其随后所有的修改单(不包括勘误的内容)或修订版均不适用于本部分,然而,鼓励根据本部分达成协议的各方研究是否可使用这些文件的最新版本。凡是不注日期的引用文件,其最新版本适用于本部分。

GB/T 2828.1 计数抽样检验程序 第 1 部分:按接收质量限(AQL)检索的逐批检验抽样计划(GB/T 2828.1—2003,ISO 2859-1:1999,IDT)

GB/T 13384 机电产品包装通用技术条件

JB/T 5673—1991 农林拖拉机及机具涂漆 通用技术条件

3 技术要求

3.1 一般要求

3.1.1 分配阀应按照经规定程序批准的产品图样和技术文件制造。

3.1.2 分配阀表面应光洁、平整,应无飞边、毛刺,金属镀层和氧化处理层不得剥落和生锈,涂漆应符合 JB/T 5673—1991 中 TQ-2-2 的规定。

3.1.3 分配阀应能在−30 ℃~70 ℃的温度下正常工作。

3.1.4 分配阀的额定压力为 630 kPa。

3.2 性能要求

3.2.1 静特性

3.2.1.1 开始动作时压力范围在 41 kPa~64 kPa 之间。

3.2.1.2 最小平衡压力不大于 98 kPa。

3.2.1.3 最大平衡压力等于储气筒的额定压力。

3.2.1.4 在最小平衡压力至最大平衡压力的范围内分配阀输出给制动气室的气压与挂车主管道的气压应保持随动。

3.2.2 工作性能

3.2.2.1 全制动工作性能

当制动气室压力达额定压力时,分配阀进气口处的压力应不大于 10 kPa。

3.2.2.2 解除制动工作性能

当分配阀进气口处的压力达额定压力时,制动气室的工作压力应不大于 10 kPa。

3.2.3 制动灵敏度

当挂车储气筒刚开始向制动气室供气时,分配阀进气口处的压力降应在 60 kPa~80 kPa 之间。

3.2.4　充气压力差

挂车储气筒和分配阀进气口处的压力差值不大于 20 kPa。

3.2.5　密封性

3.2.5.1　分配阀和 1 L 容积储气筒联接，处于解除制动状态，在额定压力下，5 min 内压力降应不大于 15 kPa。

3.2.5.2　分配阀和 1 L 容积储气筒联接，处于全制动状态，在额定压力下，5 min 内压力降应不大于 30 kPa。

3.2.6　耐压性

分配阀在 125% 额定压力下，经 30 次动作循环的台架耐压性试验后，任何零件不得损坏，密封性应符合 3.2.5 的规定。

3.2.7　耐久性

3.2.7.1　分配阀经 15×10^4 次动作循环的台架耐久性试验，试验过程中每隔 5×10^4 次动作循环进行一次密封性检查。

3.2.7.2　分配阀完成台架耐久性试验后，密封性试验压力降应不大于 3.2.5 规定值的 2 倍。

4　试验方法

4.1　密封性试验

4.1.1　试验装置

试验装置示意图见图 1。

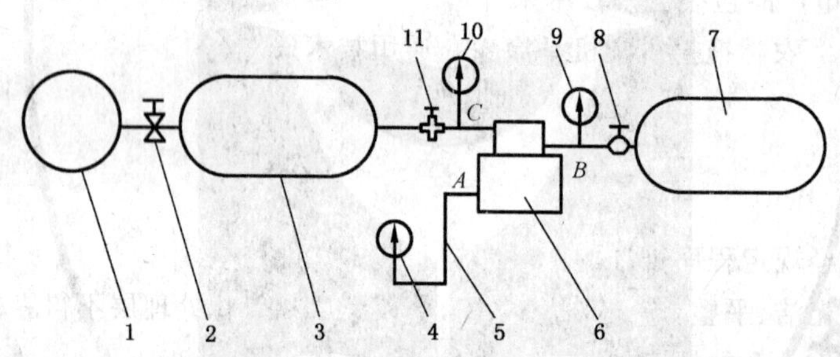

1——气源；
2——调压阀；
3——储气筒；
4、9、10——标准气压表；
5——气管长 1 m；
6——分配阀；
7——1 dm^3 储气筒；
8——截止阀；
11——三通阀；
A、B、C——气管接口。

图 1　分配阀密封性试验装置示意图

4.1.2　试验条件

4.1.2.1　环境温度

常温或规定温度。

4.1.2.2　标准气压表精度

标准气压表精度不低于 0.4 级，其量程上限不超过试验压力的 150%。

4.1.2.3　试验气压

进入 C 口的气压为 490 kPa～540 kPa，储气筒 7 的气压不低于 470 kPa～519 kPa。

4.1.3 试验步骤

4.1.3.1 当 C 口(标准气压表 10)和储气筒 7 达到额定工作气压时,关闭三通阀 11,截断气源,试验系统保压 5 min,读取 B 口处标准气压表 9 的气压下降值,即为被试分配阀在非制动状态下的密封性。

4.1.3.2 当 C 口(标准气压表 10)和储气筒 7 达到上述试验气压时,转动三通阀 11,使 C 口与大气相通,储气筒 7 压缩空气进入气管 5,试验系统保压 5 min,读取 B 口处标准气压表 9 的气压下降值,即为被试分配阀在非制动状态下的密封性。

4.2 充气压力差试验

4.2.1 试验装置

试验装置示意图见图 1。

4.2.2 试验条件

4.2.2.1 环境温度

环境温度为常温。

4.2.2.2 气压表精度

气压表精度同 4.1.2.2。

4.2.2.3 试验气压

C 口(标准气压表 10)的气压为 490 kPa～540 kPa。

4.2.3 试验步骤

分配阀处于非制动状态,当 C 口(标准气压表 10)达到额定工作气压,储气筒 7 的气压处于稳定状态时,确定 C 口气压与储气筒 7(标准气压表 9)气压值之差,即为充气压力差。

4.3 静特性试验

4.3.1 试验装置

试验装置示意图见图 2。

4.3.2 试验条件

4.3.2.1 环境温度

环境温度为常温。

4.3.2.2 气压表精度

气压表精度同 4.1.2.2。

4.3.2.3 试验气压

试验气压同 4.1.2.3。

4.3.2.4 试验装置

试验管路内径为 12 mm,各接头通径为 10 mm。

4.3.3 试验步骤

4.3.3.1 接通气源,图 2 标准气压表 13 和标准气压表 11 达到额定工作气压,转动三通阀 15 使分配阀缓慢进入制动状态。当标准气压表 8 气压表显示气压上升时记下标准气压表 11 气压,并计算出其下降值,即为开始动作气压降。当标准气压表 8 气压不再上升稳定在某一数值时,记下标准气压表 8 气压最小值,即为最小平衡气压。其后 C 口(标准气压表 13)气压由额定值逐级(不少于 5 级)降至零,制动气室 7 气压(标准气压表 8)由零逐渐增至最大值,在每一试验点达到平衡状态下,记录制动气室气压与 C 口气压。

4.3.3.2 重复进行 4.3.3.1 的试验次数不少于 3 次。

4.3.4 试验结果处理

将 4.3.3.1 试验结果按图 3 绘制静特性曲线,在曲线上标出开始动作气压降、最小平衡气压、挂车气室最大工作气压、最大控制气压。并标明挂车主管道最高气压 p_i 和挂车储气筒最高气压 p_b 值。

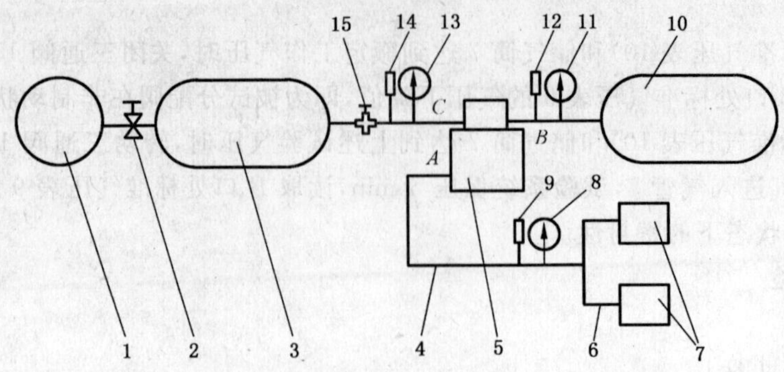

1——气源；

2——调压阀；

3——储气筒；

4——橡胶管长 2 m；

5——分配阀；

6——橡胶管(2 根，每根长 0.35 m)；

7——制动气室；

8、11、13——标准气压表；

9、12、14——气压感应塞；

10——储气筒；

15——三通阀；

A、B、C——气管接口。

图 2 分配阀静(动)特性试验装置示意图

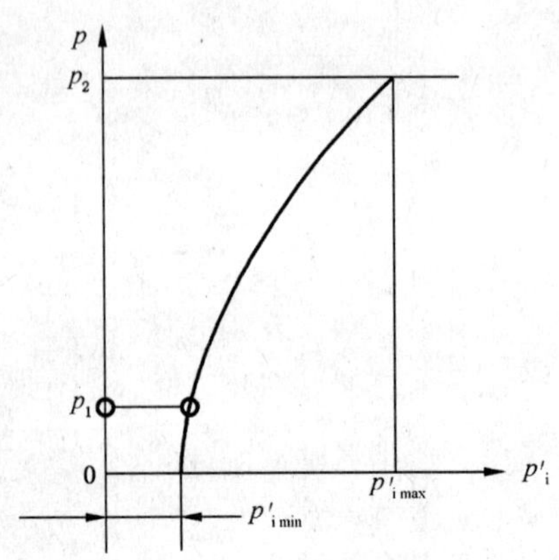

p'_i——挂车主管道气压下降值；

p——输出给制动气室气压；

$p'_{i\,min}$——开始动作气压降；

p_1——最小平衡气压；

p_2——最大工作气压；

$p'_{i\,max}$——最大控制气压。

图 3 挂车分配阀静特性曲线

4.4 动特性试验

4.4.1 试验装置

试验装置示意图见图 2。

4.4.2 试验条件

4.4.2.1 环境温度

环境温度为常温。

4.4.2.2 气压表精度

气压表精度同 4.1.2.2。

4.4.2.3 试验气压

试验气压同 4.1.2.3。

4.4.2.4 试验装置

管路内径为 12 mm,各接头通径为 10 mm。

4.4.3 试验步骤

4.4.3.1 接通气源,标准气压表 13 和标准气压表 11 达到额定工作气压,转动三通阀 15,使分配阀以最快的速率达到全制动工况,记录输向制动气室气压值与相应的时间。

4.4.3.2 当制动气室气压达到最大值时,迅速解除制动,记录制动气室气压值与相应的时间。

4.4.4 试验结果处理

将 4.4.3.1 和 4.4.3.2 试验结果按图 4 绘制动特性曲线(记录仪直接记录出动特性曲线的除外),并标出 t_c 和 t_e 值。

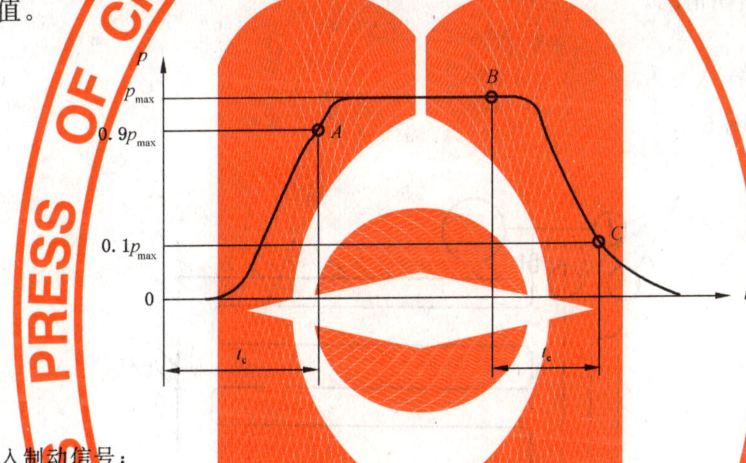

0——开始输入制动信号;

B——开始解除制动;

p——试验气压;

p_{max}——最大气压;

t_c——从开始输入制动信号到制动气室气压为 0.9 倍最大气压时的时间间隔;

t_e——从开始输入解除制动信号到制动气室气压为 0.1 倍最大气压时的时间间隔。

图 4 挂车分配阀动特性曲线

4.5 耐压性试验

4.5.1 试验装置

试验装置示意图参见图 1。

4.5.2 试验条件

4.5.2.1 环境温度

环境温度为常温。

4.5.2.2 气压表精度

气压表精度同 4.1.2.2。

4.5.2.3 试验气压

进入 C 口的气压为 613 kPa～675 kPa,储气筒 7 的气压不低于 588 kPa～649 kPa。

4.5.3 试验步骤

4.5.3.1 在上述气压下测定密封性。

4.5.3.1.1 当 C 口(标准气压表 10)和储气筒 7 达到上述试验气压时,关闭三通阀 11,截断气源,试验系统保压 5 min,读取 B 口处标准气压表 9 的气压下降值,即为被试分配阀在非制动状态下的密封性。

4.5.3.1.2 当 C 口(标准气压表 10)和储气筒 7 达到上述试验气压时,转动三通阀 11,使 C 口与大气相通,储气筒 7 压缩空气进入气管 5,试验系统保压 5 min,读取 B 口处标准气压表 9 的气压下降值,即为被试分配阀在全制动状态下的密封性。

4.5.3.2 按"紧急制动—保压—快速解除"的方式进行循环动作试验。

4.5.3.3 循环动作的频率每分钟不少于 10 次,连续循环动作的次数不少于 30 次。

4.5.3.4 按 4.5.3.1 的规定重复测试密封性。

4.5.3.5 按 4.3 的规定进行静特性试验。

4.5.3.6 必要时,应将分配阀解体,进行零件检查。

4.5.4 试验结果处理

4.5.4.1 以 4.5.3.4 的测试结果,作为耐压密封性。

4.5.4.2 绘制静特性曲线。

4.5.4.3 记录零件的损伤情况。

4.6 高温可靠性试验

4.6.1 试验装置

试验装置示意图见图 5。

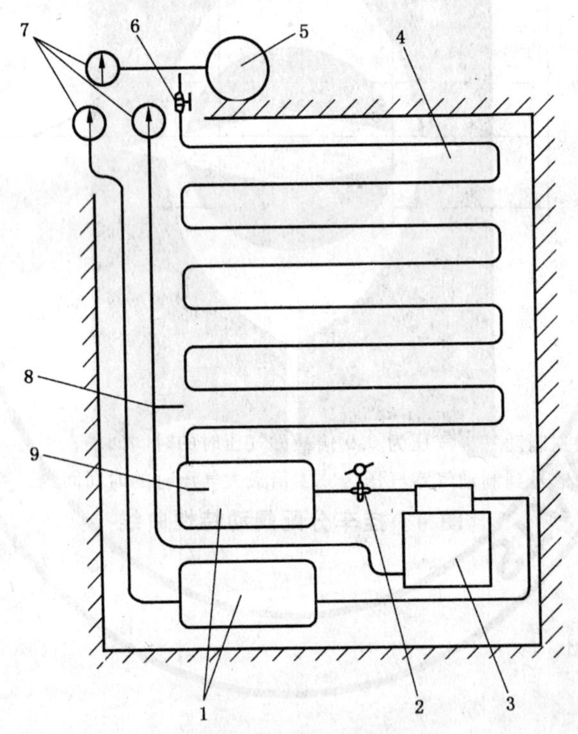

1——储气筒;

2——电动三通阀;

3——分配阀;

4——加热(冷却管);

5——气源;

6——截气阀;

7——气压表;

8、9——温度表。

图 5 高(低)温试验装置示意图

4.6.2 试验条件

4.6.2.1 试验温度

试验温度、环境温度 t_h 不低于规定的最高工作温度，介质温度为 $t_{h\,-10}^{\ \ 0}$ ℃。

4.6.2.2 气压表精度

气压表精度同 4.1.2.2。

4.6.2.3 试验气压

试验气压同 4.1.2.3。

4.6.3 试验步骤

4.6.3.1 按 4.1(除 4.1.2.1)的规定，在 4.6.2.1 规定的试验温度下，测试其高温密封性。

4.6.3.2 按“紧急制动—保压—快速解除”的方式进行循环动作试验。

4.6.3.3 循环动作的频率每分钟不少于 10 次，连续循环动作的次数不少于 2.5×10^4 次。

4.6.3.4 按 4.6.3.1 的规定，重复测试密封性。

4.6.3.5 必要时，应将分配阀解体，进行零件检查。

4.6.4 试验结果处理

4.6.4.1 以 4.6.3.4 的测试结果，作为高温密封性。

4.6.4.2 记录零件的损伤情况。

4.7 低温可靠性试验

4.7.1 试验装置

试验装置示意图参见图 5。

4.7.2 试验条件

4.7.2.1 试验温度

环境温度 t_e℃不高于规定的最低工作温度，介质温度为 $t_{e\ 0}^{+10}$ ℃。

4.7.2.2 气压表精度

气压表精度同 4.1.2.2。

4.7.2.3 试验气压

试验气压同 4.1.2.3。

4.7.3 试验步骤

4.7.3.1 按 4.1(不含 4.1.2.1)的规定，在 4.7.2.1 规定的试验温度下，测试其低温密封性。

4.7.3.2 按“紧急制动—保压—快速解除”的方式进行循环动作试验。

4.7.3.3 循环动作的频率每分钟不少于 10 次，连续循环动作的次数不少于 2.5×10^4 次。

4.7.3.4 按 4.7.3.1 的规定，重复测试密封性。

4.7.3.5 必要时，应将分配阀解体，进行零件检查。

4.7.4 试验结果处理

4.7.4.1 以 4.7.3.1 的测试结果，作为低温密封性。

4.7.4.2 记录零件的损伤情况。

4.8 常温可靠性试验

4.8.1 试验装置和试样

试验在专用台架上进行，试样不少于 3 件。

4.8.2 试验条件

4.8.2.1 环境温度

环境温度为常温。

4.8.2.2 **气压表精度**

气压表精度同 4.1.2.2。

4.8.2.3 **试验气压**

试验气压同 4.1.2.3。

4.8.3 **试验步骤**

4.8.3.1 按 4.1 进行密封性试验。

4.8.3.2 按 4.2 进行充气压力差试验。

4.8.3.3 按 4.3 进行静特性试验。

4.8.3.4 按“紧急制动—保压—快速解除”的方式进行循环动作试验。

4.8.3.5 循环动作的频率每分钟不少于 10 次,连续循环动作的次数不少于 1.5×10^5 次。

4.8.3.6 重复进行 4.8.3.1 的试验。

4.8.3.7 重复进行 4.8.3.2 的试验。

4.8.3.8 重复进行 4.8.3.3 的试验。

4.8.3.9 必要时,应将分配阀解体,进行零件检查。

4.8.4 **试验结果处理**

根据上述试验结果确定分配阀的密封性、充气压力差、静特性的稳定性及零件损坏和失效程度。

4.9 **耐久性试验**

4.9.1 **试验装置和试验**

试验装置和试验同 4.8.1 规定。

4.9.2 **试验条件**

试验条件同 4.8.2 规定。

4.9.3 **试验步骤**

4.9.3.1 按 4.1 进行密封性试验。

4.9.3.2 按“紧急制动—保压—快速解除”的方式进行循环动作试验。

4.9.3.3 循环动作的频率每分钟不少于 10 次,并连续进行循环动作,记录次数。

4.9.3.4 试验过程中按 4.1 规定进行密封性测试,相邻两次测试间隔不大于 1.0×10^5 次循环动作。

4.9.3.5 发生下列情况之一时,应更换失效零件,恢复到正常状态,继续进行试验,同时记录换件的积累试验次数。

a) 密封件失效而导致总成密封性在非制动状态和全制动状态下分别超过 100 kPa 和 150 kPa;

b) 制造厂规定的易损零件失效。

4.9.3.6 发生下列情况之一时,应终止试验,并记录已完成的总成试验次数。

a) 基础件损坏;

b) 同一易损零件的更换次数超过 2 次;

c) 达到试验大纲规定的试验目的。

4.9.4 **试验结果处理**

以同一组试样中首先更换失效件和首先终止试验次数为依据,按 4.9.3.6 试验结果确定易损零件寿命和分配阀寿命。

5 检验规则

5.1 出厂检验

每个分配阀需经检验合格后才能出厂。出厂检验项目按表 1 的规定。

表 1

序号	出厂检验项目	
1	额定压力	
2	工作性能	全制动工作性能
3		解除制动工作性能
4	密封性	全制动状态密封性
5		解除制动状态密封性
6	耐压性	全制动状态耐压性
7		解除制动状态耐压性
8	制动灵敏度	
9	充气压力差	
10	外观质量	
11	涂漆质量	

5.2 型式检验

5.2.1 检验项目

型式检验检验项目见表 2。

新开发的或经重大改进的分配阀应进行型式试验。

5.2.2 不合格分类

5.2.2.1 被检项目凡不符合第 4 章规定的要求均称为不合格。按其对产品质量的影响程度，分为 A 类不合格、B 类不合格和 C 类不合格。不合格分类见表 2。

表 2

不合格分类		不合格项目	备　注
A 类	1	静特性未达要求	
	2	工作性能未达要求	
B 类	1	制动灵敏度未达要求	
	2	充气压力差未达要求	
	3	密封性未达要求	
	4	耐压性未达要求	
	5	耐久性未达要求	
C 类	1	外观质量未达要求	
	2	涂漆质量未达要求	

5.2.2.2 分配阀的 AQL 值为每百单位产品计点的不合格数。

5.2.3 抽样方案

5.2.3.1 按 GB/T 2828.1 规定的一次正常抽样方案，并规定使用特殊检查水平 S-1。

5.2.3.2 型式检验的样本应在制造厂半年内生产的合格产品中随机抽取。一般情况下，检查批 N=26 台～50 台。

5.2.3.3 规定样本大小为 n=5，其中 2 台用于 A 类项目检验，3 台用于 B 类和 C 类项目检验，并分别按表 2 所列项目进行检查，抽样时应考虑增抽 1 台～2 台备用机，备用机只在因非机器本身质量问题导致无法正常试验与作出正确判断时使用。

5.2.3.4 抽样方案见表 3，Ac 和 Re 是样本的不合格项计点数。也可根据供需双方商定的抽样方案进行抽检。

表 3

不合格分类	A 类	B 类	C 类
检查水平	S-1		
样本数	2	3	3
AQL	6.5	15	40
Ac Re	0 1	1 2	3 4

5.2.4 判定规则

5.2.4.1 根据 5.2.3 规定的抽样方案，对样本进行检查，样本中的不合格数小于或等于 Ac 时，评为合格；大于或等于 Re 时，评为不合格。各类全部合格时，则最终评为合格；任一个类或多个类评为不合格时，则最终评为不合格。

5.2.4.2 在整个性能检测期间，因产品质量问题发生严重故障及致命故障，则应停止检测，产品按不合格处理。

6 标志、包装、运输和贮存

6.1 产品标志应至少包括以下内容：

a) 制造厂名称和地址；

b) 产品名称；

c) 产品型号或标记；

d) 制造日期（或编号）或生产编号；

e) 产品执行标准代号。

6.2 分配阀包装应符合 GB/T 13384 的规定，并至少提供下列技术文件：

a) 产品使用说明书；

b) 产品合格证；

c) 保修证书；

d) 装箱单。

6.3 应保证分配阀在正常运输过程中不致发生损坏现象。

6.4 分配阀应存放在通风和干燥的仓库内，应保证自交货之日起，12 个月内产品不致因包装不良而引起锈蚀、霉损等。特殊要求按供需双方协议执行。

ICS 65.060.10
T 66

中华人民共和国国家标准

GB/T 24649.3—2009

拖拉机挂车气制动系统空气压缩机技术条件

Air compressor of pneumatic braking system of tractor-trailers—Specifications

2009-11-15 发布　　2010-05-01 实施

中华人民共和国国家质量监督检验检疫总局
中国国家标准化管理委员会
发布

前　言

本部分由中国机械工业联合会提出。

本部分由全国拖拉机标准化技术委员会(SAC/TC 140)归口。

本部分起草单位:洛阳拖拉机研究所。

本部分主要起草人:柳玲文、徐惠娟、尚项绳、陈嵩。

拖拉机挂车气制动系统空气压缩机
技术条件

1 范围

GB/T 24649 的本部分规定了拖拉机挂车气制动系统空气压缩机系列参数、技术要求、试验方法、检验规则、标志、包装、运输和贮存。

本部分适用于拖拉机挂车气制动系统空气压缩机(以下简称空气压缩机)。

2 规范性引用文件

下列文件中的条款通过 GB/T 24649 的本部分的引用而成为本部分的条款。凡是注日期的引用文件,其随后所有的修改单(不包括勘误的内容)或修订版均不适用于本部分,然而,鼓励根据本部分达成协议的各方研究是否可使用这些文件的最新版本。凡是不注日期的引用文件,其最新版本适用于本部分。

GB/T 2828.1 计数抽样检验程序 第1部分:按接收质量限(AQL)检索的逐批检验抽样计划(GB/T 2828.1—2003,ISO 2859-1:1999,IDT)

GB/T 3853 容积式压缩机验收试验(GB/T 3853—1998,eqv ISO 1217:1996)

GB 11122 柴油机油

GB 12691 空气压缩机油(GB 12691—1990,neq DIN 51506:1985)

GB/T 13384 机电产品包装通用技术条件

JB/T 5673—1991 农林拖拉机及机具涂漆 通用技术条件

3 系列参数

拖拉机挂车气制动系统用空气压缩机系列参数应符合表1的规定。

表 1

缸径/mm	冲程/mm	额定行程容积/mL	额定排气压力/kPa
45	24	38	800
	30	48	
	38	60	
52	24	51	800
	30	64	
	38	81	
65	40	96	800

4 技术要求

4.1 空气压缩机应按经规定程序批准的产品图样和技术文件制造。

4.2 空气压缩机表面应光洁、平整,应无飞边、毛刺,金属镀层和氧化处理层不得剥落和生锈,涂漆应符合 JB/T 5673—1991 中 TQ-2-2 的规定。

4.3 制造厂应在技术文件中提供空气压缩机下列主要技术规格与参数:

a) 型号；

b) 缸数；

c) 气缸直径，mm；

d) 活塞行程，mm；

e) 实际容积流量(额定排气量)，m^3/min(L/min)；

f) 额定排气压力，kPa；

g) 最高排气压力，kPa；

h) 标定转速，r/min；

i) 行程容积，mL(m^3)；

j) 标定轴功率，kW；

k) 容积比能(比功率)，kW/(m^3/min)；

l) 容积效率，%；

m) 气密性，kPa/min；

n) 机油耗量，g/h；

o) 窜机油量，g/h；

p) 机油牌号，按 GB 11122 或 GB 12691；

q) 外形尺寸(长×宽×高)，mm；

r) 质量，kg。

4.4 空气压缩机的性能参数应符合表 2 的要求。

表 2

性能参数	额定行程容积/mL	
	≤70	>70～180
排气量/(m^3/min)	大于或等于额定排气量	
轴功率/kW	小于或等于标定轴功率	
最高排气压力与额定排气压力的比值	≤1.1	
容积比能(比功率)/[kW/(m^3/min)]	≤10	≤9.5
排气温度(当轴转速≤2 000 r/min 时)/℃	≤200	
容积效率/%	≥50	≥53
窜机油量/(g/h)	≤0.5	
气密性/(kPa/min)	≤30	
漏油、漏气	一处紧固后无渗漏	
机油耗量/(g/h)	≤1.5	
100 h 强化试验	a) 轴功率不得增大至试验前的 105%以上； b) 排气量不得下降至试验前的 93%以下	
涂漆质量	应符合 JB/T 5673—1991	
防锈	自交货之日起 12 个月内不得有锈蚀现象	
注：如强化试验后排气量增大时，其轴功率可按比例相应增加，但判为合格。		

4.5 空气压缩机曲轴箱润滑油储存量至少应保证空气压缩机在标定工况不补充润滑油的情况下能连续运转 48 h。

4.6 空气压缩机应在拖拉机纵向倾斜 30°、横向倾斜 15°条件下正常工作。

4.7 空气压缩机应配有空气滤清器。

4.8 空气压缩机为压力润滑时，油泵压力应不低于 100 kPa。

4.9 气路、油路、水路的连接部位应密封、无泄漏。

4.10 气缸、气缸盖应按照图样和技术文件的规定进行耐压试验。

4.11 进、排气阀组装成部件后应按照图样和技术文件的规定进行气密性试验。

4.12 空气压缩机活塞、连杆、带轮重量按图样的规定，其误差允许值根据振动、平衡要求制定。

4.13 使用寿命

在按产品使用说明书规定的使用条件下，空气压缩机零件寿命应符合表 3 的规定。

表 3

零件名称	寿命/h
活塞	3 000
阀片(包括舌簧阀片)	3 000
活塞环	2 000
曲轴主轴承	2 000
连杆大头衬套(轴承)	2 000
连杆小头衬套	2 000
阀弹簧(包括弹簧片)	2 000

4.14 空气压缩机备件，专用工具应根据需要或与用户协商配备。

5 试验方法

5.1 性能试验

排气量测量、轴功率测量、容积比能(比功率)和容积效率按 GB/T 3853 的规定进行。

5.2 排气温度测量

当空气压缩机曲轴箱内的润滑油温度小于或等于 70 ℃、吸气温度为 40 ℃、吸气压力为 100 kPa 和终了排气压力为额定排气压力时，测量其实际排气温度。

注：空气压缩机转速超过 2 000 r/min 时另定。

5.3 窜机油量检查

空气压缩机窜机油量检查应在标定转速和额定排气压力下运转不少于 20 min，使其机油温度达到使用说明书中规定值或 40 ℃～80 ℃后，在标定转速下空载运行 30 min，距排气管口 50 mm 处，用标准滤纸收集随气排出的油量 1 h，然后将此滤纸放入 105^{+5}_{0} ℃烘箱内烘干 1 h，在百分之一克天平上称重并计算出窜机油量。

5.4 机油耗量测量

空气压缩机机油耗量应在标定转速和额定排气压力下运转不少于 20 min，使其机油温度达到使用说明书中规定值或 40 ℃～80 ℃后卸压停车，放油 10 min，然后加入经称重的机油至油尺规定范围内，在标定转速和额定排气压力下，连续运转 48 h(排气压力变化不大于±1%)后停车，再与上述相同的机油温度下以同样方式放油 10 min，以加入和放出的机油质量之差计算机油耗量。在整个试验过程中，空气压缩机在试验台架上安装情况应保持不变。

5.5 最高排气压力测量

当空气压缩机曲轴箱内的润滑油温度小于或等于 70 ℃、吸气温度为 40 ℃、吸气压力为 100 kPa 和终了排气温度≤200 ℃时，测量空气压缩机的最高排气压力。

5.6 气密性测量

空气压缩机的气密性试验是往容积为 6 L 的储气筒中充气，当储气筒达到空气压缩机额定排气压力时，停止供气，测量空气压缩机储气筒系统内 3 min 的压力降。

5.7 100 h 强化试验

5.7.1 空气压缩机机油温度为使用说明书中规定值或 40 ℃～80 ℃、冷却风速为 4 m/s～6 m/s 时，调整空气压缩机至 110%标定转速、排气压力为额定排气压力值的 110%下连续运转 100 h。

5.7.2 试验期间不得有影响正常工作的故障及零件损坏。

5.7.3 100 h 试验后测量空气压缩机在标定转速、额定排气压力下的轴功率和排气量。

5.8 2 000 h 耐久试验

2 000 h 耐久试验分四个循环进行，每 500 h 为一个循环，在每个循环内以 1.1 倍额定排气压力连续试验 4 h。

5.9 空气压缩机配套使用试验：即将空气压缩机装在相配套的拖拉机上做使用试验，试验时间至少为 500 h。

5.10 进行 5.7、5.8、5.9 试验时，不得有 4.13 中规定的零件损坏或更换。

5.11 进行 5.7、5.8、5.9 试验过程中，应测量实际容积流量（排气量）、轴功率、转速、排气温度、润滑油温度、润滑油耗量、压力等参数。

5.12 进行 5.7、5.8、5.9 试验前后（或每隔 500 h）应对空气压缩机以下主要零件进行测量：活塞、活塞环、活塞销、连杆小头衬套、连杆大头衬套（轴承）、曲轴轴颈、曲轴轴承、偏心轮等。测量后应计算其磨损量。

5.13 在进行 5.9 试验时，应详细记录拖拉机使用情况（如行驶速度、装载物重量、制动次数、大气条件等）。

5.14 在 5.7、5.8、5.9 试验中，均应详细记录出现的故障及其处理方法和结果。

6 检验规则

6.1 出厂检验

每台空气压缩机需经检验合格后才能出厂。出厂检验项目按表 4 的规定。

表 4

序号	出厂检验项目	
1	转速	r/min
2	实测排气量（或压力建立时间）	$m^3/min(min)$
3	排气压力	kPa
4	气密性	kPa/min
5	窜机油量	g/h
6	检查漏油、漏气	
7	轴功率	kW
8	外观质量	
9	涂漆质量	

6.2 型式检验

6.2.1 检验项目

型式检验检验项目见表 5。

新开发的或经重大改进的空气压缩机必须进行全部性能试验。

6.2.2 不合格分类

6.2.2.1 被检项目凡不符合第 4 章规定的要求均称为不合格。按其对产品质量的影响程度，分为 A

类不合格、B类不合格和C类不合格。不合格分类见表5。

表 5

不合格分类		不合格项目名称	备注
A类	1	排气量未达要求	
	2	轴功率未达要求	
	3	机油消耗量未达要求	
	4	容积比能(比功率)未达要求	
	5	100 h强化未达要求	
	6	2 000 h耐久试验未达要求	
B类	1	容积效率未达要求	
	2	窜机油量未达要求	
	3	气密性未达要求	
	4	漏气、漏油未达要求	
C类	1	排气温度未达要求	
	2	最高排气压力未达要求	
	3	外观质量未达要求	
	4	涂漆质量未达要求	

6.2.2.2 空气压缩机的AQL值为每百单位产品计点的不合格数。

6.2.3 抽样方案

6.2.3.1 按GB/T 2828.1规定的一次正常抽样方案,并规定使用特殊检查水平S-1。

6.2.3.2 型式检验的样本应在制造厂确认的合格产品中随机抽取。一般情况下,检查批$N=26$台~50台。

6.2.3.3 规定样本大小为$n=5$,其中2台用于A类项目检验,3台用于B类和C类项目检验,并分别按表5所列项目进行检查,抽样时应考虑增抽1台~2台备用机,备用机只在因非机器本身质量问题导致无法正常试验与作出正确判断时使用。

6.2.3.4 抽样方案见表6,Ac和Re是样本的不合格项计点数。也可根据供需双方商定的抽样方案进行抽检。

表 6

不合格分类	A类	B类	C类
检查水平	S-1		
样本数	2	3	3
AQL	6.5	15	40
Ac Re	0 1	1 2	3 4

6.2.4 抽样检验的评定

6.2.4.1 根据6.2.3规定的抽样方案,对样本进行检查,样本中的不合格数小于或等于Ac时,评为合格;大于或等于Re时,评为不合格。各类全部合格时,则最终评为合格;任一个类或多个类评为不合格时,则最终评为不合格。

6.2.4.2 在整个性能检测期间,因产品质量问题发生严重故障及致命故障,则应停止检测,产品按不合格处理。

7 标志、包装、运输和贮存

7.1 空气压缩机产品标志应至少包括以下内容：

a) 制造厂名称和地址；

b) 产品名称；

c) 产品型号或标记；

d) 出厂日期(或编号)或生产编号；

e) 产品执行标准代号。

7.2 空气压缩机包装应符合 GB/T 13384 的规定。空气压缩机和备用件、易损件、工具等外露加工面应涂防锈剂后包装并固定在箱中；技术文件、合格证和装箱单应用塑料袋包装。

7.3 空气压缩机应至少提供下列技术文件：

a) 产品使用说明书；

b) 产品合格证；

c) 保修证书；

d) 装箱单。

7.4 应保证空气压缩机在正常运输中不致发生损坏现象。

7.5 空气压缩机应存放在通风和干燥的仓库内，出厂前应做防锈、防潮处理，自交货之日起 12 个月内产品不至因包装不良而引起锈蚀、霉损等。特殊要求按供需双方协议执行。

ICS 65.060.10
T 66

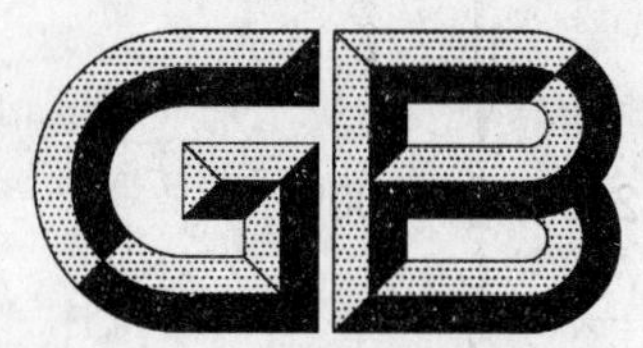

中华人民共和国国家标准

GB/T 24649.4—2009

拖拉机挂车气制动系统气制动阀 技术条件

Brake valve of pneumatic braking system of tractor-trailers—Specifications

2009-11-15 发布 2010-05-01 实施

中华人民共和国国家质量监督检验检疫总局
中国国家标准化管理委员会 发布

前　言

本部分由中国机械工业联合会提出。

本部分由全国拖拉机标准化技术委员会(SAC/TC 140)归口。

本部分起草单位:洛阳拖拉机研究所、国家拖拉机质量监督检验中心。

本部分主要起草人:徐惠娟、陈嵩、齐劲峰、柳玲文、尚项绳。

拖拉机挂车气制动系统气制动阀 技术条件

1 范围

GB/T 24649的本部分规定了拖拉机挂车气制动系统气制动阀的系列参数、技术要求、试验方法、检验规则、标志、包装、运输和贮存要求。

本部分适用于拖拉机挂车气制动系统气制动阀(以下简称气制动阀)。

2 规范性引用文件

下列文件中的条款通过GB/T 24649的本部分的引用而成为本部分的条款。凡是注日期的引用文件,其随后所有的修改单(不包括勘误的内容)或修订版均不适用于本部分,然而,鼓励根据本部分达成协议的各方研究是否可使用这些文件的最新版本。凡是不注日期的引用文件,其最新版本适用于本部分。

GB/T 2828.1 计数抽样检验程序 第1部分:按接收质量限(AQL)检索的逐批检验抽样计划(GB/T 2828.1—2003,ISO 2859-1:1999,IDT)

GB/T 13384 机电产品包装通用技术条件

JB/T 5673—1991 农林拖拉机及机具涂漆 通用技术条件

3 系列参数

拖拉机挂车气制动系统用气制动阀系列参数应符合表1的规定。

表1

型　号	QFJ-6/630	QFJ-8/630	QFJ-10/630
额定压力/kPa	630	630	630
额定通径/mm	≥6	≥8	≥10
配套制动气室总额定容积/L	≤1.5	≤2.5	≤4

4 技术要求

4.1 一般要求

4.1.1 气制动阀应按照经规定程序批准的产品图样和技术文件制造。

4.1.2 气制动阀表面应光洁、平整,应无飞边、毛刺,金属镀层和氧化处理层应无剥落和生锈,涂漆表面应符合JB/T 5673—1991中TQ-2-2的规定。

4.1.3 气制动阀应能在−30 ℃~70 ℃之间正常工作。

4.2 性能要求

4.2.1 气制动阀的制动灯开关最低起作用的压力

气制动阀的制动灯开关最低起作用的压力应处于20 kPa~80 kPa之间。

4.2.2 静特性

4.2.2.1 静特性应符合设计要求,最低平衡压力应不大于50 kPa。

4.2.2.2 在规定范围内,输出压力与推杆(踏板或拉臂)行程和推杆(踏板或拉臂)力保持随动关系。

4.2.3 动特性

4.2.3.1 制动反应时间

在制动操纵机构开始起作用时，试验用允许配套的最大制动气室额定容积的储气筒容积应符合表1的规定，压力从0升到75%额定压力的过程中所需时间应不大于0.5 s。

4.2.3.2 解除制动时间

在制动操纵机构开始起作用时，试验用允许配套的最大制动气室额定容积的储气筒容积应符合表1的规定，压力从额定值630 kPa降到10%额定值的过程中所需时间应不大于1 s。

4.2.4 密封性

4.2.4.1 气制动阀和1 L容积储气筒连接，处于解除制动状态，在额定压力下，5 min内压力降应不大于15 kPa。

4.2.4.2 气制动阀和1 L容积储气筒连接，处于全制动状态，在额定压力下，5 min内压力降应不大于30 kPa。

4.2.5 耐压性

气制动阀在125%额定压力下，经30次动作循环的台架耐压性试验后，任何零件应无损坏，密封性应符合4.2.4的规定。

4.2.6 耐久性

气制动阀经25×10^4次动作循环的台架耐久性试验后，密封性试验时压力降应不大于4.2.4规定值的2倍。动特性值应满足4.2.3的规定。

5 试验方法

5.1 额定压力试验

5.1.1 试验装置

额定压力试验装置的示意图见图1。

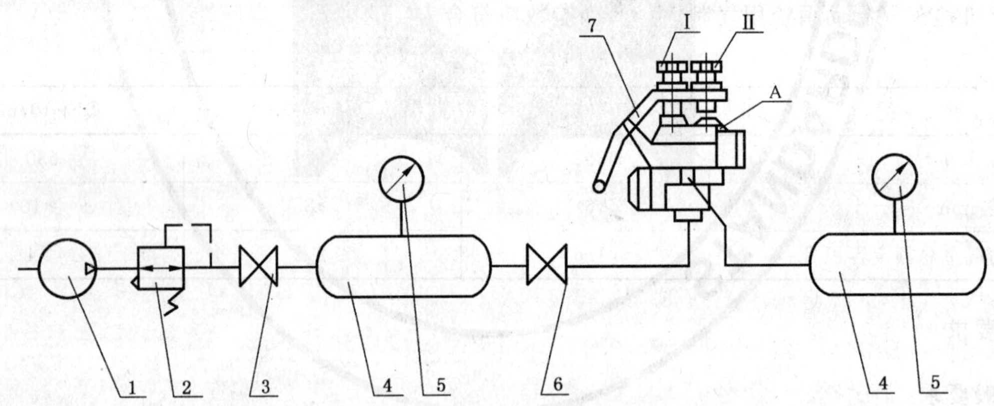

1——气源；
2——调压阀；
3——截止阀；
4——1 L储气筒；
5——标准压力表；
6——截止阀；
7——气制动阀；
Ⅰ——调整螺钉；
Ⅱ——限位螺钉；
A——止动钉。

图1 额定压力试验装置示意图

5.1.2 气制动阀额定压力的调整：先旋入或旋出图1上气制动阀调整螺钉Ⅰ，使气制动阀在解除制动状态下，芯杆与阀座之间间隙为1.5 mm～2.5 mm；再旋入或旋出限位螺钉Ⅱ与止动钉A相接触，使气制动阀在全制动状态下输出气压为额定压力值。

5.1.3 反复几次使气制动阀处于全制动状态时，其输出压力应是稳定的额定压力值。

5.2 制动灯开关试验

5.2.1 将制动灯开关串联在电压为12 V、电流为5 A的电路中，使推杆（踏板或拉臂）行程由零逐渐增至最大，压力表5（见图1）的读数在20 kPa～80 kPa范围内，制动灯开关应接通。

5.2.2 使推杆（踏板或拉臂）行程由最大逐渐减至零，压力表5的读数低于20 kPa时，制动灯开关应断开。

5.3 静特性试验

5.3.1 试验装置

静特性试验装置的示意图见图2。

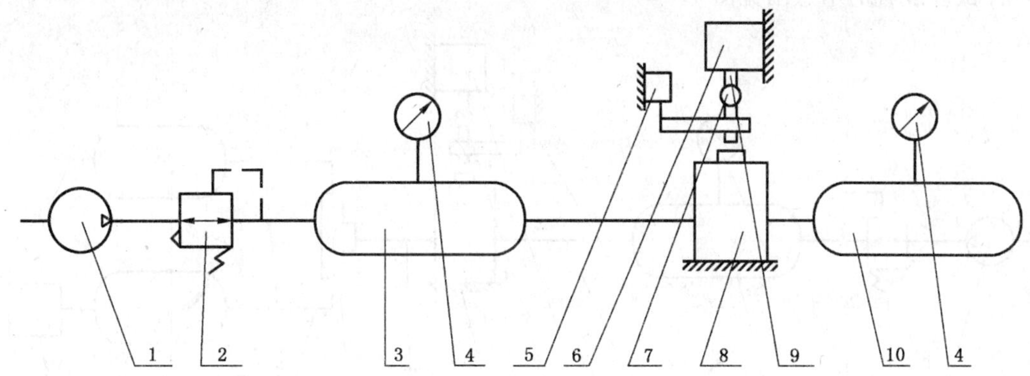

1——气源；

2——调压阀；

3——储气筒；

4——标准压力表；

5——位移传感器；

6——加载装置；

7——力传感器；

8——气制动阀；

9——推杆；

10——1 L储气筒（每腔一个）。

图2 静特性试验装置示意图

5.3.2 试验条件

5.3.2.1 标准压力表精度不低于0.4级，其量程上限不大于试验压力的2.5倍。

5.3.2.2 传感器和记录仪的精度应保证测量值的误差不大于3%。

5.3.2.3 气制动阀输入气压稳定在800 kPa±20 kPa。

5.3.3 接通气源，使推杆（踏板或拉臂）行程由零逐渐增至最大，在每一平衡状态下，记录输出气压p与推杆（踏板或拉臂）行程S和推杆（踏板或拉臂）力F_c的关系。重复试验两次。

5.3.4 试验结果处理

将5.3.3的试验结果平均值绘制成静特性曲线图（记录仪直接记录出静特性曲线的除外）。静特性曲线示意图见图3，在曲线上标出最低平衡气压$p_{b\,min}$和最高输出气压p_{max}，并给出输入气压p_λ。

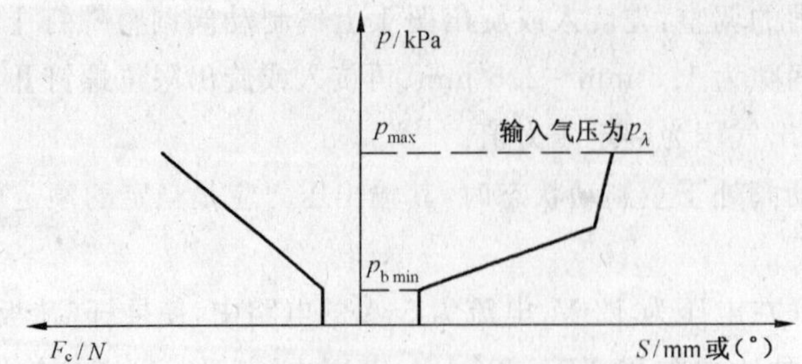

$p_{b\,min}$——缓慢推动推杆，当气制动阀开始向储气筒充气时，停止推杆运动，稳定时的储气筒压力值；

p_{max}——推杆压至最大行程时，保持至稳定时的储气筒压力值。

图 3 单腔气制动阀静特性曲线示意图

5.4 动特性试验

5.4.1 试验装置

动特性试验装置的示意图见图 4。

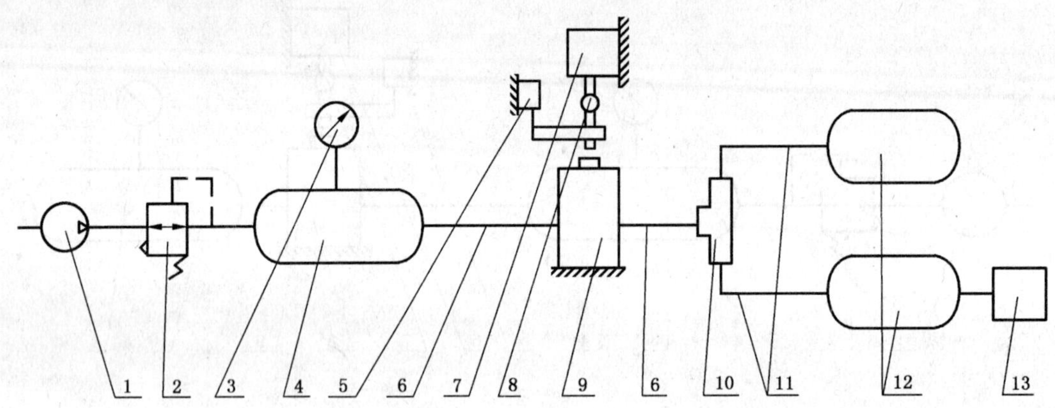

1——气源；

2——调压阀；

3——标准压力表；

4——储气筒(每腔一个)；

5——位移传感器；

6——内径 12 mm 的钢管；

7——加载装置；

8——力传感器；

9——气制动阀；

10——三通接头；

11——每根长 350 mm、内径 12 mm 的 90°弯管；

12——1 L 储气筒(每腔两个)；

13——压力传感器。

图 4 动特性试验装置示意图

5.4.2 试验条件

5.4.2.1 标准压力表精度不低于 0.4 级，其量程上限不大于试验压力的 2.5 倍。

5.4.2.2 传感器和记录仪的精度应保证测量值的误差不大于 3%。

5.4.2.3 气制动阀输入气压稳定在 800 kPa±20 kPa。

5.4.2.4 试验装置各接头内径为 10 mm。

5.4.3 接通气源，使推杆(踏板或拉臂)以尽快的速度运动至全行程，记录输出气压 p 与时间 t 的关系。

5.4.4 当气制动阀处于全制动状态，其输出气压达到最大值时，迅速使推杆（踏板或拉臂）回复至解除制动位置，记录输出气压 p 与时间 t 的关系。

5.4.5 试验结果处理

5.4.5.1 将5.4.3和5.4.4试验结果绘制成动特性曲线图（记录仪直接记录出动特性曲线的除外）。动特性曲线示意图见图5，时间坐标以推杆（踏板或拉臂）开始运动的瞬间起算。

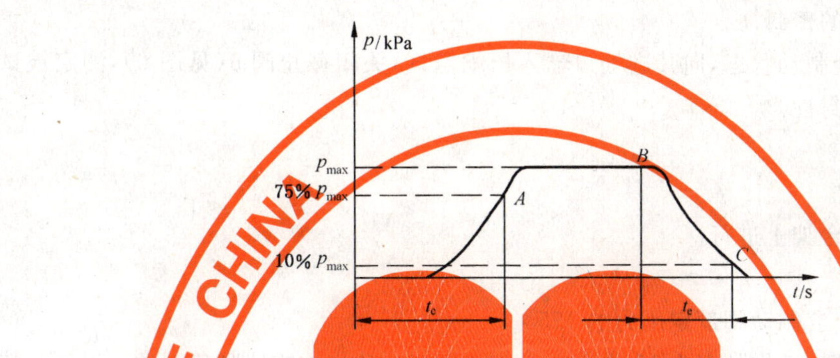

A——输出气压达75% p_{max} 的点；

B——推杆开始回位的点；

C——推出气压下降至10% p_{max} 的点；

t_c——由推杆（踏板或拉臂）开始运动至输出气压达75% p_{max} 的时间间隔；

t_e——由推杆（踏板或拉臂）开始运动至输出气压下降至10% p_{max} 的时间间隔。

图5 单腔气制动阀动特性曲线示意图

5.4.5.2 根据5.4.3和5.4.4试验结果在曲线上定出 A_1（A_2、A_3）、B_1（B_2、B_3）、C_1（C_2、C_3）点的位置，或标出时间间隔 t_{c1}（t_{c2}、t_{c3}）、t_{e1}（t_{e2}、t_{e3}）（见图5）。

注：其中1、2、3脚注分别为气制动阀1、2、3腔的序号。

5.5 密封性试验

5.5.1 试验装置

密封性试验装置的示意图见图6。

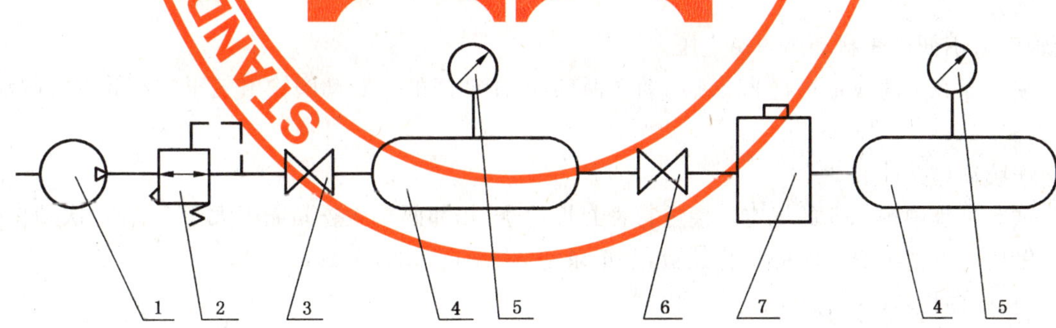

1——气源；

2——调压阀；

3——截止阀；

4——1 L储气筒；

5——标准压力表；

6——截止阀；

7——气制动阀。

图6 密封性试验装置示意图

5.5.2 试验条件

5.5.2.1 标准压力表精度不低于0.4级，其量程上限不大于试验压力的2.5倍。

5.5.2.2 封闭气制动阀其余的出气口。

5.5.2.3 试验压力不低于气制动阀的额定压力。

5.5.2.4 密封装置不允许漏气。

5.5.3 使气制动阀处于解除制动状态，向其进气口输入压缩空气，关闭截止阀3(见图6)，测定被试气制动阀在解除制动状态下的密封性。

5.5.4 使气制动阀处于全制动状态，向其进气口输入压缩空气，关闭截止阀6(见图6)，测定被试气制动阀在全制动状态下的密封性。

5.6 耐压性试验

5.6.1 试验装置

耐压性试验在专用的台架上进行。

5.6.2 试验条件

5.6.2.1 试验压力不低于气制动阀额定压力的125%。

5.6.2.2 推杆(踏板或拉臂)动作频率为15次/min～30次/min，动作方式按紧急制动—保压—快速解除制动的方式进行动作循环，保压期间的气制动阀输出气压值应符合5.6.2.1的规定。

5.6.3 按照5.5进行超压密封性试验，试验压力应符合5.6.2.1的规定。

5.6.4 连续动作不少于30次循环，观察气制动阀的工作情况。

5.6.5 按照5.3进行静特性试验。

5.6.6 试验结果处理

5.6.6.1 按5.6.3试验结果确定密封性。

5.6.6.2 按5.6.6试验结果检查静特性。

5.6.6.3 必要时将气制动阀解体，进行零件检查。

5.7 耐久性试验

5.7.1 试验装置

耐久性试验在专用的台架上进行。

5.7.2 试验条件

试验压力不低于气制动阀的额定压力。

5.7.3 按5.6.2.2的规定进行25×10^4动作循环，保压期间的气制动阀输出气压应不低于气制动阀的额定压力。

5.7.4 连续动作并计数。

5.7.5 试验过程中按5.5的规定定期进行密封性检查，相邻两次检查间隔不大于5×10^4次动作循环。

5.7.6 发生下列情况之一时应终止试验，并记录已完成的总试验次数：

a) 基础件损坏；

b) 密封件失效而导致总成密封性在解除制动状态和全制动状态下压力降分别超过30 kPa和60 kPa。

5.7.7 试验结果处理

按照5.7.5和5.7.6试验结果确定易损件寿命和气制动阀寿命。

6 检验规则

6.1 出厂试验

每个气制动阀需经制造厂的质量检验部门检验合格后才能出厂，出厂检验项目按表2的规定。

表 2

序　　号	检验项目	
1	额定压力	
2	动特性	制动反应时间
3		解除制动时间
4	密封性	全制动状态密封性
5		解除制动状态密封性
6	耐压性	全制动状态密封性
7		解除制动状态密封性
8	最低平衡压力	
9	制动灯开最低起作用压力	
10	制动灯关最低起作用压力	
11	外观质量	
12	涂漆质量	

6.2　型式检验

6.2.1　检验项目

型式检验检验项目见表 3。

新开发的或经重大改进的气制动阀应进行型式试验。

6.2.2　不合格分类

6.2.2.1　被检项目凡不符合第 4 章规定的要求均称为不合格。按其对产品质量的影响程度，分为 A 类不合格、B 类不合格和 C 类不合格。不合格分类见表 3。

表 3

不合格分类		不合格项目	备　　注
A 类	1	动特性未达要求	
	2	耐久性未达要求	
B 类	1	制动灯开最低起作用压力未达要求	
	2	制动灯关最低起作用压力未达要求	
	3	最低平衡压力未达要求	
	4	密封性未达要求	
	5	耐压性未达要求	
C 类	1	外观质量未达要求	
	2	涂漆质量未达要求	

6.2.2.2　气制动阀的 AQL 值为每百单位产品计点的不合格数。

6.2.3　抽样方案

6.2.3.1　按 GB/T 2828.1 规定的一次正常抽样方案，并规定使用特殊检查水平 S-1。

6.2.3.2　型式检验的样本应在制造厂半年内生产的合格产品中随机抽取。一般情况下，检查批 $N=$ 26 台～50 台。

6.2.3.3　规定样本大小为 $n=5$，其中 2 台用于 A 类项目检验，3 台用于 B 类和 C 类项目检验，并分别按表 3 所列项目进行检查。抽样时应考虑增抽 1 台～2 台备用机，备用机只在因非机器本身质量问题导致无法正常试验与作出正确判断时使用。

6.2.3.4 抽样方案见表4，Ac和Re是样本的不合格项计点数。也可根据供需双方商定的抽样方案进行抽检。

表4

不合格分类	A类	B类	C类
检查水平	S-1		
样本数	2	3	3
AQL	6.5	15	40
Ac Re	0 1	1 2	3 4

6.2.4 **判定规则**

6.2.4.1 根据6.2.3规定的抽样方案，对样本进行检查，样本中的不合格数小于或等于Ac时，评为合格；大于或等于Re时，评为不合格。各类全部合格时，则最终评为合格；任一个类或多个类评为不合格时，则最终评为不合格。

6.2.4.2 在整个性能检测期间，因产品质量问题发生严重故障及致命故障，则应停止检测，产品按不合格处理。

7 标志、包装、运输及贮存

7.1 产品标志应至少包括以下内容：

a) 制造厂名称和地址；

b) 产品名称；

c) 产品型号或标记；

d) 制造日期(或编号)或生产编号；

e) 额定压力；

f) 额定通径；

g) 配套制动气室总额定容积；

h) 产品执行标准代号。

7.2 气制动阀包装应符合GB/T 13384的规定。

气制动阀至少提供下述技术文件：

a) 产品使用说明书；

b) 产品合格证；

c) 保修证书；

d) 装箱单。

7.3 应保证气制动阀在正常运输中不致发生损坏现象。

7.4 气制动阀应存放在通风和干燥的仓库内，应保证自交货之日起12个月内产品不致因包装不良引起锈蚀、霉损等。特殊要求按供需双方协议执行。

ICS 65.060.10
T 66

中华人民共和国国家标准

GB/T 24649.5—2009

拖拉机挂车气制动系统制动气室技术条件

Brake chamber of pneumatic braking system of tractor-trailers—Specifications

2009-11-15 发布 2010-05-01 实施

中华人民共和国国家质量监督检验检疫总局
中国国家标准化管理委员会 发布

前　言

本部分由中国机械工业联合会提出。

本部分由全国拖拉机标准化技术委员会(SAC/TC 140)归口。

本部分起草单位:洛阳拖拉机研究所、中国一拖集团有限公司。

本部分主要起草人:胡晓华、尚项绳、徐惠娟、柳玲文、陈嵩。

拖拉机挂车气制动系统制动气室 技术条件

1 范围

GB/T 24649 的本部分规定了拖拉机挂车气制动系统制动气室系列参数、技术要求、试验方法、检验规则、标志、包装、运输和贮存要求。

本部分适用于拖拉机挂车气制动系统制动气室(以下简称制动气室)。

2 规范性引用文件

下列文件中的条款通过 GB/T 24649 的本部分的引用而成为本部分的条款。凡是注日期的引用文件,其随后所有的修改单(不包括勘误的内容)或修订版均不适用于本部分,然而,鼓励根据本部分达成协议的各方研究是否可使用这些文件的最新版本。凡是不注日期的引用文件,其最新版本适用于本部分。

GB/T 2828.1 计数抽样检验程序 第1部分:按接收质量限(AQL)检索的逐批检验抽样计划(GB/T 2828.1—2003,ISO 2859-1:1999,IDT)

GB/T 13384 机电产品包装通用技术条件

JB/T 5673—1991 农林拖拉机及机具涂漆 通用技术条件

3 系列参数

拖拉机挂车气制动系统制动气室系列参数应符合表1的规定。

表 1

型 号	QS-0.35/630	QS-0.6/630	QS-0.9/630
公称容积/L	0.35	0.6	0.9
公称压力/kPa	630	630	630
推杆最大行程/mm	45	45	50
在 400 kPa 气压下,最大推杆行程推杆力不小于/N	1 500	2 600	3 500

4 技术要求

4.1 一般要求

4.1.1 制动气室应按照经规定程序批准的产品图样和技术文件制造。

4.1.2 制动气室表面应光洁、平整,应无飞边、毛刺,金属镀层和氧化处理层应无剥落和生锈,涂漆表面应符合 JB/T 5673—1991 中 TQ-2-2 的规定。

4.1.3 制动气室应能在-30 ℃~70 ℃温度下正常工作。

4.2 性能要求

4.2.1 密封性

将压缩空气充入制动气室,在公称压力、工作行程的情况下,保压 5 min,压力降应为零。

4.2.2 推力特性

4.2.2.1 将压缩空气充入制动气室,在 400 kPa 压力、最大工作行程的情况下,活塞杆的最小推力应符合表 1 的规定。

4.2.2.2 在规定范围内,制动气室输出的推杆推力 F 与输入气压 $p_入$ 及推杆行程 S 的关系应符合表 1 的规定。

4.2.3 **耐压性**

制动气室在 125%公称压力下,经 30 次动作循环的台架耐压性试验后,再将活塞杆全部伸出,保压 5 min,压力降应为零。

4.2.4 **耐久性**

制动气室经 25×10^4 次动作循环的台架耐久性试验后,任何零件应无损坏。试验过程中,各运动件应无发生阻滞和卡死现象,各连接件应无松动。密封性应符合 4.2.1 的规定。推力特性应符合 4.2.2 的规定。

5 试验方法

5.1 密封性试验

5.1.1 试验装置

密封性试验装置的示意图见图 1。

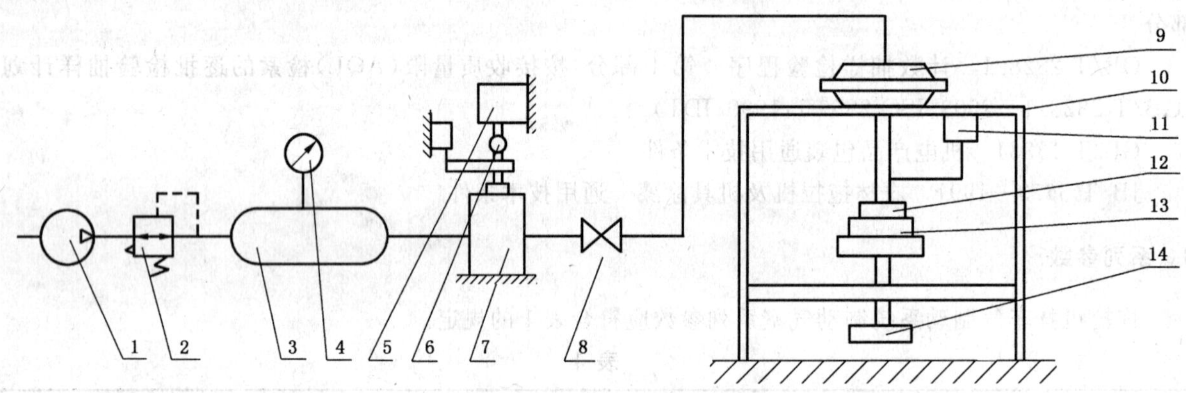

1——气源;
2——调压阀;
3——储气罐;
4——标准压力表;
5——加载装置;
6——力传感器;
7——气制动阀;
8——截止阀;
9——制动气室;
10——支架;
11——位移传感器;
12——垫块;
13——力传感器;
14——位移调整机构。

图 1 密封性试验装置示意图

5.1.2 试验条件

5.1.2.1 标准压力表精度不低于 0.4 级,其量程上限不大于试验压力的 2.5 倍。

5.1.2.2 试验压力应不低于制动气室的公称压力。

5.1.2.3 制动气室的行程为工作行程。

5.1.2.4 密封位置应不漏气。

5.1.3 将压缩空气充入制动气室，在公称压力、工作行程的情况下，关闭截止阀，保压 5 min 后其密封性要求应满足 4.2.1 的规定。

5.2 推力特性试验

5.2.1 试验装置

推力特性试验装置同 5.1.1。

5.2.2 试验条件

5.2.2.1 同 5.1.2.1 的规定。

5.2.2.2 试验压力为 400 kPa～630 kPa。

5.2.2.3 同 5.1.2.3 的规定。

5.2.2.4 同 5.1.2.4 的规定。

5.2.3 将压缩空气充入制动气室，压力分别为 400 kPa、450 kPa、500 kPa、550 kPa、600 kPa 和 630 kPa 时，使制动气室的推杆行程由零增加至最大工作行程。记录制动气室输出的推杆力 F 与输入气压 $p_{入}$ 及推杆行程 S 的关系。重复试验三次。

5.2.4 试验结果处理

将 5.2.3 的试验结果平均值绘制成推力特性曲线图。推力特性曲线示意图见图 2，在曲线上标出最小推杆力，并确定其相应的实际推杆行程。

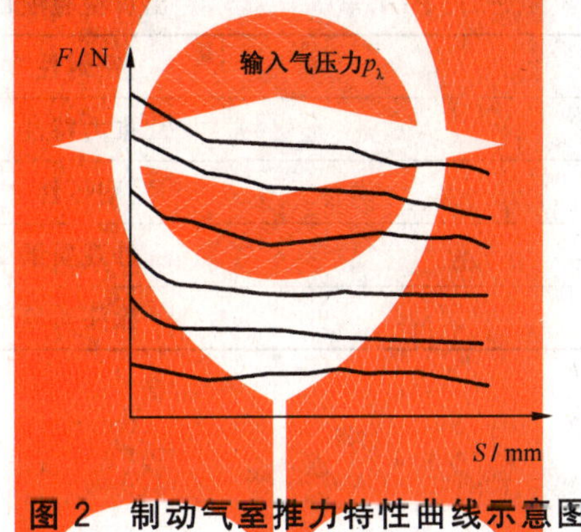

图 2 制动气室推力特性曲线示意图

5.3 耐压性试验

5.3.1 试验装置

耐压性试验装置同 5.1.1。

5.3.2 试验条件

5.3.2.1 标准压力表要求同 5.1.2.1 的规定。

5.3.2.2 试验压力不低于制动气室公称压力的 125%。

5.3.2.3 制动气室推杆动作频率：15 次/min～30 次/min，进气时间应不大于 0.5 s。按紧急制动—保压—快速解除制动的方式进行动作循环，保压期间的制动气室输入气压值应符合 5.3.2.2 的规定。

5.3.3 按照 5.1 进行超压密封性试验。试验压力应符合 5.3.2.2 的规定。

5.3.4 连续动作不少于 30 次循环，观察制动气室的工作情况。

5.3.5 将活塞杆全部伸出，保压 5 min，输入压力按 5.3.2.2 的规定进行耐压性试验。

5.3.6 试验结果处理

按 5.3.3、5.3.4 和 5.3.5 试验结果确定耐压性。

5.4 耐久性试验

5.4.1 试验装置

耐久性试验在专用的台架上进行。

5.4.2 试验条件

试验压力应不低于制动气室的公称压力。

5.4.3 按5.3.2.3规定进行25×10^4次动作循环，保压期间的制动气室输入气压值应符合5.4.2的规定。

5.4.4 连续动作并计数。

5.4.5 试验过程中按5.1规定定期进行密封性检查，相邻两次检查间隔不大于5×10^4次动作循环。

5.4.6 发生下列情况之一时应终止试验，并记录已完成总试验次数：

a) 基础件损坏；

b) 密封件失效而导致总成密封性超过4.2.4的规定。

5.4.7 试验结果处理

按照5.4.5和5.4.6试验结果确定易损件寿命和制动气室寿命。

6 检验规则

6.1 出厂检验

每个制动气室需经检验合格后才能出厂。出厂检验项目按表2的规定。

表2

序 号	出厂检验项目
1	密封性
2	推力特性
3	耐压性
4	外观质量
5	涂漆质量

6.2 型式检验

6.2.1 检验项目

型式检验的项目见表3。

新开发的或经重大改进的制动气室应进行型式试验。

6.2.2 不合格分类

6.2.2.1 被检项目凡不符合第四章规定的要求均称为不合格。按其对产品质量的影响程度，分为A类不合格、B类不合格和C类不合格。不合格分类见表3。

表3

不合格分类		不合格项目	备 注
A类	1	耐久性未达要求	
B类	1	密封性未达要求	
	2	推力特性未达要求	
	3	耐压性未达要求	
C类	1	外观质量未达要求	
	2	涂漆质量未达要求	

6.2.2.2 制动气室的AQL值为每百单位产品计点的不合格数。

6.2.3 抽样方案

6.2.3.1 按GB/T 2828.1规定的一次正常抽样方案，并规定使用特殊检查水平S-1。

6.2.3.2 型式检验的样本应在制造厂半年内生产的合格产品中随机抽取。一般情况下，检查批 N=26 台～50 台。

6.2.3.3 规定样本大小为 $n=5$，其中 2 台用于 A 类项目检验，3 台用于 B 类和 C 类项目检验，并分别按表 3 所列项目进行检查，抽样时应考虑增抽 1 台～2 台备用机，备用机只在因非机器本身质量问题导致无法正常试验与作出正确判断时使用。

6.2.3.4 抽样方案见表 4，Ac 和 Re 是样本的不合格项计点数。也可根据供需双方商定的抽样方案进行抽检。

表 4

不合格分类	A 类	B 类	C 类
检查水平	S-1		
样本数	2	3	3
AQL	6.5	15	40
Ac Re	0 1	1 2	3 4

6.2.4 判定规则

6.2.4.1 根据 6.2.3 规定的抽样方案，对样本进行检查，样本中的不合格数小于或等于 Ac 时，评为合格；大于或等于 Re 时，评为不合格。各类全部合格时，则最终评为合格；任一个类或多个类评为不合格时，则最终评为不合格。

6.2.4.2 在整个性能检测期间，因产品质量问题发生严重故障及致命故障，则应停止检测，产品按不合格处理。

7 标志、包装、运输和贮存

7.1 产品标志至少应包括以下内容：

a) 制造厂名称和地址；

b) 产品名称；

c) 产品型号或标记；

d) 制造日期（或编号）或生产编号；

e) 公称容积；

f) 公称压力；

g) 推杆最大行程；

h) 产品执行标准代号。

7.2 制动气室包装应符合 GB/T 13384 的规定。制动气室至少提供下述技术文件：

a) 产品使用说明书；

b) 产品合格证；

c) 三包凭证；

d) 装箱单。

7.3 应保证制动气室在正常运输中不致发生损坏现象。

7.4 制动气室应存放在通风和干燥的仓库内。应保证自交货之日起 12 个月内不致因包装不良引起锈蚀、霉损等。特殊要求按供需双方协议执行。

ICS 65.060.10
T 63

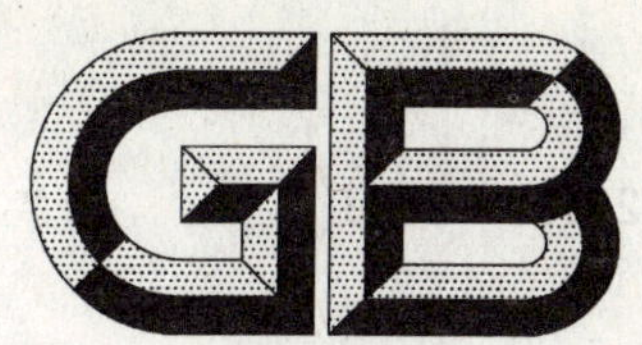

中华人民共和国国家标准

GB/T 24650—2009

拖拉机花键轴　技术条件

Tractor spline shaft—Specifications

2009-11-15 发布　　2010-05-01 实施

中华人民共和国国家质量监督检验检疫总局
中国国家标准化管理委员会　发布

前言

本标准由中国机械工业联合会提出。

本标准由全国拖拉机标准化技术委员会(SAC/TC 140)归口。

本标准起草单位:江苏省农业机械试验鉴定站、江苏悦达盐城拖拉机制造有限公司、淮安市衡创机械有限公司。

本标准主要起草人:戚锁红、陈兰芳、衡海涛、张平。

拖拉机花键轴 技术条件

1 范围

本标准规定了拖拉机花键轴的技术要求、试验方法、检验规则、标志、包装、运输和贮存。

本标准适用于拖拉机花键轴(以下简称花键轴),不带花键的农业拖拉机轴类产品也可参照执行。

2 规范性引用文件

下列文件中的条款通过本标准的引用而成为本标准的条款。凡是注日期的引用文件,其随后所有的修改单(不包括勘误的内容)或修订版均不适用于本标准,然而,鼓励根据本标准达成协议的各方研究是否可使用这些文件的最新版本。凡是不注日期的引用文件,其最新版本适用于本标准。

GB/T 230.1 金属材料 洛氏硬度试验 第1部分:试验方法(A、B、C、D、E、F、G、H、K、N、T标尺)(GB/T 230.1—2009,ISO 6508-1:2005,MOD)

GB/T 231.1 金属材料 布氏硬度试验 第1部分:试验方法(GB/T 231.1—2009,ISO 6506-1:2005,MOD)

GB/T 275 滚动轴承与轴和外壳的配合

GB/T 699—1999 优质碳素结构钢

GB/T 1095—2003 平键 键槽的剖面尺寸(ASME B18.25.1M:1996,NEQ)

GB/T 1144 矩形花键尺寸、公差和检验(GB/T 1144—2001,neq ISO 14:1982)

GB/T 1184—1996 形状和位置公差 未注公差值(eqv ISO 2768-2:1989)

GB/T 1800.2—2009 产品几何技术规范(GPS) 极限与配合 第2部分:标准公差等级和孔、轴极限偏差表(ISO 286-2:1988,ISO System of limits and fits—Part 2:Tables of standard tolerance grades and limit deviations for holes and shafts,MOD)

GB/T 1958 产品几何量技术规范(GPS) 形状和位置公差 检测规定

GB/T 2828.1 计数抽样检验程序 第1部分:按接收质量限(AQL)检索的逐批检验抽样计划(GB/T 2828.1—2003,ISO 2859-1:1999,IDT)

GB/T 3077—1999 合金结构钢(neq DIN EN 10083-1:1991)

GB/T 3177 产品几何技术规范(GPS) 光滑工件尺寸的检验

GB/T 3478.1—2008 圆柱直齿渐开线花键(米制模数 齿侧配合) 第1部分:总论(ISO 4156-1:2005,MOD)

GB/T 3478.5—2008 圆柱直齿渐开线花键(米制模数 齿侧配合) 第5部分:检验(ISO 4156-3:2005,Straight cylindrical involute splines—Metric module,side fit—Part 3:Inspection,MOD)

GB/T 5617 钢的感应淬火或火焰淬火后有效硬化层深度的测定(GB/T 5617—2005,ISO 3754:1976,NEQ)

GB/T 9450 钢件渗碳淬火硬化层深度的测定和校核(GB/T 9450—2005,ISO 2639:2002,MOD)

GB/T 13299 钢的显微组织评定方法

GB/T 13320 钢质模锻件 金相组织评级图及评定方法

GB/T 15822.2 无损检测 磁粉检测 第2部分:检测介质(GB/T 15822.2—2005,ISO 9934-2:2002,IDT)

JB/T 9204 钢件感应淬火金相检验

QC/T 262 汽车渗碳齿轮金相检验

3 技术要求

3.1 一般要求

花键轴应符合本标准的规定，并按经规定程序批准的产品图样及技术文件制造。如有特殊需要时，按用户与制造厂的协议执行。

3.2 材料

采用 GB/T 699—1999 中规定的 45、40Mn 钢或 GB/T 3077—1999 中规定的 40MnB、45MnB、45Mn2、40Cr、45Cr、42CrMo、40CrMn、20Cr、20CrMnTi 合金钢制造。允许采用机械性能不低于上述材料的其他材料。

3.3 热处理要求

3.3.1 表面硬度

3.3.1.1 经调质处理后的花键轴硬度应为 251 HB～298 HB(25 HRC～32 HRC)，单件硬度差应不大于 25 HB(4 HRC)。经调质处理后的花键轴花键表面应经淬火处理，经淬火处理后的表面硬度应不低于 50 HRC，整体淬火的硬度应不低于 45 HRC，单件硬度差应不大于 4 HRC。螺纹硬度应不大于 30 HRC。

3.3.1.2 花键部分经渗碳或碳氮共渗处理后，花键表面淬火硬度应为 58 HRC～64 HRC，其余部分应不低于 25 HRC，螺纹部分不允许渗碳或碳氮共渗处理。

3.3.2 有效硬化层深度

3.3.2.1 感应加热淬火的花键表面有效硬化层深度应不小于花键大径的 7%，花键小径表面有效硬化层深度应不小于 0.7 mm。

3.3.2.2 渗碳和碳氮共渗淬火有效硬化层深度：矩形花键应不小于 0.4 mm，渐开线花键应为花键模数的 0.15 倍～0.2 倍，表面硬度应为 56 HRC～62 HRC。

3.3.3 金相组织

调质处理的金相组织应为回火索氏体 1 级～4 级。感应淬火的金相组织应符合 JB/T 9204 的规定。渗碳和碳氮共渗淬火的金相组织应符合 QC/T 262 的规定。

3.4 表面粗糙度要求

3.4.1 轴承颈表面粗糙度应符合 GB/T 275 的规定。

3.4.2 矩形花键定心表面粗糙度为 *Ra*1.6 μm。

3.4.3 矩形花键键侧表面粗糙度为 *Ra*3.2 μm。

3.4.4 渐开线花键齿表面粗糙度为 *Ra*3.2 μm。

3.4.5 油封密封唇口配合表面粗糙度为 *Ra*0.8 μm。

3.5 尺寸公差要求

3.5.1 小径定心的矩形花键尺寸、公差应符合 GB/T 1144 的规定。大径定心的矩形花键尺寸应符合产品图样的要求。

3.5.2 矩形花键键宽、花键综合精度应符合 GB/T 1144 的规定。

3.5.3 渐开线花键综合精度应符合 GB/T 3478.1 的规定。

3.5.4 轴承颈直径尺寸公差等级应不低于 GB/T 1800.2—2009 中规定的 IT6 级。

3.5.5 平键键槽宽的尺寸公差等级应不低于 GB/T 1095—2003 规定的 9 级。

3.6 形位公差要求

3.6.1 渐开线花键齿圈径向跳动公差应符合 GB/T 3478.1—2008 附录 B 中表 B.1 的 C 组的要求。

3.6.2 矩形花键定心表面径向跳动公差应不低于 GB/T 1184—1996 中规定的 8 级。

3.6.3 轴承颈圆柱度或圆度公差应不低于 GB/T 1184—1996 中规定的 7 级。

3.6.4 轴承颈端面圆跳动公差应不低于 GB/T 1184—1996 中规定的 9 级。

3.6.5 平键键槽对称度公差应不低于 GB/T 1184—1996 中规定的 9 级。

3.7 外观质量

花键轴表面应光洁,应无氧化皮、斑痕、凹陷、皱折、分层和裂纹,工作表面不应有刻痕、锈蚀、黑斑、刀痕、凹坑和碰伤。除必须的退刀槽和砂轮越程槽,花键根部、轴与突缘的连接处,以及台状轴颈的转角处不得有刻痕、刀伤。

3.8 裂纹

花键轴进行磁粉探伤检验应无表面和近表面裂纹。

4 试验方法

4.1 表面硬度

洛氏硬度试验方法按 GB/T 230.1 进行,布氏硬度试验方法按 GB/T 231.1 进行,检测时应沿圆周表面相隔约 120°处测三处。

4.2 有效硬化层深度

4.2.1 经调质处理的花键轴有效硬化层深度用金相法测至出现连续铁素体处。

4.2.2 经感应加热淬火处理的花键轴有效硬化层深度推荐用维氏硬度法,在 9.8 N 载荷下,从表面测至规定表面硬度下限值的 80%处,测量方法符合 GB/T 5617 的规定。

4.2.3 经渗碳与碳氮共渗处理的花键轴有效硬化层深度按 GB/T 9450 的规定测量。

4.3 金相组织

4.3.1 经调质处理的花键轴金相组织按 GB/T 13299 的规定检测。

4.3.2 经感应加热淬火的花键轴金相组织按 JB/T 9204 和 GB/T 13320 的规定检测。

4.3.3 经渗碳与碳氮共渗处理的花键轴金相组织按 QC/T 262 规定检测。

4.4 表面粗糙度

用表面粗糙度仪或表面粗糙度样板比较测量。

4.5 尺寸、形位公差

4.5.1 尺寸公差按 GB/T 3177 的规定,采用通用量具检测。

4.5.2 形状和位置公差按 GB/T 1958 的规定检测。

4.5.3 矩形花键精度按 GB/T 1144 的规定检测。

4.5.4 渐开线花键精度按 GB/T 3478.5—2008 的规定检测。

4.6 磁粉探伤

按 GB/T 15822.2 规定检验。

4.7 外观质量

采用目测。

5 检验规则

5.1 出厂检验

5.1.1 每根花键轴需要经制造厂检验合格后方可出厂,产品出厂应附有合格证。

5.1.2 出厂检验项目按表 1 的规定。

5.2 型式检验

5.2.1 有下列情况之一时,一般应进行型式检验:

a) 定型鉴定和老产品转厂生产时;

b) 正式生产时,如结构、材料、工艺有较大改变,可能影响产品性能时;

c) 正式生产时,每五年进行一次;

d) 产品长期停产后,恢复生产时;

e) 出厂检验结果与上次型式检验有较大差异时;

f) 国家质量监督机构提出进行型式检验的要求时。

5.2.2 型式检验项目按表1的规定。

5.3 质量监督检验项目应根据当时的质量状况按表1内容确定。

5.4 不合格分类

被检验项目不符合本标准第3章规定,称为不合格或缺陷。不合格项目按其对产品质量的影响程度,分为A、B、C三类。不合格项目分类见表1。

表1 不合格项目分类

不合格分类		不合格项目名称	标准条款	出厂检验	型式检验
类	项				
A	1	表面硬度	3.3.1	✓	✓
	2	有效硬化层深度	3.3.2	—	✓
	3	金相组织	3.3.3	—	✓
	4	裂纹	3.8	✓	✓
B	1	单件硬度差	3.3.1	✓	✓
	2	轴承颈表面粗糙度	3.4.1	✓	✓
	3	花键综合精度	3.5.2(3.5.3)	✓	✓
	4	花键定心直径	3.5.1	✓	✓
	5	轴承颈直径	3.5.4	✓	✓
	6	平键键槽宽	3.5.5	✓	✓
	7	单键键槽对称度	3.6.5	✓	✓
	8	矩形花键键宽	3.5.2	✓	✓
C	1	矩形花键定心表面(渐开线花键齿圈)径向跳动	3.6.2(3.6.1)	✓	✓
	2	轴承颈圆柱度	3.6.3	✓	✓
	3	轴承颈端面圆跳动	3.6.4	✓	✓
	4	轴承颈表面粗糙度	3.4.1	✓	✓
	5	矩形花键定心(渐开线花键齿)表面粗糙度	3.4.2(3.4.4)	✓	✓
	6	键侧表面粗糙度	3.4.3	✓	✓
	7	其他部位的表面粗糙度	3.4.5	✓	✓
	8	其他部位的形状和位置公差	3.6	✓	✓
	9	外观质量	3.7	✓	✓

注:带"✓"的项目为应检验项目,带"—"的项目为不检验项目。

5.5 抽样方案

5.5.1 按GB/T 2828.1的规定的一次正常抽样方案,并规定使用特殊检查水平S-1,样本量字码为A,AQL为接收质量限,Ac为不合格接收数,Re为不合格拒收数。见表2。

5.5.2 一般情况下，产品检查批 $N=26$ 件～50 件，市场抽样不受此限。

5.5.3 规定样本量 $n=2$ 件，对表 1 项目进行检查。抽样时还应考虑增抽 1 件～2 件备用，备用件只在因花键轴本身质量导致无法正常试验与作出正确判定时使用。

5.5.4 抽样方案及判定规则见表 2。

表 2 抽样判定方案

不合格分类	A	B	C
项目数	4	8	9
检验水平	S-1		
样本量字码	A		
样本数	2		
接受质量限(AQL)	6.5	25	40
Ac Re	0 1	1 2	2 3

5.6 抽样检验的评定

5.6.1 根据 5.5 规定的抽样方案，对样本进行检查，样本中的不合格接收数小于或等于 Ac 时评为可接收(合格)；样本中的不合格拒收数大于或等于 Re 时评为拒收(不合格)。表 1 中规定不合格项目中有多个子项时，若其中有一项子项不合格，则判该项为不合格，各类全部合格时，则最终评为合格；任一类或多个类不合格时，则最终评为不合格。

5.6.2 在整个检测期间，因花键轴质量问题发生一项 A 类不合格，则应停止检测，花键轴按拒收(不合格)处理。

6 标志、包装、运输和贮存

6.1 标志

花键轴非工作面应打有制造厂的标识，标志在该零件整个使用期间保持完整、清晰，标志的部位、尺寸和方法按产品图样规定。

6.2 包装

6.2.1 内包装上应标明：

a) 制造厂名称、厂标；

b) 地址、电话；

c) 拖拉机型号、零件名称及零件号；

d) 包装日期及防锈有效期；

e) 内包装内应附有制造厂质量检验员签章的产品合格证。

6.2.2 装有花键轴的内包装应装入衬有防水纸的干燥包装箱内，并保证在正常运输中不致损坏产品。包装箱总质量应不超过 50 kg。如订货单位同意，也可采用简易包装。

6.2.3 外包装外应标明：

a) 制造厂名称、厂标；

b) 厂址、电话；

c) 产品名称；

d) 总质量(kg)；

e) 零件数量；

f) 应有“小心轻放”、“防潮”等标志；

g) 标明收货单位及地址、邮编、电话。

6.3 运输

运输中应无磕碰现象。

6.4 贮存

花键轴产品应存放在通风、干燥和无酸碱气体侵蚀的库房中，不允许在露天存放。在正常保管情况下，产品应保证出厂之日起12个月的有效防锈期。

ICS 65.060.10
T 63

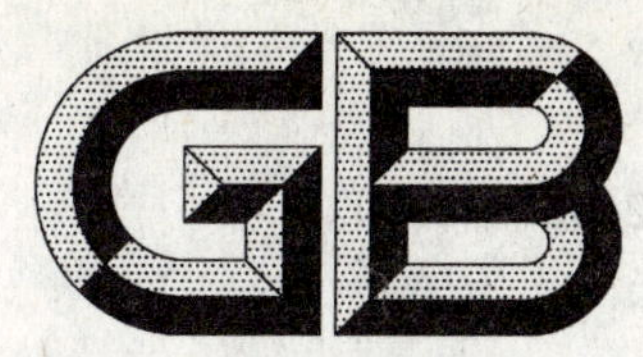

中华人民共和国国家标准

GB/T 24651—2009

拖拉机变速拨叉　技术条件

Specifications—Tractor shifting forks

2009-11-15 发布　　　　2010-05-01 实施

中华人民共和国国家质量监督检验检疫总局
中国国家标准化管理委员会　发布

前言

本标准由中国机械工业联合会提出。

本标准由全国拖拉机标准化技术委员会(SAC/TC 140)归口。

本标准起草单位:洛阳拖拉机研究所、开封宏达拨叉(集团)有限公司。

本标准主要起草人:张振强、尚项绳、胡振国、邓自明、张胜涛、王建波、柳玲文。

拖拉机变速拨叉 技术条件

1 范围

本标准规定了拖拉机变速拨叉的术语和定义、技术要求、试验方法、检验规则、标志、包装、运输和贮存。

本标准适用于拖拉机变速拨叉(以下简称拨叉)。摩托车及汽车的拨叉也可参照采用。

2 规范性引用文件

下列文件中的条款通过本标准的引用而成为本标准的条款。凡是注日期的引用文件,其随后所有的修改单(不包括勘误的内容)或修订版均不适用于本标准,然而,鼓励根据本标准达成协议的各方研究是否可使用这些文件的最新版本。凡是不注日期的引用文件,其最新版本适用于本标准。

GB/T 699 优质碳素结构钢

GB/T 879(所有部分) 弹性圆柱销

GB/T 2828.1 计数抽样检验程序 第1部分:按接收质量限(AQL)检索的逐批检验抽样计划(GB/T 2828.1—2003,ISO 2859-1:1999,IDT)

GB/T 3077 合金结构钢(GB/T 3077—1999,neq DIN EN 10083-1:1991)

GB/T 4340(所有部分) 金属维氏硬度试验

GB/T 5617 钢的感应淬火或火焰淬火后有效硬化层深度的测定(GB/T 5617—2005,ISO 3754:1976,NEQ)

GB/T 6060.1 表面粗糙度比较样块 铸造表面(GB/T 6060.1—1997,eqv ISO 2632-3:1979)

GB/T 11374 热喷涂涂层厚度的无损测量方法(GB/T 11374—1989,neq ISO 2064:1980、ISO 2063)

GB/T 12362 钢质模锻件 公差及机械加工余量

JB/T 5100 熔模铸造碳钢件 技术条件

3 术语和定义

下列术语和定义适用于本标准。

3.1

叉头 fork head

拨叉上与齿轮(或连接套)邻接的部位,见图1。

3.2

叉头工作面 fork working face

叉头上,限制或推动齿轮(或连接套)轴向运动的平面,见图2。

3.3

叉口表面 fork inner face

叉头上,包容齿轮(或连接套)槽底面的两平行平面(及相切的圆弧面)或其他形式的接触面,见图1。

3.4

拨槽 groove

拨叉上容纳和承受变速操作件操作的凹口,见图2。

3.5

导销/定位自锁孔　guide pin/sdf-locking orientation hole

拨叉上承受变速操作的圆柱体/用来定位自锁的圆孔，见图1。

3.6

定位销孔/螺孔　orientation/screw pinhole

用来将拨叉固定在拨叉轴上的圆孔或螺纹孔，见图2。

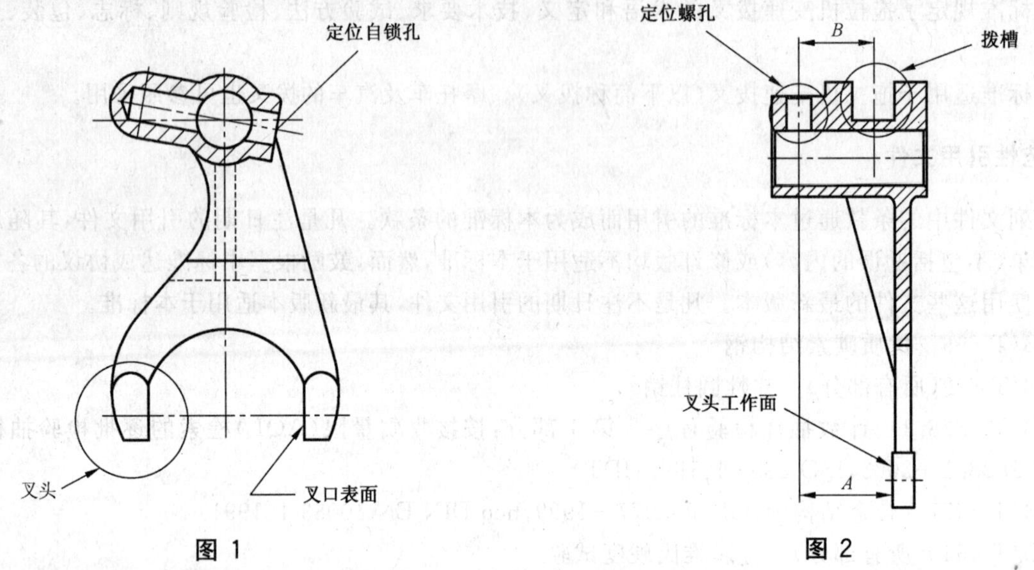

图1　　图2

4　技术要求

4.1　拨叉应采用本标准中的推荐值，并按照经规定程序批准的图样和技术文件制造。

4.2　拨叉推荐材料及质量指标应符合表1的规定。在保证使用的条件下，允许采用其他牌号的材料。

表1

拨叉推荐材料		熔模铸造碳钢 RZG310-570	优质碳素结构钢 45、50	合金结构钢 20Cr、20CrMo、40Cr
质量指标	化学成分	按JB/T 5100的规定	按GB/T 699的规定	按GB/T 3077的规定
	力学性能	按JB/T 5100的规定	按GB/T 699的规定	按GB/T 3077的规定

4.3　拨叉体、叉头工作面、拨槽或导销工作面硬度及其深度推荐值见表2。

叉头工作面、拨槽工作面及导销工作面一般采用感应淬火，其他表面处理方法的硬化层（如热喷涂钼层）深度应在图样上标明。

表2

检验项目		推荐值	
拨叉体	正火时硬度	156 HBW～229 HBW	167 HBW～229 HBW[a]
	调质时硬度	240 HBW～298 HBW[b]	
	渗碳深度/mm	0.3～0.85[a,b]	
叉头工作面和导销工作面	硬度	45 HRC～55 HRC	50 HRC～62 HRC[a,b]
	硬化层深度/mm	0.8～2.0	
	单件硬度差值	≤6 HRC	≤4 HRC[a,b]

表 2(续)

检 验 项 目		推 荐 值	
叉头工作面和导销工作面	镀铬层厚度/mm	0.02～0.05	
	热喷涂钼层硬度[c]	600 HV～1 000 HV	
	热喷涂钼层厚度/mm[c]	0.1～0.2	
拨槽工作面	硬度	≥45 HRC	≥52 HRC[b]
a 可用于摩托车拨叉。 b 可用于汽车拨叉。 c 80 kW 以上的拖拉机拨叉叉头工作面推荐采用热喷涂钼层的表面处理方法。			

4.4 拨叉主要尺寸公差推荐值见表 3。

表 3

检 验 项 目		推 荐 值	
轴孔直径公差带	拨叉在轴上滑动	H8、H9	
	拨叉固定在轴上	H7、H8	
定位螺孔螺纹公差带		6H	
定位销孔公差带		按 GB/T 879 的规定	
叉头工作面厚度公差/mm		0.1～0.2	0.07～0.1[a]
叉口尺寸公差带/mm		D10～B12	B12～H12 或 H13[a]
导销直径公差/mm		0.05～0.1	
销孔直径公差带		H8、H9、H10、H11	
定位螺孔/销孔中心线到叉头工作面间的尺寸公差(见图 2 尺寸 A)/mm		0.1～0.2	
定位螺孔/销孔中心线到拨槽中心线间的尺寸公差(见图 2 尺寸 B)/mm		0.1～0.2	
导销(定位自锁孔)中心线到叉头工作面间的尺寸公差/mm		0.1～0.2	
导销(销孔/螺孔/定位自锁孔)中心线与叉口和轴孔中心连线夹角公差		40′	
注：轴孔长度大于 50 mm 时，轴孔可用通止规检验。			
a 可用于摩托车拨叉。			

4.5 拨叉结构要素间的位置公差推荐值见表 4。

表 4

单位为毫米

检 验 项 目	推 荐 值	
叉头工作面对轴孔中心线的垂直度公差	0.1[b]	0.02～0.08[a]
定位螺孔、销孔中心线对轴孔中心线的位置度公差	ϕ0.1～ϕ0.2	ϕ0.02～ϕ0.10[b]
注 1：允许用综合检验代替本表和表 3 规定的单项检验。 注 2：如轴孔到叉头工作面中心的距离大于 150 mm 时可放宽其垂直度公差。		
a 可用于摩托车拨叉。 b 可用于汽车拨叉。		

4.6 拨叉主要表面粗糙度推荐值见表5。

表5

单位为微米

检验项目		推荐值	
轴孔表面粗糙度 *Ra*	拨叉在轴上滑动	1.6、0.8	
	拨叉固定在轴上	3.2、1.6	
叉头工作面粗糙度 *Ra*		3.2	1.6[a,b]
定位销孔表面粗糙度 *Ra*		6.3	1.6[a,b]
拨槽工作面粗糙度 *Ra*		6.3	3.2[a,b]
叉口表面粗糙度 *Ra*		6.3	3.2[a,b]
导销工作面粗糙度 *Ra*		1.6、3.2	

a 可用于摩托车拨叉。

b 可用于汽车拨叉。

4.7 非加工表面间尺寸公差推荐值见表6。

表6

毛坯种类	推荐值
模锻件	拖拉机拨叉等按 GB/T 12362 规定的普通级
	摩托车拨叉按 GB/T 12362 规定的精密级
熔模铸钢件	按 JB/T 5100 的Ⅰ类铸件检验项目

4.8 拨叉外观及内部质量应符合表7的规定。

表7

检验项目		质量指标	
模锻件	加工表面	不得有裂纹、碰痕	
	非加工表面	不得有裂纹、夹层、氧化皮	
	非加工表面粗糙度 $Ra/\mu m$	50	12.5[a]
熔模铸钢件	加工表面	不得有裂纹、碰痕、疏松、气孔	
	非加工表面	不得有裂纹、疏松、气孔、夹层、氧化皮	
	非加工表面粗糙度 $Ra/\mu m$	—	50[b](按 GB/T 6060.1 的规定)
标志		清晰、完整	
表面处理		涂防锈漆、氧化处理	

a 可用于摩托车拨叉。

b 可用于汽车拨叉。

5 试验方法

5.1 拨叉材料的化学成分、力学性能、硬度的试验方法按 JB/T 5100、GB/T 699、GB/T 3077、GB/T 5617、GB/T 11374、GB/T 4340 的规定。

5.2 叉头工作面硬化层深度检验按 GB/T 5617 的规定，热喷涂钼层厚度试验按 GB/T 11374 的规定，硬度的试验按 GB/T 4340 的规定。

5.3 拨叉的主要尺寸公差、位置公差和表面粗糙度等可采用通用或专用量仪检验。

5.4　拨叉的无损探伤

5.4.1　渗透/磁粉探伤

用渗透/磁粉探伤对拨叉在锻造、铸造、热处理等加工时出现缺陷程度的验收标准由供需双方商定。

5.4.2　射线照像检查

用X或γ射线检查铸件内部的缺陷。检查的范围、缺陷程度和验收标准由供需双方商定。

6　检验规则

6.1　出厂检验

6.1.1　拨叉须经检验部门检验合格后方可出厂，出厂时应附有合格证。

6.1.2　出厂检验项目按表8的规定。

表8　不合格项目分类

不合格分类		不合格项目名称	标准条款	出厂检验	型式检验
类	项				
A	1	工作表面硬度	4.3	—	√
	2	有效硬化层深度	4.3	—	√
	3	拨叉体硬度	4.3	—	√
	4	裂纹	5.4	√	√
B	1	单件硬度差	4.3	—	√
	2	轴孔直径	4.4	√	√
	3	叉头工作面厚度	4.4	√	√
	4	叉口尺寸	4.4	√	√
	5	定位螺孔螺纹	4.4	√	√
	6	定位销孔直径	4.4	√	√
	7	导销直径	4.4	√	√
	8	定位螺孔/销孔中心线到叉头工作面间尺寸	4.4	√	√
	9	定位螺孔/销孔中心线到拨槽中心线间尺寸	4.4	√	√
	10	导销(定位自销孔)中心线到叉头工作面间的尺寸	4.4	√	√
	11	导销(销孔/螺孔/定位自销孔)中心线与叉口和轴孔中心线连线夹角	4.4	—	√
	12	叉头工作面对轴孔中心线的垂直度	4.5	√	√
	13	定位螺孔、销孔中心线对轴孔中心线的位置公差	4.5	—	√
C	1	轴孔表面粗糙度	4.6	√	√
	2	叉头工作面粗糙度	4.6	√	√
	3	定位销孔表面粗糙度	4.6	√	√
	4	拨槽工作面粗糙度	4.6	√	√
	5	叉口表面粗糙度	4.6	√	√
	6	导销工作面粗糙度	4.6	√	√
	7	非加工表面尺寸(任测2处)	4.7	√	√
	8	外观质量(任测2处)	4.8	√	√
注：“√”项目必须做，“—”项目不做。					

6.2 型式检验

6.2.1 批量生产的产品，每隔2年按表8规定做型式检验。

6.2.2 新产品、经重大改进或转厂生产的产品按表8规定做型式检验。

6.3 抽样方案

6.3.1 计数抽样方案应按照GB/T 2828.1的规定。检验批应是检验合格的产品，检验批量N=151件～280件。

6.3.2 对A类不合格，采用特殊检查水平S-1，样本大小字码为B，按一次正常抽样，样本大小$n=3$；对B类不合格和C类不合格，采用特殊检查水平S-3，样本大小字码为D，按一次正常抽样，样本大小$n=8$。

6.3.3 抽样方案及判定规则见表9。

表9 抽样判定方案

不合格分类	A	B	C
项目数	4×3	13×8	8×20
检验水平	S-1	S-3	
样本量字码	B	D	
接收质量限(AQL)	6.5	10	25
Ac Re	0 1	2 3	5 6

6.4 抽样检验的判定

6.4.1 接收质量限AQL(AQL值为每百单位产品计点的不合格数)，检验项目按表8规定，样本的不合格数小于或等于Ac时评为合格，大于或等于Re时评为不合格。

6.4.2 在整个检验期间，因拨叉质量问题发生一项A类不合格，则应停止检测，拨叉按不合格处理。

7 标志、包装、运输和贮存

7.1 标志

标志的部位、尺寸按图样规定。做标志时应注意不使零件表面损伤。拨叉上一般应标明：

a) 制造厂名称或厂标；

b) 产品代号。

7.2 包装、运输

7.2.1 拨叉应进行清洗、油封或蜡封，然后用防水纸或塑料袋包好，再装入包装盒内。包装盒上应标明：

a) 制造厂名称、厂标和地址；

b) 产品名称和代号、配用的机(车)型号；

c) 数量；

d) 出厂日期、生产批号、防锈有效期。

7.2.2 包装盒内应附有制造厂技术质检员签章的产品合格证。

7.2.3 用包装盒包装好的拨叉应装入有防水功能的包装箱内。箱子总重应不超过30 kg。

7.2.4 包装箱内应附有制造厂包装员签章的装箱单，单上应标明产品名称、代号和数量。

7.2.5 包装箱外表面应标明：

a) 制造厂名称、厂标和地址；

b) 产品名称、代号、配用的机(车)型号；

c) 毛质量和数量；

d) 生产批号；

e) 产品执行标准编号；

f) 发往地址和收货单位名称；

g) “小心轻放”、“防潮”等标志。

7.2.6 订货方对包装有特殊要求时，可按供需双方协议执行。也可采取简易包装形式。

7.2.7 保证拨叉在正常运输中不致损坏。

7.3 贮存

拨叉应存放在通风和干燥的仓库内。在正常保管情况下，制造厂应保证产品自出厂起 12 个月内不致锈蚀。

ICS 65.060.10
T 65

中华人民共和国国家标准

GB/T 24652—2009

轮式拖拉机转向摇臂　技术条件

Steering rocking arm of wheeled tractors—Specifications

2009-11-15 发布　　　　2010-05-01 实施

中华人民共和国国家质量监督检验检疫总局
中国国家标准化管理委员会　发布

前言

本标准由中国机械工业联合会提出。

本标准由全国拖拉机标准化技术委员会(SAC/TC 140)归口。

本标准负责起草单位:江苏常发集团。

本标准参加起草单位:淮安市衡创机械有限公司。

本标准主要起草人:廖汉平、衡海涛。

轮式拖拉机转向摇臂　技术条件

1　范围

本标准规定了轮式拖拉机转向摇臂(包括转向垂臂、转向节臂、梯形臂)的要求、试验方法、检验规则、标志、包装、运输和贮存。

本标准适用于轮式拖拉机转向摇臂(以下简称转向臂)。

2　规范性引用文件

下列文件中的条款通过本标准的引用而成为本标准的条款。凡是注日期的引用文件,其随后所有的修改单(不包括勘误的内容)或修订版均不适用于本标准,然而,鼓励根据本标准达成协议的各方研究是否可使用这些文件的最新版本。凡是不注日期的引用文件,其最新版本适用于本标准。

GB/T 157　产品几何量技术规范(GPS)　圆锥的锥度与锥角系列(GB/T 157—2001,eqv ISO 1119:1998)

GB/T 231.1　金属材料　布氏硬度试验　第1部分:试验方法(GB/T 231.1—2009,ISO 6506-1:2005,MOD)

GB/T 1031　产品几何技术规范(GPS)　表面结构　轮廓法　表面粗糙度参数及其数值

GB/T 1095　平键　键槽的剖面尺寸

GB/T 1096　普通型　平键(GB/T 1096—2003,ASME B18.25.1M:1996,NEQ)

GB/T 1098　半圆键　键槽的剖面尺寸(GB/T 1098—2003,ASME B18.25.2M:1996,NEQ)

GB/T 1184—1996　形状和位置公差　未注公差值(eqv ISO 2768-2:1989)

GB/T 1563　楔键　键槽的剖面尺寸

GB/T 1800.2—2009　产品几何技术规范(GPS)　极限与配合　第2部分:标准公差等级和孔、轴极限偏差表(ISO 286-2:1988,ISO System of limits and fits—Part 2:Tables of standard tolerance grades and limit deviations for holes and shafts,MOD)

GB/T 2828.1　计数抽样检验程序　第1部分:按接收质量限(AQL)检索的逐批检验抽样计划(GB/T 2828.1—2003,ISO 2859-1:1999,IDT)

GB/T 3478.1　圆柱直齿渐开线花键(米制模数　齿侧配合)　第1部分:总论(GB/T 3478.1—2008,ISO 4156-1:2005,MOD)

GB/T 12362　钢质模锻件　公差及机械加工余量

JB/T 5673　农林拖拉机及机具涂漆　通用技术条件

JB/T 7279　轮式拖拉机机械转向系统　试验方法

3　要求

3.1　一般要求

3.1.1　转向臂应符合本标准的要求,并按照经规定程序批准的产品图样和技术文件制造。如有特殊需要按用户与制造厂的协议(合同)执行。

3.1.2　转向臂材料可采用铸、锻件,本标准推荐采用锻钢45、40Cr或35CrMo,在保证产品设计性能的条件下,允许采用机械性能不低于上述材料的其他材料。

3.1.3　与转向器输出轴或与转向节连接的大头内孔为渐开线花键、单键或锥面,与转向机构连杆球头销连接的小头内孔为锥面。应符合GB/T 3478.1、GB/T 157、GB/T 1095、GB/T 1096、GB/T 1098和GB/T 1563的规定。当花键采用圆锥连接时,推荐锥度为1:16,花键齿形由设计规定。

3.1.4 转向臂的二孔轴线尽可能平行，大头孔键槽尽可能设计在转向臂体壁厚处，大、小头之间应为流线连续过渡相联。

3.1.5 转向臂纵向剖面的纤维方向应沿着转向臂长度方向，并与外形相符，应无紊乱及间断。

3.1.6 转向臂不允许焊补。允许有总数不多于 2 个、高度不大于 0.8 mm、长度不大于 5 mm 的分模面的飞边；内部应无裂纹；非加工表面存在折叠、裂纹时，应打磨消除。打磨深度应不得大于 GB/T 12362 所规定的数值。打磨宽度不小于深度的 6 倍，经打磨修整的痕迹应圆滑过渡。

3.1.7 转向臂毛坯表面氧化皮应予清理，表面应经过喷丸或其他表面强化处理。

3.1.8 转向臂表面涂漆应符合 JB/T 5673 的规定。

3.2 热处理要求

3.2.1 转向臂应经调质处理，45 钢硬度为 217 HBW～253 HBW，40Cr 钢硬度为 223 HBW～280 HBW，35 CrMo 钢硬度为 250 HBW ～ 320 HBW。单件转向臂上的硬度差应不大于 40 HBW。在保证转向臂性能指标要求条件下，也允许采用其他热处理工艺。

3.2.2 转向臂的金相显微组织应为均匀的细晶粒索氏体，允许有少量断续状分布的铁素体存在，转向臂脱碳层深度应按产品图样规定。

3.3 表面粗糙度

表面粗糙度按 GB/T 1031 的规定，转向臂内锥孔 *Ra* 最大允许值应不大于 1.6 μm，圆柱孔 *Ra* 最大允许值应不大于 3.2 μm，其他加工表面的表面粗糙度 *Ra* 最大允许值应不大于 12.5 μm。非加工表面不允许有超过 GB/T 12362 所规定的裂纹、折叠、折痕、斑痕、分层、结疤、过烧以及因金属未充满而产生的缺陷。

3.4 尺寸及形位公差

3.4.1 加工部位尺寸公差等级不低于 GB/T 1800.2—2009 中的 IT7 的规定。

3.4.2 当以大头孔轴线为基准时，有关部位的形状和位置公差应符合下列要求：

a） 小头孔可根据 GB/T 157 的规定选取；

b） 大、小头孔轴线的平行度公差要求应符合 GB/T 1184—1996 中的 5.2.1 的规定；

c） 大头两端面对大头孔轴线的垂直度的公差值应不低于 GB/T 1184—1996 中 K 级的规定；

d） 大头孔的圆柱度公差要求应符合 GB/T 1184—1996 中 5.1.3 的规定。

3.4.3 内孔圆锥面与标准锥套接触面积应不小于 70%。

3.5 可靠性

转向臂在按 JB/T 7279 的规定进行测试后应无扭曲、裂纹、永久变形等损坏现象。

4 试验方法

4.1 热处理的检测

4.1.1 表面硬度用 GB/T 231.1 规定的方法检测。

4.1.2 调质深度（从表面至内部出现连续碳素体为止）用金相法测。

4.2 花键检测

用花键综合量规检验。

4.3 表面粗糙度检查

用粗糙度样块对比。

4.4 缺陷检查

用探伤仪检查转向臂表面或内部裂纹等缺陷。

4.5 可靠性

转向臂可靠性（静扭强度和扭转疲劳寿命）试验按 JB/T 7279 的规定进行。

5 检验规则

5.1 出厂检验

5.1.1 每件转向臂需经制造厂检验合格后方可出厂，产品出厂应有合格证。

5.1.2 出厂检验项目按表1的规定进行。

表 1

不合格分类		不合格项目名称	标准条款	出厂检验	型式检验
A类	1	无产品图样	3.1.1	—	√
	2	存在补焊	3.1.6	√	√
	3	内部有裂纹	3.1.6	√	√
	4	可靠性未达要求	3.5	—	√
B类	1	材料未达要求	3.1.2	—	√
	2	键未达要求	3.1.3	√	√
	3	表面有折叠、裂纹	3.1.6	√	√
	4	硬度未达要求	3.2.1	√	√
	5	金相组织未达要求	3.2.2	—	√
	6	尺寸公差未达要求	3.4.1	√	√
C类	1	非加工表面质量未达要求	3.1.6、3.1.8、3.3	√	√
	2	表面强化处理未达要求	3.1.7	—	√
	3	加工表面粗糙度未达要求	3.3	√	√
	4	形位公差未达要求	3.4.2	√	√
	5	锥孔接触面未达要求	3.4.3	—	√
注：带“√”的项目为应检验项目，带“—”的项目为不检验项目。					

5.2 型式检验

5.2.1 有下列情况之一时，一般应进行型式检验：

a) 定型鉴定和老产品转厂生产时；

b) 正式生产时，如结构、材料、工艺有较大改变，可能影响产品性能时；

c) 正式生产时，每二年进行一次；

d) 产品长期停产后，恢复生产时；

e) 出厂检验结果与上次型式检验有较大差异时；

f) 国家质量监督机构提出进行型式检验的要求时。

5.2.2 型式检验的项目应按表1的规定进行。

5.3 质量监督检验项目应根据当时的质量状况按表1内容确定。

5.4 不合格分类

被检项目凡不符合第3章规定要求的均称为不合格(缺陷)。按其对产品质量的影响程度，分为A类不合格、B类不合格、C类不合格。转向臂的不合格分类见表1的规定。

5.5 抽样判断方案

5.5.1 按GB/T 2828.1规定的一次正常抽样方案，并规定使用特殊检验水平S-1，样本量字码为A。接收质量限(AQL)，Ac为不合格接收数，Re为不合格拒收数，见表2。

表 2

不合格分类	A		B		C	
检验水平	S-1					
样本量	2					
样本量字码	A					
AQL	6.5		25		40	
Ac　　Re	0	1	1	2	2	3

5.5.2　一般情况下，产品检查批 N=26 件～50 件，市场抽样不受此限。

5.5.3　规定样本量 n=2 件，对表 1 所列项目进行检查。抽样时还应考虑增抽 1 件～2 件备用，备用件只在因非转向臂本身质量问题导致无法正常试验与作出正确判断时使用。

5.5.4　抽样方案及判断规则见表 2。

5.6　抽样检验的评定

5.6.1　根据 5.5 规定的抽样判断方案，对样本进行检查，样本中的不合格接收数小于或等于 Ac 时评为可接收(合格)；样本中的不合格大于或等于 Re 时评为拒收(不合格)。表 1 中规定不合格项目中有多个子项时，若其中有一项子项不合格，则判该项为不合格；各类全部合格时，则最终评为合格；任一类或多个类不合格时，则最终评为不合格。

5.6.2　在整个检测期间，因转向臂质量问题发生一项 A 类不合格，则应停止检测，转向臂按拒收(不合格)处理。

6　标志、包装、运输和贮存

6.1　标志

转向臂上应有制造厂标志，标志在该零件整个使用期间保持完整、清晰，标志的部位、尺寸和方法按产品图样规定。

6.2　包装

6.2.1　内包装上应标明：

a)　制造厂名称、厂标；

b)　地址、电话；

c)　拖拉机型号、零件名称及零件号；

d)　包装日期及防锈有效期；

e)　内包装内应附有制造厂质量检验员签章的产品合格证。

6.2.2　装有转向臂的内包装应装入衬有防水纸的干燥外包装箱内，并保证在正常运输中不致损坏产品。箱子总质量应不超过 50 kg。如定货单位同意，也可采用简易包装。

6.2.3　外包装箱外应标明：

a)　制造厂名称、厂标；

b)　制造厂地址、电话；

c)　产品名称；

d)　产品执行标准编号；

e)　总质量(kg)；

f)　零件数量；

g)　应有"小心轻放"、"防潮"等标志；

h)　标明收货单位及地址、邮编、电话。

6.3 **运输**

运输中应无磕碰现象。

6.4 **贮存**

转向臂应存放在干燥、通风、无酸碱气体侵蚀的室内库房中。在正常保管情况下,自出厂之日起,制造厂应保证产品在12个月内不锈蚀。

ICS 65.060.10
T 63

中华人民共和国国家标准

GB/T 24653—2009

农业轮式拖拉机半轴　技术条件

Half-axle of agricultural wheeled tractors—Specifications

2009-11-15 发布　　2010-05-01 实施

中华人民共和国国家质量监督检验检疫总局
中国国家标准化管理委员会　发布

前　言

本标准由中国机械工业联合会提出。

本标准由全国拖拉机标准化技术委员会(SAC/TC 140)归口。

本标准起草单位:江苏省农业机械试验鉴定站、江苏悦达盐城拖拉机制造有限公司。

本标准主要起草人:蔡国芳、戚锁红、张平、陈兰芳。

农业轮式拖拉机半轴　技术条件

1　范围

本标准规定了农业轮式拖拉机半轴的技术要求、试验方法、检验规则、标志、包装、运输和贮存。

本标准适用于农业轮式拖拉机半轴(以下简称半轴)。手扶拖拉机、农用运输、农业工程、林业车辆用半轴也可参照执行。

2　规范性引用文件

下列文件中的条款通过本标准的引用而成为本标准的条款。凡是注日期的引用文件,其随后所有的修改单(不包括勘误的内容)或修订版均不适用于本标准,然而,鼓励根据本标准达成协议的各方研究是否可使用这些文件的最新版本。凡是不注日期的引用文件,其最新版本适用于本标准。

GB/T 230.1　金属材料　洛氏硬度试验　第1部分:试验方法(A、B、C、D、E、F、G、H、K、N、T标尺)(GB/T 230.1—2009,ISO 6508-1:2005,MOD)

GB/T 231.1　金属材料　布氏硬度试验　第1部分:试验方法(GB/T 231.1—2009,ISO 6506-1:2005,MOD)

GB/T 1144　矩形花键尺寸、公差和检验(GB/T 1144—2001,neq ISO 14:1982)

GB/T 1184　形状和位置公差　未注公差值(GB/T 1184—1996,eqv ISO 2768-2:1989)

GB/T 1800.2—2009　产品几何技术规范(GPS)　极限与配合　第2部分:标准公差等级和孔、轴极限偏差表(ISO 286-2:1988,ISO System of limits and fits—Part 2:Tables of standard tolerance grades and limit deviations for holes and shafts,MOD)

GB/T 1958　产品几何量技术规范(GPS)形状和位置公差　检测规定

GB/T 2828.1　计数抽样检验程序　第1部分:按接收质量限(AQL)检索的逐批检验抽样计划(GB/T 2828.1—2003,ISO 2859-1:1999,IDT)

GB/T 3177　产品几何技术规范(GPS)　光滑工件尺寸的检验

GB/T 3478.1—2008　圆柱直齿渐开线花键(米制模数　齿侧配合)　第1部分:总论(ISO 4156-1:2005,MOD)

GB/T 3478.5—2008　圆柱直齿渐开线花键(米制模数　齿侧配合)　第5部分:检验(ISO 4156-3:2005,Straight cylindrical involute splines—Metric module,side fit—Part 3:Inspection,MOD)

GB/T 5617　钢的感应淬火或火焰淬火后有效硬化层深度的测定(GB/T 5617—2005,ISO 3754:1976,NEQ)

GB/T 9450　钢件渗碳淬火硬化层深度的测定和校核(GB/T 9450—2005,ISO 2639:2002,MOD)

GB/T 13299　钢的显微组织评定方法

GB/T 13320　钢质模锻件　金相组织评级图及评定方法

GB/T 15822.2　无损检测　磁粉检测　第2部分:检测介质(GB/T 15822.2—2005,ISO 9934-2:2002,IDT)

JB/T 9204　钢件感应淬火金相检验

QC/T 262　汽车渗碳齿轮金相检验

QC/T 293　汽车半轴台架试验方法

3　技术要求

半轴应符合本标准的规定,并按经规定程序批准的产品图样及技术文件制造。如有特殊需要时,按用户与制造厂的协议执行。

3.1 材质要求

在保证产品设计性能要求条件下，推荐采用的半轴材料牌号为 40Cr、42CrMo、40MnB、40CrMnMo、35CrMo、35CrMnSi、40CrV 和 45 钢，允许采用性能不低于本标准要求的其他代用材料。

3.2 热处理要求

3.2.1 推荐采用预调质处理后表面感应淬火热处理工艺。其心部硬度应为 262 HB～302 HB(25 HRC～32 HRC)；感应淬火处理后轴部表面硬度应为 52 HRC～58 HRC、花键处允许降低 20 HB(3 HRC)；法兰盘硬度不低于 28 HRC。

3.2.2 轴部有效硬化层深度范围为轴部直径的 10%～20%，硬化层深度变化不大于轴部直径的 5%，轴部过渡圆角应淬硬，法兰盘硬度不低于 28 HRC。

3.2.3 在保证半轴性能指标要求条件下，也允许采用其他热处理工艺，如正火处理后表面感应淬火工艺等。

3.2.4 金相组织

a) 预调质处理后表面感应淬火处理，硬化层为回火马氏体，心部为回火索氏体。

b) 正火处理后表面感应淬火处理，硬化层为回火马氏体，心部为片状珠光体加铁素体。

3.3 表面粗糙度要求

表面粗糙度应符合表 1 的要求。

表 1 表面粗糙度

项　目	要　求
法兰盘安装端表面粗糙度	*Ra* 6.3 μm
经过加工的轴部表面粗糙度	*Ra* 6.3 μm(喷丸处理允许增大到 *Ra* 12.5 μm)
轴根部圆角表面粗糙度	*Ra* 6.3 μm
与轴承、与油封配合表面粗糙度	*Ra* 0.8 μm
花键外圆定心表面粗糙度	*Ra* 1.6 μm
齿侧定心表面粗糙度	*Ra* 3.2 μm

3.4 尺寸精度

3.4.1 矩形花键尺寸公差及综合精度应符合 GB/T 1144 的规定。

3.4.2 渐开线花键综合精度应符合 GB/T 3478.1—2008 的规定。

3.4.3 轴承颈直径尺寸公差等级应不低于 GB/T 1800.2—2009 的表 1 中规定的 IT6 级。

3.5 形状和位置公差

以半轴轴线为基准，相关部位的形状和位置公差应符合 GB/T 1184 的规定，公差等级应符合表 2 的要求。

表 2 形状和位置公差

项　目	公差等级
法兰盘安装面的端面全跳动公差	不低于 9 级
与轴承配合的轴颈同轴度	不低于 7 级
与油封配合的轴颈同轴度	不低于 9 级
花键定心表面的径向圆跳动公差	不低于 10 级
轴部其他表面的径向圆跳动公差	不低于 12 级
法兰螺栓孔的位置度公差	不大于 ϕ0.2 mm

3.6 可靠性要求

3.6.1 半轴的静扭强度失效后备系数 K 应不小于 1.80。

3.6.2 半轴的扭转疲劳寿命中值寿命 $B_{50} \geqslant 30 \times 10^4$，90%存活率下的寿命 $B_{10} \geqslant 20 \times 10^4$。

3.7 外观质量

半轴表面不应有折叠、凹陷、黑皮、砸痕和裂纹等缺陷。轴部表面允许有磨去裂纹的痕迹。磨削后存在的磨痕深度不大于 0.5 mm，长度不大于 40 mm，同一横断面不允许超过两处。

3.8 裂纹

半轴进行磁粉探伤检验应无表面和近表面裂纹。

4 试验方法

4.1 表面硬度

洛氏硬度试验方法按 GB/T 230.1 的规定进行，布氏硬度试验方法按 GB/T 231.1 的规定进行。

4.2 有效硬化层深度

4.2.1 调质深度用金相法测至出现连续铁素体处。

4.2.2 感应加热淬火有效硬化层深度按 GB/T 5617 的规定测量。

4.2.3 渗碳与碳氮共渗有效硬化层深度按 GB/T 9450 的规定测量。

4.3 金相组织

4.3.1 调质金相组织按 GB/T 13299 的规定检验。

4.3.2 感应加热淬火金相组织按 JB/T 9204 和 GB/T 13320 的规定检验。

4.3.3 渗碳与碳氮共渗淬火金相组织按 QC/T 262 的规定检验。

4.4 磁粉探伤

按 GB/T 15822.2 的规定试验。

4.5 尺寸、形状和位置公差

4.5.1 尺寸公差按 GB/T 3177 的规定，采用通用量具检测。

4.5.2 矩形花键精度按 GB/T 1144 的规定检测。

4.5.3 渐开线花键精度按 GB/T 3478.5—2008 的规定检测。

4.5.4 形状和位置公差按 GB/T 1958 的规定检测。

4.6 表面粗糙度

用表面粗糙度仪或表面粗糙度样板比较测量。

4.7 外观质量

采用目测和通用量具检测。

4.8 可靠性

静扭强度、扭转疲劳寿命按 QC/T 293 的规定进行。

5 检验规则

5.1 出厂检验

5.1.1 每根半轴需要经制造厂检验合格后方可出厂，产品出厂应附有合格证。

5.1.2 出厂检验项目按表 3 的规定。

5.2 型式检验

5.2.1 有下列情况之一时，一般应进行型式检验：

a) 定型鉴定和老产品转厂生产时；

b) 正式生产时，如结构、材料、工艺有较大改变，可能影响产品性能时；

c) 正式生产时，每五年进行一次；

d) 产品长期停产后，恢复生产时；

e) 出厂检验结果与上次型式检验有较大差异时；

f) 国家质量监督机构提出进行型式检验的要求时。

5.2.2 型式检验项目按表3的规定。

5.3 质量监督检验项目应根据当时的质量状况按表3内容确定。

5.4 不合格分类

被检验项目不符合本标准第3章规定，称为不合格或缺陷。不合格项目按其对产品质量的影响程度，分为A、B、C三类。不合格项目分类见表3。

表3 不合格项目分类

不合格分类		不合格项目名称	标准条款	出厂检验	型式检验
类	项				
A	1	表面硬度	3.2.1	√	√
	2	有效硬化层深度	3.2.2	—	√
	3	金相组织	3.2.4	—	√
	4	裂纹	3.8	√	√
	5	可靠性	3.6	—	√
B	1	单件硬度差	3.2.1	√	√
	2	花键精度	3.4.1、3.4.2	√	√
	3	轴颈直径	3.4.3	√	√
	4	法兰盘安装面的端面全跳动	表2	√	√
	5	与轴承配合的轴颈同轴度	表2	√	√
	6	与油封配合的轴颈同轴度	表2	√	√
C	1	花键定心表面的径向圆跳动	表2	√	√
	2	轴部其他表面的径向圆跳动	表2	√	√
	3	螺栓孔的位置度	表2	√	√
	4	花键外圆定心表面粗糙度	表1	√	√
	5	与轴承和油封配合表面粗糙度	表1	√	√
	6	法兰盘安装端表面粗糙度	表1	√	√
	7	加工的轴部表面粗糙度	表1	√	√
	8	轴根部圆角表面粗糙度	表1	√	√
	9	齿侧定心表面粗糙度	表1	√	√
	10	外观质量	3.7	√	√
注：“√”为应检验项目，“—”为不检验项目。					

5.5 抽样方案

5.5.1 按GB/T 2828.1规定的一次正常抽样方案，并规定使用特殊检查水平S-1，样本量字码为A，AQL为接收质量限，Ac为不合格接收数，Re为不合格拒收数。见表4。

5.5.2 一般情况下，产品检查批$N=26$件～50件，市场抽样不受此限。

5.5.3 规定样本量$n=2$件，对表3项目进行检查。抽样时还应考虑增抽1件～2件备用，备用件只在因半轴本身质量导致无法正常试验与作出正确判定时使用。

5.5.4 抽样方案及判定规则见表4。

表4 抽样判定方案

不合格分类	A		B		C	
项目数	5		6		10	
检验水平	S-1					
样本量字码	A					
样本量	2					
接受质量限(AQL)	6.5		25		40	
Ac Re	0	1	1	2	2	3

5.6 抽样检验的评定

5.6.1 根据5.5规定的抽样方案,对样本进行检查,样本中的不合格接收数小于或等于Ac时评为可接收(合格);样本中的不合格拒收数大于或等于Re时评为拒收(不合格)。表3中规定不合格项目中有多个子项时,若其中有一项子项不合格,则判该项为不合格,各类全部合格时,则最终评为合格;任一类或多个类不合格时,则最终评为不合格。

5.6.2 在整个检测期间,因半轴质量问题发生一项A类不合格,则应停止检测,半轴按拒收(不合格)处理。

6 标志、包装、运输和贮存

6.1 标志

半轴法兰盘外端(或非工作面)应打有制造厂的标识,标志在该零件整个使用期间保持完整、清晰,标志的部位、尺寸和方法按产品图样规定。

6.2 包装

6.2.1 装有半轴的内包装应装入衬有防水纸的干燥包装箱内,并保证在正常运输中不致损坏产品。如订货单位同意,也有采用简易包装。

6.2.2 内包装上应标明:

a) 制造厂名称、厂标;

b) 地址、电话;

c) 拖拉机型号、零件名称及零件号;

d) 包装日期及防锈有效期;

e) 内包装内应附有制造厂质量检验员签章的产品合格证。

6.2.3 外包装外应标明:

a) 制造厂名称、厂标;

b) 厂址、电话;

c) 产品名称;

d) 产品执行标准编号;

e) 总质量(kg);

f) 零件数量;

g) 应有“小心轻放”、“防潮”等标志;

h) 标明收货单位及地址、邮编、电话。

6.3 运输

运输中应无磕碰现象。

6.4 贮存

半轴产品应存放在通风、干燥和无酸碱气体侵蚀的库房中，不允许在露天存放。在正常保管情况下，产品应保证出厂之日起12个月的有效防锈期。

ICS 65.060.10
T 62

中华人民共和国国家标准

GB/T 24654—2009/ISO 23206:2005

农业轮式拖拉机及附加装置 前装载装置 连接支架

Agricultural wheeled tractors and attachment—Front loaders—Carriages for attachments

(ISO 23206:2005,IDT)

2009-11-15 发布　　2010-05-01 实施

中华人民共和国国家质量监督检验检疫总局
中国国家标准化管理委员会　发布

前　言

本标准等同采用ISO 23206:2005《农业轮式拖拉机及附加装置　前装载装置　连接支架》(英文版)。

本标准等同翻译ISO 23206:2005。

为便于使用,本标准做了下列编辑性修改:

——“本国际标准”一词改为“本标准”;

——用小数点“.”代替作为小数点的逗号“,”;

——删除ISO 23206:2005的前言。

本标准由中国机械工业联合会提出。

本标准由全国拖拉机标准化技术委员会(SAC/TC 140)归口。

本标准起草单位:洛阳拖拉机研究所。

本标准主要起草人:陈嵩、尚项绳、柳玲文。

本标准为首次制定。

农业轮式拖拉机及附加装置
前装载装置　连接支架

1　范围

本标准规定了与农业拖拉机和机械相连的前装载装置连接支架的尺寸和空隙要求。

本标准适用于装载装置最大载荷为 30 kN,结构质量不大于 7 500 kg 的农业拖拉机和机械。

2　术语和定义

下列术语和定义适用于本标准。

2.1

前装载装置　front loader

由举升臂和安装在拖拉机前梁上的固定装置和与各种铲斗连接的连接支架组成的可拆卸的部件(见图 1)。

2.2

附件　attachment

安装在前装载装置上并与前装载装置一起工作的工作部件(见图 1)。

2.3

连接支架　carriage

前装载装置前端,供安装各种附件的连接装置总成(见图 1)。

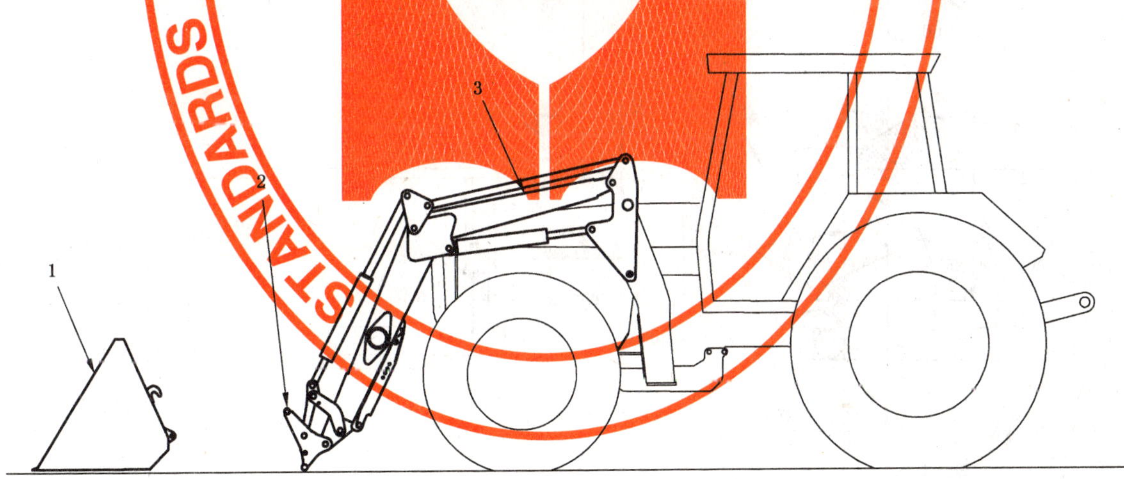

1——附件(铲斗);

2——连接支架;

3——举升臂。

图 1　带前装载装置的拖拉机和附件(铲斗)

2.4

最大载荷　maximum load capacity

操纵举升油缸时,连接支架锁销前 800 mm 水平距离处产生的最大垂直举升力(见图 2)。

单位为毫米

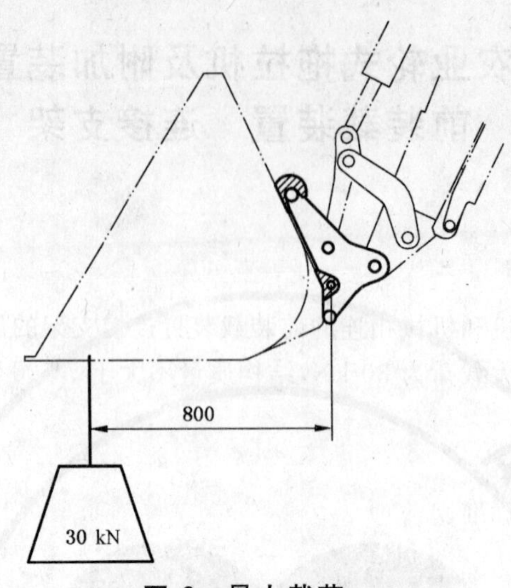

图 2 最大载荷

3 尺寸和空隙范围

连接支架的尺寸及和铲斗有关的尺寸应符合图 3 和图 4 的规定。

连接支架空隙范围的尺寸应符合图 3 的规定。

铲斗后部空隙范围应符合图 5 的规定。

单位为毫米

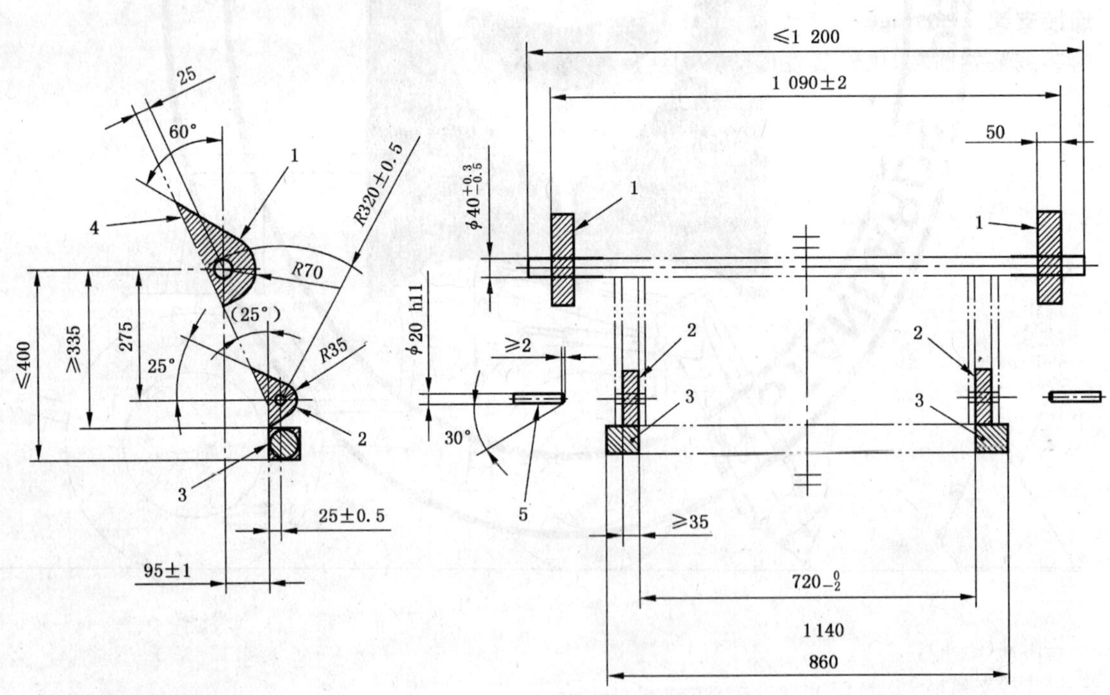

1——挂钩周围的空隙范围；

2——销孔周围的空隙范围；

3——铲斗减震器；

4——连接支架前边界；

5——锁定销。

图 3 连接支架尺寸和空隙范围

单位为毫米

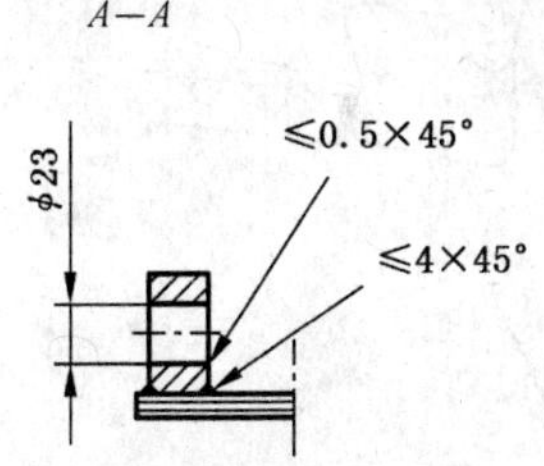

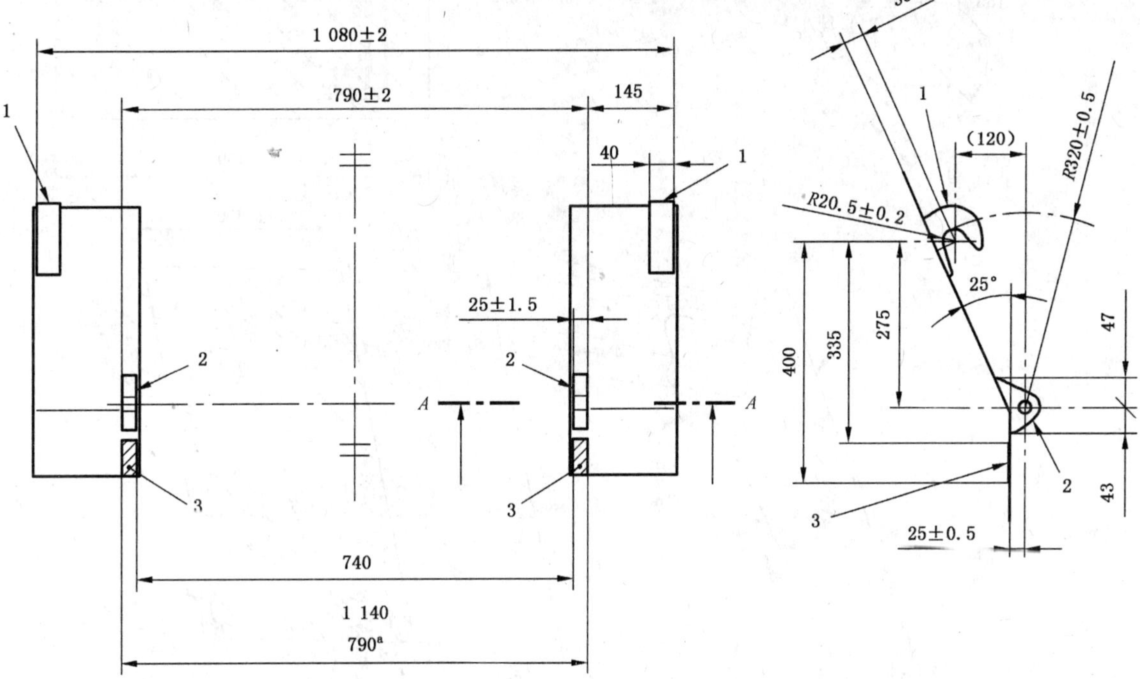

1——挂钩；

2——孔眼；

3——铲斗减震装置[a]。

[a] 减震装置应足够宽(≥790 mm)以便在正常工作时铲斗不至于导致连接支架变形。

图 4 与铲斗相关的尺寸

单位为毫米

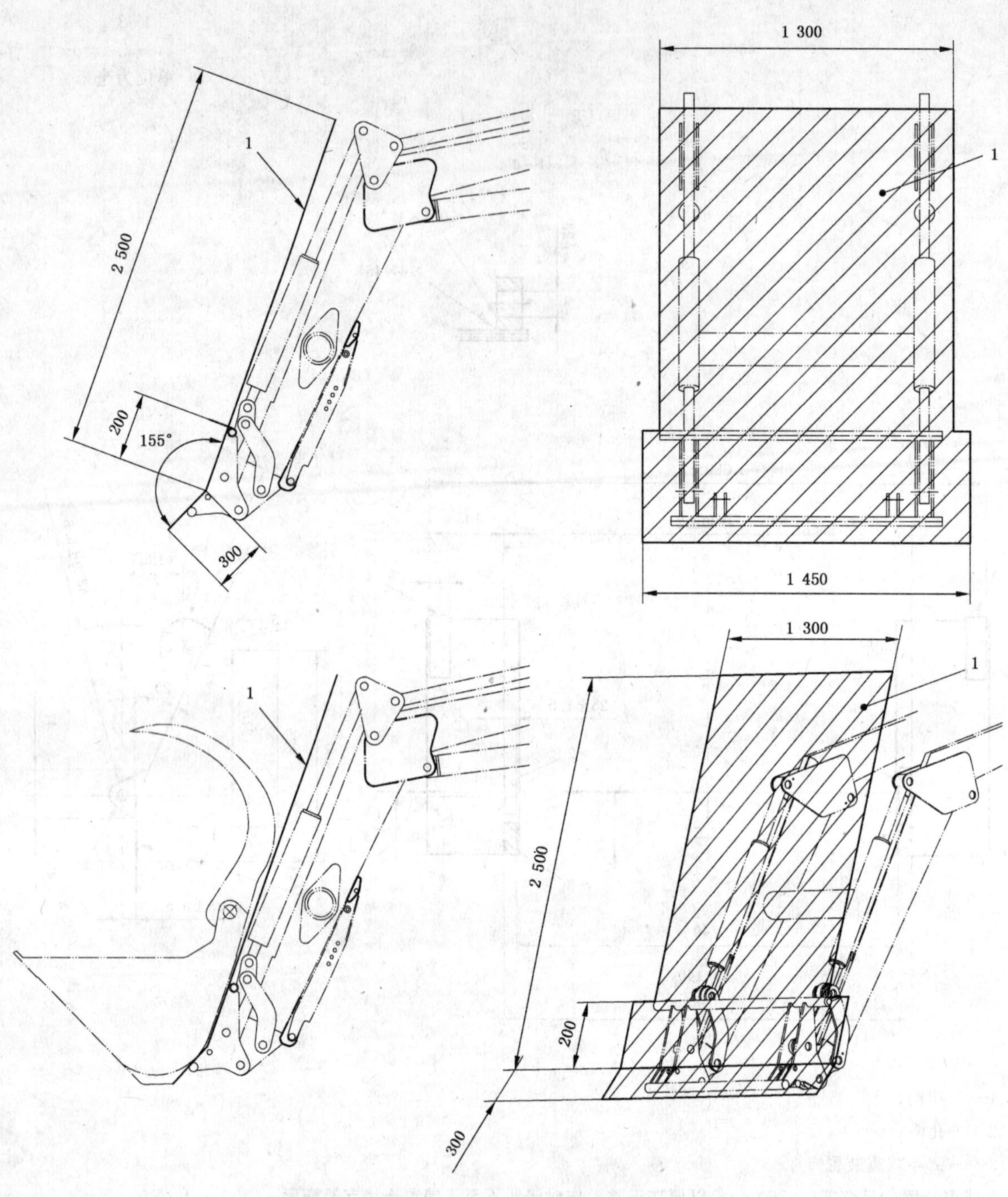

1——空隙范围。

图 5 铲斗后部的空隙范围

4 要求

4.1 一般要求

前装载装置制造商应说明铲斗的类型和允许的载荷及安全操作要求。

4.2 锁定装置

图 3 所示的连接支架上的锁紧销可位于架上的内侧或梁架的外侧。

4.3 锁紧和松开锁紧

连接支架上的锁紧和松开锁紧的操作可以在驾驶员操作位置实施，也可以在锁紧装置附近位置实施。

4.4 空隙范围

在连接过程中，应保持图3所示的空隙范围1和空隙范围2，以及图5所示的铲斗后的空隙范围。

4.5 铲斗上安装孔眼的高度

基准面与孔眼中心间的推荐距离应不小于150 mm，见图6。

单位为毫米

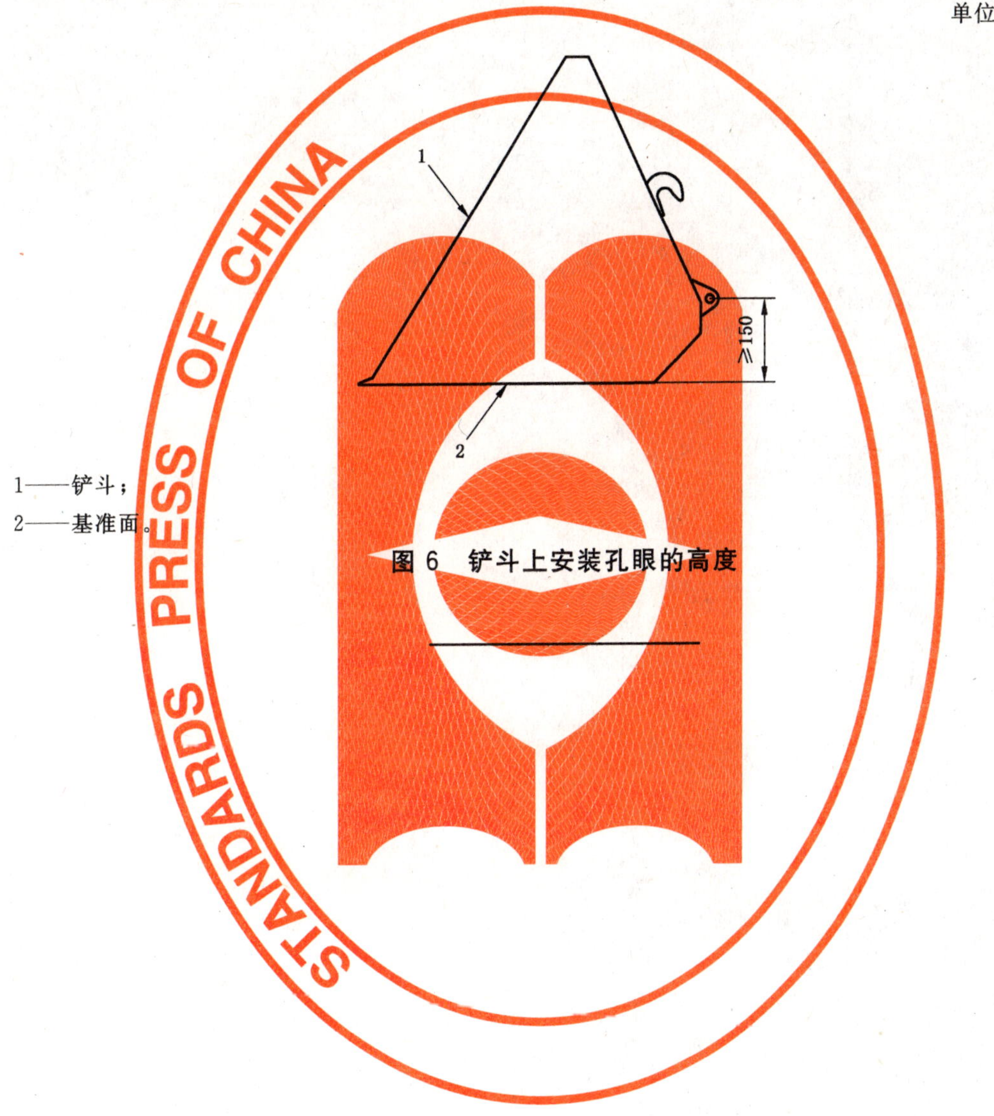

1——铲斗；

2——基准面。

图6 铲斗上安装孔眼的高度

ICS 65.060.10
T 62

中华人民共和国国家标准

GB/T 24655—2009

农业拖拉机
牵引农具用分置式液压油缸

Agricultural tractors—
Remote control hydraulic cylinders for trailed implements

(ISO 2057:1981,MOD)

2009-11-15 发布　　2010-05-01 实施

中华人民共和国国家质量监督检验检疫总局
中国国家标准化管理委员会　发布

前　言

本标准修改采用国际标准 ISO 2057:1981《农业拖拉机　牵引农具用分置式液压油缸》(英文版)。

本标准根据 ISO 2057:1981 重新起草。

为符合我国的标准编写规定及与我国标准相协调，本标准在采用国际标准时进行了修改。这些技术差异用垂直线标识在它们所涉及的条款的页边空白处。主要技术内容修改如下：

——为了与我国标准协调一致，将引用的国际标准改为引用我国相应的标准；

——增加了引用标准 GB/T 2780《农业拖拉机　牵引装置型式尺寸和安装要求》；

——为了统一单位，在图 6 中增加了单位“毫米”，取消了“7in”尺寸。

为便于使用，本标准做了下列编辑性修改：

——“本国际标准”一词改为“本标准”；

——用小数点“.”代替作为小数点的逗号“,”；

——删除 ISO 2057:1981 的前言。

本标准由中国机械工业联合会提出。

本标准由全国拖拉机标准化技术委员会(SAC/TC 140)归口。

本标准起草单位：国家拖拉机质量监督检验中心。

本标准主要起草人：王华、柳玲文、徐惠娟。

农业拖拉机
牵引农具用分置式液压油缸

1 范围

本标准给出了对农业拖拉机牵引农具用分置式液压油缸和牵引式农具通用的安装与间隙尺寸和技术要求。

本标准给出的技术要求允许：

——在装有一个液压油缸的拖拉机与为此而设计的一些牵引式农具之间液压操纵具有互换性。拖拉机在牵引装置处有足够的动力，以操纵农具。

——液压缸从一个农具换装到另一个农具上。

本标准适用于表1中所规定的农业轮式拖拉机。

表1 类别

悬挂类别	发动机标定转速时动力输出轴功率[a]/kW
1	≤48
2	≤92
3	80～185
4[b]	150～350

[a] 动力输出轴功率确定方法见GB/T 3871.3。

[b] 4类分为动力输出轴位于后轴中心线下方和上方的4L和4H类。

2 规范性引用文件

下列文件中的条款通过本标准的引用而成为本标准的条款。凡是注日期的引用文件，其随后所有的修改单(不包括勘误的内容)或修订版均不适用于本标准，然而，鼓励根据本标准达成协议的各方研究是否可使用这些文件的最新版本。凡是不注日期的引用文件，其最新版本适用于本标准。

GB/T 1592.1 农业拖拉机后置动力输出轴1、2和3型 第1部分：通用要求、安全要求、防护罩尺寸和空隙范围(GB/T 1592.1—2008,ISO 500-1:2004,IDT)

GB/T 1592.2 农业拖拉机后置动力输出轴1、2和3型 第2部分：窄轮距拖拉机 防护罩尺寸和空隙范围(GB/T 1592.2—2008,ISO 500-2:2004,IDT)

GB/T 1592.3 农业拖拉机后置动力输出轴1、2和3型 第3部分：动力输出轴尺寸和花键尺寸、动力输出轴位置(GB/T 1592.3—2008,ISO 500-3:2004,IDT)

GB/T 1593.1 农业轮式拖拉机后置式三点悬挂装置 第1部分：1、2、3和4类(GB/T 1593.1—1996,eqv ISO 730-1:1994)

GB/T 2780 农业拖拉机 牵引装置型式尺寸和安装要求

GB/T 3871.3 农业拖拉机 试验规程 第3部分：动力输出轴功率试验(GB/T 3871.3—2006,ISO 789-1:1990,MOD)

GB/T 3871.9 农业拖拉机 试验规程 第9部分：牵引功率试验(GB/T 3871.9—2006,ISO 789-9:1990,MOD)

3 术语和定义

下列术语和定义适用于本标准。

3.1

移动端 moving end

活塞杆销座(见图1)。

3.2

固定端 anchor end

液压缸的封闭端(见图1)。

3.3

连接销 attaching pins

为把液压缸连接到机具上装在销座上的可拆卸销(见图1)。

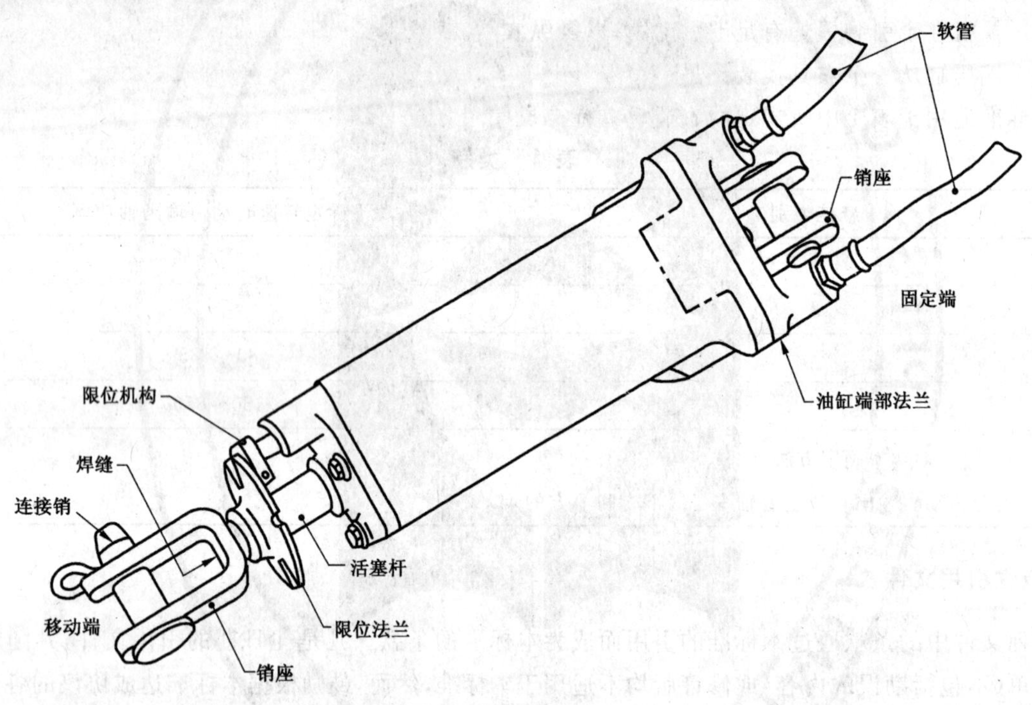

图1 液压缸总图

4 分类和工作能力

最小推力(移动端伸出行程)应以计算的活塞面积和安全阀压力的80%作为依据。凡要求液压缸推力大于80 kN的机具,应提供400 mm行程的液压缸(表2)。

表2 一般特征

类别	行程长度/mm	牵引装置处每千瓦最小推力/N	到前连接销的球半径[a]/mm
1	200^{+5}_{0}	924	1 500
2	200^{+5}_{0}	924	2 100
3	200^{+5}_{0}	924	2 500
	400^{+5}_{0}	924	2 500

a 见图5和图6。

5 尺寸特征

5.1 液压缸

液压缸尺寸见图 2，连接尺寸见表 3。

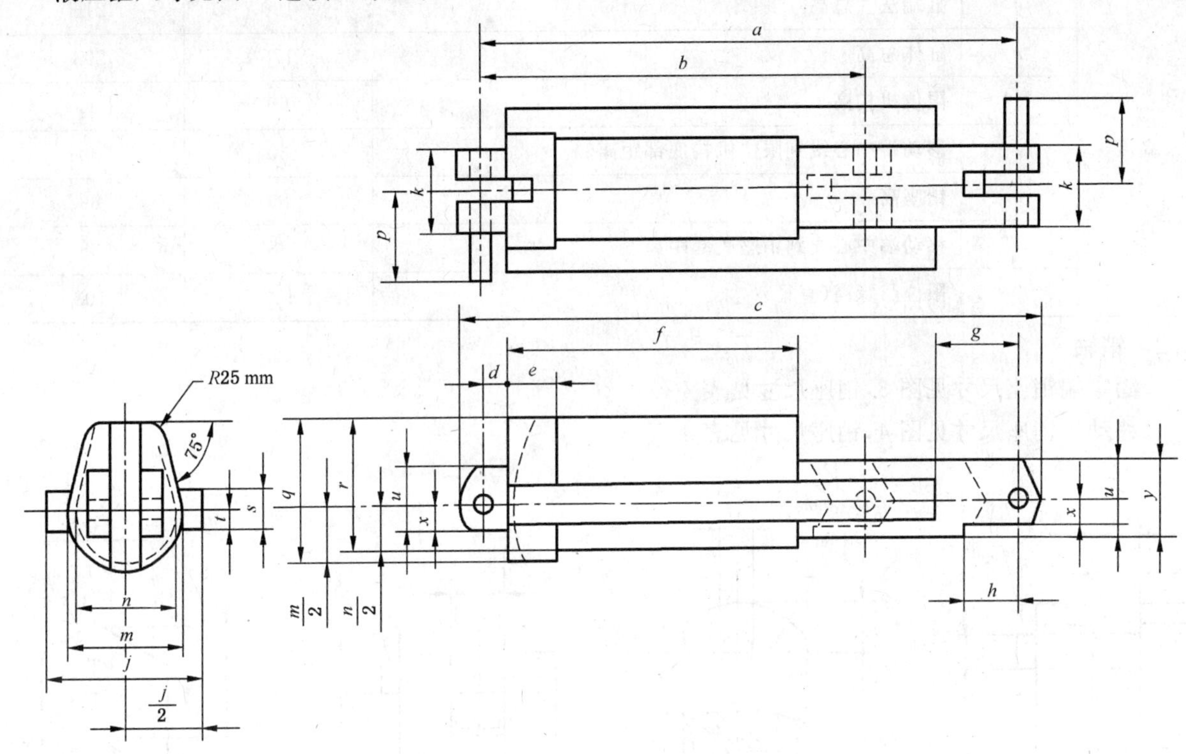

图 2 液压缸尺寸

表 3 液压缸尺寸

单位为毫米

尺寸代号		尺寸代号名称	行程	
			200	400
长度	*a*	伸长终了，销子中心线间距(最大)	721	1 210
	b	收缩终了，销子中心线间距(最大)	514	800
	c	伸长终了，总长	785	1 280
	d	固定销中心线到缸体的距离	32	32
	e	缸端法兰厚度	64	89
	f	缸体长度	394	670
	g	移动端销子中心线到限位机构距离	114	270
	h	移动端销子中心线到限位凸缘距离	76	76
宽度	*j*	限位机构总宽	217	241
	k	销座宽	114	114
	m	缸端法兰宽(直径)	152	178
	n	液压缸外径	127	152
	p	仅销子移动范围	114	114

表 3（续）

单位为毫米

尺寸代号		尺寸代号名称	行程	
			200	400
高度	*q*	缸端法兰总高	190	216
	r	缸体总高	178	203
	s	限位机构高	60	60
	t	移动端中心线到限位机构底部距离	30	30
	u	销座高	89	89
	x	移动端中心线到销座底部距离	38	38
	y	限位凸缘高(直径)	102	102

5.2 销轴

固定端销座尺寸见图 3，销座尺寸见表 4。

移动端销座尺寸见图 4，销座尺寸见表 4。

单位为毫米

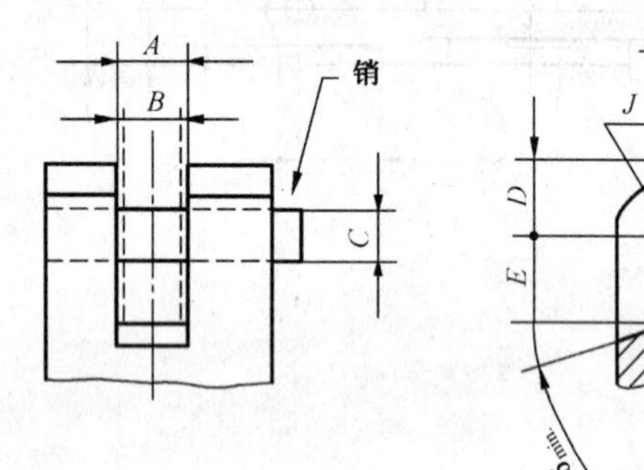

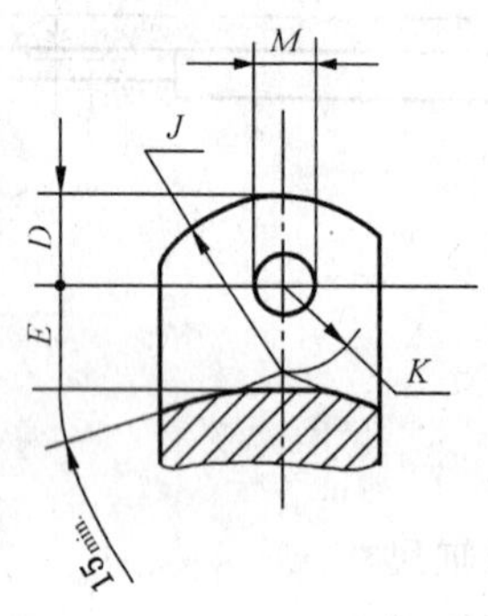

图 3 固定端销座尺寸

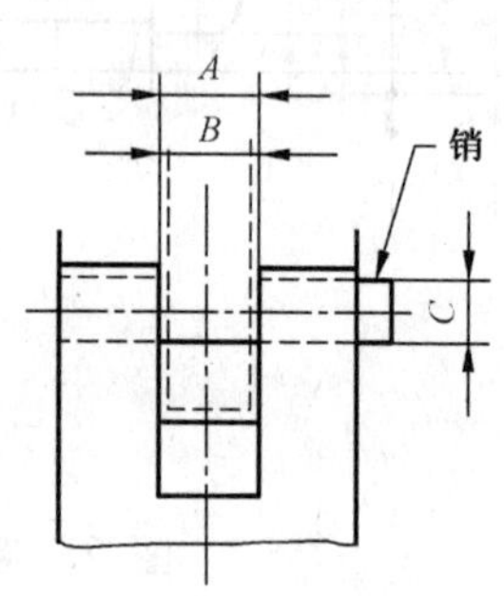

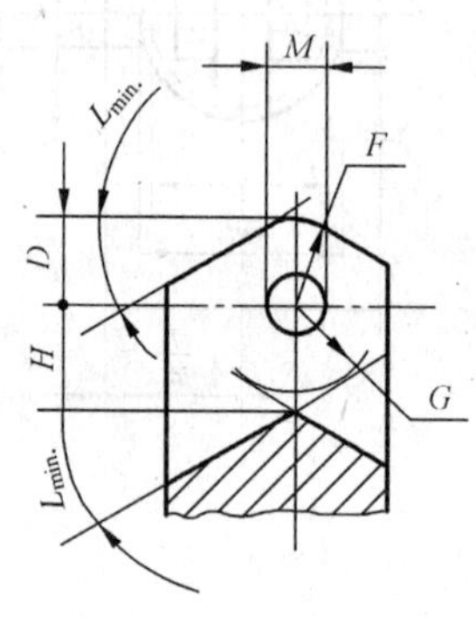

图 4 移动端销座尺寸

表 4 销座尺寸

单位为毫米

尺寸代号	尺寸代号名称		行程/mm	
			200	400
A	销座槽间隙	最小/mm	27.0	27.0
		最大/mm	28.5	28.5
B	连接杆厚度	最大/mm	26.0	26.0
		最小推荐的/mm	22.0	22.0
C	连接销直径	公称的/mm	25.0	31.75
		最大的/mm	25.0	31.75
D	连接销中心线到销座端距离(最大)/mm		32.0	35.0
E	固定端连接销中心线到槽底距离(最小)/mm		41.0	45.0
F	移动端销座端部的半径/mm		32.0	35.0
G	移动端槽间隙半径/mm		35.0	41.0
H	移动端连接销中心线到槽底距离(最小)/mm		41.0	57.0
J	固定端销座端半径/mm		66.5	66.5

表 4（续）

单位为毫米

尺寸代号	尺寸代号名称	行程/mm	
		200	400
K	固定端销座槽间隙半径/mm	35.0	38.0
L	移动端间隙角度	30°	35°
M	销孔直径(最小)/mm	25.5	32.0

5.3 液压操纵的软管长度

当根据表 2 中的尺寸安置前法兰连接销时，软管的长度应足以满足在一定距离内操纵油缸的要求。

5.3.1 对带有动力输出轴的拖拉机，动力输出轴周围自由空间和牵引装置应符合 GB/T 1592.1、GB/T 1592.2、GB/T 1592.3 和 GB/T 2780(见图 5)。

单位为毫米

图 5 拖拉机与农具连接—软管长度图解　　图 6 三点悬挂农具—软管长度图解

5.3.2 对于农具按 GB/T 1593.1 规定的三点悬挂装置与拖拉机连接，最大球半径(决定前固定销在农具上的位置)应该在两个下拉杆连接点之间的水平面上，并在这两点之前 178 mm 处的一点进行测量，这两个下拉杆处于水平状态(见图 6)。

5.3.3 对于农具按 GB/T 1593.1 规定的三点悬挂连接到拖拉机上时，装在液压缸上的软管长度应允许农具向后移动 100 mm。

6 其他技术要求

6.1 单作用和双作用液压缸应以其伸出行程操纵提升农具。

6.2 在油缸或液压系统中应包括某些农具液压操纵所需要的可变行程控制，并应用于油缸的收缩行程中。为了适应油缸移动端的完全伸出，在机具上应采取措施。

6.3 在最大满负荷发动机转速下(见 GB/T 3871.3 和 GB/T 3871.9)，移动端的伸出时间，对表 1 中 1、2 类拖拉机应是 1.5 s～2.5 s；对 3、4 类应是 3 s～4 s。

6.4 分置液压缸软管所需要的软管支撑架应看做是农具的一部分。

6.5 与液压缸相连的软管不应和通过液压缸任一端的销座伸出杆相干涉。

6.6 连接销应被认为是液压缸的一部分、并应易于拆装。

ICS 65.060.10
T 61

中华人民共和国国家标准

GB/T 24656—2009

拖拉机用柴油滤清器 技术条件

Diesel filter of tractors—Specifications

2009-11-15 发布 2010-05-01 实施

中华人民共和国国家质量监督检验检疫总局
中国国家标准化管理委员会 发布

前　言

本标准由中国机械工业联合会提出。

本标准由全国拖拉机标准化技术委员会(SAC/TC 140)归口。

本标准负责起草单位:一拖(洛阳)柴油机有限公司。

本标准参加起草单位:洛阳拖拉机研究所、江门市新会区新农机械有限公司。

本标准主要起草人:钱黎、常剑波、杨柏祥、王迎新、许凤霞、何敦清。

拖拉机用柴油滤清器　技术条件

1　范围

本标准规定了拖拉机用柴油滤清器的术语和定义、技术要求、试验方法、检验规则、标志、包装、运输和贮存。

本标准适用于体积流量在 3.3 L/min 以下的纸质滤芯柴油滤清器总成(以下简称滤清器),包括旋装式滤清器和滤芯可更换式滤清器,其他滤清器可参照执行。

2　规范性引用文件

下列文件中的条款通过本标准的引用而成为本标准的条款。凡是注日期的引用文件,其随后所有的修改单(不包括勘误的内容)或修订版均不适用于本标准,然而,鼓励根据本标准达成协议的各方研究是否可使用这些文件的最新版本。凡是不注日期的引用文件,其最新版本适用于本标准。

GB/T 2828.1　计数抽样检验程序　第 1 部分:按接收质量限(AQL)检索的逐批检验抽样计划(GB/T 2828.1—2003,ISO 2859-1:1999,IDT)

GB/T 3672.1　橡胶制品的公差　第 1 部分:尺寸公差(GB/T 3672.1—2002,ISO 3302-1:1996,IDT)

JB/T 5239.1　柴油机　柴油滤清器　第 1 部分:纸制滤芯总成　技术条件

JB/T 5239.2　柴油机　柴油滤清器　第 2 部分:纸质滤芯　技术条件

JB/T 5241　旋装式柴油滤清器　技术条件

JB/T 8122　柴油机　柴油滤清器　试验方法

HG/T 3090　模压和压出橡胶制品外观质量的一般规定

3　术语和定义

3.1

额定体积流量　rated flow

根据滤清器产品标准或产品图样规定的额定体积流量。

3.2

原始阻力　initial restriction

装有新滤芯的滤清器,在额定体积流量时,滤清器进、出口的压力差。

3.3

清洁度　cleanliness

在规定试验条件下从滤清器清洁面冲洗出的杂质量。

3.4

原始滤清效率　initial efficiency

衡量装有新滤芯的滤清器,在规定试验条件下,滤除试验杂质的能力。它表示被滤清器滤除的试验杂质与加入的试验杂质的相对百分数。

3.5

堵塞寿命　terminating life

用含有规定杂质的试验液以规定体积流量通过滤清器作滤芯堵塞试验时,在压差达 70 kPa 时的时间及累计通过的油量。

4 技术要求

4.1 总则

滤清器应按经规定程序批准的产品图样和技术文件制造，其技术要求应符合本标准的规定。

4.2 性能

4.2.1 密封性

滤清器内施加 0.5 MPa 的气压，保压时间不少于 3 min，各密封部位应无渗漏现象。

4.2.2 滤清器原始阻力

滤清器的原始阻力应符合表 1 的规定。

表 1 滤清器原始阻力

额定体积流量 Q/(L/min)	原始阻力 Δp/kPa
≤0.8	≤4.5
>0.8～2.0	≤7.0
>2.0～3.3	≤10.0

额定体积流量按式(1)进行计算：

$$Q = A \cdot F \qquad \cdots\cdots (1)$$

式中：

Q——额定体积流量，单位为升每分钟(L/min)；

A——系数，取 0.000 27，单位为升每分钟平方厘米[L/(min·cm²)]；

F——滤芯有效过滤面积，单位为平方厘米(cm²)。

4.2.3 原始滤清效率

滤清器的原始滤清效率应不低于 95%。

4.2.4 在原始滤清效率大于等于 95% 时，在额定流量下，滤芯压差达到 70 kPa 时，滤芯台架堵塞寿命应不低于 20 min。

4.2.5 滤清器内部应清洁，其清洁度限值按表 2 规定。

表 2 清洁度限值

额定体积流量 Q/(L/min)	清洁度限值 W/mg
≤0.8	≤4
>0.8～2.0	≤6
>2.0～3.3	≤8

4.2.6 滤清器的密封圈(垫)应用耐油橡胶制造。尺寸公差符合 GB/T 3672.1，外观质量符合 HG/T 3090的规定。

4.2.7 滤芯的滤纸应用双方规定的滤材，并按照滤纸的性能要求经热固化处理。滤芯应无破裂、漏胶和脱胶等缺陷。滤芯其他要求应符合 JB/T 5239.2 及产品图样的规定。

4.2.8 滤清器与主机的连接尺寸应符合产品图样的规定。

4.2.9 滤清器所有金属零件应使用防锈材料或经防锈处理，表面涂、镀层应光滑、均匀、无锈蚀，滤清器外表面应无污物、折皱、划痕、裂纹、分层脱落等缺陷，外观良好。

4.2.10 滤清器外观应整洁，表面不应有明显的伤痕，掉漆和毛刺等缺陷。

4.2.11 未注其他技术要求应符合 JB/T 5241 和 JB/T 5239.1 的有关规定。

5 试验方法

5.1 性能试验方法按 JB/T 8122 的规定进行，原始滤清效率试验方法中的无机杂质浓度系数 K 为 6。

5.2 滤清器与主机的连接尺寸用通用量具检测。

5.3 外观质量、标志和包装用目测法检测。

6 检验规则

6.1 出厂检验

6.1.1 每只产品应经质量检验部门检验合格，并附有产品合格证方能出厂，且合格证上应标明生产日期、产品型号、本批数量。

6.1.2 检验项目

a) 抽检项目见表3。

b) 全检项目见表3，每批100%检验。

表3 检验项目和要求

序号	检验项目	出厂检验		定期检验	型式试验	技术要求
		全检	抽检			
1	金属件防锈处理	△	√	√	√	4.2.9
2	外形及安装尺寸	√	△	△	√	4.2.8
3	内部清洁度	△	√	√	√	4.2.5
4	密封性	√	√	√	√	4.2.1
5	原始阻力	△	√	√	√	4.2.2
6	原始滤清效率	△	√	√	√	4.2.3
7	台架堵塞寿命	△	△	√	√	4.2.4
8	滤芯质量	△	△	√	√	4.2.7
9	总成外观质量	√	△	△	√	4.2.10

注："√"——应进行的项目；
"△"——按需要选择进行的项目。

6.2 定期检验

批量生产的柴油滤清器总成应定期进行抽查检验，每半年一次。

6.3 型式检验

6.3.1 有下列情况之一时应进行型式检验：

a) 新产品的定型鉴定；

b) 结构、材料、工艺有重大改变可能影响性能时；

c) 停产半年以上或改变生产场所时；

d) 正常生产时，每年进行一次；

e) 国家质量监督机构提出进行型式试验要求时。

6.3.2 型式检验项目为表3规定的项目。

6.3.3 型式检验抽样方案由供需双方商定，但不能少于3件。

6.4 检验抽样方案

6.4.1 按照GB/T 2828.1采用正常检验一次抽样方案，具体抽样方案见表4。表4中AQL为接收质量限，Ac为接收数，Re为拒收数，Ac、Re均按计点法(不合格项目数)计算。

表 4　抽样检查规则及判定方案

不合格分类		A	B	C
检验批量 N		91～150		
检验水平		S-2	S-2	S-3
样本量字码		B	B	C
样本量 n		3	3	5
合格品	AQL	4	15	25
	Ac,Re	0,1	1,2	3,4

6.4.2　总成不合格项分类见表 5。

表 5　检验项目不合格分类

项目分类	序号	项目名称	出厂检验	定期检验	型式检验
A	1	总成原始滤清效率	√	√	√
	2	总成原始阻力	√	√	√
	3	台架堵塞寿命	△	√	√
	4	总成密封性	√	√	√
B	1	外形及安装尺寸	√	△	√
	2	总成内部清洁度	√	√	√
	3	滤芯质量	△	√	√
C	1	金属件防锈处理	√	√	√
	2	总成外观质量	√	△	√
注：“√”——应进行的项目； “△”——按需要选择进行的项目。					

6.5　产品质量判定

样本应按表 5 规定的不合格分类和表 4 规定的抽样方案进行检查，样本中若某类不合格数小于或等于 Ac 值时，则该类判为合格；若某类不合格数大于或等于 Re 值时，则该类判为不合格，样本总数为 11 件，3 件用于检查 A 类项目检查，3 件用于 B 类项目检查，5 件用于 C 类项目检查。当各类全部判为合格时，则该批产品判为合格。

7　标志、包装、运输和贮存

7.1　每只产品上应标明制造厂名称或厂标、产品名称及型号。

7.2　每只产品应单独进行内包装，并有检查员签章的产品合格证和使用保养说明。

7.3　产品出厂应装入衬有防潮材料的包装箱内，并保证在正常运输中不致损伤。

7.4　每批发货时均需附带一份质量检验报告单，以便用户查验。

7.5　包装箱外表面应标明：

a)　制造厂名称及地址；

b)　产品名称及型号；

c) 出厂日期：　　　年　　月；

d) 体积：长×宽×高，mm× mm×mm；

e) 重量：kg；

f) 数量；

g) “防潮”，“小心轻放”。

7.6 产品应放在通风干燥的仓库内，在正常保管情况下，自出厂之日起，保证在12个月内不致锈蚀，滤芯不霉变和脱胶。

ICS 65.060.10
T 64

中华人民共和国国家标准

GB/T 24657—2009

拖拉机铸铁轮辋 技术条件

Cast iron rim of tractors—Specifications

2009-11-15 发布 2010-05-01 实施

中华人民共和国国家质量监督检验检疫总局
中国国家标准化管理委员会 发布

前言

本标准由中国机械工业联合会提出。

本标准由全国拖拉机标准化技术委员会(SAC/TC 140)归口。

本标准负责起草单位:江苏省农业机械试验鉴定站。

本标准参加起草单位:山东华山拖拉机制造有限公司、吉林省农业机械试验鉴定站。

本标准主要起草人:蔡国芳、戚锁红、苑风山、钟锋、张平。

拖拉机铸铁轮辋　技术条件

1　范围

本标准规定了拖拉机铸铁轮辋的术语、代号和标志、技术要求、试验方法、检验规则、标志、包装、运输和贮存。

本标准适用于拖拉机铸铁轮辋(以下简称轮辋),农用运输、农业工程、林业车辆配充气轮胎的铸铁轮辋也可参照执行。

2　规范性引用文件

下列文件中的条款通过本标准的引用而成为本标准的条款。凡是注日期的引用文件,其随后所有的修改单(不包括勘误的内容)或修订版均不适用于本标准,然而,鼓励根据本标准达成协议的各方研究是否可使用这些文件的最新版本。凡是不注日期的引用文件,其最新版本适用于本标准。

GB/T 231.1　金属材料　布氏硬度试验　第1部分:试验方法(GB/T 231.1—2009,ISO 6506-1:2005,MOD)

GB/T 1348—2009　球墨铸铁件(ISO 1083:2004,Spheroidal graphite cast irons—Classification,MOD)

GB/T 2828.1　计数抽样检验程序　第1部分:按接收质量限(AQL)检索的逐批检验抽样计划(GB/T 2828.1—2003,ISO 2859-1:1999,IDT)

GB/T 2933　充气轮胎用车轮和轮辋的术语、规格代号和标志(GB/T 2933—1995,eqv ISO/DIS 3911:1993)

GB/T 3372　拖拉机和农业、林业机械用轮辋系列(GB/T 3372—2000,eqv ISO 4251-3:1994)

GB/T 6060.1　表面粗糙度比较样块　铸造表面(GB/T 6060.1—1997,eqv ISO 2632-3:1979)

GB/T 6414　铸件　尺寸公差与机械加工余量(GB/T 6414—1999,eqv ISO 8062:1994)

GB/T 9769　轮辋轮廓检测

GB/T 14786　农林拖拉机和机械　驱动车轮扭转疲劳试验方法

JB/T 5673—1991　农林拖拉机及机具涂漆　通用技术条件

JB/T 9832.2　农林拖拉机及机具　漆膜　附着性能测定方法　压切法

3　术语、代号和标志

轮辋的术语、代号和标志应符合GB/T 2933的规定。

4　技术要求

4.1　基本要求

4.1.1　轮辋应按照经规定程序批准的产品图样和技术文件制造。

4.1.2　轮辋应选配合适的轮胎使用,轮胎工作压力应为2.20 kPa～2.25 kPa。7.5-20以上规格的后轮体轮胎不推荐选配本标准规定的轮辋。

4.2　材料

轮辋可采用球墨铸铁,推荐采用GB/T 1348—2009中的QT 450-10,也可采用力学性能不低于该牌号的其他铸铁制造。球墨铸铁轮辋金相组织中,球化级别不低于4级。

4.3　轮辋的尺寸及形状、位置公差

4.3.1　轮辋的轮廓形状和尺寸应符合GB/T 3372的规定。

4.3.2 轮辋气门嘴孔(槽)的位置和尺寸应符合 GB/T 3372 的规定。

4.3.3 轮辋的标定直径和偏差、轮辋用球带尺检验时的周长和偏差应符合 GB/T 3372 的规定。

4.3.4 轮缘内侧圆弧表面用样板(量规)检验时,对开式轮辋(DT)、深槽轮辋(DC)及深槽宽轮辋(WDC)的最大间隙不允许超过 0.5 mm;对于半深槽轮辋(SDC)、平底轮辋(FB)及平底宽轮辋(WFB)的最大间隙不允许超过 2 mm。

4.4 轮辋与轮辐装配总成的胎圈座径向圆跳动量

4.4.1 对于轮辋与轮辐用焊、铆连接的结构,圆跳动量不大于轮辋标定直径 D 的 0.2%。

4.4.2 对于轮辋与轮辐用支架和螺钉连接的结构,圆跳动量不大于轮辋标定直径 D 的 0.7%。

4.5 铸造质量

4.5.1 影响铸件使用性能的铸造质量

4.5.1.1 铸件不得有裂纹、冷隔、缩孔、夹渣、砂眼等影响铸件使用性能的铸造缺陷。

4.5.1.2 铸件应消除内应力,前轮体热处理硬度为 170 HB～220 HB,后轮体热处理硬度为 160 HB～210 HB。

4.5.1.3 铸件壁厚应不低于 16 mm。

4.5.2 其他铸造质量

a) 铸件的浇冒口、出气孔、多肉、飞翅和毛刺等应符合图样的规定除掉其残根;

b) 轮辋切槽处与内圆弧面厚度不能小于 10 mm;

c) 铸造轮辋加工面上应无未加工掉的表面缺陷及剩余原铸造表面;

d) 铸件尺寸公差应符合 GB/T 6414 的规定;

e) 铸件表面粗糙度应符合 GB/T 6060.1 的规定。

4.6 外观质量

4.6.1 轮辋边缘和气门嘴孔(槽)两端应无有害于内胎、衬带和气门嘴的毛刺和锐边。

4.6.2 留有安装手孔的轮辋,手孔边缘应无可损及手臂的毛刺和锐边。

4.7 涂漆质量

轮辋的涂漆应符合 JB/T 5673 中 TQ-2-1 的规定。

4.8 可靠性

轮辋疲劳强度应符合 GB/T 14786 的规定。

5 试验方法

5.1 材料

球墨铸铁轮辋应符合 GB/T 1348 规定。每批材料应做尺寸和化学及物理分析检查。选用材料和测试方式由订货单位与轮辋制造厂协商决定,但不低于本标准的规定。

5.2 力学性能

力学性能试验方法按 GB/T 1348 的规定进行。

5.3 主要尺寸及形状、位置公差

5.3.1 检测轮辋轮廓用样板(量规)检查。检测量具和检测方法按照 GB/T 9769 的规定。

5.3.2 气门嘴孔(槽)的位置和尺寸用通用量具检测。

5.3.3 轮缘内侧圆弧槽表面用样板检验最大间隙时,用通用量具或塞规检测。

5.3.4 检测胎圈座带角度的轮辋标定直径的周长用球带尺检查。检测量具和检测方法按照 GB/T 9769 的规定。

5.3.5 检测平底轮辋标定直径的周长用平带尺检查。检测量具和检测方法按照 GB/T 9769 的规定。

5.3.6 轮辋与轮辐装配总成的胎圈座径向圆跳动和轮缘端面圆跳动量,以轮幅中心孔或紧固孔定心,用百分表或专用工具检测。

5.4 **铸造质量**

5.4.1 裂纹等铸造质量检测采用目测方法。

5.4.2 布氏硬度试验方法按 GB/T 231.1 的规定进行。

5.4.3 铸件尺寸公差采用游标卡尺或千分尺检验。表面粗糙度采用粗糙度校样块或表面粗糙度仪检验。

5.5 **外观质量**

采用目测。

5.6 **涂漆质量**

按 JB/T 9832.2 的规定进行检验。

5.7 **可靠性**

轮辋的疲劳强度按 GB/T 14786 的规定进行检验。

6 检验规则

6.1 出厂检验

6.1.1 每只轮辋需要经制造厂检验合格后方可出厂,产品出厂应附有合格证。

6.1.2 出厂检验项目按表 1 的规定。

6.2 型式检验

6.2.1 有下列情况之一时,一般应进行型式检验:

a) 定型鉴定和老产品转厂生产时;

b) 正式生产时,如结构、材料、工艺有较大改变,可能影响产品性能时;

c) 正式生产时,每五年进行一次;

d) 产品长期停产后,恢复生产时;

e) 出厂检验结果与上次型式检验有较大差异时;

f) 国家质量监督机构提出进行型式检验的要求时。

6.2.2 型式检验项目按表 1 的规定。

6.3 质量监督检验项目应根据当时的质量状况按表 1 内容确定。

表 1 不合格项目分类

不合格分类		不合格项目	标准章条	出厂检验	型式检验
类	项				
A	1	力学性能	4.2	—	√
	2	可靠性	4.8	—	√
	3	金相组织	4.2	—	√
	4	影响使用性能的铸造质量	4.5.1	√	√
B	1	轮廓形状和尺寸	4.3.1	√	√
	2	标定直径偏差	4.3.3	√	√
	3	轮辋周长偏差	4.3.3	√	√
	4	轮缘内侧圆弧表面用样板检查时最大间隙	4.3.4	√	√
	5	轮辋与轮辐装配总成的胎圈座径向圆跳动量	4.4	√	√
	6	轮缘端面圆跳动	4.4	√	√

表 1（续）

不合格分类		不合格项目	标准章条	出厂检验	型式检验
类	项				
C	1	气门嘴孔（槽）的位置和尺寸	4.3.2	√	√
	2	外观质量	4.6	√	√
	3	其他铸造质量	4.5.2	√	√
	4	涂漆质量	4.7	√	√
	5	包装、标志	7	√	√
注：带“√”的项目为应检验项目，带“—”的项目为不检验项目。					

6.4 不合格分类

被检验项目不符合本标准第 4 章规定，称为不合格或缺陷。不合格项目按其对产品质量的影响程度，分为 A、B、C 三类。不合格项目分类见表 1。

6.5 抽样方案

6.5.1 按 GB/T 2828.1 的规定的一次正常抽样方案，并规定使用特殊检查水平 S-1，样本量字码为 A，AQL 为接收质量限，Ac 为不合格接收数，Re 为不合格拒收数。见表 2。

6.5.2 一般情况下，产品检查批 N=26 件～50 件，市场抽样不受此限。

6.5.3 规定样本量 n=2 件，对表 1 项目进行检查。抽样时还应考虑增抽 1 件～2 件备用，备用件只在因轮辋本身质量导致无法正常试验与作出正确判定时使用。

6.5.4 抽样方案及判定规则见表 2。

6.6 抽样检验的评定

6.6.1 根据 6.5 规定的抽样方案，对样本进行检查，样本中的不合格接收数小于或等于 Ac 时评为可接收（合格）；样本中的不合格拒收数大于或等于 Re 时评为拒收（不合格）。表 1 中规定不合格项目中有多个子项时，若其中有一项子项不合格，则判该项为不合格，各类全部合格时，则最终评为合格；任一类或多个类不合格时，则最终评为不合格。

6.6.2 在整个检测期间，因轮辋质量问题发生一项 A 类不合格，则应停止检测，轮辋按拒收（不合格）处理。

表 2 抽样判定方案

不合格分类	A	B	C
项目数	4×2	6×2	5×2
检验水平	S-1		
样本量字码	A		
样本量	2		
接受质量限（AQL）	6.5	25	40
Ac Re	0 1	1 2	2 3

7 标志、包装、运输和贮存

7.1 标志

轮辋或轮辐的外侧醒目位置应打有制造厂的标识，标志在该零件整个使用期间保持完整、清晰，标志的部位、尺寸和方法按产品图样规定。

7.2 包装

7.2.1 轮辋包装可用木架、钢架、散装，具体包装材料和方式与用户协商决定。应保证在装运和运输过程中不使轮辋碰伤和有损于涂装外观。

7.2.2 包装箱外应标明：

a) 制造厂名称、厂标；

b) 厂址、电话；

c) 产品名称、型号；

d) 产品执行标准编号；

e) 总质量(kg)；

f) 零件数量；

g) 应有“小心轻放”、“防潮”等标志；

h) 标明收货单位及地址、邮编、电话。

7.3 运输

运输中应无磕碰现象。

7.4 贮存

轮辋产品应存放在通风、干燥和无酸碱气体侵蚀的库房中，不允许在露天存放。在正常保管情况下，产品应保证出厂之日起12个月的有效防锈期。

ICS 65.060.10
T 61

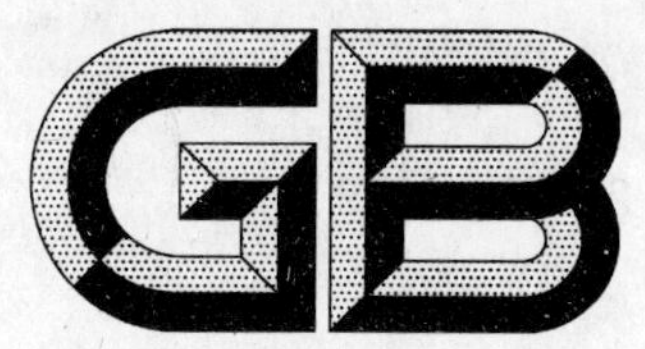

中华人民共和国国家标准

GB/T 24658—2009

拖拉机排气消声器　技术条件

Exhaust silencers of tractor—Specifications

2009-11-15 发布　　2010-05-01 实施

中华人民共和国国家质量监督检验检疫总局
中国国家标准化管理委员会　发布

前 言

本标准由中国机械工业联合会提出。

本标准由全国拖拉机标准化技术委员会(SAC/TC 140)归口。

本标准起草单位:国家拖拉机质量监督检验中心、洛阳拖拉机研究所。

本标准主要起草人:任越光、李京忠、尚项绳、柳玲文。

拖拉机排气消声器 技术条件

1 范围

本标准规定了拖拉机排气消声器的术语和定义、技术要求、试验方法、检验规则、包装和贮存。

本标准适用于拖拉机用排气消声器(以下简称消声器)。

2 规范性引用文件

下列文件中的条款通过本标准的引用而成为本标准的条款。凡是注日期的引用文件,其随后所有的修改单(不包括勘误的内容)或修订版均不适用于本标准,然而,鼓励根据本标准达成协议的各方研究是否可使用这些文件的最新版本。凡是不注日期的引用文件,其最新版本适用于本标准。

GB/T 2828.1 计数抽样检验程序 第1部分:按接收质量限(AQL)检索的逐批检验抽样计划(GB/T 2828.1—2003,ISO 2859-1:1999,IDT)

GB/T 4759 内燃机排气消声器 测量方法

3 术语和定义

下列术语和定义适用于本标准。

3.1

排气消声器 exhaust silencer

具有吸声衬里或特殊形式的气流管道,可有效地降低气流噪声的装置。

注:发动机排气消声器一般包括从消声器进气口开始的整个消声器部件,不包括发动机排气歧管和排气管。

3.2

插入损失 insert loss

装置消声器前后,通过排气口辐射声功率级之差。符号为 D,单位为分贝[dB(A)]。

注:在通常情况下,管口大小、形状、声场分布保持近似相同时,插入损失等于在给定测点处安装消声器前后的声压级之差。

插入损失按式(1)计算:

$$D = L_1 - L_2 \qquad (1)$$

式中:

D——插入损失,单位为分贝[dB(A)];

L_1——不带消声器、而带与消声器等长的空管时,排气噪声声压级,单位为分贝[dB(A)];

L_2——带消声器时,排气噪声声压级,单位为分贝[dB(A)]。

3.3

功率损失比 power loss ratio

发动机在标定工况下,使用消声器前后的功率差值和没有使用消声器时功率值的百分比,符号为 γ。

功率损失比按式(2)计算:

$$\gamma = \frac{P_1 - P_2}{P_1} \times 100\% \qquad (2)$$

式中:

γ——功率损失比;

P_1——不带消声器,而带与消声器等长的空管时,发动机功率,单位为千瓦(kW);

P_2——带消声器时，发动机功率，单位为千瓦(kW)。

3.4

排气背压　exhaust gas counter pressure

离发动机排气管出口或涡轮增压器出口 75 mm 处布置测压点(测压头与管内壁平齐)，测量的排气管内与排气管外部压力之差。符号为 ΔP，单位为千帕(kPa)。

4　技术要求

4.1　消声器应按经规定程序批准的图样及技术文件制造，并符合本标准的规定。

4.2　消声器的主要尺寸参数和总质量的实测值与设计值的偏差应不大于 5%。

4.3　消声器的设计及更改涉及性能和安装尺寸时，需经供需双方协商取得一致意见后方可进行。

4.4　消声器类别按插入损失的大小确定，消声器的插入损失 D 和功率损失比 γ 应符合表 1 的规定。

表 1

消声器类别	插入损失 D/dB(A)	功率损失比 γ/%
1	＞10～15	＜2
2	＞15～20	＜3
3	＞20	＜4

4.5　排气背压不作为限值，但作为参考值记录在检测报告中。

4.6　消声器的表面辐射噪声应小于排气噪声。

4.7　消声器应按 5.3 的规定进行振动试验，试验后消声器不得有松动、漏气或变形等现象。

4.8　消声器在振动试验后，应在 200 kPa 的压力下进行气密性试验，历时 1 min，此时消声器外壳、接管的焊缝和卷边等处不得有漏气现象。

4.9　消声器应按 5.4 进行耐久试验，试验结束后，消声器不得有开裂、漏气及声音异常现象，插入损失减少量应不大于 3 dB(A)，功率损失比增加量不大于 1%。

4.10　冲压和焊接件应符合有关标准的规定。

4.11　根据供需双方协商，消声器排气口可设防雨帽、防火、防爆帽。消声器所用材料表面应光洁，不允许有锈斑和烂斑等缺陷。

4.12　消声器零部件须完好，不应有裂纹、锐边、碰伤等缺陷。

4.13　消声器外表面应光滑、平整，并应作防锈处理，如涂耐高温漆、搪瓷或喷铝等，也可以用镀铝钢板制作外壳。

5　试验方法

5.1　性能试验

性能试验应按 GB/T 4759 的规定进行，测定以下参数作为评价消声器的主要指标：

a)　消声器的插入损失 D；

b)　消声器的功率损失比 γ。

5.2　表面辐射噪声的测定

消声器的表面辐射噪声的测定按 GB/T 4759 的规定，其噪声级应符合 4.6 的规定。

5.3　振动试验

消声器应按使用状态(或接近使用状态)安装在试验台上，振动试验包括共振试验和耐振试验。

5.3.1　共振试验

消声器应按表 2 的规定进行共振试验，先使消声器的振动频率由 8.3 Hz 开始，按相同比例连续递增至 50 Hz；再按相同比例连续递减至 8.3 Hz，找出消声器的共振频率。

表 2

振动频率/Hz	扫描时间/min	振动加速度/(m/s^2)	全振幅/mm
8.3～50	≥25	9.8～39	0.1～0.4

5.3.2 耐振试验

如果没有共振频率时，消声器应按表 3 的规定进行耐振试验，有共振频率时，应按表 4 的规定进行耐振试验。当消声器有两个以上的共振频率时应选用主要的共振频率。

表 3

振动频率/Hz	振动加速度/(m/s^2)	振动时间/h		
		上 下	左 右	前 后
50	98	4	2	2

表 4

振动频率/Hz	振动加速度/(m/s^2)	振动时间/h		
		上 下	左 右	前 后
共振频率	98	1	0.5	0.5
50	98	3	1.5	1.5

5.4 耐久试验

消声器应和柴油机一起随配套拖拉机进行配套使用试验，试验时间由供需双方商定。

5.5 气密性试验

消声器的气密性应按 4.8 的规定进行。

6 检验规则

6.1 出厂检验

每只消声器必须经制造厂质检部门检验合格后方能出厂。出厂检验项目包括外观、主要尺寸参数和总质量。

6.2 型式检验

消声器的型式检验项目包括外观、主要尺寸参数、总质量、气密性、插入损失、功率损失比、表面辐射噪声、排气背压、振动试验和耐久试验。型式检验的抽样规则和合格判定规则，按 GB/T 2828.1 的规定或由供需双方协商确定。

7 包装和贮存

7.1 消声器应标明制造厂名称、厂标及产品型号。

7.2 消声器应置于包装箱内，包装箱应牢固。箱内须衬有防水材料，还应附有产品说明书、产品合格证及装箱单。

7.3 包装箱外面应标明：

a) 制造厂名称及地址；
b) 产品名称及型号；
c) 产品执行标准编号；
d) 数量和总质量；
e) 收货单位及地址；
f) “小心轻放”、“防潮”、“防压”等标志；
g) 出厂日期。

7.4 消声器应贮存在干燥、通风和无腐蚀性物质的仓库中。在正常情况下，自出厂之日起，制造厂应保证消声器在 12 个月内不锈蚀。

ICS 65.060.10
T 64

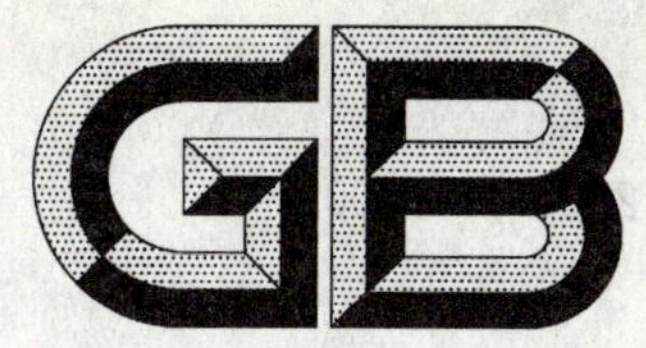

中华人民共和国国家标准

GB/T 24659.1—2009

农业履带拖拉机 导向轮 技术条件

Agricultural crawler tractors—Track idler—Requirement

2009-11-15 发布 2010-05-01 实施

中华人民共和国国家质量监督检验检疫总局
中国国家标准化管理委员会 发布

前言

本部分由中国机械工业联合会提出。

本部分由全国拖拉机标准化技术委员会(SAC/TC 140)归口。

本部分起草单位：中国一拖集团有限公司、洛阳拖拉机研究所。

本部分主要起草人：王志超、杨东山、高福民、罗华、张明豪、柳玲文。

农业履带拖拉机　导向轮　技术条件

1　范围

GB/T 24659的本部分规定了农业履带拖拉机导向轮的技术要求、试验方法、检验规则、标志、包装、运输及贮存。

本部分适用于农业履带拖拉机无支承作用的拖拉机导向轮(以下简称导向轮)。

2　规范性引用文件

下列文件中的条款通过GB/T 24659的本部分的引用而成为本部分的条款。凡是注日期的引用文件，其随后所有的修改单(不包括勘误的内容)或修订版均不适用于本部分，然而，鼓励根据本部分达成协议的各方研究是否可使用这些文件的最新版本。凡是不注日期的引用文件，其最新版本适用于本部分。

GB/T 228　金属材料　室温拉伸试验方法(GB/T 228—2002,eqv ISO 6892:1998)

GB/T 231.1　金属材料　布氏硬度试验　第1部分:试验方法(GB/T 231.1—2009,ISO 6506-1:2005,MOD)

GB/T 2828.1　计数抽样检验程序　第1部分:按接收质量限(AQL)检索的逐批检验抽样计划(GB/T 2828.1—2003,ISO 2859-1:1999,IDT)

GB/T 3871.12　农业拖拉机　试验规程　第12部分:使用试验

GB/T 6414—1999　铸件　尺寸公差与机械加工余量(eqv ISO 8062:1994)

GB/T 11351—1989　铸件重量公差

JB/T 5673　农林拖拉机及机具涂漆　通用技术条件

3　技术要求

3.1　导向轮应符合本部分的规定，并按照经规定程序批准的产品图样和技术文件制造。

3.2　材料推荐采用ZG310-570或ZG45Mn制造，在保证强度和使用寿命的条件下，允许采用其他牌号的材料。

3.3　热处理硬度：

a)　ZG310-570:156HB～229HB;

b)　ZG45Mn:229HB～269HB。

3.4　轮缘工作表面对配合孔轴线的径向圆跳动及轮缘导向端面对配合孔轴线的端面圆跳动不大于轮缘公称直径的0.5%。

3.5　对整体式导向轮装滚动轴承的座孔，其形状和位置公差、表面粗糙度应符合表1的规定。

表1

圆柱度	各座孔表面对其公共轴线的跳动	各座孔表面粗糙度要求
不大于座孔直径公差的1/2	≤0.05 mm	Ra3.2 μm

3.6　铸件未注明尺寸公差应不低于GB/T 6414—1999的CT10级。

3.7　质量公差应不低于GB/T 11351—1989规定的MT10级。

3.8　加工表面应光洁，不应有损伤、裂纹等缺陷。

3.9　浇口、冒口的残余和毛刺应清除到产品图样或技术文件规定的尺寸范围，内腔非加工表面应彻底清砂。

3.10　非加工表面的轻微缺陷和允许修补的铸造缺陷，其种类、大小、数量和位置由产品图样规定。

3.11 非加工表面涂漆按 JB/T 5673 的规定。

3.12 导向轮在拖拉机按 GB/T 3871.12 规定进行使用试验期间不应损坏、失效。

4 试验方法

4.1 表面质量、涂漆检验用目测法进行(或用放大镜),裂纹检验用探伤仪器进行。

4.2 主要尺寸偏差、形位公差、表面粗糙度采用通用或专用量仪进行测定。

4.3 材料拉伸性能试验按 GB/T 228 的规定进行。

4.4 硬度检验按 GB/T 231.1 的规定进行,检验位置按产品图样规定。

4.5 使用试验按 GB/T 3871.12 的规定进行。

5 检验规则

5.1 出厂检验

5.1.1 每个导向轮应经制造厂质量检验部门检验合格后方可出厂,出厂时应附有合格证。

5.1.2 出厂检验项目按表 2 的规定,所有项目均检验合格后方能判定导向轮合格。

5.2 型式检验

5.2.1 有下列情况之一时,一般应进行型式检验:

a) 定型鉴定时;

b) 正式生产时,如结构、材料、工艺有较大改变,可能影响产品性能时;

c) 正式生产时,每五年进行一次;

d) 产品长期停产后,恢复生产时;

e) 出厂检验结果与上次型式检验有较大差异时;

f) 国家质量监督机构提出进行型式检验时。

5.2.2 型式检验项目按表 2 的规定。

5.2.3 被检项目凡不符合第 3 章规定的要求时均称为不合格项,按不合格项对产品质量的影响程度,分为 A 类不合格、B 类不合格、C 类不合格。不合格分类见表 2。

表 2

不合格分类		不合格项目名称	出厂检验	型式检验
A	1	机械性能未达要求	—	△
	2	有效硬化层未达要求	—	△
	3	硬度未达要求	—	△
B	1	材料化学成分及偏差未达要求	—	△
	2	表面粗糙度未达要求	△	△
	3	形位公差未达要求	△	△
	4	质量公差未达要求	—	△
	5	使用寿命未达要求	—	△
C	1	未注明尺寸公差未达要求	—	△
	2	浇冒口、毛刺未达要求	△	△
	3	清砂未达要求	△	△
	4	轻微缺陷和允许修补的铸造缺陷未达要求	△	△
	5	涂漆未达要求	△	△
注:带“△”的项目为应检验项目。				

5.2.4 抽样方案按 GB/T 2828.1 的规定，采用正常检验一次抽样方案，一般检验水平Ⅰ。一般情况下，检查批 $N=91$ 件～150 件，样本量 $n=8$ 件，样本量字码为 D，AQL 为接收质量限，Ac 为不合格接收数(合格)，Re 为不合格拒收数(不合格)。抽样判定方案见表 3。

表 3

不合格分类	A类		B类		C类	
检验水平	Ⅰ					
样本量字码	D					
样本量	8					
AQL	6.5		15		40	
Ac　Re	1	2	3	4	7	8

5.2.5 根据表 3 规定的抽样方案，对样本进行检查。每一项不合格分类中，样本中的不合格数小于或等于 Ac 时该类评为合格，大于或等于 Re 时该类评为不合格。所有不合格分类全部合格时，则最终评为合格；任一类或多个类评为不合格时，则最终评为不合格。

6 标志、包装、运输及贮存

6.1 导向轮上一般应标注：

a) 制造厂企业标志或产品商标；

b) 零件号。

标志不应损伤导向轮工作面，应保证标志在导向轮的整个使用期间保持完整。

6.2 导向轮在包装前应清洗，加工表面应油封，保证加工表面能可靠地防止损伤和锈蚀。

6.3 导向轮应附有制造厂质量检验员签章的产品合格证，包装箱上一般应包括：

a) 零件名称；

b) 零件号；

c) 出厂日期；

d) 数量；

e) 总质量；

f) 制造厂名称和地址；

g) 包装员签章。

6.4 导向轮的包装应保证在其运输过程中不会损伤和损坏。

6.5 导向轮在干燥、通风的仓储条件下，制造厂应保证防锈有效期为自出厂之日起 12 个月。

ICS 65.060.10
T 64

中华人民共和国国家标准

GB/T 24659.2—2009

农业履带拖拉机 驱动轮 技术条件

Agricultural crawler tractors—Track idler—Requirement

2009-11-15 发布 2010-05-01 实施

中华人民共和国国家质量监督检验检疫总局
中国国家标准化管理委员会 发布

前　言

本部分由中国机械工业联合会提出。

本部分由全国拖拉机标准化技术委员会(SAC/TC 140)归口。

本部分起草单位:中国一拖集团有限公司、洛阳拖拉机研究所。

本部分主要起草人:靳润生、杨东山、高福民、罗华、张明豪、柳玲文。

农业履带拖拉机　驱动轮　技术条件

1　范围

GB/T 24659 的本部分规定了农业履带拖拉机驱动轮的技术要求、试验方法、检验规则、标志、包装、运输及贮存。

本部分适用于农业履带拖拉机齿面不加工的驱动轮(以下简称驱动轮)。

2　规范性引用文件

下列文件中的条款通过 GB/T 24659 的本部分的引用而成为本部分的条款。凡是注日期的引用文件，其随后所有的修改单(不包括勘误的内容)或修订版均不适用于本部分，然而，鼓励根据本部分达成协议的各方研究是否可使用这些文件的最新版本。凡是不注日期的引用文件，其最新版本适用于本部分。

GB/T 222　钢的成品化学成分允许偏差

GB/T 223(所有部分)　钢铁及合金化学分析方法

GB/T 228　金属材料　室温拉伸试验方法(GB/T 228—2002，eqv ISO 6892:1998)

GB/T 230.1　金属材料　洛氏硬度试验　第 1 部分:试验方法(A、B、C、D、E、F、G、H、K、N、T 标尺)(GB/T 230.1—2009，ISO 6508-1:2005，MOD)

GB/T 231.1　金属材料　布氏硬度试验　第 1 部分:试验方法(GB/T 231.1—2009，ISO 6506-1:2005，MOD)

GB/T 2828.1　计数抽样检验程序　第 1 部分:按接收质量限(AQL)检索的逐批检验抽样计划(GB/T 2828.1—2003，ISO 2859-1:1999，IDT)

GB/T 3871.12　农业拖拉机　试验规程　第 12 部分:使用试验

GB/T 5617　钢的感应淬火或火焰淬火后有效硬化层深度的测定(GB/T 5617—2005，ISO 3754:1976，NEQ)

GB/T 6414—1999　铸件　尺寸公差与机械加工余量(eqv ISO 8062:1994)

GB/T 11351—1989　铸件重量公差

JB/T 5673　农林拖拉机及机具涂漆　通用技术条件

3　技术要求

3.1　驱动轮应符合本部分的规定，并按照经规定程序批准的产品图样和技术文件制造。

3.2　材料推荐采用 ZG45Mn 或符合表 1 所列化学成分和机械性能的铸造碳钢，在保证强度和使用寿命的条件下，允许采用其他牌号的材料。

表 1

化学成分[a]/%					机械性能	
C	Mn	Si	S	P	抗拉强度 R_m/MPa	延伸率 A/%
0.40～0.50	0.70～1.10	0.30～0.60	≤0.06	≤0.06	≥570	≥12

[a] 残余化学元素的含量应符合如下规定(%，≤):Ni 0.30，Cr 0.35，Cu 0.30，Mo 0.10，V 0.05，其总量不超过 1.00%。成品的化学成分偏差应符合 GB/T 222 的规定。

3.3 轮齿工作表面应淬火，采用表 1 的铸钢时，淬火表面的硬度为 41HRC～47HRC；采用 ZG45Mn 时，淬火表面的硬度为 48HRC～54HRC。表面下 5 mm 深处的硬度不低于 35HRC，其余表面的硬度为 156HB～217HB。

3.4 花键孔定心表面的表面粗糙度 *Ra* 为 3.2 μm。

3.5 齿圈端面跳动、齿根圆径向跳动及其直径偏差应符合表 2 规定。

表 2　　单位为毫米

<table>
<tr><th>驱动轮外径</th><th>齿圈端面对配合孔轴线的端面跳动</th><th>齿根圆对配合孔轴线的径向跳动</th><th>齿根圆直径公差</th></tr>
<tr><td>400～600</td><td>≤3</td><td>≤2</td><td>±1</td></tr>
<tr><td>>600～800</td><td>≤5</td><td rowspan="2">≤3</td><td>+1
−2</td></tr>
<tr><td>>800</td><td>≤6</td><td>+1
−3</td></tr>
</table>

3.6 齿圈节距差的允许偏差值应符合表 3 的规定。

表 3　　单位为毫米

项　目	数　值		
齿圈节距公称尺寸	≤150	>150～200	>200
允许偏差值	≤0.5	≤1.0	≤2.0

3.7 铸件未注明尺寸公差应不低于 GB/T 6414—1999 规定的 CT10 级。

3.8 质量公差应不低于 GB/T 11351—1989 规定的 MT10 级。

3.9 加工表面应光洁，不应有损伤、裂纹等缺陷，非配合表面允许有占表面积 1/5 以内的蜂窝分布。

3.10 浇口、冒口的残余和毛刺应清除到产品图样或有关技术文件规定的尺寸范围。

3.11 齿工作表面的表面粗糙度 *Ra* 为 50 μm，其他非加工表面的轻微缺陷和允许修补的铸造缺陷，其种类、大小、数量和位置由产品图样规定。

3.12 非加工表面涂漆按 JB/T 5673 的规定。

3.13 驱动轮在拖拉机按 GB/T 3871.12 规定进行使用试验期间不应损坏、失效。

4 试验方法

4.1 化学分析方法按 GB/T 223(所有部分)的规定进行。

4.2 材料拉伸性能试验按 GB/T 228 的规定进行。

4.3 硬度检验按 GB/T 230.1 和 GB/T 231.1 的规定进行，检验位置按产品图样规定。

4.4 淬硬层深度的测量按 GB/T 5617 的规定进行。

4.5 主要尺寸偏差、形位公差、表面粗糙度采用通用或专用量仪进行检验。

4.6 表面质量、涂漆检验用目测法进行(或用放大镜)，裂纹检验用探伤仪器进行。

4.7 使用试验按 GB/T 3871.12 的规定进行。

5 检验规则

5.1 出厂检验

5.1.1 每个驱动轮应经制造厂质量检验部门检验合格后方可出厂，出厂时应附有合格证。

5.1.2 出厂检验项目按表 4 的规定，所有项目均检验合格后方能判定驱动轮合格。

表 4

不合格分类		不合格项目名称	出厂检验	型式检验
A	1	机械性能未达要求	—	△
	2	有效硬化层未达要求	—	△
	3	硬度未达要求	—	△
B	1	材料化学成分及偏差未达要求	—	△
	2	花键孔定心表面粗糙度未达要求	△	△
	3	形位公差、尺寸公差未达要求	△	△
	4	重量公差未达要求	—	△
	5	使用寿命未达要求	—	△
C	1	未注明尺寸公差未达要求	—	△
	2	浇冒口、毛刺未达要求	△	△
	3	清砂未达要求	△	△
	4	轻微缺陷和允许修补的铸造缺陷未达要求	△	△
	5	涂漆未达要求	△	△
注：带“△”的项目为应检验项目。				

5.2 型式检验

5.2.1 有下列情况之一时，一般应进行型式检验：

a) 定型鉴定时；

b) 正式生产时，如结构、材料、工艺有较大改变，可能影响产品性能时；

c) 正式生产时，每五年进行一次；

d) 产品长期停产后，恢复生产时；

e) 出厂检验结果与上次型式检验有较大差异时；

f) 国家质量监督机构提出进行型式检验时。

5.2.2 型式检验项目按表 4 的规定。

5.2.3 被检项目凡不符合第 3 章规定的要求时均称为不合格项，按不合格项对产品质量的影响程度，分为 A 类不合格、B 类不合格、C 类不合格。不合格分类见表 4。

5.2.4 抽样方案按 GB/T 2828.1 的规定，采用正常检验一次抽样方案，一般检验水平Ⅰ。一般情况下，检查批为 N=91 件～150 件，样本量为 n=8 件，样本量字码为 D，AQL 为接收质量限，Ac 为不合格接收数(合格)，Re 为不合格拒收数(不合格)。抽样判定方案见表 5。

表 5

不合格分类	A类	B类	C类
检验水平	Ⅰ		
样本量字码	D		
样本量	8		
AQL	6.5	15	40
Ac　　Re	1　　2	3　　4	7　　8

5.2.5 根据表5规定的抽样方案，对样本进行检查。每一项不合格分类中，样本中的不合格数小于或等于Ac时该类评为合格，大于或等于Re时该类评为不合格。所有不合格分类全部合格时，则最终评为合格；任一类或多个类评为不合格时，则最终评为不合格。

6 标志、包装、运输及贮存

6.1 标志不应损伤驱动轮工作面，应保证标志在驱动轮的整个使用期间保持完整。驱动轮上一般应标明以下内容：

a) 制造厂企业标志或产品商标；

b) 零件号。

6.2 驱动轮在包装前应清洗，加工表面应油封，保证加工表面能可靠地防止损伤和锈蚀。

6.3 驱动轮应附有制造厂产品合格证，包装件上应标明：

a) 零件名称；

b) 零件号；

c) 出厂日期；

d) 数量；

e) 总质量；

f) 制造厂名称和地址；

g) 包装员签章。

6.4 驱动轮的包装应保证在其运输过程中不会损伤和损坏。

6.5 驱动轮在干燥、通风的仓储条件下，制造厂应保证防锈有效期为自出厂之日起12个月。

ICS 65.060.10
T 64

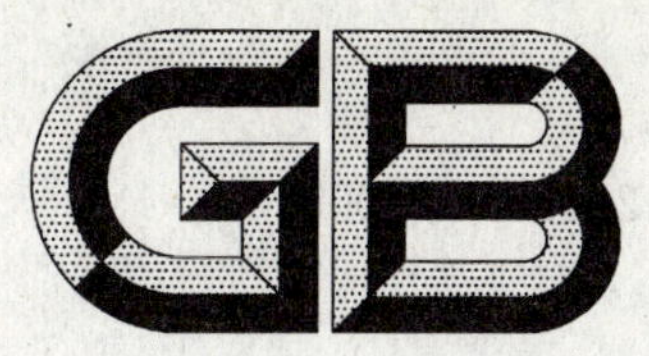

中华人民共和国国家标准

GB/T 24659.3—2009

农业履带拖拉机　支重轮　技术条件

Agricultural crawler tractors—Support roller—Requirement

2009-11-15 发布　　　　2010-05-01 实施

中华人民共和国国家质量监督检验检疫总局
中国国家标准化管理委员会　发布

前　言

本部分由中国机械工业联合会提出。

本部分由全国拖拉机标准化技术委员会(SAC/TC 140)归口。

本部分起草单位:中国一拖集团有限公司、洛阳拖拉机研究所。

本部分主要起草人:师宏亮、杨东山、高福民、罗华、张明豪、陈嵩。

农业履带拖拉机　支重轮　技术条件

1　范围

GB/T 24659 的本部分规定了农业履带拖拉机支重轮的技术要求、试验方法、检验规则、标志、包装、运输及贮存。

本部分适用于农业履带拖拉机支重轮(以下简称支重轮)。

2　规范性引用文件

下列文件中的条款通过 GB/T 24659 的本部分的引用而成为本部分的条款。凡是注日期的引用文件,其随后所有的修改单(不包括勘误的内容)或修订版均不适用于本部分,然而,鼓励根据本部分达成协议的各方研究是否可使用这些文件的最新版本。凡是不注日期的引用文件,其最新版本适用于本部分。

GB/T 222　钢的成品化学成分允许偏差

GB/T 223(所有部分)　钢铁及合金化学分析方法

GB/T 228　金属材料　室温拉伸试验方法(GB/T 228—2002,eqv ISO 6892:1998)

GB/T 230.1　金属材料　洛氏硬度试验　第 1 部分:试验方法(A、B、C、D、E、F、G、H、K、N、T 标尺)(GB/T 230.1—2009,ISO 6508-1:2005,MOD)

GB/T 231.1　金属材料　布氏硬度试验　第 1 部分:试验方法(GB/T 231.1—2009,ISO 6506-1:2005,MOD)

GB/T 2828.1　计数抽样检验程序　第 1 部分:按接收质量限(AQL)检索的逐批检验抽样计划(GB/T 2828.1—2003,ISO 2859-1:1999,IDT)

GB/T 3871.12　农业拖拉机　试验规程　第 12 部分:使用试验

GB/T 5617　钢的感应淬火或火焰淬火后有效硬化层深度的测定(GB/T 5617—2005,ISO 3754:1976,NEQ)

GB/T 6414—1999　铸件　尺寸公差与机械加工余量(eqv ISO 8062:1994)

GB/T 11351—1989　铸件重量公差

JB/T 5673—1991　农林拖拉机及机具涂漆　通用技术条件

3　技术要求

3.1　支重轮应符合本部分的规定,并按照经规定程序批准的产品图样和技术文件制造。

3.2　材料推荐采用 ZG45Mn 钢或符合表 1 所列化学成分和机械性能的铸造碳钢,在保证强度和使用寿命的条件下,允许采用其他牌号的材料。

表 1

化学成分[a]/%					机械性能	
C	Mn	Si	S	P	抗拉强度 R_m/MPa	延伸率 A/%
0.40～0.50	0.70～1.10	0.30～0.60	≤0.06	≤0.06	≥570	≥12

[a] 残余化学元素的含量应符合如下规定(%,≤):Ni 0.30,Cr 0.35,Cu 0.30,Mo 0.10,V 0.05,且总量不超过 1.00%。成品的化学成分偏差应符合 GB/T 222 的规定。

3.3　轮缘工作表面应淬火，硬度为388HB～555HB，表面下5 mm深处的硬度为33HRC～40HRC，轮毂表面硬度为200HB～241HB。

3.4　与支重轮轴配合的座孔表面粗糙度 Ra 为6.3 μm。

3.5　工作表面、配合表面的形状和位置公差应符合表2规定。

表2

与支重轮轴配合的座孔		轮缘工作表面对配合孔轴线的径向圆跳动	轮缘导向端面对配合孔轴线的端面圆跳动
圆柱度	各座孔表面对其公共轴线的径向圆跳动	不大于轮缘公称直径的　%	
不大于座孔直径公差的1/2	≤0.2 mm	0.8	0.6

3.6　铸件未注明尺寸公差应不低于GB/T 6414—1999规定的CT10级。

3.7　质量公差应不低于GB/T 11351—1989规定的MT10级。

3.8　浇口、冒口的残余和毛刺应清除到产品图样或有关技术文件规定的尺寸范围，内腔非加工表面应彻底清砂。

3.9　非加工表面的轻微缺陷和允许修补的铸造缺陷，其种类、大小、数量和位置由产品图样规定。

3.10　非加工表面应按JB/T 5673标准规定进行涂漆。

3.11　支重轮在拖拉机按GB/T 3871.12规定进行使用试验期间不应损坏、失效。

4　试验方法

4.1　表面质量、涂漆检验用目测法进行(或用放大镜)，裂纹检测用探伤仪器进行。

4.2　主要尺寸偏差、形位公差、表面粗糙度采用通用或专用量仪进行测定。

4.3　化学分析方法按GB/T 223(所有部分)的规定进行。

4.4　材料拉伸试验按GB/T 228的规定进行。

4.5　硬度检验按GB/T 230.1和GB/T 231.1的规定进行，检验位置按产品图样规定。

4.6　淬硬层深度的测量按GB/T 5617的规定进行。

4.7　使用试验按GB/T 3871.12的规定进行。

5　检验规则

5.1　出厂检验

5.1.1　每个支重轮应经制造厂质量检验部门检验合格后方可出厂，出厂时应附有合格证。

5.1.2　出厂检验项目按表3的规定，所有项目均检验合格后方能判定支重轮合格。

5.2　型式检验

5.2.1　有下列情况之一时，一般应进行型式检验：

a)　定型鉴定时；

b)　正式生产时，如结构、材料、工艺有较大改变，可能影响产品性能时；

c)　正式生产时，每五年进行一次；

d)　产品长期停产后，恢复生产时；

e)　出厂检验结果与上次型式检验有较大差异时；

f)　国家质量监督机构提出进行型式检验时。

5.2.2　型式检验项目按表3的规定。

5.2.3　被检项目凡不符合第3章规定的要求时均称为不合格项，按不合格项对产品质量的影响程度，分为A类不合格、B类不合格、C类不合格。不合格分类见表3。

表3

不合格分类		检验项目	出厂检验	型式检验
A	1	机械性能	—	△
	2	硬化层有效深度	—	△
	3	硬度	—	△
B	1	材料化学成分及偏差	—	△
	2	座孔表面粗糙度	△	△
	3	形位公差	△	△
	4	重量公差	—	△
	5	使用寿命	—	△
C	1	未注明尺寸公差	—	△
	2	浇冒口、毛刺	△	△
	3	清砂	△	△
	4	轻微缺陷和允许修补的铸造缺陷	△	△
	5	涂漆	△	△
注：带“△”的项目为应检验项目。				

5.2.4 抽样方案按GB/T 2828.1的规定，采用正常检验一次抽样方案，一般检验水平Ⅰ。一般情况下，检验批N=91件～150件，样本量n=8件，样本量字码为D，AQL为接收质量限，Ac为不合格接收数（合格），Re为不合格拒收数（不合格）。抽样判定方案见表4。

表4

不合格分类	A类		B类		C类	
检验水平	Ⅰ					
样本量字码	D					
样本量	8					
AQL	6.5		15		40	
Ac　　Re	1	2	3	4	7	8

5.2.5 根据表4规定的抽样方案，对样本进行检查。每一项不合格分类中，样本中的不合格数小于或等于Ac时该类评为合格，大于或等于Re时该类评为不合格。所有不合格分类全部合格时，则最终评为合格；任一类或多个类评为不合格时，则最终评为不合格。

6 标志、包装、运输及贮存

6.1 标志不应损伤支重轮工作面，应保证标志在支重轮的整个使用期间保持完整。支重轮上一般应标注：

a) 制造厂企业标志或产品商标；

b) 零件号。

6.2 支重轮在包装前应清洗干净，加工表面应油封，保证加工表面能可靠地防止损伤和锈蚀。

6.3 支重轮应附有制造厂质量检验员签章的产品合格证，包装件上一般应包括：

a) 零件名称；

b) 零件号；

c) 出厂日期；

d) 数量；

e) 总质量；

f) 制造厂名称和地址；

g) 包装员签章。

6.4 支重轮的包装应保证在其运输过程中不会损伤和损坏。

6.5 支重轮在干燥、通风的仓储条件下，制造厂应保证防锈有效期为自出厂之日起12个月。

ICS 65.060.10
T 64

中华人民共和国国家标准

GB/T 24659.4—2009

农业履带拖拉机　金属履带板
技术条件

Agricultural crawler tractors—Metal track—Requirement

2009-11-15 发布　　2010-05-01 实施

中华人民共和国国家质量监督检验检疫总局
中国国家标准化管理委员会　发布

前　言

本部分由中国机械工业联合会提出。

本部分由全国拖拉机标准化技术委员会(SAC/TC 140)归口。

本部分起草单位:中国一拖集团有限公司、洛阳拖拉机研究所。

本部分主要起草人:王艳萍、杨东山、高福民、罗华、张明豪、尚项绳。

农业履带拖拉机　金属履带板 技术条件

1　范围

GB/T 24659 的本部分规定了农业履带拖拉机整体铸造金属履带板的技术要求、试验方法、检验规则、标志、包装、运输及贮存。

本部分适用于农业履带拖拉机整体铸造金属履带板(以下简称履带板)。

2　规范性引用文件

下列文件中的条款通过 GB/T 24659 的本部分的引用而成为本部分的条款。凡是注日期的引用文件,其随后所有的修改单(不包括勘误的内容)或修订版均不适用于本部分,然而,鼓励根据本部分达成协议的各方研究是否可使用这些文件的最新版本。凡是不注日期的引用文件,其最新版本适用于本部分。

GB/T 222　钢的成品化学成分允许偏差

GB/T 223(所有部分)　钢铁及合金化学分析方法

GB/T 228　金属材料　室温拉伸试验方法(GB/T 228—2002,eqv ISO 6892:1998)

GB/T 229　金属材料　夏比摆锤冲击试验方法(GB/T 229—2007,ISO 148-1:2006,Metallic materials—Charpy pendulum impact test—Part 1:Test method,MOD)

GB/T 230.1　金属材料　洛氏硬度试验　第1部分:试验方法(A、B、C、D、E、F、G、H、K、N、T 标尺)(GB/T 230.1—2009,ISO 6508-1:2005,MOD)

GB/T 231.1　金属材料　布氏硬度试验　第1部分:试验方法(GB/T 231.1—2009,ISO 6506-1:2005,MOD)

GB/T 2828.1　计数抽样检验程序　第1部分:按接收质量限(AQL)检索的逐批检验抽样计划(GB/T 2828.1—2003,ISO 2859-1:1999,IDT)

GB/T 3871.12　农业拖拉机　试验规程　第12部分:使用试验

GB/T 4336　碳素钢和中低合金钢　火花源原子发射光谱分析方法(常规法)

GB/T 5680　高锰钢铸件

GB/T 6414—1999　铸件　尺寸公差与机械加工余量(eqv ISO 8062:1994)

GB/T 11351—1989　铸件重量公差

JB/T 5673　农林拖拉机及机具涂漆　通用技术条件

3　技术要求

3.1　履带板应符合本部分的规定,并按照经规定程序批准的产品图样和技术文件制造。

3.2　履带板由以下两种材料铸造:

a)　高锰钢履带板,材料牌号为 ZGMn13-1;

b)　硅锰钢履带板,材料牌号为 ZG31Mn2Si。

3.3　履带板的化学成分应为:

3.3.1　ZGMn13-1 的化学成分应符合 GB/T 5680 的规定。

3.3.2　ZG31Mn2Si 化学成分应符合表1的规定。

表 1 ZG31Mn2Si 的化学成分 %(质量分数)

C	Mn	Si	P	S	Cr	Ni	Cu
0.23～0.36	1.00～1.65	0.50～0.90	≤0.050	≤0.050	≤0.50	≤0.50	≤0.30

3.3.3 成品的化学成分偏差应符合 GB/T 222 的规定。

3.4 履带板的机械性能应为：

3.4.1 ZGMn13-1 水韧处理后试样的机械性能应符合表 2 的规定。

表 2 ZGMn13-1 的机械性能

抗拉强度 R_m/MPa	延伸率 A/%	冲击值 a_K/(J/cm²)	硬 度
≥635	≥20	≥147	156HB～229HB

3.4.2 ZG31Mn2Si 的机械性能应符合表 3 的规定。

表 3 ZG31Mn2Si 的机械性能

抗拉强度 R_m/MPa	延伸率 A/%	冲击值 a_K/(J/cm²)	硬 度
≥1 300	≥20	≥20	36HRC～52HRC

3.5 履带板的金相组织应为：

3.5.1 ZGMn13-1 履带板热处理后其显微组织应为奥氏体细粒组织，允许含有少量均匀分布的碳化物，但不允许碳化物成连续状和积聚状存在。金相图谱由企业确定。

3.5.2 ZG31Mn2Si 履带板回火后取样进行检验，应以板条马氏体为主，允许少量针状马氏体和铁素体。

3.6 履带板断口上不允许有明显的柱状结晶，断口图谱由企业确定。

3.7 履带板的尺寸公差应符合 GB/T 6414—1999 中规定的 CT10。销孔同轴度公差不大于 ϕ0.40 mm，前后销孔组公共轴线的平行度公差应不大于 ϕ0.40 mm/100 mm。

3.8 履带板表面粗糙度 Ra 为 50 μm。

3.9 履带板的质量公差应不低于 GB/T 11351—1989 中规定的 MT10。

3.10 允许存在不损坏铸件正常使用的表面缺陷。超出图样允许存在的铸造缺陷，应在热处理之前进行焊补和清理。

3.11 履带板应能安装回转灵活的履带。

3.12 履带板用作备件时，表面应按 JB/T 5673 的规定涂漆。

3.13 履带板在拖拉机按 GB/T 3871.12 规定进行使用试验期间不应损坏、失效。

4 试验方法

4.1 表面质量、涂漆检验用目测法进行(或用放大镜)，裂纹检测用探伤仪器进行。

4.2 主要尺寸偏差、形位公差、表面粗糙度采用通用或专用量仪进行测定。

4.3 化学分析方法按 GB/T 223(所有部分)和 GB/T 4336 的规定进行。

4.4 机械性能检验按 GB/T 228 和 GB/T 229 的规定进行。

4.5 硬度检验按 GB/T 230.1 和 GB/T 231.1 的规定进行。

4.6 使用试验按 GB/T 3871.12 的规定进行。

5 检验规则

5.1 出厂检验

5.1.1 每件履带板应经制造厂质量检验部门检验合格后方可出厂，出厂时应附有合格证。

5.1.2 出厂检验项目按表 4 的规定，所有项目均检验合格后方能判定履带板合格。

5.2 型式检验

5.2.1 有下列情况之一时，一般应进行型式检验：

a) 定型鉴定时；

b) 正式生产时，如结构、材料、工艺有较大改变，可能影响产品性能时；

c) 正式生产时，每五年进行一次；

d) 产品长期停产后，恢复生产时；

e) 出厂检验结果与上次型式检验有较大差异时；

f) 国家质量监督机构提出进行型式检验时。

5.2.2 型式检验项目按表 4 的规定。

5.2.3 被检项目凡不符合第 3 章规定的要求时均称为不合格项，按不合格项对产品质量的影响程度，分为 A 类不合格、B 类不合格、C 类不合格。不合格分类见表 4。

表 4 型式检验项目

不合格分类		不合格项目名称	出厂检验	型式检验
A	1	机械性能未达要求	—	△
	2	有效硬化层未达要求	—	△
	3	金相组织、断口组织未达要求	—	△
B	1	材料化学成分及偏差未达要求	—	△
	2	表面粗糙度未达要求	△	△
	3	尺寸公差、形位公差未达要求	△	△
	4	质量公差未达要求	—	△
	5	使用寿命未达要求	—	△
C	1	未注明尺寸公差未达要求	—	△
	2	浇冒口、毛刺未达要求	△	△
	3	清砂未达要求	△	△
	4	轻微缺陷和允许修补的铸造缺陷未达要求	△	△
	5	涂漆未达要求	△	△
注：带“△”的项目为应检验项目。				

5.2.4 抽样方案按 GB/T 2828.1 的规定，采用正常检验一次抽样方案，一般检验水平Ⅰ。一般情况下，检查批 N=91 件～150 件，样本量 n=8 件，样本量字码为 D，AQL 为接收质量限，Ac 为不合格接收数(合格)，Re 为不合格拒收数(不合格)。抽样判定方案见表 5。

表 5 抽样方案

不合格分类	A 类	B 类	C 类
检查水平	Ⅰ		
样本量字码	D		
样本数	8		
AQL	6.5	15	40
Ac Re	1 2	3 4	7 8

5.2.5 按表5规定的抽样方案，对样本进行检查。每一项不合格分类中，样本中的不合格数小于或等于Ac时该类评为合格，大于或等于Re时该类评为不合格。所有不合格分类全部合格时，则最终评为合格；任一类或多个类评为不合格时，则最终评为不合格。

6 标志、包装、运输及贮存

6.1 标志不应损伤履带板表面，应保证在履带板的整个使用期间保持完整。履带板上一般应标注：

a) 制造厂标志或产品商标；

b) 零件号。

6.2 履带板应附有制造厂质量检验员签章的产品合格证。

6.3 履带板包装件上一般应包括：

a) 零件名称；

b) 零件号；

c) 出厂日期；

d) 数量；

e) 总质量；

f) 制造厂名称和地址；

g) 包装员签章。

6.4 履带板的包装应保证在其运输过程中不会损伤和损坏。

6.5 履带板在干燥、通风的仓储条件下，制造厂应保证防锈有效期为自出厂之日起12个月。

ICS 65.060.10
T 69

中华人民共和国国家标准

GB/T 24660.1—2009

农林拖拉机 驾驶员座椅 技术条件

Agricultural and forestry tractors—Operator′s seat—Specifications

2009-11-15 发布 2010-05-01 实施

中华人民共和国国家质量监督检验检疫总局
中国国家标准化管理委员会 发布

前言

本部分由中国机械工业联合会提出。

本部分由全国拖拉机标准化技术委员会(SAC/TC 140)归口。

本部分起草单位:国家拖拉机质量监督检验中心。

本部分主要起草人:金锡平、王风雨、陈振。

农林拖拉机 驾驶员座椅 技术条件

1 范围

GB/T 24660 的本部分规定了农林拖拉机驾驶员座椅的技术条件。

本部分适用于速度在 6 km/h～40 km/h 的农林轮式和履带拖拉机。

2 规范性引用文件

下列文件中的条款通过 GB/T 24660 的本部分的引用而成为本部分的条款。凡是注日期的引用文件,其随后所有的修改单(不包括勘误的内容)或修订版均不适用于本部分,然而,鼓励根据本部分达成协议的各方研究是否可使用这些文件的最新版本。凡是不注日期的引用文件,其最新版本适用于本部分。

GB/T 6236 农林拖拉机和机械 驾驶座标志点(GB/T 6236—2008,ISO 5353:1995,Earth-moving machinery,and tractors and machinery for agricultural and forestry—Seat index point,MOD)

GB/T 6960.7 拖拉机术语 第 7 部分:驾驶室、驾驶座和覆盖件

3 术语和定义

GB/T 6960.7 确立的以及下列术语和定义适用于本部分。

3.1

农林拖拉机 agricultural and forestry tractors

至少有两根轴的自走式的轮式或履带式车辆,主要用于下列基本的农业和林业用途:

——牵引拖车;

——携带、牵引或推动农业和林业机具或机械,并可根据需要,在拖拉机行进中或停车状态为配套机具提供动力。

3.2

驾驶员座椅 operator's seat

只能够容纳一个人,在驾驶时提供给驾驶员使用的座椅。

3.3

座椅表面 seat surface

在乘坐时支撑驾驶员的座椅水平表面。

3.4

靠背 backrest

在乘坐时支撑驾驶员后背的座椅垂直面。

3.5

侧向座椅支撑 lateral seat supports

防止驾驶员侧向滑动的座椅装置。

3.6

座椅手臂支撑 seat armrests

在乘坐时座椅两面支撑手臂的装置。

3.7

驾驶座标志点　seat index point (SIP)

驾驶座标志点(SIP)的位置按GB/T 6236规定的方法确定。该点位于驾驶座纵向中心平面内,如图1所示。

注1:驾驶座标志点相对于拖拉机和机械的位置是固定的,它不因驾驶座的调整或振动而改变。

注2:驾驶座标志点是为设计驾驶员工作位置时,相当于人体躯干和大腿之间假想的枢轴线与通过驾驶座中垂面的交点。

单位为毫米

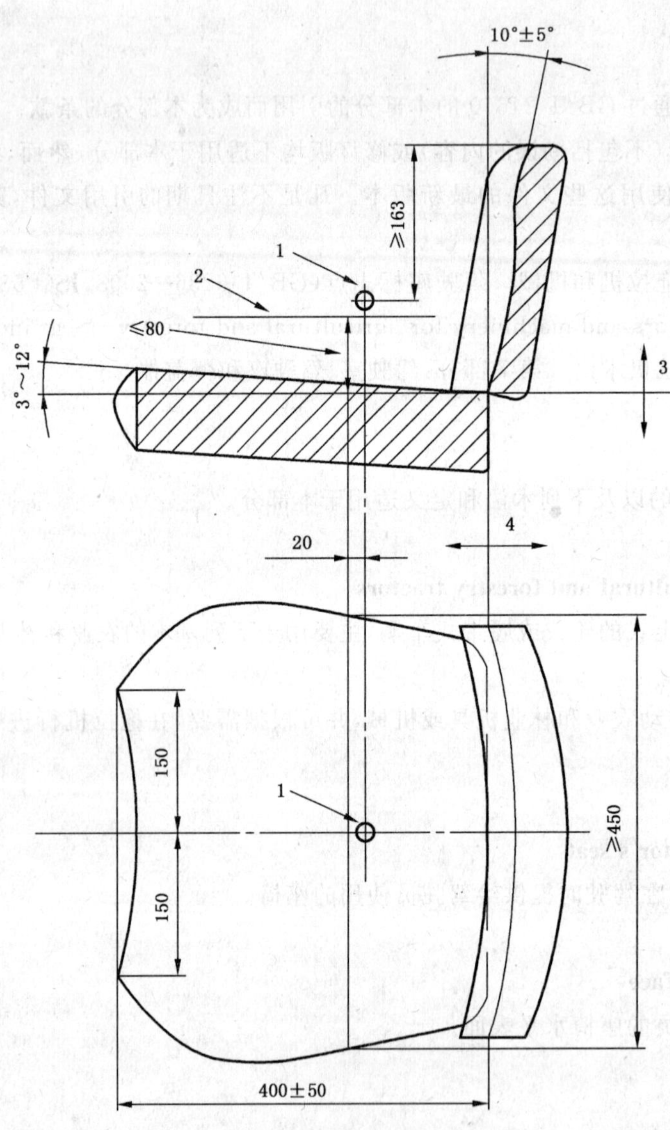

1——驾驶座标志点(SIP);

2——测量宽度的最大高度;

3——最小调整范围±30 mm(±15 mm);

4——最小调整范围±75 mm(±30 mm)。

图1　驾驶员座椅尺寸

3.8

座椅表面深度　depth of the seat surface

座椅表面所在平面与靠背所在平面在座椅中垂面上的交点到座椅前边缘的水平距离。

3.9

座椅表面宽度　width of the surface

在垂直于座椅中间面的方向上，座椅表面外边缘的水平距离。

3.10

载荷调整范围　load adjustment range

指根据最重和最轻驾驶员两者的载荷绘制的曲线相对于座椅悬架系统的中间位置的范围。

3.11

座椅悬架行程　suspension travel

驾驶座标志点前 70 mm 的座椅中间面处，座椅表面某时刻的位置到最高点的垂直距离。

3.12

振动　vibration

座椅在垂直方向上的上下运动。

3.13

振动加速度(a)　vibration acceleration (a)

振动位移随时间的二阶微分。

3.14

加速度均方根值(a_{eff})　root-mean-square value of the acceleration (a_{eff})

加速度均方的平方根。

3.15

加权振动加速度(a_w)　weighted vibration acceleration (a_w)

在加权计算器的帮助下确定的加权振动加速度。

a_{wS}:台架试验或标准道路试验时测得的座椅加权振动加速度的平均值；

a_{wB}:台架试验时在座椅连接处测得的加权振动加速度的平均值；

a'_{wB}:座椅连接处测得的加权振动加速度的基准平均值；

a'_{wS}:台架试验时测得的加权振动加速度的修正平均值；

a'_{wF}:标准道路试验时在座椅连接处测得的加权振动加速度的平均值。

3.16

振动衰减率　vibration ratio

驾驶员座椅与座椅连接处的加权振动加速度的比值。

3.17

振动等级　vibration class

显示同样振动特性的拖拉机类别。

3.18

A 类拖拉机　category A tractor

具有两轴、刚性悬架的拖拉机为 A 类拖拉机。

A 类拖拉机分为三级：

A1:无配重、质量小于 3 600 kg 的拖拉机；

A2:无配重、质量处于 3 600 kg～6 500 kg 之间的拖拉机；

A3:无配重、质量大于 6 500 kg 的拖拉机。

3.19

B 类拖拉机　category B tractor

不属于 A 类振动等级的拖拉机。

3.20

同类型座椅　seats of the same type

在基本要素方面无区别的座椅,允许有区别的要素如:尺寸、靠背的位置和倾斜度、座椅表面的倾斜度以及座椅纵向和高度上的调节范围。

4　要求

4.1　一般要求

4.1.1　按 GB/T 6236 确定驾驶座标志点的位置。

4.1.2　驾驶员座椅要确保在驾驶员驾驶时,具有舒适的位置,并在健康和安全上提供最大的保护。

4.1.3　座椅在没有工具情况下,在纵向和高度上可实现调节,并且能够根据驾驶员质量调节。

4.1.4　座椅应能减少冲击和振动,能够隔震和在后部与侧向提供支撑,如具有防止侧向滑动的功能,则要有足够的侧向支撑强度。

4.1.5　固定式或可移动式的座椅表面、靠背、侧面支撑和固定或折叠的手臂支撑都要有衬垫。

4.2　结构要求

4.2.1　座椅的表面尺寸(见图 1)

4.2.1.1　平行于座椅纵向中心面,并与纵向中心面相距 150 mm 的平面上座椅深度为 400 mm±50 mm。

4.2.1.2　在垂直于座椅纵向中心面内驾驶座标志点前 20 mm 处,座椅表面以上 80 mm 的座椅表面宽度至少为 450 mm。

4.2.1.3　如果装配的拖拉机最小后轮距不大于 1 150 mm,拖拉机的设计不按 4.2.1.1 和 4.2.1.2 要求进行,座椅表面的深度和宽度可分别降低至不小于 300 mm 和 400 mm。

4.2.2　靠背的位置和倾斜度

4.2.2.1　座椅靠背最上边缘至少高于驾驶座标志点 163 mm。

4.2.2.2　靠背的倾斜度为 10°±5°。

4.2.3　施加与确定驾驶座标志点同样的载荷时,相对于水平面座垫表面朝后面的倾斜度为 3°～12°。

4.2.4　座椅的调节

4.2.4.1　纵向调节

最小后轮距大于 1 150 mm 的拖拉机座椅纵向调节尺寸应不小于 150 mm;

最小后轮距不大于 1 150 mm 的拖拉机座椅纵向调节尺寸应不小于 60 mm。

4.2.4.2　垂直调节

最小后轮距大于 1 150 mm 的拖拉机座椅垂直调节尺寸应不小于 60 mm;

最小后轮距不大于 1 150 mm 的拖拉机座椅垂直调节尺寸应不小于 30 mm。

4.3　装配要求

4.3.1　应保证驾驶员在驾驶和操作拖拉机时有舒适的位置。

4.3.2　座椅要容易乘坐。

4.3.3　当在标准位置乘坐时,驾驶员要容易操作拖拉机各种操作手柄。

4.3.4　座椅或拖拉机的任何部件都不能轻易造成驾驶员受伤或擦伤。

4.3.5　当座椅的位置在前后和上下方向上可调时,通过驾驶座标志点的前后轴线应平行于通过方向盘中心的拖拉机纵向垂直面。

4.3.6　当座椅能够绕垂直轴线转动时,座椅应能在任何或特定方向上或 4.3.5 所示情况下锁定。

4.4　性能要求

4.4.1　适用驾驶员质量的调节范围应不小于 50 kg～120 kg。

4.4.2　在侧向稳定性试验时倾斜角度的变化不超过 5°。

4.4.3 在质量分别为59 kg和98 kg的驾驶员驾驶情况下，座椅加权振动加速度(a_{wS})有效值的算术平均值均应不大于1.25 m/s^2。

4.4.4 在座椅共振范围内，座椅表面振动加速度的平均值(a_{wS})与座椅连接处振动加速度的平均值(a_{wB})的比值应不大于2。

ICS 65.060.10
T 69

中华人民共和国国家标准

GB/T 24660.2—2009

农业拖拉机　乘员座椅

Agricultural tractors—Instructional seat

(ISO 23205:2006,MOD)

2009-11-15 发布　　2010-05-01 实施

中华人民共和国国家质量监督检验检疫总局
中国国家标准化管理委员会　发布

前　言

本部分修改采用国际标准 ISO 23205:2006《农业拖拉机　乘员座椅》(英文版)。

本部分根据 ISO 23205:2006 重新起草。

为符合我国的标准编写规定及与我国标准相协调,本部分在采用国际标准时进行了修改。这些技术差异用垂直线标识在它们所涉及的条款的页边空白处。主要技术内容修改如下:

——将引用标准“ISO 5353:1995《土方机械、农林用拖拉机和机械　座椅标志点》”改为引用标准“GB/T 6236《农林拖拉机和机械　驾驶座标志点》”;

——本部分的适用范围及术语和定义由“封闭式驾驶室”改为“驾驶室”。

为便于使用,本部分做了下列编辑性修改:

——“本国际标准”一词改为“本部分”;

——用小数点“.”代替作为小数点的逗号“,”;

——删除 ISO 23205:2006 的前言。

本部分由中国机械工业联合会提出。

本部分由全国拖拉机标准化技术委员会(SAC/TC 140)归口。

本部分起草单位:洛阳拖拉机研究所、北京交通大学。

本部分主要起草人:陈嵩、吴迪安、尚项绳、柳玲文。

本部分为首次制定。

引 言

本部分是给希望为农业拖拉机驾驶室内提供乘员座椅的生产企业提供生产指南。尽管如此，许多类型的拖拉机还是不能配装这种特征的座椅。

本部分认为：当进行指导、训练或驾驶员以外的其他人帮助处理问题时，教练员、学员或服务人员的座椅是非常有用的。

装配有翻倾防护装置(ROPS)的驾驶室应有能容纳两个人的空间(一个配有安全带的驾驶员的座椅，另一个为教练员、学员或服务人员配戴安全带坐在乘员座椅上)，在拖拉机翻倾时比无乘员座椅的拖拉机提供更大的安全保障。

农业拖拉机 乘员座椅

1 范围

GB/T 24660 的本部分规定了农业拖拉机驾驶室内供教练员、学员或服务人员乘坐的乘员座椅的最低设计和性能要求。

这种乘员座椅既不适合儿童使用,也不是为儿童设计的。

2 规范性引用文件

下列文件中的条款通过 GB/T 24660 的本部分的引用而成为本部分的条款。凡是注日期的引用文件,其随后所有的修改单(不包括勘误的内容)或修订版均不适用于本部分,然而,鼓励根据本部分达成协议的各方研究是否可使用这些文件的最新版本。凡是不注日期的引用文件,其最新版本适用于本部分。

GB/T 6236 农林拖拉机和机械 驾驶座标志点(GB/T 6236—2008,ISO 5353:1995,Earth-moving machinery,and tractors and machinery for agricultural and forestry—Seat index point,MOD)

ISO 3776 农业拖拉机和机械 座位安全带

3 术语和定义

下列术语和定义适用于本部分。

3.1

乘员座椅 instructional seat

足够的大小和形状,拥有整体式的或独立的靠背,允许教练员、学员或服务人员乘坐的区域。

3.2

驾驶室 cab

包封驾驶员工作空间的装置。

4 技术要求

4.1 乘员座椅应仅被安装在配有驾驶室的农业拖拉机上。

4.2 乘员座椅和周围的空隙范围应符合图 1 所示的空间尺寸要求。

4.3 乘员座椅应位于如图 1 所示位置。乘员座椅的设置应使当教练员、学员或服务人员乘坐时最小限度地影响操作和视野,与预期用途相一致,并与机器功能和其他设计考虑一致。

4.4 乘员座椅可以加上衬垫也可以不加衬垫。其靠背应具有图 1 所示的最小的尺寸。如果满足规定的空间要求时,驾驶室后方或侧面的非玻璃构件或驾驶室墙可作为靠背。该靠背可以加上衬垫也可以不加衬垫。

4.5 至少应有一个供乘坐在乘员座椅上的教练员、学员或服务人员方便使用的最小长度为 150 mm 的抓手或者扶手。

4.6 应为乘坐在乘员座椅上的教练员、学员或服务人员的下肢提供一个合适的区域,使其不妨碍操作员的操作。

4.7 座位应有约束装置。安全系统应符合 ISO 3776 或其他标准的规定。

4.8 乘坐在乘员座椅上的教练员、学员或服务人员应位于驾驶室内。

4.9 安全标志应指明从拖拉机上掉落下来的危险以及必须使用座位安全带的安全标志，安全标志的位置应坐在乘员座椅就能看见。

4.10 说明书中应至少提供下列信息：

——适合使用乘员座椅的人员，即教练员、学员或服务人员；

——不适合使用乘员座椅的人员，即儿童或其他乘客；

——必需配戴安全带。

单位为毫米

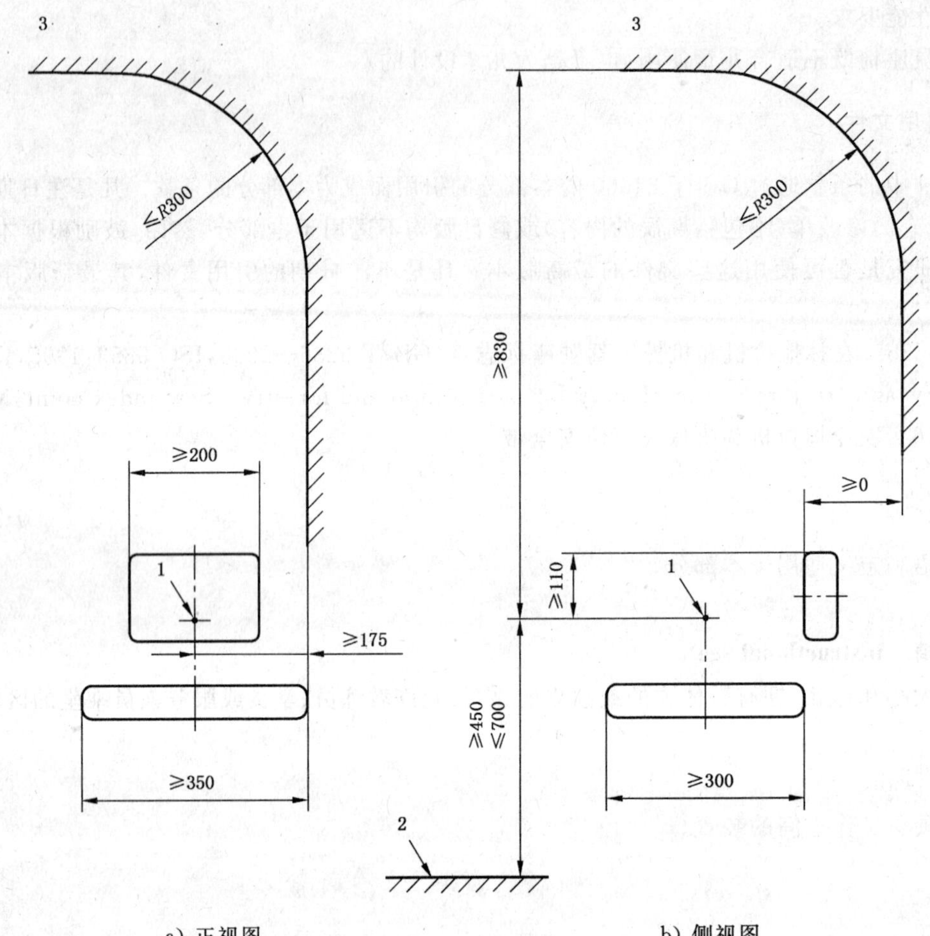

a）正视图　　　　b）侧视图

1——驾驶座标志点(SIP)；

2——脚踏板；

3——空间范围。

驾驶座标志点的测定应与 GB/T 6236 一致。

图1　封闭空间和座椅尺寸

ICS 35.240.60
L 67

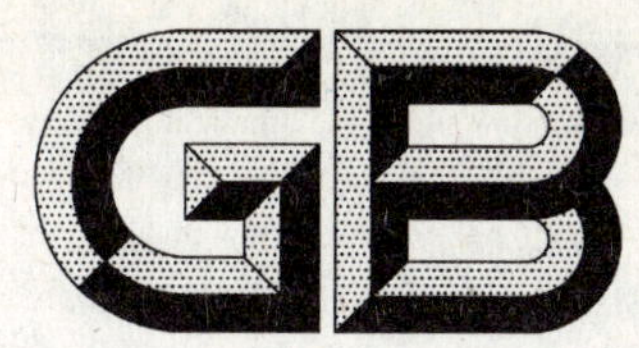

中华人民共和国国家标准

GB/T 24661.2—2009

第三方电子商务服务平台服务及服务等级划分规范 第2部分:企业间(B2B)、企业与消费者间(B2C)电子商务服务平台

Specifications for service and service level classification of third-party e-commerce service platform—Part 2:B2B and B2C service platform

2009-11-15 发布 2010-02-01 实施

中华人民共和国国家质量监督检验检疫总局
中国国家标准化管理委员会 发布

前　言

GB/T 24661《第三方电子商务服务平台服务及服务等级划分规范》目前分为三部分：

——第1部分：总则；

——第2部分：企业间(B2B)、企业与消费者间(B2C)电子商务服务平台；

——第3部分：现代物流服务平台。

将来还可能增加新的部分。

本部分为GB/T 24661的第2部分。

本部分的附录A为资料性附录。

本部分由全国电子业务标准化技术委员会(SAC/TC 83)提出并归口。

本部分起草单位：中国标准化研究院、阿里巴巴(中国)网络技术有限公司、淘宝(中国)软件有限公司。

本部分主要起草人：章建方、马辉、范艺聪、马建红、刘颖、胡涵景、宋明勇、肖力、乐晨光。

引　言

第三方电子商务服务平台是基于通信技术和信息技术而搭建的虚拟交易市场，由供需双方之外的第三方为供需交易双方提供各类综合性或专业性电子商务服务平台。第三方电子商务服务平台能够提供多种标准接口，将各类服务集成起来，且能够转换多种类型数据。

企业间(简称 B2B)电子商务服务平台是用于企业与企业之间商务活动的一种电子商务服务平台。

企业与消费者间(简称 B2C)电子商务服务平台是用于企业与消费者之间商务活动的一种电子商务服务平台。

平台服务规范编制遵循以下原则：

a) 重点关注与平台服务有关的服务环境、平台所提供的服务内容；

b) 重点关注平台所提供的服务内容，而不关注服务提供者的规模大小；

c) 平台有关服务过程等将在本部分的后续版本中进行补充。

第三方电子商务服务平台服务及服务等级划分规范 第2部分:企业间(B2B)、企业与消费者间(B2C)电子商务服务平台

1 范围

GB/T 24661的本部分规定了第三方B2B、B2C电子商务服务平台(以下简称平台)服务环境、服务内容、服务要求以及服务能力等级划分原则与方法等。

本部分适用于B2B、B2C电子商务服务平台的建设、运营和管理。

2 规范性引用文件

下列文件中的条款通过GB/T 24661的本部分的引用而成为本部分的条款。凡是注日期的引用文件,其随后所有的修改单(不包括勘误的内容)或修订版均不适用于本部分,然而,鼓励根据本部分达成协议的各方研究是否可使用这些文件的最新版本。凡是不注日期的引用文件,其最新版本适用于本部分。

GB/T 22239—2008 信息安全技术 信息系统安全等级保护基本要求

3 术语和定义

下列术语和定义适用于本部分。

3.1

电子商务 e-commerce

以电子形式进行的商务活动。它在供应商、消费者、政府机构和其他业务伙伴之间通过任一电子方式(如电子邮件、报文、万维网技术、电子公告牌、智能卡、电子资金转账、电子数据交换、数据自动采集技术等)实现标准化的非结构化或结构化的业务信息的共享,以管理和执行商业、行政和消费活动中的交易。

[GB/T 18811—2002,定义3.31]

3.2

第三方电子商务服务平台 third party e-commerce service platform

基于通信技术和信息技术,由供方、需方之外的第三方为供需双方提供电子商务活动的平台。

注:平台能够提供多种标准接口,将服务提供者提供的服务集成起来,且能够转换多种类型数据。

4 平台服务规范

4.1 平台服务环境

4.1.1 服务环境框架

服务使用者根据自身业务需求向平台发送服务请求,平台接收服务请求后进行相应处理,并调用服务提供者提供的服务,将服务结果反馈给服务使用者。平台的服务环境框架如图1。

4.1.2 服务提供者

服务提供者是指为用户提供人员劳务活动或电子化工具所完成结果的实体。

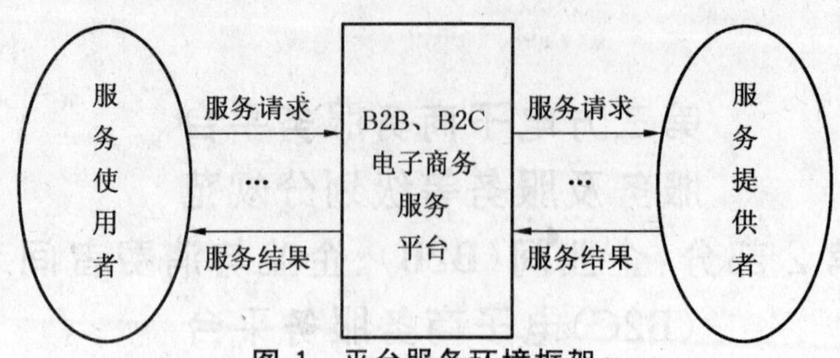

图 1 平台服务环境框架

4.1.3 服务使用者

服务使用者是指通过平台而使用平台服务提供者所提供的服务的平台用户。

4.2 平台服务内容及要求

4.2.1 平台服务类型

平台的服务内容类型主要包括：

——技术服务类；

——信息服务类；

——交易服务类；

——用户服务类。

4.2.2 技术服务类内容及要求

技术服务类的服务内容及要求详见表1。

表 1 技术服务类内容及要求

<table>
<tr><td colspan="2">服务编号</td><td colspan="4">服务类型</td></tr>
<tr><td colspan="2">01</td><td colspan="4">技术服务类</td></tr>
<tr><td colspan="6">服务内容</td></tr>
<tr><td>接口服务</td><td colspan="2">集成服务</td><td>安全服务</td><td>数据交换服务</td><td>应用托管服务</td></tr>
<tr><td>遵循相关协议，建立平台与服务之间的信息系统和设备的数据传输接口。</td><td colspan="2">平台与其他服务之间的网络集成、软件集成、功能集成等。</td><td>通过网络基础设施、软硬件、数据库管理系统等方面保证信息的安全性。</td><td>平台和服务对象之间的数据传输、转换和处理。</td><td>为平台服务对象所提供的应用系统托管等服务。</td></tr>
<tr><td colspan="6">服务要求</td></tr>
<tr><td colspan="2">最低要求</td><td colspan="2">一般要求</td><td colspan="2">高级要求</td></tr>
<tr><td colspan="2">——平台应提供易于服务接入的接口；
——平台应具有信息集成功能；
——平台应具备基本安全防御能力，如防火墙、数据备份；
——平台能实现与服务对象之间的数据交换。</td><td colspan="2">——平台接口应具有标准符合性、系统连接性和可维护性；
——平台能够提供网络集成、功能集成服务；
——平台能保证数据交换的安全性；
——平台应提供安全服务，并应符合GB/T 22239—2008所规定的安全保护第一级基本要求；
——平台应采用标准数据交换格式，能够提供历史数据查询。</td><td colspan="2">——平台能提供软件集成或服务集成；
——平台应符合GB/T 22239—2008所规定的安全保护第二级基本要求；
——平台支持多种类型的标准数据交换。</td></tr>
<tr><td colspan="6">注：平台符合一般要求的前提是应全部符合最低要求。
平台符合高级要求的前提是应全部符合最低要求和一般要求。</td></tr>
</table>

4.2.3 **信息服务类内容及要求**

信息服务类的服务内容及要求详见表2。

表2 信息服务类内容及要求

<table>
<tr><td colspan="2">服务编号</td><td colspan="2">服务类型</td></tr>
<tr><td colspan="2">02</td><td colspan="2">信息服务类</td></tr>
<tr><td colspan="4">服务内容</td></tr>
<tr><td>信息采集与处理服务</td><td>信息发布服务</td><td>信息搜索服务</td><td>信息定制服务</td></tr>
<tr><td>平台采用人工或自动方式对产品或服务信息进行采集、分析和处理。</td><td>平台发布处理后的产品或服务信息、资讯和自身相关信息；产品或服务供应商发布产品或服务的相关信息和自身相关信息。</td><td>产品或服务供应商和采购商提供信息查询功能。</td><td>根据用户的需求，平台通过邮件、个人客户端等方式为产品或服务供应商和采购商提供个性化的信息服务。</td></tr>
<tr><td colspan="4">服务要求</td></tr>
<tr><td>最低要求</td><td colspan="2">一般要求</td><td>高级要求</td></tr>
<tr><td>——平台能提供信息发布服务；
——平台能提供信息搜索服务；
——平台能提供基本的信息采集与处理服务，如鉴别非法信息。</td><td colspan="2">——平台能发布产品或服务相关信息，确保信息发布的准确性、时效性；
——平台提供信息采集与处理服务，鉴别或过滤无效虚假信息；
——平台能够采集多种信息类型，如图像、音视频；
——平台能提供多维度搜索服务。</td><td>——平台能够自动采集与处理信息；
——平台能够提供信息定制服务；
——平台能保证信息搜索速度和精度。</td></tr>
</table>

4.2.4 **交易服务类内容及要求**

交易服务类的服务内容及要求详见表3。

表3 交易服务类内容及要求

<table>
<tr><td colspan="3">服务编号</td><td colspan="5">服务类型</td></tr>
<tr><td colspan="3">03</td><td colspan="5">交易服务类</td></tr>
<tr><td colspan="8">服务内容</td></tr>
<tr><td>信用服务</td><td>定价服务</td><td>竞价服务</td><td>磋商服务</td><td>订单服务</td><td>交易管理服务</td><td>支付与结算服务</td><td>物流业务服务</td></tr>
<tr><td>平台运营商为交易双方记录信用情况并提供信用等级查询。</td><td>交易方式的一种，又称一口价，原则上最后交易价格与最初的定价相同。</td><td>交易方式的一种，提供公开、公正、公平的竞拍服务。</td><td>通讯工具提供商为供需双方提供交流、洽谈工具。</td><td>为交易双方提供交易单证流转、管理等相关的服务。</td><td>记录每笔交易发生的详细信息，以供用户后续操作。</td><td>在交易活动中提供产品或服务的支付和结算。</td><td>为交易双方提供货物运送服务或服务接口。</td></tr>
<tr><td colspan="8">服务要求</td></tr>
<tr><td colspan="3">最低要求</td><td colspan="3">一般要求</td><td colspan="2">高级要求</td></tr>
<tr><td colspan="3">——平台应提供磋商服务；
——平台应提供定价、竞价交易服务中的一种服务；
——平台应提供服务提供者的身份、合法资质等基本信用服务。</td><td colspan="3">——平台能提供交易双方交易履约记录等信用服务；
——平台能提供自动处理电子订单服务；
——平台能提供交易管理服务。</td><td colspan="2">——平台能提供产品或服务提供商的信用等级、信用评价等信用服务；
——平台支持电子支付，且保证支付的安全性；
——平台能提供物流业务服务。</td></tr>
<tr><td colspan="8">注：磋商服务适用于第三方B2C电子商务服务平台，而不适用于第三方B2B电子商务服务平台。
物流业务服务要求只适用于实物商品交易的第三方电子商务服务平台，不适用于数字类产品或服务交易的第三方电子商务服务平台。</td></tr>
</table>

4.2.5 用户服务类内容及要求

用户服务类的服务内容及要求详见表4。

表4 用户服务类内容及要求

服务编号			服务类型			
04			用户服务类			
服务内容						
认证服务	用户权益保护服务	社区服务	服务质量反馈	争议解决服务	培训服务	咨询服务	广告服务
安全认证机构对产品或服务供应商的企业进行验证，检验其真实性和合法性。	保护产品或服务供应商、采购商不受侵害，诸如隐私权和消费者权益、求偿权、公平交易权、知识产权保护、商业秘密保护等。	以论坛等形式给产品或服务供应商、采购商提供交流的平台。	提供用户对服务质量进行反馈与评价的机制和方法。	在平台上进行活动时发生争议，平台予以解决的机制和办法。	平台运营商不定期的为产品或服务供应商、采购商举办各种培训活动，使其能够熟练使用平台提供的服务。	为产品或服务供应商、采购商提供与平台相关的问讯服务。	提供广告发布、宣传等服务。
服务要求							
最低要求			一般要求			高级要求	
——平台应提供产品或服务提供者有关的认证服务，确定其合法性和真实性； ——平台应为用户提供权益保护服务，如隐私权、求偿权、公平交易权等； ——平台应提供一般的咨询服务，如产品咨询、平台使用方法等。			——平台能提供论坛等形式的社区服务； ——平台能提供争议解决服务； ——平台能提供培训服务； ——平台能提供限时的咨询服务； ——平台建立服务对象针对服务内容和服务提供者的评价反馈机制。			——平台能提供产品或服务销售策略等咨询服务； ——平台能提供个性化咨询或培训服务； ——平台能提供广告服务。	

5 平台服务等级划分规范

5.1 平台等级划分原则

本部分的平台服务等级划分应遵循以下原则：

a) 服务等级划分方法应科学合理，简单实用，可操作性强；

b) 服务等级应考虑服务内容的深度、服务能力和服务水平；

c) 服务等级应逐级增加，等级越高，服务水平越高；

d) 不同的服务等级在服务要求特征上有显著不同。

5.2 平台服务等级划分方法

根据4.2所述的01～04类服务内容和服务要求，建立相应的服务等级划分评价体系。服务等级共划分为五级，从低到高依次为：A、AA、AAA、AAAA、AAAAA。

表5描述了各类服务在符合不同层次服务要求时所对应的服务水平。

表 5 服务水平

服务水平	判 定
初级服务	符合 4.2 服务要求中的最低要求，为初级服务水平
中级服务	在初级服务水平基础上，还符合一般要求，为中级服务水平
高级服务	在中级服务水平基础上，还符合高级要求，为高级服务水平

根据平台提供的具体服务内容，依照 4.2 所述的服务要求以及表 5 给出的服务水平，然后再依照表 6 即可评价出平台的服务能力等级。附录 A 给出了 B2B、B2C 电子商务服务平台服务能力的等级划分示例。

表 6 平台服务能力等级划分表

服务等级	服务类型	服务水平	等级判定规则
A	技术服务类	初级	a) 达到 A 级的最低服务水平是：四类服务都达到初级服务水平； b) 若四类服务的服务水平超过 A 级规定的最低服务水平，但又未达到 AA 级规定的最低服务水平时，平台服务等级仍为 A 级。
	信息服务类	初级	
	交易服务类	初级	
	用户服务类	初级	
AA	技术服务类	中级	a) 达到 AA 级的最低服务水平是：技术服务类、信息服务类都应达到中级服务水平；交易服务类、用户服务类都应达到初级服务水平； b) 若四类服务的服务水平超过 AA 级规定的最低服务水平，但又未达到 AAA 级规定的最低服务水平时，平台服务等级仍为 AA 级。
	信息服务类	中级	
	交易服务类	初级	
	用户服务类	初级	
AAA	技术服务类	中级	a) 达到 AAA 级的最低服务水平是：四类服务都应达到中级服务水平； b) 若四类服务的服务水平超过 AAA 级规定的最低服务水平，但又未达到 AAAA 级规定的最低服务水平时，平台服务等级仍为 AAA 级。
	信息服务类	中级	
	交易服务类	中级	
	用户服务类	中级	
AAAA	技术服务类	高级	a) 达到 AAAA 级的最低服务水平是：技术服务类、交易服务类都应达到高级服务水平；信息服务类、用户服务类都应达到中级服务水平； b) 若四类服务的服务水平超过 AAAA 级规定的最低服务水平，但又未达到 AAAAA 级规定的最低服务水平时，平台服务等级仍为 AAAA 级。
	信息服务类	中级	
	交易服务类	高级	
	用户服务类	中级	
AAAAA	技术服务类	高级	a) 达到 AAAAA 级的最低服务水平是：四类服务都应达到高级服务水平； b) 若四类服务的服务水平超过 AAAAA 级规定的最低服务水平时，即四类服务的服务水平部分或全部超过了高级服务水平，平台服务等级仍为 AAAAA 级。
	信息服务类	高级	
	交易服务类	高级	
	用户服务类	高级	

附　录　A
（资料性附录）
B2B、B2C 电子商务服务平台服务能力等级划分示例

表 A.1 给出了某 B2B 电子商务服务平台提供的具体服务内容，依照本部分规定的服务要求和服务等级划分方法，最后评价出该平台服务能力等级为 AAAAA 级。

表 A.2 给出了某 B2C 电子商务服务平台提供的具体服务内容，依照本部分规定的服务要求和服务等级划分方法，最后评价出该平台服务能力等级为 AAAAA 级。

表 A.1　某 B2B 电子商务服务平台的服务能力等级划分

<table>
<tr><th>平台提供的具体服务内容</th><th>对应的服务类型</th><th>对应的服务内容</th><th>判定</th><th>服务水平</th></tr>
<tr><td rowspan="4">a) 平台提供了易于服务接入的接口，并向用户提供了接口的使用标准；且接口具有系统连接性和系统可维护性；
b) 平台提供了信息集成、网络集成、功能集成、软件集成服务；
c) 平台符合 GB/T 22239—2008 所规定的第二级基本要求；
d) 平台采用了标准数据交换格式，支持多种类型的标准数据交换报文，如 XML、JSON 等标准格式。</td><td rowspan="4">技术服务类</td><td>接口服务</td><td rowspan="4">符合 4.2.2 服务要求中的最低要求、一般要求和高级要求</td><td rowspan="4">高级</td></tr>
<tr><td>集成服务</td></tr>
<tr><td>安全服务</td></tr>
<tr><td>数据交换</td></tr>
<tr><td rowspan="4">a) 平台能鉴别非法信息，过滤无效虚假信息；能采集与处理图像、音视频等多种类型的信息；并能自动采集与处理信息；
b) 平台能发布产品或服务相关信息，确保信息发布的准确性、时效性；
c) 平台为交易双方提供了多维度搜索服务，能保证信息搜索速度和精度；
d) 产品或服务供应商、采购商可在平台上定制感兴趣的产品、资讯等信息。</td><td rowspan="4">信息服务类</td><td>信息采集与处理</td><td rowspan="4">符合 4.2.3 服务要求中的最低要求、一般要求和高级要求</td><td rowspan="4">高级</td></tr>
<tr><td>信息发布</td></tr>
<tr><td>信息搜索</td></tr>
<tr><td>信息定制</td></tr>
<tr><td rowspan="8">a) 平台提供了信用评价方法，为交易双方记录了履约信息，提供了信用等级查询功能；
b) 平台提供了定价服务和竞价服务；
c) 平台为供需双方提供即时通讯工具；
d) 平台提供了自动处理电子订单服务；
e) 平台为交易双方记录每笔交易发生的详细信息，以供后续操作；
f) 平台支持电子支付，且能保证支付的安全性；
g) 平台为交易双方提供货物运送服务接口。</td><td rowspan="8">交易服务类</td><td>信用服务</td><td rowspan="8">符合 4.2.4 服务要求中的最低要求、一般要求和高级要求</td><td rowspan="8">高级</td></tr>
<tr><td>定价服务</td></tr>
<tr><td>竞价服务</td></tr>
<tr><td>磋商服务</td></tr>
<tr><td>订单服务</td></tr>
<tr><td>交易管理</td></tr>
<tr><td>支付与结算</td></tr>
<tr><td>物流业务</td></tr>
</table>

表 A.1(续)

平台提供的具体服务内容	对应的服务类型	对应的服务内容	判定	服务水平
a) 平台请第三方认证机构对产品或服务供应商的个人身份和企业工商注册信息等进行核实; b) 平台为用户提供了权益保护服务,如在隐私声明中规定了用户隐私权利,在服务条款里声明公平交易权利等; c) 平台设有"论坛"、"博客"等板块,为产品或服务供应商、采购商提供交流的平台; d) 平台为用户建立了服务内容和服务提供商的评价反馈机制; e) 平台能提供争议解决服务; f) 平台提供了会员培训,不定期的为产品或服务供应商、采购商举办各种培训活动; g) 平台为用户提供了个性化购物咨询服务,如为大买家召开专场采购会等;平台设有"资讯"、"商圈"等板块,为用户提供了商业信息资讯、会员的成功故事分享等; h) 平台为产品或服务供应商提供广告发布、宣传等服务。	用户服务类	认证服务 用户权益保护服务 社区服务 服务质量反馈 争议解决服务 培训服务 咨询服务 广告服务	符合 4.2.5 服务要求中的最低要求、一般要求和高级要求	高级
服务能力等级	AAAAA			

表 A.2 某 B2C 电子商务服务平台的服务能力等级划分

平台提供的具体服务内容	对应的服务类型	对应的服务内容	判定	服务水平
a) 平台提供了易于服务接入的接口,并向用户提供了接口的使用标准;且接口具有系统连接性和系统可维护性; b) 平台提供了信息集成、网络集成、功能集成、软件集成服务; c) 平台符合 GB/T 22239—2008 所规定的第二级基本要求; d) 采用了标准数据交换格式,支持多种类型的标准数据交换报文,如 XML、JSON 等标准格式。	技术服务类	接口服务 集成服务 安全服务 数据交换	符合了 4.2.2 服务要求中的最低要求、一般要求和高级要求	高级
a) 平台能鉴别非法信息,过滤无效虚假信息;能采集与处理图像、音视频等多种类型的信息;并能自动采集与处理信息; b) 平台能发布产品或服务相关信息,确保信息发布的准确性、时效性; c) 平台为交易双方提供了多维度搜索服务,能保证信息搜索速度和精度; d) 产品或服务供应商、消费者可在平台上定制感兴趣的产品、资讯等信息。	信息服务类	信息采集与处理 信息发布 信息搜索 信息定制	符合 4.2.3 服务要求中的最低要求、一般要求和高级要求	高级

表 A.2（续）

<table>
<tr><th>平台提供的具体服务内容</th><th>对应的
服务类型</th><th>对应的
服务内容</th><th>判定</th><th>服务
水平</th></tr>
<tr><td rowspan="8">a) 平台提供了信用评价方法，为交易双方记录了履约信息，提供了信用等级查询功能；
b) 平台提供了定价服务和竞价服务；
c) 平台为供需双方提供即时通讯工具；
d) 平台提供了自动处理电子订单服务；
e) 平台为交易双方记录每笔交易发生的详细信息，以供后续结算和查询；
f) 平台提供第三方电子支付服务，且保证支付的安全性；
g) 平台为交易双方提供第三方物流配送服务，用户可在平台上跟踪产品运送信息。</td><td rowspan="8">交易
服务类</td><td>信用服务</td><td rowspan="8">符合 4.2.4 服务要求中的最低要求、一般要求和高级要求</td><td rowspan="8">高级</td></tr>
<tr><td>定价服务</td></tr>
<tr><td>竞价服务</td></tr>
<tr><td>磋商服务</td></tr>
<tr><td>订单服务</td></tr>
<tr><td>交易管理</td></tr>
<tr><td>支付与结算</td></tr>
<tr><td>物流业务</td></tr>
<tr><td rowspan="8">a) 平台对产品或服务供应商的企业工商注册信息、注册商标或者品牌，或者拥有正规的品牌授权书进行核实；
b) 平台为用户提供了权益保护服务，如在隐私声明中规定了用户隐私权利，并设有专门的消费者保障服务；
c) 平台设有“论坛”、“打听”等板块，为产品或服务供应商、消费者提供交流的平台；
d) 平台为用户建立了服务内容和服务提供商的评价反馈机制；
e) 平台能提供争议解决服务；
f) 平台提供了会员培训，不定期地为产品或服务供应商、消费者举办各种培训活动；
g) 平台设有“资讯”板块，为用户提供商业信息资讯；并专门设有限时的咨询服务，电话：7 天×24 小时×365 天，留言：48 小时内答复；为产品或服务供应商提供销售咨询的服务；
h) 平台为产品或服务供应商提供广告发布、宣传等服务。</td><td rowspan="8">用户
服务类</td><td>认证服务</td><td rowspan="8">符合 4.2.5 服务要求中的最低要求、一般要求和高级要求</td><td rowspan="8">高级</td></tr>
<tr><td>用户权益保护服务</td></tr>
<tr><td>社区服务</td></tr>
<tr><td>服务质量反馈</td></tr>
<tr><td>争议解决服务</td></tr>
<tr><td>培训服务</td></tr>
<tr><td>咨询服务</td></tr>
<tr><td>广告服务</td></tr>
<tr><td>服务能力等级</td><td colspan="4">AAAAA</td></tr>
</table>

参 考 文 献

[1] GB/T 18811—2002 电子商务基本术语

ICS 35.240.60
L 67

中华人民共和国国家标准

GB/T 24661.3—2009

第三方电子商务服务平台 服务及服务等级划分规范 第3部分:现代物流服务平台

Specifications for service and service level classification of third-party e-commerce service platform—
Part 3: Modern logistics service platform

2009-11-15 发布　　　　2010-02-01 实施

中华人民共和国国家质量监督检验检疫总局
中国国家标准化管理委员会　发布

前　言

GB/T 24661《第三方电子商务服务平台服务及服务等级划分规范》目前分为三部分：

——第1部分：总则；

——第2部分：企业间(B2B)、企业与消费者间(B2C)电子商务服务平台；

——第3部分：现代物流服务平台。

将来还可能增加新的部分。

本部分为GB/T 24661的第3部分。

本部分的附录A为资料性附录。

本部分由全国电子业务标准化技术委员会(SAC/TC 83)提出并归口。

本部分起草单位：中国标准化研究院、北京网路畅想科技发展有限公司、中国外运股份有限公司、中国电子商务协会、中国物品编码中心、大连口岸物流网有限公司。

本部分主要起草人：章建方、张铎、马建红、孙佐、刘颖、胡涵景、隋媛、陈继军、李素彩、陈震、孙海涛。

引　言

第三方电子商务服务平台是基于通信技术和信息技术而搭建的虚拟交易市场,由供需双方之外的第三方为供需交易双方提供各类综合性或专业性电子商务服务的平台。第三方电子商务服务平台能够提供多种标准接口,将各类服务集成起来,且能够转换多种类型数据。

现代物流服务平台是由平台运营商将支付工具等支撑服务提供商、物流业务服务提供商等提供的服务集成在平台中,统一对外提供给用户使用。

平台服务规范编制遵循以下原则:

a） 重点关注与平台服务有关的服务环境、平台所提供的服务内容;

b） 重点关注平台所提供的服务内容,而不关注服务提供者的规模大小;

c） 平台有关服务过程等将在本标准的后续版本中进行补充。

第三方电子商务服务平台
服务及服务等级划分规范
第3部分:现代物流服务平台

1 范围

GB/T 24661的本部分规定了第三方电子商务服务平台中现代物流服务平台(以下简称平台)的服务环境、服务内容、服务要求以及服务能力等级划分原则与方法等。

本部分适用于现代物流服务平台的建设、运营和管理。

2 规范性引用文件

下列文件中的条款通过GB/T 24661的本部分的引用而成为本部分的条款。凡是注日期的引用文件,其随后所有的修改单(不包括勘误的内容)或修订版均不适用于本部分,然而,鼓励根据本部分达成协议的各方研究是否可使用这些文件的最新版本。凡是不注日期的引用文件,其最新版本适用于本部分。

GB/T 18811—2002 电子商务基本术语

GB/T 22239—2008 信息安全技术 信息系统安全等级保护基本要求

3 术语和定义

下列术语和定义适用于本部分。

3.1

物流 logistics

物品从供应地向接收地的实体流动过程。根据实际需要,将运输、储存、装卸、搬运、包装、流通加工、配送、信息处理等基本功能实施有机结合。

[GB/T 18354—2006,定义2.2]

3.2

物流企业 logistics enterprise

从事物流基本功能范围内的物流业务设计及系统运作,具有与自身业务相适应的信息管理系统,实行独立核算、独立承担民事责任的经济组织。

[GB/T 18354—2006,定义2.16]

3.3

现代物流服务平台 modern logistics service platform

基于通信技术和信息技术,提供与物流过程相关的各类综合性或专业性服务的平台。其中,服务包括技术服务、信息服务、交易服务、物流业务服务,以及用户服务。

4 平台服务规范

4.1 平台服务环境

4.1.1 服务环境框架

服务使用者根据自身业务需求向平台发送服务请求,平台接收服务请求后进行相应处理,并调用服务提供者提供的服务，将服务结果反馈给服务使用者。

平台的服务环境框架如图1。

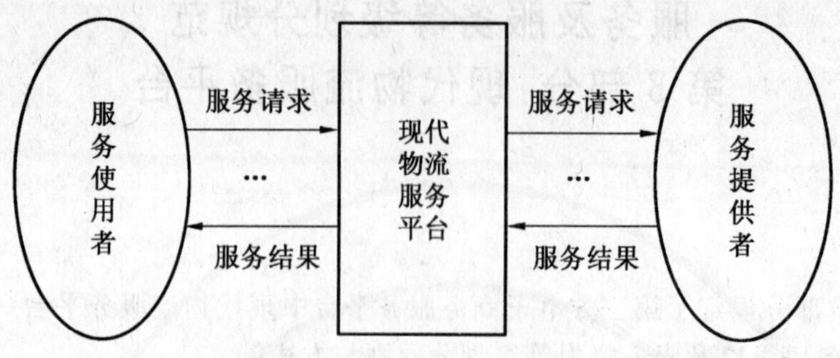

图1 平台服务环境框架

4.1.2 服务提供者

服务提供者是指为用户提供人员劳务活动或电子化工具所完成结果的实体。

4.1.3 服务使用者

服务使用者是指通过平台而使用平台服务提供者所提供的服务的平台用户。服务使用者也称为服务对象。

4.2 平台服务内容及要求

4.2.1 平台服务类型

平台的服务内容类型主要包括：

——技术服务类；

——信息服务类；

——交易服务类；

——物流业务服务类；

——用户服务类。

其中，技术服务类和信息服务类主要由平台运营商提供；物流业务服务类主要由物流业务服务提供商提供；交易服务类和用户服务类主要由平台运营商和支撑服务提供商提供。

4.2.2 技术服务类服务内容及要求

技术服务类是指平台为其服务对象提供的网络基础设施和技术支持，以及基于网络的信息处理、数据托管和应用系统等信息技术(IT)外包服务。技术服务类的服务内容及要求详见表1。

表1 技术服务类服务内容及要求

<table>
<tr><td colspan="2">服务编号</td><td colspan="3">服务类型</td></tr>
<tr><td colspan="2">01</td><td colspan="3">技术服务类</td></tr>
<tr><td colspan="5">服务内容</td></tr>
<tr><td>接口服务</td><td>集成服务</td><td>安全服务</td><td>数据交换</td><td>应用托管</td></tr>
<tr><td>遵循相关的协议，建立平台与服务对象之间的信息系统和设备的数据传输接口。</td><td>平台与服务对象之间的网络集成、软件集成、功能集成等。</td><td>不同级别的认证服务(包含身份识别)、信息安全等安全服务。</td><td>平台和服务对象之间的数据传输、转换和处理。</td><td>为平台服务对象所提供的应用系统托管等服务。</td></tr>
</table>

表 1（续）

服务要求		
最低要求	一般要求	高级要求
——平台应提供易于服务接入的接口； ——平台应具有基本集成功能； ——平台应具备基本安全防御能力，如防火墙、灾难恢复、数据备份； ——平台应实现与服务对象之间的数据交换。	——平台接口应具有标准符合性、系统连接性、可维护性和可扩展性； ——平台能够提供网络集成、功能集成服务； ——平台能保证数据交换的安全性、可靠性和抗抵赖性； ——平台应提供安全服务，并应符合 GB/T 22239—2008 所规定的安全保护第一级基本要求； ——平台采用标准数据交换格式，能够提供历史数据查询； ——平台能提供服务器托管。	——平台能提供软件集成或服务集成； ——平台应符合 GB/T 22239—2008 所规定的安全保护第二级基本要求； ——平台支持多种类型的标准数据交换报文； ——平台能提供应用托管。
注：平台符合一般要求的前提是应全部符合最低要求。 平台符合高级要求的前提是应全部符合最低要求和一般要求。		

4.2.3 信息服务类服务内容及要求

信息服务类是指平台为其服务对象提供相关企业、产品、服务相关信息的采集、加工处理、发布等方面的服务。信息服务类的服务内容及要求详见表 2。

表 2 信息服务类服务内容及要求

服务编号	服务类型	
02	信息服务类	
服务内容		
信息采集与处理	信息发布	信息搜索
提供物流相关信息的采集、加工与处理等服务，包括采用人工或自动方式对产品仓储、包装、配送等相关交易信息进行采集、分析和处理等。	发布物流相关信息，包括新闻、公告、价格、货源、储运资源等。	搜索物流相关的信息。
服务要求		
最低要求	一般要求	高级要求
——平台能提供基本的信息采集与处理服务，如鉴别非法信息； ——平台能提供信息发布服务； ——平台能提供信息搜索服务。	——平台应确保信息发布的准确性、时效性； ——平台能提供基本的物流需求、物流供应商、价格、货物定位、货物完好率、到达及时性等物流业务信息采集与处理服务。	——平台能够自动采集与处理信息； ——平台能够采集多种信息类型，如图像、音视频； ——平台能够保证信息搜索精度，并提供物流服务全过程的信息搜索服务。

4.2.4 交易服务类服务内容及要求

交易服务类是指平台为其服务对象提供的为实现供需双方交易或供需双方委托交易时的服务。交易服务类的服务内容及要求详见表 3。

表 3 交易服务类服务内容及要求

<table>
<tr><td colspan="2">服务编号</td><td colspan="5">服务类型</td></tr>
<tr><td colspan="2">03</td><td colspan="5">交易服务类</td></tr>
<tr><td colspan="7">服务内容</td></tr>
<tr><td>信用服务</td><td>定价服务</td><td>竞价服务</td><td>磋商服务</td><td>撮合服务</td><td>单证服务</td><td>支付与结算服务</td></tr>
<tr><td>提供交易双方资质认证、交易履约记录、信用等级查询等服务。</td><td>交易方式的一种，又称一口价，原则上最后交易价格与最初的定价相同。</td><td>提供公开、公正、公平的竞价服务。</td><td>供需双方共同协商、交流、洽谈等。</td><td>按照价格、时间优先等原则，根据供需条件而进行匹配的交易服务。</td><td>为交易双方提供交易单证生成、流转、交换、管理等相关的服务。</td><td>提供交易活动中的结算、电子支付等服务。</td></tr>
<tr><td colspan="7">服务要求</td></tr>
<tr><td colspan="2">最低要求</td><td colspan="3">一般要求</td><td colspan="2">高级要求</td></tr>
<tr><td colspan="2">——平台应提供定价、竞价、撮合交易服务中的一种服务；
——平台应提供磋商服务；
——平台应提供交易双方主体身份、合法资质等基本信用服务。</td><td colspan="3">——平台能提供交易双方交易履约记录等信用服务；
——平台能提供电子订单服务；
——平台能对交易过程中产生的各种凭据、单证等进行电子化交换、处理和管理。</td><td colspan="2">——平台能提供交易双方的信用等级、信用评价机构等信用服务；
——平台支持电子支付，且保证支付的安全性；
——平台能自动处理电子单证（合同）。</td></tr>
</table>

4.2.5 物流业务服务类服务内容及要求

物流业务服务类是指通过平台为其服务对象提供的产品运输、储存、装卸、配送等物流基本功能服务。物流业务服务类的服务内容及要求详见表 4。

表 4 物流业务服务类服务内容及要求

<table>
<tr><td>服务编号</td><td colspan="3">服务类型</td></tr>
<tr><td>04</td><td colspan="3">物流业务服务类</td></tr>
<tr><td colspan="4">服务内容</td></tr>
<tr><td>物流功能服务</td><td>代理服务</td><td>优化服务</td><td>货物跟踪</td></tr>
<tr><td>提供物流作业的相关服务，包括运输、储存、装卸、包装、流通加工、配送等。</td><td>根据客户委托，代表客户办理物流相关业务的服务，如海运、陆运、空运、报关、报验、保险、中转、拼箱、包装、转运、订舱等国际国内代理业务。</td><td>利用信息技术优化物流运作过程，如优化配送路线、优化仓储、优化配载、优化方案等。</td><td>对货物的位置和状态进行有效的定位和跟踪。</td></tr>
<tr><td colspan="4">服务要求</td></tr>
<tr><td>最低要求</td><td>一般要求</td><td colspan="2">高级要求</td></tr>
<tr><td>——提供物流功能服务中的一种物流作业服务；
——提供代理服务中的一种业务服务；
——提供的物流业务服务区域应包含本地区或本省；
——物流业务服务的货物完好率比较高。</td><td>——平台能提供物流功能服务中的多种物流作业服务；
——平台能提供代理服务中的多种业务服务，如货运代理、多式联运等；
——提供的物流业务服务区域包括全国 2 个或 2 个以上的省份；
——物流业务服务的送达准时率比较高。</td><td colspan="2">——平台能对移动车辆、单程货物、全程货物等进行定位和跟踪；
——平台可提供路径、车辆配载、价格、时间、业务组合等物流优化服务；
——物流业务服务的货物储运状态等比较好；
——提供的物流业务服务区域包含全国各省或国内外。</td></tr>
</table>

4.2.6 用户服务类服务内容及要求

用户服务类是指平台为其服务对象提供的一些附加服务。用户服务类的服务内容及要求详见表5。

表5 用户服务类服务内容及要求

<table>
<tr><td colspan="2">服务编号</td><td colspan="5">服务类型</td></tr>
<tr><td colspan="2">05</td><td colspan="5">用户服务类</td></tr>
<tr><td colspan="7">服务内容</td></tr>
<tr><td>用户权益保护服务</td><td>社区服务</td><td>服务质量反馈</td><td>争议解决</td><td>培训服务</td><td>咨询服务</td><td>广告服务</td></tr>
<tr><td>保护用户服务，诸如隐私权、求偿权、公平交易权等。</td><td>以论坛、博客等形式提供用户进行信息交流的服务。</td><td>提供用户对服务质量进行反馈与评价的机制和方法。</td><td>提供争议解决的机制和办法。</td><td>提供物流知识、平台开发、系统应用等方面的培训。</td><td>提供市场调研、物流规划、解决方案等方面的咨询。</td><td>提供广告发布、展览、宣传等服务。</td></tr>
<tr><td colspan="7">服务要求</td></tr>
<tr><td colspan="2">最低要求</td><td colspan="3">一般要求</td><td colspan="2">高级要求</td></tr>
<tr><td colspan="2">——平台应为物流交易双方提供权益保护服务，诸如隐私权、求偿权、公平交易权等；
——平台应为服务对象建立对于服务内容和服务提供者的评价反馈机制；
——平台应提供物流业务内容咨询服务。</td><td colspan="3">——平台能提供争议解决服务；
——平台能提供论坛、博客等形式的社区服务；
——平台能提供培训服务；
——平台能提供广告服务。</td><td colspan="2">——平台能提供物流规划、解决方案的咨询服务；
——平台能提供个性化定制服务。</td></tr>
</table>

5 平台服务等级划分规范

5.1 平台服务等级划分原则

平台服务等级划分应遵循以下原则：

a) 服务等级划分方法应科学合理，简单实用，可操作性强；

b) 服务等级应考虑服务内容的深度、服务能力和服务水平；

c) 服务等级应逐级增加，等级越高，服务水平越高；

d) 不同的服务等级在服务要求特征上有显著不同。

5.2 平台服务等级划分方法

根据4.2所述的01～05类服务内容和服务要求，建立相应的服务等级划分评价体系。服务等级共划分为五级，从低到高依次为：A、AA、AAA、AAAA、AAAAA。

表6描述了各类服务在符合不同层次服务要求时所对应的服务水平。

表6 服务水平

服务水平	判　定
初级服务	符合4.2服务要求中的最低要求，为初级服务水平。
中级服务	在初级服务水平基础上，还符合一般要求，为中级服务水平。
高级服务	在中级服务水平基础上，还符合高级要求，为高级服务水平。

根据平台提供的具体服务内容，依照4.2所述的服务要求以及表6给出的服务水平，然后再依照表7即可评价出平台的服务能力等级。附录A给出了现代物流服务平台服务能力等级划分的示例。

表7 平台服务能力等级划分表

<table>
<tr><th>服务等级</th><th>服务类型</th><th>服务水平</th><th>等级判定规则</th></tr>
<tr><td rowspan="5">A</td><td>技术服务类</td><td>初级</td><td rowspan="5">a) 达到A级的最低服务水平是:五类服务都达到初级服务水平;
b) 若五类服务的服务水平超过A级规定的最低服务水平,但又未达到AA级规定的最低服务水平时,平台服务等级仍为A级。</td></tr>
<tr><td>信息服务类</td><td>初级</td></tr>
<tr><td>交易服务类</td><td>初级</td></tr>
<tr><td>物流业务服务类</td><td>初级</td></tr>
<tr><td>用户服务类</td><td>初级</td></tr>
<tr><td rowspan="5">AA</td><td>技术服务类</td><td>中级</td><td rowspan="5">a) 达到AA级的最低服务水平是:技术服务类、信息服务类都应达到中级服务水平;交易服务类、物流业务服务类、用户服务类都应达到初级服务水平;
b) 若五类服务的服务水平超过AA级规定的最低服务水平,但又未达到AAA级规定的最低服务水平时,平台服务等级仍为AA级。</td></tr>
<tr><td>信息服务类</td><td>中级</td></tr>
<tr><td>交易服务类</td><td>初级</td></tr>
<tr><td>物流业务服务类</td><td>初级</td></tr>
<tr><td>用户服务类</td><td>初级</td></tr>
<tr><td rowspan="5">AAA</td><td>技术服务类</td><td>中级</td><td rowspan="5">a) 达到AAA级的最低服务水平是:五类服务都应达到中级服务水平;
b) 若五类服务的服务水平超过AAA级规定的最低服务水平,但又未达到AAAA级规定的最低服务水平时,平台服务等级仍为AAA级。</td></tr>
<tr><td>信息服务类</td><td>中级</td></tr>
<tr><td>交易服务类</td><td>中级</td></tr>
<tr><td>物流业务服务类</td><td>中级</td></tr>
<tr><td>用户服务类</td><td>中级</td></tr>
<tr><td rowspan="5">AAAA</td><td>技术服务类</td><td>高级</td><td rowspan="5">a) 达到AAAA级的最低服务水平是:技术服务类、交易服务类、物流业务服务类都应达到高级服务水平;信息服务类、用户服务类都应达到中级服务水平;
b) 若五类服务的服务水平超过AAAA级规定的最低服务水平,但又未达到AAAAA级规定的最低服务水平时,平台服务等级仍为AAAA级。</td></tr>
<tr><td>信息服务类</td><td>中级</td></tr>
<tr><td>交易服务类</td><td>高级</td></tr>
<tr><td>物流业务服务类</td><td>高级</td></tr>
<tr><td>用户服务类</td><td>中级</td></tr>
<tr><td rowspan="5">AAAAA</td><td>技术服务类</td><td>高级</td><td rowspan="5">a) 达到AAAAA级的最低服务水平是:五类服务都应达到高级服务水平;
b) 若五类服务的服务水平超过AAAAA级规定的最低服务水平时,即五类服务在达到AAAAA级规定的最低服务水平的基础上,还部分或全部符合高级要求以外的其他服务内容,平台服务等级仍为AAAAA级。</td></tr>
<tr><td>信息服务类</td><td>高级</td></tr>
<tr><td>交易服务类</td><td>高级</td></tr>
<tr><td>物流业务服务类</td><td>高级</td></tr>
<tr><td>用户服务类</td><td>高级</td></tr>
</table>

附 录 A
（资料性附录）
现代物流服务平台服务能力等级划分示例

假设某公司有一现代物流服务平台，该平台提供的服务涵盖五大类服务：技术服务类、信息服务类、交易服务类、物流业务服务类和用户服务类，该平台提供的具体服务内容已符合服务要求中描述的最低要求。平台提供的具体服务内容，对应的服务类型、名称，以及服务能力等级评价结果等详细信息如表A.1所示。

根据表A.1给出的该平台提供的具体服务内容，依照本部分规定的服务要求和服务等级划分方法，最后评价出该平台服务能力等级为AAA级。

表 A.1 某现代物流服务平台的服务能力等级划分

平台提供的服务内容	对应的服务类型	对应的服务内容	判定	服务水平
a) 平台为物流交易活动提供中国工商银行、招商银行、中国银行等多家网络银行接口、XXCA认证机构接口； b) 平台能够对运输、配送、包装等物流企业的业务服务集成，同时把物流企业不同系统进行功能集成； c) 平台为用户提供防火墙、数据备份等安全服务； d) 平台符合GB/T 22239—2008的安全保护第二级要求； e) 相关物流企业或银行、用户等系统通过平台能安全进行数据交换； f) 平台为用户历史交易等信息提供查询； g) 平台支持JT/T 726—2008等交通和海关报文标准； h) 平台支持GB/T 17184—1997、GB/T 17231—1998、GB/T 17232—1998等物流服务贸易国家标准； i) 平台为多家中小物流企业提供服务器托管和应用托管服务。	技术服务类	接口服务 集成服务 安全服务 数据交换 应用托管	符合4.2.2服务要求中的最低要求、一般要求和高级要求	高级
a) 平台主页设计清新、简捷、直观，平台主要物流服务项目一目了然，用户容易接受，反映良好； b) 平台信息采集支持手机短信、电子邮件、传真等多种方式，自动形成电子文档； c) 平台能对收集到的信息进行筛选处理，过滤非法和无效信息，并实现层次化管理； d) 平台通过会员管理，会员可在平台上发布物流服务业务相关信息，如物流企业名称、地理位置、服务价格、服务范围等；平台把控发布信息的准确性和时效性； e) 平台提供了搜索服务，用户可根据自己关心的关键信息进行搜索。	信息服务类	信息采集与处理 信息发布 信息搜索	符合4.2.3服务要求中的最低要求和一般要求	中级

表 A.1（续）

<table>
<tr><th>平台提供的服务内容</th><th>对应的服务类型</th><th>对应的服务内容</th><th>判定</th><th>服务水平</th></tr>
<tr><td rowspan="4">a) 企业客户注册会员时，应向平台提交企业组织机构代码证、营业执照、税务登记证、资质证书等证明文件信息；交易时，平台能提供交易双方信用信息，包括身份认证、信用记录、交易履约记录、信用评定机构等信息；
b) 平台为平台会员提供竞价服务；
c) 平台为会员用户提供的磋商服务能与信用服务等紧密关联，帮助用户合理选择物流服务商；
d) 平台提供了在线电子订单服务，主要包括运输委托单、运单、出/入库单、库存凭证等；并对交易过程中产生的单证凭据进行管理，能够为单证服务提供基于X.509证书标准的CA认证服务。</td><td rowspan="4">交易服务类</td><td>信用服务</td><td rowspan="4">符合4.2.4服务要求中的最低要求和一般要求</td><td rowspan="4">中级</td></tr>
<tr><td>竞价服务</td></tr>
<tr><td>磋商服务</td></tr>
<tr><td>单证服务</td></tr>
<tr><td rowspan="3">a) 平台定位于第三方综合物流服务业务，主要服务内容为仓储、货运等多种物流作业服务和进出口货运代理服务，主要的企业用户是从事仓储、公路运输、货运代理的中小企业、中小商贸企业和个体工商户；
b) 平台业务服务区域覆盖全国，主要用户分布在上海、江苏、浙江三个省份，占总交易量的80%以上；
c) 平台为90%承运业务提供了货物动态查询服务；80%以上的仓储业务提供了货物库存报告；
d) 物流业务服务的仓储可靠性达到95%，运输残损率为0.1%，准时送达率为90%。</td><td rowspan="3">物流业务服务类</td><td>物流功能服务</td><td rowspan="3">符合4.2.5服务要求中的最低要求和一般要求</td><td rowspan="3">中级</td></tr>
<tr><td>代理服务</td></tr>
<tr><td>优化服务</td></tr>
<tr><td rowspan="7">a) 平台对于物流交易双方交易信息进行涉密保护，并保障交易过程中、交易后交易双方权益；
b) 平台设有“货主论坛”和“物流论坛”版块，为供需双方提供物流行情、经验分享、问题解答等信息交流场所；
c) 平台设有“评价反馈”专栏，为用户提供了一套评分体系，用户可对其服务提供者的服务水平、服务质量等进行打分评定；
d) 平台设有“争议纠纷”专栏，提供“交易纠纷处理原则”、“商品质量纠纷处理原则”等常见纠纷的处理规则和解决方法；
e) 平台主页设有“客服中心”版块，提供“客户疑问”、“客户培训”、“知识窗口”等专栏，提供在线或远程培训服务；
f) 平台为用户提供广告服务。</td><td rowspan="7">用户服务类</td><td>用户权益保护服务</td><td rowspan="7">符合4.2.6服务要求中的最低要求和一般要求</td><td rowspan="7">中级</td></tr>
<tr><td>社区服务</td></tr>
<tr><td>服务质量反馈</td></tr>
<tr><td>争议解决服务</td></tr>
<tr><td>培训服务</td></tr>
<tr><td>咨询服务</td></tr>
<tr><td>广告服务</td></tr>
<tr><td>服务能力等级</td><td colspan="4">AAA</td></tr>
</table>

参 考 文 献

[1] GB/T 17184—1997 船图 积载图报文
[2] GB/T 17231—1998 订购单报文
[3] GB/T 17232—1998 收货通知报文
[4] GB/T 18354—2006 物流术语
[5] GB/T 22239—2008 信息安全技术 信息系统安全等级保护基本要求
[6] JT/T 726—2008 集装箱多式联运电子数据交换 基于XML的舱单报文

ICS 35.240.60
L 67

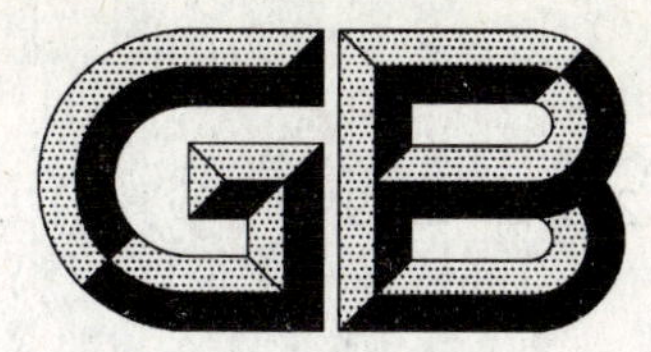

中华人民共和国国家标准

GB/T 24662—2009

电子商务　产品核心元数据

Electronic commerce—Core metadata for product

2009-11-15 发布　　2010-02-01 实施

中华人民共和国国家质量监督检验检疫总局
中国国家标准化管理委员会　发布

前言

本标准的附录A和附录B为规范性附录，附录C为资料性附录。

本标准由全国电子业务标准化技术委员会(SAC/TC 83)提出并归口。

本标准主要起草单位：中国标准化研究院，北京中企开源信息技术有限公司。

本标准主要起草人：张荫芬、秦丽娇、曹新九、刘颖、胡涵景、马洪军、岳高峰、隋媛。

电子商务　产品核心元数据

1　范围

本标准规定了电子商务活动中产品的核心元数据及其表示方法，给出了电子商务产品核心元数据的扩展规则和方法。

本标准适用于电子商务活动中对产品基本信息的分类、编目、发布和查询。

2　规范性引用文件

下列文件中的条款通过本标准的引用而成为本标准的条款。凡是注日期的引用文件，其随后所有的修改单(不包括勘误的内容)或修订版均不适用于本标准，然而，鼓励根据本标准达成协议的各方研究是否可使用这些文件的最新版本。凡是不注日期的引用文件，其最新版本适用于本标准。

GB/T 7408　数据元和交换格式　信息交换　日期和时间表示法(GB/T 7408—2005，ISO 8601：2000，IDT)

GB/T 7635.1　全国主要产品分类与代码　第1部分：可运输产品

GB/T 12406　表示货币和资金的代码(GB/T 12406—2008，ISO 4217：2001，IDT)

GB 12904　商品条码(GB 12904—2008，ISO/IEC 15420：2000，NEQ)

GB/T 17295　国际贸易计量单位代码

HS　海关进出口商品分类代码

UNSPSC　联合国标准产品与服务分类代码

3　术语和定义

下列术语和定义适用于本标准。

3.1

元数据　metadata

定义和描述其他数据的数据。

[GB/T 18391.1—2009，定义3.2.16]

3.2

元数据元素　metadata element

元数据的基本单元。

注1：元数据元素在元数据实体中是唯一的。

注2：与UML术语中的属性同义。

[GB/T 19710—2005，定义4.6]

3.3

元数据实体　metadata entity

一组说明数据相同特性的元数据元素。

注1：可以包括一个或一个以上的元数据实体。

注2：与UML术语中的类同义。

[GB/T 19710—2005，定义4.7]

3.4

元数据子集　metadata section

元数据的子集合，由相关的元数据实体和元素组成。

注：与UML术语中的包同义。

[GB/T 19710—2005,定义 4.8]

3.5

产品 product

由天然或人造而成的事物。

[GB/T 16656.1—2008,定义 3.2.29]

4 产品核心元数据属性

从语义和语法两方面对每个元数据元素和元数据实体进行描述,并使用下列属性:

a) 中文名称

赋予元数据元素或元数据实体的一个中文标记。元数据实体名称在本标准范围内应唯一,元数据元素名称在元数据实体中也应唯一。

b) 英文名称

赋予元数据元素或元数据实体的一个英文名称。英文名称以牛津英语词典的英文拼写为准。

c) 缩写名

元数据元素或元数据实体的英文缩写名称。缩写名应遵守如下规则:

1) 缩写名在本标准范围内应唯一。

2) 缩写名不应包括任何空格、破折号、下划线或分隔符等。

3) 元数据实体缩写名应采用 UCC(Upper Camel Case)命名方式,即每个英文单词的首字母均大写,其他字母均为小写,并把这些单词组合起来;元数据元素缩写名应采用 LCC(Lower Camel Case)命名方式,即除第一个英文单词外,每个单词的首字母大写,其他字母均为小写,并把这些单词组合起来。

4) 对存在惯用英文名称缩写的,采用惯用缩写。

d) 定义

对元数据元素或元数据实体含义的解释,以使元数据元素或元数据实体与其他元数据元素或元数据实体在概念上相区别。

e) 数据类型

对元数据元素的有效值域的规定和允许对该值域内的值进行有效操作的规定,例如数值型、字符串、日期型、二进制、布尔型等。

本标准中元数据实体为复合型。

f) 值域

元数据元素所允许值的集合。

g) 约束条件

元数据元素或元数据实体的一个说明符,说明一个元数据元素或元数据实体是否应当总是在元数据中选用或有时选用(即有值)。该说明符分别为:

1) M:必选,表明该元数据实体或元数据元素必须选择。

2) C:一定条件下必选,当满足约束条件中所定义的条件时必须选择,条件必选用于以下三种可能性之一:

——当在多个选项中进行选择时,至少有一个选项为必选,且必须使用;

——当一个元数据元素已经使用时,选用另一个元数据实体或元数据元素;

——当一个元数据元素已经选择了一个特定值时,选用另一个元数据元素。

3) O:可选,根据实际应用可以选择也可以不选的元数据实体或元数据元素。已经定义的可选元数据实体和可选元数据元素，可指导部门元数据标准制定人员充分说明其信息。

如果一个可选元数据实体未被使用，则该实体所包含的元素(包括必选元素)也不选用。

可选元数据实体可以有必选元素，但只当可选实体被选用时才成为必选。

h) 最大出现次数

元数据实体或元素在实际使用时可能重复出现的最大次数。只出现一次的表示为“1”，重复出现的表示为“N”。

i) 备注

元数据元素或元数据实体进一步的补充说明(根据需要选用)。

5 产品核心元数据模型

5.1 UML 模型符号

采用统一建模语言(UML)描述元数据子集、元数据实体和元数据元素之间的关系。用 UML 中的包来表示元数据子集，类来表示元数据实体，属性来表示元数据元素。本标准中使用的 UML 符号如图 1 所示：

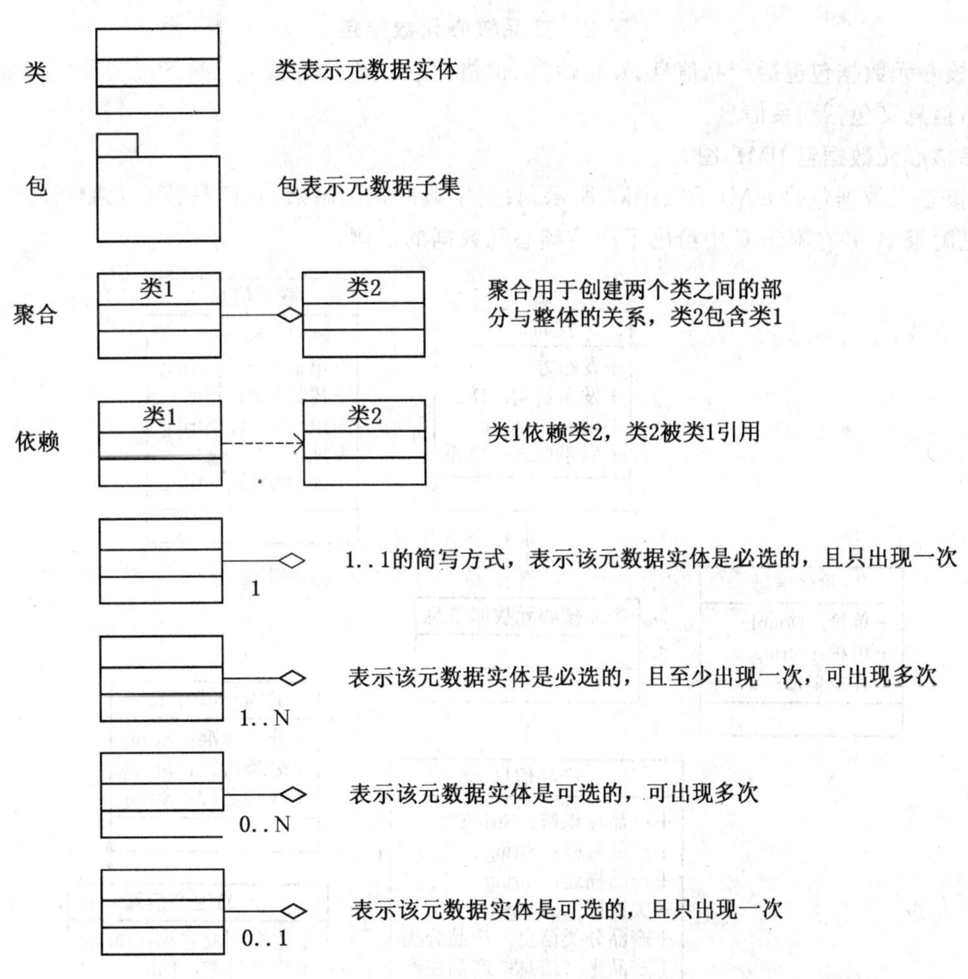

图 1 UML 符号及说明

5.2 产品核心元数据包

电子商务活动中产品核心元数据包如图 2 所示。

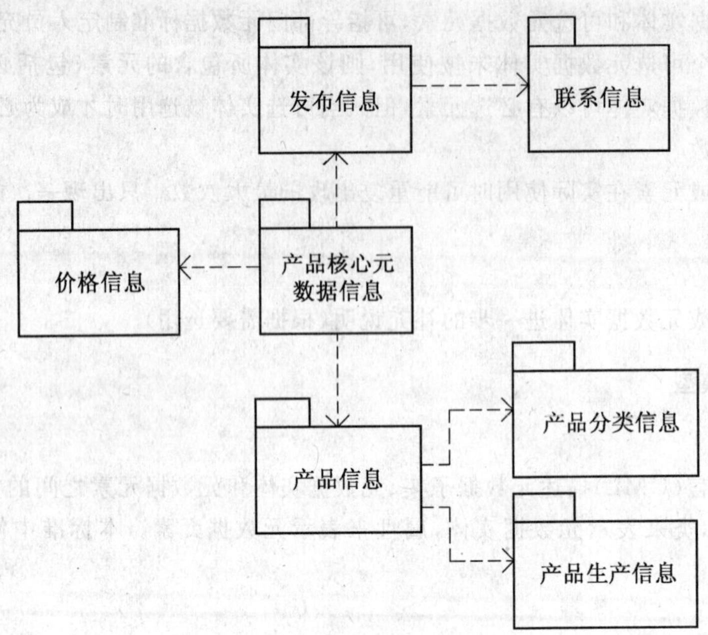

图 2　产品核心元数据包

产品核心元数据包包括产品信息、发布信息、价格信息。产品信息又包括产品分类信息和产品生产信息，发布信息又包括联系信息。

5.3　产品核心元数据包 UML 图

产品核心元数据包的 UML 图如图 3 所示，数据字典形式见附录 A，产品核心元数据的 XML Schema 定义见附录 B，并在附录 C 中给出了产品核心元数据的示例。

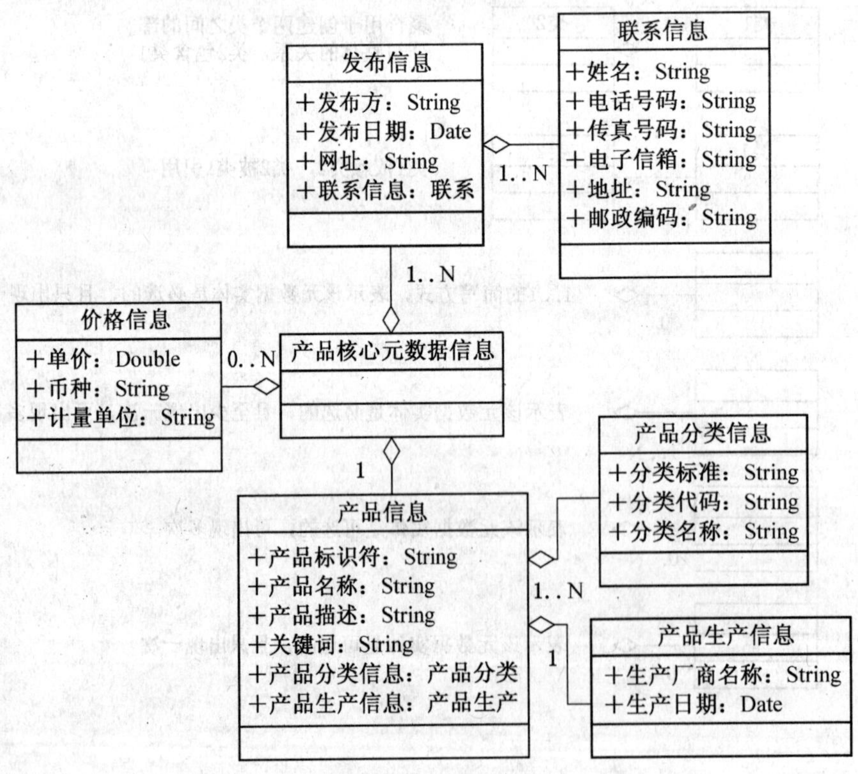

图 3　产品核心元数据包 UML 图

6 产品核心元数据描述

6.1 产品信息

英文名称:Product Information
缩 写 名:ProductInformation
定　　义:描述产品的一组信息
数据类型:复合型
约束条件:M
最大出现次数:1

6.1.1 产品标识符

英文名称:Product ID
缩 写 名:productID
定　　义:产品唯一不变的标识代码
数据类型:字符串
值　　域:自由文本,建议采用 GB 12904 中的规定
约束条件:M
最大出现次数:1
备　　注:有些产品有条码,但有些产品是按照自行制定的代码进行标识。有条码的建议采用商品条码进行标识

6.1.2 产品名称

英文名称:Product Name
缩 写 名:productName
定　　义:产品的中文名称
数据类型:字符串
值　　域:自由文本
约束条件:M
最大出现次数:1

6.1.3 产品描述

英文名称:Product Description
缩 写 名:productDescription
定　　义:产品的详细描述,由发布人自行描述
数据类型:字符串
值　　域:自由文本
约束条件:O
最大出现次数:1

6.1.4 关键词

英文名称:Key Word
缩 写 名:keyWord
定　　义:用于描述产品的通用词、形式化词或短语
数据类型:字符串
值　　域:自由文本
约束条件:O
最大出现次数:N

6.1.5 **产品分类信息**

英文名称:Product Classification Information

缩 写 名:ProductClassificationInformation

定　　义:描述产品分类的信息

数据类型:复合型

约束条件:M

最大出现次数:N

6.1.5.1 **产品分类标准**

英文名称:Product Classification Standard

缩 写 名:productClassificationStandard

定　　义:采用的产品分类国家标准或国际标准,也可以是行业标准、地方标准、企业标准等

数据类型:字符串

值　　域:自由文本

性　　质:M

最大出现次数:1

6.1.5.2 **产品分类代码**

英文名称:Product Classification Code

缩 写 名:productClassificationCode

定　　义:产品名称在采用的产品分类体系中的代码

数据类型:字符串

值　　域:自由文本

性　　质:M

最大出现次数:1

备注:可采用 GB/T 7635.1、UNSPSC、HS 等标准中规定的代码

6.1.5.3 **产品分类名称**

英文名称:Product Classification Name

缩 写 名:productClassificationName

定　　义:产品分类体系中产品分类代码对应的中文名称

数据类型:字符串

值　　域:自由文本

约束条件:M

最大出现次数:1

6.1.6 **产品生产信息**

英文名称:Product Manufacture Information

缩 写 名:ProductManufactureInformation

定　　义:描述产品生产情况的信息

数据类型:复合型

约束条件:M

最大出现次数:1

6.1.6.1 **生产厂商名称**

英文名称:Manufacturer Name

缩 写 名:manufacturerName

定　　义:生产产品的厂商名称

数据类型:字符串

值　　域:自由文本

约束条件:M

最大出现次数:1

6.1.6.2 生产日期

英文名称:Manufacture Date

缩 写 名:manufactureDate

定　　义:生产产品的日期

数据类型:日期型

值　　域:按照 GB/T 7408 中的规定执行

约束条件:O

最大出现次数:1

6.2 发布信息

英文名称:Publish Information

缩 写 名:PublishInformation

定　　义:描述产品发布的一组信息

数据类型:复合型

约束条件:M

最大出现次数:N

6.2.1 发布方

英文名称:Publisher

缩 写 名:publisher

定　　义:产品的发布人或发布单位名称

数据类型:字符串

值　　域:自由文本

约束条件:M

最大出现次数:1

备　　注:发布方可能是供应商或者是生产商,也有可能是求购方,包括企业或个人

6.2.2 发布日期

英文名称:Publish Date

缩 写 名:publishDate

定　　义:产品信息发布的日期

数据类型:日期型

值　　域:按照 GB/T 7408 中的规定执行

约束条件:O

最大出现次数:1

6.2.3 网址

英文名称:Web Site

缩 写 名:webSite

定　　义:产品信息所在的互联网地址

数据类型:字符串

值　　域:自由文本

约束条件:O

最大出现次数:1

6.2.4 联系信息

英文名称:Contact Information

缩 写 名:ContactInformation

定　　义:产品发布方的联系信息

数据类型:复合型

约束条件:M

最大出现次数:N

6.2.4.1 姓名

英文名称:Name

缩 写 名:name

定　　义:发布方联系人的姓名

数据类型:字符串

值　　域:自由文本

约束条件:M

最大出现次数:1

6.2.4.2 电话号码

英文名称:Telephone Number

缩 写 名:telphoneNumber

定　　义:联系人的电话号码

数据类型:字符串

值　　域:自由文本

约束条件:M

最大出现次数:1

6.2.4.3 传真号码

英文名称:Fax Number

缩 写 名:faxNumber

定　　义:联系人的传真号码

数据类型:字符串

值　　域:自由文本

约束条件:O

最大出现次数:1

6.2.4.4 电子邮箱

英文名称:E-mail

缩 写 名:email

定　　义:联系人的电子邮箱

数据类型:字符串

值　　域:自由文本

约束条件:O

最大出现次数:1

6.2.4.5 地址

英文名称:Address

缩 写 名:address

定　　义:联系人的详细地址

数据类型:字符串

值　　域:自由文本

约束条件:O

最大出现次数:1

6.2.4.6　**邮政编码**

英文名称:Postal Code

缩 写 名:postalCode

定　　义:联系人的邮政编码

数据类型:字符串

值　　域:自由文本

约束条件:O

最大出现次数:1

6.3　**价格信息**

英文名称:Price Information

缩 写 名:PriceInformation

定　　义:描述产品价格的信息

数据类型:复合型

约束条件:O

最大出现次数:N

6.3.1　**单价**

英文名称:Unit Price

缩 写 名:unitPrice

定　　义:产品的单位价格

数据类型:数值型

值　　域:正实数

约束条件:M

最大出现次数:1

6.3.2　**币种**

英文名称:Currency

缩 写 名:currency

定　　义:单价的币种,如人民币、美元等

数据类型:字符串

值　　域:采用 GB/T 12406 中规定的名称

约束条件:M

最大出现次数:1

6.3.3　**计量单位**

英文名称:Measure Unit

缩 写 名:measureUnit

定　　义:计量产品的标准量的名称,如千克(kg)、台、件等

数据类型:字符串

值　　域:采用 GB/T 17295 中规定的名称

约束条件:M

最大出现次数:1

7 元数据的扩展规则与方法

7.1 元数据扩展的类型

允许下列扩展类型:

a) 增加新的元数据元素;

b) 增加新的元数据实体;

c) 增加新的元数据子集;

d) 建立新的代码表,代替值域为“自由文本”的现有元数据元素的值域;

e) 对现有元数据实体/元素施加更严格的约束条件;

f) 对现有元数据实体/元素施加更严格的最大出现次数限制。

7.2 元数据扩展规则

a) 扩展的元数据元素不应改变本标准中现有元数据元素的名称、定义或数据类型属性;

b) 扩展的元数据可以定义为实体,该实体可以包含扩展的和现有的元数据元素,作为其组成部分;

c) 允许对现有元数据实体/元素施加比本标准要求更加严格的约束条件,如在本标准中是可选的元数据元素,在扩展后可以是必选的;

d) 允许对元数据元素的值域采用比本标准更严格的限制,如在本标准中值域为“自由文本”的元数据元素,在专用标准中可以限定为适当值的列表;

e) 允许对本标准认可的值域的使用进行限制,如现有元数据元素的值域有五个值,在扩展后可以规定它的值域只包含其中三个值,要求用户从这三个中选择一个。

附 录 A
（规范性附录）
电子商务 产品核心元数据——字典描述

产品核心元数据字典描述见表A.1。

表A.1 产品核心元数据字典

序号	中文名称	英文名称	缩写名	定义	数据类型	值域	约束/条件	最大出现次数
0	元数据	Metadata	Metadata	定义产品描述元数据的根实体			M	1
1	产品信息	Product Information	ProductInformation	描述产品的一组信息	复合型	第1.1行～1.6.2行	M	1
1.1	产品标识符	Product ID	productID	产品唯一不变的标识代码	字符串	自由文本，建议采用GB 12904中的规定	M	1
1.2	产品名称	Product Name	productName	产品的中文名称	字符串	自由文本	M	1
1.3	产品描述	Product Description	productDescription	产品的详细描述，由发布人自行描述	字符串	自由文本	O	1
1.4	关键词	Key Word	keyWord	用于描述产品的通用词、形式化词或短语	字符串	自由文本	O	N
1.5	产品分类信息	Product Classification Information	ProductClassificationInformation	描述产品分类的信息	复合型	第1.5.1行～1.5.3行	M	N
1.5.1	产品分类标准	Product Classification Standard	productClassificationStandard	采用的产品分类国家标准或国际标准，也可以是行业标准、地方标准、企业标准等	字符串	自由文本	M	1
1.5.2	产品分类代码	Product Classification Code	productClassificationCode	产品名称在采用的产品分类体系中的代码	字符串	自由文本	M	1
1.5.3	产品分类名称	Product Classification Name	productClassificationName	产品分类体系中产品分类代码对应的中文名称	字符串	自由文本	M	1
1.6	产品生产信息	Product Manufacture Information	ProductManufactureInformation	描述产品生产情况的信息	复合型	第1.6.1行～1.6.2行	M	1

表 A.1(续)

序号	中文名称	英文名称	缩写名	定　义	数据类型	值　域	约束/条件	最大出现次数
1.6.1	生产厂商名称	Manufacturer Name	manufacturerName	生产产品的厂商名称	字符串	自由文本	M	1
1.6.2	生产日期	Manufacture Date	manufactureDate	生产产品的日期	日期型	按照 GB/T 7408 中的规定执行	O	1
2	发布信息	Publish Information	PublishInformation	描述产品发布的一组信息	复合型	第 2.1 行～2.4.6 行	M	N
2.1	发布方	Publisher	publisher	产品的发布人或发布单位名称	字符串	自由文本	M	1
2.2	发布日期	Publish Date	publishDate	产品信息发布的日期	日期型	按照 GB/T 7408 中的规定执行	O	1
2.3	网址	Web Site	webSite	产品信息所在的互联网地址	字符串	自由文本	O	1
2.4	联系信息	Contact Information	ContactInformation	产品发布方的联系信息	复合型	第 2.4.1 行～2.4.6 行	M	N
2.4.1	姓名	Name	name	发布方联系人的姓名	字符串	自由文本	M	1
2.4.2	电话号码	Telephone Number	telephoneNumber	联系人的电话号码	字符串	自由文本	M	1
2.4.3	传真号码	Fax Number	faxNumber	联系人的传真号码	字符串	自由文本	O	1
2.4.4	电子邮箱	E-mail	email	联系人的电子邮箱	字符串	自由文本	O	1
2.4.5	地址	Address	address	联系人的详细地址	字符串	自由文本	O	1
2.4.6	邮政编码	Postal Code	postalCode	联系人的邮政编码	字符串	自由文本	O	1
3	价格信息	Price Information	PriceInformation	描述产品价格的信息	复合型	第 3.1 行～3.3 行	O	N
3.1	单价	Unit Price	unitPrice	产品的单位价格	数值型	正实数	M	1
3.2	币种	Currency	currency	单价的币种,如人民币、美元等	字符串	采用 GB/T 12406 中规定的名称	M	1
3.3	计量单位	Measure Unit	measureUnit	计量产品的标准量的名称,如千克、台、件等	字符串	采用 GB/T 17295 中规定的名称	M	1

附 录 B
（规范性附录）
电子商务 产品核心元数据——XML Schema 定义

电子商务 产品核心元数据——XML Schema 定义如下：

```
〈? xml version = "1.0" encoding = "GB18030"?〉
〈! --edited with XML Spy v4.2 U (http://www.xmlspy.com) by jed (free)--〉
〈xs:schema targetNamespace = "http://www.e-sevice.org.cn" xmlns = "http://www.e-sevice.org.cn" xmlns:xs =
"http://www.w3.org/2001/XMLSchema" elementFormDefault = "qualified" attributeFormDefault = "unqualified"〉
  〈xs:annotation〉
    〈xs:documentation〉
      〈xs:documentation〉电子商务 产品核心元数据〈/xs:documentation〉
      〈xs:documentation〉1.0〈/xs:documentation〉
      〈xs:documentation〉中国标准化研究院〈/xs:documentation〉
    〈/xs:documentation〉
  〈/xs:annotation〉
  〈xs:element name = "metadata"〉
    〈xs:annotation〉
      〈xs:documentation〉元数据〈/xs:documentation〉
      〈xs:documentation〉metadata〈/xs:documentation〉
      〈xs:documentation〉定义电子商务产品核心元数据的根实体〈/xs:documentation〉
    〈/xs:annotation〉
    〈xs:complexType〉
      〈xs:sequence〉
        〈xs:element ref = "ProductInformation"/〉
        〈xs:element ref = "PublishInformation"/〉
        〈xs:element ref = "PriceInformation" minOccurs = "0" maxOccurs = "unbounded"/〉
        〈xs:any namespace = "##other" processContents = "lax" minOccurs = "0" maxOccurs = "unbounded"/〉
      〈/xs:sequence〉
      〈xs:anyAttribute processContents = "lax"/〉
    〈/xs:complexType〉
  〈/xs:element〉
  〈! --* * * * * * * * * 元数据《实体集信息》* * * * * * * * * * *--〉
  〈xs:element name = "ProductInformation"〉
    〈xs:annotation〉
      〈xs:documentation〉产品信息〈/xs:documentation〉
      〈xs:documentation〉描述产品的一组信息〈/xs:documentation〉
    〈/xs:annotation〉
    〈xs:complexType〉
      〈xs:sequence〉
        〈xs:element name = "productID" type = "xs:string"〉
          〈xs:annotation〉
            〈xs:documentation〉产品标识符〈/xs:documentation〉
            〈xs:documentation〉产品唯一不变的标识编码〈/xs:documentation〉
          〈/xs:annotation〉
        〈/xs:element〉
        〈xs:element name = "productName" type = "xs:string"〉
          〈xs:annotation〉
            〈xs:documentation〉产品名称〈/xs:documentation〉
            〈xs:documentation〉产品的中文名称〈/xs:documentation〉
          〈/xs:annotation〉
        〈/xs:element〉
        〈xs:element name = "productDescription" type = "xs:string" minOccurs = "0"〉
          〈xs:annotation〉
            〈xs:documentation〉产品描述〈/xs:documentation〉
            〈xs:documentation〉产品的详细描述，由发布人自行描述〈/xs:documentation〉
```

```
        〈/xs:annotation〉
      〈/xs:element〉
      〈xs:element name="keyWord" type="xs:string" minOccurs="0" maxOccurs="unbounded"〉
        〈xs:annotation〉
          〈xs:documentation〉关键词〈/xs:documentation〉
          〈xs:documentation〉用于描述产品的通用词、形式化词或短语〈/xs:documentation〉
        〈/xs:annotation〉
      〈/xs:element〉
      〈xs:element name="ProductClassificationInformation" maxOccurs="unbounded"〉
        〈xs:annotation〉
          〈xs:documentation〉产品分类信息〈/xs:documentation〉
          〈xs:documentation〉描述产品分类的信息〈/xs:documentation〉
        〈/xs:annotation〉
        〈xs:complexType〉
          〈xs:sequence〉
            〈xs:element name="productClassificationStandard" type="xs:string" minOccurs="0"〉
              〈xs:annotation〉
                〈xs:documentation〉产品分类标准〈/xs:documentation〉
                〈xs:documentation〉采用的产品分类国家标准或国际标准,也可以是行业标准、地方标准、企业标准
等〈/xs:documentation〉
              〈/xs:annotation〉
            〈/xs:element〉
            〈xs:element name="productClassificationCode" type="xs:string"〉
              〈xs:annotation〉
                〈xs:documentation〉产品分类代码〈/xs:documentation〉
                〈xs:documentation〉产品名称在采用的产品分类体系中的代码〈/xs:documentation〉
              〈/xs:annotation〉
            〈/xs:element〉
            〈xs:element name="productClassificationName" type="xs:string"〉
              〈xs:annotation〉
                〈xs:documentation〉产品分类名称〈/xs:documentation〉
                〈xs:documentation〉产品分类体系中产品分类代码对应的中文名称〈/xs:documentation〉
              〈/xs:annotation〉
            〈/xs:element〉
            〈xs:any namespace="##any" processContents="lax" minOccurs="0" maxOccurs="unbounded"/〉
          〈/xs:sequence〉
        〈/xs:complexType〉
      〈/xs:element〉
      〈xs:element name="ProductManufactureInformation"〉
        〈xs:annotation〉
          〈xs:documentation〉产品生产信息〈/xs:documentation〉
          〈xs:documentation〉描述产品生产情况的信息〈/xs:documentation〉
        〈/xs:annotation〉
        〈xs:complexType〉
          〈xs:sequence〉
            〈xs:element name="manufacturerName" type="xs:string"〉
              〈xs:annotation〉
                〈xs:documentation〉生产厂商名称〈/xs:documentation〉
                〈xs:documentation〉生产产品的厂商名称〈/xs:documentation〉
              〈/xs:annotation〉
            〈/xs:element〉
            〈xs:element name="manufactureDate" type="xs:date"〉
              〈xs:annotation〉
                〈xs:documentation〉生产日期〈/xs:documentation〉
                〈xs:documentation〉生产产品的日期〈/xs:documentation〉
              〈/xs:annotation〉
            〈/xs:element〉
            〈xs:any namespace="##any" processContents="lax" minOccurs="0" maxOccurs="unbounded"/〉
          〈/xs:sequence〉
        〈/xs:complexType〉
```

```
      </xs:element>
      <xs:any namespace="##any" processContents="lax" minOccurs="0" maxOccurs="unbounded"/>
    </xs:sequence>
    <xs:anyAttribute processContents="lax"/>
  </xs:complexType>
</xs:element>
<xs:element name="PublishInformation">
  <xs:annotation>
    <xs:documentation>发布信息</xs:documentation>
    <xs:documentation>描述产品发布的一组信息</xs:documentation>
  </xs:annotation>
  <xs:complexType>
    <xs:sequence>
      <xs:element name="publisher" type="xs:string" maxOccurs="unbounded">
        <xs:annotation>
          <xs:documentation>发布方</xs:documentation>
          <xs:documentation>产品的发布人或发布单位名称</xs:documentation>
        </xs:annotation>
      </xs:element>
      <xs:element name="publishDate" type="xs:date" maxOccurs="unbounded">
        <xs:annotation>
          <xs:documentation>发布日期 </xs:documentation>
          <xs:documentation>产品信息发布的日期</xs:documentation>
        </xs:annotation>
      </xs:element>
      <xs:element name="webSite" type="xs:string" maxOccurs="unbounded">
        <xs:annotation>
          <xs:documentation>网址</xs:documentation>
          <xs:documentation>产品信息所在的互联网地址</xs:documentation>
        </xs:annotation>
      </xs:element>
      <xs:element name="ContactInformation" maxOccurs="unbounded">
        <xs:annotation>
          <xs:documentation>联系信息</xs:documentation>
          <xs:documentation>产品发布方的联系信息</xs:documentation>
        </xs:annotation>
        <xs:complexType>
          <xs:sequence>
            <xs:element name="name" type="xs:string">
              <xs:annotation>
                <xs:documentation>姓名</xs:documentation>
                <xs:documentation>发布方联系人的姓名</xs:documentation>
              </xs:annotation>
            </xs:element>
            <xs:element name="telphoneNumber" type="xs:string">
              <xs:annotation>
                <xs:documentation>电话号码</xs:documentation>
                <xs:documentation>联系人的电话号码</xs:documentation>
              </xs:annotation>
            </xs:element>
            <xs:element name="faxNumber" type="xs:string" minOccurs="0">
              <xs:annotation>
                <xs:documentation>传真号码</xs:documentation>
                <xs:documentation>联系人的传真号码</xs:documentation>
              </xs:annotation>
            </xs:element>
            <xs:element name="email" type="xs:string" minOccurs="0">
              <xs:annotation>
                <xs:documentation>电子邮箱</xs:documentation>
                <xs:documentation>联系人的电子邮箱</xs:documentation>
```

```
          </xs:annotation>
        </xs:element>
        <xs:element name="address" type="xs:string" minOccurs="0">
          <xs:annotation>
            <xs:documentation>地址</xs:documentation>
            <xs:documentation>联系人的详细地址</xs:documentation>
          </xs:annotation>
        </xs:element>
        <xs:element name="postalCode" type="xs:string" minOccurs="0">
          <xs:annotation>
            <xs:documentation>邮政编码</xs:documentation>
            <xs:documentation>联系人的邮政编码</xs:documentation>
          </xs:annotation>
        </xs:element>
        <xs:any namespace="##any" processContents="lax" minOccurs="0" maxOccurs="unbounded"/>
      </xs:sequence>
    </xs:complexType>
  </xs:element>
  <xs:any namespace="##any" processContents="lax" minOccurs="0" maxOccurs="unbounded"/>
 </xs:sequence>
 <xs:anyAttribute processContents="lax"/>
</xs:complexType>
</xs:element>
<xs:element name="PriceInformation">
  <xs:annotation>
    <xs:documentation>价格信息</xs:documentation>
    <xs:documentation>描述产品价格的信息</xs:documentation>
  </xs:annotation>
  <xs:complexType>
    <xs:sequence>
      <xs:element name="unitPrice" type="xs:number">
        <xs:annotation>
          <xs:documentation>单价</xs:documentation>
          <xs:documentation>产品的单位价格</xs:documentation>
        </xs:annotation>
      </xs:element>
      <xs:element name="currency" type="xs:string">
        <xs:annotation>
          <xs:documentation>币种</xs:documentation>
          <xs:documentation>单价的币种,如人民币、美元等</xs:documentation>
        </xs:annotation>
      </xs:element>
      <xs:element name="measureUnit" type="xs:string">
        <xs:annotation>
          <xs:documentation>计量单位</xs:documentation>
          <xs:documentation>计量产品的标准量的名称,如千克、台、件等</xs:documentation>
        </xs:annotation>
      </xs:element>
      <xs:any namespace="##any" processContents="lax" minOccurs="0" maxOccurs="unbounded"/>
    </xs:sequence>
    <xs:anyAttribute processContents="lax"/>
  </xs:complexType>
</xs:element>
</xs:schema>
```

附 录 C
（资料性附录）
核心元数据示例

C.1 示例概述

本附录按照第 6 章的要求给出完整的核心元数据示例，所填元数据内容仅仅具有示意性。

C.2 元数据示例

——产品信息：
　——产品标识符：s7110200920150
　——产品名称：奇星牌男西服
　——产品描述：西服的面料为 70%羊毛，里料为 70%涤纶，涤纶的弹性好，弹性接近羊毛，当伸长 5%～6%时，几乎可以完全恢复。耐皱性超过其他纤维，即织物不折皱，尺寸稳定性好
　——关键词：深蓝斜纹、180/96B、一等品
——产品分类信息：
　——产品分类标准：GB/T 7635.1《全国主要产品分类与代码　第 1 部分：可运输产品》
　——产品分类代码：28221.304
　——产品分类名称：针织式或钩编的毛混纺男式西服套服
——产品生产信息：
　——生产厂商名称：深圳市光大有限公司
　——生产日期：2009 年 1 月 1 日
——发布信息：
　——发布方：北京市希文有限公司
　——发布时间：2009 年 3 月 12 日
　——网址：http://www.qixing.com.cn
　——联系信息：
　　——姓名：李林
　　——电话号码：(010)12345678
　　——传真：(010)12345688
　　——电子信箱：lilin@163.com
　　——地址：北京市朝阳区紫竹路 18 号
　　——邮政编码：000666
——价格信息：
　——单价：499
　——币种：人民币
　——计量单位：元

C.3 元数据 XML 编码示例

```
  〈? xml version = "1.0" encoding = "GB18030" ?〉
  〈metadata xmlns:xsi = "http://www.w3.org/2001/XMLSchema-instance"
  xsi:SchemaLocation = "http://www.e-sevice.org.cn /suit.xsd"〉
〈ProductInformation〉
```

〈productID〉s7110200920150〈/productID〉
〈productName〉奇星牌男西服〈/productName〉
〈productDescription〉西服的面料为70%羊毛，里料为70%涤纶，涤纶的弹性好，弹性接近羊毛，当伸长5%～6%时，几乎可以完全恢复。耐皱性超过其他纤维，即织物不折皱，尺寸稳定性好〈/productDescription〉
〈keyWord〉深蓝斜纹、180/96B、一等品〈/keyWord〉
〈ProductClassificationInformation〉
〈productClassificationStandard〉GB/T 7635.1《全国主要产品分类与代码　第1部分：可运输产品》〈/productClassificationStandard〉
〈productClassificationCode〉28221.304〈/productClassificationCode〉
〈productClassificationName〉针织式或钩编的毛混纺男式西服套服〈/productClassificationName〉
〈/ProductClassificationInformation〉
〈ProductManufactureInformation〉
〈manufacturerName〉深圳市光大有限公司〈/manufacturerName〉
〈manufactureDate〉2009年1月1日〈/manufactureDate〉
〈/ProductManufactureInformation〉
〈/ProductInformation〉
〈PublishInformation〉
〈publisher〉北京市希文有限公司〈/publisher〉
〈publishDate〉2009年3月12日〈/publishDate〉
〈webSite〉http://www.qixing.com〈/webSite〉
〈ContactInformation〉
〈name〉李林〈/name〉
〈telphoneNumber〉(010)12345678〈/telphoneNumber〉
〈faxNumber〉(010)12345688〈/faxNumber〉
〈email〉lilin@163.com〈/email〉
〈address〉北京市朝阳区紫竹路18号〈/address〉
〈postalCode〉000666〈/postalCode〉
〈/ContactInformation〉
〈/PublishInformation〉
〈PriceInformation〉
〈unitPrice〉499〈/unitPrice〉
〈currency〉人民币〈/currency〉
〈measureUnit〉元〈/measureUnit〉
〈/PriceInformation〉
〈/metadata〉

参 考 文 献

[1] GB/T 16656.1—2008 工业自动化系统与集成 产品数据表达与交换 第1部分:概述与基本原理

[2] GB/T 18391.1—2009 信息技术 元数据注册系统(MDR) 第1部分:框架

[3] GB/T 19710—2005 地理信息 元数据

ICS 35.240.60
L 67

中华人民共和国国家标准

GB/T 24663—2009

电子商务　企业核心元数据

Electronic commerce—Core metadata for enterprise

2009-11-15 发布　　　　2010-02-01 实施

中华人民共和国国家质量监督检验检疫总局
中国国家标准化管理委员会　发布

前 言

本标准的附录A和附录B为规范性附录，附录C为资料性附录。

本标准由全国电子业务标准化技术委员会提出并归口。

本标准主要起草单位：中国标准化研究院、全国组织机构代码管理中心、宁波东轩信息科技有限公司。

本标准主要起草人：岳高峰、邢立强、郭秀婷、刘颖、史立武、陈琳、张荫芬、秦丽娇、吕文。

电子商务　企业核心元数据

1　范围

本标准规定了电子商务活动中企业的核心元数据及其表示方法，给出了电子商务企业核心元数据的扩展规则和方法。

本标准适用于电子商务活动中对企业基本信息的分类、编目、发布和查询。

2　规范性引用文件

下列规范性引用文件通过本标准的引用而成为本标准的条款。凡是注日期的引用文件，其随后所有的修改单(不包括勘误的内容)或修订版均不适用于本标准，然而，鼓励根据本标准达成协议的各方研究是否可使用这些文件的最新版本。凡是不注日期的引用文件，其最新版本适用于本标准。

GB 11714　全国组织机构代码编制规则

3　术语和定义

下列术语和定义适用于本标准。

3.1

元数据　metadata

定义和描述其他数据的数据。

[GB/T 18391.1—2009，定义 3.2.16]

3.2

元数据元素　metadata element

元数据的基本单元。

注 1：元数据元素在元数据实体中是唯一的。

注 2：与 UML 术语中的属性同义。

[GB/T 19710—2005，定义 4.6]

3.3

元数据实体　metadata entity

一组说明数据相同特性的元数据元素。

注 1：可以包括一个或一个以上元数据实体。

注 2：与 UML 术语中的类同义。

[GB/T 19710—2005，定义 4.7]

3.4

元数据子集　metadata section

元数据的子集合，由相关的元数据实体和元素组成。

注：与 UML 术语中的包同义。

[GB/T 19710—2005，定义 4.8]

3.5

企业核心元数据　core metadata for enterprise

用于描述企业信息的元数据项的基本集合。

4 企业核心元数据属性

本标准从语义和语法两方面对每个元数据元素和元数据实体进行了描述，本标准使用下列属性：

a) **中文名称**

赋予元数据实体/元素的中文标记。元数据实体名称在本标准范围内应唯一，元数据元素名称在元数据实体中也应唯一。

b) **英文名称**

赋予元数据实体/元素的英文标记。英文名称以牛津英语词典的英文拼写为准。

c) **缩写名**

元数据实体/元素的英文缩写名称。缩写名应遵循如下规则：

1) 缩写名在本标准范围内应唯一。
2) 缩写名不应包括任何空格、破折号、下划线或分隔符等。
3) 元数据实体缩写名应采用 UCC(Upper Camel Case)命名方式，即每个英文单词的首字母均大写，其他字母均为小写，并把这些单词组合起来；元数据元素缩写名应采用 LCC(Lower Camel Case)命名方式，即除第一个英文单词外，每个单词的首字母大写，并把这些单词组合起来。
4) 对存在惯用英文名称缩写的，采用惯用缩写。

d) **定义**

对元数据实体/元素含义的解释，以使元数据实体/元素与其他元数据实体/元素在概念上相区别。

e) **数据类型**

对元数据元素的有效值域的规定和允许对该值域内的值进行有效操作的规定，例如数值型、字符串、日期型、二进制、布尔型等。

本标准中元数据实体为复合型。

f) **值域**

元数据元素所允许值的集合。

g) **约束/条件**

元数据实体/元素的一个说明符，说明一个元数据实体/元素是否应当总是在元数据中选用或有时选用(即有值)。该说明符分别为：

1) M：必选，表明该元数据实体/元素应选择。
2) C：一定条件下必选，当满足约束条件中所定义的条件时应选择，条件必选用于以下三种可能性之一：

——当在多个选项中进行选择时，至少有一个选项为必选，且应使用；

——当一个元数据元素已经使用时，选用另一个元数据实体或元数据元素；

——当一个元数据元素已经选择了一个特定值时，选用另一个元数据元素。

3) O：可选，根据实际应用可以选择也可以不选的元数据实体/元素。已经定义的可选元数据实体和可选元数据元素，可指导部门元数据标准制定人员充分说明其信息。

如果一个可选元数据实体未被使用，则该实体所包含的元素(包括必选元素)也不选用。可选元数据实体可以有必选元素，但只当可选实体被选用时才成为必选。

h) **最大出现次数**

元数据元素或实体在实际使用时可能重复出现的最大次数。只出现一次的表示为“1”，重复出现的表示为“N”。

i) **备注**

元数据实体/元素进一步的补充说明(根据需要选用)。

5 企业核心元数据模型

5.1 UML 模型符号

本标准采用统一建模语言(UML)描述元数据子集、元数据实体和元数据元素之间的关系。用UML 中的包表示元数据子集,类表示元数据实体,属性表示元数据元素。本标准中使用的 UML 符号如图 1 所示。

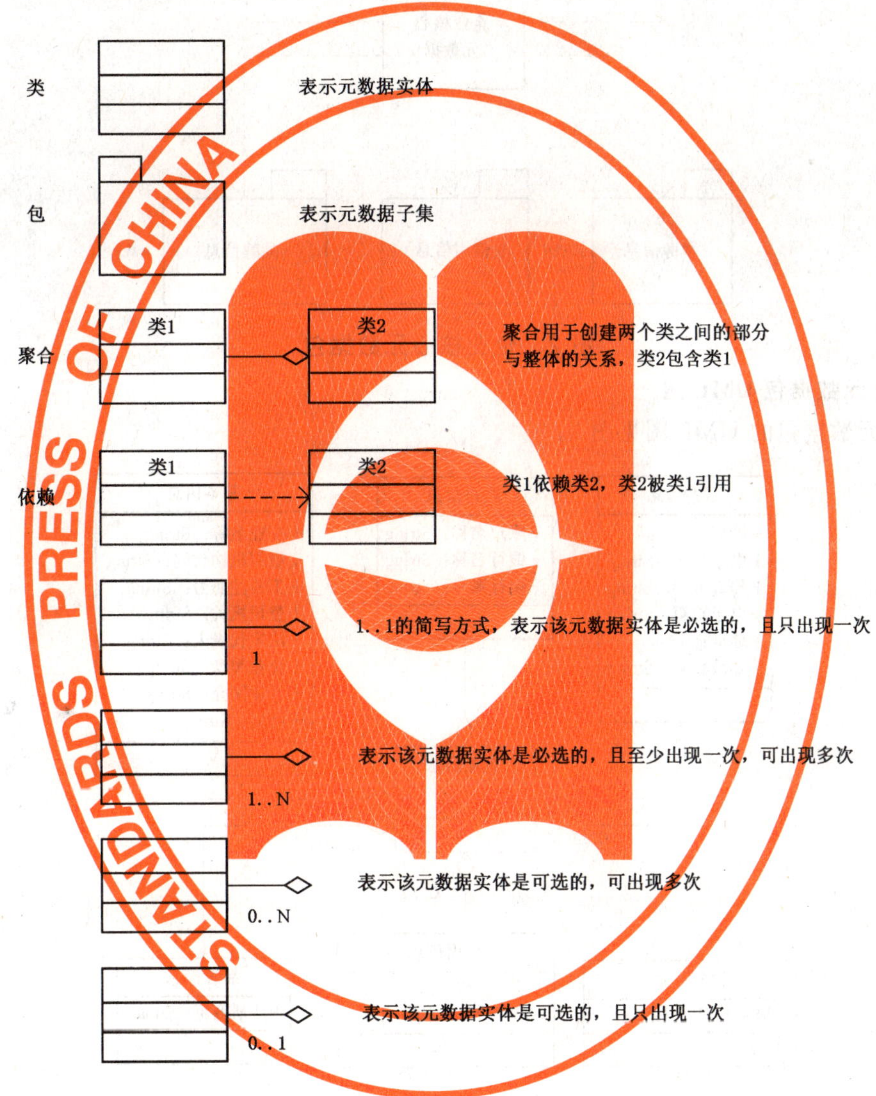

图 1 UML 符号及说明

5.2 企业核心元数据包

电子商务活动中企业核心元数据包见图 2。

企业核心元数据包包括基本信息、联系信息、账户信息、税务信息、信用信息和品牌信息。描述“企业信息”的企业核心元数据包 UML 图见 5.3,企业核心元数据的属性描述见第 6 章,企业核心元数据的字典描述见附录 A,企业核心元数据的 XML Schema 定义见附录 B,企业核心元数据的示例参见附录 C。

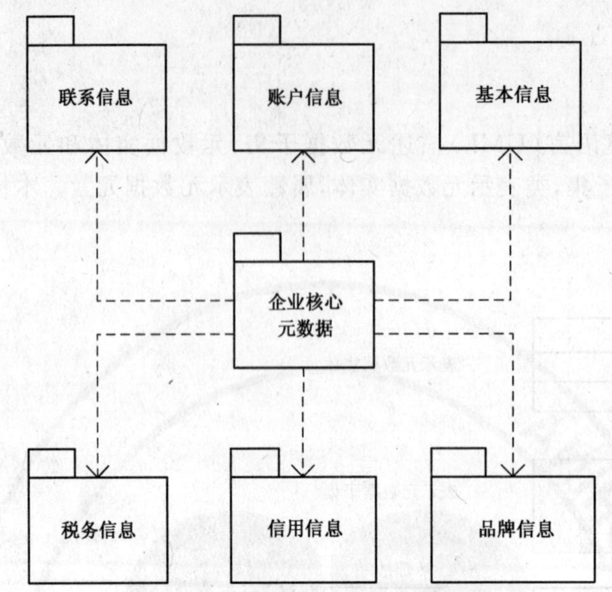

图2 企业核心元数据包

5.3 企业核心元数据包 UML 图

企业核心元数据包的 UML 图见图 3。

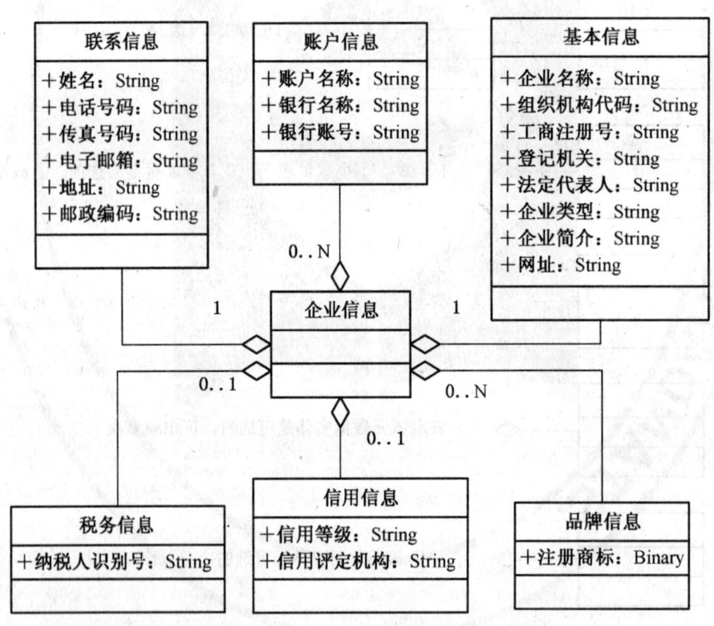

图3 企业核心元数据包 UML 图

6 企业核心元数据描述

6.1 基本信息

英文名称：Basic Information

缩 写 名：BasicInformation

定　　义：描述企业的最基本的信息

数据类型：复合型

约束/条件：M

最大出现次数：1

6.1.1 **企业名称**

英文名称:Enterprise Name

缩 写 名:enterpriseName

定 义:工商管理部门核发的营业执照上的企业名称

数据类型:字符串

值 域:自由文本

约束/条件:M

最大出现次数:1

6.1.2 **组织机构代码**

英文名称:Organization Code

缩 写 名:organizationCode

定 义:由全国组织机构代码管理中心颁发的中华人民共和国组织机构代码证上的代码

数据类型:字符串

值 域:遵循 GB 11714 的规定

约束/条件:M

最大出现次数:1

6.1.3 **工商注册号**

英文名称:Industry and Commerce Registry No.

缩 写 名:industryandCommerceRegistryNo

定 义:由工商行政部门核发的营业执照的注册号编号

数据类型:字符串

值 域:遵循国家工商行政管理总局有关工商注册号的规定

约束/条件:M

最大出现次数:1

6.1.4 **登记机关**

英文名称:Registry Authority

缩 写 名:registryAuthority

定 义:核发营业执照的工商管理部门

数据类型:字符串

值 域:自由文本

约束/条件:M

最大出现次数:1

6.1.5 **法定代表人**

英文名称:Legal Representative

缩 写 名:legalRepresentative

定 义:营业执照上的法定代表人或负责人

数据类型:字符串

值 域:自由文本

约束/条件:M

最大出现次数:1

6.1.6 **企业类型**

英文名称:Enterprise Type

缩 写 名:enterpriseType

定　　义:营业执照上登记注册的各类企业划分的不同类型

数据类型:字符串

值　　域:自由文本

约束/条件:O

最大出现次数:1

6.1.7 企业简介

英文名称:Enterprise Introduction

缩 写 名:enterpriseIntroduction

定　　义:对企业情况的简要说明

数据类型:字符串

值　　域:自由文本

约束/条件:O

最大出现次数:1

6.1.8 网址

英文名称:Web Site

缩 写 名:webSite

定　　义:企业信息所在的互联网地址

数据类型:字符串

值　　域:自由文本

约束/条件:O

最大出现次数:1

6.2 联系信息

英文名称:Contact Information

缩 写 名:ContactInformation

定　　义:描述企业的联系方式的信息

数据类型:复合型

约束/条件:M

最大出现次数:1

6.2.1 姓名

英文名称:Name

缩 写 名:name

定　　义:企业的业务联系人姓名

数据类型:字符串

值　　域:自由文本

约束/条件:M

最大出现次数:1

6.2.2 电话号码

英文名称:Telephone Number

缩 写 名:telephoneNumber

定　　义:企业的业务联系人的电话号码

数据类型:字符串

值　　域:自由文本

约束/条件:M

最大出现次数:N

6.2.3 传真号码

英文名称:Fax Number

缩 写 名:faxNumber

定　　义:企业的业务联系人的传真号码

数据类型:字符串

值　　域:自由文本

约束/条件:O

最大出现次数:1

6.2.4 电子邮箱

英文名称:E-mail

缩 写 名:email

定　　义:企业的业务联系人的电子邮箱

数据类型:字符串

值　　域:自由文本

约束/条件:O

最大出现次数:N

6.2.5 地址

英文名称:Address

缩 写 名:address

定　　义:企业业务联系的邮政地址

数据类型:字符串

值　　域:自由文本

约束/条件:O

最大出现次数:1

6.2.6 邮政编码

英文名称:Postal Code

缩 写 名:postalCode

定　　义:企业业务联系的邮政编码

数据类型:字符串

值　　域:自由文本

约束/条件:O

最大出现次数:1

6.3 账户信息

英文名称:Account Information

缩 写 名:AccountInformation

定　　义:描述企业的银行账户的信息

数据类型:复合型

约束/条件:O

最大出现次数:N

6.3.1 账户名称

英文名称:Account Name

缩 写 名:accountName

定　　义：企业银行账户的户名

数据类型：字符串

值　　域：自由文本

约束/条件：M

最大出现次数：1

6.3.2 银行名称

英文名称：Bank Name

缩 写 名：bankName

定　　义：商务过程中相关企业的开户银行名称

数据类型：字符串

值　　域：自由文本

约束/条件：M

最大出现次数：1

6.3.3 银行账号

英文名称：Account Number

缩 写 名：accountNumber

定　　义：商务过程中相关企业的开户银行账号

数据类型：字符串

值　　域：自由文本

约束/条件：M

最大出现次数：1

6.4 税务信息

英文名称：Tax Information

缩 写 名：TaxInformation

定　　义：描述企业的税务的有关信息

数据类型：复合型

约束/条件：O

最大出现次数：1

6.4.1 纳税人识别号

英文名称：Taxpayer's Registration Number

缩 写 名：taxpayersRegistrationNumber

定　　义：由税务部门核发的《税务登记证》上的号

数据类型：字符串

值　　域：共 15 位，前 6 位为行政区划代码，后 9 位系由全国组织机构代码管理中心颁发的中华人民共和国组织机构代码证上的代码

约束/条件：M

最大出现次数：1

6.5 信用信息

英文名称：Credit Information

缩 写 名：CreditInformation

定　　义：描述企业的信用的信息

数据类型：复合型

约束/条件：O

最大出现次数:1

6.5.1 信用等级

英文名称:Credit Rating

缩 写 名:creditRating

定　　义:信用评定机构用既定的符号来标识企业未来偿还债务能力及偿债意愿可能性的级别结果

数据类型:字符串

值　　域:自由文本

约束/条件:M

最大出现次数:1

6.5.2 信用评定机构

英文名称:Credit Rating Agency

缩 写 名:creditRatingAgency

定　　义:对企业进行信用评定等级的组织

数据类型:字符串

值　　域:自由文本

约束/条件:M

最大出现次数:1

6.6 品牌信息

英文名称:Brand Information

缩 写 名:BrandInformation

定　　义:企业及其提供的产品或服务的有形和无形的综合表现,其目的是借以辨认组织产品或服务,并使之同竞争对手的产品或服务区别开来

数据类型:复合型

约束/条件:O

最大出现次数:N

6.6.1 注册商标

英文名称:Registry Trade Mark

缩 写 名:registryTradeMark

定　　义:在工商管理部门注册的企业所提供的产品/服务的商标

数据类型:二进制

值　　域:二进制文件

约束/条件:M

最大出现次数:N

7 元数据的扩展原则与方法

7.1 元数据扩展的类型

允许下列扩展类型:

a) 增加新的元数据元素;

b) 增加新的元数据实体;

c) 增加新的元数据子集;

d) 建立新的代码表,代替值域为“自由文本”的现有元数据元素的值域;

e) 对现有元数据实体/元素施加更严格的约束/条件;

f) 对现有元数据实体/元素施加更严格的最大出现次数限制。

7.2 元数据扩展规则

a) 扩展的元数据元素不能用来改变本标准中现有元数据元素的名称、定义或数据类型；

b) 扩展的元数据可以定义为实体，可以包含扩展的和现有的元数据元素，作为其组成部分；

c) 允许对现有元数据实体/元素施加比本标准要求更加严格的约束/条件，例如：在本标准中是可选的元数据元素，在扩展后可以是必选的；

d) 允许对元数据元素的值域施加比本标准更严格的限制，例如：在本标准中值域为“自由文本”的元数据元素，在专用标准中可以限定为适当值的列表；

e) 允许对本标准认可的值域的使用加以限制，例如：现有元数据元素的值域有五个值，在扩展后可以规定它的值域只包含其中三个值，要求用户从这三个中选择一个。

附　录　A
（规范性附录）
企业核心元数据——字典描述

企业核心元数据字典描述见表 A.1。

表 A.1　企业核心元数据字典

序号	中文名称	英文名称	缩写名	定义	数据类型	值域	约束/条件	最大出现次数
0	企业信息	Enterprise Information	EnterpriseInformation	定义企业描述元数据的根实体	类		M	1
1	基本信息	Basic Information	BasicInformation	描述企业的最基本的信息	复合型	第 1.1 行～1.8 行	M	1
1.1	企业名称	Enterprise Name	enterpriseName	工商管理部门核发的营业执照上的企业名称	字符串	自由文本	M	1
1.2	组织机构代码	Organization Code	organizationCode	由全国组织机构代码管理中心颁发的中华人民共和国组织机构代码证上的代码	字符串	遵循 GB 11714 的规定	M	1
1.3	工商注册号	Industry and Commerce Registry No.	industryandCommerce-RegistryNo	由工商行政部门核发的营业执照的注册号编号	字符串	遵循国家工商行政管理总局有关工商注册号的规定	M	1
1.4	登记机关	Registry Authority	registryAuthority	核发营业执照的工商管理部门	字符串	自由文本	M	1
1.5	法定代表人	Legal Representative	legalRepresentative	营业执照上的法定代表人或负责人	字符串	自由文本	M	1
1.6	企业类型	Enterprise Type	enterpriseType	营业执照上登记注册的各类企业划分的不同类型	字符串	自由文本	O	1
1.7	企业简介	Enterprise Introduction	enterpriseIntroduction	对企业情况的简要说明	字符串	自由文本	O	1
1.8	网址	Web Site	webSite	企业信息所在的互联网地址	字符串	自由文本	O	1
2	联系信息	Contact Information	ContactInformation	描述企业的联系方式的信息	复合型	第 2.1 行～2.6 行	M	1
2.1	姓名	Name	name	企业的业务联系人姓名	字符串	自由文本	M	1
2.2	电话号码	Telephone Number	telephoneNumber	企业的业务联系人的电话号码	字符串	自由文本	M	N

表 A.1(续)

序号	中文名称	英文名称	缩写名	定义	数据类型	值域	约束/条件	最大出现次数
2.3	传真号码	Fax Number	faxNumber	企业的业务联系人的传真号码	字符串	自由文本	O	1
2.4	电子邮箱	E-mail	email	企业的业务联系人的电子信箱	字符串	自由文本	O	1
2.5	地址	Address	address	企业业务联系的邮政地址	字符串	自由文本	O	1
2.6	邮政邮编	Postal Code	postalCode	企业业务联系的邮政编码	字符串	自由文本	O	1
3	账户信息	Account Information	AccountInformation	描述企业的银行账户的信息	复合型	第3.1行~3.3行	O	N
3.1	账户名称	Account Name	accountName	企业银行账户的户名	字符串	自由文本	M	1
3.2	银行名称	Bank Name	bankName	商务过程中相关企业的开户银行名称	字符串	自由文本	M	1
3.3	银行账号	Account Number	accountNumber	商务过程中相关企业的开户银行账号	字符串	自由文本	M	1
4	税务信息	Tax Information	TaxInformation	描述企业的税务的有关信息	复合型	第4.1行	O	1
4.1	纳税人识别号	Taxpayer's Registration Number	taxpayersRegistrationNumber	由税务部门核发的《税务登记证》上的号	字符串	共15位,前6位为行政区划代码,后9位系由全国组织机构代码管理中心颁发的中华人民共和国组织机构代码证上的代码	M	1
5	信用信息	Credit Information	CreditInformation	描述企业的信用的信息	复合型	第5.1行~5.2行	O	1
5.1	信用等级	Credit Rating	creditRating	信用评定机构用既定的符号来标识企业未来偿还债务能力及偿债意愿可能性的级别结果	字符串	自由文本	M	1
5.2	信用评定机构	Credit Rating Agency	creditRatingAgency	对企业进行信用评定等级的组织	字符串	自由文本	M	1
6	品牌信息	Brand Information	BrandInformation	企业及其提供的产品或服务的有形和无形的综合表现,其目的是借以辨认组织产品或服务,并使之同竞争对手的产品或服务区别开来	复合型	第6.1行	O	N
6.1	注册商标	Registry Trade Mark	registryTradeMark	在工商管理部门注册的企业所提供的产品/服务的商标	二进制	二进制文件	M	N

附 录 B
（规范性附录）
企业核心元数据——XML Schema 定义

企业核心元数据——XML Schema 的定义如下：

＊＊＊＊＊＊＊＊＊＊＊＊＊企业核心元数据信息标准对应的 XML Schema＊＊＊＊＊＊＊＊＊＊＊＊＊

```
<? xml version = "1.0" encoding = "UTF-8"? >
<xs:schema                    xmlns:xs = "http://www.w3.org/2001/XMLSchema"
  elementFormDefault = "qualified" attributeFormDefault = "unqualified">
  <xs:annotation>
      <xs:documentation>
          <xs:documentation>电子商务  企业核心元数据</xs:documentation>
          <xs:documentation>1.0</xs:documentation>
          <xs:documentation>中国标准化研究院</xs:documentation>
      </xs:documentation>
  </xs:annotation>
  <xs:element name = "EnterpriseMetadata">
      <xs:annotation>
          <xs:documentation>企业元数据</xs:documentation>
          <xs:documentation>定义企业描述元数据的根实体</xs:documentation>
      </xs:annotation>
      <xs:complexType>
          <xs:sequence>
              <xs:element ref = "EnterpriseInformation"/>
              <xs:element ref = "ContactInformation"/>
              <xs:element ref = "AccountInformation"/>
              <xs:element ref = "TaxInformation"/>
              <xs:element ref = "CreditInformation"/>
              <xs:element ref = "BrandInformation"/>
          </xs:sequence>
      </xs:complexType>
  </xs:element>
  <!--＊＊＊＊＊＊＊＊企业核心元数据实体＊＊＊＊＊＊＊＊＊＊-->
  <xs:element name = "BasicInformation">
      <xs:annotation>
          <xs:documentation>基本信息</xs:documentation>
          <xs:documentation>描述企业的最基本的信息</xs:documentation>
      </xs:annotation>
      <xs:complexType>
          <xs:sequence>
              <xs:element name = "enterpriseName" type = "xs:string">
                  <xs:annotation>
                      <xs:documentation>企业名称</xs:documentation>
                  </xs:annotation>
              </xs:element>
              <xs:element name = "organizationCode" type = "xs:string">
                  <xs:annotation>
                      <xs:documentation>组织机构代码</xs:documentation>
                  </xs:annotation>
              </xs:element>
              <xs:element name = "industryandCommerceRegistryNo." type = "xs:string">
                  <xs:annotation>
                      <xs:documentation>工商注册号</xs:documentation>
                  </xs:annotation>
              </xs:element>
              <xs:element name = "registryAuthority" type = "xs:string">
```

```
                <xs:annotation>
                    <xs:documentation>登记机关</xs:documentation>
                </xs:annotation>
            </xs:element>
            <xs:element name="legalRepresentative" type="xs:string">
                <xs:annotation>
                    <xs:documentation>法定代表人</xs:documentation>
                </xs:annotation>
            </xs:element>
            <xs:element name="enterpriseType" type="xs:string">
                <xs:annotation>
                    <xs:documentation>企业类型</xs:documentation>
                </xs:annotation>
            </xs:element>
            <xs:element name="enterpriseIntroduction" type="xs:string">
                <xs:annotation>
                    <xs:documentation>企业简介</xs:documentation>
                </xs:annotation>
            </xs:element>
            <xs:element name="webSite" type="xs:string">
                <xs:annotation>
                    <xs:documentation>网址</xs:documentation>
                </xs:annotation>
            </xs:element>
        </xs:sequence>
    </xs:complexType>
</xs:element>
<xs:element name="ContactInformation">
    <xs:annotation>
        <xs:documentation>联系信息</xs:documentation>
        <xs:documentation>描述企业的联系方式的信息</xs:documentation>
    </xs:annotation>
    <xs:complexType>
        <xs:sequence>
            <xs:element name="name" type="xs:string">
                <xs:annotation>
                    <xs:documentation>姓名</xs:documentation>
                </xs:annotation>
            </xs:element>
                <xs:element name="telephoneNumber" type="xs:string" minOccurs="0"
maxOccurs="unbounded">
                <xs:annotation>
                    <xs:documentation>电话号码</xs:documentation>
                </xs:annotation>
            </xs:element>
            <xs:element name="faxNumber" type="xs:string">
                <xs:annotation>
                    <xs:documentation>传真号码</xs:documentation>
                </xs:annotation>
            </xs:element>
            <xs:element name="email" type="xs:string" minOccurs="0" maxOccurs="unbounded">
                <xs:annotation>
                    <xs:documentation>电子邮箱</xs:documentation>
                </xs:annotation>
            </xs:element>
            <xs:element name="address" type="xs:string">
                <xs:annotation>
                    <xs:documentation>地址</xs:documentation>
                </xs:annotation>
            </xs:element>
```

```
            <xs:element name="postalCode" type="xs:string">
                <xs:annotation>
                    <xs:documentation>邮政邮编</xs:documentation>
                </xs:annotation>
            </xs:element>
        </xs:sequence>
    </xs:complexType>
</xs:element>
<xs:element name="AccountInformation">
    <xs:annotation>
        <xs:documentation>账户信息</xs:documentation>
        <xs:documentation>描述企业的银行账户的信息</xs:documentation>
    </xs:annotation>
    <xs:complexType>
        <xs:sequence>
            <xs:element name="accountName" type="xs:string">
                <xs:annotation>
                    <xs:documentation>账户名称</xs:documentation>
                </xs:annotation>
            </xs:element>
            <xs:element name="bankName" type="xs:string">
                <xs:annotation>
                    <xs:documentation>银行名称</xs:documentation>
                </xs:annotation>
            </xs:element>
            <xs:element name="accountNumber" type="xs:string">
                <xs:annotation>
                    <xs:documentation>银行账号</xs:documentation>
                </xs:annotation>
            </xs:element>
        </xs:sequence>
    </xs:complexType>
</xs:element>
<xs:element name="TaxInformation">
    <xs:annotation>
        <xs:documentation>税务信息</xs:documentation>
        <xs:documentation>描述企业的税务的有关信息</xs:documentation>
    </xs:annotation>
    <xs:complexType>
        <xs:sequence>
            <xs:element name="taxpayersRegistrationNumber" minOccurs="0" maxOccurs="unbounded">
                <xs:annotation>
                    <xs:documentation>纳税人识别号</xs:documentation>
                </xs:annotation>
            </xs:element>
        </xs:sequence>
    </xs:complexType>
</xs:element>
<xs:element name="CreditInformation">
    <xs:annotation>
        <xs:documentation>信用信息</xs:documentation>
        <xs:documentation>描述企业的信用的信息</xs:documentation>
    </xs:annotation>
    <xs:complexType>
        <xs:sequence>
            <xs:element name="creditRating" type="xs:string">
                <xs:annotation>
                    <xs:documentation>信用等级</xs:documentation>
                </xs:annotation>
            </xs:element>
```

```
        <xs:element name="creditRatingAgency" type="xs:string">
          <xs:annotation>
            <xs:documentation>信用评定机构</xs:documentation>
          </xs:annotation>
        </xs:element>
      </xs:sequence>
    </xs:complexType>
  </xs:element>
  <xs:element name="BrandInformation">
    <xs:annotation>
      <xs:documentation>品牌信息</xs:documentation>
      <xs:documentation>企业及其提供的产品或服务的有形和无形的综合表现,其目的是借以辨认组织产品或
服务,并使之同竞争对手的产品或服务区别开来</xs:documentation>
    </xs:annotation>
    <xs:complexType>
      <xs:sequence>
        <xs:element name="registryTradeMark" type="xs:base64Binary">
          <xs:annotation>
            <xs:documentation>注册商标</xs:documentation>
          </xs:annotation>
        </xs:element>
      </xs:sequence>
    </xs:complexType>
  </xs:element>
</xs:schema>
```

附　录　C
（资料性附录）
核心元数据示例

C.1　概述

本附录按照第6章的要求给出完整的核心元数据示例，所填元数据内容仅仅具有示意性。

C.2　示例

——企业信息：

——企业名称：宁波东海集团有限公司

——组织机构代码：25603724-5

——工商注册号：3302272015663

——登记机关：宁波市工商行政管理局

——法定代表人：袁利定

——企业类型：有限责任公司

——企业简介：

集团隶属投资控股的水表、电能表、煤气表、热量表、净水表、计时器、程控阀门、智能仪表及能源资源管理系统、电子信息产业等10家专业化制造工厂，是浙江省新型计量仪表特色产业基地。

——网址：http://www.dhchina.cn

——联系信息

——姓名：袁利定

——电话号码：0574-××××××××

——传真号码：0574-××××××××

——电子邮箱：marketing@dhchina.cn

——地址：中国宁波西郊横街

——邮政编码：315181

——账户信息

——账户名称：××××

——银行名称：××××××支行

——银行账号：×××××-××××-××××-××-××××

——税务信息

——纳税人识别号：330227256037245

——信用信息

——信用等级：AAA

——信用评定机构：宁波金融事务所有限公司

C.3　XML 编码示例

```
<? xml version = "1.0" encoding = "UTF-8"? >
<EnterpriseMetadata     xmlns:xsi = "http://www.w3.org/2001/XMLSchema-instance"
xsi:SchemaLocation = "http://www.e-service.org.cn /suit.xsd">
    <EnterpriseInformation>
```

```
        <enterpriseName>宁波东海集团有限公司</enterpriseName>
        <organizationCode>25603724-5</organizationCode>
        <industryandCommerceRegistryNo>3302272015663</industryandCommerceRegistryNo>
        <registryAuthority>宁波市工商行政管理局</registryAuthority>
        <legalRepresentative>袁利定</legalRepresentative>
        <enterpriseType>有限责任公司</enterpriseType>
        <enterpriseIntroduction>集团隶属投资控股的水表、电能表、煤气表、热量表、净水表、计时器、程控阀
门、智能仪表及能源资源管理系统、电子信息产业等10家专业化制造工厂，是浙江省新型计量仪表特色产业基地。
        </enterpriseIntroduction>
        <webSite>http://www.dhchina.cn</webSite>
    </EnterpriseInformation>
    <ContactInformation>
        <name>袁利定</name>
        <telephoneNumber>0574-××××××××</telephoneNumber>
        <faxNumber>0574-××××××××</faxNumber>
        <email>marketing@dhchina.cn</email>
        <address>中国宁波西郊横街</address>
        <postalCode>315181</postalCode>
    </ContactInformation>
    <AccountInformation>
        <accountName>××××</accountName>
        <bankName>××××××支行</bankName>
        <accountNumber>×××××-××××-××××-××-××××</accountNumber>
    </AccountInformation>
    <TaxInformation>
        <taxpayersRegistrationNumber>330227256037245</taxpayersRegistrationNumber>
    </TaxInformation>
    <CreditInformation>
        <creditRating>AAA</creditRating>
        <creditRatingAgency>宁波金融事务所有限公司</creditRatingAgency>
    </CreditInformation>
</EnterpriseMetadata>
```

参 考 文 献

[1] GB/T 18391.1—2009 信息技术 数据元的规范与标准化 第1部分:数据元的规范与标准化框架(idt ISO/IEC 11179-1:1999)

[2] GB/T 18391.3—2001 信息技术 数据元的规范与标准化 第3部分:数据元的基本属性(idt ISO/IEC 11179-3:1994)

[3] GB/T 18793 元数据的XML Schema置标规则

[4] GB/T 19710—2005 地理信息 元数据(ISO 19115:2003,MOD)

ICS 31.260
L 51

中华人民共和国国家标准

GB/T 24664—2009

工业用大功率激光器光束质量测试评定方法

Evaluation and measurement method for beam quality of high power laser system for industry manufacturing

2009-11-15 发布　　2010-02-01 实施

中华人民共和国国家质量监督检验检疫总局
中国国家标准化管理委员会　发布

前言

本标准由中国机械工业联合会提出。

本标准由全国光学和光子学标准化技术委员会(SAC/TC 103)归口。

本标准起草单位:北京工业大学、国家产学研激光技术中心(NCLT)。

本标准主要起草人:左铁钏、陈虹、王旭葆。

本标准为首次发布。

工业用大功率激光器光束质量测试评定方法

1 范围

本标准规定了工业制造用激光器光束质量的评价和测试方法。

本标准适用于各种连续和准连续激光器的光束质量的评价和测试。

2 规范性引用文件

下列文件中的条款通过本标准的引用而成为本标准的条款。凡是注日期的引用文件，其随后所有的修改单(不包括勘误的内容)或修订版均不适用于本标准，然而，鼓励根据本标准达成协议的各方研究是否可使用这些文件的最新版本。凡是不注日期的引用文件，其最新版本适用于本标准。

GB 7247.1 激光产品的安全 第1部分：设备分类、要求和用户指南(GB 7247.1—2001，idt IEC 60825-1:1993)

GB/T 15313 激光术语(GB/T 15313—2008，ISO 11145:2006，Optics and photonics—Laser and laser-related equipment—Vocabulary and symbols，MOD)

ISO 11145:2006 光学和光子学 激光器和激光器相关设备 术语和符号

3 术语和定义

GB/T 15313 和 ISO 11145:2006 确立的以及下列术语和定义适用于本标准。

3.1

连续激光器 continuous wave (CW) laser

大于或等于 0.25 s 时间期间持续辐射的激光器。

3.2

准连续激光器 quasi-continuous laser

输出激光脉冲的重复频率大于 1 kHz 的激光器。对半导体激光器而言，通常以脉冲持续时间大于 1 μs 的脉冲输出作为准连续激光器的特征。

3.3

光束聚焦特征参数值 characteristics of laser focusing ability

K_f

光束参数积 beam parameters product

BPP

光束束腰直径与光束束散角的乘积的 1/4，见式(1)：

$$K_f = \frac{d_{\sigma 0} \cdot \Theta_\sigma}{4} \qquad (1)$$

式中：

K_f——光束聚焦特征参数值，单位为毫米·毫弧度(mm·mrad)；

$d_{\sigma 0}$——光束束腰直径，单位为毫米(mm)；

Θ_σ——束散角，单位为毫弧度(mrad)。

3.4

光束宽度 beam widths

$d_{x,u}$，$d_{y,u}$

分别在两个所选的相互正交且垂直于光束轴的 x 和 y 方向上，内含功率(或能量)占总功率(或能量)规定百分数(u%)的最小缝宽。

注 1：最小束宽及其正交方向确定最佳方向。

注 2：对于圆形高斯光束，$d_{x,95.4}=d_{86.5}$。

注 3：光束宽度的标识由符号及其适合的下标组成，即：$d_{x,u}$，$d_{y,u}$ 或 $d_{\sigma x}$，$d_{\sigma y}$。

3.5

光束直径 beam diameter

d_u

激光束横截面内，激光功率下降到中央峰值的 $1/e^2$ 处的所有点构成的光斑尺寸。在垂直光束轴平面内，内含功率(或能量)占光束总功率(或能量)规定百分数(u%)的最小孔径的直径。当 $u=86.5$ 时，下角标可省去。

注：光束直径的标识由符号及其适合的下标组成，即：d_u 或 d_σ。

3.6

光束半径 beam radius

w_u

在垂直光束平面内，内含功率(或能量)占光束功率(或能量)规定百分数(u%)的最小孔径的半径。

注：光束半径的标识由符号及其适合的下标组成，即：w_u 或 w_σ。

3.7

束腰 beam waist

光束直径或光束宽度的最细处。

3.8

束腰直径 beam waist diameter

$d_{0,u}$

用内含功率(或能量)计算的束腰位置处的光束直径 d_u。

注：束腰直径的标识由符号及其适合的下标组成，即：$d_{0,u}$ 或 $d_{\sigma 0}$。

3.9

束腰半径 beam waist radius

$w_{0,u}$

用内含功率(或能量)计算的束腰位置处的光束半径 w_u。

注：束腰半径的标识由符号及其适合的下标组成，即：$w_{0,u}$ 或 $w_{\sigma 0}$。

3.10

束散角 divergence angle

Θ_u，$\Theta_{x,u}$，$\Theta_{y,u}$

光束宽度[内含功率(或能量)定义的]在远场增大形成的渐近面锥所构成的全角度。

注 1：对圆横截面，光束宽度为光束直径 d_u。对于非圆横截面，束散角分别由相应的 x 方向和 y 方向的光束宽度 $d_{x,u}$ 和 $d_{y,u}$ 确定。

注 2：当规定束散角时，应使用下标说明相关的光束宽度，如 $\Theta_{x,50}$ 说明光束宽度为 $d_{x,50}$。

注 3：这里坐标系的定义和光束宽度的定义不包括一般像散情况。

注 4：束散角的标识由符号及其适合的下标组成，即：Θ_σ，$\Theta_{\sigma x}$，$\Theta_{\sigma y}$ 或 Θ_u，$\Theta_{x,u}$，$\Theta_{y,u}$。

3.11

束散半角　half-divergence angle

θ_u，$\theta_{x,u}$，$\theta_{y,u}$

光束宽度[内含功率(或能量)定义的]在远场增大形成的渐近面锥所构成的半角度。

3.12

瑞利长度　Rayleigh-length

z_R，z_{R_x}，z_{R_y}

从激光束腰处沿光传播方向到光束直径或束宽增加到束腰$\sqrt{2}$倍处的距离。

注：对于基模高斯光束，见式(2)：

$$z_R = \frac{\pi d_{\sigma 0}{}^2}{4\lambda} \qquad \cdots\cdots(2)$$

式中：

z_R——瑞利长度，单位为毫米(mm)；

λ——激光束波长，单位为微米(μm)。

一般情况，公式 $z_R = d_{\sigma 0}/\theta_\sigma$是有效的。

4　光束质量评价

4.1　评价参数

用光束聚焦特征参数值 K_f评价本标准规定的激光器的光束质量。

4.2　激光器的性能参数

除非另有规定，在不同型号激光器的详细规范中应规定下列有关参数，其参数经规定的测试方法测试后，应符合详细规范的规定。

a)　波长；

b)　输出功率；

c)　光束聚焦特征参数值；

d)　光束宽度或者束腰宽度；

e)　束散角；

f)　其他。

5　光束质量测试条件及要求

5.1　测试条件

测试时的环境温度要求在 15 ℃～30 ℃范围内，相对湿度 45%～75%，气压 80 kPa～106 kPa。测试设备应稳定可靠，量程适用，并防止外界条件对它们的影响。

测试系统的周围环境要求无明显的振动、气流、烟尘和杂散辐射的影响。

除非另有规定，被测激光器应在详细规范中规定的工作程序和工作条件下工作，并在稳定工作之后测试有关参数。

5.2　测试设备

除非另有规定，测试所采用的设备应基于空心探针测试原理，允许在测试设备上采用保护装置，但不应该影响测试准确度。

5.3　安全防护

为了保障工作人员的安全，对高压、激光辐射应有相应的防护措施，应按照 GB 7247.1 的要求采取安全防护措施。

6 光束质量的测试方法和步骤

6.1 测试图

测试系统图见图 1,测试原理见图 2。

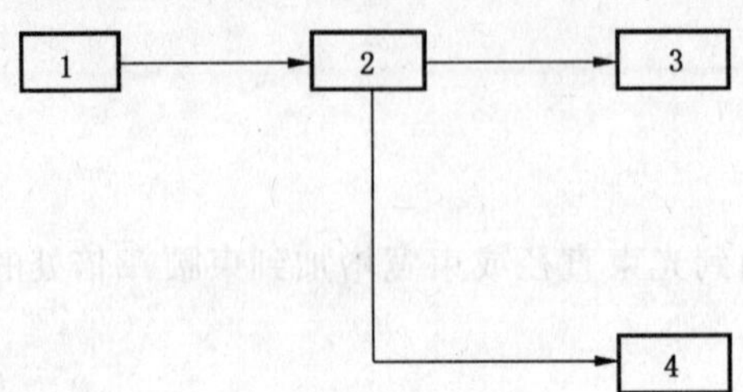

1——被测激光;

2——光束光斑质量诊断仪;

3——吸收体;

4——计算机。

图 1 测试系统图

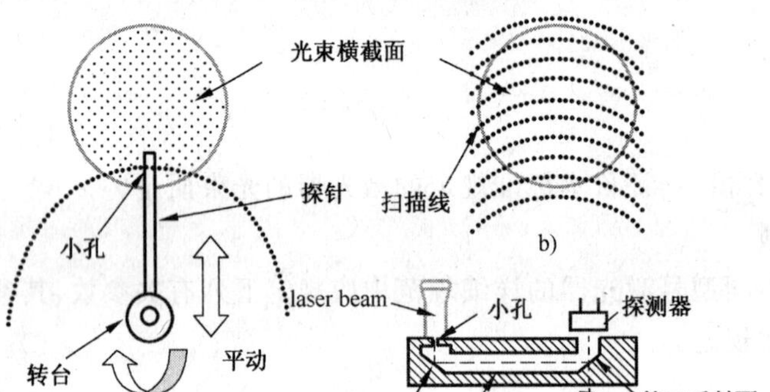

图 2 空心探针测试原理图

6.2 测试准备

除非另有规定,在测试前应按照详细规范的要求选取合适的测试仪器,并按下列要求做好准备:

a) 符合第 5 章所规定的测试条件和要求;

b) 按测试系统方框图组成测试系统;

c) 根据被测激光器的波长选择合适的探测器和探针;

d) 确认冷却系统已经准备就绪。

6.3 测试步骤

6.3.1 将氦氖指示光置于测试仪示意位置后关闭氦氖激光。启动光束光斑质量诊断仪,启动激光器。对测试点 z 处光束横截面的能量(或功率)分布进行预测试,根据预测试结果选择合适的测试窗口和增益值。

6.3.2 在预测试基础上开始正式测试,记录计算机上显示的光束直径,每个位置测试次数不少于 5 次,取平均值作为该测试位置光束直径值。

6.3.3 每次改变光斑或者测试仪的位置,都须重复上两个步骤。至少须测试 10 个位置,接近一半的数据须在束腰一侧瑞利长度范围内采集,还须有接近一半的数据在束腰一侧 2 倍瑞利范围外采集。

6.4 测试结果

将沿光束传输路径上由测试所得的光束束宽结果拟合出位置(z)和光斑直径(d)二次双曲线,然后根据双曲线系数来计算其他光束参数。二次双曲线形的计算公式见式(3):

$$d^2 = A + Bz + Cz^2 \qquad (3)$$

根据拟合方程求出 A,B,C 系数,光束参数的计算公式见式(4)~式(8):

$$\Theta = \sqrt{C} \qquad (4)$$

$$d_0 = \sqrt{A - \frac{B^2}{4C}} \qquad (5)$$

$$z_0 = -\frac{B}{2C} \qquad (6)$$

$$z_R = \sqrt{\frac{4A}{C} - \frac{B^2}{C^2}} \qquad (7)$$

$$K_f = \frac{\sqrt{4AC - B^2}}{8} \qquad (8)$$

注:z_0 表示束腰位置,光束束腰与初始测试点之间的相对距离。

7 测试报告

测试报告应包括以下内容:

a) 测试时间、地点、被测激光器的情况;

b) 测试所选用的探测器和探针的情况;

c) 初始测试输入条件,包括测试位置、窗口、增益值的选择;

d) 测试数据按照 6.4 进行计算的结果。

参 考 文 献

［1］ GB/T 15301 气体激光器总规范

［2］ GB/T 15490 固体激光器总规范

［3］ ISO 11146-1：2005 Lasers and laser-related equipment—Test methods for laser beam widths，divergence angles and beam propagation ratios—Part 1：Stigmatic and simple astigmatic beams

［4］ ISO 11146-2：2005 Lasers and laser-related equipment—Test methods for laser beam widths，divergence angles and beam propagation ratios—Part 2：General astigmatic beams

［5］ ISO 13694 ：2000 Optics and optical instruments—Lasers and laser-related equipment—Test methods for laser beam power (energy) density distribution

ICS 37.020
N 32

中华人民共和国国家标准

GB/T 24665—2009

偏光显微镜

Polarizing microscope

2009-11-15 发布　　2010-02-01 实施

中华人民共和国国家质量监督检验检疫总局
中国国家标准化管理委员会　发布

前　言

本标准的附录A为资料性附录。

本标准由中国机械工业联合会提出。

本标准由全国光学和光子学标准化技术委员会(SAC/TC 103)归口。

本标准负责起草单位:上海理工大学、宁波永新光学股份有限公司、宁波市教学仪器有限公司、宁波市华光精密仪器有限公司、梧州奥卡光学仪器有限公司、宁波舜宇仪器有限公司、广州粤显光学仪器有限责任公司、南京江南永新光学有限公司、麦克奥迪实业集团公司、凤凰光学集团有限公司。

本标准参加起草单位:重庆光电仪器有限公司。

本标准主要起草人:胡钰、黄卫佳、毛磊、王国瑞、徐利明、张景华、沈晓江、李弥高、李晞、肖倩、吴国通。

偏 光 显 微 镜

1 范围

本标准规定了偏光显微镜基本参数、要求、试验方法、检验规则、标志、包装及运输贮存。

本标准适用于机械筒长为 160 mm 或无限远系统的各类偏光显微镜。

2 规范性引用文件

下列文件中的条款通过本标准的引用而成为本标准的条款。凡是注日期的引用文件，其随后所有的修改单(不包括勘误的内容)或修订版均不适用于本标准，然而，鼓励根据本标准达成协议的各方研究是否可使用这些文件的最新版本。凡是不注日期的引用文件，其最新版本适用于本标准。

GB/T 2609 显微镜 物镜

GB/T 2828.1 计数抽样检验程序 第1部分:按接收质量限(AQL)检索的逐批检验抽样计划(GB/T 2828.1—2003,ISO 2859-1:1999,IDT)

GB/T 2829 周期检验计数抽样程序及表(适用于对过程稳定性的检验)

GB/T 9247 显微镜 聚光镜

GB/T 13384 机电产品包装通用技术条件

GB/T 22057.1 显微镜 相对机械参考平面的成像距离 第1部分:筒长160 mm(GB/T 22057.1—2008,ISO 9345-1:1996,MOD)

GB/T 22057.2 显微镜 相对机械参考平面的成像距离 第2部分:无限远校正光学系统(GB/T 22057.2—2008,ISO 9345-2:2003,MOD)

GB/T 22059 显微镜 放大率(GB/T 22059—2008,ISO 8039:1997,IDT)

GB/T 22060—2008 显微镜 镜筒滑块和镜筒槽的连接尺寸(GB/T 22060—2008,ISO 8040:2001,IDT)

JB/T 5475 网格板

JB/T 5591 星点板

JB/T 9329 仪器仪表运输、运输贮存基本环境条件及试验方法

3 分类及基本参数

3.1 偏光显微镜的分类按表1规定。

3.2 偏光显微镜的光学连接尺寸应符合 GB/T 22057.1 和 GB/T 22057.2 的规定。

3.3 偏光显微镜补偿器滑块和镜筒槽的连接尺寸应符合 GB/T 22060 的规定。

表 1

<table>
<tr><th colspan="2">项　　目</th><th>普及偏光显微镜</th><th>实验室偏光显微镜</th><th>研究用偏光显微镜</th></tr>
<tr><td colspan="2">机械筒长</td><td colspan="3">160 mm 或∞</td></tr>
<tr><td colspan="2">总放大率</td><td>≤640×</td><td colspan="2">>640×</td></tr>
<tr><td rowspan="2">物镜</td><td>类别</td><td>消色差</td><td>平场消色差</td><td>平场消色差或平场半复消色差</td></tr>
<tr><td>放大率</td><td colspan="3">按 GB/T 22059 选取</td></tr>
</table>

表 1（续）

<table>
<tr><th colspan="2">项　目</th><th>普及偏光显微镜</th><th>实验室偏光显微镜</th><th>研究用偏光显微镜</th></tr>
<tr><td rowspan="2">目镜</td><td>放大率</td><td colspan="3">按 GB/T 22059 选取</td></tr>
<tr><td>目镜与镜筒的配合尺寸</td><td colspan="3">$\phi 23.2\frac{F8}{h8}$、$\phi 25\frac{F8}{h8}$或 $\phi 30\frac{F8}{h8}$</td></tr>
<tr><td colspan="2">聚光镜</td><td colspan="3">根据 GB/T 9247 规定选取</td></tr>
<tr><td colspan="2">载物台</td><td>旋转载物台：可转动 360°</td><td colspan="2">移动尺：移动范围 30 mm×40 mm
旋转载物台：可转动 360°</td></tr>
<tr><td colspan="2">附件</td><td>十字带尺平场目镜
辅助试板：
一级红补偿器
λ/4 补偿器
石英楔补偿器
中性滤光片
蓝色滤光片</td><td>十字带尺平场目镜
十字平场目镜
网格平场目镜
（即带面积计算板的目镜，网格每边长 1 cm，每边 20 等分，总面积 1 cm²。）
0.01 mm 测微尺
辅助试板：
一级红补偿器
λ/4 补偿器
石英楔补偿器
摄影、摄像装置
中性滤光片
蓝色滤光片
谢乃尔蒙补偿器（四分之一波晶片）</td><td>十字带尺平场目镜
十字平场目镜
网格平场目镜
（即带面积计算板的目镜，网格每边长 1 cm，每边 20 等分，总面积 1 cm²。）
垂直照明器
压平器
摄影装置
0.01 mm 测微尺
各种滤光片
辅助试板：
一级红补偿器
λ/4 补偿器
石英楔补偿器
谢乃尔蒙补偿器（四分之一波晶片）
勃氏柯勒补偿器
贝瑞克补偿器
穿孔目镜
万能转台
浸没反差物镜
温控装置
显微硬度计
显微光度计</td></tr>
</table>

4　要求

4.1　各类物镜不应有应力。

4.2　各类物镜应校正好相应的像差。

4.3　偏光显微镜成像应清晰，其清晰范围（直径）不应小于表 2 的规定。

表 2

单位为毫米

数值孔径	消色差物镜	平场消色差物镜	平场半复消色差物镜
≤0.20	7	13.5	15.5
>0.20～0.40	7	13.5	14
>0.40～0.80	6.5	13.5	13.5

表 2（续）

单位为毫米

数值孔径	消色差物镜	平场消色差物镜	平场半复消色差物镜
>0.80～1.00	5.5	11	11.5
>1.00	4	10	10.5

4.4　物镜的数值孔径允差应符合表 3 的规定。

表 3

数值孔径	允　　差
<0.4	±10%
0.4～1	±8%
>1	±4%

4.5　物镜放大率允差不超出±5%。

4.6　目镜放大率允差不超出±5%，成对目镜放大率相对误差不超出 1%。

4.7　十字分划目镜的十字丝中心与目镜配合外径轴线的重合性误差不大于 0.1 mm。

4.8　起偏镜处于零位时的偏振方向为东西方向，与旋转载物台处于零位时移动尺的 X 方向（也应为东西方向）平行，其相对偏差应符合表 4 的规定。

表 4

单位为[角]分

类　　型	偏　　差
普及偏光显微镜	≤40
实验室偏光显微镜	≤30
研究用偏光显微镜	≤20

4.9　检偏镜处于零位时的偏振方向为东西方向，当检偏镜旋转 90°时应与起偏镜的偏振方向严格正交，视场呈黑暗。检偏镜应能方便地移出或移入光路。

4.10　使用物镜转换器变换物镜的显微镜，转换器各螺孔定位的重复性应符合表 5 的规定。

表 5

单位为毫米

型　　式	重复性
普及偏光显微镜	≤0.03
实验室偏光显微镜	≤0.02
研究用偏光显微镜	≤0.01

4.11　采用制动机构锁定旋转载物台时，旋转载物台的中心变化允差为 0.005 mm，而旋转载物台的分度读数变化允差为±6′。

4.12　旋转载物台旋转时的径向跳动和轴向窜动应符合表 6 的规定。

表 6

单位为毫米

类　　型	径向跳动和轴向窜动
普及偏光显微镜	≤0.008
实验室偏光显微镜	≤0.005
研究用偏光显微镜	≤0.003

4.13　移动尺的主尺刻线面和旋转载物台的圆刻度面与游标刻线之间的高低差不应大于 0.1 mm。间隙不应大于 0.2 mm。

4.14　移动尺夹持标本应稳定可靠，在移动时，被夹持的标本不允许脱离、跳动和偏斜。

4.15　用移动尺纵横方向移动标本时应平稳、灵活。在 5 mm×5 mm 范围内，标本像不应模糊，如需重新调焦，调节量不应大于 0.012 mm。

4.16　聚光镜中顶透镜摆动架多次摆入光路时，顶透镜轴线应与整个聚光镜轴线共轴，其轴线的偏移在聚光镜焦平面上不应大于 0.02 mm。

4.17　聚光镜不应有明显应力，当光路内无其他光学元器件时，在正交偏光下，视场应呈基本黑暗。

4.18　勃氏透镜组应能方便地移出或移入光路，当使用高倍物镜和勃氏透镜组在聚敛光束下观察垂直于(晶体)光轴的单轴晶切片时，黑十字应清晰。

4.19　显微镜微调机构的空回应符合表 7 的规定。

表 7　　单位为毫米

型　式	空　回
普及偏光显微镜	≤0.008
实验室偏光显微镜	≤0.004
研究用偏光显微镜	≤0.002

4.20　使用 10 倍物镜观察载物台上分划尺(检偏镜推出光路)，调焦成像清晰后，当转换用其他倍率的物镜进行观察(全孔径)时，仍应能看到分划尺轮廓像。

4.21　使用 10 倍物镜观察载物台上分划尺，由于检偏镜推入光路并转动时所引起的初次成像面上像的位移不应超过 0.1 mm。

4.22　补偿器的最高折射率(n_γ)方向应与所标注的方向一致，补偿器的插入方向与参考方向的夹角应为 135°，偏差不应超过表 8 的规定。

表 8　　单位为[角]分

类　型	偏　差
普及偏光显微镜	≤60
实验室偏光显微镜	≤45
研究用偏光显微镜	≤30

4.23　一级红补偿器，其光程差为 551_{-20}^{0} nm。在正交偏光下观察，干涉色应均匀一致。

4.24　1/4λ 补偿器，其光程差为 147.3 nm±10 nm。在正交偏光下观察，干涉色应均匀一致。

4.25　石英楔补偿器在正交偏光下观察时，在插入过程中视场中都应能看到 4 级红。石英楔开始插入时出现的零级应为暗条纹。干涉条纹应颜色明显、等距、平直，不得弯曲，并与石英楔长度方向垂直。

4.26　由于插入补偿器所引起的初次成像面上像的位移不应超过下列数值(使用 10 倍物镜)：

a)　石英楔补偿器为 0.3 mm；

b)　一级红和 1/4λ 补偿器为 0.15 mm。

4.27　十字分划目镜应设有定位销或定位键，目镜管(以及双目镜筒中的一个目镜管)端部应有相应的定位槽。当十字分划目镜插入目镜管时，以此固定其方位。此时十字分划目镜的水平丝和竖丝应分别处于东西、南北方向，其偏差不大于 1°。

注：本条对普及偏光显微镜可不要求。

4.28　采用双目观察的偏光显微镜，其双目镜筒的结构应能确保在调节瞳距时，目镜管端部定位槽的方位不会改变(包括显微镜的共轭距离获得补偿后)。

4.29　双目显微镜左右两系统放大率差：

a)　目镜视场角不超过 50°时，不大于 2.0%；

b)　目镜视场角大于 50°时，不大于 1.5%。

4.30 双目显微镜左右两系统光谱色应基本一致，其明暗差不大于18%。

4.31 双目显微镜左右两系统视场像面方位差不大于40′。

4.32 在双目瞳距为55 mm～75 mm范围内左右视场中心偏差：

a) 上下：0.2 mm；

b) 左右外侧：0.2 mm；

c) 左右内侧：0.4 mm。

4.33 双目镜筒的左右出射光束应平行，其平行度允差不超过表9的规定。

表9

单位为[角]分

类型	允差		
	水平方向的发散度	水平方向的会聚度	垂直方向的交叉
普及偏光显微镜	60	30	30
实验室偏光显微镜	60	20	20
研究用偏光显微镜	60	20	15

4.34 双目镜筒左右两系统处于零视度时，两目镜筒端面高低差不大于1.5 mm。

4.35 显微镜各移动、转动部分应舒适灵活，无过紧过松及滞涩急跳现象。

4.36 显微镜光学零部件表面应清洁，无擦痕裂纹，无有害气泡、晕雾、霉点、尘埃，胶合面无脱胶，在视场内不应有妨碍观察的阴影或反射光斑等疵病。

4.37 显微镜各可拆卸的部件应装卸方便，无安装不可靠或无法安装等影响使用的现象。

4.38 显微镜外表应美观，具体要求如下：

a) 显微镜上的刻度、刻字以及铭牌标记应清晰明显；

b) 电镀表面不应有脱皮和斑点存在；

c) 漆面不得有碰伤痕迹及有碍美观的疵病；

d) 零件表面光洁，边缘倒棱无毛刺，外露的零部件接合处应平整。

4.39 电气防护基本安全要求

4.39.1 带有电气设备的显微镜在试验电压升至如表10所示的规定值时保持5 s，无击穿和重复飞弧现象。（交流、直流试验是任选的试验方法，设备能通过二者之一即可。例如：一般情况选择交流试验；为了避免容性电流，选择直流试验。）

表10

采用交流试验时		采用直流试验时	
工作电压 U/V	试验电压/V(交流)	工作电压 U/V	试验电压/V(直流)
$100<U\leqslant150$	1 000	$100<U\leqslant150$	1 250
$150<U\leqslant300$	1 500	$150<U\leqslant300$	2 150

4.39.2 显微镜在常温常湿条件下的泄漏电流不应大于1 mA。

4.39.3 带有电源输入插口的显微镜，在插口中的保护接地点与保护接地的所有可能及金属部件之间的阻抗不超过0.1 Ω。

带有不可拆卸电源软电线的设备，网电源插头中的保护接地脚和已保护接地的所有可触及金属部件之间的阻抗不超过0.2 Ω。

4.40 带运输包装的偏光显微镜运输环境条件应符合JB/T 9329的要求，其中高温选用＋55 ℃、低温选用－40 ℃、自由跌落高度选用250 mm。交变湿热试验相对湿度选用95%。

5 试验方法

5.1 试验条件

a) 环境温度为 5 ℃～30 ℃；

b) 相对湿度为 45%～85%；

c) 对偏光显微镜的调整。在开始检验前，不论物镜是何种安装方式，都必须逐个进行中心校正，以保证偏光显微镜镜筒轴线与载物台旋转中心一致。

5.2 物镜应力

5.2.1 试验工具

垂直于(晶体)光轴之单轴晶切片。

5.2.2 试验程序

将单轴晶切片放在载物台上，在正交偏光下观察，调焦至成像清晰，当摆入勃氏镜后，光轴干涉图中的黑十字及干涉环必须清晰，不应分裂和变形。

5.3 物镜像差校正

5.3.1 试验工具

a) 符合 JB/T 5591 的星点板；

b) 阿贝试验板。

5.3.2 试验程序

将星点板置于显微镜载物台上，用显微镜灯照明星点板，在目镜中观察被透射光照明的星点孔，以目镜视场中的星点衍射像与理想的艾利斑比较判断物镜的像差校正状况及共轴性，对于平场半复消色差物镜还须观察透射光照明下的阿贝试验板，检验物镜的二级光谱、色差和球差的校正状况。

5.4 偏光显微镜成像清晰范围

5.4.1 试验工具

a) 符合 JB/T 5475 的 100 lp/mm 网格测试板、300 lp/mm 网格测试板；

b) 600 lp/mm 测试板；

c) 10× 十字分划目镜，其视场数为 18 mm(分格值为 0.1 mm，任意两分划线间的极限偏差不大于 0.005 mm，十字分划中心与目镜配合外径同轴度为 Φ 0.02 mm，十字分划刻线面与目镜定位面之间距离为(10±0.1)mm)。

5.4.2 试验程序

5.4.2.1 各种规格的物镜所使用的试验工具按表 11 的规定。

表 11

物镜数值孔径	0.08～<0.2	0.2～<0.4	≥0.4
测试板	100 lp/mm	300 lp/mm	600 lp/mm

5.4.2.2 用被试验物镜及 10× 十字分划目镜对测试板进行调焦，使成像清晰，当视场中心像最清晰时，以最大的清晰范围直径作为测定值。

5.5 物镜数值孔径偏差

按 GB/T 2609 的规定。

5.6 物镜放大率允差

5.6.1 试验工具

a) 测微目镜；

b) 0.01 mm 分划尺；

c) 0.1 mm 分划目镜；

d) 专用显微镜架(其镜筒透镜的焦距应与被测物镜相适应)。

5.6.2 试验程序

5.6.2.1 对于机械筒长为 160 mm 的物镜,将被测物镜装在专用显微镜架上,调整时应使物平面(分划尺所在平面)至测微目镜分划板平面之间的距离为 195 mm,然后对分划尺进行调焦,使分划尺成像清晰,按测微目镜的使用及读数方法进行测量,测得对物镜名义放大率的相对误差即为测定值。

5.6.2.2 对于机械筒长为无限远的显微镜物镜,将被测物镜直接装在被测产品上,用带分划尺且可调视度的分划目镜对分划尺调焦清晰,测得分划尺上某一间距的像的大小,其比值即为物镜放大率。

5.7 目镜放大率允差

5.7.1 试验工具

焦距仪,其测量不确定度为 1%。

5.7.2 试验程序

按焦距仪的使用方法先测出被检目镜的焦距,然后按式(1)计算出目镜放大率。

$$M_E = \frac{250}{f'} \qquad \cdots\cdots (1)$$

式中:

M_E——目镜放大率;

f'——目镜焦距,mm;

250——明视距离,mm。

当目镜的放大率计算出以后,其对名义放大率的相对误差即为测定值。

5.8 十字分划目镜十字丝中心与目镜配合外径轴线重合性误差

5.8.1 试验工具

0.1 mm 十字分划板。

5.8.2 试验程序

将 0.1 mm 十字分划板置于载物台上,被检目镜插入目镜筒内,用低倍物镜对分划板调焦在目镜视场内获分划板清晰像,并使十字线像交点与目镜视场中十字分划线交点重合,然后旋转目镜,读出最大偏移量(如果被测目镜中分划板带有 0.1 mm 分划尺,则在被测目镜分划板上直接读取偏移量再除以所用物镜的放大倍数作为测定值。如果被测目镜分划板只有十字线,则须在像面上读取物方分划板中心最大偏移量作为测定值)。

5.9 起偏镜零位时的偏振方向与载物台零位时移动尺的 *X* 方向平行

5.9.1 试验工具

a) 半荫片(由 2 块偏振方向相对于接缝有一夹角并呈轴对称的偏光片拼接而成,置于载物台上时,其接缝应与移动尺的 *X* 方向平行。);

b) 黑云母晶体薄片。

5.9.2 试验程序

先验证起偏镜偏振方向,将检偏镜移出光路,起偏镜置于零位,载物台上放置黑云母薄片标本,目镜管中插入目镜,显微镜对黑云母标本调焦,转动载物台使黑云母的解理处于东西方向,若此时黑云母颜色最深(深棕色),则表示起偏镜的偏振方向正确。起偏镜方向确认以后,再将旋转载物台置于零位,在载物台上换上半荫片并用移动尺夹住,对半荫片接缝进行调焦,通过目镜观察半荫片接缝两侧的光亮是否一致,如果不一致可稍许旋转载物台,当半荫片接缝两侧光亮一致时,从载物台游标上读数,即得偏差值。

5.10 检偏镜振动方向的正确性

5.10.1 试验工具

同 5.9.1a)。

5.10.2 试验程序

在 5.9 的检验基础上，将检偏镜移入光路，并将检偏镜分度标记对准零位，然后旋转 90°，在载物台上除去半荫片，观察视场内是否黑暗。

5.11 转换器螺孔定位重复性

5.11.1 试验工具

a) 分划值为 0.01 mm 的分划尺；

b) 10×十字分划目镜。

5.11.2 试验程序

在显微镜载物台上置 0.01 mm 分划尺，目镜管中插入 10×十字分划目镜，用 40 倍物镜对分划尺调焦，使分划尺上某一分划线的像与目镜十字分划线的竖线重合，然后移动物镜转换器向左向右多次定位（不少于 3 次），观察分划尺像的偏移，对转换器上所有螺孔都要进行检验，以最大值作为测定值。

5.12 旋转载物台制动机构

5.12.1 试验工具

a) 分划值为 0.01 mm 的分划尺；

b) 10×十字分划目镜。

5.12.2 试验程序

在显微镜载物台上置 0.01 mm 分划尺，以 40 倍物镜及十字分划目镜对 0.01 mm 的分划尺调焦，将目镜分划板十字线交点与某一刻线重合，然后使用制动机构锁定载物台，在目镜中观察十字线交点相对于 0.01 mm 分划尺像的位置有无偏移，并检查载物台读数的变化，重复检查 3 次，以最大值为测定值。

5.13 旋转载物台旋转时的径向跳动和轴向窜动

5.13.1 试验工具

a) 十字分划带尺目镜，分格值为 0.1 mm，其任意两分划线间的极限偏差不应大于 0.01 mm；

b) 十字分划板；

c) 血球标本；

d) 40 倍和 63 倍标准物镜，放大率误差不应大于 1%。

5.13.2 试验程序

a) 在被检仪器载物台上放置十字分划板，装上 40 倍标准物镜并调整好中心，用十字分划带尺目镜观察分划板十字线交点之轴上像，转动载物台，测出其十字线交点之轴上像的最大偏差值，其值即为旋转载物台旋转时的径向跳动。

b) 在被检仪器载物台上放置血球标本，调焦清晰后旋转载物台，在视场内观察有无离焦现象（使用 63 倍物镜），如有离焦，用被检仪器微调焦机构测出其离焦量即为旋转载物台旋转时的轴向窜动。

注：对于研究用显微镜，可直接用 0.001 mm 的测微表直接测量出载物台旋转时的轴向窜动。

5.14 移动尺主尺刻线面、旋转载物台圆刻度面与游标刻线之间的相对位置

5.14.1 试验工具

a) 刀口尺；

b) 塞尺。

5.14.2 试验程序

刻线面与游标刻线面之间的高低差用塞尺配合刀口尺检验，两者间隙用塞尺检验。

5.15 移动尺夹持性能

5.15.1 试验工具

48 mm×28 mm 厚度为 0.8 mm 的专用载玻片。

5.15.2 试验程序

专用载玻片用移动尺夹持,按常规操作观察,移动尺工作是否正常。

5.16 移动尺移动的平稳性

5.16.1 试验工具

300线/mm网格光栅。

5.16.2 试验程序

将网格板置于载物台上,用移动尺夹持显微镜,用40倍物镜和10×目镜对网格板调焦,并用移动尺使网格板纵横向分别移动5 mm,观察网格板像的清晰情况。如需调焦,记下所需的调节量,纵、横向各取3个不同点为原点进行试验,择最大值为测定值。

5.17 聚光镜顶透镜摆动架定位正确性

5.17.1 试验工具

a) 十字分划板;

b) 10×十字分划目镜。

5.17.2 试验程序

在显微镜转换器上装10倍物镜,目镜筒内插入10×十字分划目镜,对置于载物台上的十字分划板调焦清晰,移动分划板,使其十字分划像中心和目镜十字中心重合。对聚光镜调焦,使视场光阑在物面清晰成像,关小视场光阑,调节聚光镜中心,使视场光阑成像对称分布于物面十字分划板中心,然后多次摆入聚光镜前组,观察视场光阑像中心移动相对于十字分划目镜中心的偏移,以最大偏移值除以所用物镜的倍数作为测定值。

5.18 聚光镜应力

5.18.1 试验工具

被检偏光显微镜镜架。

5.18.2 试验程序

显微镜光路中除去物镜和目镜,在正交偏光下,视场基本黑暗,无不均匀光亮出现。

5.19 勃氏透镜组

试验程序:目视和手感检验。

5.20 显微镜微调焦机构空回

5.20.1 试验工具

a) 杠杆千分表及专用表架;

b) 平板。

5.20.2 试验程序

将杠杆千分表装在专用表架上,与被测显微镜置于同一平台上,然后将杠杆千分表测量头接触在显微镜的载物台上(或导轨座上平面上),先朝一个方向旋转微调焦手轮至某一位置,读取千分表上的指示值。然后继续朝该方向旋转微调焦手轮若干后,随即反向旋转手轮至原来位置,读取千分表上指示值,前后2次读数差即为空回值。检验时应在微调焦范围内至少3个位置上检定,以最大值为测定值。

5.21 物镜齐焦

5.21.1 试验工具

分格值为0.01 mm的分划尺。

5.21.2 试验程序

在被检仪器载物台上放置0.01 mm分划尺,先用40倍物镜观察(检偏镜推入光路),调焦成像清晰后,当转换用其他倍率的物镜进行观察(全孔径)时,仍应能看到分划尺轮廓像。

5.22 检偏镜推入光路所引起的像的位移

5.22.1 试验工具

a) 十字分划板；

b) 十字分划目镜。

5.22.2 试验程序

在被检仪器载物台上放置十字分划板，使用十字分划目镜和10倍物镜观察载物台上分划尺，调焦成像清晰后，然后将检偏镜推入光路并转动，观察其像的位移量。

5.23 补偿器插入方向

5.23.1 试验工具

偏振片试验板，其尺寸应符合GB/T 22060—2008中3.2的规定，偏振片的偏振方向应与试验板的长边方向平行。

5.23.2 试验程序

将检偏镜移出显微镜光路，起偏镜旋转45°，使其偏振方向与参考方向的夹角为45°。在显微镜补偿器插槽中插入偏振片试验板，这时偏振片试验板和起偏镜两者的偏振方向处于正交位置。然后从目镜中观察视场是否黑暗，如果有光亮透出，可旋转起偏镜使视场最暗，在起偏镜座刻度上读取偏差值。

5.24 一级红补偿器光程差

5.24.1 试验工具

贝瑞克补偿器。

5.24.2 试验程序

先将检偏镜移出光路，用白光照明，将被测补偿器处于载物台中心，再将检偏镜移入光路，并使被测件置于正交偏光下，然后转动载物台使被测件处于消光位置，再将载物台自消光位置转45°(须注意这时被测件上标识的慢光方向与偏光显微术参考方向的夹角应为45°)，将贝瑞克补偿器上游标的零点对准鼓轮上的30°处(这时贝瑞克补偿器的方解石薄板处于水平位置)，再插入偏光显微镜的滑槽插孔中(这时被测件慢光方向与贝瑞克补偿器慢光方向正交)，先顺时针方向转动贝瑞克补偿器鼓轮，此时被测件的干涉色逐渐降低，直至出现灰黑带，并使其处于视场中央(以目镜十字线交点定位)，记下鼓轮读数a，然后反向转动直至出现灰黑带，并处于视场中央，记下读数b，先按式(2)～式(4)计算。

$$i_1 = a - 30^\circ \qquad \cdots\cdots(2)$$

$$i_2 = 30^\circ - b \qquad \cdots\cdots(3)$$

$$i = (i_1 + i_2)/2 \qquad \cdots\cdots(4)$$

然后，根据附录A的表A.1按式(5)计算光程差R。

$$R = (c/10\,000) \cdot [f(i) \cdot 10\,000] \qquad \cdots\cdots(5)$$

式中；

c——贝瑞克补偿器常数，由制造商提供。

注：当不具备本标准条款规定的试验工具时，也可以用经过标定的补偿器进行比对试验。

5.25 λ/4补偿器光程差

5.25.1 试验工具

同5.24.1。

5.25.2 试验程序

同5.24.2。

5.26 石英楔补偿器

5.26.1 试验工具

偏光显微镜。

5.26.2 试验程序

将偏光显微镜的起偏镜和检偏镜置于正交偏光位置，然后在滑槽插孔中插入石英楔补偿器，在正交偏光下观察。

5.27 插入补偿器所引起的像的位移

5.27.1 试验工具

a) 分格值为 0.01 mm 的分划尺；

b) 10×十字分划目镜。

5.27.2 试验程序

在被检仪器载物台上放置 0.01 mm 分划尺。使用 10×十字分划目镜和 10 倍物镜观察载物台上分划尺，调焦成像清晰后，将补偿器推入光路，观察其像的位移量。

5.28 十字分划目镜定位设置的正确性

5.28.1 试验工具

十字分划板（十字分划板的横丝应与载玻片长边平行）。

5.28.2 试验程序

将检偏镜移出光路，旋转载物台置于零位，用移动尺夹住十字分划板，将带有定位销（键）的十字分划目镜插入有定位槽的目镜管中，对十字分划板进行调焦。使十字分划板的刻线像与目镜分划板刻线重合，如有偏离，可稍许旋转载物台使之重合，从载物台游标上读数，即为偏差值。

5.29 双目镜筒在调节瞳距时，目镜管端部的定位槽方位

5.29.1 试验工具

a) 十字分划板；

b) 10×十字分划目镜。

5.29.2 试验程序

在偏光显微镜载物台上置十字分划板，以低倍物镜及十字分划目镜对十字分划板调焦，使成像清晰，并调整到分划板的十字线像与目镜分划板上的十字丝重合，在瞳距调节范围内调节瞳距，目镜分划板十字线不能偏转。

5.30 双目显微镜左右 2 系统放大率差

5.30.1 试验工具

同 5.7.1。

5.30.2 试验程序

先按 5.7 的方法测得显微镜每一对目镜的实际放大率对名义放大率的绝对误差，则左右系统放大率差 ΔM_T 按式(6)计算。

$$\Delta M_T = \frac{|\Delta M_{E1} - \Delta M_{E2}|}{M_E} \qquad \cdots\cdots(6)$$

式中：

ΔM_{E1}、ΔM_{E2}——2 只成对目镜的实际放大率对名义放大率的绝对误差；

M_E——目镜名义放大率。

5.31 双目显微镜左右 2 系统光谱色及明暗差

5.31.1 试验工具

照度计。

5.31.2 试验程序

a) 双目系统像面光谱色用目视检验。

b) 用照度计分别对左右 2 系统像的光束强度进行测量，得 B_1、B_2，则左右系统明暗差 ΔB 按式(7)计算。

$$\Delta B=\frac{B_1-B_2}{B_1}(\text{其中 } B_1>B_2) \qquad (7)$$

5.32 双目显微镜左右2系统视场像面方位差

5.32.1 试验工具

a) 专用双筒望远镜，其2光轴的平行度为2′，左右望远镜分划板2横丝间的平行度为2′；

b) 十字分划板。

5.32.2 试验程序

将十字分划板置于载物台上，用低倍物镜（小于10倍）和一对10×目镜对十字分划板调焦清晰，并将十字分划线像置中。然后用专用双筒望远镜在显微镜目镜后面观察，使自显微镜出瞳出射的光束通过望远镜物镜在望远镜目镜分划板上成像，并使来自显微镜左筒的十字分划线像与望远镜左筒目镜分划板刻线重合，这时，在望远镜右筒上可以看到来自显微镜右筒的十字分划线像不与望远镜目镜分划板刻线重合，转动望远镜分划板使它们的横丝、竖丝相互平行，读出望远镜分划板转动的角度即为测定值。

5.33 双目显微镜左右视场中心偏差

5.33.1 试验工具

a) 十字分划板；

b) 十字分划目镜。

5.33.2 试验程序

将十字分划板置于载物台上，用10倍物镜及十字分划目镜对十字分划板调焦，并使左筒内十字分划线像中心与十字分划目镜的分划板中心重合，然后在右筒内观察十字分划板的十字线像中心在目镜分划板上的位置，读出其与分划板中心偏离的数值即为测定值。

5.34 双目镜筒左右出射光束平行度

5.34.1 试验工具

同5.32.1。

5.34.2 试验程序

试验时的操作同5.32.2，只是在调整到十字分划板十字线像与左侧（或右侧）望远镜的分划板的十字线重合后，在右侧（或左侧）望远镜视场内，根据十字线像交点在望远镜分划板上的位置，直接读出两光轴的平行度，检验时应在瞳距55 mm、65 mm、75 mm3个位置上进行，并应转动显微镜目镜，以最大值作为测定值。

5.35 双目显微镜左右2系统镜筒端面高低差

5.35.1 试验工具

a) 刀口尺；

b) 塞片规。

5.35.2 试验程序

a) 双目系统如一边镜管长度固定，一边镜管可调视度的，则先将视度指标线对零位，然后按要求测量；

b) 双目系统如2个镜管都因瞳距变化引起筒长变化而设计成可调筒长的，则应将2个镜管都按同一瞳距值调整好，然后按要求测量。

测量时，在55 mm～75 mm瞳距范围内选择3个测量点以最大值作为测定值。

5.36 各移动、转动部分舒适性

试验程序：手感检验。

5.37 光学零部件疵病

试验程序：目视检验。

5.38 显微镜可拆卸部件装卸可靠性与方便性

试验程序：实际装卸应用检验。

5.39 外观和感官要求

试验程序:目视和手感检验。

5.40 电气防护基本安全要求

5.40.1 耐压试验

5.40.1.1 试验工具

泄漏电流耐压测试仪一台,其测试电压 AC/DC 范围为 0～3 kV,漏电流测试范围为 0.5 mA～20 mA,试验变压器容量为 500 VA。

5.40.1.2 试验程序

在确定电压表指示为"0",且测试红灯不亮的情况下,将仪器的"高压输出端"和"测试端"的测试线分别与被测显微镜电源的高电位端、接地端(GND)连接,如图 1 所示,然后按下"启动"按钮,顺时针缓慢旋动"电压调节"旋钮,在 5 s 或 5 s 以内逐渐升至表 10 所规定的相应电压值,保持 5 s(也可用定时开关),再将"电压调节"旋钮逆时针方向旋至"0"位置并按下"复位"按钮,切断输出电压。

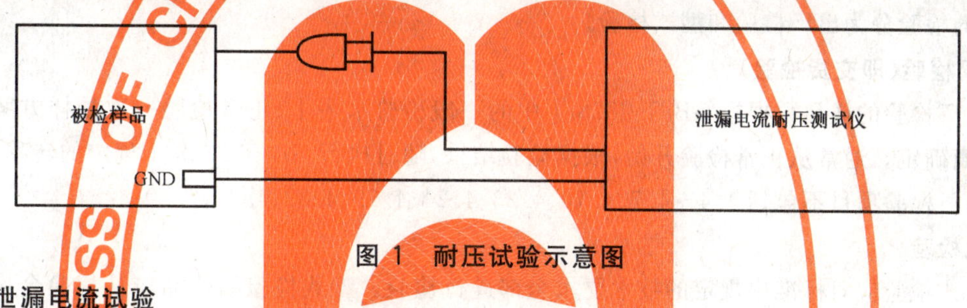

图 1 耐压试验示意图

5.40.2 泄漏电流试验

5.40.2.1 试验工具

泄漏电流耐压测试一台,其测试电压范围为交流 110 V～260 V,泄漏电流测试范围为 0～5 mA,测量总阻为 1.5 kΩ,试验变压器容量为 500 VA。

5.40.2.2 试验程序

按下"测量预置"开关,置"预置"状态,将"测量总阻"置于 1.5 kΩ 挡,弹起"测量预置"开关,置"测量"状态(通常此项已被设置)。然后确定电压表指示为"0",且测试红灯不亮的情况下,把被测显微镜的电源开关打开,将电源线插头插入仪器面板上的"泄漏电流测试"插座,如图 2 所示。按下"启动"按钮,顺时针缓慢旋动"电压调节"旋钮至输入电压为最高额定电压的 110%的条件下,保持 1 min(也可用定时开关),读电流表数值。

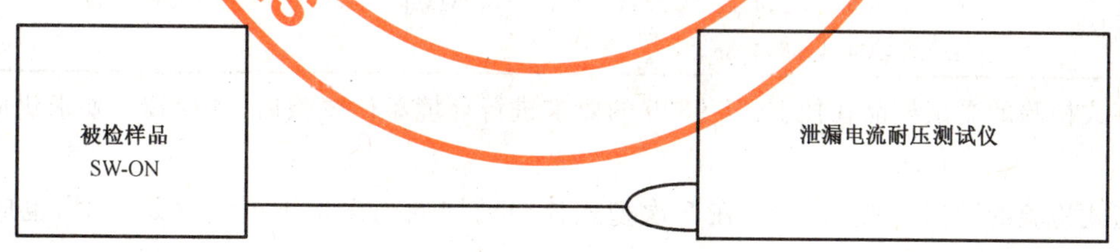

图 2 泄漏电流试验示意图

5.40.3 接地阻抗试验

5.40.3.1 试验工具

交流接地电阻测试仪一台,其低电阻测试范围为 0～0.6 Ω,测试电流范围为 5 A～30 A。

5.40.3.2 试验程序

将"电压输出"端的 2 根测试线分别接至被测显微镜电源的接地端(GND)与显微镜灯座的金属裸露处,将测试电流调至 25 A,如图 3 所示。按下"启动"按钮 2 s,观察电流表读数。

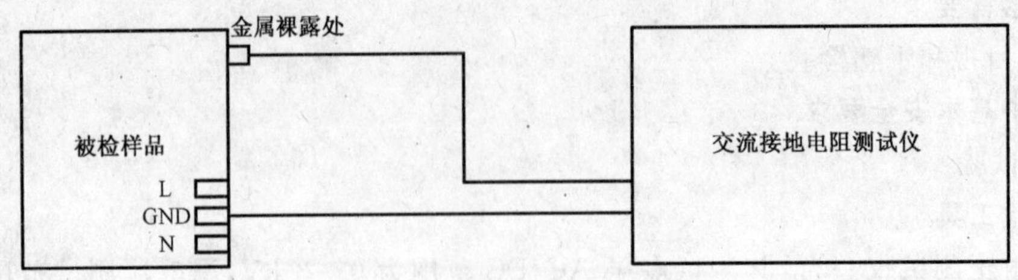

图 3 接地阻抗试验示意图

5.41 运输环境试验

按 JB/T 9329 的规定进行试验。

6 检验规则

6.1 检验分类

产品的检验分为出厂检验和型式检验。

6.2 出厂检验(即交货检验)

6.2.1 出厂检验的样品数根据 GB/T 2828.1 中的一般检验水平Ⅰ、正常检验一次抽样方案或根据供需双方协商确定。通常从正常检验开始,根据检验结果,随时执行 GB/T 2828.1 规定的转移规则。

6.2.2 出厂检验项目不包括 4.4～4.7、4.10、4.23、4.24、4.29、4.32、4.34、4.40。

6.3 型式检验

6.3.1 型式检验应对标准中规定的技术要求全部进行检验。型式检验的样品应从检验合格的产品批中随机抽取。

6.3.2 型式检验的抽样采用 GB/T 2829 中的一次抽样方案,各类不合格数以项目计,除 4.39 不允许不合格外,各类不合格项目类别、判别水平 DL、不合格质量水平 RQL 和抽样方案见表 12。

表 12

不合格类别	项 目	RQL	抽样方案($n|A_c,R_e$)	DL
A	4.1,4.2,4.3,4.20,4.27,4.28	100	3|(1,2)	Ⅱ
B	4.8,4.9,4.16,4.17,4.18,4.19,4.21,4.23,4.24,4.33,4.35,4.37	120	3|(2,3)	Ⅱ
C	4.4,4.5,4.6,4.7,4.10,4.11,4.12,4.13,4.14,4.15,4.22,4.25,4.26,4.29,4.30,4.31,4.32,4.34,4.36,4.38	150	3|(4,5)	Ⅰ

6.3.3 型式检验的受试样品在按 JB/T 9329 的要求进行环境条件试验后,各项技术要求仍应符合标准的规定。

6.3.4 型式检验的周期一般为一年,在 2 次型式检验的周期内发生下列情况之一时,也应进行型式检验:

a) 新产品或老产品转厂生产的试制定型鉴定;

b) 正式生产后,如结构、材料、工艺有较大改进,可能影响产品性能时;

c) 正常生产时,定期或积累一定产量后,应周期性进行一次检验;

d) 产品长期停产后,恢复生产时;

e) 出厂检验结果与上次型式检验有较大差异时;

f) 国家质量监督机构提出进行型式检验的要求时。

6.3.5 经过型式检验后的样品,不经过整理不得作为合格品出厂。

7 标志、包装、运输及贮存

7.1 标志

每台偏光显微镜产品至少应有如下标志：

a) 制造厂名或注册商标；

b) 产品型号或产品名称；

c) 产品编号。

7.2 包装

产品包装应符合 GB/T 13384 的有关规定。

7.3 运输

偏光显微镜允许用任何有遮蔽的运输工具运送。

7.4 贮存

有包装的偏光显微镜应贮存在有遮蔽的干燥场所，周围无酸性气体、碱及其他有害物质。

附 录 A
（资料性附录）
使用贝瑞克补偿器测量光程差的数据表

根据贝瑞克补偿器测量光程差的[10 000$f(i)$]见表 A.1。

表 A.1

i (°)	[10 000$f(i)$]									
	.0	.1	.2	.3	.4	.5	.6	.7	.8	.9
0	0.0	0.0	0.1	0.3	0.5	0.8	1.1	1.5	1.9	2.5
1	3.0	3.7	4.4	5.1	6.0	6.9	7.8	8.8	9.9	11.0
2	12.2	13.4	14.7	16.1	17.5	19.0	20.6	22.2	23.9	25.6
3	27.4	29.3	31.2	33.2	35.2	37.3	39.5	41.7	44.0	46.3
4	48.4	51.2	53.7	56.3	58.9	61.6	64.4	67.2	70.1	73.1
5	76.1	79.1	82.3	85.5	88.7	92.0	95.4	98.8	102.3	105.9
6	109.5	113.2	116.9	120.1	124.6	128.5	132.5	136.5	140.6	144.8
7	149.0	153.3	157.6	162.0	166.5	171.0	175.6	180.2	184.9	189.6
8	194.5	199.3	204.3	209.3	214.4	219.5	224.6	229.9	235.2	240.5
9	245.9	251.4	257.0	262.6	268.2	273.9	279.7	285.5	291.4	297.4
10	303.4	309.5	315.6	321.8	328.1	334.4	340.7	347.2	353.7	360.2
11	366.8	373.5	380.2	387.0	393.8	400.8	407.7	414.7	421.8	428.9
12	436.1	443.4	450.7	458.1	465.5	473.0	480.6	488.2	495.8	503.5
13	511	519	527	535	543	551	559	567	576	584
14	592	601	609	618	626	635	644	653	661	670
15	679	688	697	706	716	725	734	743	753	762
16	772	781	791	801	810	820	830	840	850	860
17	870	880	890	901	911	921	932	942	953	963
18	974	985	996	1 006	1 017	1 028	1 039	1 050	1 061	1 072
19	1 084	1 095	1 106	1 118	1 129	1 141	1 152	1 164	1 175	1 187
20	1 199	1 211	1 227	1 234	1 246	1 258	1 270	1 283	1 295	1 307
21	1 319	1 332	1 344	1 357	1 369	1 382	1 394	1 407	1 420	1 432
22	1 445	1 458	1 471	1 484	1 497	1 510	1 523	1 537	1 550	1 563
23	1 577	1 590	1 603	1 617	1 631	1 644	1 658	1 672	1 685	1 699
24	1 713	1 727	1 741	1 755	1 769	1 783	1 797	1 812	1 826	1 840
25	1 855	1 869	1 884	1 898	1 913	1 927	1 942	1 957	1 972	1 987
26	2 001	2 016	2 032	2 046	2 062	2 077	2 092	2 107	2 123	2 138
27	2 153	2 169	2 184	2 200	2 215	2 231	2 247	2 262	2 278	2 294
28	2 310	2 326	2 342	2 358	2 374	2 390	2 407	2 422	2 439	2 245

表 A.1（续）

i (°)	[10 000$f(i)$]									
	.0	.1	.2	.3	.4	.5	.6	.7	.8	.9
29	2 471	2 488	2 504	2 521	2 537	2 554	2 570	2 587	2 604	2 620
30	2 637	2 654	2 671	2 688	2 705	2 722	2 739	2 756	2 773	2 791
31	2 808	2 825	2 843	2 860	2 877	2 895	2 912	2 930	2 941	2 965

ICS 65.060.01
B 90

中华人民共和国国家标准

GB/T 24666—2009

农用花键轴　技术条件

Spline shaft used in agricultural machinery—Specification

2009-11-30 发布　　2010-04-01 实施

中华人民共和国国家质量监督检验检疫总局
中国国家标准化管理委员会　发布

前言

本标准由中国机械工业联合会提出。

本标准由全国农业机械标准化技术委员会(SAC/TC 140)归口。

本标准负责起草单位:黑龙江省农业机械产品质量监督检验站。

本标准参加起草单位:四川省农业机械试验鉴定站。

本标准主要起草人:李晓东、伊长白、戴耀辉、王振格、范东方、李国龙、柯朝阳、孙德超。

本标准为首次发布。

农用花键轴 技术条件

1 范围

本标准规定了农用花键轴(以下简称花键轴)的技术要求、检验方法、检验规则、标志、包装、运输和贮存。

本标准适用于农用作业机械用花键轴。其他机械用花键轴可参照使用。

2 规范性引用文件

下列文件中的条款通过本标准的引用而成为本标准的条款。凡是注日期的引用文件,其随后所有的修改单(不包括勘误的内容)或修订版均不适用于本标准,然而,鼓励根据本标准达成协议的各方研究是否可使用这些文件的最新版本。凡是不注日期的引用文件,其最新版本适用于本标准。

GB/T 230.1 金属材料 洛氏硬度试验 第1部分:试验方法(A、B、C、D、E、F、G、H、K、N、T标尺)(GB/T 230.1—2009,ISO 6508-1:2005,MOD)

GB/T 231.1 金属材料 布氏硬度试验 第1部分:试验方法(GB/T 231.1—2009,ISO 6506-1:2005,MOD)

GB/T 699—1999 优质碳素结构钢

GB/T 1095—2003 平键 键槽的剖面尺寸

GB/T 1144—2001 矩形花键尺寸、公差和检验(neq ISO 14:1982)

GB/T 1184 形状和位置公差 未注公差值(GB/T 1184—1996,eqv ISO 2768-2:1989)

GB/T 1800.1—2009 产品几何技术规范(GPS) 极限与配合 第1部分:公差、偏差和配合的基础(ISO 286-1:1988,ISO system of limits and fits—Part 1:Bases of tolerances,deviations and fits,MOD)

GB/T 1958 产品几何量技术规范(GPS) 形状和位置公差 检测规定

GB/T 2828.1—2003 计数抽样检验程序 第1部分:按接受质量限(AQL)检索的逐批检验抽样计划(ISO 2859-1:1999,IDT)

GB/T 3077—1999 合金结构钢

GB/T 3177 产品几何技术规范(GPS) 光滑工件尺寸的检验

GB/T 3478.1—2008 圆柱直齿渐开线花键 (米制模数 齿侧配合) 第1部分:总论(ISO 4156-1:2005,MOD)

GB/T 3478.5 圆柱直齿渐开线花键(米制模数 齿侧配合) 第5部分:检验(GB/T 3478.5—2008,ISO 4156-3:2005,Straight cylindrical involute splines—Metric module,side fit—Part 3:Inspection,MOD)

GB/T 3478.6 圆柱直齿渐开线花键(米制模数 齿侧配合) 第6部分:30°压力角 M 值和 W 值

GB/T 5617 钢的感应淬火或火焰淬火后有效硬化层深度的测定(GB/T 5617—2005,ISO 3754:1976,NEQ)

GB/T 9450 钢件渗碳淬火硬化层深度的测定和校核(GB/T 9450—2005,ISO 2639:2002,MOD)

GB/T 13298 金属显微组织检验方法

GB/T 13320 钢质模锻件 金相组织评级图及评定方法

GB/T 15822.2 无损检测 磁粉检测 第2部分:检测介质(GB/T 15822.2—2005,ISO 9934-2:2002,IDT)

JB/T 9204　钢件感应淬火金相检验

QC/T 262　汽车渗碳齿轮金相检验

QC/T 29018　汽车碳氮共渗齿轮金相检验

3　技术要求

3.1　一般要求

花键轴应按经规定程序批准的产品图样和技术文件制造，并符合本标准规定。

3.2　材料

3.2.1　非齿轮花键轴应采用 GB/T 699—1999 中规定的 45、40Mn 钢或 GB/T 3077—1999 中规定的 40Cr、45Cr、40MnB、42CrMo、40CrMn 合金钢制造。

3.2.2　齿轮花键轴应采用 GB/T 3077—1999 中规定的 20CrMnTi、20Cr 合金钢制造。

3.2.3　根据需要允许采用机械性能不低于上述材料的其他材料制造。

3.3　热处理

3.3.1　表面硬度

3.3.1.1　非齿轮花键轴经调质处理后，调质硬度应为 251 HBW～298 HBW(25 HRC～32 HRC)，单件表面硬度差应不大于 25 HBW(4 HRC)。

3.3.1.2　调质处理后的花键轴花键表面、与轴承配合的轴颈表面、油封密封唇口配合表面应进行淬火处理，表面淬火后硬度应不低于 50 HRC，整体淬火硬度应不低于 45 HRC，单件表面硬度差应不大于 4 HRC。

3.3.1.3　齿轮花键轴经渗碳或碳氮共渗处理后，表面淬火硬度应为 58 HRC～64 HRC，单件表面硬度差应不大于 3 HRC。螺纹部分不允许渗碳。

3.3.2　有效硬化层深度

3.3.2.1　采用高频感应加热淬火的花键轴，有效硬化层深度应不低于 1.0 mm。

3.3.2.2　采用感应加热淬火的花键轴，有效硬化层深度应为花键大径的 7%～14%。

3.3.2.3　花键部分进行感应加热淬火强化时，花键根部有效硬化层深度应为 0.7 mm～2.0 mm。

3.3.2.4　采用 20CrMnTi 等渗碳钢进行渗碳或碳氮共渗淬火时，有效硬化层深度应不低于 0.4 mm。

3.3.2.5　采用 40Cr 等调质钢进行碳氮共渗时，有效硬化层深度应不低于 0.3 mm。

3.3.3　金相组织

3.3.3.1　调质处理的花键轴，应符合 GB/T 13320 规定，调质后基体的金相组织应为回火索氏体，不大于 4 级。

3.3.3.2　感应淬火的金相组织应符合 JB/T 9204 规定。

3.3.3.3　渗碳淬火金相组织应符合 QC/T 262 规定，碳氮共渗淬火金相组织应符合 QC/T 29018 规定。

3.4　表面粗糙度

3.4.1　轴承颈表面粗糙度 *Ra* 应不大于 1.6 μm。

3.4.2　矩形花键定心表面粗糙度 *Ra* 应不大于 1.6 μm，键侧表面粗糙度 *Ra* 应不大于 3.2 μm。

3.4.3　渐开线花键齿表面粗糙度 *Ra* 应不大于 6.3 μm。

3.4.4　其他部位表面粗糙度应符合产品图样规定。

3.5　尺寸

3.5.1　轴承颈直径尺寸公差等级应不低于 GB/T 1800.1—2009 表 1 中 IT6 级。其他轴颈直径尺寸公差应符合产品图样规定。

3.5.2　小径定心的矩形花键尺寸公差等级应低于 GB/T 1144—2001 中表 3 的规定。大径定心的矩形花键尺寸公差按产品图样规定。

3.5.3　平键键槽宽的尺寸公差等级应不低于 GB/T 1095—2003 规定的 9 级。

3.5.4 矩形花键键宽、花键综合精度应符合 GB/T 1144 规定。

3.5.5 渐开线花键综合精度应符合 GB/T 3478.1 规定。渐开线花键跨棒距应符合 GB/T 3478.6 规定。

3.6 形状和位置公差

3.6.1 渐开线花键齿圈径向跳动公差应符合 GB/T 3478.1—2008 附录 B 中表 B.1 的 C 组的规定。

3.6.2 花键轴的形状和位置公差应符合 GB/T 1184 规定。当以花键轴轴线为基准时，其主要加工部位的形状和位置公差不低于表 1 规定。

表 1 形状和位置公差

项 目	公差等级
轴承颈圆柱度	7 级
矩形花键定心表面径向圆跳动	8 级
轴承颈定位端面圆跳动	9 级
平键键槽对称度	9 级

3.6.3 其他部位的形状和位置公差应符合产品图样规定。

3.7 外观质量

花键轴表面不应有氧化皮、斑痕、凹陷、毛刺、皱折和分层，工作表面不应有刻痕、锈蚀、黑斑、刀痕、凹坑和碰伤。除必须的退刀槽和砂轮越程槽外，花键根部、轴与突缘的连接处以及台状轴颈的转角处不得有刻痕、刀伤。

3.8 表面裂纹

花键轴表面应无裂纹。

4 检验方法

4.1 表面硬度

表面硬度按 GB/T 230.1 或 GB/T 231.1 规定检验。硬度试验位置沿圆周表面相隔约 120°上、中、下测 3 处。

4.2 有效硬化层深度

4.2.1 感应淬火有效硬化层深度按 GB/T 5617 规定检验。

4.2.2 渗碳和碳氮共渗有效硬化层深度按 GB/T 9450 规定检验。

4.3 金相组织

4.3.1 调质金相组织按 GB/T 13298 和 GB/T 13320 规定检验。

4.3.2 感应淬火金相组织按 JB/T 9204 规定检验。

4.3.3 渗碳淬火金相组织按 QC/T 262 规定检验，碳氮共渗淬火金相组织按 QC/T 29018 规定检验。

4.4 表面粗糙度

用表面粗糙度仪测量或用表面粗糙度样板比较。

4.5 尺寸

4.5.1 尺寸公差按 GB/T 3177 规定，采用通用量具检验。

4.5.2 矩形花键精度按 GB/T 1144 规定，用花键综合环规检验。

4.5.3 渐开线花键精度按 GB/T 3478.5 规定检验。

4.6 形状和位置公差

形状和位置公差按 GB/T 1958 规定检验。

4.7 外观质量

外观质量采用目测检查。

4.8 表面裂纹

花键轴表面裂纹检验采用磁粉探伤方法，按 GB/T 15822.2 规定检验。

5 检验规则

5.1 出厂检验

5.1.1 花键轴应经制造厂质量检验部门检验合格后方可出厂，并附有合格证。

5.1.2 出厂检验项目应按表 2 的规定。

5.2 型式检验

5.2.1 有下列情况之一时，花键轴应进行型式检验：

a) 新产品定型鉴定及老产品转厂生产时；

b) 产品正式生产后在结构、材料、工艺上有较大改变，可能影响产品性能时；

c) 产品正式生产时，每三年进行一次；

d) 产品长期停产后，恢复生产时；

e) 国家质量监督机构提出进行型式检验要求时。

5.2.2 型式检验项目应按表 2 的规定。

5.3 不合格分类

5.3.1 被检项目不符合第 3 章规定要求的均为不合格。

5.3.2 按其对产品质量影响的严重程度将不合格分为 A 类不合格、B 类不合格、C 类不合格。不合格项目分类见表 2。

表 2 不合格项目分类

不合格分类	项	检验项目	出厂检验	型式检验
A	1	表面裂纹	√	√
	2	表面硬度	√	√
	3	单件表面硬度差	√	√
	4	有效硬化层深度	—	√
	5	金相组织	—	√
B	1	花键综合精度	√	√
	2	花键定心直径	√	√
	3	轴颈直径	√	√
	4	平键键槽宽	√	√
	5	平键键槽对称度	√	√
	6	矩形花键键宽或渐开线花键跨棒距	√	√

表 2(续)

不合格分类	项	检验项目	出厂检验	型式检验
C	1	轴承颈圆柱度	√	√
	2	矩形花键定心表面径向跳动或渐开线花键齿圈径向跳动	√	√
	3	轴承颈定位端面圆跳动	√	√
	4	轴承颈表面粗糙度	√	√
	5	矩形花键定心表面粗糙度或渐开线花键齿表面粗糙度	√	√
	6	键侧表面粗糙度	√	√
	7	其他部位的形位公差	√	√
	8	其他部位的表面粗糙度	√	√
	9	外观质量	√	√
	10	防锈	√	√
	11	包装质量	√	√

5.4 抽样判定方案

抽样检验程序按 GB/T 2828.1—2003 规定的正常检验一次抽样方案，在一年内生产的合格产品中随机抽取。一般情况下，抽样基数为 26 件～50 件，在销售部门抽样不受此限。抽样判定方案和样本量见表 3，表中 AQL 为接收质量限，Ac 为接收数，Re 为拒收数，Ac 和 Re 的值均按计点法计算。

表 3 抽样判定方案

		A		B		C	
抽样方案	不合格分类	A		B		C	
	项目数	5		6		11	
	检验水平	S-1		Ⅱ		Ⅱ	
	样本量字码	A		D		D	
	样本量	2		8		8	
判定方案	AQL	6.5		15		25	
	Ac Re	0	1	3	4	5	6

5.5 判定规则

样本经检验后，当某类不合格数小于或等于 Ac 值时，判该类为合格；当某类不合格数大于或等于 Re 值时，判该类为不合格。当各类全部合格时，则判该批产品合格；当任一类不合格时，则判该批产品不合格。

6 标志、包装、运输和贮存

6.1 标志

6.1.1 花键轴上应标明制造厂厂标或商标。

应注意不能使花键轴表面受损伤，并保证标志在花键轴的整个使用期间保持完整。

6.2 包装

6.2.1 花键轴一般采用纸盒包装，如需方同意，也可采用其他材料包装盒或简易包装方法。

6.2.2 花键轴在包装前必须进行防锈处理，并用结实不透水的中性纸或塑料袋包好，再装入硬纸盒内。

6.2.3 花键轴包装盒内应附有经制造厂质量检验员签章的产品合格证。

6.2.4 用包装盒装好的花键轴必须装入衬有防水纸的干燥包装箱内，并保证在正常运输过程中不致损伤，箱子总质量不得超过 50 kg。

6.2.5 包装盒上应标明：

a) 制造厂名称、商标及地址；

b) 产品名称、材料、型号及零件号；

c) 包装日期及防锈有效期；

d) 执行标准编号。

6.2.6 包装箱外部应标明：

a) 制造厂名称、商标及地址；

b) 产品名称、材料及型号；

c) 数量；

d) 总质量及外形尺寸；

e) 收货单位及地址；

f) 出厂日期及防锈有效期；

g) "小心轻放"、"防潮"等字样或符号；

h) 执行标准编号。

6.2.7 产品、包装盒和包装箱上的标志、尺寸、设置部位及表示方法可根据需方要求在产品图样中规定。

6.3 运输

花键轴在运输过程中，要防止磕碰、防雨、防潮。

6.4 贮存

花键轴应存放在通风、干燥的场所。在正常保管情况下，自出厂之日起，制造厂应保证产品在 12 个月内不致锈蚀。

ICS 65.060.01
B 90

中华人民共和国国家标准

GB/T 24667.1—2009/ISO/TS 28924:2007

农业机械　不使用工具打开的动力传动运动件防护装置

Agricultural machinery—Guards for moving parts of power transmission—Guard opening without tool

(ISO/TS 28924:2007,IDT)

2009-11-30 发布　　　　2010-04-01 实施

中华人民共和国国家质量监督检验检疫总局
中国国家标准化管理委员会　发布

前　言

本部分等同采用ISO/TS 28924:2007《农业机械　不使用工具打开的动力传动运动件防护装置》(英文版)。

本部分等同翻译ISO/TS 28924:2007。

为便于使用,本部分还对ISO/TS 28924:2007做了下列编辑性修改:

——“本国际标准”一词改为“本部分”;

——删除ISO/TS 28924:2007的前言;

——删除ISO/TS 28924:2007的参考文献;

——对ISO/TS 28924:2007中引用的其他国际标准,用已被采用为我国的标准代替。

本部分的附录A为资料性的附录。

本部分由中国机械工业联合会提出。

本部分由全国农业机械标准化技术委员会归口。

本部分起草单位:中国农业机械化科学研究院、国家农机具质量监督检验中心。

本部分主要起草人:张咸胜、陈戈、张琦。

引　言

机械领域安全方面标准的结构如下：

a) A类标准（安全基础标准），给出适用于所有机械的基本概念、设计原则和一般特性。

b) B类标准（安全通用标准），涉及机械的一种（或多种）安全特征或一类（或多类）使用范围较宽的安全防护装置。

——B1类，特定的安全特征（如安全距离、表面温度和噪声）标准；

——B2类，安全装置（如双手操纵装置、联锁装置、压敏装置和防护装置）标准。

c) C类标准（机械安全标准），涉及一种特定的机器或一组机器的详细安全要求。

本标准属于GB/T 15706.1—2007规定的C类标准。

若本C类标准的规定与A类或B类标准的规定不同时，对于按照本C类标准规定进行设计和制造的机器，则应优先执行本C类标准的规定。

农业机械　不使用工具打开的动力传动运动件防护装置

1　范围

GB/T 24667的本部分规定了自走式、悬挂式、半悬挂式和牵引式农业机械中不使用工具打开的动力传动运动件防护装置设计和制造的安全要求和判定方法。本部分还规定了制造厂应提供的安全操作信息(包括遗留风险)的类型。

本部分涉及的重大危险(附录A中列出)、危险状态和危险事件,与制造厂预定和预见条件下使用动力传动运动件防护装置相关(见第4章和第5章)。

本部分不适用于拖拉机、航空器、气垫车辆、草坪和园艺设备的动力传动运动件防护装置。

2　规范性引用文件

下列文件中的条款通过GB/T 24667的本部分的引用而成为本部分的条款。凡是注日期的引用文件,其随后所有的修改单(不包括勘误的内容)或修订版均不适用于本部分,然而,鼓励根据本部分达成协议的各方研究是否可使用这些文件的最新版本。凡是不注日期的引用文件,其最新版本适用于本部分。

GB 10395.1　农林机械　安全　第1部分:总则(GB 10395.1—2009,ISO 4254-1:2008,MOD)

GB 12265.1—1997　机械安全　防止上肢触及危险区的安全距离(eqv ISO 13852:1996)

3　术语和定义

GB 10395.1中确立的术语和定义适用于本部分。

4　动力传动运动件

4.1　对产生危险的动力传动运动件应通过设置位置、安全距离或固定式防护装置进行防护。

4.2　设计防护装置时应考虑操作者风险、机器正常功能、产生的其他危险(如因排放、清除残物聚集或堵塞产生的危险)和机械送料装置的干扰。

4.3　防护装置的设计应便于机器正常操作和维修。

4.4　防护装置可为刚性网或栅。允许的网或栅开口尺寸取决于防护装置和危险区之间的距离(见GB 12265.1—1997中表1、表3、表4或表6)。防护装置的设计应保证网或栅在正常操作和使用中不会发生变形,致使开口尺寸和距离的关系超出GB 12265.1—1997规定的限值。

4.5　对预见正常进入(如调整或保养时)的危险区应使用防护装置。在允许条件下,使用的防护装置应为始终与机器连接型(如铰式或栓式连接)。

4.6　具有能打开或拆下的进入门道或防护装置的机器,在动力切断后暴露出的机器部件继续旋转或运动的,在最接近进入门道或防护装置的区域内,应设置指示转动的易见视觉信号,或指示转动的听觉信号,或适用的安全标志(见6.1和6.2)。

4.7　防护装置的强度应符合GB 10395.1的规定。

5　安全要求或保护措施的判定

安全要求或保护措施的判定见表1。

表 1 安全要求或防护措施的判定

章条编号	判定方法		
	观察	测定	程序/依据
4.5	采用	不采用	应通过使用说明书描述的调整或保养操作做出判定

6 使用信息

6.1 使用说明书

使用说明书中应包含重大遗留风险的警示信息、如何控制这些危险的措施(见 4.6)以及培训要求。

6.2 安全标志和说明

如果适用,在进入门道或防护装置上应设置指示部件转动的安全标志(见 4.6)。

附 录 A
（资料性附录）
重大危险一览表

A.1 表A.1规定的重大危险、重大危险状态和重大危险事件对本部分涉及的动力传动运动件防护装置十分重要，要求设计者或制造厂采取专门措施消除或减小这些风险。

表A.1 重大危险一览表

GB 10395.1的章条编号	危险	危险状态和事件	本标准的章条编号
A.1	机械危险		
A.1.1	挤压危险	动力传动部件	4;6
A.1.2	剪切危险	动力传动部件	4;6
A.1.4	缠绕危险	动力传动部件	4;6
A.1.5	吸入或卷入危险	动力传动部件	4;6
A.14	运行期间断裂	防护装置	4.7
A.19.4	工作位置的机械危险 a）接触动力传动部件	防护装置	4;6

ICS 65.060.01
B 90

中华人民共和国国家标准

GB/T 24667.2—2009/ISO/TS 28923:2007

农业机械 使用工具打开的动力传动运动件防护装置

Agricultural machinery—
Guards for moving parts of power transmission—
Guard opening with tool

(ISO/TS 28923:2007,IDT)

2009-11-30 发布 2010-04-01 实施

中华人民共和国国家质量监督检验检疫总局
中国国家标准化管理委员会 发布

前　言

本部分等同采用 ISO/TS 28923:2007《农业机械　使用工具打开的动力传动运动件防护装置》(英文版)。

本部分等同翻译 ISO/TS 28923:2007。

为便于使用,本部分还对 ISO/TS 28923:2007 做了下列编辑性修改:

——“本国际标准”一词改为“本部分”;

——删除 ISO/TS 28923:2007 的前言;

——删除 ISO/TS 28923:2007 的参考文献;

——对 ISO/TS 28923:2007 中引用的其他国际标准,用已被采用为我国的标准代替。

本部分的附录 A 为资料性附录。

本部分由中国机械工业联合会提出。

本部分由全国农业机械标准化技术委员会归口。

本部分起草单位:中国农业机械化科学研究院、国家农机具质量监督检验中心。

本部分主要起草人:张咸胜、张琦、陈戈。

引　言

机械领域安全方面标准的结构如下：

a) A类标准(安全基础标准),给出适用于所有机械的基本概念、设计原则和一般特性。

b) B类标准(安全通用标准),涉及机械的一种(或多种)安全特征或一类(或多类)使用范围较宽的安全防护装置。

——B1类,特定的安全特征(如安全距离、表面温度和噪声)标准；

——B2类,安全装置(如双手操纵装置、联锁装置、压敏装置和防护装置)标准。

c) C类标准(机械安全标准),涉及一种特定的机器或一组机器的详细安全要求。

本标准属于GB/T 15706.1—2007规定的C类标准。

若本C类标准的规定与A类或B类标准的规定不同时,对于按照本C类标准规定进行设计和制造的机器,则应优先执行本C类标准的规定。

农业机械　使用工具打开的动力传动运动件防护装置

1　范围

GB/T 24667的本部分规定了自走式、悬挂式、半悬挂式和牵引式农业机械中只有使用工具才能打开的动力传动运动件防护装置设计和制造的安全要求和判定方法。本部分还规定了制造厂应提供的安全操作信息(包括遗留风险)的类型。

本部分涉及的重大危险(附录A中列出)、危险状态和危险事件,与制造厂预定和预见条件下使用动力传动运动件防护装置相关(见第4章和第5章)。

本部分不适用于拖拉机、航空器、气垫车辆、草坪和园艺设备的动力传动运动件防护装置。

2　规范性引用文件

下列文件中的条款通过GB/T 24667的本部分的引用而成为本部分的条款。凡是注日期的引用文件,其随后所有的修改单(不包括勘误的内容)或修订版均不适用于本部分,然而,鼓励根据本部分达成协议的各方研究是否可使用这些文件的最新版本。凡是不注日期的引用文件,其最新版本适用于本部分。

GB 10395.1　农林机械　安全　第1部分:总则(GB 10395.1—2009,ISO 4254-1:2008,MOD)

GB 12265.1—1997　机械安全　防止上肢触及危险区的安全距离(eqv ISO 13852:1996)

GB/T 15706.2—2007　机械安全　基本概念与设计通则　第2部分:技术原则(ISO 12100-2:2003,IDT)

3　术语和定义

GB 10395.1中确立的术语和定义适用于本部分。

4　动力传动运动件

4.1　对产生危险的动力传动运动件应通过设置位置、安全距离或固定式防护装置进行防护。

4.2　设计防护装置时应考虑操作者风险、机器正常功能、产生的其他危险(如因排放、清除残物聚集或堵塞产生的危险)和机械送料装置的干扰。

4.3　防护装置的设计应便于机器正常操作和维修。

4.4　防护装置可为刚性网或栅。允许的网或栅开口尺寸取决于防护装置和危险区之间的距离(见GB 12265.1—1997中表1、表3、表4或表6)。防护装置的设计应保证网或栅在正常操作和使用中不会发生变形,致使开口尺寸和距离的关系超出GB 12265.1—1997规定的限值。

4.5　对预见正常进入(如调整或保养时)的危险区应使用防护装置。在允许条件下,使用的防护装置应为始终与机器连接型(如铰式或栓式连接)。

4.6　具有能打开或拆下的进入门道或防护装置的机器,在动力切断后暴露出的机器部件继续旋转或运动的,在最接近进入门道或防护装置的区域内,应设置指示转动的易见视觉信号,或指示转动的听觉信号,或适用的安全标志(见6.1和6.2)。

4.7　在正常运行状态下需要进入危险区的防护装置,应确保只有使用工具才能打开(采取有意识的动作才能打开),且不使用工具就能自动锁住。

注:"正常进入"是指根据机器的预定使用在正常运行期间操作者必须调整特定部件实现给定功能。

如果不使用上述类型防护装置，则应设置符合 GB/T 15706.2—2007 中 5.3.2.3 规定的活动式防护装置，该活动式防护装置应满足下列要求之一：

——在进入危险区前，能停止危险运动；

——只要危险运动存在，就能阻止防护装置打开。

4.8 防护装置的强度应符合 GB 10395.1 的规定。

5 安全要求或保护措施的判定

安全要求或保护措施的判定见表 1。

表 1 安全要求或防护措施的判定

章条编号	判定方法		
	观察	测定	程序/依据
4.5	采用	不采用	应通过使用说明书描述的调整或保养操作做出判定

6 使用信息

6.1 使用说明书

使用说明书中应包含重大遗留风险的警示信息、如何控制这些危险的措施(见 4.6)以及培训要求。

6.2 安全标志和说明

如果适用，在进入门道或防护装置上应设置指示部件转动的安全标志(见 4.6)。

附　录　A
（资料性附录）
重大危险一览表

A.1　表A.1规定的重大危险、重大危险状态和重大危险事件对本部分涉及的动力传动运动件防护装置十分重要，要求设计者或制造厂采取专门措施消除或减小这些风险。

表A.1　重大危险一览表

GB 10395.1的章条编号	危险	危险状态和事件	本标准的章条编号
A.1	机械危险		
A.1.1	挤压危险	动力传动部件	4;6
A.1.2	剪切危险	动力传动部件	4;6
A.1.4	缠绕危险	动力传动部件	4;6
A.1.5	吸入或卷入危险	动力传动部件	4;6
A.14	运行期间断裂	防护装置	4.8
A.19.4	工作位置的机械危险 a）接触动力传动部件	防护装置	4;6